JN175440

道路政策の変遷

公益社団法人　日本道路協会

序

　我が国の道路は本格的な整備が始まってから半世紀以上が経過し、各時代のニーズに対応しながら整備・改善が進められ、社会・経済の活動を支える基盤として大きな役割を果たしてきた。

　現在、我が国は、本格的な人口減少、高齢化、厳しい財政制約、自然災害の激甚化、インフラの老朽化という困難な課題に直面している。一方で、急速に進展する技術革新、人とクルマの関係の再考等の社会の要請にも応える必要がある。

　これらの課題を克服し、我が国の明るい将来を築くため、最も身近で基礎的な社会交通基盤である道路の政策の立案にあたっては、道路行政の先人たちによるこれまでの道路政策の歩みを踏まえながら、柔軟かつ大胆な発想をもって幅広く検討することが重要である。

　本書は公益社団法人日本道路協会が取り組む道路政策にかかる重要な資料のアーカイブ化の一環として、道路の調査計画に関する変遷、現状、今後の展望等について、道路政策に携わる実務担当者が道路の調査計画のうえで参考となる資料を書籍『道路の長期計画』として平成26年3月にとりまとめたものを一部改訂したものである。

　とりまとめにあたっては、昭和46（1971）年に技術書院より発行された『道路の長期計画』の構成を参考とし、道路財源や交付金・補助制度、有料道路制度など道路に関する制度・基準の近年の動き、第7次道路整備五箇年計画以降の長期計画の概要などを追加するとともに、主要な施策について、その変遷を説明する項目を設けている。編集にあたっては、機関誌『道路』などから引用しながら、参考となる文献を脚注・章末にまとめ、機関誌『道路』などの索引としても活用できるようにした。

　今回の改訂では、平成26年3月の発刊以降の法改正や制度・基準の動き、第4次社会資本整備重点計画、平成29年8月の道路分科会建議、主要な道路施策の項目を追補し、新たに『道路政策の変遷』として発行

するものである。

　本書が関係者に広く活用され、道路政策の企画・立案のための基礎資料となれば幸いである。

平成 30 年 3 月
広報委員会
編集ＷＧ

広 報 委 員 会

委 員 長 深 澤 淳 志

委 員

油 谷 百百子	伊 藤 　 高	小 野 かよこ	川 村 顕 大
河 原 佳 武	喜 安 和 秀	日 下 　 敦	見 坂 茂 範
神 山 　 泰	竹 林 秀 基	仲 谷 俊 昭	箱 田 裕 子
福 島 眞 司	光 谷 友 樹		

編集ＷＧ

ＷＧ長 見 坂 茂 範

委 員

| 今 西 芳 一 | 河 原 佳 武 | 神 山 　 泰 | 佐 藤 俊 通 |
| 竹 林 秀 基 | 毛 利 雄 一 | | |

（五十音順）

目　次

I　概説

　II章からVIII章の内容に関して、本書で取り上げる必要性と本文中での記載について以下に概説する。

II章　明治維新から戦後にかけての道路整備

　明治期においては、路線の確定、築造方法の制定等、制度面での整備が逐次行われ、道路事業も拡大されてきたが、基本となる「道路法」は明治21（1888）年の最初の立案以来、30年経過後の大正8（1919）年になって初めて成立した。これが旧道路法である。この制定により政府は道路改良政策に力を注ぎ、大正8（1919）年道路会議に諮問し「第1次道路改良計画」が策定された。道路法は戦後における民主主義を基調とした諸制度の改革、とくに国と地方との行政体制検討の一環として全面的改正が進められ、昭和27（1952）年に施行された。昭和29（1954）年には第1次道路整備五箇年計画が策定され道路行政の基本的な形が確立し、特定財源や法令等が充実し、道路整備制度が確立していった。

　この章では、明治維新から道路整備五箇年計画発足までの我が国の道路整備について、道路の長期計画、道路網、道路と構造基準、道路交通情勢、道路整備の制度的体系などを中心に解説する。

III章　道路に関する制度・基準の変遷

　我が国の道路整備は、戦後の昭和27（1952）年、道路法の全面改正と道路整備特別措置法の制定による有料道路制度の創設、昭和28（1953）年、道路特定財源制度の創設など、我が国の道路行政史上特筆すべき法制上の大改革が行われた。また、昭和31（1956）年、新たな道路整備特別措置法が制定されるとともに、日本道路公団が設立され、現行の有料道路制度が確立している。我が国の道路整備を支えてきた財源制度は、「道路特定財源制度」と「有料道路制度」とも言える。一方で、「特殊法人等整理合理化計画」を契機に、平成18（2006）年より、民営化会社と

しての高速道路事業がスタートし、平成 21（2009）年度には、道路特定財源は一般財源となった。このような道路に関する制度の変遷を踏まえ、この章では、道路法、道路財源、道路に関連する交付金・補助制度・融資制度、有料道路制度について、それぞれの歴史的な変遷の経緯と現状について解説する。

　また、道路構造をはじめとする道路技術基準も、社会情勢の変化に対応し、改正が行われてきている。この章では、道路構造令をはじめとし、交通バリアフリー法における道路の構造基準、道路標識令、道路橋示方書、舗装構造基準、それぞれの技術基準等の経緯及び現状についても解説する。

IV章　我が国の道路網体系

　道路法は、道路を高速自動車国道、一般国道、都道府県道および市町村道に分け、我が国の道路網は、行政的にはこれらによって構成されている。昭和 38（1963）年に名神高速道路の尼崎・栗東間が開通し、我が国は本格的な高速道路時代に入り、21 世紀初頭に高規格幹線道路網 14,000km の供用を図ることを目途にその整備は着々と進行してきている。さらには地域高規格道路の指定や一般国道の追加指定等があり、現行のネットワーク構成となっている。これまでの道路整備計画においては、将来の必要延長が示され、それに基づいて道路の種類ごとに整備の目標を設定することが重要な課題となっており、道路網の行政的体系は長期計画において重要な意味をもっていた。

　この章では、道路の法定要件や高規格幹線道路、地域高規格道路および一般国道の網計画の考え方について解説する。

V章　長期計画等の概要と変遷

　我が国最初の道路の長期計画は、大正 9（1920）年度を初年度とする計画期間 30 年の道路改良計画であった。長期計画が計画としての機能を発揮するようになったのは、道路法の全面改正、有料道路制度、特定財源化等法制上の整備が図られ、第 1 次道路整備五箇年計画の発足を契

機に本格化した。この五箇年計画は、急激な道路交通需要の増大に対応するため 12 次にわたる計画を積み重ね、平成 14（2002）年まで積極的な整備が進められていった。平成 15（2003）年度以降の道路整備は、「社会資本整備重点計画」に基づき、効果的かつ効率的に進められてきたところであり、現在は平成 27（2015）年に閣議決定された第 4 次計画に基づいて整備が進められている。

　この章では、道路整備五箇年計画や社会資本整備重点計画、特定交通安全施設等整備計画等その他の長期計画および長期計画における総合交通体系の位置付けについて解説する。

VI章　自動車輸送の進展と道路交通情勢

　我が国の道路は、累次の道路整備五箇年計画等に基づいて計画的に整備され、道路延長は着実な伸びを示してきた。経済成長に伴って国内輸送の需要も増大し、国内貨物輸送、国内旅客輸送ともに拡大してきた。

　しかし、環状道路の整備水準や高速道路延長においては、日本は欧米諸国に未だ及ばない状況である。

　また、交通事故に関しては、モータリゼーションの進展に伴って増加し、昭和 45 年に交通事故死者数等はピークに達した。その後は、時代背景とともに増減を繰り返し、近年は減少傾向が続いている。

　こうした状況を基に、この章では、主として第 1 次道路整備五箇年計画が発足してから最近までの自動車輸送、道路交通情勢、交通事故の推移などについて解説する。

VII章　主要な施策の変遷

　近年、我が国を取り巻く国内外の社会・経済情勢は、少子高齢化の進展、生活の高度化・多様化、地球環境問題の顕在化、高度情報化の進展など、これまでの価値観では対処できない課題が顕在化してきた。このような状況において、人々の生活や経済を支える社会資本である道路が果たすべき役割の重要性や範囲は拡大してきた。今後、道路整備を進めるに当たっては、交通基盤、地域・都市基盤形成としての視点だけでな

く、人々の共有の生活空間、コミュニティ空間を構築するという視点も重要となり、多岐にわたった配慮が必要となる。

　こうした背景を基に、この章では、主要な道路施策を概説し、渋滞、環境、少子・高齢化、地震対策、情報化、ライフラインへの対応及び地域との協働（風景街道等）について、これまでの取組や検討事項の推移を中心に解説する。

Ⅷ章　長期的な政策の立案手法に関する現状と方向性

　財政状況が厳しさを増すなか、効率的・効果的に事業を推進していくことが、今後の道路政策の進め方として求められている。また、近年の社会経済情勢の変化、今後の我が国及び国際社会の中長期的展望、東日本大震災の経験などを踏まえた道路政策を推進していくこと、一方で、老朽化が進む社会資本の戦略的な維持管理・更新を推進することも、重要な課題となってきた。

　この章では、過去の道路整備五箇年計画における将来交通需要推計手法の変遷と近年の取り組み状況、道路維持管理の現状を踏まえた道路ストックの老朽化対策、事業評価制度導入の経緯と近年の取り組み状況、市民参加型道路計画（PI）、道路行政マネジメント導入による道路施策の進め方等を取り上げ、それぞれについて、長期的な視点からみた政策立案手法に関する現状と方向性について解説する。

II 明治維新から戦後にかけての道路整備[i]

II-1 明治時代の道路整備[ii]

　欧州ではローマ時代すでに馬車交通が行われ、長い車輪交通の経験によって道路が発達してきた。これに反し我が国では、徳川時代になっても幕府の政策や地勢その他の要因から人馬の交通が大部分で、車輪交通による道路の発達はみられなかった。明治に入り、乗用馬車が輸入され、明治元（1868）年には横浜・小田原間の乗合馬車が営業を開始し、明治3（1870）年には東京・高崎間の運送馬車が開通するなど、ようやく馬車交通時代を迎えた。しかしながら、明治5（1872）年新橋・横浜間に鉄道が開設されてからは鉄道万能時代に入り、道路の整備は遅々とした歩みをたどることとなった。

　明治4（1871）年12月、賃取道路および賃取橋を奨励する太政官布告「治水修路架橋等運輸ノ便利ヲ興ス者ニ税金取立方許可ニ関スル件」が発布された。これは、修路の儀は地方の要務であり、物産蕃盛・庶民殷富の基本であるから、有志の者が自費または会社を設立して、険路を開き橋梁を架する等諸般運輸の便を興すものは、落成のうえ工費に応じて年限を定め、相当の通行料を徴収してもよいというものであった。金谷・日坂間の小夜の中山峠延長3,663間（6,660m）の賃取道路はこれにもとづくもので、明治7（1874）年ごろから計画が進められ、明治12（1879）年10月着工、翌年5月竣工し、明治35（1902）年まで料金徴収が続けられた。

　明治5（1872）年10月太政官布告第325号で道路掃除法が、また明治6（1873）年8月大蔵省番外達で河港道路修築規則が定められた。河港道路修築規則では、道路を3種すなわち、全国的な大経脈を一等道路、大経脈に接続する脇往還・枝道の類を二等道路、村市の経路等を三等道路とし、それぞれについて工費の負担（一・二等は官6、地民4の割合、三等は地民）、執行方法等を定めた。明治9（1876）年6月には太政官達

第 60 号をもって上述の道路の等級を廃止し、国・県・里道の制を定め、道路の幅員を規定した。

国道 一等：東京より各開港場に達するもの
二等：東京より伊勢の宗廟および各府県鎮台に達するもの
三等：東京より各府県庁に達するもの、および各府各鎮台を拘聯するもの
県道 一等：各県を接続し、および各鎮台より各分営に達するもの
二等：各府県本庁よりその支庁に達するもの
三等：著名の区より都府に達し、あるいはその区に往還すべき便宜の海港等に達するもの
里道 一等：彼此の数区を貫通し、あるいは甲区より乙区に達するもの
二等：用水、堤防、牧畜、坑山、製造所等のため、該区人民の協議によって別段に設くるもの
三等：神社仏閣および田畑耕転のために設くるもの
道幅 国道：一等 7 間（12.7m）、二等 6 間（10.9m）、三等 5 間（9.1m）
県道：4 間（7.3m）ないし 5 間（9.1m）
塁道：該区の利便を達するに在りて、その関係する所したがって小なれば、必ずこれを一定するを要せず
　橋梁はすなわち路線を互続するものなるをもって、道路の種類に従うを至当とす。しかれどもその幅のごときは、必ずしも道幅に従うを要せず。

　その後、明治 18（1885）年 1 月太政官布告第 1 号をもって国道の等級が廃止され、幅員に関する規定が改められた。すなわち、「道敷 4 間（7.3m）以上、並木敷湿抜敷を合せて三間（5.5m）以上、総て七間（12.7m）より狭小ならざること」とし、新設道路に適用することとなった。ついで、同年 2 月内務省告示第 6 号により国道表が定められ、はじめて国道の路線が確定した。このときの国道は 1〜44 号であったが、その後追加され、明治期に 60 路線となり、大正期に 1 路線追加され、61 路線となった（表 II-1-1）。

表 II-1-1　国道表[1]

第 1 号	東京より	横浜に達する路線	第 31 号	東京より	愛媛縣に達する路線
第 2 号	同	大阪港に達する路線	第 32 号	同	高知縣に達する路線
第 3 号	同	神戸港に達する路線	第 33 号	同	高知縣に達する別路線（徳島縣海岸通過）
第 4 号	同	長崎港に達する路線	第 34 号	同	福岡縣に達する路線
第 5 号	同	新潟港に達する路線	第 35 号	同	大分縣に達する路線
第 6 号	同	函館港に達する路線	第 36 号	同	宮崎縣に達する路線
第 7 号	同	神戸港に達する別路線（中山道通過）	第 37 号	同	鹿児島縣に達する路線
第 8 号	同	新潟港に達する別路線（清水越道）	第 38 号	同	鹿児島縣に達する別路線（日向大隅道）
第 9 号	同	伊勢宗廟に達する路線	第 39 号	同	山形縣に達する路線
第 10 号	同	名古屋鎭臺に達する路線	第 40 号	同	秋田縣に達する路線
第 11 号	同	熊本鎭臺に達する路線	第 41 号	同	青森縣に達する別路線（羽州街道通過）
第 12 号	同	群馬縣に達する路線	第 42 号	同	札幌縣に達する路線（後北海道廳に達する路線に改む）
第 13 号	同	千葉縣に達する路線	第 43 号	同	根室縣に達する路線（後第七師團に達する路線に改む）
第 14 号	同	茨城縣に達する路線	第 44 号	同	沖縄縣に達する路線
第 15 号	同	宮城縣に達する別路線（陸前濱街道）	第 45 号	同	横須賀鎭守府に達する路線
第 16 号	同	山梨縣に達する路線	第 46 号	同	呉鎭守府に達する路線
第 17 号	同	岐阜縣に達する路線	第 47 号	同	佐世保鎭守府に達する路線
第 18 号	同	福井縣に達する路線	第 48 号	佐世保鎭守府と熊本鎭臺とを拘聯する路線	
第 19 号	同	石川縣に達する路線	第 49 号	東京より	奈良縣に達する路線
第 20 号	同	富山縣に達する路線	第 50 号	同	香川縣に達する路線
第21号(甲)	同	富山縣に達する別路線（信濃越後道）	第 51 号	同	大分縣に達する別路線（伊豫道）
第21号(乙)	同	富山縣に達する別路線（泊、三日市間山手道）	第 52 号	同	舞鶴鎭守府に達する路線
第 22 号	同	鳥取縣に達する路線	第 53 号	舞鶴鎭守府と第九師團とを拘聯する路線	
第 23 号	同	鳥取縣に達する別路線（京都府通過）	第 54 号	舞鶴鎭守府と第十師團とを拘聯する路線	
第 24 号	同	島根縣に達する路線	第 55 号	東京より	第八師團に達する路線
第 25 号	同	島根縣に達する別路線（鳥取縣通過）	第 56 号	同	第十七師團に達する路線
第 26 号	大阪府と	広島鎭臺とを拘聯する路線	第 57 号	同	第十三師團に達する路線
第 27 号	東京より	山口縣に達する路線	第 58 号	同	静岡縣に達する路線（御殿場道）
第 28 号	同	山口縣に達する別路線（島根縣通過）	第 59 号	同	第十六師團に達する路線
第 29 号	同	和歌山縣に達する路線	第 60 号	同	第十四師團に達する路線
第 30 号	同	徳島縣に達する路線	第 61 号	同	第十五師團に達する路線

　大正元（1912）年 12 月末日現在の道路延長（第 3 回道路調査による）は、次のとおりである。なお、道路延長が全国的に調査されるようになったのは、明治 27（1894）年 7 月勅令第 84 号にもとづいて、内務省が道路調査とし国県道について実施したのが最初で、その後、内務報告例改正の際 5 年ごとに道路および橋梁の調査を実施して報告させることとなり、第 1 回道路調査は明治 35（1902）年 12 月末日現在で実施されている。

---

[1]　（社）土木学会，（財）啓明会：明治工業史土木編，（財）学術文献普及会，1970，p56〜58 より作成

第3回道路調査結果:大正元（1912）年12月末日現在

道路総延長	119,126里	3丁	38間	（467,840 km）
山地	35,909里	2丁	6間	（141,024 km）
平地	83,217里	1丁	32間	（326,816 km）
国道延長	2,178里	0丁	11間	（ 8,553 km）
県道延長	9,179里	31丁	35間	（ 36,052 km）
里道延長	107,768里	7丁	52間	（423,235 km）

　明治19（1886）年8月内務省訓令第13号により道路築造保存方法が定められ、後の道路構造令および道路維持修繕令の原型となった。当時の道路はほとんど砂利道であり、勾配等も一定の規準がなく、個々別々に築造されていたため、国県道の新設または改築の標準、保存および修繕の方法等を定めたもので、在来道路においてもこの標準により漸次改良を加えるものとしている。築造計画、路面の築造、勾配および屈曲、堀割および盛土、橋梁暗渠および隧道、並木、保存および修繕の7章46条からなっている。路面の築造については、第11条に「道路の表面は割石をもって築造すべし、その馬車の通行頻繁ならず、搭載荷物重量ならざるものは砂利をもって築造するを得。ただし、その築造法はおおむね割石道路と同一たるべし。」として、マカダム式を原則としている。勾配および屈曲については、勾配は国道1/30以下、県道1/25以下、道路中心の曲線半径6間（10.9m）以上、曲線半径10間（18.2m）以下と坂路勾配1/40以上とを同所に用いないこと、曲線半径20間（36.4m）以下の曲線を直接背向させず両曲線の間に直線をおくことを規定している。橋梁の構造は橋面平積1坪につき400貫目の重量（454kg/㎡）を橋上満面に積載し得るものとすること、長さ5間（9.1m）以下の橋梁はその幅（欄干の中心より中心にいたる）を道路の幅員と同一に、長さ5間以上の橋梁はその幅（左右欄干の内法）を3間（5.5m）以上とすること、隧道の幅員は湿抜を除き幅3間以上、高さは路面より15尺（4.5m）以上とすることなどとしている。第36条には、「並木は地方の形状により主として雪を防ぎ、日光を覆いもしくは風を防ぐの目的をもって植付くべ

し。その種類は成長速かにして、かつ、行人もしくは道路障害なきもの
を選用すべし。」とし、第 43 条には、「路面の一方に修繕を加うるとき
は、馬車は好んで他の一方を通行すべきが故に、これがため、その一方
の破損を来すの患あり。また一時に路面の全幅を修繕するときは、通行
の馬車多くは同轍によるべきが故に、その修繕したる部分の未だ固結せ
ざる前において破損を生ずるの患あり。故に一時に広き面積の修繕に着
手すべからず。かつ、馬車の通行偏倚せざるよう、修繕すべき箇所を区
分すべし。」としており、馬車交通時代の規定として興味深いものがある。
ちなみに、明治元（1868）年に乗合馬車、明治 3（1870）年に人力車、
明治 9（1876）年頃には自転車が登場しているが、自動車が輸入された
のは明治 34（1901）年で、自動車台数は大正 2（1913）年 3 月末で 500
台をわずかに越える程度であった。したがって貨物輸送の主役を演じた
のは荷馬車で、明治 10（1877）年 500 台足らずのものが、大正元（1912）
年には 17 万 5,000 台余りに増加し、大正 15（1926）年には 30 万台に
達している。

　明治 21（1888）年には、公共道路条例および街路新設条例が起草され、
道路に関する法規の統一制定がはかられたが、決定をみるにはいたらな
かった。その後、明治 23（1890）年 12 月上記両案を合併した道路法案
の起草、明治 26（1893）年同法案について地方長官の意見聴取および明
治 28（1895）年土木会および土木監督署長会議への諮問、明治 29（1896）
年 12 月これらの意見により修正を加えた公共道路法案の第 10 回帝国会
議への上程・否決、明治 32（1899）年 12 月第 14 回帝国議会への道路
法案としての上程・審議未了、明治 35（1902）年土木会への諮問・修正、
明治 42（1909）年道路協議会による審議等を経て、明治 44（1911）年
成案が得られたが、議会に提出する運びにいたらなかった。

　さて、明治年間における道路整備のうち特記すべきものに、まず、東
京新橋・京橋間の銀座通りの整備があげられる。明治 5（1872）年の大
火後、中央車道 15 間（27.3m）、左右それぞれ 3 間（5.5m）の歩道を設
け、車道に砂利を敷き、歩道を煉瓦および板石で舗装したもので、明治
10（1877）年 5 月竣工した。つぎに、明治 7（1874）年から約 10 年間、

山形、福島、栃木の県令であった三島通庸が建設したいわゆる「三県新道」があげられる。この工事は当時としてはきわめて大規模なもので、この中には明治年間最長のトンネルである栗子隧道〔延長 482 間（876m）、明治 13（1880）年開通〕がある。また、清水越えの新道は明治 13（1880）年から明治 18（1885）年までに建設されたが、当時唯一の国直轄工事で、延長 45 里（177 ㎞）、幅員 3 間（5.5m）、平均勾配 1/40 であった。

　これらのほか、全国にわたって重要な道路については全額国庫あるいは国庫補助により整備が行われたが、いずれも放置できない部分の改築で、大部分が後の時代に譲られた。道路の維持修繕は、おおむね国県道は府県、里道は所属町村の負担とされており、改良工事で国庫補助がある場合も負担能力に乏しく、一方、鉄道開通の影響をうけ（明治末期鉄道営業キロ約 8,000 ㎞）有数の街道でも維持がなおざりにされ、雑草の繁茂するままという所なきにしもあらずという状況で、さらに、定められた幅員、勾配にもとづいて建設された道路はきわめてわずかであった。馬力といわれた大荷馬車による道路の損傷、さらに荷物自動車の出現による道路の損傷などから、道路改良の必要に迫られながらも、道路の実質的改善が進まず、明治年間を経過したのであった。

II-2　大正元年から第2次世界大戦終了までの道路整備

II-2-1　旧道路法の制定

　明治から大正へと我が国経済構造の近代化にともない、交通施設としての道路の整備に対する要求が高まり、道路法制の完備が望まれた。このような情勢から、明治21（1888）年以来の懸案であった道路法は、30年を経た大正7（1918）年12月第41回帝国議会で成立し、大正8（1919）年4月法律第58号として公布、翌年4月1日から施行され、道路行政の基本法の確立をみ、昭和27（1952）年道路法が制定・施行されるまで適用された。

　この旧道路法は、道路の種類、等級、路線の認定基準、道路の管理、費用の負担、監督および罰則等について定めている。第1条に「本法ニ於テ道路ト称スルハ一般交通ノ用ニ供スル道路ニシテ行政庁ニ於テ第二章ニ依ル認定ヲ為シタルモノヲ謂フ」と規定し、道路法上の道路の概念を明らかにした。また、道路はすべて国の営造物であるという考え方に立脚し、都道府県知事・市町村長は国の機関として道路を管理するという建前をとっている。

　道路の種類は、以下の旧道路法に示すように国道、府県道、郡道、市道、町村道の5種とし、国道については、東京市から神宮、府県庁所在地、師団司令部所在地、鎮守府所在地または枢要の海港に達する路線と、主として軍事の目的を得る路線とに2分類している。

　　第二章 道路ノ種類、等級及路線ノ認定
　　　第八條　道路ヲ分チテ左ノ五種トス
　　　　一　國道
　　　　二　府縣道
　　　　三　郡道
　　　　四　市道
　　　　五　町村道
　　　第九條　道路ノ等級ハ前條記載ノ順序ニ依ル

第十條　國道ノ路線ハ左ノ路線ニ就キ主務大臣之ヲ認定ス

　一　東京市ヨリ神宮、府縣廳所在地、師團司令部所在地、鎮守府所在地又ハ樞要ノ開港ニ達スル路線

　二　主トシテ軍事ノ目的ヲ有スル路線

第十一條　府縣道ノ路線ハ左ノ路線ニシテ府縣内ノモノニ就キ府縣知事之ヲ認定ス

　一　府縣廳所在地ヨリ隣接府縣廳所在地ニ達スル路線

　二　府縣廳所在地ヨリ府縣内郡市役所所在地ニ達スル路線

　三　府縣廳所在地ヨリ府縣内樞要ノ地、港津又ハ鐵道停車場ニ達スル路線

　四　府縣内樞要ノ地ヨリ之ト密接ノ關係ヲ有スル樞要ノ地、港津又ハ鐵道停車場ニ達スル路線

　五　府縣内樞要ノ港津ヨリ之ト密接ノ關係ヲ有スル樞要ノ地又ハ鐵道停車場ニ達スル路線

　六　府縣内樞要ノ鐵道停車場ヨリ之ト密接ノ關係ヲ有スル樞要ノ地又ハ港津ニ達スル路線

　七　數市町村ヲ連絡スル幹線ニシテ其ノ沿線地方ト密接ノ關係ヲ有スル樞要ノ地、港津又ハ鐵道停車場ニ達スル路線

　八　地方開發ノ爲必要ニシテ將來前各號ノ一ニ該當スヘキ路線

第十二條　郡道ノ路線ハ左ノ路線ニシテ郡内ノモノニ就キ郡長之ヲ認定ス

　一　郡役所所在地ヨリ隣接郡市役所所在地ニ達スル路線

　二　郡役所所在地ヨリ郡内村役場所在地ニ達スル路線

　三　郡役所所在地ヨリ郡内樞要ノ地、港津又ハ鐵道停車場ニ達スル路線

　四　郡内樞要ノ地ヨリ之ト密接ノ關係ヲ有スル樞要ノ地、港津又ハ鐵道停車場ニ達スル路線

　五　郡内樞要ノ港津ヨリ之ト密接ノ關係ヲ有スル樞要ノ地又ハ鐵道停車場ニ達スル路線

　六　郡内樞要ノ鐵道停車場ヨリ之ト密接ノ關係ヲ有スル樞要ノ地又ハ港津ニ達スル路線

　七　數市町村ヲ連絡スル幹線ニシテ其ノ沿線地方ト密接ノ關係ヲ有スル

　　　樞要ノ地、港津又ハ鐵道停車場ニ達スル路線
　　八　地方開發ノ爲必要ニシテ將來前各號ノ一ニ該當スヘキ路線
第十三條　市道ノ路線ハ市内ノ路線ニ就キ市長之ヲ認定ス
第十四條　町村道ノ路線ハ町村内ノ路線ニ就キ町村長之ヲ認定ス
第十五條　市町村長ハ市町村ノ爲特ニ必要アル場合ニ限リ市町村外ノ路線
　　ニ就キ地元市町村長ノ意見ヲ聞キ路線ノ認定ヲ爲スコトヲ得
　　　前項ノ路線ニシテ市長ノ認定シタルモノハ市道ノ路線、町村長ノ認定
　　シタルモノハ町村道ノ路線トス
第十六條　上級ノ道路ト下級ノ道路ト路線カ重複スル場合ニ於テハ其ノ重
　　複スル部分ハ上級ノ道路トス

　なお、この旧道路法は大正 11（1922）年 3 月に改正され、上記の第 2
章関係については以下のようになり、道路種類は郡道が廃止され 4 種類
となった。

　　第八條中「五種」ヲ「四種」ニ改メ「三　郡道」ヲ削リ第四號ヲ第三號トシ
　　　第五號ヲ第四號トス
　　第十一條中「數郡市ヲ連結スル幹線」ヲ「數市町村ヲ連結スル重要ナル幹線」
　　　ニ改メ第八號ヲ第九號トシ左ノ一號ヲ加フ
　　八　樞要ノ港津又ハ鐵道停車場ヨリ之ト密接ノ關係ヲ有スル國道又ハ府
　　　縣道ニ連絡スル路線
　　第十二條　削除

　この旧道路法が制定されてから、あらためて国道については前述の第
10 条の 1 は、大正 9（1920）年 4 月 1 日内務省告示第 28 号をもって 38
路線、第 10 条の 2 については大正 12（1923）年 12 月 25 日内務省告示
第 125 号をもって 26 路線が認定された。大正 10（1921）年末における
道路延長は、国道 2,090 里（8,208 km）、府県道 13,186 里（51,785 km）、
郡道・市道・町村道 209,870 里（824,216 km）となった。大正 13（1924）
年 3 月の郡道の廃止により、その大半が府県道に吸収され、府県道延長

は 23,895 里（93,842 km）に増加した。

　道路の管理者は、国道は府県知事、その他の道路は路線の認定者とし、道路の新設・改築・修繕および維持は管理者が行うものとした。なお大正 11（1922）年には、「主務大臣必要アリト認ムルトキハ国道ノ新設又ハ改築ヲ為スコトヲ得」という規定が加えられている。道路に関する費用については、軍事国道および主務大臣が指定する国道の新設または改築に要する費用は全額国庫負担、上述の直轄国道およびその他の国道の新設または改築に要する費用はそれぞれ 2/3 および 1/2 を国庫負担とし、これらの残余およびその他は管理者たる行政庁の統轄する公共団体の負担とされた。

　その他、受益者負担制度として第 39 条に「道路ニ関スル工事ニ因リ著シク利益ヲ受クル者アルトキハ管理者ハ其ノ者ヲシテ利益ヲ受クル限度ニ於テ道路ニ関スル工事ノ費用ノ一部ヲ負担セシメルコトヲ得」、損傷者負担制度として第 40 条に「特ニ道路ヲ損傷スル原因ト為ルベキ事業ヲ為ス者アル場合ニ於テ管理者ハ之ガ為ニ要スル道路ノ維持又ハ修繕ノ費用ノ一部ヲ其ノ事業ニ負担セシムルコトヲ得」と規定し、また第 26 条には「管理者ニ非ル者ハ管理者ノ許可又ハ承認ヲ得テ一定ノ期間橋銭又ハ渡銭ヲ徴収スルコトヲ得ル橋梁又ハ渡船場ヲ設ケルコトヲ得」、第 27 条には「管理者ハ特別ノ事由アル場合ニ限リ橋銭又ハ渡銭ヲ徴収スル橋梁又ハ渡船場ヲ設ケルコトヲ得」とし、橋梁および渡船場に限定して有料制度を採用している。

II-2-2　道路の構造基準

　道路の構造基準については、大正 8（1919）年 12 月内務省令第 24 号で道路構造令、同第 25 号で街路構造令が制定された。道路構造令では、有効幅員を国道 4 間（7.3m）以上〔山地その他特殊な箇所の縮小限度 1 間（1.8m）、以下同じ〕、府県道 3 間（5.5m）以上〔3 尺（0.9m）〕、主要な市道 3 間以上（1 間）、主要な町村道 2 間以上（3 尺）、勾配を国道 1/30 以下、府県道 1/25 以下、特殊な箇所 1/15 以下、山地でやむを得ない箇

所は延長 40 間（72.7m）以内に限り 1/10 まで、曲線半径を国道および府県道 30 間（54.5m）以上（特殊な箇所 6 間まで）としている。国道および府県道の路面の構造は、車輪の輪帯幅 1 寸あたり 100 貫の荷重（12.4kg/㎝）に耐え得ることを標準としている。また国道および府県道のトンネルの有効幅員を 3 間半（6.4m）以上、路面からの高さを 15 尺（4.5m）以上、国道および府県道の橋梁の有効幅員を橋長 4 間未満の場合は道路の有効幅員と同一、橋長 4 間以上の場合 3 間以上、橋梁の荷重を橋面 1 平方尺あたり 12 貫に相当する群集荷重（490kg/㎡）、国道 2100 貫（7,875 kg）の車両・12t 輾圧機、府県道 1700 貫（6,375 kg）の車両としている。その他、側溝、路端の高さ等を定めている。なお、大正 10（1921）年 10 月には、長さおよび重量の単位が尺貫法からメートル法に改正された。

　ついで大正 15（1926）年には、道路を計画し設計する場合の具体的基準として、道路の有効幅員の定義、路肩の幅員、待避所の長さ、最小縦断勾配、急勾配の区間の制限長、坂路における屈曲部の曲線半径、安全視距、屈曲部における拡幅、路面の種類に応じた横断勾配、屈曲部における横断勾配、踏切道の構造、橋梁の取付道路などについて規定した道路構造に関する細則が制定された。この制定にあたっての当時の報告によれば、つぎのように、馬車交通時代から自動車交通時代への過渡期の情勢がうかがわれる。

　　「今日の交通は、高速度車両が発達し、全国的になったにもかかわらず、各府県道路改良の設計を見るにまちまちであって、統一を欠いている憾みがあるので、さきに制定された道路構造令の趣旨により、国道、府県道の設計標準となるべき細則を定めたのである。近来自動車交通が次第に発達してきたとはいいながら、自動車交通のみを考えて馬力交通を無視することができないのである。したがって今日の道路は、自動車交通に便利な道路であって、しかも馬力交通に不便でない道路でなければならないのである。道路の構造の要素は、主として幅員、勾配、屈曲にあるが、これらは車両の種類、速度ならびに連結の方法によって変わってくるのである。本細則決定に際して、必要なこれらの各要素

ならびにその相互の関係は、各国の実例を参酌して、我が国の現状にかんがみ、最も適当と信ずるものを採用したのである。　急坂路の長さを決定するには、馬力の牽引する荷重を決定することが必要であるが、山地においては多くを望むことができないのであるから、230 貫（862.5 kg）位を標準とし、安全視距の決定には、国道においては 20 マイル、府県道においては 15 マイル位の速度で走りうる長さを採用したのである。屈曲部幅員拡大の決定には、乗用自動車のやや大なるもの、貨物自動車の 3t 前後で、単車の場合のみを考えたのであるから、大なる自動車でも、ごく緩やかな速度で通る場合は通り得るが、高速度で自由に通るためには、なおいっそう拡大する必要がある。……」

なお、この細則と同時に、内務省道路橋構造細則が公にされ、一、二および三等橋に対しそれぞれ 12、8 および 6t の自動車荷重、14、11 および 8t の輾圧機荷重が規定された。

さて、自動車保有台数は大正 8（1919）年当時 5,000 台程度に過ぎなかったものが、昭和 2（1927）年には 5 万台、昭和 9（1934）年には 15 万台を越え（表Ⅱ-2-1）、上述の構造令および組則では交通情勢に対処できないものとなり、昭和 10（1935）年には道路構造令並同細則改正案が作成された。これは案のままに終ったが、実質的には昭和 28（1953）年道路構造令第 2 次案が公にされるまで道路構造の基準となった。

表 II -2-1 昭和元 (1926) 年と昭和 9 (1934) 年との車両台数の比較[2]

(単位:台)

区　　分	昭和元年(A)	昭和 9 年(B)	B/A
自動車（普通）	40,070	112,540	2.82
〃　（特種）	−	4,938	−
〃　（小型）	−	39,095	−
自　転　車	4,597,008	6,895,256	1.50
人　力　車	77,321	23,247	0.30
荷　　　車	1,963,107	1,565,936	0.80
荷　牛　馬　車	392,900	400,743	1.02
乗　用　馬　車	239	107	0.45
乗　合　馬　車	3,714	1,213	0.33
計	7,074,359	9,043,075	

資料）道路構造令並同細則改正案 解説

　この案は、国道、指定府県道、その他の府県道を対象とし、自動車交通を中心に構造諸元を定めている。有効幅員については、自動車の占有幅を考慮して最小の車線を確保するよう、国道 7.5m 以上（山地その他特殊な箇所に限り、6.0m、以下同じ）、指定府県道 6.0m 以上（5.5m）、その他の府県道 5.5m 以上（4.5m）、これらの有効幅員より大きな有効幅員を必要とする場合は 11m まで 11.0、9.0、7.5、6.0m とするものと規定している。また、地形を平坦部、丘稜部、山岳部の 3 区分とし、地形等に応じた設計速度を設定して、最小曲線半経、安全視距、屈曲部の拡幅、片勾配、緩和区間、最急勾配等を規定している。自動車の安全な交通を確保するための必要な路上空間として、建築限界が定められている。表 II -2-2 に設計速度、最小曲線半径、最小視距および最急勾配を示す。

---

[2] 今井勇，井上孝，山根孟：道路の長期計画，（株）技術書院，1971，p19

表 II -2-2　昭和 10（1935）年
道路構造令並同細則案における線形関係諸元[3]

道路の種類	国　道			指定府県道			その他の府県道		
地形の区分	平坦部	丘稜部	山岳部	平坦部	丘稜部	山岳部	平坦部	丘稜部	山岳部
設計速度（km/h）	60	60	40	60	55	35	60	50	30
最小曲線半径（m）	300	150	50	200	100	40	150	75	30
最小視距　（m）	100	100	60	100	90	55	100	80	50
最急勾配　（%）	3	4	5	3	4	5	4	5	6

注　1）最小曲線半径は、特殊の箇所においては 15m まで、反向曲線においては 11m まで
　　　縮小することができる。
　　2）最小視距は、中心線の半径 30m 未満の箇所においては 30m まで、反向曲線におい
　　　ては 20m まで縮小することができる。
　　3）最急勾配は、特殊の場合に限り、平坦部は 5% まで、丘稜部は 6% まで、山岳部は 10%
　　　まで急とすることができる。

　その後昭和 14（1939）年には、内務省により鋼道路橋設計示方書案お
よび鋼道路橋製作示方書案が作成され、鋼道路橋の設計製作の具体的、
統一的な基準が確立された。橋梁を一等橋と二等橋とに分け、一等橋は
国道および小路一等以上の街路、二等橋は府県道および小路二等の街路
に架設する橋梁とし、それぞれ 13 および 9t の自動車荷重、17 および
14t の輾圧機荷重が規定されている。

II -2-3　道路整備計画と道路整備の推移

　道路整備に関する我が国最初の長期計画は、大正 9（1920）年度を初
年度とする計画期間 30 ヵ年、所要国費 2 億 8,280 万円の第 1 次道路改
良計画で、大正 8（1919）年勅令第 281 号によって設置された道路会議
に諮問して樹立されたものである。本計画は、①道路法第 10 条第 1 号
に該当する国道約 2,000 里（7,855 km）のうち、道路 1775 里（6,971 km）、
橋梁約 36 里（141 km）を改修することとし、工費の 1/2、トンネルまた
は大橋梁等多額の工費を要するものに対しては工費の 2/3 を補助するも
のとして 1 億 6,608 万 4,000 円を計上、②道路法第 10 条第 2 号に該当

---

[3] 今井勇，井上孝，山根孟：道路の長期計画，（株）技術書院，1971，p20

する主として軍事の目的を有する国道 72 里（283 km）を改修することとし、全額国庫負担として 680 万円を計上、③軍事上その他特殊の事由により国家的見地にもとづいて、新設改築を必要とする主要府県道約 400 里（1,571 km）について、工費の 1/3、トンネルまたは大橋梁等多額の工費を要するものに対しては工費の 1/2 を補助するものとして 1,700 万円を計上、④東京・大阪・京都・横浜・神戸・名古屋の 6 大市の街路改良に工費の 1/3 を補助するものとして 8,930 万円を計上、⑤以上の工事の施行監督、工事用材料の適否を指導するための土木試験を行うものとして 361 万 6,000 円を計上し、改修の標準、計画の年度割等を定めている。その財源は主として公債に求められ、大正 9（1920）年法律第 59 号により道路公債法が制定された。この計画は、大正 9（1920）年度から大正 11（1922）年度まで予定された年度割にしたがって順調に進められたが、第 1 次世界大戦後の経済界の不況、大正 12（1923）年度の公債発行中止、関東大震災のための予算削減を余儀なくされ、以後道路予算はしりすぼまりとなった。

　すでに述べたように、この頃から自動車が道路交通の主役へと変化をみせはじめ、大正 15（1926）に年は、府県道のうち重要なもの 6,000 里（23,564 km）が指定府県道として指定され、このうち 2,000 里（7,855 km）を対象とした自動車道路助成 10 箇年計画が立案された。さらに昭和 4（1929）年には、指定府県道のうちもっとも重要なもの 1,500 里（5,891 km）を選択し、所要工費 1 億 8,000 万円の 1/3 を補助する産業道路改良計画が立案された。これらの計画は、財政事情からいずれも実施にいたらなかった。

　第 1 次世界大戦後の不況は、昭和 6（1931）年その頂点に達した。このため道路公債が復活され、公債約 2,300 万円の発行により失業救済事業が行われた。昭和 6（1931）年度の道路予算は 2,850 万円で、前年度の 350 万円に比して飛躍的なものがあり、道路改良が進んだ。一方、根本的な失業救済対策としては産業の振興を図るべきであり、道路改良によって自動車の機能を産業の発達に利用すべきであるとの認識のもとに、昭和 7（1932）年度には、計画期間 5 ヵ年、所要国費 2 億 1,200 万円の

（産業振興）道路改良五箇年計画が策定された。この計画では、普通国道（道路法第 10 条第 1 号該当）延長 1,927 里（7,568 km、北海道を除く）のうち改良を要するもの 1,727 里（6,782 km）の改良には約 3 億 8,200 万円を必要とするが、従来の補助政策のみでは技術上経済上不得策であり、急に迫っている改良工事を促進することができないため、その一部を政府自ら直轄により改良するものとし、延長 560 里（2,199 km）について工費 1 億 4,017 万 5,000 円が計上され、国道の直轄工事が大幅に導入された。また農村の窮状打開のため、主として町村道を補助する農村振興道路助成費が創設された。昭和 8（1933）年度には、両者をあわせ時局匡救道路改良事業として事業が進められた。昭和 9（1934）年度には、冷害・干害・室戸台風による風水害など全国各地の災害応急救済のための道路費が支出されている。

　以上のように道路事業は時局対策としてその成果をあげたが、道路改良の要求とは必ずしも一致せず、昭和 7（1932）年度末の国道改良率は 8％にとどまっていた。このため、昭和 9（1934）年度を初年度とする計画期間 20 ヵ年、事業費 12 億 4,357 万 6,000 円・予算額 7 億 7,625 万円・国費 6 億 2,666 万 1,000 円の第 2 次道路改良計画が、昭和 8（1933）年の勅令第 225 号により設置された土木会議（道路会議は関東大震災の翌年廃止）に諮問して樹立された。この計画は、①普通国道 7,526 km のうち近代交通に適応しない 6,903 km を政府直轄により改良・舗装するものとして 4 億 4,876 万 8,000 円を計上　②軍事国道 308 km のうち未改良の 275 km を改良するものとして 840 万円を計上　③指定府県道 20,422 km のうち未改良区間 17,360 km の改良と改良済み未舗装区間 3,062 km の舗装とについて、これらに要する工費 7 億 1,886 万円に対し原則として 1/3 を補助するものとして 2 億 5,153 万 4,000 円を計上　④その他補助事業として継続中の国道、府県道および街路の改良工事に対して 10 ヵ年間に補助するものとして 4,100 万 8,000 円を計上　⑤事務費に 2,654 万円を計上し、改良の標準、計画の年度割等を定めている。その財政については、「第 2 次道路改良計画遂行ノ為政府ハ今後二十箇年内ニ国費約 6 億 2,600 余万円ヲ支出スルコトトシ其ノ財源ハ国家ノ財政ニ於テ普

通財源ニ多キヲ期待シ難キ現状ニ鑑ミ専ラ道路公債法ニ基ク公債其ノ他ノ公債財源ニ依リ之ヲ支弁シ政府ニ於テ直轄施行スル国道改良費ハ之ヲ継続費ト為シ中途ニ於テ変更ヲ加フルコトナク必ス所定年度内ニ事業ノ完成ヲ図リ本計画ノ実現ヲ期セラレムコトヲ望ム」としている。また、京浜間国道および関門連絡施設等特殊なものについては別途考究するものとしている。京浜間国道については、交通飽和の状態を呈し、自動車交通の機能を著しく阻害し、交通上の危険が少なくなかったため、現国道と別途に国道新線を認定し、工費約 1,560 万円をもって直轄改良するとともに、補助路線である府県道（現在の中原街道）の改良を促進する計画が、昭和 9（1934）年 1 月議決された。なお、「専ラ高速度交通ニ供スル道路ノ設定ニ関シテハ将来交通情勢ノ進展ニ鑑ミ別途方策ヲ樹ツルコト」としている。また同時に、甲府下諏訪間および前橋新潟間の国道昇格が認められ、普通国道は 40 路線、軍事国道は 27 路線となった。これらにより、第 2 次道路改良計画の予算額は 8 億 33 万 4,000 円に更正された。

　この計画も時局に左右されたが、昭和 11（1936）年度には、新京浜国道ほか 6 ヵ所、工費 2,033 万 7,657 円、工期 6 ヵ年の国道改良継続費が創設され、昭和 12（1937）年度には、第 2 次道路改良計画の実行策として産業伸長道路改良五箇年計画が策定されるなど、道路整備の計画的遂行に努力が払われた。

　さて、昭和 13（1938）年の自動車台数は戦前最高の 20 万台に達し、自動車走行経費の低減、道路の維持修繕などの観点から、舗装普及の必要性が認識されるようになった。当時の舗装状況は、内地の国道 7,761 km（うち改良済 2,170 km）のうち 1,220 km、府県道 106,632 km（うち改良済 12,332 km）のうち 2,780 kmに過ぎなかった。このため、昭和 14（1939）年 10 月土木会議に諮問して道路舗装二箇年計画が樹立された。この計画は、自動車交通量 300 台/日以上または緊急に舗装を必要とする区間について、国道 494 kmのコンクリート舗装（工費 1,235 万円）、府県道 679 kmのコンクリート舗装（工費 1,493 万 9,000 円）および 1,923 kmの簡易舗装（工費 1,586 万 4,000 円）を実施するもので、昭和 15（1940）

年度の予算編成にあたり3ヵ年継続工事となった。なお、コンクリート舗装箇所の平均日交通量は、国道536台、府県道370台であった。

　昭和15（1940）年度から昭和17（1942）年度まで年々5万円の予算により重要道路整備調査が実施されている。この調査は、道路および道路交通現況、道路輸送、輸送経済、道路構造、自動車の燃料問題、道路財政、道路計画など基本的かつ広汎な調査で画期的なものであった。この頃ドイツのアウトバーンに影響され、産業と軍事とを双翼として自動車道路計画がはなばなしく論じられ、昭和18（1943）、19（1944）年度には東京・神戸間の本格的な路線調査が行われている。

　この年代で国直轄により実施された主な区間を例示すれば、第二京浜国道、横浜市〜藤沢市、国府津市〜箱根町、名古屋市〜三重県富田町、京津国道（大津〜京都）、明姫国道（明石〜姫路）、岡山市〜倉敷市、福岡県福間町〜福岡市〜二日市町、別府市〜大分市、東京市〜草加市、岩沼町〜仙台市、浅虫温泉〜青森市、栗子峠、千葉街道（東京市〜千葉市）、甲州街道（東京市〜八王子市）、中仙道（東京市〜大宮町）、親不知、富山市〜高岡市、海田市などである。また、昭和初期から問題となっていた下関・門司間の連絡道路は、昭和12（1937）、13（1938）年度において地質その他の基礎調査を完了し、昭和14（1939）年2月土木会議に諮問し、トンネルとしての計画が決定され、総工費1,700万円（ほかに事務費102万円）、10ヵ年継続事業として着工の運びとなった。関門トンネルは幾多の経緯をたどり、昭和33（1958）年有料道路として供用が開始された。

II-3 第2次世界大戦後の応急対策と道路整備体制の確立

II-3-1 戦後の応急対策

第2次世界大戦のためあらゆるものが戦争目的に動員され、道路も低い整備水準のまま酷使され、荒廃したまま終戦を迎えた。昭和20(1945)年8月終戦と同時に我が国に進駐してきた連合軍が第一に要求した事項は、厚木〜横浜、厚木〜横須賀、横浜〜横須賀間の道路清掃であった。これは直ちに神奈川県によって実施された。ついで連合軍最高司令部指令による幹線道路の地名標識の設置、進駐軍現地部隊の指示による道路修繕等の事業であった。

昭和21(1946)年9月、公共事業処理要綱が閣議決定され、経済安定本部の認証によって事業が実施されることとなった。もっぱら戦災復興と民生安定に重点がおかれ、鉱産物・林産物・農産物・水産物・石炭亜炭の生産搬出に直ちに効果をもたらす道路改良事業(生産道路改良事業)がとりあげられ、あわせて失業者の吸収に考慮が払われた。

昭和23(1948)年11月、連合軍最高司令部は、日本政府に対して「日本の道路および街路網の維持修繕五箇年計画」をすみやかに樹立するよう覚書を発した。この覚書にもとづいて直ちに計画が策定され、昭和26(1951)年4月覚書が失効するまで、維持修繕を重点として事業が実施され、荒廃した道路の修復に大きな効果をもたらした。なお、連合軍の機材、材料に対する援助は、技術的にも大きな影響を与えた。また、昭和25(1950)年度には対日援助見返資金が道路事業にも投入され、東海道整備、四ツ木橋等重要橋梁架換、その他道路改良など、当時としては大規模な工事が実施された。

この間、昭和23(1948)年には自動車台数も戦前最高の20万台を越えた。また、道路の修繕を促進するための特別措置として、道路の修繕に関する法律(昭和23(1948)年12月法律第282号)が制定された。かくて、戦後の応急的な維持修繕から改良に重点が移行する時期を迎え、急速に道路整備体制の基礎が確立されていった。

Ⅱ-3-2　道路整備体制の確立（道路に関する法令）[iii,iv,v]

　道路法は、戦後における民主主義を基調とした諸制度の変革、とくに国と地方との行政体制検討の一環として全面的改正が進められ、昭和27（1952）年4月第13回国会に議員提案により提出され、若干の修正を経て6月に成立、昭和27（1952）年6月法律第180号として公布、同年12月5日から施行された。

　道路法の特色は、①道路はすべて国の営造物であるという観念を改め、一級国道及び二級国道は国の営造物、その他の道路は地方公共団体の営造物であるという考え方をとったこと、②道路の種類を一級国道、二級国道、都道府県道及び市町村道の4種とし、路線の決定方法を改めたこと、③道路の区域が決定された後、道路の使用が開始されるまでの間の土地の形質変更、工作物の新設、改築等に関する制限について新たな制度（道路予定区域制度）を設けたこと、④道路の機能を発揮させるため、道路の使用に関する調整規定を整備したこと（道路占用に係る規定の充実等）、⑤一定の車両の通行禁止等の道路と車両との調整に関する規定を新たに設けたこと、⑥道路の新設、改築に伴う損失補償制度を設けたこと、⑦道路審議会の設置を法定したこと等である。

　一級国道については昭和27（1952）年12月政令第477号により40路線9,025km、二級国道については昭和28（1953）年5月政令第96号により144路線14,847kmがそれぞれ指定された。その後さらに追加されているが、詳細は章を改めて述べる。

　なお、昭和32（1957）年には高速自動車国道法が昭和32（1957）年4月法律第79号として公布施行され、道路の種類に高速自動車国道が追加された。また、昭和39（1964）年には一級国道、二級国道の区別が廃止され、一般国道として統合されることとなった。

　昭和29（1954）年に第1次道路整備五箇年計画が策定され、五箇年計画に基づき道路整備を実施する現在の道路行政の基本的な形が確立した。本計画は揮発油税を特定財源とし、それまでのきわめて少ない我が国の道路投資を大幅に拡大するものであった。さらに昭和30（1955）年には地方道路税、翌31（1956）年には軽油引取税が特定財源として創設され、

地方の道路財源が充実された。また、昭和 31（1956）年には、新たな道路整備特別措置法が制定され、同時に日本道路公団が設立されて現行の有料道路制度が確立している。

その後、昭和 30 年代、40 年代の高度成長期を経て、道路交通は急激に増大し、同時に所得水準の向上に伴いモビリティに対する欲求も高まり、こうした欲求に対応するため五箇年計画に基づいた道路整備が計画的に進められてきた。この結果この間の道路整備水準は著しく改善され、産業経済活動を支える基盤として高度経済成長に大きく貢献してきた。

現在、道路行政を規律している法令は、道路法を中心としてかなり多数のものがあるが、大別すると次の 5 つのグループに分類できる。第一は、基本的な道路の管理に関する法律、第二は、道路の整備の促進のための政策的な法律、第三は、有料道路に関する法律、第四は道路環境対策に関する法律、第五は上記のいずれにも属さないその他の法令である。

他方、道路は、地域開発や都市計画においても重要な地位を占め、地域開発関係法、都市計画法等の中にも道路に関する規定が多く存在する。また、道路に関する行政処分に対する救済手続については、国・地方公共団体の行政行為全般に適用のある行政不服審査法、行政事件訴訟法、国家賠償法等の諸法令がある。

(1)　基本的な道路の管理に関する法律

(a)　道路法（昭和 27（1952）年法律第 180 号）

道路に関する基本法であり、道路の種別、指定・認定手続等を定めるとともに、その管理体系を明示している。また、道路がその本来の機能を果たすことができるよう道路の占用、保全に必要な諸規定を整備しているほか道路の管理に必要な費用負担区分等を定めている。次の III 章で詳説する。

(b)　道路法施行法（昭和 27（1952）年法律第 181 号）

旧道路法（大正 8（1919）年法律第 58 号）を廃止し、新道路法（昭和 27（1952）年法律第 180 号）施行の際の経過規定を定めたものである。

(c)　道路の修繕に関する法律（昭和 23（1948）年法律第 282 号）

道路法で国の負担又は補助の対象とならない道路の修繕工事について、その緊急性にかんがみ、当分の間その費用の一部を補助すること等を定めている。戦後、道路の荒廃がはなはだしく、地方公共団体の負担だけでは、これをはかばかしく復旧整備させることがほとんど不可能であったことから制定された法律である。

(d)　共同溝の整備等に関する特別措置法（昭和 38（1963）年法律第 81 号）

共同溝の建設及び管理に関する特別の措置等を定めたものである。すなわち、道路の掘り返しを規制し、道路交通の障害及び道路の不経済な損傷を防止するため、大都市における特定の道路について、道路管理者が自ら共同溝を設置しうることを定めている。その費用の一部は、これまで掘り返しをしてきたガス、水道等の地下占用工事の起業者である関係公益事業者に負担させるとともに、国は道路管理者の負担分について一定の割合で補助し、負担することができる。また公益事業者は道路管理者の許可を得て共同溝を占用しうる。

(e)　電線共同溝の整備等に関する特別措置法（平成 7（1995）年法律第 39 号）

電線共同溝の建設及び管理に関する特別の措置等を定めたものである。すなわち、安全かつ円滑な交通の確保と景観の整備を図るため、特定の道路について、道路管理者が自ら電線共同溝を設置しうることを定めている。その費用の一部は電線共同溝を占用する者が負担するとともに、国は道路管理者の負担分について一定の割合で補助し、負担することができる。電力・通信事業者等は道路管理者の許可を得て電線共同溝を占用することができるとともに、道路管理者は、電線共同溝が設置された道路において地上の占用を制限する。

(f)　無電柱化の推進に関する法律(平成 28(2016)年法律第 112 号)

　災害の防止、安全・円滑な交通の確保、良好な景観の形成等を図るため、無電柱化の推進に関し、基本理念、国の責務等、推進計画の策定等を定めている。無電柱化の推進に関する施策を総合的・計画的・迅速に推進することを目的としている。

(g)　高齢者、障害者等の移動等の円滑化の促進に関する法律（平成 18
　　（2006）年法律第 91 号）

　高齢者、障害者等の円滑な移動及び建築物等の施設の円滑な利用を促進するため、主務大臣による基本方針並びに旅客施設、建築物及び道路等の構造並びに設備の基準の策定のほか、市町村が定める重点整備地区において、高齢者、障害者等の計画階段からの参加を得て、旅客施設、建築物等及びこれらの間の道路等の経路の一体的な整備を推進するための措置を定めたものである。

(h)　国土開発幹線自動車道建設法（昭和 32（1957）年法律第 68 号）

　昭和 32（1957）年に、国土開発縦貫自動車道建設法が制定され、その後東海道幹線自動車国道建設法、関越自動車道建設法、東海北陸自動車道建設法、九州横断自動車道建設法及び中国横断自動車道建設法が制定された。その後、昭和 41（1966）年に、国土開発縦貫自動車道建設法に、東海道幹線自動車国道建設法ほか四法を統合し、題名が国土開発幹線自動車道建設法に改正され、現在に至っている。この法律は、国土の普遍的開発を図り、画期的な産業の立地振興及び国民生活領域の拡大を期するとともに、産業発展の不可欠の基盤である全国的な高速自動車交通網を新たに形成させることとしている。予定路線は 43 路線約 11,520 km である。建設する路線の基本計画は国土交通大臣が立案し、国土開発幹線自動車道建設会議の議を経て決定する。

(i)　高速自動車国道法（昭和 32（1957）年法律第 79 号）

　高速自動車国道に関する基本法で、道路法に定めるもののほか、路線

の指定、整備計画、管理、構造、保全等に関する事項を定めている。高速自動車国道の整備を図り、自動車交通の発達に寄与することを目的としている。

(2)　道路整備を促進するための政策的な法律

(a)　社会資本整備重点計画法（平成 15（2003）年法律第 20 号）

社会資本整備事業を重点的、効果的かつ効率的に推進するため、社会資本整備重点計画の策定等の措置を講ずることにより、交通の安全の確保とその円滑化、経済基盤の強化、生活環境の保全、都市環境の改善及び国土の保全と開発を図り、もって国民経済の健全な発展及び国民生活の安定と向上に寄与することを目的としている。

この法律に基づき、現在は平成 27（2015）年度から平成 32（2020）年度を計画期間とする第 4 次社会資本整備重点計画が平成 27（2015）年 9 月 18 日に閣議決定されている。

(b)　道路整備事業に係る国の財政上の特別措置に関する法律（昭和 33 （1958）年法律第 34 号）

道路の交通の安全の確保とその円滑化を図るとともに、生活環境の改善に資するため、道路の改築に関する国の負担又は補助の割合の特例その他道路整備事業に係る国の財政上の特別措置を定め、もって国民経済の健全な発展と国民生活の向上に寄与することを目的としている。

この法律は、昭和 33（1958）年に「道路整備費の財源等に関する臨時措置法」（昭和 28（1953）年制定）を廃止し、「道路整備緊急措置法」が施行され、さらに平成 15（2003）年に「道路整備費の財源等の特例に関する法律」に、平成 20（2008）年に現行の「道路整備事業に係る国の財政上の特別措置に関する法律」に改正された。

(c)　特別会計に関する法律（平成 19（2007）年法律第 23 号）

道路整備事業に関する政府の経理を明確にするため社会資本整備事業特別会計に道路整備勘定を設置することを定めたもののほか、特別会計

の管理に関する事項等を含めたものである。

(d) 積雪寒冷特別地域における道路交通の確保に関する特別措置法 （昭和 31（1956）年法律第 72 号）

積雪寒冷の度が特にはなはだしい地域における道路交通を確保するため、当該地域内の道路につき、除雪、防雪及び凍雪害の防止について特別の措置を定めたもので、当該地域における産業の振興と、民生の安定に寄与することを目的としている。国土交通大臣は「積雪寒冷特別地域道路交通確保五箇年計画」の案を作成し閣議決定を求めなければならないこととされている。このほか、費用の補助の特例が定められている。

(e) 踏切道改良促進法（昭和 36（1961）年法律第 195 号）

踏切道の改良を促進することによって交通事故の防止及び交通の円滑化に寄与することを目的としている。平成 28（2016）年には、事故や渋滞等の原因となる課題のある踏切道について、改良の方法が合意されていなくとも改良すべき踏切道として法指定する仕組みに改正し、新たに地方踏切道改良協議会制度を設け、地域の声を取り込みながら当面の対策や踏切道周辺対策など幅広い手法も活用して対策を促進することを定めている。

(f) 交通安全施設等整備事業の推進に関する法律（昭和 41（1966）年 法律第 45 号）

交通事故が多発している道路その他緊急に交通の安全を確保する必要がある道路について、交通安全施設等整備事業を実施することによって交通環境の改善を行うことを目的としている。交通安全施設等整備事業とは、第一に、都道府県公安委員会が行う信号機、道路標識又は道路標示の設置並びに交通管制センターの設置に関する事業、第二に、道路管理者が行う横断歩道橋、歩道及び自転車道の設置、道路標識、さく、街燈、区画線の設置等に関する事業をいう。

(g)　自転車道の整備等に関する法律（昭和 45（1970）年法律第 16 号）

　自転車道の整備等に関し必要な措置を定め、交通事故の防止と交通の円滑化に寄与し、併せて国民の心身の健全な発達に資することを目的としている。国及び地方公共団体はこの目的を達成するため、自転車道整備事業が有効かつ適切に実施されるよう必要な配慮をしなければならないこと等を規定している。

(h)　自転車の安全利用の促進及び自転車等の駐車対策の総合的推進に関する法律（昭和 55（1980）年法律第 87 号）

　自転車の交通に係る事故の防止と交通の円滑化並びに駅前広場等の良好な環境の確保及びその機能の低下の防止を図り、あわせて自転車利用者の利便の増進に資することを目的として制定され、自転車に係る道路交通環境の整備及び交通安全活動の推進、自転車の安全性の確保、自転車駐車場の整備等に関する必要な措置について規定している。

(i)　自転車活用推進法（平成 28（2016）年法律第 113 号）

　自転車の活用の推進に関し、基本理念を定め、国の責務等を明らかにし、施策の基本となる事項を定めるとともに、自転車活用推進本部を設置することにより、自転車の活用を総合的かつ計画的に推進する。

(3)　有料道路に関する法律

(a)　道路整備特別措置法（昭和 31（1956）年法律第 7 号）

　道路の整備を促進し、交通の利便を増進するために、通行又は利用について料金を徴収することができる有料道路制度を道路法の特則として認め、有料道路の新設、改築、その他の管理及び料金の徴収等に関し、所要の規定を定めたものである。

(b)　高速道路株式会社法（平成 16（2004）年度法律第 99 号）

　高速道路の建設・管理・料金徴収を行う特殊会社として、東日本高速道路株式会社等 6 会社を設立し、高速道路の新設、改築、維持、修繕そ

の他の管理を効率的に行うこと等により、道路交通の円滑化を図り、もって国民経済の健全な発展と国民生活の向上に寄与することを目的とする。会社の事業範囲、協定の締結、国との関係等について規定している。

(c)　独立行政法人日本高速道路保有・債務返済機構法（平成 16（2004）年法律第 100 号）

高速道路に係る道路資産の保有・貸付け、債務の早期の確実な返済等を行う独立行政法人として日本高速道路保有・債務返済機構を設立し、機構は業務実施計画を作成し、民営化から 45 年後までに解散することなどを規定している。

(d)　日本道路公団等民営化関係法施行法（平成 16（2004）年法律第 102 号）

日本道路公団等民営化関係法の施行に関し、新たな組織の設立及び公団の解散に係る手続、業務の引継ぎ等経過措置、道路関係四公団法の廃止その他関係法律の整備等、施行期日、民営化後 10 年以内の検討などを規定している。

(e)　本州四国連絡橋の建設に伴う一般旅客定期航路事業等に関する特別措置法（昭和 56（1981）年法律第 72 号）

本州四国連絡橋の建設に伴い影響を受ける一般旅客定期航路事業等に係る影響の軽減を図ることを目的とする。一般旅客定期航路事業の再編成、当該事業を営む者に対する助成及び離職者の再就職の促進等に関する措置を講ずることとしている。

(f)　本州四国連絡橋公団の債務の負担の軽減を図るために平成 15（2003）年度において緊急に講ずべき特別措置に関する法律（平成 15（2003）年法律第 35 号）

本四公団の債務のうち、政令で定める長期借入金及び本州四国連絡橋債券に係る債務（計約 1.34 兆円）を一般会計において継承すること等を

規定している。

　(g)　地方道路公社法（昭和 45（1970）年法律第 82 号）

　都道府県及び政令で指定する人口五十万以上の市において、有料の道路の新設、改築、維持、修繕その他の管理を行う機関としての地方道路公社の設立運営に関する諸規定を定めている。

　(h)　東京湾横断道路の建設に関する特別措置法（昭和 61（1986）年法律第 45 号）

　民間の資金、経営能力及び技術的能力を活用して東京湾横断道路の建設を図るための特別の措置を規定している。

(4)　道路環境対策に関する法律

　(a)　幹線道路の沿道の整備に関する法律（昭和 55（1980）年法律第 34 号）

　道路交通騒音の著しい幹線道路の沿道について、この騒音によって生ずる障害を防止し、あわせて適正かつ合理的な土地利用を図り、もって円滑な道路交通の確保と良好な市街地の形成に資することを目的とする。この法律は、沿道整備道路の指定、道路交通騒音減少計画の策定、沿道地区計画の決定等について必要な事項を定めるとともに、沿道の整備を促進するため、緩衝建築物の建築等に要する費用に対する道路管理者の助成、地域の利害を調整するとともに自らも沿道整備を行う主体としての沿道整備推進機構の指定等の措置を規定している。

(5)　その他の道路関係法令

　(a)　交通安全対策基本法（昭和 45（1970）年法律第 110 号）

　交通安全対策の総合的、計画的な推進を図ることを目的として制定された。道路管理者は、自らが管理する道路に関し、交通の安全を確保するため必要な措置を講じなければならないこと等が定められている。また、これらの目的を円滑に遂行するため内閣府に中央交通安全対策会議

を置き、同会議が交通安全基本計画を作成し、実施を推進することとしている。

(b)　道路交通法（昭和 35（1960）年法律第 105 号）

道路における危険を防止し、交通の安全と円滑を図り、道路交通に起因する障害を防止することを目的とし、歩行者の通行方法、車両及び路面電車の交通方法、運転者及び使用者の義務、道路の使用、運転免許等について規定している。

(c)　自動車の保管場所の確保等に関する法律（昭和 37（1962）年法律第 145 号）

自動車の保有台数が増化するとともに、路上の青空駐車が増え、道路としての機能が十分果たせず、新たな交通渋滞を引き起こすことになったため、自動車の保有者等に自動車の保管場所を確保し、道路を自動車の保管場所として使用しないよう義務づけるとともに、自動車の駐車に関する規制を強化することにより、道路使用の適正化及び道路交通の円滑化を図ることを目的として制定された。

(d)　軌道法（大正 10（1921）年法律第 76 号）

一般交通の用に供するため敷設する軌道に関する法律である。軌道は原則として道路に敷設しなければならないこと、またその際国土交通大臣の特許を受けなければならないこと、その他軌道事業者の道路の維持修繕義務、事業経営に対する監督等について規定を置いている。

(e)　都市モノレールの整備の促進に関する法律（昭和 47（1972）年法律第 129 号）

都市モノレールは、主として道路に架設され、その路線の大部分が都市計画区域内に存するものをいうが、この都市モノレールの整備の促進に関して道路管理者の責務、国と地方公共団体の財政上の措置等について規定したものである。

(f)　鉄道事業法（昭和 61（1986）年法律第 92 号）

軌道法に規定したものを除いた鉄道に関する定めである。鉄道路線は、原則として道路には敷設できないが、やむをえない場合において、国土交通大臣の許可を受けたときは敷設できるとされている。

(g)　道路運送法（昭和 26（1951）年法律第 183 号）

道路運送事業の適正な運営と公正な競争を確保し、道路運送に関する秩序を確立することによって、道路運送の総合的な発達を図ることを目的としている。第四章、第五章において、自動車道及び自動車道事業についての規定、国営の自動車道事業についての規定をそれぞれ置いており、一般自動車道の開設、使用料金の認可、工事の施行、経営内容に対する監督等について定めている。

(h)　道路運送車両法（昭和 26（1951）年法律第 185 号）

道路運送車両に関し、所有権においての公証等を行い、並びに安全性の確保及び公害の防止その他の環境の保全並びに整備についての技術の向上を図り、併せて自動車整備事業の健全な発達に資することにより、公共の福祉を増進することを目的としている。

(i)　公共土木施設災害復旧事業費国庫負担法（昭和 26（1951）年法律第 97 号）

道路、河川等の公共土木施設が災害に遭遇した際、その復旧をより速やかに行うために地方公共団体の財政力に応じた国の負担を定めている。

(j)　地震防災対策特別措置法（平成 7（1995）年法律第 111 号）

阪神・淡路大震災の教訓を踏まえ、全国どこでも起こりうる地震に対応するため、平成 7 年に制定された。本法に基づき、全都道府県において、「地震防災緊急事業五箇年計画」を策定し、地震防災施設等の整備を推進。現在、平成 28（2016）年度を初年度とする第 5 次五箇年計画により地震防災対策を推進している。

(k) 災害対策基本法（昭和 36（1961）年法律第 223 号）

災害対策基本法は、昭和 34（1959）年の伊勢湾台風を契機として昭和 36（1961）年に制定された、我が国の災害対策関係法律の一般法である。

この法律の制定以前は、災害の都度、関連法律が制定され、他法律との整合性について充分考慮されないままに作用していたため、防災行政は充分な効果をあげることができなかった。災害対策基本法は、このような防災体制の不備を改め、災害対策全体を体系化し、総合的かつ計画的な防災行政の整備及び推進を図ることを目的として制定されたものであり、阪神・淡路大震災後の平成 7（1995）年には、その教訓を踏まえ、2 度にわたり災害対策の強化を図るための改正が行われている。

平成 26（2014）年には、大規模災害時において直ちに道路啓開を進め、緊急車両の通行ルートを迅速に確保するため、道路管理者による放置車両対策の強化に係る所要の措置を講ずることができるよう改正された。

(l) 大規模災害からの復興に関する法律（平成 25（2013）年法律第 55 号）

東日本大震災を踏まえた法制上の課題のうち、緊急を要するものについて措置した平成 24（2012）年 6 月の災害対策基本法の改正法の附則及び附帯決議で、引き続き検討すべきとされた復興の枠組みについて、中央防災会議「防災対策推進検討会議」の最終報告も踏まえ、あらかじめ法的に用意するものを規定したものである。

大規模な災害を受けた地域の円滑かつ迅速な復興を図るため、その基本理念、政府による復興対策本部の設置及び復興基本方針の策定並びに復興のための特別の措置について定めることにより、大規模な災害からの復興に向けた取組の推進を図り、もって住民が安心して豊かな生活を営むことができる地域社会の実現に寄与することを目的としている。

この法律には、道路法の特例が定められており、①道路管理者である被災地方公共団体の長から要請があり、②被災地方公共団体における公

共土木施設の災害復旧事業に係る工事の実施体制その他の地域の実情を勘案して特定大規模災害等からの円滑かつ迅速な復興のため必要があると認めるときについて、国土交通大臣が災害復旧事業を代行することができるとされている。

　さらに、被災市町村を包括する都道府県は、①道路管理者である当該被災市町村の長から要請があり、②当該被災市町村における公共土木施設の災害復旧事業に係る工事の実施体制その他の地域の実情を勘案して特定大規模災害等からの円滑かつ迅速な復興のため必要があると認めるときは、その事務の遂行に支障のない範囲内で、当該被災市町村に代わって自ら市町村道の特定災害復旧等道路工事を施行することができると定められている。

参考文献

i 今井勇，井上孝，山根孟：道路の長期計画，（株）技術書院，1971，p11〜33
より再掲

ii （社）土木学会，（財）啓明会：明治工業史土木編，（財）学術文献普及会，
1970，p54〜64

iii 道路行政研究会：道路行政，全国道路利用者会議，2010，p59〜67 より再掲

iv 道路法令研究会：道路法令総覧，㈱ぎょうせい，平成 29 年版

v 国土交通省道路局ホームページ

Ⅲ　道路に関する制度・基準の変遷

Ⅲ-1　道路法

Ⅲ-1-1　道路法とその意義[i]

　道路法とは、道路に関する基本法であり、道路の意義、種別、管理主体及び路線の指定・認定から廃止に至るまでの手続きが明示されている。また、公共空間としての道路の目的外使用に係る占用許可についての諸規定を設けるとともに、道路管理に必要な費用負担区分が定められている。

　道路法は、道路網の整備を図るため、道路に関して路線の指定及び認定、管理、構造、保全、費用の負担区分等に関する事項を定めたものであり、いわゆる公物管理法であるということができる。これは、道路交通法等の規定が消極的に道路における危険防止及びその他の交通の安全と円滑を図ることを目的とした公物警察法であるのに対し、道路法はより積極的に公物本来の目的を達成させることを目的としているからである。また、道路法は、道路に関する管理等積極的に公物としての本来の目的を達成していくことを通じて、交通の発達に寄与し、公共の福祉を増進することを終局的な目標としている。この点において道路運送の総合的な発達を図ることを目的としている道路運送法等と異なっている。

　道路法第2条に道路の定義がなされている。すなわち、「この法律において『道路』とは、一般交通の用に供する道で次条各号に掲げるものをいい、トンネル、橋、渡船施設、道路用エレベーター等道路と一体となってその効用を全うする施設又は工作物及び道路の附属物で当該道路に附属して設けられているものを含むものとする。」とあり、第3条で道路の種類として高速自動車国道、一般国道、都道府県道、市町村道の4種をあげている。

Ⅲ-1-2　道路法の制定[ii,iii]

　第二次世界大戦後、諸制度が民主主義的に変革されることになり、昭和22(1947)年には、新憲法及びそれに基づく地方自治法が制定された。

　地方自治法の制定に伴う地方公共団体の本質の変化により、国と地方公共団体との相互に関連する公物の管理に関する従来の行政制度も根本的な検討を受けるに至り、その一環として、道路法についても検討が加えられることになった。この改正案については、昭和23（1948）年頃より検討を始め、昭和25（1950）年初め改正案を国会に提出すべく一応の成案を得たが、時あたかもシャウプ勧告に基づく国と地方公共団体との間の行政事務の再配分に関し審議するため、内閣に地方行政調査委員会が設置され広範な調査が開始されたことによって、この種の基本法の改正はその結論がでるまで保留された。

　その後、地方行政調査委員会の結論もまとまったので、これを基本として更に検討が加えられ、議員提出法案として、昭和27（1952）年第13回国会に提出され、昭和27（1952）年6月10日法律第180号として公布され、12月5日から施行された。主な改正点は次のとおりである。

① 道路の種類は、従来、国道、府県道、市道及び町村道であったのを、一級国道、二級国道、都道府県道及び市町村道に改めたこと。

② 路線の決定方法は、従来、国道については主務大臣、府県道については知事が行っていたのを改めて、一級国道及び二級国道については法定基準に従って政令で指定し、都道府県道及び市町村道については議会の議決を経て認定するものとしたこと。

③ 従来の「道路はすべて国の営造物である」という考え方を改めて、一級国道及び二級国道だけが国の営造物で、都道府県道及び市町村道はそれぞれ当該都道府県及び市町村の営造物としたこと。

④ 道路の構造を保全し、又は交通の危険を防止するため、車両の制限についての基準を定め、これに適合しない者に道路管理者は必要な措置を命じ得ることとしたこと。

⑤ 道路機能を発揮させるため、占用制度に関する調整規定を整備したこと。

⑥道路が社会の各方面に与える影響の大きいことにかんがみて、公正適切な行政の実施を図るため、建設大臣の諮問機関として道路審議会を設けたこと。

Ⅲ-1-3　道路法の改正[iv,v]

(1)　道路法の改正

　その後、現行道路法も、かなり重要な改正が行われた。昭和 32（1957）年には、高速自動車国道が新たに道路の種類として加えられ、昭和 33（1958）年には、一級国道の新設又は改築は原則として建設大臣が行うこととされ、かつ、指定区間の制度を設けて、この区間の維持、修繕、災害復旧、その他の管理も原則として建設大臣が行うこととし、昭和 34（1959）年には、自動車専用道路の制度が設けられた。更に昭和 39（1964）年には、一級国道、二級国道の区別が廃止され、新たに一般国道の制度を設け、昭和 40（1965）年 4 月 1 日から適用された。

　また、昭和 46（1971）年には、交通事故の発生の状況にかんがみ、これらの事故を防止し、交通の安全を図るため、第一に道路管理の強化が図られ、第二に車両の通行に関する規制措置が強化され、第三に自転車専用道路等に関する規定が整備された。

　さらに、平成元（1989）年には、市街地における用地価格の高騰や代替地の取得難等による用地取得の難航を打開し、事業の進捗を図るため、幹線道路の整備と併せてその上下空間に建築物等を一体的に整備する、いわゆる『立体道路制度』が創設された。

　平成 3（1991）年には、道路管理者による自動車駐車場の整備に関する規定の整備、違法放置物件に対する措置への明確化、長時間放置車両の移動等に関する規定の創設が行われた。

　平成 8（1996）年には、2 以上の道路に係る道路交通騒音により生ずる障害の防止又は軽減等に資する共用管理施設について、道路管理者間でその管理の方法及び費用負担の方法等について協議により定めることができることとする等の改正が行われた。

　平成 10（1998）年には、高速自動車国道等のインターチェンジに附属する道路区域内の土地において、通行者の利便の増進に資する施設（利便増進施設）で、当該土地の合理的利用の観点からふさわしいと認められるものの占用を可能にし、また、この施設の性格にかんがみ、道路の敷地外に余地がないためやむをえないことを要件とする占用許可基準の緩和の特例が設けられた。

　平成 16（2004）年の「日本道路公団等の民営化に伴う道路関係法律の整備等に関する法律」（平成 16（2004）年 6 月 9 日法律第 101 号）による改正においては、サービスエリア・パーキングエリアの利便施設部分等が自動車専用道路に連結させることができる連結許可対象施設として追加された。

　平成 19（2007）年の改正においては、道路の機能として、これまで重視してきた自動車交通の一層の円滑化と安全に加え、安全な歩行空間としての機能や地域のにぎわい・交流の場としての機能など、道路が有する多様な機能を発揮し、都市の再生や地域活性化を担う市町村や沿道地域住民等のニーズに即した柔軟な道路管理ができるようにした。これにより、①地域住民の日常生活の利便性の向上等を目的とした市町村による国道又は都道府県道の管理、②市町村による歩行安全改築の要請制度、③NPO 等が設置する並木、街灯等に係る道路占用の特例、④道路と沿道施設を一体的に管理するための道路外利便施設の管理の特例等が可能となった。

　平成 25（2013）年の改正においては、道路ストックの高齢化の現状等を踏まえ、道路の老朽化および大規模な災害の発生の可能性に対応した道路の適正な管理を図るため、予防保全の観点を踏まえた道路の点検を行うべきことの明確化や、道路の劣化の要因となる大型車両の通行を特定の道路に誘導する制度の創設、制限違反車両の取り締まりの強化など、所要の措置を講ずることを内容とする「道路法等の一部を改正する法律案」が、国会に提出され、可決・成立し、平成 25（2013）年 6 月 5 日に

公布され、同年 9 月 2 日に施行された[1]。

　また、上記の改正法及び改正政令により、維持・修繕に関する定性的な基準を定めたが、各道路管理者の責任による「点検→診断→措置→記録」というメンテナンスサイクルを確定するためには、具体的な点検頻度や方法等を法令で定めることが必要であることから、道路法施行令第 35 条の 2 第 2 項の規定に基づき、道路法施行規則において、道路の維持・修繕に関する技術的基準等を定めるため、「道路法施行規則の一部を改正する省令（平成 26 年国土交通省令第 39 号）」が平成 26（2014）年 3 月 31 日に公布された。これにより、全国にある約 73 万の橋梁や約 1 万のトンネル等を、近接目視により 5 年に 1 回の頻度で点検し、統一的な尺度・判定区分で健全度を診断、記録するものとしている[2]。

(2)　地方分権に伴う道路関係法律の改正

　国道の管理に係る国と地方の役割分担については、道路法で国道の管理は国の機関である都道府県知事が行うこととされた後、昭和 33（1958）年の改正における指定区間制度の創設等を経て、一般国道のうち指定区間内国道の管理等は建設大臣が行い、指定区間外国道の管理等は機関委任事務として都道府県知事が行うこととされていた。

　一方、平成 7（1995）年 5 月の地方分権推進法の制定等を受けて、地方分権推進の観点からの行政システムの変革のための検討が地方分権推進委員会等において進められ、その検討結果に基づき、平成 11（1999）年 7 月には道路法等の道路関係法令を含む 475 本の法律を改正する地方分権一括法（「地方分権の推進を図るための関係法律の整備等に関する法律案」）が制定された。これは、機関委任事務制度を廃止し、地方公共団体の処理する事務を自治事務と法定受託事務に再構成するとともに、地方公共団体に対する国の関与等についても見直しを行うこと等を内容とするもので、道路関係法令においては、指定区間外国道の管理に関する

[1] 国土交通省道路局路政課：「「道路法等の一部を改正する法律」の概要について」，日本道路協会，道路，2013，7 月号，p29〜31
[2] 国土交通省道路局路政課、国道・防災課：「道路の維持修繕に関する省令・告示について〜メンテナンスサイクルを確定〜」，日本道路協会，道路，2014，4 月号，p36〜37

事務等が法定受託事務と整理された。

(3)　直轄事業負担金廃止法による改正

　国が直轄で行う道路整備等に関しては、受益者負担の観点から都道府県等に対していわゆる直轄事業負担金を求めていたが、維持管理負担金については管理主体である国が本来負担すべき等の批判もあったところ、平成 21（2009）年 9 月の民主党政権誕生後、直轄事業負担金について検討が行われた結果、平成 22（2010）年度から維持管理に係る負担金制度を廃止することとされた。これを受けて平成 22（2010）年 3 月に制定された「国の直轄事業に係る都道府県等の維持管理負担金の廃止等のための関係法律の整備に関する法律」により、道路法、道路の修繕に関する法律等の道路関係法令についても、指定区間内国道に係る都道府県の直轄事業負担金について、維持、修繕その他の管理に係るものが平成 22（2010）年度から廃止となった。

Ⅲ-2　道路財源

Ⅲ-2-1　道路事業の財源[vi]

　道路整備事業は、一般道路事業、有料道路事業及び地方単独事業の 3 つに分類されており、通常一般道路事業は、国費（社会資本整備事業特別会計等から支出される経費）と地方費（地方公共団体が支出する経費）により賄われ、国（地方整備局等）が実施する直轄事業と地方公共団体等が実施する補助事業等に分けられる。有料道路事業は、主として借入金によって資金を調達し、完成後の料金収入によって償還を行う道路事業であり、出資金等の形で国費及び地方費の助成等が行われている。一方、地方単独事業は、地方費のみによって賄われるものである[3]。これに対して、地方公共団体及び地方道路公社においては、公営企業債、縁故債等によっている。

Ⅲ-2-2　社会資本整備事業特別会計[vii]

(1)　沿革

　この特別会計は、「簡素で効率的な政府を実現するための行政改革の推進に関する法律」（平成 18（2006）年法律第 47 号）の方針に従い、「特別会計に関する法律」（平成 19（2007）年法律第 23 号）に基づき、平成 20（2008）年度において、治水特別会計（昭和 35（1960）年設置）、道路整備特別会計（昭和 33（1958）年設置）、港湾整備特別会計（昭和 36（1961）年設置）、空港整備特別会計（昭和 45（1970）年設置）及び都市開発資金融通特別会計（昭和 41（1966）年設置）の 5 特別会計を統合し、治水事業、道路整備事業、港湾整備事業、空港整備事業及び都市開発資金の貸付け並びに社会資本整備事業等を包括して経理することを目的に設置されたものであり、本特別会計は、治水勘定、道路整備勘定、港湾勘定及び空港整備勘定の各事業勘定と各事業勘定に共通する人件費、

---

[3] 道路行政研究会：「道路事業の財源」，全国道路利用者会議，道路行政，2010，p99〜101

事務費等を管理する業務勘定に区分されている。

　このうち、道路整備勘定（業務勘定を含む。）においては、国が直轄で行う道路の整備に関する事業や地方公共団体等が行う道路の整備に要する費用に対する補助金の交付等に係る歳入歳出について、受益と負担の関係を明確にしつつ区分経理している。具体的には、一般会計からの繰入金、地方公共団体の負担金収入等を財源として、地域の連携・交流を促進するための高規格幹線道路の整備等を行う地域連携道路事業、死傷事故率の低減に資する歩道設置等を行う道路交通安全対策事業、三大都市圏環状道路の整備等を行う道路交通円滑化事業、快適な通行空間の確保等を図るため無電柱化等を行う道路環境改善事業等を実施しているところである。

(2)　特別会計の構造

　社会資本整備事業特別会計道路整備勘定及び業務勘定（道路整備）は、国が直轄で行う道路の整備に関する事業や地方公共団体等が行う道路の整備に要する費用に対する補助金等を経理することを目的とする国の特別会計であるため、原則として、地方単独事業以外の道路整備事業のすべてを経理する。

　それゆえ、内地、北海道、沖縄、離島の道路整備事業は事業勘定である道路整備勘定の歳出として計上され、人件費、事務費等の経費は業務勘定（道路整備）の歳出として計上される。しかし、有料道路事業は、資金の大部分を市場からの調達（債券、借入金）でまかなうため、社会資本整備事業特別会計道路整備勘定に計上されるのは出資金及び無利子貸付金のみである。また、北海道開発局及び沖縄総合事務局に係る人件費、事務費は、道路以外の他事業と統一的な運営を必要とするため、一般会計に計上されている。また、附帯工事、受託工事等に係る費用については社会資本整備事業特別会計道路整備勘定で経理されている。

Ⅲ-2-3　道路特定財源制度

(1)　道路特定財源制度の概要

　道路特定財源は、立ち遅れた我が国の道路を緊急に整備するため昭和28（1953）年「道路整備費の財源等に関する臨時措置法」が制定され、揮発油税が道路整備のための特定財源とされたことにはじまる。

　道路特定財源制度は、受益者負担、損傷者負担を基本理念としており、その税収を道路事業という特定の使途のみに使うことを定めた制度である。したがってその税収と使途との間には一定の受益と負担という関係があるとされてきた。この道路特定財源制度には、効率性、公平性、安定性、合理性といった意義が挙げられる。

　しかし、平成17（2005）年秋以降、厳しい財政状況の下で道路含む特定財源に関する意見が各方面から提案され、平成20（2008）年度末までの4年間に渡り、様々な議論が行われてきた。その結果として、平成21（2009）年度より道路特定財源は一般財源となった。

(2)　道路特定財源制度の沿革

(a)　道路特定財源制度の創設

　道路特定財源は、昭和29（1954）年度に揮発油税収相当額を道路整備の特定財源とされたことに始まる。

　大正8（1919）年の第1次道路改良計画以来、数々の長期計画が策定され、実施への努力が払われたが、いずれも中途で挫折している。道路整備促進の最大のあい路は財源が不安定なことであった。昭和24年（1949）揮発油税法が制定され、道路利用者に課せられる負担は道路利用者に還元さるべきであり、欧米諸国にならい、揮発油税を道路整備費の財源に充当すべきであるとの世論が高まった。

　昭和27（1952）年12月に「道路整備費の財源等に関する臨時措置法」が田中角栄議員ら25名の議員提案により、第15回国会に提出された。当初は昭和27（1952）年度内に同法を成立させる予定であったが、審議が難航したため、結局、昭和28（1953）年7月に成立し、昭和29（1954）年度を初年度とする第1次五箇年計画がスタートすることとなり、この

財源として揮発油税収入額に相当する金額を道路整備に充てることとされた。

この法律は、①建設大臣は昭和 29（1954）年度を初年度とする道路整備五箇年計画の案を作成して閣議の決定を求めること　②政府は道路整備費の財源として揮発油税収入相当額を充当すること　③道路事業費の国の負担金の割合または補助金の率を特別にひきあげること（改築については 3/4、修繕については 1/2 の範囲内）をその内容とするもので、道路整備費の財源を確保し、道路整備の計画遂行を規定した点に重要な意義を持つものである。

同法は、昭和 33（1958）年より「道路整備緊急措置法」に、平成 15（2003）年より「道路整備費の財源等の特例に関する法律」、平成 20（2008）年に「道路整備事業に係る国の財政上の特別措置に関する法律」に引き継がれた。

(b)　道路特定財源制度の拡充

昭和 29（1954）年度より揮発油税の特定財源化がなされたが、その後の高度経済成長に伴い、自動車保有台数、自動車交通量はともに激増し、道路整備に対するニーズも高まった。このため、既存の道路特定財源諸税の税率引き上げや新税の創設が行われた。また、オイルショックを契機とし、昭和 49（1974）年度以降は適用期限を定めた暫定税率が導入された。それらの経緯を表Ⅲ-2-1 に示す。

平成 20（2008）年度の税制改正では、「道路特定財源の見直しについて」（平成 19 年 12 月 7 日政府・与党）に沿って、今後 10 年間を見据えた道路の中期計画を策定し、真に必要な道路整備を計画的に進めることとし、厳しい財政事情や環境面への影響等にも配慮し、平成 20（2008）年度以降 10 年間、暫定税率による上乗せ分を踏まえ、現行の税率水準を維持するとした。

これを踏まえ、第 169 回通常国会において、関連法案が提出された。各法案は衆議院から参議院へ送付されたが、暫定税率の延長に反対する野党が過半数を占める参議院では、法案の審議が進まず、平成 20（2008）

年 3 月 31 日に暫定税率の期限切れ（自動車重量税を除く）を迎え、同年 4 月 1 日から暫定税率は失効した。（平成 20 年度までの税収額等は表Ⅲ-2-2 参照。）

　その後、衆議院において 4 月 30 日に出席議員の 3 分の 2 以上の多数で再議決され、5 月 1 日より、暫定税率が 10 年間延長されることとなった。

表Ⅲ-2-1　道路整備五箇年計画と道路財源拡充の経緯[4]

※平成 21 年度以降は全て一般財源

道路整備五箇年計画等	年度	揮発油税 (国税)(円/㍑)	地方道路税 (全額地方へ譲与)(国税)(円/㍑)	軽油引取税 (地方税)(円/㍑)	石油ガス税 (1/2を地方へ譲与)(国税)(円/kg)	自動車取得税 (地方税)(%)	自動車重量税 (1/3を地方へ譲与)(国税)(円/0.5t年)
第1次 29～33年度 2,600億円	昭和29	(4月)13.0					
	30	(8月)11.0	(8月)2.0				
	31			(6月)6.0			
	32	(4月)14.8	(4月)3.5	(4月)8.0			
第2次 33～37年度 1兆円	33					自動車取得税及び自動車重量税の税率は自家用乗用車のもの	
	34	(4月)19.2		(4月)10.4			
	35						
第3次 36～40年度 2兆1,000億円	36	(4月)22.1	(4月)4.0	(4月)12.5			
	37						
	38						
第4次 39～43年度 4兆1,000億円	39	(4月)24.3	(4月)4.4	(4月)15.0			
	40						
	41				(2月)5.0		
	42				(1月)10.0		
第5次 42～46年度 6兆6,000億円	43					(7月)取得価額の3%	
	44						
第6次 45～49年度 10兆3,500億円	45				(1月)17.5		
	46						(12月)2,500
	47						
第7次 48～52年度 19兆5,000億円	48						
	49	(4月)29.2	(4月)5.3			(4月)取得価額の5%	(5月)5,000
	50						
	51	(7月)36.5	(7月)6.6	(4月)19.5		○(4月)	(5月)6,300
	52						
第8次 53～57年度 28兆5,000億円	53	○(4月)	○(4月)	○(4月)		○(4月)	○(5月)
	54	(6月)45.6	(6月)8.2	(6月)24.3		○(4月)	○(5月)
	55					○(4月)	○(5月)
	56						
	57						
第9次 58～62年度 38兆2,000億円	58	○(4月)	○(4月)	○(4月)		○(4月)	○(5月)
	59						
	60	○(4月)	○(4月)	○(4月)		○(4月)	○(5月)
	61						
	62						
第10次 63～H4年度 53兆円	63	○(4月)	○(4月)	○(4月)		○(4月)	○(5月)
	平成元						
	2						
	3						
	4						
	5	○(4月)	○(4月)	○(4月)		○(4月)	○(5月)
第11次 H5～9年度 76兆円	6	(12月)48.6	(12月)5.2	(12月)32.1			
	7						
	8						
	9						
第12次 H10～14年度 78兆円	10	○(4月)	○(4月)	○(4月)		○(4月)	○(5月)
	11						
	12						
	13						
	14						注2
H15～19年度 38兆円※	15	○(4月)	○(4月)	○(4月)		○(4月)	○(5月)
	16						
	17						
	18						
	19						
	20	(4月)24.3 / (5月)48.6	(4月)4.4 / (5月)5.2	(4月)15.0 / (5月)32.1		(4月)取得価額の3% / (5月)取得価額の5%	(5月)

※地方単独事業を含まない額

(注) 1. ☐ は租税特別措置法または地方税法附則による暫定税率、〇は暫定税率の延長が行われた年である
　　 2. 自動車重量税の地方への譲与割合は、平成14年度まで1/4、平成15年度以降は1/3
　　 3. 地方道路税及び地方道路譲与税は、平成21年度よりそれぞれ地方揮発油税及び地方揮発油譲与税となる

[4] 土木学会編：交通社会資本制度, 丸善, 2010, p184

表Ⅲ-2-2　道路特定財源諸税一覧（平成 20 年度）[5]

※平成 21 年度以降は全て一般財源

	税　目	道路整備充当分	税　率	平成20年度税収（億円）
国	揮発油税 昭和24年創設 昭和29年より特定財源	全額	（暫定税率）48.6円 / ℓ　**2倍** （本則税率）24.3円 / ℓ	27,299 (27,685)
	石油ガス税 昭和41年創設	収入額の 1/2 （1/2は石油ガス譲与税として地方に譲与される）	（本則税率）17.5円 / kg	140 (140)
	自動車重量税 昭和46年創設	収入額の国分（2/3）の約8割（77.5%） （収入額の2/3は国の一般財源であるが、税創設及び運用の経緯から約8割（77.5%）相当額は道路財源とされている）	［例］自家用乗用 （暫定税率）6,300円 / 0.5 t年　**2.5倍** （本則税率）2,500円 / 0.5 t年	5,541
	計			32,979 (33,366)
地方	地方道路譲与税 昭和30年創設	地方道路税の収入額の全額 （揮発油税と併課される） 58/100：都道府県及び指定市 42/100：市町村	（暫定税率）5.2円 / ℓ　**1.2倍** （本則税率）4.4円 / ℓ	2,998
	石油ガス譲与税 昭和41年創設	石油ガス税の収入額の 1/2 ：都道府県及び指定市	石油ガス税を参照	140
	自動車重量譲与税 昭和46年創設	自動車重量税の収入額の 1/3 ：市町村	自動車重量税を参照	3,601
	軽油引取税 昭和31年創設	全額　　　：都道府県及び指定市	（暫定税率）32.1円 / ℓ　**2.1倍** （本則税率）15.0円 / ℓ	9,914
	自動車取得税 昭和43年創設	全額 3/10：都道府県及び指定市 7/10：市町村	（暫定税率）自家用は取得 　　　　　価額の5%　**1.7倍** （本則税率）取得価額の3%	4,024
	計			20,677
	合　計			53,656 (54,043)

注) 1. 税収は平成20年度当初予算及び平成20年度地方財政計画による。なお、（　）書きは決算調整額（税収の平成18年度決算額と平成18年度予算額との差：揮発油税及び石油ガス税について、2年後の道路整備費で調整することとされている）を除いた額である
2. 自動車重量税の税収は、収入額の国分の約8割（77.5%）相当額である
3. 暫定税率の適用期限は平成30年3月末（自動車重量税については平成30年4月末）
4. 四捨五入の関係で、各計数の和が合計と一致しないところがある
5. 地方公共団体の一般財源である自動車税の平成20年度税収は17,148億円、軽自動車税の平成20年度税収は1,690億円（いずれも平成20年度地方財政計画による）

---

5 土木学会編：交通社会資本制度，丸善，2010，p183

(3)　道路特定財源制度の見直し

（a）　見直しの経緯

　公共投資全体の抑制により、平成 13（2001）年度から平成 14（2002）年度にかけて、公共事業予算が 1 割減となり、道路特定財源関連税収が歳出を上回るようになったことから、使途拡大策として、本四架橋の債務処理や地下鉄建設等に活用されるようになった。その後、平成 17（2005）年 11 月に、小泉総理大臣により一般財源化の指示がなされたことを受け、平成 17（2005）年 12 月に政府・与党による「道路特定財源の見直しに関する基本方針」として、以下の内容が取りまとめられた。

①道路整備に対するニーズを踏まえ、その必要性を具体的に見極めつつ、真に必要な道路は計画的に整備を進める。その際、道路歳出は財源に関わらず厳格な事業評価や徹底したコスト縮減を行い、引き続き、重点化、効率化を図る。
②厳しい財政事業の下、環境面への影響にも配慮し、暫定税率による上乗せ分を含め、現行の税率水準を維持する。
③特定財源制度については、一般財源化を図ることを前提とし、来年の歳出・歳入一体改革の議論の中で、納税者に対して十分な説明を行い、その理解を得つつ、具体案を得る。

　これらの内容を法文化した「簡素で効率的な政府を実現するための行政改革の推進に関する法律（行政改革推進法）」が平成 18（2006）年 6 月に公布され、同法に沿って検討が進められることとなった。

　そして、平成 18（2006）年 7 月に閣議決定された「骨太の方針 2006」においては、「行政改革推進法に基づき、一般財源化を図ることを前提に、早急に検討を進め、納税者の理解を得つつ、年内に具体案を取りまとめる。」とされ、平成 18（2006）年 12 月に、「道路特定財源の見直しに関する具体策」が取りまとめられ、以下の内容が閣議決定された。

①道路整備に対するニーズを踏まえ、その必要性を具体的に精査し、引き続き、

重点化、効率化を進めつつ、真に必要な道路整備は計画的に進めることとし、19年中に、今後の具体的な道路整備の姿を示した中期的な計画を作成する。

　特に、地域間格差への対応や生活者重視の視点を踏まえつつ、地方の活性化や自立に必要な地域の基幹道路の整備や渋滞解消のためのバイパス整備、高速道路や高次医療施設への広域的アクセスの強化など、地域の自主性などにも配慮しながら、適切に措置する。

②20 年度以降も、厳しい財政事情の下、環境面への影響にも配慮し、暫定税率による上乗せ分を含め、現行の税率水準を維持する。

③一般財源化を前提とした国の道路特定財源全体の見直しについては、税率を維持しながら、納税者の理解を得ることとの整合性を保ち、

　1)税収の金額を、毎年度の予算で道路整備に充てることを義務付けている現在の仕組みは改めることとし、20 年の通常国会において所要の法改正を行う。

　2)また、毎年度の予算において、道路歳出を上回る税収は一般財源とする。

④なお、以上の見直しと併せて、我が国の成長力や地域経済の強化、安全安心の確保など国民が改革の成果を実感できる政策課題に重点的に取り組む。その一環として、国民の要望の強い高速道路料金の引下げなどによる既存高速ネットワークの効率的活用・機能強化のための新たな措置を講ずることとし、20 年の通常国会において、所要の法案を提出する。

　さらに、その後の検討を踏まえ、平成 19（2007）年 12 月には、政府・与党合意「道路特定財源の見直しについて」が取りまとめられた。

　これにより、真に必要な道路整備の計画的な推進にあたって中期計画の策定及び推進、地域の道路整備の促進を図るとともに、既存高速道路ネットワークの有効活用・機能強化、道路特定財源制度の見直し（毎年度の予算において、道路歳出を上回る税収については、環境対策等の政策課題への対応も考慮して、納税者の理解の得られる歳出の範囲内で、一般財源として活用）、税率水準の維持の措置を講じることとされた。

(b)　道路特定財源の一般財源化（平成 21（2009）年度税制改正）

　平成 19（2007）年 12 月の政府・与党合意「道路特定財源の見直しについて」に基づく道路特定財源制度関連法案が平成 20（2008）年通常国会に提出されたが、原油価格の高騰、道路関連支出のあり方等に関する国会審議における指摘等を受け、同年 3 月 27 日には、当時の福田総理大臣から道路関連法案・税制の取り扱いについて指示が出されるに至った。この指示においては、主として以下の内容が示された。

①道路特定財源制度は平成 20（2008）年の税制抜本改革時に廃止し平成 21（2009）年度から一般財源化

②暫定税率分も含めた税率は、環境問題への国際的な取組み、地方の道路整備の必要性、国・地方の道路整備の必要性、国・地方の厳しい財政状況を踏まえて検討

③道路の中期計画は 5 年として新たに策定

　野党の反対により、道路特定財源制度関連法案の成立が遅れ、暫定税率は一時的に失効したが、上記の指示も踏まえ、平成 20（2008）年 4 月 11 日に政府・与党による「道路関連法案等の取扱いについて」、同年 4 月 28 日には、道路政策の在り方及び道路税制を含む税制抜本改革について、与党協議会を設けること、必要な法改正について年内に成案を得て、国会に提出し成立を図ること等の「自由民主党・公明党合意」が取りまとめられ、同年 5 月 13 日に「道路特定財源等に関する基本方針」が閣議決定された。

　その後、自民党税制調査会等において様々な議論が行われ、平成 20（2008）年 12 月に政府・与党合意「道路特定財源の一般財源化等について」が取りまとめられた。

　この政府・与党合意では、

①平成 21（2009）年度予算において道路特定財源制度を廃止する

②新たな中期計画は、道路のみ事業費を閣議決定している仕組みを改め、他の

　公共事業の計画と同様とする。

③一般財源化に伴う関係税制の暫定税率分も含めた税率のあり方については、
　今後の税制抜本改革時に検討することとし、それまでの間、地球温暖化への
　国際的な取組み、地方の道路整備の必要性、国・地方の厳しい財政状況等を
　踏まえて、現行の税率水準を原則維持すること

等の方針が示された。

　このような経緯・方針を踏まえ、平成 21（2009）年度から道路特定財
源制度を廃止して、一般財源化することとされ、揮発油税等の収入額の
予算額等に相当する金額を原則として道路整備に充当する措置の廃止、
地方道路整備臨時交付金の廃止等を内容とする「道路整備事業に係る国
の財政上の特別措置に関する法律等の一部を改正する法律案」、「所得税
法等の一部を改正する法律案」及び「地方税法等の一部を改正する法律
案」が、第 171 回通常国会に提出されるに至った。

　これらの法律案は同年 4 月 22 日に成立し、図Ⅲ-2-1 に示されるよう
に、平成 21（2009）年度予算から、道路特定財源関係諸税は、すべて一
般財源化された。

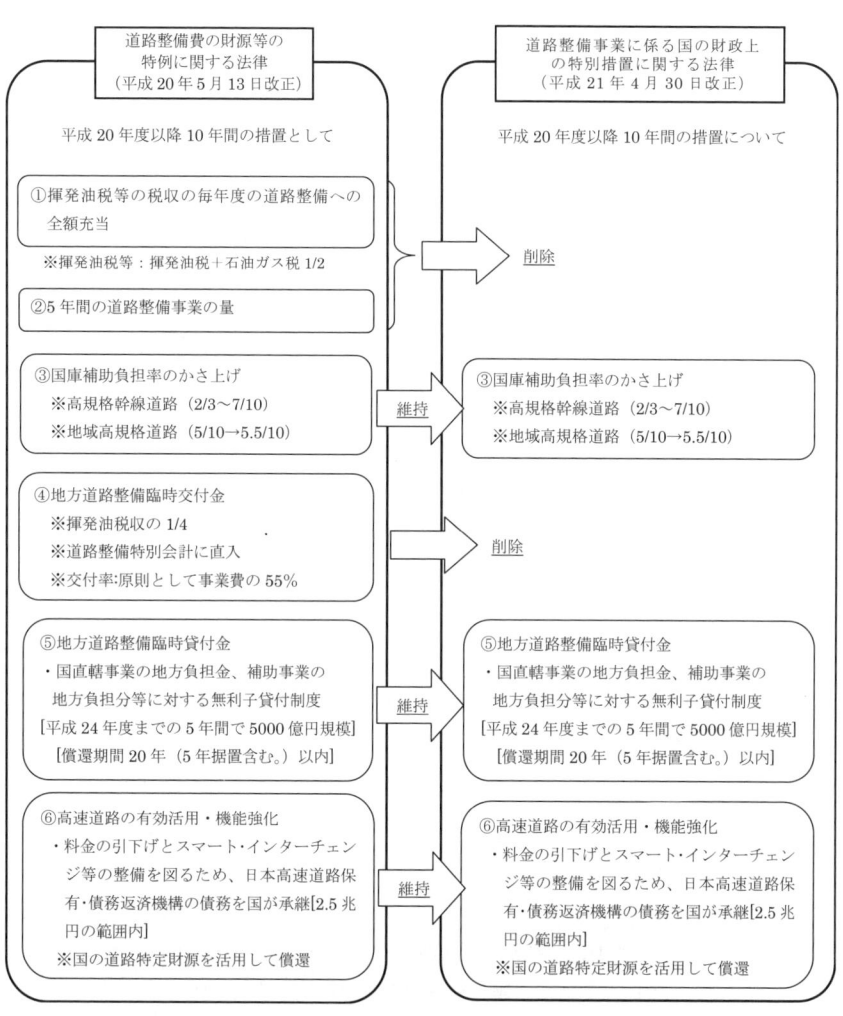

図Ⅲ-2-1　道路整備事業に係る国の財政上の特別措置に関する法律[6]
（平成 21 年 4 月 30 日改正）

6　土木学会編：交通社会資本制度，丸善，2010，p189

Ⅲ-3　交付金・補助制度・融資制度

Ⅲ-3-1　国の補助・負担[viii,ix]

　道路に関する費用については、道路法第 49 条以下に規定がある。すなわち、道路の管理に関する費用は、道路法及び他の法律に特別の規定がある場合を除くほか、当該道路の道路管理者の負担とする、とされている（法第 49 条）。それ故、指定区間内の国道にあっては国、指定区間外の国道にあっては道路管理者である都道府県知事の統轄する都道府県、その他の道路にあっては道路管理者である地方公共団体がそれぞれ、新設、改築等の管理費用を負担するのが原則である。これは主として受益者負担の見地に立って費用の負担を考えたものである。

　しかし、単に管理の主体のみによって費用負担を律することは、すべての場合に適切であるとは言えないため、道路法第 50 条以下に個々の道路についての負担割合を定めている。その概要は、以下のとおりである。

①一般国道の新設又は改築に要する費用は、国が直轄でこれを行う場合においては、国がその 2/3 を、都道府県（指定市を含む。以下同じ）が 1/3 を負担し、都道府県知事（指定市長を含む。以下同じ）がこれを行う場合には、国及び都道府県がそれぞれ 1/2 を負担する。（法第 50 条第 1 項）

②指定区間内の一般国道の災害復旧に要する費用は、国が 5.5/10 を、都道府県が 4.5/10 を負担する。（法第 50 条第 2 項）また、指定区間外の国道の修繕については 1/2 以内を国が補助することができる。（法第 56 条）なお、平成 22（2010）年度から維持管理費負担金を廃止した。

③地方道については、国土交通大臣の指定する主要な都道府県道又は市道の新設又は改築、資源の開発、産業の振興、観光その他国の施策上特に道路を整備する必要があると認められる場合における当該道路の新設又は改築に要する費用については、予算の範囲内において国がその費用の 1/2 以内を道路管理者に対して補助することができる。（法第 56 条）

　以上が道路の管理及び費用負担の原則であるが、これに対して、道路整備の緊急性、各種の地域開発、その他の国家的施策の推進、地方財政の現状等の見地から、道路法以外にも種々の法律によって国と地方の負担に関する特例が設けられている。

Ⅲ-3-2　交付金・補助制度

(1)　地方道路整備臨時交付金制度

(a)　創設経緯と概要

　地方道路整備臨時交付金（以下「交付金」という。）制度は、一定の地域において、遅れていた地方の道路整備の促進等、地域の課題に対応し、複数一体となって行われる都道府県道及び市長村道の事業に対して、交付金を交付することにより、地方の創意・工夫を活かした個性的な地域づくりを推進することを目的として、昭和 60（1985）年度に創設された制度である。

　特別会計への直入については、当時の大蔵省において、臨時性、総覧性（予算全体が見渡せる）、緊急性の 3 原則が要件とされており、交付金はこの原則により特別会計への直入が認められていた。なお、この特別会計への直入による交付金は、概算要求基準（シーリング）に影響しないのが特徴であった。

　交付金の財源は、昭和 62（1987）年度まで各年度の揮発油税収入額の予算額の 15 分の 1 に相当する額であったが、第 10 次道路整備五箇年計画の初年度である昭和 63（1988）年度からは各年度の揮発油税収入額の予算額の 4 分の 1 に相当する額に拡充して、地方道の整備を促進することとされた。

(b)　交付対象事業

　交付金の交付の対象となる事業は、公共公益施設の整備等に関連して、又は地域の自然的若しくは社会的特性に即して地域住民の日常生活の安全性若しくは利便性の向上または快適な生活環境の確保を図るため、一

定の地域において、一体的に行われる必要のある複数の要素事業（個別事業）から構成される事業であり、都道府県等が実施する一般国道、都道府県道又は市長村道の改築又は修繕事業が対象とされた。また、交付金事業は、事業規模要件を満たす個別の要素事業に対して配分するのではなく、目標達成に要する費用をパッケージに対して配分し、事後に評価する方法が採用された。なお、交付金事業には採択基準がないので、例えば、1.5 車線的道路整備、道路附属物の整備等についても交付金による支援が可能であった。

　交付金の交付を受けて対象事業を実施しようとする地方公共団体は、あらかじめ地方公共団体ごとに、①公共公益施設の整備等に関連する事業、②地域の自然的特性に即して行われる事業、③地域の社会的特性に即して行われる事業、④奥地等での総合的な振興に関連する事業のいずれかを対象事業に含んだ一定の期間内で行う整備方針をとりまとめることとされた。整備方針には、対象事業、対象地域、対象事業の期間、対象事業の目的、対象事業の効果、全体概算事業費、対象事業を構成する要素事業の内訳、対象事業の概要を示す図面、対象事業の成果目標及び対象事業全体の費用便益比について記載することとされた。

　パッケージについては、それごとに、事業の実施までに概ね5箇年間で行う整備に関する成果目標を設定するとともに、パッケージ全体のB/Cを算出し、地方公共団体において公表することが必要とされた。

　①　要件

　成果目標（アウトカム目標）及びパッケージ全体のB/Cを公表すること、中間年度及び事業完了後において成果目標の達成状況を公表することが要件とされた。

　②　成果目標（アウトカム目標）

　目標設定にあたっては、成果目標によりパッケージの目的が適切に表現されていること、成果目標が定量的指標により適切に数値化されていること、成果目標の内容に対して要素事業の構成が妥当であることに留意することとされた。

(c)　運用改善の経緯

　このほか、種々の運用改善が行われており、平成 15（2003）年度当初
には、交付金事業をネットワーク関連等に重点化する等の改正が行われ、
同年 7 月からは、「経済財政運営と構造改革に関する基本方針 2003」（平
成 15（2003 年）6 月 27 日閣議決定）を受けて、都道府県内の個別事業
の総額について国費の割合を 5.5/10 とする運用改善が行われた。従来は、
国費と地方費の割合が要素事業ごとに固定されていたが、同年 7 月の運
用改善により、地方公共団体がより主体的に事業を実施できるよう、都
道府県内（引上率の摘要を受ける地方公共団体の存する都道府県におい
ては、各地方公共団体毎）の要素事業の事業費の総額について適用する
こととし、都道府県内のパッケージごと、地方公共団体ごと、要素事業
ごとの国費の割合を関係する道路管理者が協議により定めることができ
るようにされた。

　これにより、地方の工夫次第で、対策の遅れている跨線橋の耐震補強
について国費率を嵩上げするなどの特定政策目的の早期実現や、大規模
な構造物を整備する地方公共団体に対し事業のピークを迎える時期の財
政負担を軽減するため一時的に国費の割合を嵩上げするなどの地方公共
団体の財政事業に応じた事業展開が可能とされた。

　さらに、国庫補助負担金改革、税源移譲、地方交付税の見直しの 3 つ
を一体として行う三位一体改革を踏まえ、平成 16（2004）年度からは、
「地方にとってより使い勝手がよく、かつ高い成果をあげられる制度に
改善するため、個別事業内容の事前審査からパッケージの目標達成度に
対する事後評価へと転換するとともに、個別事業への配分を地方の自由
裁量に委ねる」という更なる制度改革を行った。このような仕組みは、
当時としては、先導的なものであった。

　平成 17（2005）年度には、「経済財政運営と構造改革に関する基本方
針 2004」（平成 16（2004）年 6 月 4 日閣議決定）を受けて、「地方の裁
量度を高め自主性を大幅に拡大する改革を実施する」等の国庫補助負担
金改革の方向性や、「やる気のある地方公共団体等との協力の下に自主性
と創意工夫を活かしながら、地域の再生を実現する」等の地域の再生の

方向性に基づき、市町村に対する直接要望・内示手続きを導入するなど、地方の自主性をさらに高めるための仕組みが導入された。

　なお、交付金の事務手続きの流れは、交付申請から額の確定まで、基本的に通常の補助金と同様であるが、本制度の趣旨から極力事務手続きの簡素化を図ることとされ、平成17（2005）年度には、橋梁やトンネルの工事等で、工事を一括して施工する必要があり、かつ、施工年度が2年度以上にわたるものについて、交付申請時に必要な設計審査を初年度にまとめて受けることができる一括設計審査制度が導入されるとともに、当初見込みの事業量に変更があった場合、交付金事業の目的に反しない限り、当該年度の交付された額を先行して充当した上で、差額について次年度以降に調整することが可能とされた。

　平成18（2006）年度には、「経済財政運営と構造改革に関する基本方針2005」（平成17（2005）年6月21日閣議決定）において示された「国と地方の役割分担の観点を踏まえた重点化を進めるとともに、地方の自主性・裁量性の拡大にも資するよう取り組む」との補助金改革の方向性に基づき、目標達成型対象事業において、成果目標をより効果的・効率的に達成するために必要な計画策定及び評価等を改築又は修繕に含めて実施することができることとされた。

　平成19（2007）年度には、より弾力的かつ効率的な執行に資するため、従来、都道府県道事業と市町村道事業の間で交付金を流用（平成20（2008）年度以降は一般国道事業を含む）する場合に必要とされていた交付する額の変更承認手続きを不要とし、事前の報告で足りることとされた。

　平成20（2008）年度には、地方の自主性・裁量制により、地域の生活に密着した道路の整備を安定的に推進するため、平成20（2008）年度以降継続した上で、交付対象に都道府県等が実施する一般国道を追加するとともに、地方公共団体の財政力に応じて国費割合を55%から最大70%まで引き上げることとされた。

(2)　地域活力基盤創造交付金制度

(a)　創設経緯

　平成 20（2008）年 12 月 8 日の政府・与党合意において、「地方から
の要望を踏まえ、地方の道路整備や財政の状況に配慮し、地方道路整備
臨時交付金に代わるものとして、道路を中心に関連する他のインフラ整
備や関連するソフト事業も含め、地方の実情に応じて使用できる 1 兆円
程度の「地域活力基盤創造交付金」を平成 21（2009）年度からの道路特
定財源の一般財源化に併せ、平成 21（2009）年度予算において創設する」
こととされた。

(b)　特徴

　都道府県・市町村は、計画の目標や目標を達成するために必要な事業
等を記載した地域活力基盤創造計画を提出し、国はそれに基づき交付額
を決定する。個別事業箇所への配分は、地方公共団体の裁量に委ねられ
た。

　地域活力基盤創造計画には、計画の名称、計画の目標、計画の期間、
計画の目標を達成するために必要な交付対象事業、計画の期間における
交付対象事業の工期及び全体事業費、交付対象事業等の効果の把握及び
評価に関する事項等を記載することとされた。なお、活力計画は、「一つ
の都道府県」、「都道府県＋市町村」、「複数の市町村」、「一つの市町村」
のいずれによっても作成可能とされた。

(c)　交付対象事業

　地域活力基盤創造交付金の交付対象事業は、基幹事業となる「地方道
路整備事業」と、地域活力基盤創造計画の目標を達成するために基幹事
業と一体的に実施する「関連事業」から構成された。

①地方道路整備事業

・地域活力基盤創造計画の目標を達成するため、地方公共団体（土地区画整理事業及び市街地再開発事業等の施行者を含む）が実施する道路の改築又は修繕に関する事業

・地域活力基盤創造計画の目標を達成するため、地方公共団体が実施する積雪寒冷特別地域における道路交通の確保に関する特別措置法第 6 条に規定する除雪に係る事業又は活動火山対策特別措置法第 11 条に規定する降灰の除去事業

・地域活力基盤創造計画には 1 以上の地方道路整備事業を含むものとする

・対象事業の全体事業費に占める地方道路整備事業に係る事業費の合計額の割合は自由に設定できるものとする

②関連事業

1)関連社会資本整備事業

・地域活力基盤創造計画の目標を達成するため、地方道路整備事業と一体的に実施することが必要な社会資本整備事業（維持に関する事業を除く。）

2)効果促進事業

・地域活力基盤創造計画の目標を達成するため、地方道路整備事業と一体となってその効果を一層高めるために必要な事業又は事務

・効果促進事業に係る事業費の合計額は、交付対象事業の全体事業費の 20/100 を目途とする

(3)　社会資本整備総合交付金制度[7]

(a)　創設経緯

　平成 22 年度に、当時進められた補助金の交付金化の流れを受け、国土交通省所管の地方公共団体向け個別補助金やまちづくり交付金を一体化し、地方公共団体にとって自由度が高く、創意工夫を生かせる総合的な交付金として、社会資本整備総合交付金が創設された。これは、活力創出、水の安全・安心、市街地整備、地域住宅支援といった政策目的を

---

[7] 国土交通省ホームページ，「社会資本整備交付金」，
http://www.mlit.go.jp/page/kanbo05_hy_000213.html

実現するため、地方公共団体が作成した社会資本総合整備計画に基づき、目標実現のための基幹的な社会資本整備事業のほか、関連する社会資本整備やソフト事業を総合的・一体的に支援するものである。ただし、一部、個別補助金により支援する事業も残されている。

　平成 23（2011）年度には、基本的に地方が自由に使える一括交付金にするとの方針の下、地域自主戦略交付金が創設された（内閣府に一括して予算を計上し、各府省の所管にとらわれず、地方自治体が自主的に選択した事業に対して交付金を交付）。

　平成 24（2012）年度には、地域自主戦略交付金について、都道府県分の対象事業が拡大・増額されるとともに、政令指定都市にも一括交付金が導入された。また、沖縄振興公共投資交付金として県及び市町村を対象とした自由度の高い新たな一括交付金制度が創設された。

　平成 25（2013）年度には、「防災・安全交付金」が創設され、インフラ再構築（老朽化対策、事前防災・減災対策）及び生活空間の安全確保の取組を集中的に支援するものとされた一方で、地域自主戦略交付金は廃止された。

　（b）　特徴

　これまで事業別にバラバラで行われてきた関係事務を一本化・統一化するものであり、また、計画に位置付けられた事業の範囲内で、地方公共団体が国費を自由に充当可能となった。さらに、基幹となる社会資本整備事業の効果を一層高めるソフト事業についても、創意工夫を生かして実施することが可能となった。

Ⅲ-3-3　融資制度

(1)　道路開発資金制度

　（a）　概要

　道路開発資金制度は、昭和 60（1985）年度に内需の拡大及び公共事業分野への民間活力の導入の要請を背景に創設されたものである。

当時我が国の経済社会は、21世紀を目前に控え、技術革新や高度情報化が進展し、また国際化や高齢化が進行していた。こうした中で最も基礎的な社会資本である道路に対する国民のニーズは、多様化、高度化しつつあった。すなわち、道路は、単に人や車の交通の場としての機能にとどまらず、人々の身近な生活空間、電気・ガス等の公益施設の収容空間でもあり、また都市のオープンスペースとして防災等の機能をも有し、さらに、高度情報化社会における情報の流通機能、都市や地域の発展の核としての機能等に関して大きな期待が寄せられた。

また、当時の我が国は、財政再建問題に直面し、公共事業費は抑制基調下に置かれたが、他方では巨額の貿易黒字を生む経済構造の転換が重要な課題とされ、内需拡大の努力が強く要請されていた。

道路開発資金制度は、このような背景の下、道路に関する公共の利益に資する事業への民間活力の活用等を推進するとともに、道路の機能開発と高度利用の促進に寄与することを目的とし、国の貸付金と別途調達した民間資金により長期かつ低利の貸付を行う政策金融制度として創設されたものである。

(b)　制度のしくみ

道路開発資金は、国の貸付金である道路開発資金貸付金及び原則としてこれと同額の民間資金（財団法人道路開発振興センターが調達した資金）の貸付金により構成され、国及び同センターから事業主体に対し貸付される。

国の貸付金については財投金利、民間資金については長（短）期プライムレートが適用され、全体として長期・低利の資金が供給される仕組みとなっている。

なお、平成21（2009）年度より、新規貸付事業は行われていない。

(c)　貸付対象事業

道路開発資金制度は、社会的・経済的ニーズに対応した道路の総合的な機能開発と高度利用を支援するという目的に沿う様々な事業案件に資

金供給するものである。そのため、貸付対象事業については、同制度創設以降、その時々の国民のニーズ等に応じて拡大、整理等が図られてきた。

(2)　NTT 無利子貸付金制度[8]

日本電信電話株式会社の株式売払収入の活用による社会資本の整備の促進に関する特別措置法（社会資本整備特別措置法）に基づき、NTT 株式売払収入の一部を国債整理基金特別会計から一般会計を経由して産業投資特別会計社会資本整備勘定に繰り入れ、その資金を A、B、C の 3 タイプの事業に対して無利子貸付けする制度として昭和 62（1987）年度に創設された。無利子貸付金として運用される NTT 株式売払収入は、最終的には国債整理基金特別会計に繰り戻され、国債償還に充当されることとなっている。

(3)　地方特定道路整備事業[9]

(a)　概要

地方特定道路整備事業は、地域が緊急に対応しなければならない課題に応えて早急に行う必要がある道路の整備に対して、補助事業に単独事業を効果的に組み合わせて事業の促進を図る事業である。

一般国道（地域活力基盤創造交付金事業に係る事業に限る。）、都道府県道（原則として一般都道府県道）および市長村道における事業（道路事業及び道路事業と一体的に整備する必要のある施設の整備）が対象となる。

8　道路行政研究会 :「NTT 無利子貸付金制度」, 全国道路利用者会議, 道路行政, 2010, p174〜183
9　道路行政研究会 :「地方特定道路整備事業」, 全国道路利用者会議, 道路行政, 2010, p172〜173

（b）　計画策定・事業実施の手続き

　各地方公共団体（道路管理者）は、補助事業に単独事業を組み合わせることが効果的な道路について地方特定道路整備計画を策定し、国土交通省と調整を行う。国土交通省は調整結果を地方公共団体に通知する。

　各地方公共団体（道路管理者）は、毎年度、年度開始前に、本事業の実施箇所・事業内容について実施計画を国土交通省に提出し、国土交通省と調整を行う。国土交通省は調整結果を地方公共団体に通知する。

（c）　事業費の総枠

　国土交通省と総務省は、当該年度の事業費の単独事業分について総枠を調整し設定を行う。国土交通省はこの総枠に配慮し、地方公共団体と必要な調整を行う。

（d）　支援措置

　地方道路等整備事業債の支援内容については、以下に示すとおりである。

地方道路等整備事業債の支援内容

地方道路等整備事業債（地方特定分）			一般
90%	通　　常　　分　75%　（交付税　30%）		財源
	財源対策債分　15%　（交付税　50%）		10%

（e）　期間

　平成 4（1992）年度創設され、平成 20（2008）年度から平成 24（2012）年度までの 5 年間の延長について通知が発出されている。

（f）　平成 21（2009）年度の制度改正

　平成 21（2009）年度より創設された地域活力基盤創造交付金について、従前の地方道路整備臨時交付金と同様に、交付金が充当されている事業とは連続しない箇所で行われる事業であって、交付金が全く充当さ

れていない事業に限り、地方道路等整備事業債（地方特定分）が適用で
きるように改正された。

(4)　地方道路整備臨時貸付金制度（無利子貸付制度）[10]

(a)　概要

地方道路整備臨時貸付金は、根拠法「道路整備事業に係る国の財政上
の特別措置に関する法律第 3 条」に基づき、地方公共団体の財政負担の
軽減と平準化を目的に、道路事業における地方負担の一部に対して、無
利子で貸付けを行う制度であり、平成 20（2008）年度に創設された制度
である。ただし、地方道路整備臨時貸付金の貸付の決定は、平成 25（2013）
年 3 月 31 日までの 5 年間に限り行うことができることとされ、終了し
た。

(b)　対象団体及び貸付対象範囲

対象団体は、前年度に普通交付税の交付を受けた地方公共団体であり、
貸付対象範囲は、直轄事業や補助事業等（新設又は改築事業）における
地方負担の一部に対して、貸付が行われる。

(c)　償還期間及び償還方法

償還期間は、据置期間 5 年以内を含む 20 年以内で、事業規模に応じ、
地方公共団体の財政状況に合わせて、償還期間を設定し、均等年賦によ
って償還される。

---

[10] 道路行政研究会：「地方道路整備臨時貸付金制度」, 全国道路利用者会議, 道路行政,
2010, p170～172

Ⅲ-4　有料道路制度

Ⅲ-4-1　有料道路制度の概要[x,xi]

　道路は国民一般の生活と密接に関連しその基本的要件となっており、また、近代国家では経済活動を支える基盤として不可欠の施設である。したがって、道路の建設及び管理は行政主体である国・地方公共団体の責任に属し、租税等の一般財源を充当する公共事業として行われ、建設された道路は無料で一般交通の用に供されるのが通常である。これが道路無料公開の思想であり、産業革命以降資本主義が発展するとともに形成されてきた考え方である。すなわち、自由な流通及び競争を通じて経済の合理的発展を追求する思想は、中世国家の封建的規制であった通行税、入市税等を排斥し、身体の自由、居住の自由等とともに道路についても通行の自由を強く求めたのである。我が国が近代国家として確立した明治期以降の道路行政についても同じことが考えられていた。

　しかし、我が国の道路は、西欧と違って馬車交通の時代がなかったため極めて貧弱であり、明治以降鉄道優先主義がとられたこともあってその整備は著しく立ち遅れていた。このような状況に対して昭和 29 年度から第 1 次道路整備五箇年計画が発足し、本格的な道路整備が行われることとなったが、限られた一般財源による公共事業費のみではとても増大する道路交通需要に対処することはできなかった。

　このような租税等による一般会計歳入では必要とされる道路事業のための費用はとてもまかなえないという実情にかんがみて、昭和 27（1952）年に旧道路整備特別措置法（昭和 27（1952）年法律第 169 号）が制定され、国又は地方公共団体が道路を整備するに当たり、財源不足を補う方法として借入金を用い、完成した道路から通行料金を徴収してその返済に充てるという方式が認められることになった。これは有料道路制度を本格的に認めるものであり、揮発油税等の道路特定財源制度、道路整備緊急措置法に基づく道路整備五箇年計画と並んで道路整備事業の進展に大きく寄与することとなった。

　その後、昭和 31（1956）年にそれまでの道路整備特別措置法が廃止さ

れ、代って新たな道路整備特別措置法（昭和 31（1956）年法律第 7 号）が制定された。それと同時に日本道路公団が設立されて本格的な有料道路時代を迎えることになった。

Ⅲ-4-2　有料道路制度の沿革[xii]

(1)　有料道路制度の創設

　我が国において有料道路制度が本格的に採用されたのは、前述のとおり昭和 27（1952）年に道路整備特別措置法が制定された際であるが、それ以前にも部分的には有料道路制度が認められていた。

　(a)　戦前の有料道路制度

　我が国の有料道路制度の始まりと考えられるのは、明治 4（1871）年に発せられた太政官布告「治水修路架橋運輸ノ便利ヲ興ス者ニ入費税金徴収ヲ許ス」であり、これによって「有志ノ者共自費或ハ会社ヲ結ヒ、水行ヲ疏シ嶮路ヲ開キ橋梁ヲ架スル等諸般運輸ノ便利ヲ興シ候者ハ落成ノ上功費ノ多寡ニ応シ年限ヲ定メ税金取立方被差許候間」ことが認められた。以後この布告に基づき各所に有料の橋や渡船施設が設けられた。

　大正 8（1919）年、旧道路法が制定された際この趣旨がとり入れられて、道路管理者は特別の事由があれば監督官庁の認可を受けて、また道路管理者でない者は道路管理者の許可、承認を得て、橋銭、渡銭を徴収する有料の橋又は渡船施設を設置できることになった（旧道路法 26 条、27 条、52 条）。

　(b)　戦後の有料道路制度

　旧道路法は、昭和 27（1952）年に全面改正が行われるまで存続し、有料道路制度についても別段の定めはされなかった。また、それだけの必要も認められなかったのである。戦後になって道路に関する法制が旧態依然としていることに反省が加えられ、昭和 27（1952）年に旧道路法が全面改正になったが、その際有料道路制度に関する規定も若干の修正が

加えられた。すなわち、道路管理者以外の者が建設する有料橋等の制度
は廃止され、道路管理者のみが都道府県道、市町村道に限り建設大臣の
許可を受けて有料の橋、渡船施設を設置できることになった（道路法 25
条）。

　この道路法の制定と時を同じくして道路整備特別措置法（昭和 27
（1952）年法律第 169 号）が制定され、道路法上の道路に関する全面的
な有料道路制度が採用された。この制度は対象を橋又は渡船施設に限ら
ず一般道路にまで拡大し、その建設に必要な資金を資金運用部特別会計
から借入れ、完成された道路の利用者から通行料金を徴収することによ
って償還していくことを内容としていた。事業主体は道路管理者である
国及び都道府県又は市であった。

　その後、事業の効率的運営を図るとともに広く民間の余裕資金を活用
することを目的として昭和 31（1956）年に日本道路公団が設立された。
これとともにそれまでの道路整備特別措置法は廃止されて新たな道路整
備特別措置法（昭和 31（1956）年法律第 7 号）が制定された。この日本
道路公団の設立により、従来国が一般国道につき直轄で施行していた有
料道路の建設方式は廃止されて、公団による建設方式が採用されること
になった。続いて昭和 34（1959）年には首都高速道路公団、昭和 37（1962）
年には阪神高速道路公団が設立されて、それぞれ首都地域、阪神地域の
都市高速道路の建設に当たることになり、さらに昭和 45（1970）年には
本州四国連絡橋公団が設立されて、本州と四国の連絡橋に係る有料の道
路及び鉄道の建設を行うことになった。また同年には地方道路公社法が
成立し、地方の幹線有料道路の建設に当たる地方道路公社の設立が認め
られることになった。

　しかしながら、この公団による建設方式においては、一方的な命令の
もと、多額の借入れと国費により建設が進められ、返済期間が順次先送
りされる等、不採算路線の建設に歯止めがなく、建設・管理コストの削
減が不十分で高コスト体質であるなど、整備に対する様々な批判や指摘
があった。そうした中、平成 16（2004）年 6 月に有料道路制度の抜本的
改革となる道路関係四公団民営化関係四法が制定され、平成 17（2005）

年 10 月には道路関係四公団を廃止し、独立行政法人日本高速道路保有・債務返済機構と 6 つの高速道路株式会社が設立されている。

なお、以上は道路法上の道路についての有料制度の沿革であるが、このほかに道路法によらない有料道路がある。

大正末期よりバス事業者の中に自動車専用道を私設し自社以外の自動車に対して有料公開するものが現われてきた。そこで、このような情勢に対処して昭和 8（1933）年に自動車交通事業法が施行され、内務大臣及び鉄道大臣の免許を受けて有料の一般自動車道を新設する途が開かれた。その後、この制度は旧道路運送法を経て昭和 26（1951）年施行の道路運送法（昭和 26（1951）年法律第 183 号）に引き継がれ、現在に至っている。このほかにも森林組合法に基づく林道、自然公園法に基づく公園道等の中に有料のものがあり、いずれも道路法の対象とはなっていないが、これらの例は比較的少ない。道路行政上重要な意義を有しているのは道路法上の道路に関する有料道路制度であり、量的にも大きなウエイトを占めている。

(2)　有料道路に対する国の助成

昭和 27（1952）年制定の道路整備特別措置法の時代における有料道路事業の仕組みは次のとおりである。

まず、「特定道路整備事業特別会計法」（昭和 27（1952）年法律第 170 号）に基づいて建設大臣の管理する「特定道路整備事業特別会計」を設け、必要資金を資金運用部特別会計より年 6 分の利率で借り入れる。次に、この特別会計からその資金の一部は建設省が直轄で有料道路を建設するために支出され、また、他の部分は都道府県道整備のために都道府県に貸与された。都道府県に対する貸付条件は貸出利率が年 6 分 5 厘、貸付期間は 20 年間（据置期間 5 年）であった。昭和 31（1956）年に新たな道路整備特別措置法が制定されてからは、国は道路整備特別会計を通じて道路関係四公団に対し出資金を支出することとなった。

また、昭和 43（1968）年度の道路整備特別措置法の一部改正により、道路管理者である地方公共団体又は地方道路公社が行う有料道路のうち

一定の要件を有しているものの新設又は改築に要する資金の一部を、国が道路整備特別会計を通じて無利子で貸付ける制度（無利子貸付制度）が創設された。

貸付額は、制度創設当時においては道路管理者の行う有料道路事業の資金コストをそれまでの特措法のもとにおけるコスト（6.5%）と同程度とするため、一律に 15% とされたが、昭和 49（1974）年度からは、有料道路制度を一層有効に活用し、地方幹線道路の整備促進を図るため、一般国道のバイパス等について採算性等を考慮のうえで 15% から 45% までの範囲内で貸付率が決定されることとなった。

また、償還期間は、指定都市高速道路に係るものが 20 年、それ以外のものが 15 年であったが、昭和 49（1974）年度から一元化され 20 年以内（5 年以内の据置期間を含む）となった。

なお、日本道路公団については、平成 13（2001）年 12 月に閣議決定された特殊法人等整理合理化計画により、「国費は平成 14 年度以降投入しない」とされた。

また、平成 17（2005）年 10 月の道路関係四公団の民営化に伴い、民営化後は、国は独立行政法人日本高速道路保有・債務返済機構に対し出資することができることとなった。

(3)　有料道路の種類と通行料金[11]

(a)　有料道路の種類

現在有料道路の種類としては、道路法上の道路として高速自動車国道、都市高速道路、一般有料道路（道路整備特別措置法に基づくもので有料の一般国道、都道府県道又は市町村道）、有料橋・有料渡船施設（道路法に基づくもの）があり、事業主体との関連を示すと図Ⅲ-4-1のようになる。

---

[11] 道路行政研究会：「有料道路の種類と通行料金の体系」，全国道路利用者会議，道路行政，2010，p132〜157

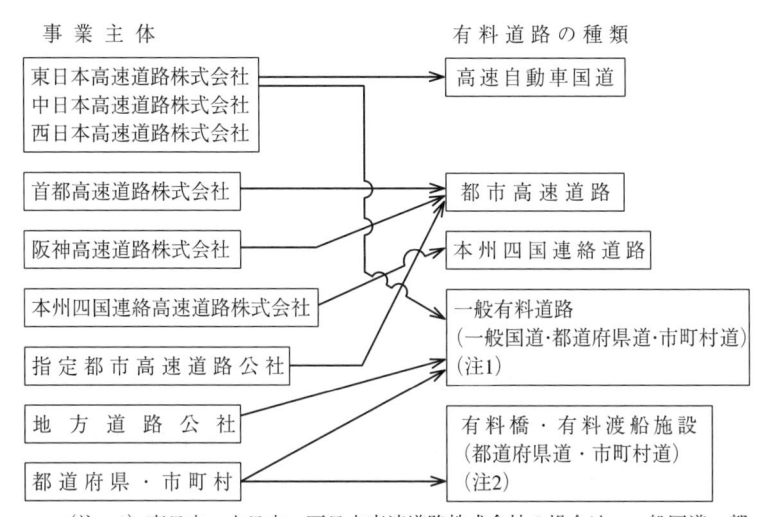

| 事 業 主 体 | 有料道路の種類 |

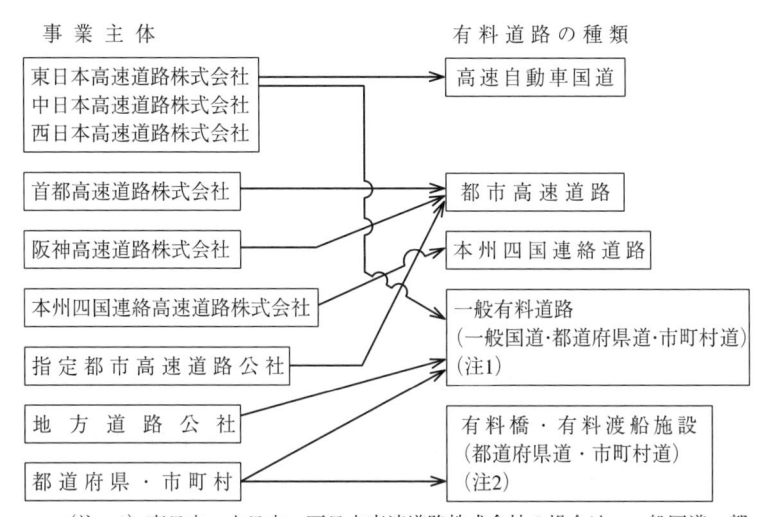

（注 1） 東日本・中日本・西日本高速道路株式会社の場合は、一般国道、都
道府県道、指定市道のみ。
（注 2） 都道府県、市町村の場合は、自らの道路のみ。
（注 3） 高速道路株式会社が事業を営む道路は独立行政法人日本高速道路保
有・債務返済機構との協定及び協定に基づく国土交通大臣の許可を
受けた道路のみ。

図Ⅲ-4-1　有料道路の種類と事業主体[12]

(b)　有料道路制度の通行料金

　有料道路事業にとって料金の決定は極めて重要な意味をもっている。
建設路線は果たして採算がとれるものであるかどうか、仮に採算がとれ
るとして償還には何年かかるか等の問題は、いずれも料金水準と利用交
通量の如何にかかっているからである。このため、道路整備特別措置法
においては、平成 17（2005）年 10 月 1 日の道路関係四公団民営化によ
り新たに設立された民営化会社が管理する高速自動車国道、都市高速道
路、本州四国連絡高速道路及び一般有料道路並びに地方道路公社又は道
路管理者が管理する一般有料道路の料金の額及び料金の徴収期間は国土
交通大臣の許可を、地方道路公社の管理する指定都市高速道路の料金及

---

[12] 道路行政研究会：「有料道路の種類と通行料金の体系」，全国道路利用者会議，道路行
政，2010，p132

び料金の徴収期間は、国土交通大臣の認可を受けなければならないとされている。また、道路運送法上の一般自動車道使用料金の額については国土交通大臣の認可を受けなければならないとされている。

通行料金の決定についての考え方は、道路法の対象となる有料道路と同法の対象とならない有料道路とで大きく分かれる。道路法の対象となる有料道路の場合、その公共性にかんがみ、利用者の負担は必要最低限のものでなければならず、事業の遂行により利潤の生ずる余地など全くないのに対し、道路運送法上の一般自動車道の料金は、適正な利潤が認められている。

このうち、道路法の対象となる有料道路の料金を決定する場合の原則として、全国路線網に属する高速自動車国道及び一般有料道路、地域路線網に属する首都高速道路、阪神高速道路及び本州四国連絡高速道路並びに指定都市高速道路にあっては、料金収入により料金徴収期間内に総費用を償うものであり（償還主義の原則）、かつ公正妥当なものであること（公正妥当主義の原則）が必要であり、一の路線に属する一般有料道路及び地方道路公社又は道路管理者が管理する一般有料道路にあっては、償還主義の原則及び道路の通行又は利用により通常受ける利益の限度を超えないものでなければならないこと（便益主義の原則）が必要であるとされている。表Ⅲ-4-1は、高速自動車国道（有料）の料金水準及び償還期間変更の経緯を示している。

表Ⅲ-4-1　高速自動車国道（有料）の料金水準及び償還期間の経緯[13]

料金改定時期	S47.10	S50.4	S54.8	S57.6	S60.10	H1.6	H7.4	H11.4	H13.12	H17.10
主な改定理由	プール制導入	・新規施行命令区間追加 ・建設費等の上昇		・諸物価の高騰 ・交通需要の低迷	・新規施行命令区間追加 ・建設費等の上昇				特殊法人等整理合理化計画	・民営化 ・対象区間の見直し
対象延長	3,895 km	4,816 km	5,415 km	5,415 km	5,777 km	6,410 km	7,887 km	9,006 km	9,342 km	8,520 km
普通車料金水準（税抜）	8.0 円/km	13.0 円/km	16.6 円/km	19.6 円/km	21.7 円/km	23.0 円/km	24.6 円/km			
償還期間	約 30 年間					40 年間（H4.6〜）	45 年間（H11.1〜）	50 年を上限として短縮を目指す		45 年間（H17.10〜）

(4) 有料道路の財源

　有料道路制度は、一般自動車道等の道路法の対象とならないものを除き、本来公共事業によって建設し無料で公開すべき道路について、財源不足による建設の遅延を避け緊急に整備するために採用されている特別の措置であるから、その建設に要する費用の財源は、ほとんど借入金に頼っている。

　この借入金は、完成後通行する車両から徴収する料金により償還される。借入金としては、財投資金、財投機関債、民間借入金等がある。

---

[13] 国土交通省ホームページ，「高速道路のあり方検討有識者委員会中間とりまとめ」，http://www.mlit.go.jp/road/ir/ir-council/hw_arikata/index.html

Ⅲ-4-3　道路関係四公団の民営化[xiii,xiv]

(1)　民営化の経緯[14]

　平成 13（2001）年 12 月の「特殊法人等整理合理化計画」において、住宅・都市整備公団、地域振興整備公団等と合わせ、道路関係四公団も事業及び組織形態の見直しの候補となった。当時、小泉政権が目指した郵政民営化にあたっては、入口と出口を合わせて改革しなければ全体の改革ができないとの議論があり、財政投融資を最も多く活用していた道路関係四公団が改革の対象の一つとして挙がったといわれている。

　道路関係四公団の民営化の方針が打ち出されて以降、平成 14（2002）年 6 月に道路関係四公団民営化推進委員会（以下「委員会」という。）が設立され、議論が行われた。平成 14（2002）年 12 月に、委員会から小泉総理大臣に提出された意見書を踏まえ、国土交通省及び与党との調整の中で実現のための修正が加えられ、平成 15（2003）年 12 月、政府・与党申し合わせ「道路関係四公団の民営化の基本的枠組みについて」による合意に至った。これらの経緯を経て、平成 16（2004）年 6 月に道路関係四公団民営化関係四法が成立し、平成 17（2005）年 10 月 1 日に 6 つの高速道路株式会社（以下「会社」という。）と、独立行政法人日本高速道路保有・債務返済機構（以下「機構」という。）が発足した。その後、国土交通大臣が定めた暫定協定期間を経て、平成 18（2006）年 3 月 31 日に会社と機構との「協定」が締結され、同年 4 月 1 日より民営化会社による本格的な高速道路事業がスタートした（表Ⅲ-4-2、図Ⅲ-4-2）。

　この間、2 回にわたる国土開発幹線自動車道建設会議（以下「国幹会議」）が開催され、これらの会議における審議を踏まえ、会社が整備する区間と、新直轄方式による国の整備区間が確定した。

---

[14] 国土交通省ホームページ、「道路関係四公団民営化の経緯」、
http://www.mlit.go.jp/road/4kou-minei/4kou-minei_4.html

表Ⅲ-4-2　道路関係四公団民営化の経緯[15]

＜平成13年＞	
12月19日	「特殊法人等整理合理化計画」を開催決定
＜平成14年＞	
12月16日	道路関係四公団民営化推進委員会、総理に意見書を提出
＜平成15年＞	
12月14日	「本州四国連絡橋公団の債務の負担の軽減を図るために平成15年度において緊急に講ずべき特別措置に関する法律案」及び「高速自動車国道法及び沖縄振興特別措置法の一部を改正する法律案」を開催決定、通常国会提出
12月22日	第5回道路関係四公団民営化に関する政府・与党協論会（民営化の基本的役割を決定）
12月25日	第1回国土開発幹線自動車道建設会議
＜平成16年＞	
13月19日	道路関係四公団民営化関係4法案を開催決定、通常国会提出
＜平成17年＞	
10月11日	道路関係四公団民営化（6つの高速道路株式会社と（独）高速道路機構が設立）
＜平成18年＞	
12月17日	第2回国土開発幹線自動車道建設会議
13月31日	機構と会社間の協定の締結　※4月より本格的な民営化スタート

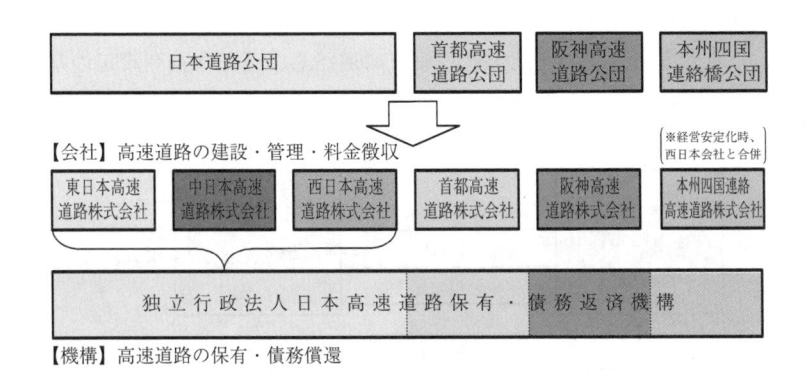

図Ⅲ-4-2　民営化の概要[16]

[15] 国土交通省ホームページ，「道路関係四公団民営化の経緯」，
http://www.mlit.go.jp/road/4kou-minei/4kou-minei_4.html
[16] 道路行政研究会：「有料道路の種類と通行料金の体系」，全国道路利用者会議，道路行

(2)　民営化後の仕組み

　平成 18（2006）年 3 月 31 日に、会社と機構による「協定」の締結、機構による「業務実施計画」の認可申請と国土交通大臣認可、会社による「事業許可」の申請と国土交通大臣による許可が行われ、民営化スキームに基づく高速道路事業が本格的にスタートした。

　「協定」は全国路線網、地域路線網ならびに一の路線ごとに会社と機構の間で、「業務実施計画」は路線網ごとに作成され、それぞれについて、今後の新設・改築に係る工事の内容及び機構が会社から引き受けることとなるものの限度額や会社から機構に支払われる貸付料の額等が定められたものである。協定に基づく、会社と機構による高速道路事業の実施スキームは図Ⅲ-4-3 のとおりである。

　また、会社と機構の間での協定締結後、路線網毎に作成される機構による「業務実施計画」の認可において、民営化後 45 年以内の債務の確実かつ円滑な返済が図られるかが確認される仕組みとなっている。一方で、各会社の事業に対する「事業許可」においては、会社が行う新設・改築工事の内容及び予算が妥当であること、並びに適正な料金設定の下で、貸付料の確実な支払いのもと料金徴収期間内の償還が可能か確認される仕組みとなっている。

また、地方道路公社の建設する一般有料道路も、適正な料金設定の基で債務の確実かつ円滑な返済が図られるかを確認のうえ、国の許可により事業を行っている。

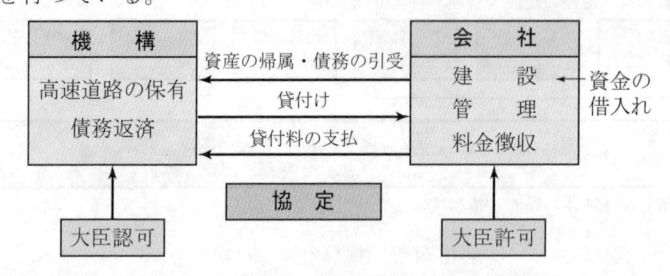

図Ⅲ-4-3　会社と機構による高速道路事業の実施スキーム[17]

政，2010，p128
[17] 道路行政研究会：「有料道路の種類と通行料金の体系」，全国道路利用者会議，道路行

(3)　通行料金の引下げ[18]

　委員会が平成 14（2002）年 12 月に小泉総理大臣に提出した「意見書」では、新会社が民営化の帰結として道路を保有し、その建設・運営についてインセンティブをもつこととされていため、料金の性格については「適正な利潤」を含み、新会社の経営者が自主的に決定することを基本とするとされた。

　一方、平成 15（2003）年 12 月の政府・与党申し合わせでは、料金の性格に関して、債務完済までの間、完全上下分離方式とされたため、「意見書」と料金に対する考え方が異なり、①高速道路等は、国民共有の財産であり、料金の設定に当たっては、会社の利潤を含めない、②民営化の目的を達成するため、会社における有料道路事業の経営効率化を促すインセンティブの付与の在り方について検討する、とされた。

　また、料金の水準について、「民営化までに実現すべき措置」として、③ETC の活用等により、弾力的な料金を積極的に導入し、各種割引による料金の引下げ、④高速自動車国道の料金については平均 1 割程度の引下げに加え「別納割引」の廃止を踏まえ、マイレージ割引、夜間割引、通勤割引等料金引下げを実施することとした。なお、「民営化後の料金」については、⑤会社は設立の段階で、民営化時の公団の料金水準をそのまま引き継ぎ、貸付料の支払いに支障を与えない範囲で更に弾力的な料金設定を行うものとし、⑥首都高速及び阪神高速については貸付料の支払いに必要な適切な料金収入の確保を図りつつ、平成 20（2008）年度を目標として対距離料金制への移行を図ることとされた。

　この政府・与党申し合わせでは、必要な道路をできるだけ少ない国民負担の下で建設し、民間のノウハウにより多様なサービスを提供することが民営化の目的とされ、これを背景として、残事業のコスト縮減、料金割引など民営化の成果をアピールするものとなった。そのため、当時、事業に着手していない箇所を抜本見直し区間とするとともに、コスト縮

政，2010，p130
[18] 古川浩太郎（国土交通調査室）:「高速道路の通行料金制度―歴史と現状―」，レファレンス，2009，p99〜118

減や新直轄方式への切り替えで捻出された余力を”民営化の果実”（年間1,800億円相当）として、料金の更なる引下げに活用した。

　なお、首都高速道路、阪神高速道路の料金については、平成24（2012）年1月1日から、料金圏別「均一料金制」から、料金圏のない「距離別料金制」に移行した。

Ⅲ-4-4　料金施策

(1)　料金割引社会実験[xv,xvi]

　社会資本整備審議会中間答申（平成14（2002）年8月2日）、有料道路政策研究会中間とりまとめ（平成14（2002）年8月26日）において、利用者の様々なニーズに対応するとともに、沿道環境の改善や渋滞解消などの課題を解決するとともに、利用の少ない有料道路の有効活用を図るために、全国一律の料金を見直し、多様で弾力的な料金施策の導入をすべきであると提言がされた。これに先立って、平成14（2002）年度においては、日本海東北自動車道（阿賀野川ゆとり通勤大作戦、新潟県）、白馬長野有料道路（長野県）、東京湾アクアライン（千葉県）などの有料道路の料金に関する社会実験が行われた。また、平成15（2003）年度からは、料金に係わる社会実験に関する施策が創設され、1）高速自動車国道のETC限定長距離割引、2）首都高速のETC限定夜間割引、3）地方の発案による「地方からの提案型社会実験」（22箇所）が実施された。平成16年度には、阪神高速道路における期間限定ETC普及促進割引が追加されるとともに、上記の「地方からの提案型社会実験」が「地域における課題解決型社会実験」（41箇所）（平成17（2005）年度には12箇所実施）に変わって実施された。

　その後、その効果が確認されたことを踏まえ、平成17（2005）年までの道路関係四公団民営化の過程で、高速道路の有効活用や一般道路の混雑緩和などの観点から、コスト縮減などの高速道路会社の経営努力により、ETC限定の料金割引が実施されることとなり、通勤割引、深夜割引、

マイレージ割引などが導入された[19]。

(2)　利便増進事業等の料金割引[xvii]

　平成 20（2008）年度からは、経済対策のため、国への 3 兆円の債務承継に基づき、利便増進事業[20]による料金割引が導入された（休日上限 1,000 円や平日 3 割引などについては平成 22（2010）年度まで、休日昼間 5 割引などについては約 10 年間の取り組みとして開始された）（図Ⅲ-4-4）。

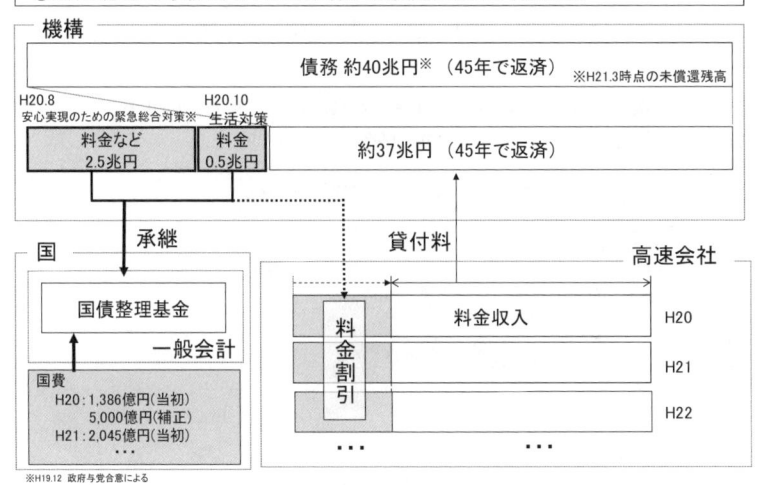

図Ⅲ-4-4　利便増進事業の仕組み[21]

---

19 国土交通省道路局高速国道課・有料道路課：「平成 16 年度有料道路の多様で弾力的な料金設定に向けた社会実験について」，日本道路協会，道路，2004，6 月号，p13～15

20 利便増進事業とは、「道路整備事業に係る国の財政上の特別措置に関する法律（平成 20 年 5 月改正）」に基づき、高速道路の通行者及び利用者に対して、利便の増進のためスマートインターチェンジの追加整備の実施や、負担の軽減を図るための高速道路の料金引下げ措置を実施することを指す。

21 国土交通省ホームページ，「高速道路のあり方検討有識者委員会中間とりまとめ」，http://www.mlit.go.jp/road/ir/ir-council/hw_arikata/index.html

　平成 23（2011）年 2 月には、「高速道路の当面の新たな料金割引」と
して、平成 22（2010）年度までとされていた休日上限 1,000 円などの割
引を含め、10 年間とされていた利便増進事業による割引を前倒しして、
平成 25（2013）年度までとした上で、それまで上限料金制の対象外であ
った平日と現金支払い車について、上限を 2,000 円とする方針が示され
たが、その後、平成 23（2011）年 3 月に発生した東日本大震災に対処す
るため、同年 6 月に休日上限 1,000 円は廃止されるとともに、平日・現
金支払い車の上限 2,000 円は導入されないこととなった。

　また、高速道路を無料化した場合の地域への経済効果、渋滞や環境へ
の影響について把握するため、平成 22（2010）年 6 月から一部区間で
の無料化社会実験が開始されたが、東日本大震災に対処するため、平成
23（2011）年 6 月に実験は凍結された[22]（図Ⅲ-4-5）。

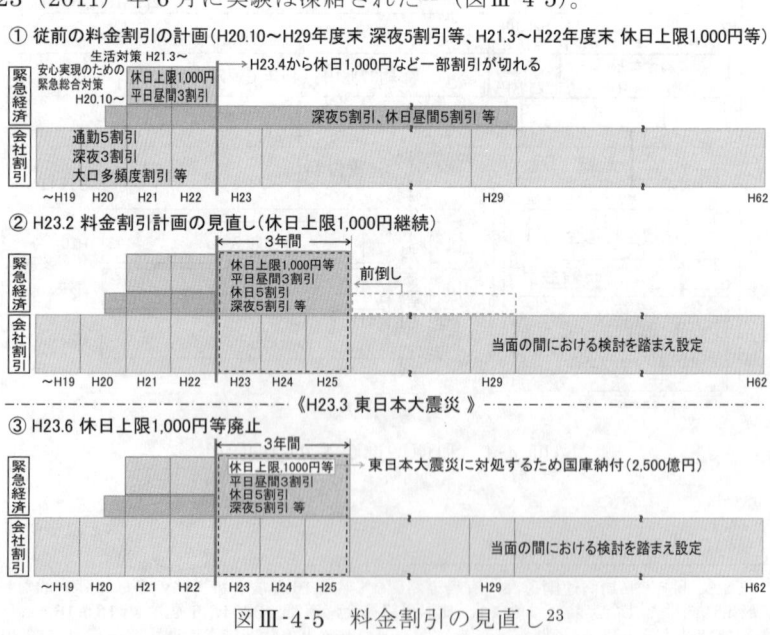

図Ⅲ-4-5　料金割引の見直し[23]

---

[22] 独立行政法人　日本高速道路保有・債務返済機構ホームページ：「高速道路利便増進事業
の概要」，http://www.jehdra.go.jp/ribenzoushin.html
[23] 国土交通省ホームページ，「高速道路のあり方検討有識者委員会中間とりまとめ」，
http://www.mlit.go.jp/road/ir/ir-council/hw_arikata/index.html

(3)　首都圏の新たな高速道路料金[xviii]

　首都圏の高速道路の料金体系については、社会資本整備審議会道路分科会国土幹線道路部会の中間答申（平成 27（2015）年 7 月 30 日）において、「首都圏料金の賢い 3 原則」に従って、①料金体系の整理・統一、②起終点を基本とした継ぎ目のない料金の実現、③政策的な料金の導入が必要とされた。この 3 つの方針に基づき、三環状（首都圏中央連絡自動車道〈圏央道〉、東京外郭環状道路〈外環〉、首都高速中央環状線）を中心としたネットワーク整備が進展しつつある中、首都圏の高速道路がより効率的に賢く使われるよう、平成 27（2015）年 9 月に、「首都圏の新たな高速道路料金に関する具体方針（案）」を発表し、その後、高速道路会社においてパブリックコメントを踏まえた詳細な検討を行い、事業許可等の手続きを経て、平成 28（2016）年 4 月 1 日より、首都圏の新たな高速道路料金がスタートした[24]。

(a)　首都圏の新たな高速道路料金の方針

　料金体系の整理・統一については、整備の経緯の違い等から、料金水準や車種区分等が路線や区間によって異なっている圏央道の内側の料金体系について、三環状の整備の進展を踏まえ、これまでの整備重視の料金体系から、①料金水準について、現行の高速自動車国道の大都市近郊区間の水準に統一（図Ⅲ-4-6）、②車種区分について、5 車種区分に統一した対距離制を基本とした利用重視の料金体系へ移行する。首都高速や均一料金となっている埼玉外環、中央道についても、料金水準を現行の高速自動車国道の大都市近郊区間と同じとする対距離制を導入するが、物流への影響や非 ETC 車の負担増等を考慮して、当面、上限料金等を設定する。併せて、物流を支える車の負担が大幅に増加しないよう、首都高速の大口・多頻度割引について、当面、継続するとともに、中央環状線の内側を通過しない交通に対しては拡充する。なお、車種区分の統一にあたっても、首都高速について、新しい車種区分及び車種間料金比率に円滑に移行するため、段階的に実施する。また、早くから整備され、

---

[24] 国土交通省ホームページ、「首都圏の新たな高速道路料金について」、
http://www.mlit.go.jp/report/press/road01_hh_000630.html

料金水準が著しく低く抑えられている第三京浜等については、料金水準の統一により多数の車が大幅な負担増となることから、ネットワーク整備の進捗や料金変更の経緯等に留意しつつ、当面、現行の高速自動車国道の普通区間を目安に料金水準を設定する。

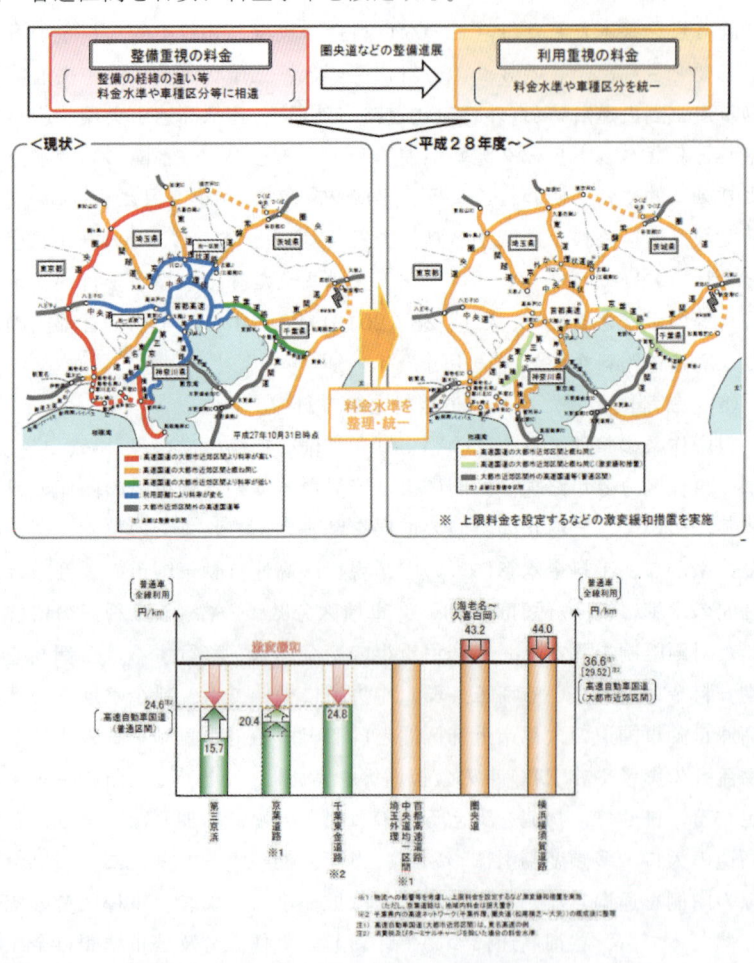

図Ⅲ-4-6　首都圏内の料金水準の整理・統一[25]

---

[25] 国土交通省ホームページ，「首都圏の新たな高速道路料金について」，
http://www.mlit.go.jp/report/press/road01_hh_000630.html

　起終点を基本とした継ぎ目のない料金の実現については、道路交通や環境等についての都心部の政策的な課題を考慮し、圏央道の利用が料金の面において不利にならないよう、経路によらず、起終点間の最短距離（当面、料金体系の整理・統一における激変緩和措置を考慮し、最安値とする）を基本に料金を決定することとする（図Ⅲ-4-7）。

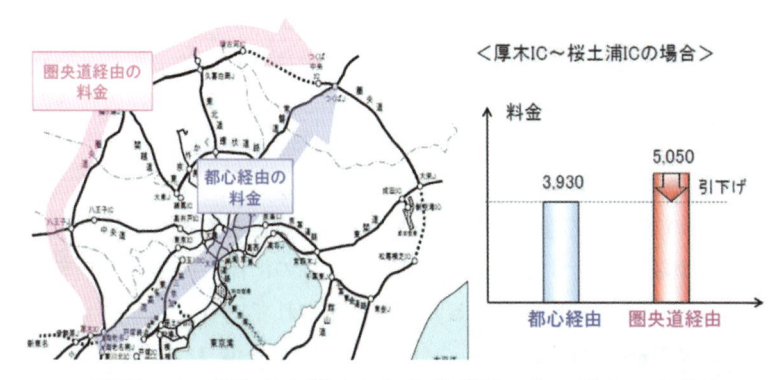

図Ⅲ-4-7　起終点を基本とした継ぎ目のない料金の実現[26]

(b)　首都圏の新たな高速道路料金のポイント

　都心部の渋滞等に対して、首都圏の交通流動の最適化を目指し、圏央道や外環をより賢く使うために導入する新たな料金のポイントは、圏央道、外環の利用形態に応じて整理すると、以下の通りとなる。

①圏央道を利用する交通に対しては、その料金水準について、割高となっている西側区間を含め、現行の高速自動車国道の大都市近郊区間の料金水準に引き下げるとともに、同一起終点であれば同一料金とする。更に、圏央道をより賢く使うため、ETC2.0 搭載車を対象とした料金割引（約 2 割の料金引下げ及び大口・多頻度割引の導入）を追加する。

②外環を利用する交通に対しては、都心に向かう場合、外環を活用して都心環状線内に流入する交通の分散を図るため、外環利用により迂回（1 ジャンクション間を想定）して都心環状線内に流入しても、外環

---

[26] 国土交通省ホームページ，「首都圏の新たな高速道路料金について」，
http://www.mlit.go.jp/report/press/road01_hh_000630.html

利用分の料金は全額割引くこととする。その際、どの方向からの流入に対しても、当面、現行の首都高速の上限料金（普通車 930 円）以内を維持するとともに、外環内側から都心環状線内に流入する交通に対しては、最短距離の出口までの距離を基本に料金を設定する。

他方で、首都高速を利用した都心を通過する交通に対しては、利用者負担を公平にするとともに、圏央道等外側の環状道路の利用を促す観点から、最短経路による走行距離に応じた料金に変更する。ただし、利用者の急激な負担増による影響に配慮するとともに、都心通過の料金が安くならないよう、都心通過時の首都高速の平均利用距離を目安に、当面、新たな上限料金（普通車 1,300 円）を設定する。

首都圏の新たな高速道路料金については、高速道路を賢く使う利用重視の料金体系に移行することにより、都心部の渋滞が緩和される等、首都圏の交通流動が最適化されることが期待されている。

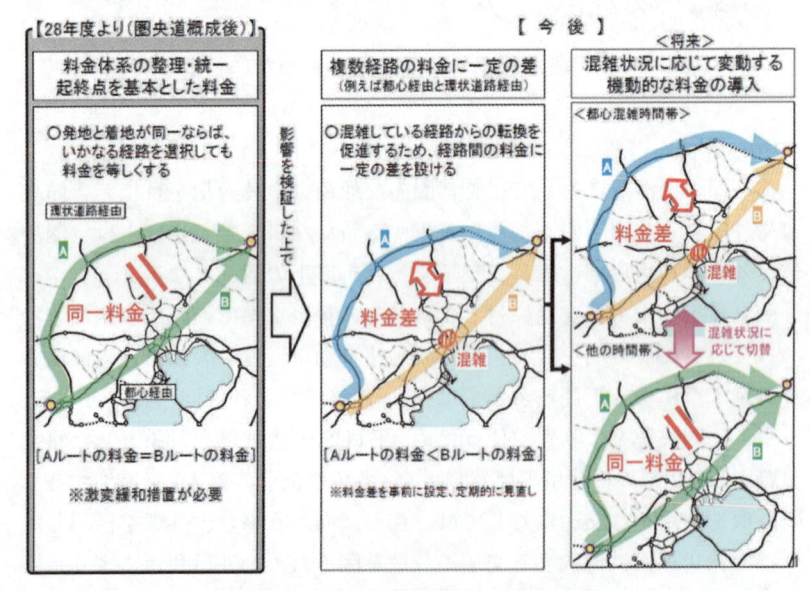

図Ⅲ-4-8　首都圏の料金体系の段階的な見直し（イメージ）[27]

---

[27] 国土交通省ホームページ、「首都圏の新たな高速道路料金について」、
http://www.mlit.go.jp/report/press/road01_hh_000630.html

(4)　近畿圏の新たな高速道路料金[xix]

　近畿圏の高速道路の料金体系については、社会資本整備審議会道路分科会国土幹線道路部会の基本方針（案）（平成 28（2016）年 9 月 13 日）において、「料金の賢い 3 原則」に従い、①料金体系の整理・統一、②管理主体の統一も含めた継ぎ目のない料金の実現、③戦略的な料金体系実現に向けた取り組みが示された。

　この方針に基づき、今後のネットワーク充実のための財源確保を念頭に、円滑な交通処理や確実な債務償還も考慮しながら、近畿圏の高速道路がより効率的に、賢く使われるよう平成 28（2016）年 12 月 16 日、国から、「近畿圏の新たな高速道路料金に関する具体方針（案）」を発表した。その後、高速道路会社においてパブリックコメントを踏まえた詳細な検討を実施し、平成 29（2017）年 3 月 31 日に事業許可等の手続きを行い、平成 29（2017）年 6 月 3 日より近畿圏の新たな高速道路料金がスタートした[28]。

(a)　料金体系の整理・統一とネットワーク整備

　阪神高速道路の料金水準については、現行の高速自動車国道の大都市近郊区間の水準を基本とする対距離制を導入するが、関係自治体の提案を踏まえて、淀川左岸線延伸部及び大阪湾岸道路西伸部の整備に必要な財源確保の観点から、有料道路事業について、事業費の概ね 5 割を確保するために必要な料金を設定する。この際、利用者の追加的な負担を軽減する観点から、様々な工夫（出資金の償還時期の見直しや料金徴収期限までの追加的な料金負担分の活用等）を行う。

　また、物流への影響や非 ETC 車の負担増等を考慮し、当面、上限料金等を設定する。その際、短距離利用の促進により並行する一般道路の渋滞削減等を図る観点から、利用距離が 4.3km 以下（1 区間利用に限る）であれば、下限料金で利用できる措置を行う。あわせて、物流を支える車の負担が大幅に増加しないよう、現行の大口・多頻度割引について、当面、継続するとともに、大阪都心部及び神戸都心部を通行しない交通

28 国土交通省ホームページ，「近畿の新たな高速道路料金について」，
http://www.mlit.go.jp/road/road_fr4_000047.html

については、割引を拡充する。さらに、国道 43 号の沿道環境改善等のため、現行割引のうち、環境ロードプライシング割引や西大阪線に係る割引等については継続する。

　NEXCO 西日本の路線の料金水準も、現行の高速自動車国道の大都市近郊区間の水準を基本とする対距離制を導入するが、現在、均一料金となっている近畿道、阪和道、西名阪、第二京阪については、物流への影響や非 ETC 車の負担増等を考慮し、当面、上限料金等を設定する。このうち、現行の割高な料金水準を引き下げることになる第二京阪については、債務の確実な償還の視点やネットワークの整備に必要な財源確保の観点等も踏まえ、大都市近郊区間の料金水準に段階的に引き下げる。

　車種区分については、5 つの車種区分へ統一するが、新しい車種区分及び車種間料金比率に円滑に移行するため、負担増等を考慮して段階的に実施する。

(b)　管理主体の統一も含む継ぎ目のない料金の実現
　高速道路会社と一体的なネットワークを形成している路線で、地方道路公社等の管理となっている区間は、合理的・効率的な管理を行う観点から、地方の意向を踏まえ、高速道路会社での一元的管理を行う。

　具体的には、新たな料金の導入を踏まえ、大阪府道路公社の南阪奈有料道路及び堺泉北有料道路を速やかに NEXCO 西日本に移管し、阪和道や南阪奈道路等との一元的管理に移行する。また、第二阪奈有料道路（大阪府道路公社及び奈良県道路公社の管理）等についても、早急に一元的管理の具体的な成案を得ることとし、引き続き、一元的管理の検討・調整を行う。また、阪神高速京都線の油小路線及び斜久世橋を速やかに NEXCO 西日本に移管し、第二京阪や名神高速等との一元的管理に移行する。阪神高速京都線の新十条通は、京都市に移管して無料で利用できるようにする。

　これら路線の移管に際し、料金体系については、現行の高速自動車国道の大都市近郊区間の水準を基本とする対距離制を導入するが、現在、均一料金となっている南阪奈有料道路、堺泉北有料道路及び阪神高速京

都線については、物流への影響や非 ETC 車の負担増等を考慮して、当面、上限料金等を設定する。このうち、現行の割高な料金水準を引き下げることになる阪神高速京都線については、接続する第二京阪との連続性や債務の確実な償還の視点等も踏まえ、第二京阪と同様、大都市近郊区間の料金水準に引き下げる。また、現行の割引は廃止する。

　さらに、ネットワーク整備の課題と相まって、都心部の流入交通の経路選択等に偏りが発生、これにより特定の箇所に過度な交通集中を招いていること等を踏まえ、大阪及び神戸都心部への流入に関し、料金面で不利にならないよう、交通分散の観点から、経路によらず起終点間の最短距離を基本に料金を決定することとする。

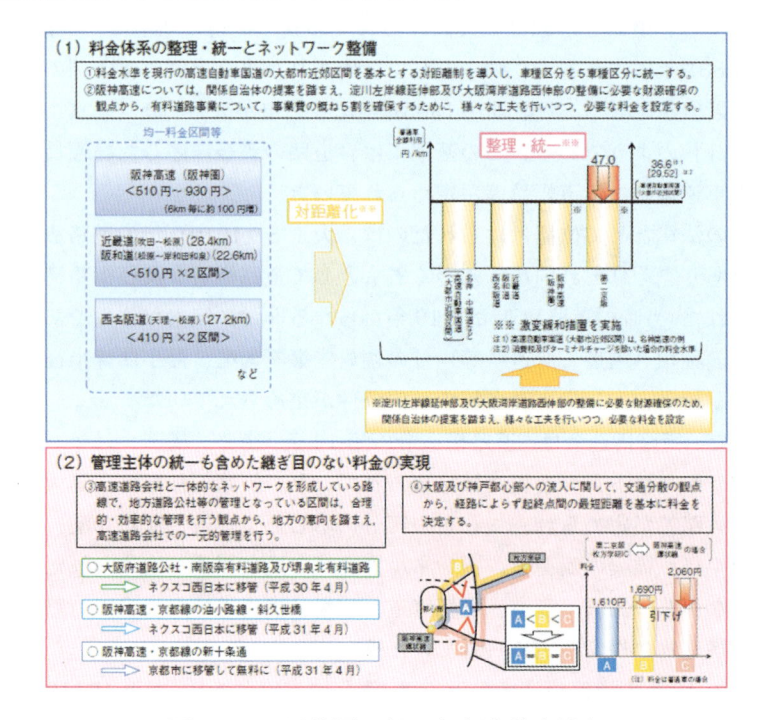

図Ⅲ-4-9　近畿圏の新たな高速道路料金[29]

---

[29] 国土交通省ホームページ、「近畿の新たな高速道路料金について」、
http://www.mlit.go.jp/road/road_fr4_000047.html

Ⅲ-5 道路技術基準

Ⅲ-5-1 道路構造令

(1) 昭和 27（1952）年道路構造令の制定まで[xx]

近代的な道路構造に関する基準は、明治 19（1886）年に内務省訓令として発出された「道路築造保存方法」が最初と考えられる。同訓令には、国道・県道の縦断勾配、曲線半径、橋梁の耐荷重、トンネルの幅員及び高さ、並木等の道路構造に関する基準が定められていた。

創生記における道路の概念は、現在とは若干異なり、「道路」のうち都市内の道路は、「街路」という言葉で整理されていた。街路の構造基準についても、道路とは独立して設けられており、最初の基準は、明治 21（1888）年に内務省より勅令として発出された東京市区改正条例の具体の設計方法として、明治 36（1903）年に東京市が公布した「東京市区改正設計」のようである。この基準には、道路の等級に応じた総幅員、中央馬車道幅員、歩道幅員等が定められていた。

国の法律として位置付けられたのは、大正 8（1919）年の道路法制定時であり、それぞれ同法に基づく省令として道路構造令及び街路構造令とされた。当時の道路構造令は 19 条からなる非常に簡素な体系であり、道路の種類（国道・府道県等）毎の幅員、縦断勾配、最小曲線半径、橋梁の耐荷重、トンネル高さ等の幾何条件が定められていた。

また、街路構造令は、道路構造令の第 19 条「街路ノ構造ニ付テハ特別ノ定ヲナスコト得」を根拠に定められていた。街路の種類は一等大路、二等大路等が定められ、これらの区分に応じ、全幅員、縦断勾配、最小曲線半径、橋梁の耐荷重、トンネル高さ等の幾何要件が定められた他、主要な街路の舗装、歩道、自転車道、広場、植樹帯等の都市の街路に必要な構造物の規定が定められていた[30]。

この 19 条の道路構造令のみでは、実務に支障があり、大正 15（1926）

---

[30] 淡中康雄、大脇鉄也：「道路構造令① 近代的構造基準の創生記 ～誕生から昭和 33 年構造令まで～」，日本道路協会，道路，2011，1 月号，p52～53

年6月に「道路構造に関する細則」が定められた。この細則では、当時として入手し得た西欧諸国の道路構造基準を参考にしながら、建築限界、縦断曲線、視距、曲線拡幅、橋梁荷重の計算方法等が規定された。また、昭和10（1935）年には大正15（1926）年の細則を更に発展させ、設計速度の概念を導入し、最小曲線半径と片勾配の関係を整理するなど、自動車交通の増大を見据え、当時としては最先端の交通工学を取り入れた「道路構造令並同細則改正案要綱」が全国土木主任官会議に諮問された。この昭和10（1935）年改正案は、改正には至らなかったものの、昭和11（1936）年に土木協会より同改正案の解説書が出され、昭和前期の道路設計においては、この改訂案が案のまま長らく使われることとなった。

　第2次世界大戦の終戦後、憲法が改正され、昭和27（1952）年に道路法も中央集権的で軍事的要素の強い旧法から、地方自治を考慮した民主的な新法へ改正された。

　新法においても道路の構造基準については「政令で定める」とされ、道路構造令を新法の下で定める必要があったが、新構造令は新法と同時に制定されなかったため、法的には道路構造基準が存在しない空白期間がしばらく続くこととなった。

　ただし、新構造令制定に向けた検討は、終戦後の混乱が一段落した昭和24（1949）年には始まっており、昭和27（1952）年に道路局から新構造令の原案が提示されている。更に昭和28年には第2次案が提示されるとともに、道路の新設・改築は全て同案に従うように指導がなされ、実務の現場では、昭和10（1935）年の改正案から第2次案での設計へ切り替えが行われていた[31]。

　しかし、第2次案が提示され、昭和33（1958）年に政令として定められるまでに、更に5年の年月を要している。この背景には、自動車交通と道路の関係を著した資料が乏しかったこと等に加え、戦後の復興に併せて急激に増大しつつあった自動車交通への対応について、技術面・行

---

[31] 淡中康雄、大脇鉄也：「道路構造令①　近代的構造基準の創生記　～誕生から昭和33年構造令まで～」，日本道路協会，道路，2011，1月号，p52～53

政面から様々な議論・検討が行われていたことにある。

(2)　昭和 33（1958）年道路構造令の制定[xxi]

　これまでの議論や検討の積み重ねにより、遂に昭和 33（1958）年に新しい道路構造令が制定された。同年は、第 2 次道路整備 5 箇年計画のスタートの年であり、同年は道路整備のために必要となる「財源」と「構造基準」の両論が揃った年となった[32]。

　同年の道路構造令は、多くの技術者の努力により、日本特有の交通の状況や地形等の制約をできるだけ反映し、かつ欧米等の最新の技術を可能な限り盛り込み、大正 8（1919）年の構造令及び昭和 10（1935）年の改正案から大きく進化した姿で制定された。しかし、当時建設が始まりつつあった高速自動車国道についての基準は別途検討されることとされ、基準化した一般道についても混合交通を前提とした規定には、交通容量や安全の観点から更なる検討が必要であると認識されたままになっており、いくつかの課題を積み残した形でのスタートとなっていた。

　その後、高速自動車国道の基準については、名神高速道路の建設を通じ、実地と同時進行に検討が進められ、その結果は昭和 38（1963）年に「高速自動車国道等の構造基準（道路局長通達）」として取りまとめられ、次の道路構造令の改正に備えることとなった。混合交通については、日本が高度成長を迎え、自動車交通の爆発的増加に伴う渋滞や事故の顕在化等が問題となったことを受け、緩速車両（自転車）を車道から極力分離する対応が進められることになった。

　これらの動きを踏まえ、制定からわずか 7 年後の昭和 40（1965）年には抜本改正に関する本格的な検討が始まった。

(3)　現道路構造令の制定・改正[xxii,xxiii]

　(a)　交通量に基づく車線数の決定（昭和 45（1970）年改定）

　昭和 33（1958）年の構造令制定以降、交通容量の問題をはじめとして

---

[32] 淡中康雄、大脇鉄也：「道路構造令①　近代的構造基準の創生記　〜誕生から昭和 33 年構造令まで〜」，日本道路協会，道路，2011，1 月号，p52〜53

我が国独自のデータに基づく研究の蓄積が進められる一方、交通安全に関する道路構造面からの一層の配慮が必要とされるようになった。さらに高速自動車国道や自動車専用道路も含む総合的な道路構造規格の基準とするべく、数年の検討の結果昭和 45（1970）年に現行の道路構造令が制定され、昭和 46（1971）年 4 月から施行された。これは、戦後 2 度目、大正 8（1919）年から数えると 3 度目の道路構造令であり、現道路構造令の基本的な形が出来上がった[33]。道路構造令の基本構成は図Ⅲ-5-1 の通りである。

　また、この道路構造令の制定・改正に伴い、道路を計画・設計する現場の技術者に道路構造令の趣旨を正確に理解してもらい、適正な運用が行われることを目的として、「道路構造令の解説と運用」が昭和 45（1970）年 11 月に出版された。

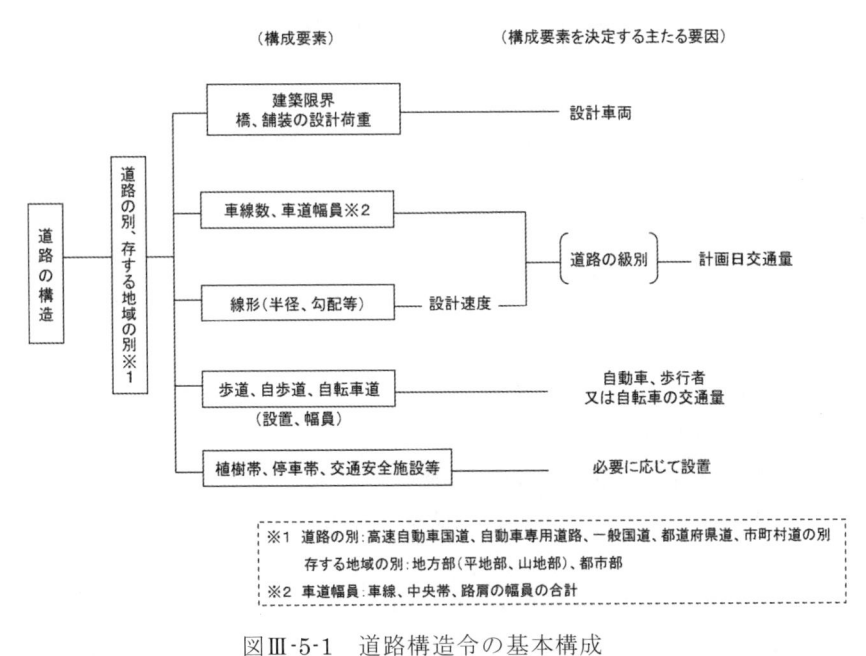

図Ⅲ-5-1　道路構造令の基本構成

[33] 大脇鉄也：「道路構造令②幅員主義から車線主義へ　〜昭和 45 年構造令の全面改定〜」、日本道路協会，道路，2011，3 月号，p57〜61

　車線数の決定は、昭和 45 年の改定において、「1 車線あたりの設計基準交通量に対する当該道路の計画交通量の割合によって定める」(道路構造令第 5 条) とされた。

　設計基準交通量とは、道路の設計の基準となる 1 車線 (2 車線の道路にあっては 2 車線) 当りの交通量であり、交通に対するサービスの程度と経済性とを勘案して定められる[34]。

　設計基準交通量は、以下の数式により求められる。

$$Cd = \gamma e \times \gamma c \times \gamma t \times \gamma i \times \gamma p \times Cb \qquad (1)$$

$$ADT = \begin{cases} \dfrac{5000 \cdot N}{K \cdot D} \cdot Cd & \text{(多車線道路)} \\[2ex] \dfrac{100}{K} \cdot Cd & \text{(2 車線道路)} \end{cases} \qquad (2)$$

ADT:設計基準交通量 (台/日)

Cd：設計交通容量 (台/時)

Cb：基本交通容量 (2,500 台/時)

γe：車線幅員による補正

γc：側方余裕による補正

γt：大型車 (縦断勾配) による補正

γi：沿道条件による補正

γp：計画水準による補正

N：車線数

K：ADT に対する 30 番目時間交通量の割合 (%)

D：往復合計交通量に対する重方向交通量の割合 (%)

　なお、交通量は路線や地域によって時間変動特性を持つため、道路の特性の部分についてはピーク特性が問題となることから、道路構造の決

---

[34] 日本道路協会：道路構造令の解説と運用，丸善，1970，p47〜85

定に関しては、本来、時間交通量によって設計する必要があるが、我が国においては、計画交通量は、通常、年平均日交通量で表わされるため、道路の基本的計画に用いる基準交通量も日交通量を用いることとしている[35]。

(b)　沿道の生活環境への配慮（昭和 57（1982）年改正）[xxiv,xxv]

昭和 45（1970）年の全面改正以降の道路交通情勢及び道路をめぐる社会経済情勢の変化は著しいものがあり、良好な道路環境の形成、自転車・歩行者の安全かつ円滑な通行の確保など、多様な要求に応えた質的な充実を図ることが必要とされるようになった。特に、昭和 49（1974）年には、幹線道路周辺における生活環境を保全する環境施設帯に関する通達が発出された。このような社会的な要請に対応するため、昭和 57（1982）年 9 月に道路構造令の一部が改正された[36]。

また、この道路構造令の改正に伴い、「道路構造令の解説と運用」が昭和 58（1983）年 2 月に改訂された。

(c)　人が中心の道づくりへの取り組み（平成 5（1993）年改正）[xxvi]

それ以降も自動車社会は進展し、一方、一時はピーク時から半減した交通事故死亡者数も平成元（1989）年から 4 年連続 11,000 人を突破するなど交通事故、交通渋滞、環境の問題は深刻化した。さらに、平成 5（1993）年、政府が「障害者対策に関する新長期計画」を決定するなど、近年、障害者福祉の積極的な取組みがなされていること、21 世紀初頭には 4 人に 1 人が高齢者となる社会が到来することを考慮し、人が中心の道づくりが強く求められるようになった。

また、自動車が我が国の輸送機関の中心的な役割を担っており、貨物運送業における労働力不足への対応、渋滞の緩和、大気汚染の軽減、物流の国際化への対応等の要請から物流の高度化が急務となっていた。そ

---

[35] 今井勇・井上孝・山根孟：道路の長期計画，技術書院，1970，p187～191
[36] 濱口忠：「道路構造令等の改正について」，日本道路協会，道路，1982，12 月号，p57～61

のため、平成5（1993）年11月に道路構造令の一部が改正された[37]。

(d)　道路利用者の独立した空間の確保（平成13（2001）年改正）[xxvii]

その後も自転車保有台数の増加も影響して、人と自転車による接触事故が高い伸びを示してきたことや高齢者、身体障害者の社会参加を支援することが強く要請されたことから、安全に、安心して歩くことのできる歩行空間の確保が求められてきた。

一方、CO_2排出量の削減のため、平成11（1999）年4月には「地球温暖化対策に関する基本方針」が閣議決定され、その中において「自転車の安全かつ適切な利用促進に向けた環境整備」が必要とされた。さらに、「地球温暖化防止のための今度の道路政策について」（平成11（1999）年11月道路審議会答申）において、道路利用を地球環境への負担を少ないものとすることとし、徒歩、自転車、公共交通機関への転換・活用を図るとともに、緑豊かで潤いのある質の高い道路空間の実現を図ることとされた。

それらを受け、人々のくらしより求められる道路空間を再構築するとともに、道路の利用体系を地球環境への負担の少ないものとするため、「自転車」、「歩行者」、「公共空間」、及び「緑」空間を「自動車」空間から独立して位置付けるとともに、これらが互いに調和した道路空間（“モジュール型”道路構造）となり、より質の高い道路空間を実現するように平成13（2001）年4月に道路構造令の改正を行った[38]。

(e)　コスト縮減への対応（平成15（2003）年改正）[xxviii,xxix]

景観や自然環境に配慮した地域になじむ道づくりの推進、道路整備のスピードアップと整備コストの大幅縮減、歩行者・自転車交通の重視が求められるなか、道路の確保すべきサービスレベルを明確化し、全国一律の構造規格であったところについて、地域に応じたきめ細かな道路構

---

[37] 佐藤信彦：「道道路構造令等の改正について」，日本道路協会，道路，1994，1月号，p44〜53
[38] 国土交通省道路局企画課：「道路構造令等の改正について」，日本道路協会，道路，2001，8月号，p46〜47

造基準（ローカルルール）を策定し、適用されることとなった。これら
を背景として、平成 15（2003）年 7 月に道路構造令の改正を行った[39]。

　また、この道路構造令の改正に伴い、「道路構造令の解説と運用」が平
成 16（2004）年 2 月に改訂された。

(4)　道路構造令の条例化[40]

　近年になって地方分権の気運が高まり、地方分権改革審議会（内閣府）
の審議を経て、平成 23（2011）年には「地域の自主性及び自立性を高め
るための改革の推進を図るための関係法律の整備に関する法律（地方分
権一括法）」が制定された。

　これにより、道路法では、これまで高速自動車国道から市町村道に至
るまでの道路構造を一括して規定していたが、「都道府県道及び市町村道
の構造の技術的基準は、政令（道路構造令）で定める基準を参酌して、
当該道路の道路管理者である地方公共団体の条例で定める」（道路法第
30 条）ものと規定した。これにより、地方公共団体は、設計車両、建築
限界、橋・高架橋等の荷重条件を除き、道路構造令で定める基準を参酌
して、条例で定めることとなった。

Ⅲ-5-2　交通バリアフリー法における道路の構造基準

(1)　策定の経緯[xxx]

　少子高齢化等の進展に伴い、高齢者、身体障害者等の自立した日常生
活、社会生活を確保することの重要性が増大してきたことから、公共交
通機関等を利用して高齢者、身体障害者等の移動の利便性、安全性の向
上の促進を図ることが主要な政策課題となった。

　そうした中で、平成 12（2000）年 5 月には「高齢者、身体障害者等の
公共交通機関を利用した移動の円滑化の促進に関する法律」（交通バリア

---

[39] 国土交通省道路局企画課：「道路構造令の改正について」，日本道路協会，道路，2003，
10 月号，p.40〜43
[40] 国土交通省ホームページ，「道路構造令における地域主権改革の動き」，
http://www.mlit.go.jp/road/sign/hyoshikitop.html

フリー法）が成立し、公共交通機関を相互に連絡する道路の構造につい
ても、「重点整備地区における移動円滑化のための必要な道路の構造に関
する基準」が省令として策定された。また、あわせて、歩行者に対する
道路案内の充実を図るために、道路標識令についても一部改正された。
その後、平成 18（2006）年の通常国会に、ハートビル法、交通バリアフ
リー法を統合するとともに施策の拡充を図った新しいバリアフリー法
「高齢者、障害者等の移動等の円滑化の促進に関する法律」が提出され、
同年 6 月 15 日に成立、21 日に公布され（平成 18（2006）年法律第 91
号）、同年 12 月 20 日から施行された。

　なお、このバリアフリー法による当該基準は、道路構造令の一般的基
準として策定していない。その理由としては、交通バリアフリー法が「重
点整備地区におけるバリアフリー化の重点的・一体的な推進」を図るこ
とを目的としており、当該基準の適用を一般的な道路まで適用させるこ
とを想定していないこと、当時は、当該基準を満たす道路は僅少であり、
いきなり適用させることは、却って基準の普及を阻害する恐れがあるこ
となどによるものと考えられる。

(2)　基準の概要[xxxi]

　本基準は、交通バリアフリー法に基づいて道路特定事業（道路管理者
が法に基づく基本構想に沿って実施する事業）を実施する際に適合すべ
き基準として、高齢者、身体障害者等の円滑な利用に適する歩道、立体
横断施設、バス停、駐車場等の構造について規定したものであり、道路
構造令の上乗せ基準（他の基準より高いサービスを提供するものして定
められた基準）として位置づけられる[41]。

(a)　バリアフリー法の道路構造基準

　平成 18（2006）年の新しいバリアフリー法「高齢者、障害者等の移動
等の円滑化の促進に関する法律」において、市町村は、一定の要件に該

---

[41] 国土交通省道路局企画課：「交通バリアフリー法における道路の構造基準について」，日
本道路協会，道路，2001，1 月号，p30〜37

当する施設を中心とする重点整備地区について移動円滑化に係る事業の重点的かつ一体的な推進に関する基本構想を作成することができ、公共交通事業者、道路管理者等は、これに則して具体的な事業計画を作成し、移動円滑化のための事業（特定事業）を実施することとされている。

　「特定道路[42]」の新設又は改築を行う際の基準として、新しいバリアフリー法の規定に基づき、①歩道等、②立体横断施設、③乗合自動車停留所、④路面電車停留所、⑤自動車駐車場、⑥その他について、「移動等円滑化のために必要な道路の構造に関する基準」（国土交通省令第 116 号）が平成 18（2006）年 12 月に定められた[43]。

(b)　歩道の一般的構造に関する基準

　新しいバリアフリー法上の特定道路においては、既に同法に基づいて定めた道路構造とすることとなっているが、特定道路以外の道路においても、バリアフリーの観点を踏まえた道路整備を行っていくことが必要となる。また、歩道等の設置の要否や構造決定について、道路構造令の規定に基づき、地域の実情等を十分に考慮して適切に運用していくことも重要となる。このような状況を踏まえ、平成 17（2005）年 2 月、①歩道のセミフラット化、②車両乗入れ部における平坦部の確保を主な特徴とする「歩道の一般的構造に関する基準（都市・地域整備局長・道路局長通達）」が策定された[44]。

(3)　基準策定にあたっての留意事項[xxxii]

　どのような基準も同じではあるが、基準の内容によっては、道路利用者間において利害関係が相反する場合がある。例えば、歩車道境界の段差は、車いすや自転車利用者にとっては限りなく無い方が良いが、視覚

---

[42] 特定道路とは、生活関連経路を構成する道路法（昭和 27 年法律第 180 号）による道路のうち多数の高齢者、障害者等の移動が通常徒歩で行われるものであって国土交通大臣がその路線及び区間を指定したもの。
[43] 国土交通省ホームページ、「バリアフリー法関連情報」、
http://www.mlit.go.jp/sogoseisaku/barrierfree/index.html
[44] 国土交通省：「歩道の一般的構造に関する基準」都市・地域整備局長・道路局長通達, 2007

障害者にとっては、認識できるほどの段差がなければ、歩行可能な空間を認識できない。このため、基準の策定にあたっては、広く国民の意見を聴く機会を設け、こうした状況を調整する必要がある[45]。

Ⅲ-5-3 道路標識令

(1) 昭和 25（1950）年道路標識令の制定まで[xxxiii]

我が国の道路標識が近代的な法体系として整ったのは、大正 11（1922）年の「道路警戒標及道路方向標ニ関スル件」という内務省命令が制定されてからである。これは現在の警戒標識と案内標識に相当するもので、標識板の様式は当時の英国の方式にならったものといわれている。

ついで昭和 17（1942）年に内務省令として 8 条よりなる「道路標識令」が制定され、標識の種類も案内、警戒に加え、禁止、制限、指導の 3 つが追加され 5 種類となった。

その後、昭和 22（1947）年の道路交通取締法（後の道路交通法）の制定を機に、道路標識令の全面改正が行われ、昭和 25（1950）年に総理府、建設省令として新たな「道路標識令」が制定された。この道路標識令には、当時の道路標識を国際的に統一しようとする欧州諸国の動き、及びそれを結実した昭和 24（1949）年のいわゆる国連標識の考え方を数多く取り入れており、これを境として我が国の道路標識も記号表示を主とする方向に変った。

昭和 25（1950）年の道路標識令がおよそ 10 年続いた後、昭和 35（1960）年には、道路交通法の実施に伴い総理府、建設省令をもって「道路標識、区画線及び道路標示に関する命令」が定められた。これにより標識の種類は新しく案内、警戒、規制、指示の 4 つに区分されたが、標識の様式については昭和 25（1950）年のものをほとんどそのまま踏襲することとなった。この標識令ではまた、新たに区画線及び道路標示に関する規定を加え、区画線については 7 種類のものが定められた。

---

[45] 国土交通省道路局企画課：「交通バリアフリー法における道路の構造基準について」，日本道路協会，道路，2001，1月号，p30〜37

(2) 道路標識令の改正・案内標識の追加[xxxiv,xxxv,xxxvi]

　道路標識の設置場所を定めた道路標識設置要領は、昭和36（1961）年に原案がまとめられ、昭和36（1961）年8月10日付け道企発第29号にて企画課長名で、原案について各道路管理者の意見を求める旨通達された。これに基づいて所要の改正が行われ、道路標識設置要領（案）として取りまとめ運用を図ることとされたが、これについては、特に正式な通達は出されていない。

　昭和37（1962）年1月には、方面及び方向を表示する案内標識などを追加し、続いて、昭和38（1963）年3月には、規制標識及び指示標識について、それまでの米国式様式に対し、国連標識を大幅に採用し、抜本的改革を図った。また、同年7月には高速道路の案内標識が追加された。その後、昭和39（1964）年8月の規制標識の追加、昭和40（1965）年8月の案内標識・警戒標識の追加が行われた。同年には、それまで道路管理者の設置すべき区画線と公安委員会の設置すべき道路表示との間に明確な設置区分がないため設置計画上問題が多かったことにかんがみ、建設省と警察庁が協議して、その設置区分が明らかにされた。

　昭和42（1967）年11月には、高速道路等に関する案内標識及び警戒標識の一部改正、昭和44（1969）年11月には、主要地点を示す案内標識が追加された。続いて、昭和45（1970）年8月に規制標識の追加、昭和46（1971）年11月には案内標識・警戒標識の改正・追加が行われた。この昭和45（1971）年から46（1972）年にかけては、道路交通法が全面改正されたことや道路法に自転車専用道路等の規定が追加されたことにより、「自転車専用」等の標識が追加されている。また、昭和46（1971）年11月の案内標識・警戒標識の改正・追加においては、区画線の設置区分について、標識令に「道路標示とみなす区画線」（標識令第7条）が規定された。現在の「（参考）区画線と道路表示の関係」に示すような取扱いがなされている[46]。

　標識令は、このように時代の社会的要請に応じて、改正が適宜行われ、

---

[46] 建設省道路局企画課：「道路標識、区画線および道路標識に関する命令の一部改正について」、日本道路協会，道路，1972，2月号，p84〜91

標識設置の基本とも言うべき設置体系や整備水準、設置の必要性の判断基準、標識の設置方法等、道路管理者が所管する道路標識の設置に関する技術的基準については、道路標識の設置マニュアルとも言える「道路標識ハンドブック」（全国道路標識・表示業協会編、建設省道路局、警察庁交通局監修）が昭和 42（1967）年に出版され、運用されていた。

　しかし、道路標識の整備はモータリゼーションの進展とともにより高い水準が要求されるもので、特に案内標識による道路利用者の案内方法の質的向上、またその他の道路標識の整備水準の向上を目指し、各道路標識の整備と維持修繕に関する技術水準が「道路標識設置基準」として昭和 53（1978）年 3 月に都市局長及び道路局長より通達されている。また、同年 8 月には、規制標識・指示標識・道路標示が追加され、同年 9 月の改正においては、自転車横断帯の新設が規定された。このとき、道路管理者の設置する標識、区画線には改正はなかったが、これに関連して、同年 12 月 1 日付け建設省道交発第 102 号にて道路局長名で「道路交通法の一部改正に伴う道路管理上の措置等について」が通達された [47]。

　昭和 60（1985）年 10 月には規制標識・指示標識の追加、昭和 61（1986）年 10 月には案内標識・警戒標識の改正・追加、同年 11 月には規制標識の追加が行われた。さらに、同年 10 月の標識令の改正に伴い、「道路標識設置基準」も同年 11 月 1 日に改訂された [48]。

　その後、平成 4（1992）年 6 月には規制標識・補助標識の改正・追加、平成 7（1995）年 10 月に案内標識の改正・追加、同年 11 月には補助標識の追加、平成 12（1996）年 11 月には案内標識の追加などが行われ、現在に至っている。

(3)　交通バリアフリー法制定に伴う道路標識令の改正 [xxxvii]

　平成 12（2000）年の交通バリアフリー法の制定に伴い、高齢者、身体

---

[47] 佐藤清，霜上民夫：「道路標識設置基準（案）について」，日本道路協会，道路，1978，2 月号，p70〜76
[48] 藤川寛之：「道路標識設置基準・同解説の改訂」，日本道路協会，道路，1987，3 月号，p43〜47

障害者等が通常、主として徒歩で移動することにかんがみ、鉄道駅等の特定旅客施設、官公庁施設、福祉施設及び身体障害者等が利用可能なエレベーター等の道路施設などについてその位置を適切に案内できるように、標識令の改正が同年 11 月に行われた[49]。

(4) 高速道路ナンバリング等に伴う改正[xxxviii]

高速道路に路線番号を付すことにより、訪日外国人をはじめ、すべての利用者にわかりやすい道案内の実現を目指す「高速道路ナンバリングの実現に向けた提言」（平成 28 （2016）年 10 月 24 日高速道路ナンバリング検討委員会とりまとめ）を踏まえ、「高速道路番号」標識の新設、一般道路上の案内標識における高速道路の表示方法の変更等を内容とする標識令の改正が平成 29 （2017）年 2 月 7 日に公布され、同月 14 日に施行した。

併せて、本線への入口の誤認識による逆走等の予防の必要性、スマート I C の利便性向上の必要性等を踏まえ、「サービス・エリア又は駐車場から本線への入口」の標識やスマート I C 関係の標識等を新たに規定した。

Ⅲ-5-4 道路橋示方書
(1) 明治、大正の道路橋技術基準の変遷[xxxix]

(a) 明治 19 （1886）年「道路築造標準」

明治 19 （1886）年、内務省訓令第 13 号として制定された道路築造標準では、国県道の新設、改築を行う場合の築造保存方法が規定された。道路築造標準は、我が国で初めての道路構造に関する基準であり、路面構造、横断形状、排水、縦断勾配、曲線半径等、46 条の規定が設けられており、その第 29 条では、橋梁の設計活荷重について、「橋梁ノ構造ハ橋面平積一坪ニ付四百貫ノ重量ヲ橋上満面ニ載荷シ得ルモノトナスヘシ」

---

[49] 建設省道路局企画課：「交通バリアフリー法における道路の構造基準について」，日本道路協会，道路，2001，1 月号，p30～37

と書かれ、400貫／坪（454kgf/㎡）の等分布荷重が示されている。

　当時は、我が国に自動車が輸入される前であったため、荷重として群衆、荷車、牛馬車等を想定し、現在の道路橋示方書の群衆荷重 5.0ｋN/㎡（500kgf/㎡）とほぼ同程度の強度を持つ等分布荷重が用いられていたことから、荷車、牛馬車は、大型のものではなかったと考えられる。

　道路築造標準では、許容応力度や設計細目に関する規定はなく、この頃、西洋で発達した構造力学、弾性学の考えを取り入れて、材料等の違いに応じた破壊強度や降伏強度に対するバラツキを考慮した安全率を用いて設計していたと考えられる。

　(b)　大正15（1926）年「道路構造に関する細則案」

　明治時代の後半から大正時代になると、乗合馬車や荷物運搬用の大荷馬車の増加に加えて、自動車の台数も徐々に増え（大正8（1919）年当時の自動車登録台数は 7,000 台余り）、道路整備の必要性が意識され始める。同年には旧道路法が制定され、同時に道路構造令と街路構造令が内務省令として公布された[50]。

(2)　昭和の道路橋技術基準の変遷[xl,xli,xlii,xliii]

　(a)　昭和14（1881）年「鋼道路橋設計・製作示方書」

　大正から昭和初期にかけては、自動車交通が発達し、昭和10（1935）年の自動車登録台数が 15 万 6000 台に達した。これに対処するため、同年に道路に関して「道路構造令並びに同細則改正案要領」が策定され、昭和14（1939）年に鋼道路橋設計・製作示方書案が制定された。同年の鋼道路橋設計・製作示方書（案）では、車両の大型化に対応した設計荷重の見直しと設計細目の充実が図られた。

　(b)　昭和31（1956）年「鋼道路橋設計・製作示方書」

　第二次大戦後、自動車交通量が急速に増大する時代を迎え、昭和 20

---

50 中州啓太：「道路橋基準の変遷について」，日本道路協会，道路，2011，6月号，p60〜63

　(1945)年には、自動車登録台数が 150 万台に達している。昭和 27(1952)年の道路法の改正後、昭和 28（1953）年の道路整備費の財源等に関する臨時措置法により財源が確立されると、我が国の道路整備が本格化し、橋梁の建設数も急速に伸び始める。昭和 31（1956）年の「鋼道路橋設計・製作示方書」では、自動車の急速な増大に対応して、自動車荷重が、一等橋は従来の 13tf から 20tf へ、二等橋は従来の 9tf から 14tf へと大きく改められた[51]。

　(c)　昭和 39（1964）年「鋼道路橋設計・製作示方書」
　昭和 24（1949）年の突き合わせ溶接（最大板厚 28mm）を使用した恵川橋の建設、昭和 27（1952）年の溶接・加工性に富む SM 材の JIS 規格化等を背景に、昭和 15（1940）年に制定された電弧溶接道路橋設計及製作示方書が、昭和 32（1957）年 7 月に溶接鋼道路橋示方書として改訂された。昭和 34（1959）年には、合成桁の建設に対応し、「鋼道路橋の合成桁設計施工指針」が制定された。この頃、電子計算機の出現や計算手段の進歩を背景に、各主桁の協働を考慮した設計計算が行われるようになり、格子桁橋、箱桁橋等の新しい形式の橋梁が作られるようになった。昭和 39（1964）年の「鋼道路橋設計示方書」の改訂では、50kg 級の高張力鋼 SS50、SM50 の規定化、適用支間の拡大（120kg→150kg）、たわみ規定の緩和などが行われた。前述した、溶接技術、設計技術等の進歩等との組み合わせにより、道路橋の合理化が進んだ。

　(d)　コンクリート橋、下部構造、耐震設計に関する基準
　コンクリート橋、下部構造、耐震設計に関する基準は、社会的要請、技術の進歩、調査研究の成果を反映して、順次、整備されていった。
　コンクリート橋は、昭和 39（1964）年に鉄筋コンクリート道路橋設計示方書、昭和 43（1968）年に、プレストレストコンクリート道路橋示方書が制定されるまでは、設計荷重については、鋼道路橋設計示方書の規

---

[51] 中州啓太：「道路橋基準の変遷について」，日本道路協会，道路，2011，6 月号，p60〜63

定が用いられ、許容応力度、設計計算法、構造細目、施工法などは土木学会の鉄筋コンクリート標準示方書、プレストレストコンクリート設計施工指針などに基づいて設計していた。昭和 39（1964）年の鉄筋コンクリート道路橋示方書では、材料の許容応力度をはじめ床版橋、Ｔ 桁橋、箱桁橋、ラーメン橋、アーチ橋の設計や細部構造が規定された。43 年のプレストレストコンクリート道路橋示方書では、コンクリートおよび PC鋼材の強度や品質、クリープ、乾燥収縮などの物理定数、許容応力度、破壊に対する安全度を照査するための荷重の大きさと組み合わせ、並びに各種橋梁構造形式毎の設計細目が規定された。

　道路橋の下部構造の基準は、道路橋下部構造設計指針として、昭和 39年 3 月のくい基礎の設計篇、昭和 41（1966）年 11 月の調査および設計一般篇、昭和 43（1968）年 3 月の橋台・橋脚の設計編、直接基礎の設計篇、同年 10 月のくい基礎の施工篇、昭和 45（1970）年 3 月にケーソン基礎の施行篇、がそれぞれ逐次制定されていった。

　道路橋の耐震設計は、鋼道路橋設計示方書の規定に従って実施されていたものの、より詳細な規定の整備が要請されるようになり、耐震に関する調査研究の成果、昭和 39 年の新潟地震の被害経験等を踏まえて、46 年に道路橋耐震設計指針が制定された[52]。

(e)　昭和 48（1973）年「道路橋示方書」

　橋の設計・施工の基準は、橋の使用材料、構造形式の別に関わらず、一貫したものでなければならないという考えの下、将来的にすべてを包含した示方書の体系を目指して、昭和 48（1973）年に、複数存在した示方書や指針類が「道路橋示方書Ⅰ共通編、Ⅱ鋼橋編」に統合された。

　各編に共通な事項として、適用の範囲、橋の等級、構造規格、荷重、たわみの許容値、使用材料、支承、高欄、伸縮装置等が定められた。このうち適用の範囲が従来の支間 150m 以下から支間 200m 以下となり、使用材料については昭和 43（1968）年に JIS 規格が制定された耐候性

---

[52] 中州啓太：「道路橋基準の変遷について」，日本道路協会，道路，2011，6 月号，p60～63

鋼材が加えられた。一方で、車両の大型化、交通量の増大等を背景に、床版や支間長の短い橋梁において、確実に耐久性を確保させることに配慮して、鉄筋コンクリート床版を有するプレートガーダーに対する鋼げたのたわみ量が厳しくなるように見直された。また、Ⅱ鋼橋編においても、床版の最小版厚、配力鉄筋量等の規定が厳しくなるように見直された。昭和40（1965）年代以降は、維持管理の経験を踏まえて、耐久性に係る規定等の充実が図られるようになっていく。

(f)　昭和55（1980）年「道路橋示方書」改訂

道路橋示方書は、昭和52（1977）年11月にⅢコンクリート橋編、昭和55（1980）年4月にⅣ下部構造編およびⅤ耐震設計編が整備され、現在の5編構成となり、現在の構成へと体系化された。

コンクリート橋編では、それまでPC部材についてのみ終局荷重作用時の照査を行っていたものの、RC部材でも、軸方向力が作用する場合は、断面力と応力度が比例せず、破壊に対する安全度の照査は必要であり、コンクリート橋として設計思想を統一する意味で、RC部材に対しても終局荷重作用時の破壊に対する安全度の照査が行われるようになった[53]。

下部構造編は、昭和39（1964）年から昭和52（1977）年にかけて制定された道路橋下部構造設計指針の各編を統合することにより制定された。また、耐震設計編は、昭和46（1971）年制定の道路橋耐震設計指針に、昭和53（1978）年の宮城県沖地震の被災経験等を踏まえた改訂を行い制定された[54]。

また、昭和55（1980）年の道路示方書の改訂では、昭和48（1973）年に、大量の海上コンテナ輸送等の重交通が予想される道路の設計用に「特定の路線にかかる橋、高架の道路等の設計荷重」として定められた総重量43tfのトレーラー荷重（TT-43）が取り込まれている。これは、

---

[53] 示方書小委員会コンクリート橋分科会：「道路橋示方書コンクリート橋編について」，日本道路協会，道路，1977，10月号，p70〜74
[54] 日本道路協会橋梁委員会下部構造小委員会：「道路橋示方書の解説-Ⅳ下部構造編-」，日本道路協会，道路，1980，3月号，p62〜69

貨物輸送の国際化とコンテナリゼーションの進展により、コンテナ規格の ISO による統一化が背景にあった。

(3)　平成以降の道路橋の技術基準の変遷[xliv,xlv]

(a)　平成2（1990）年「道路橋示方書」改訂

平成 2（1990）年の道路橋の示方書の改訂では、例えば、共通編で、プレートガーダーおよび 2 主構トラスの風荷重の変更、温度変更を考慮する場合の基準温度の設定、地震の影響と温度変化の影響の荷重組合せの規定の変更などが行われた。

耐震設計編では、震度法により許容応力度内に収まるように耐震設計された鉄筋コンクリート橋脚に対して、これをさらに上回る大きな地震力が作用しても落橋等の致命的な破壊を生じないことを照査する方法として、鉄筋コンクリート橋脚の地震時保有水平耐力の照査法が規定された[55]。

(b)　平成6（1994）年「道路橋示方書」改訂

貨物輸送における労働力不足、貨物輸送の効率化、国際物流の円滑化等を背景とした車両の大型化に対する社会的要請に対応して、平成 5（1993）年に「道路構造令」が改正され、設計自動車荷重が従来の 20tf または 14tf から 25tf に引き上げられた。これを受けて道路示方書の活荷重は、大型車の交通の状況に応じて、総重量 25tf の大型車の通行頻度が比較的高い状況を想定した B 活荷重と、比較的低い状況を想定した A 活荷重に区分された。また、T 荷重および L 荷重ならびにそれらの載荷方法等の規定が見直された。

(c)　平成8（1996）年「道路橋示方書」改訂

平成 7（1995）年には、兵庫県南部地震が発生し、橋梁においても、橋脚の倒壊、橋げたの落下をはじめ、甚大な被害を生じた。これを受け

---

[55] 橋梁委員会：「道路橋示方書の改訂について」, 日本道路協会, 道路, 1990, 3 月号, p49〜58

て、同年 2 月には「兵庫県南部地震により被災した道路橋の復旧に係る仕様（復旧仕様）」が作成された。鉄筋コンクリート橋脚の地震時保有水平耐力の照査法が規定された平成 2（1990）年の道路橋示方書で設計された橋では、大きな被害が少なかったことから、復旧仕様ではこれを基本とし、震度法による設計に加えて地震保有水平耐力を照査すること等が示された。さらに兵庫県南部地震により観測された地震動に対しても耐えられる構造であることを動的解析によって照査することなどが規定された。

　平成 8（1996）年の道路橋示方書の改訂では、設計上考慮すべき地震動として、平成 7（1995）年の兵庫県南部地震のようなマグニチュード 7 級の内陸直下型地震による地震動が、従来から考慮されていたプレート境界型の大規模な地震による地震動の他に追加された。また、橋全体系として変形性能を向上させ、耐震度を高めるため、鉄筋コンクリート橋脚に加えて、鋼鉄橋脚、基礎等について、地震時保有水平耐力法による設計の考え方の導入等が行われた[56]。

(d)　平成 14（2002）年「道路橋示方書」改訂

　平成 14（2002）年の道路橋示方書の改訂では、鋼橋の疲労設計の導入やコンクリート橋の塩害対策の強化など耐久性に関する規定の充実を図るとともに、国際化への対応、多様性への対応、コスト縮減・維持管理負担の軽減などを目的として性能規定の概念の導入が図られた。この改訂では、道路橋示方書の各条項が何の実現を求めたものであったかを整理し、それを要求として規定する一方で、従来規定として採用されてきた応力算出の前提となる計算式や手法、あるいは経験的に確立されてきた構造細目などもそれぞれ関連する項目の要求性能を満足するとみなせる解の一つとして位置付けて規定された。

　このような改訂が行われた背景には、急激な変更による現場の混乱を避けることや、解の一例として示された手法によらない場合に対して、

---

[56] 橋梁委員会：「道路橋示方書の改訂について」，日本道路協会，道路，1997，1 月号，p26〜37

それが性能を満足するかどうかの検証方法や判断基準の明確化には時間を要すると考えられたことがあった。このような性能規定であっても、現行の道路橋示方書と同等の性能を持っていれば、道路橋示方書に示されていない手法を用いることができることが明確になり、国際社会の中にあって、技術基準による要求性能の根拠やその意図あるいは理由を明らかにすることで透明性、説明性を高めることにもつながり、「土木・建築にかかる設計の基本」で示された技術基準の向かうべき方向性とも合致させた。

　現在は、道路橋の設計のおける様々な不確実性に対して確保する信頼性の水準を定量化することで、性能規定の実効性を上げる効果が規定できる部分係数化の検討が進められている。

(e)　平成 24（2012）年「道路橋示方書」改訂

　平成 24（2012）年「道路橋示方書」改訂では、平成 23（2011）3 月 11 日に発生した東北地方太平洋沖地震を契機とする設計地震動の見直し、構造設計上の維持管理への配慮事項を規定する改訂が、前回の改定（平成 13（2001）年 12 月）以降蓄積された技術的な知見や、社会的な情勢の変化等を踏まえて行われた。

　具体的には、①設計段階から維持管理を考慮して橋の設計を行うことを基本的な考え方として明示、②橋の維持管理に必要な設計図など記録や情報を保存して維持管理に役立てることを規定、③鋼橋の溶接に関して、JIS の検査技術者の配置を義務付け、④強度の高い鉄筋の使用を可能とした、⑤直近の発生地震のデータから設計地震動、係数を見直し、⑥橋台と背面側の盛土等との間の構造部分に関する設計上の配慮事項の規定である[57]。

---

[57] 国土交通省ホームページ，「「橋、高架の道路等の技術基準」（道路橋示方書）の改定について」，http://www.mlit.go.jp/report/press/road01_hh_000242.html

(f)　平成 29（2017）年「道路橋示方書」改訂[xlvi]、

平成 29（2017）年の道路橋示方書の改訂[58]では、生産性を向上させ、かつ、良質で長寿命な道路橋を実現すべく、平成 13（2001）年改定以来の性能規定を踏襲しつつ、照査体系の基本を従来の許容応力度設計法から部分係数設計法及び限界状態設計法へと転換した。また、耐久性能に関する規定を充実した。以下に改定の要点を示す。

第 1 に、設計において常に念頭におくものとして、設計上の目標期間である設計供用期間を、今回初めて明確に規定した。設計供用期間は、適切な維持管理が行われることを前提に、橋が所要の性能を発揮することを設計において目標とする期間であり、100 年を標準としている。これにより、設計上考慮すべき外力や作用の位置づけが明確になるとともに、大地震等の特殊な状況を考慮する場合にも求める性能を明確にすることが可能となる。また、疲労や腐食等への対策について、用いる技術に期待される性能や設計供用期間に対する信頼性を考慮して、維持管理計画と併せて対策を具体的に設計することで、耐久性に関する信頼性の向上も期待できる。

第 2 に、多様な構造や新材料に対しても的確な性能の評価が行えるように、将来も見据えて、耐荷性能の照査法を、許容応力度法から限界状態設計法及び部分係数書式（部分係数設計法）へ替えた。具体的には、部材構造や材料の性能を評価する尺度として、外力の増加に応じて非弾性挙動が生じ、終局状態に至るまでの過程を明らかにし、代表的な状態変化点を「限界状態」として定義できることを求めた。これにより、橋をどのような状態や損傷の過程にとどめたいのかを明確にすることができる。すなわち検証項目を明確にすることで、従来の構造形式や材料によらず合理的な橋の設計を行うことが可能となった。加えて、安全率については、データの質、量が反映された部分係数に置き換えたことで、今後、新しい構造についても、知見の蓄積や品質管理に応じた照査の実現が期待される。

---

[58] 国土交通省ホームページ,「「橋、高架の道路等の技術基準」（道路橋示方書）の改定について」, http://www.mlit.go.jp/report/press/road01_hh_000862.html

　第3に、橋として実質的に100年以上にわたり供用することを目標に設計するにあたっては、各部材の維持管理の方法を設計時点で具体的に考慮すること、適用性が検証されている範囲も含めて信頼性が明らかな技術を用いることを求めることとした。可能かつ必要であれば、橋の設計供用期間とは異なる部材毎の耐久性の目標期間を設け、防食の更新同様、部材そのものの更新も予め織り込んだ設計も行えることを明確にした。新たな発想による橋の構造の合理化、維持管理の確実性と信頼性の確かな技術の採用により、優れた耐久性を有する道路橋の創出が期待される。

　第4に、熊本地震における被災の教訓を反映して、より被災しにくく、かつ、被災したとしても復旧しやすい橋の設計を目指して、耐震設計についても見直しを行った。例えば、大規模な斜面崩壊の影響を避けるような架橋位置の選定や構造形式の選定について規定の充実を図った。

　なお、平成29（2017）年の改定では、性能の評価方法を大幅に見直したこともあり、基準の内容の周知期間を半年間設け、改定した基準は平成30（2018）年1月1日以降に新たに着手する設計から適用するものとした。

Ⅲ-5-5　舗装構造基準[xlvii、xlviii]

(1)　策定の経緯

　21世紀に入って、国民の環境に対する意識が高まり、特に、都市部においては、道路交通の進展に伴って、自動車のタイヤと舗装面から発生する道路交通騒音や、集中豪雨時における道路の冠水、局地的な浸水等の都市型災害の発生、あるいはヒートアイランド現象などの環境問題が顕在化してきた。このため、平成13（2001）年の道路構造令の改正において、「透水性」舗装を導入するとともに、舗装構造に関する性能規定化を行い、「車道及び側帯の構造の基準に関する省令」（舗装構造基準）として制定された。

(2)　基準の概要

　本基準は、従来、道路構造令において、「車道及び側帯の舗装は・・・（中略）・・・セメント・コンクリート舗装又はアスファルト・コンクリート舗装とし、・・・」と規定していた仕様規定を廃止し、舗装の構造が持つべき性能である以下の指標について規定されたものである。

　①疲労破壊に対する耐久力

　②わだち掘れに対する抵抗力

　③路面の平坦性

　④雨水等の透水能力

　なお、④雨水等の透水能力は、道路構造令においては、都市部の一般道路において必要がある場合に設けることとしているが、ハイドロプレーニング現象の発生の防止等、自動車の安全かつ円滑な通行を確保するためにも効果があることから、高速自動車国道及び自動車専用道路においても必要に応じて適用できるよう規定されている。

(3)　性能規定化

　性能規定化は、国民に提供するサービスレベルの明確化、新技術開発・普及の支援、国際基準への適合等、様々な利点が挙げられる。しかしながら、性能規定化は、要求する性能（機能）を具体的な指標として規定することと、その指標の照査方法を明確にする必要があり、巨大な土木構造物において適用することは一般的には難しいものと考えられるが、近年の IT 技術の進展に伴うシミュレーション技術や評価技術の発展により、不断の取り組みとして行う必要があると考えられる。

参考文献

i　道路行政研究会：「道路法」，全国道路利用者会議，道路行政，2010，p68〜72より再掲

ii　道路行政研究会：「道路法」，全国道路利用者会議，道路行政，2010，p68〜72より再掲

iii　今井勇，井上孝，山根孟：道路の長期計画，技術書院，1970，p16〜27より再掲

iv　道路行政研究会：「道路法」，全国道路利用者会議，道路行政，2010，p68〜72より再掲

v　今井勇・井上孝・山根孟：道路の長期計画，技術書院，1970，p16〜27より再掲

vi　道路行政研究会：「道路事業の財源」，全国道路利用者会議，道路行政，2010，p99〜101より再掲

vii　道路行政研究会：「社会資本整備事業特別会計」，全国道路利用者会議，道路行政，2010，p108〜113より再掲

viii　道路行政研究会：「国の補助又は負担」，全国道路利用者会議，道路行政，2010，p114〜121より再掲

ix　市町村道路事業の手引き，セキグチ，2008，p15〜17より再掲

x　道路行政研究会：「有料道路制度の概要」，全国道路利用者会議，道路行政，2010，p122

xi　有料道路事業研究会：有料道路の概要，関口印刷，2000，p1〜3

xii　道路行政研究会：「有料道路制度の沿革」，全国道路利用者会議，道路行政，2010，p123〜126より再掲

xiii　道路行政研究会：「道路関係四公団の民営化」，全国道路利用者会議，道路行政，2010，p127〜131より再掲

xiv　国土交通省：道路関係四公団民営化関係資料集，2008

xv　国土交通省道路局高速国道課・有料道路課：「平成16年度有料道路の多様で弾力的な料金設定に向けた社会実験について」，日本道路協会，道路，2004，6月号，p13〜15より再掲

xvi　有料道路の料金に関する社会実験事例集，道路広報センター，2004，2005，2006

xvii　独立行政法人　日本高速道路保有・債務返済機構：高速道路利便増進事業の概要，独立行政法人　日本高速道路保有・債務返済機構ホームページ

xviii　安谷覚：「首都圏の新たな高速道路料金について」，日本道路協会，道路，2016，4月号，p40〜41より再掲

xix　安谷覚，原田駿平：「近畿圏の新たな高速道路料金について」，日本道路協会，道路，2017，5月号，p40〜41より再掲

xx　淡中康雄，大脇鉄也：「道路構造令①近代的構造基準の創生記　〜誕生から昭和33年構造令まで〜」，日本道路協会，道路，2011，1月号，p52〜53より再掲

xxi　淡中康雄，大脇鉄也：「道路構造令①近代的構造基準の創生記　〜誕生から昭和33年構造令まで〜」，日本道路協会，道路，2011，1月号，p52〜53より再掲

xxii　大脇鉄也：「道路構造令②幅員主義から車線主義へ　〜昭和45年構造令の全面改定〜」，日本道路協会，道路，2011，3月号，p57〜61より再掲

xxiii　日本道路協会：「道路構造令の解説と運用」，丸善，1970

xxiv　濱口忠：「道路構造令等の改正について」，日本道路協会，道路，1982，12 月号，p57～61 より再掲

xxv　日本道路協会：「道路構造令の解説と運用」，丸善，1983

xxvi　佐藤信彦：「道路構造令等の改正について」，日本道路協会，道路，1994，1 月号，p44～53 より再掲

xxvii　国土交通省道路局企画課：「道路構造令等の改正について」，日本道路協会，道路，2001，8 月号，p46～47 より再掲

xxviii　国土交通省道路局企画課：「道路構造令の改正について」，日本道路協会，道路，2003，10 月号，p40～43 より再掲

xxix　日本道路協会：道路構造令の解説と運用，丸善，2004

xxx　財団法人　国土技術研究センター：(改訂版) 道路の移動等円滑化整備ガイドライン，大成出版社，2003

xxxi　国土交通省道路局企画課：「交通バリアフリー法における道路の構造基準について」，日本道路協会，道路，2001，1 月号，p30～37 より再掲

xxxii　国土交通省道路局企画課：「交通バリアフリー法における道路の構造基準について」，日本道路協会，道路，2001，1 月号，p30～37 より再掲

xxxiii　道路技術研究会/国土交通省道路局：(第 7 次改訂) 道路技術基準通達集，ぎょうせい，2002

xxxiv　建設省道路局企画課：「道路標識、区画線および道路標識に関する命令の一部改正について」，日本道路協会，道路，1972，2 月号，p84～91 より再掲

xxxv　佐藤清、霜上民夫：「道路標識設置基準 (案) について」，日本道路協会，道路，1978，2 月号，p70～76 より再掲

xxxvi　藤川寛之：「道路標識設置基準・同解説の改訂」，日本道路協会，道路，1987，3 月号，p43～47 より再掲

xxxvii　建設省道路局企画課：「交通バリアフリー法における道路の構造基準について」，日本道路協会，道路，2001，1 月号，p30～37

xxxviii　平岩 洋三：「高速道路ナンバリングの実現」，日本道路協会，道路，2017，4 月号，p50～53 より再掲

xxxix　中州啓太：「道路橋基準の変遷について」，日本道路協会，道路，2011，6 月号，p60～63 より再掲

xl　中州啓太：「道路橋基準の変遷について」，日本道路協会，道路，2011，6 月号，p60～63 より再掲

xli　佐伯彰一、藤原稔：「道路橋示方書の変遷」，日本道路協会，道路，1989，6 月号，p38～44 より再掲

xlii　示方書小委員会コンクリート橋分科会：「道路橋示方書コンクリート橋編について」，日本道路協会，道路，1977，10 月号，p70～74

xliii　日本道路協会橋梁委員会下部構造小委員会：「道路橋示方書の解説-Ⅳ下部構造編-」，日本道路協会，道路，1980，3 月号，p62～69 より再掲

xliv　橋梁委員会：「道路橋示方書の改訂について」，日本道路協会，道路，1990，3 月号，p49～58 より再掲

xlv　橋梁委員会：「道路橋示方書の改訂について」，日本道路協会，道路，1997，1 月号，p26～37 より再掲

xlvi　築地 貴裕：「橋，高架の道路等の技術基準の改定について」，日本道路協会，道路，2017，9 月号，p55 より再掲

xlvii　日本道路協会：道路構造令の解説と運用，丸善，2004

xlviii　道路技術研究会/国土交通省道路局：（第 7 次改訂）道路技術基準通達集，ぎょうせい，2002

Ⅳ 我が国の道路網体系[i,ii]

Ⅳ-1 我が国道路網の行政的体系[iii]

Ⅳ-1-1 高速自動車国道

(1) 高速自動車国道の路線の指定

高速自動車国道は、高速自動車国道法第 4 条（高速自動車国道の意義及び路線の指定）第 1 項で次のように規定されている。

> 第四条　高速自動車国道とは、自動車の高速交通の用に供する道路で、全国的な自動車交通網の枢要部分を構成し、かつ、政治・経済・文化上特に重要な地域を連絡するものその他国の利害に特に重大な関係を有するもので、次の各号に掲げるものをいう。
>   一　国土開発幹線自動車道の予定路線のうちから政令でその路線を指定したもの
>   二　前条第三項の規定により告示された予定路線のうちから政令でその路線を指定したもの
> 2　前項の規定による政令においては、路線名、起点、終点、重要な経過地その他路線について必要な事項を明らかにしなければならない。
> 3　国土交通大臣は、第一項の規定による政令の制定又は改廃の立案をしようとするときは、あらかじめ会議の議を経なければならない。

前条第 3 項の規定により告示された予定路線とは、国土交通大臣が、国土開発幹線自動車道建設会議についで内閣の議を経て高速自動車国道として建設すべき道路の予定路線（国土開発幹線自動車道の予定路線を除く。）を定め、その路線名、起点、終点および主たる経過地が告示されたものであり、関門自動車道（下関市～北九州市）、成田国際空港線（成田市大山～成田国際空港）、沖縄自動車道（名護市～那覇市）および関西国際空港線（泉佐野市上之郷～関西国際空港）がこれに該当する。

高速自動車道国道の予定路線（表Ⅳ-1-1 及び表Ⅳ-1-2）は、我が国の

自動車道路網の将来像を明らかにしたもので、11,520 ㎞で構成される。

表IV-1-1　国土開発幹線自動車道建設法による予定路線[1]

路線名		起点	終点	主たる経過地	
北海道縦貫自動車道		函館市	稚内市	室蘭市付近　札幌市　岩見沢市　旭川市付近	
北海道横断自動車道	根室線	北海道寿都郡黒松内町	根室市	北海道虻田郡倶知安町付近　小樽市　札幌市　夕張市付近　帯広市付近　北海道足寄郡足寄町付近	釧路市　北見市
	網走線		網走市		
東北縦貫自動車道	弘前線	東京都	青森市	浦和市　館林市　宇都宮市　福島市　仙台市　盛岡市	鹿角市　弘前市
	八戸線				八戸市
東北横断自動車道	釜石秋田線	釜石市	秋田市	花巻市付近　北上市　横手市付近	
	酒田線	仙台市	酒田市	山形市付近　鶴岡市付近	
	いわき新潟線	いわき市	新潟市	会津若松市付近	
日本海沿岸東北自動車道		新潟市	青森市	村上市付近　鶴岡市付近　酒田市付近　秋田市付近　能代市付近　大館市付近	
東北中央自動車道		相馬市	横手市	福島市付近　米沢市付近　山形市付近　新庄市付近	
関越自動車道	新潟線	東京都	新潟市	川越市	前橋市
	上越線		上越市	本庄市	高崎市付近　長野市付近
常磐自動車道		東京都	仙台市	柏市　土浦市　水戸市　いわき市　相馬市付近	
東関東自動車道	館山線	東京都	館山市	習志野市	千葉市付近　木更津市
	水戸線		水戸市		茨城県鹿島郡鹿島町
北関東自動車道		高崎市	那珂湊市	前橋市付近　宇都宮市付近　水戸市付近	
中央自動車道	富士吉田線	東京都	富士吉田市	神奈川県津久井郡相模湖町　大月市	
	西宮線		西宮市	神奈川県津久井郡相模湖町　大月市　甲府市　諏訪市	飯田市　中津川市　小牧市　大垣市　大津市　京都市　吹田市
	長野線		長野市		松本市付近
第一東海自動車道		東京都	小牧市	横浜市　静岡市　浜松市　豊橋市　名古屋市	
東海北陸自動車道		一宮市	砺波市	関市　岐阜県大野郡荘川村付近	

---

[1]国土開発幹線自動車道建設法　別表（第三条関係）より

路線名		起点	終点	主たる経過地	
第二東海自動車道		東京都	名古屋市	厚木市付近　静岡市付近	
中部横断自動車道		清水市	佐久市	山梨県中巨摩郡甲西町付近	
北陸自動車道		新潟市	滋賀県坂田郡米原町	上越市　富山市　金沢市福井市　敦賀市	
近畿自動車道	伊勢線	名古屋市	伊勢市	四日市市	津市
	名古屋大阪線		吹田市		天理市大阪市
	名古屋神戸線	名古屋市	神戸市	四日市市付近　大津市付近京都市付近　高槻市付近	
	紀勢線	松原市	三重県多気郡勢和村	和歌山市　田辺市付近新宮市付近　尾鷲市付近	
	敦賀線	吹田市	敦賀市	三田市付近　福知山市舞鶴市　小浜市付近	
中国縦貫自動車道		吹田市	下関市	兵庫県加東郡滝野町　津山市三次市　島根県鹿足郡六日市町　山口市	
山陽自動車道		吹田市	下関市	神戸市付近　姫路市付近　岡山市付近　広島市　岩国市付近　山口市　宇部市付近	
中国横断自動車道	姫路鳥取線	姫路市	鳥取市	兵庫県佐用郡佐用町付近	
	岡山米子線	岡山市	境港市	岡山県真庭郡落合町付近米子市付近	
	尾道松江線	尾道市	松江市	三次市付近	
	広島浜田線	広島市	浜田市	広島県山県郡千代田町付近	
山陰自動車道		鳥取市	美祢市	米子市付近　松江市付近浜田市付近　長門市付近	
四国縦貫自動車道		徳島市	大洲市	徳島県三好郡池田町付近松山市付近	
四国横断自動車道		阿南市	大洲市	徳島市　高松市　川之江市付近　高知市付近　須崎市中村市付近　宇和島市付近	
九州縦貫自動車道	鹿児島線	北九州市	鹿児島市	福岡市　鳥栖市　熊本市えびの市	
	宮崎線		宮崎市		
九州横断自動車道	長崎大分線	長崎市	大分市	佐賀市　鳥栖市　甘木市日田市付近	
	延岡線	熊本県上益城郡御船町	延岡市	宮崎県西臼杵郡高千穂町付近	
東九州自動車道		北九州市	鹿児島市	行橋市付近　大分市付近延岡市付近　宮崎市付近日南市付近　鹿屋市付近	

表IV-1-2　高速自動車国道法（第 3 条第一項）による予定路線

路線名	起点	終点	主たる経過地
成田国際空港線	成田市大山	成田国際空港	
関西国際空港線	泉佐野市上之郷	関西国際空港	
関門自動車道	下関市	北九州市	
沖縄自動車道	名護市	那覇市	石川市　具志川市　沖縄市宜野湾市　浦添市

(2)　高速自動車国道の現況

（a）　計画策定状況

平成 15（2003）年 12 月の第 1 回国土開発幹線自動車道建設会議、平成 18（2006）年 2 月の第 2 回国土開発幹線自動車道建設会議及び平成 21（2009）年 4 月の第 4 回国土開発幹線自動車道建設会議において、国と地方の負担による直轄において整備する区間 834km が選定された（表 IV-1-3）。

（b）　供用状況

昭和 38（1963）年 7 月に名神高速道路の尼崎・栗東間 71 kmが開通して我が国は本格的な高速道路時代に入り、昭和 40（1965）年 7 月には名神高速道路の全線 190 kmが、また昭和 44（1969）年 5 月には東名高速道路の全線 347 kmが、それぞれ開通した。その後も 21 世紀初頭に国土開発幹線自動車道 11,520 kmの供用を図ることを目途に高速自動車国道の建設および供用は着々と進行し、平成 29（2017）年度末の供用予定延長は 8,913 kmとなる。図IV-1-1 には各年度における高速自動車国道の建設の推移を示した。

表IV-1-3　法定予定路線の整備状況[2]

予定路線	基本計画	整備計画	平成 29（2017）年度末 供用延長	平成 30（2018）年度末 供用予定
（77） 11,520	（※77） 10,623	（77） 9,428 ［834］	（77） 8,913	（77） 9,056

（注）　1.　上段（　）内書は、高速自動車国道法第 3 条に基づく路線を示す。
　　　　　※は基本計画はないが表の対比上記載した。
　　　2.　上表［　］内書は、新直轄方式区間の延長を示す。
　　　3.　平成 29、30 年度供用延長は予定である。（H30 決定白パン時点）

---

[2] 国土交通省道路局資料より

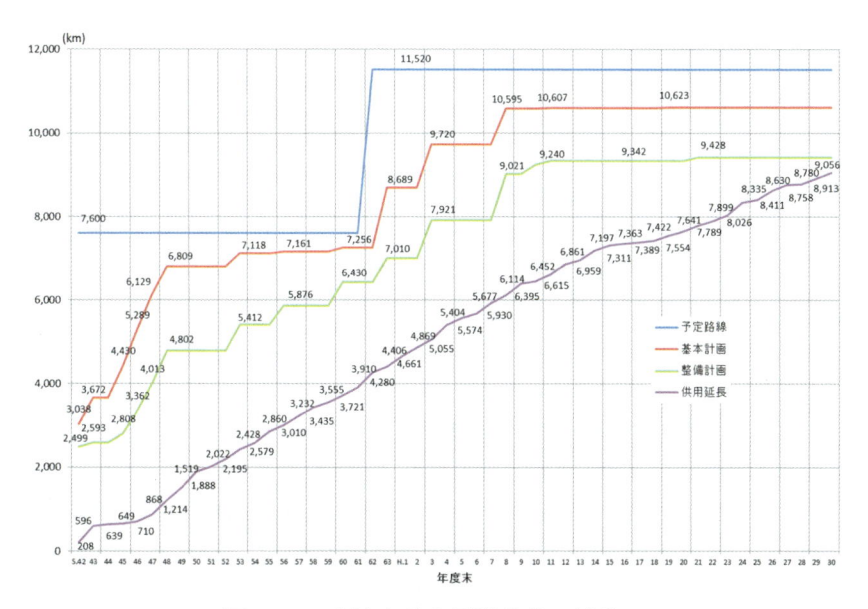

図Ⅳ-1-1　高速自動車国道建設の推移[3]

Ⅳ-1-2　一般国道

一般国道は、道路法第5条（一般国道の意義及びその路線の指定）第1項で次のように規定されている。

第五条　第三条第二号の一般国道（以下「国道」という。）とは、高速自動車国道と併せて全国的な幹線道路網を構成し、かつ、次の各号のいずれかに該当する道路で、政令でその路線を指定したものをいう。

一　国土を縦断し、横断し、又は循環して、都道府県庁所在地（北海道の支庁所在地を含む。）その他政治上、経済上又は文化上特に重要な都市（以下「重要都市」という。）を連絡する道路

二　重要都市又は人口十万以上の市と高速自動車国道又は前号に規定する国道とを連絡する道路

三　二以上の市を連絡して高速自動車国道又は第一号に規定する国道に達

---

[3] 全国高速道路建設協議会：高速道路便覧 2016，p112〜113 に平成 28 年度までの供用予定延長を追加し作成。平成 29、30 年度供用延長は予定（国土交通省道路局資料より）。

　　する道路

　四　港湾法（昭和二十五年法律第二百十八号）第二条第二項に規定する国際
　　戦略港湾若しくは国際拠点港湾若しくは同法附則第二項に規定する港湾、
　　重要な飛行場又は国際観光上重要な地と高速自動車国道又は第一号に規
　　定する国道とを連絡する道路

　五　国土の総合的な開発又は利用上特別の建設又は整備を必要とする都市
　　と高速自動車国道又は第一号に規定する国道とを連絡する道路

2　前項の規定による政令においては、路線名、起点、終点、重要な経過地そ
　の他路線について必要な事項を明らかにしなければならない。

　道路法が昭和 27（1952）年に施行されてから、昭和 39（1964）年法
律第 163 号により改正施行されるまで、一般国道は一級国道と二級国道
とに区分されていた。一級国道は第 1 号に、二級国道は都道府県庁所在
地および人口 10 万以上の市を相互に連絡する道路ならびに第 2、3 およ
び 4 号に該当するものとされていたものである。国道についての建設大
臣の管理責任を強化し、重点的、効率的な整備を促進するとともに管理
体制の強化を図ることを目途として、この区別が廃止された。なお、こ
の改正にあたり、第 5 号が加えられた。

　現在の一般国道は、一級国道の路線を指定する政令（昭和 27（1952）
年政令第 477 号および二級国道の路線を指定する政令（昭和 28（1953）
年政令第 96 号）にかわり、一般国道の路線を指定する政令（昭和 40
（1965）年政令第 58 号）によって、路線名、起点、終点および重要な
経過地が定められている。現在までの指定経緯はつぎのとおりである。

(1)　元一級国道の指定

第 1 次指定	昭和 27（1952）年 12 月	政令第 477 号	40 路線	9,205 km
第 2 次指定	昭和 33（1958）年 9 月	政令第 281 号	3 路線	662 km
第 3 次指定	昭和 37（1962）年 5 月	政令第 184 号	16 路線	2,955 km

(2)　元二級国道の指定

第 1 次指定	昭和 28（1953）年 5 月	政令第 96 号	144 路線	14,847 km

第 2 次指定	昭和 31 (1956) 年 7 月	政令第 231 号	7 路線	818 km
第 3 次指定	昭和 37 (1962) 年 5 月	政令第 184 号	33 路線	3,067 km
	昭和 38 (1963) 年 3 月	政令第 109 号	1 路線	32 km

(3)　一般国道の追加指定

昭和 44 (1969) 年 12 月	政令第 280 号	72 路線	5,798 km
昭和 47 (1972) 年 4 月	政令第 116 号	5 路線	276 km
昭和 49 (1974) 年 11 月	政令第 364 号	73 路線	5,867 km
昭和 56 (1981) 年 4 月	政令第 153 号	83 路線	5,548 km
平成 4 (1992) 年 4 月	政令第 104 号	111 路線	6,061 km

　追加指定にともなう路線の統合、改廃などにより、一般国道は現在 459 路線となっている（表Ⅳ-1-4）。

表Ⅳ-1-4　一般国道の路線名、起点及び終点[4]

路線名	起　点	終　点	路線名	起　点	終　点
1号	東京都中央区	大　阪　市	47号	仙　台　市	酒　田　市
2号	大　阪　市	北　九　州　市	48号	仙　台　市	山　形　市
3号	北　九　州　市	鹿　児　島　市	49号	い　わ　き　市	新　潟　市
4号	東京都中央区	青　森　市	50号	前　橋　市	水　戸　市
5号	函　館　市	札　幌　市	51号	千　葉　市	水　戸　市
6号	東京都中央区	仙　台　市	52号	清　水　市	甲　府　市
7号	新　潟　市	青　森　市	53号	岡　山　市	鳥　取　市
8号	新　潟　市	京　都　市	54号	広　島　市	松　江　市
9号	京　都　市	下　関　市	55号	徳　島　市	高　知　市
10号	北　九　州　市	鹿　児　島　市	56号	高　知　市	松　山　市
11号	徳　島　市	松　山　市	57号	大　分　市	長　崎　市
12号	札　幌　市	旭　川　市	58号	鹿　児　島　市	那　覇　市
13号	福　島　市	秋　田　市	101号	青　森　市	秋　田　市
14号	東京都中央区	千　葉　市	102号	弘　前　市	十　和　田　市
15号	東京都中央区	横　浜　市	103号	青　森　市	大　館　市
16号	横　浜　市	横　浜　市	104号	八　戸　市	大　館　市
17号	東京都中央区	新　潟　市	105号	本　荘　市	秋田県北秋田郡鷹　巣　町
18号	高　崎　市	上　越　市			
19号	名　古　屋　市	長　野　市	106号	宮　古　市	盛　岡　市
20号	東京都中央区	塩　尻　市	107号	大　船　渡　市	本　荘　市
21号	瑞　浪　市	滋賀県坂田郡米　原　町	108号	石　巻　市	本　荘　市
			112号	山　形　市	酒　田　市
22号	名　古　屋　市	岐　阜　市	113号	新　潟　市	相　馬　市
23号	豊　橋　市	伊　勢　市	114号	福　島　市	福島県双葉郡浪　江　町
24号	京　都　市	和　歌　山　市			
25号	四　日　市　市	大　阪　市	115号	相　馬　市	福島県耶麻郡猪　苗　代　町
26号	大　阪　市	和　歌　山　市			
27号	敦　賀　市	京都府船井郡丹　波　町	116号	柏　崎　市	新　潟　市
			117号	長　野　市	小　千　谷　市
28号	神　戸　市	徳　島　市	118号	水　戸　市	会　津　若　松　市
29号	姫　路　市	鳥　取　市	119号	日　光　市	宇　都　宮　市
30号	岡　山　市	高　松　市	120号	日　光　市	沼　田　市
31号	広島県安芸郡海　田　町	呉　市	121号	米　沢　市	栃木県芳賀郡益　子　町
32号	高　松　市	高　知　市	122号	日　光　市	東京都豊島区
33号	高　知　市	松　山　市	123号	宇　都　宮　市	水　戸　市
34号	鳥　栖　市	長　崎　市	124号	銚　子　市	水　戸　市
35号	武　雄　市	佐　世　保　市	125号	佐　原　市	熊　谷　市
36号	札　幌　市	室　蘭　市	126号	銚　子　市	千　葉　市
37号	北海道山越郡長　万　部　町	室　蘭　市	127号	館　山　市	木　更　津　市
			128号	館　山　市	千　葉　市
38号	滝　川　市	釧　路　市	129号	平　塚　市	相　模　原　市
39号	旭　川　市	網　走　市	130号	東　京　港	東京都港区芝　一　丁　目
40号	旭　川　市	稚　内　市			
41号	名　古　屋　市	富　山　市	131号	羽　田　空　港	東京都大田区大森東二丁目
42号	浜　松　市	和　歌　山　市			
43号	大　阪　市	神　戸　市	132号	川　崎　港	川崎市川崎区宮　前　町
44号	釧　路　市	根　室　市			
45号	仙　台　市	青　森　市	133号	横　浜　港	横浜市中区桜　木　町
46号	盛　岡　市	秋　田　市			

[4]一般国道の路線を指定する政令　別表より

路線名	起　　点	終　　点	路線名	起　　点	終　　点
134号	横須賀市	神奈川県中郡大磯町	176号	宮津市	大阪市
135号	下田市	小田原市	177号	舞鶴港	舞鶴市字魚屋
136号	下田市	三島市	178号	舞鶴市	鳥取県岩美郡岩美町
137号	富士吉田市	山梨県東八代郡石和町	179号	姫路市	鳥取県東伯郡羽合町
138号	富士吉田市	小田原市	180号	岡山市	松江市
139号	富士市	東京都西多摩郡奥多摩町	181号	津山市	米子市
140号	熊谷市	山梨県南巨摩郡増穂町	182号	新見市	福山市
141号	韮崎市	上田市	183号	広島市	米子市
142号	長野県北佐久郡軽井沢町	長野県諏訪郡下諏訪町	184号	出雲市	尾道市
143号	松本市	上田市	185号	呉市	三原市
144号	群馬県吾妻郡長野原町	上田市	186号	江津市	大竹市
145号	群馬県吾妻郡長野原町	沼田市	187号	岩国市	益田市
146号	群馬県吾妻郡長野原町	長野県北佐久郡軽井沢町	188号	岩国市	下松市
147号	大町市	松本市	189号	岩国空港	岩国市麻里布町一丁目
148号	大町市	糸魚川市	190号	山口市	山口県厚狭郡山陽町
149号	清水港	清水市大和町	191号	下関市	広島市
150号	清水市	浜松市	192号	西条市	徳島市
151号	飯田市	豊橋市	193号	高松市	徳島県海部郡海南町
152号	上田市	浜松市	194号	高知市	西条市
153号	名古屋市	塩尻市	195号	高知市	徳島市
154号	名古屋港	名古屋市熱田区	196号	松山市	愛媛県周桑郡小松町
155号	常滑市	愛知県海部郡弥富町	197号	高知市	大分市
156号	岐阜市	高岡市	198号	門司港	北九州市門司区西本町
157号	金沢市	岐阜市	199号	北九州市門司区	北九州市八幡西区
158号	福井市	松本市	200号	北九州市	筑紫野市
159号	七尾市	金沢市	201号	福岡市	福岡県京都郡苅田町
160号	七尾市	高岡市	202号	福岡市	長崎市
161号	敦賀市	大津市	203号	唐津市	佐賀市
162号	京都市	敦賀市	204号	唐津市	佐世保市
163号	大阪市	津市	205号	佐世保市	長崎県東彼杵郡東彼杵町
164号	四日市港	四日市市諏訪町	206号	長崎市	佐世保市
165号	大阪市	津市	207号	佐賀市	長崎県西彼杵郡時津町
166号	羽曳野市	松阪市	208号	熊本市	佐賀市
167号	三重県志摩郡阿児町	伊勢市	209号	大牟田市	久留米市
168号	新宮市	枚方市	210号	久留米市	大分市
169号	奈良市	新宮市	211号	日田市	北九州市
170号	高槻市	泉佐野市	212号	中津市	熊本県阿蘇郡阿蘇町
171号	京都市	神戸市	213号	別府市	中津市
172号	大阪港	大阪市東区	217号	大分市	大分県南海部郡弥生町
173号	池田市	綾部市			
174号	神戸港	神戸市中央区			
175号	明石市	舞鶴市			

路線名	起点	終点	路線名	起点	終点
218号	熊本市	延岡市	258号	大垣市	桑名市
219号	熊本市	宮崎市	259号	鳥羽市	豊橋市
220号	宮崎市	国分市	260号	三重県志摩郡阿児町	三重県北牟婁郡紀伊長島町
221号	人吉市	都城市			
222号	日南市	都城市	261号	広島市	江津市
223号	小林市	鹿児島県姶良郡隼人町	262号	萩市	防府市
			263号	福岡市	佐賀市
224号	垂水市	鹿児島市	264号	佐賀市	久留米市
225号	枕崎市	鹿児島市	265号	小林市	熊本県阿蘇郡阿蘇町
226号	加世田市	鹿児島市			
227号	函館市	北海道檜山郡江差町	266号	牛深市	熊本市
			267号	人吉市	川内市
228号	函館市	北海道檜山郡江差町	268号	水俣市	宮崎県東諸県郡高岡町
229号	小樽市	北海道檜山郡江差町	269号	指宿市	宮崎市
			270号	枕崎市	鹿児島県日置郡市来町
230号	札幌市	北海道瀬棚郡北檜山町	271号	小田原市	厚木市
231号	札幌市	留萌市	272号	釧路市	北海道標津郡標津町
232号	稚内市	留萌市			
233号	旭川市	留萌市	273号	帯広市	紋別市
234号	岩見沢市	苫小牧市	274号	札幌市	北海道川上郡標茶町
235号	室蘭市	北海道浦河郡浦河町			
			275号	札幌市	北海道枝幸郡浜頓別町
236号	帯広市	北海道浦河郡浦河町			
			276号	北海道檜山郡江差町	苫小牧市
237号	旭川市	北海道浦河郡浦河町	277号	北海道檜山郡江差町	北海道山越郡八雲町
238号	網走市	稚内市			
239号	網走市	留萌市	278号	函館市	北海道茅部郡森町
240号	釧路市	網走市			
241号	北海道川上郡弟子屈町	帯広市	279号	函館市	青森県上北郡野辺地町
242号	網走市	帯広市	280号	青森市	函館市
243号	網走市	根室市	281号	盛岡市	久慈市
244号	網走市	根室市	282号	盛岡市	青森県南津軽郡碇ケ関村
245号	水戸市	日立市			
246号	東京都千代田区	沼津市	283号	釜石市	花巻市
247号	名古屋市	豊橋市	284号	陸前高田市	一関市
248号	蒲郡市	岐阜市	285号	秋田市	鹿角市
249号	七尾市	金沢市	286号	仙台市	山形市
250号	神戸市	岡山市	287号	米沢市	東根市
251号	長崎市	諫早市	288号	郡山市	福島県双葉郡双葉町
252号	柏崎市	会津若松市			
253号	上越市	新潟県南魚沼郡六日町	289号	新潟市	いわき市
			290号	村上市	新潟県北魚沼郡小出町
254号	東京都文京区	松本市			
255号	秦野市	小田原市	291号	前橋市	柏崎市
256号	岐阜市	長野県下伊那郡上村	292号	群馬県吾妻郡長野原町	新井市
257号	浜松市	岐阜県大野郡荘川村	293号	日立市	足利市
			294号	柏市	会津若松市

路線名	起　　　点	終　　　点	路線名	起　　　点	終　　　点
295号	成田国際空港	成　田　市	331号	那　覇　市	沖縄県国頭郡大宜味村
296号	八日市場市	船　橋　市			
297号	館　山　市	市　原　市	332号	那　覇　空　港	那覇市垣花町
298号	和　光　市	市　川　市	333号	旭　川　市	北海道常呂郡端　野　町
299号	茅　野　市	入　間　市			
300号	富士吉田市	山梨県南巨摩郡身　延　町	334号	北海道目梨郡羅　臼　町	北海道網走郡美　幌　町
301号	浜　松　市	豊　田　市	335号	北海道目梨郡羅　臼　町	北海道標津郡標　津　町
302号	名古屋市中川区	名古屋市中川区			
303号	岐　阜　市	福井県遠敷郡上　中　町	336号	北海道浦河郡浦　河　町	釧　路　市
304号	金　沢　市	富山県東礪波郡平　　　村	337号	千　歳　市	小　樽　市
			338号	函　館　市	青森県上北郡下　田　町
305号	金　沢　市	福井県南条郡今　庄　町			
306号	津　　　市	彦　根　市	339号	弘　前　市	青森県東津軽郡三　厩　村
307号	彦　根　市	枚　方　市	340号	陸前高田市	八　戸　市
308号	大　阪　市	奈　良　市	341号	鹿　角　市	本　荘　市
309号	熊　野　市	大　阪　市	342号	横　手　市	宮城県本吉郡津　山　町
310号	堺　　　市	五　條　市			
311号	尾　鷲　市	和歌山県西牟婁郡上　富　田　町	343号	陸前高田市	水　沢　市
			344号	湯　沢　市	酒　田　市
312号	宮　津　市	姫　路　市	345号	新　潟　市	山形県飽海郡遊　佐　町
313号	福　山　市	鳥取県東伯郡北　条　町			
314号	福　山　市	島根県飯石郡三　刀　屋　町	346号	仙　台　市	気仙沼市
			347号	寒河江市	古　川　市
315号	徳　山　市	山口県阿武郡須　佐　町	348号	長　井　市	山　形　市
316号	長　門　市	山口県厚狭郡山　陽　町	349号	水　戸　市	宮城県柴田郡柴　田　町
317号	松　山　市	尾　道　市	350号	新　潟　市	上　越　市
318号	徳　島　市	香川県大川郡白　鳥　町	351号	栃　尾　市	小千谷市
			352号	柏　崎　市	栃木県河内郡上　三　川　町
319号	坂　出　市	伊予三島市			
320号	宿　毛　市	愛媛県北宇和郡日　吉　村	353号	桐　生　市	柏　崎　市
			354号	高　崎　市	茨城県鹿島郡大　洋　村
321号	中　村　市	宿　毛　市			
322号	北　九　州　市	久　留　米　市	355号	佐　原　市	笠　間　市
323号	佐　賀　市	佐賀県東松浦郡浜　玉　町	356号	銚　子　市	我孫子市
			357号	千　葉　市	横　須　賀　市
324号	長　崎　市	熊本県宇土郡三　角　町	358号	山梨県西八代郡上　九　一　色　村	甲　府　市
325号	久　留　米　市	宮崎県西臼杵郡高　千　穂　町			
			359号	富　山　市	金　沢　市
326号	延　岡　市	大分県大野郡犬　飼　町	360号	富　山　市	小　松　市
			361号	高　山　市	長野県上伊那郡高　遠　町
327号	日　向　市	熊本県阿蘇郡蘇　陽　町			
			362号	豊　川　市	静　岡　市
328号	鹿　児　島　市	出　水　市	363号	名　古　屋　市	中　津　川　市
329号	名　護　市	那　覇　市	364号	大　野　市	加　賀　市
330号	沖　縄　市	那　覇　市	365号	加　賀　市	四　日　市　市
			366号	半　田　市	名　古　屋　市
			367号	京　都　市	福井県遠敷郡上　中　町

路線名	起点	終点	路線名	起点	終点
368号	上野市	三重県多気郡勢和村	405号	群馬県吾妻郡六合村	上越市
369号	奈良市	松阪市	406号	大町市	高崎市
370号	海南市	奈良県山辺郡都祁村	407号	足利市	入間市
371号	河内長野市	和歌山県西牟婁郡串本町	408号	成田市	栃木県塩谷郡高根沢町
372号	亀岡市	姫路市	409号	川崎市	成田市
373号	赤穂市	鳥取市	410号	館山市	木更津市
374号	備前市	津山市	411号	八王子市	甲府市
375号	呉市	大田市	412号	平塚市	神奈川県津久井郡藤野町
376号	山口市	山口県玖珂郡周東町	413号	富士吉田市	相模原市
377号	鳴門市	香川県三豊郡豊浜町	414号	下田市	沼津市
378号	伊予市	愛媛県北宇和郡吉田町	415号	羽咋市	富山市
379号	松山市	愛媛県喜多郡内子町	416号	福井市	小松市
380号	八幡浜市	愛媛県上浮穴郡久万町	417号	大垣市	福井県南条郡河野村
381号	須崎市	宇和島市	418号	大野市	長野県下伊那郡南信濃村
382号	長崎県上県郡上対馬町	唐津市	419号	瑞浪市	高浜市
383号	平戸市	伊万里市	420号	豊田市	新城市
384号	長崎県南松浦郡富江町	佐世保市	421号	桑名市	近江八幡市
385号	柳川市	福岡市	422号	大津市	三重県北牟婁郡紀伊長島町
386号	日田市	筑紫野市	423号	大阪市	亀岡市
387号	宇佐市	熊本市	424号	田辺市	和歌山県那賀郡打田町
388号	佐伯市	熊本県球磨郡湯前町	425号	尾鷲市	御坊市
389号	大牟田市	阿久根市	426号	豊岡市	福知山市
390号	石垣市	那覇市	427号	明石市	兵庫県朝来郡山東町
391号	釧路市	網走市	428号	神戸市	兵庫県美嚢郡吉川町
392号	釧路市	北海道中川郡本別町	429号	倉敷市	福知山市
393号	小樽市	北海道虻田郡倶知安町	430号	倉敷市	玉野市
394号	むつ市	弘前市	431号	出雲市	米子市
395号	久慈市	二戸市	432号	竹原市	松江市
396号	遠野市	盛岡市	433号	大竹市	三次市
397号	大船渡市	秋田県平鹿郡十文字町	434号	徳山市	三次市
398号	石巻市	本荘市	435号	山口市	山口県豊浦郡豊北町
399号	いわき市	南陽市	436号	姫路市	高松市
400号	水戸市	福島県耶麻郡西会津町	437号	松山市	山口県玖珂郡玖珂町
401号	会津若松市	沼田市	438号	徳島市	坂出市
402号	柏崎市	新潟市	439号	徳島市	中村市
403号	新潟市	松本市	440号	松山市	高知県高岡郡梼原町
404号	長岡市	上越市	441号	大洲市	中村市
			442号	大分市	大川市
			443号	大川市	熊本県八代郡宮原町

路線名	起	点	終	点	路線名	起	点	終	点
444 号	大　村　市		佐賀県佐賀郡 諸　富　町		476 号	大　野　市		敦　賀　市	
					477 号	四　日　市　市		池　田　市	
445 号	熊　本　市		人　吉　市		478 号	宮　津　市		京都府久世郡 久　御　山　町	
446 号	日　向　市		熊本県球磨郡 湯　前　町		479 号	豊　中　市		大阪市住之江区	
447 号	え　び　の　市		出　水　市		480 号	和　泉　市		有　田　市	
448 号	指　宿　市		宮　崎　市		481 号	関西国際空港		泉　佐　野　市 上　之　郷	
449 号	沖縄県国頭郡 本　部　町		名　護　市		482 号	宮　津　市		米　子　市	
450 号	旭　川　市		紋　別　市		483 号	豊　岡　市		兵庫県氷上郡 春　日　町	
451 号	留　萌　市		滝　川　市						
452 号	夕　張　市		旭　川　市		484 号	備　前　市		高　梁　市	
453 号	札　幌　市		伊　達　市		485 号	島根県隠岐郡 布　施　村		松　江　市	
454 号	八　戸　市		青森県南津軽郡 大　鰐　町		486 号	総　社　市		東　広　島　市	
455 号	盛　岡　市		岩手県下閉伊郡 岩　泉　町		487 号	呉　　市		広　島　市	
					488 号	益　田　市		廿　日　市　市	
456 号	盛　岡　市		宮城県本吉郡 本　吉　町		489 号	新　南　陽　市 大神三丁目		山口県阿武郡 阿　東　町	
457 号	一　関　市		白　石　市		490 号	宇　部　市		萩　市	
458 号	新　庄　市		上　山　市		491 号	下　関　市		山口県大津郡 油　谷　町	
459 号	新　潟　市		福島県双葉郡 浪　江　町		492 号	高　松　市		高知県長岡郡 大　豊　町	
460 号	新　発　田　市		柏　崎　市						
461 号	今　市　市		高　萩　市		493 号	高　知　市		高知県安芸郡 東　洋　町	
462 号	佐　久　市		伊　勢　崎　市						
463 号	越　谷　市		入　間　市		494 号	松　山　市		須　崎　市	
464 号	松　戸　市		成　田　市		495 号	北　九　州　市		福　岡　市	
465 号	茂　原　市		富　津　市		496 号	行　橋　市		日　田　市	
466 号	東京都世田谷区		横　浜　市		497 号	福　岡　市		武　雄　市	
467 号	大　和　市		藤　沢　市		498 号	鹿　島　市		佐　世　保　市	
468 号	横　浜　市		木　更　津　市		499 号	長　崎　市		阿　久　根　市	
469 号	御　殿　場　市		山梨県南巨摩郡 富　沢　町		500 号	別　府　市		鳥　栖　市	
					501 号	大　牟　田　市		宇　土　市	
470 号	輪　島　市		砺　波　市		502 号	臼　杵　市		竹　田　市	
471 号	羽　咋　市		岐阜県吉城郡 上　宝　村		503 号	熊本県阿蘇郡 高　森　町		日　向　市	
472 号	新　湊　市		岐阜県郡上郡 八　幡　町		504 号	鹿　屋　市		鹿児島県出水郡 野　田　町	
473 号	蒲　郡　市		静岡県榛原郡 相　良　町		505 号	沖縄県国頭郡 本　部　町		名　護　市	
474 号	飯　田　市		静岡県引佐郡 引　佐　町		506 号	那　覇　空　港		沖縄県中頭郡 西　原　町	
475 号	豊　田　市		四　日　市　市		507 号	糸　満　市		那　覇　市	

Ⅳ-1-3　都道府県道

(1)　都道府県道の認定

　都道府県道は、道路法第7条(都道府県道の意義及びその路線の認定)第1項で次のように規定されている。

　第七条　第三条第三号の都道府県道とは、地方的な幹線道路網を構成し、かつ、次の各号のいずれかに該当する道路で、都道府県知事が当該都道府県の区域内に存する部分につき、その路線を認定したものをいう。

　　一　市又は人口五千以上の町(以下これらを「主要地」という。)とこれらと密接な関係にある主要地、港湾法第二条第二項に規定する国際戦略港湾、国際拠点港湾、重要港湾若しくは地方港湾、漁港漁場整備法(昭和二十五年法律第百三十七号)第五条に規定する第二種漁港若しくは第三種漁港若しくは飛行場(以下これらを「主要港」という。)、鉄道若しくは軌道の主要な停車場若しくは停留場(以下これらを「主要停車場」という。)又は主要な観光地とを連絡する道路

　　二　主要港とこれと密接な関係にある主要停車場又は主要な観光地とを連絡する道路

　　三　主要停車場とこれと密接な関係にある主要な観光地とを連絡する道路

　　四　二以上の市町村を経由する幹線で、これらの市町村とその沿線地方に密接な関係がある主要地、主要港又は主要停車場とを連絡する道路

　　五　主要地、主要港、主要停車場又は主要な観光地とこれらと密接な関係にある高速自動車国道、国道又は前各号のいずれかに該当する都道府県道とを連絡する道路

　　六　前各号に掲げるもののほか、地方開発のため特に必要な道路

　2　都道府県知事が前項の規定により路線を認定しようとする場合においては、あらかじめ当該都道府県の議会の議決を経なければならない。

　3　第一項の規定により都道府県知事が認定しようとする路線が地方自治法(昭和二十二年法律第六十七号)第二百五十二条の十九第一項の市(以下「指定市」という。)の区域内に存する場合においては、都道府県知事は、当該指定市の長の意見を聴かなければならない。この場合において、当該指定市

の長は、意見を提出しようとするときは、当該指定市の議会の議決を経なけ
ればならない。

4　二以上の都道府県の区域にわたる道路については、関係都道府県知事は、
協議の上それぞれ議会の議決を経て、当該都道府県の区域内に存する部分に
ついて、路線を認定しなければならない。

5　前項の規定による協議が成立しない場合においては、関係都道府県知事は、
国土交通大臣に裁定を申請することができる。

6　国土交通大臣は、前項の規定による申請に基づいて裁定をしようとする場
合においては、関係都道府県知事の意見を聴かなければならない。この場合
において、関係都道府県知事は、意見を提出しようとするときは、当該都道
府県の議会の議決を経なければならない。

7　都道府県知事が第一項の規定により路線を認定し、又は国土交通大臣が第
五項の規定により路線を認定すべき旨の裁定をするに当たつては、当該認定
に係る道路が他の都道府県道とともに構成することとなる地方的な幹線道
路網と高速自動車国道及び国道が構成する全国的な幹線道路網とが一体と
なつてこれらの機能を十分に発揮することができるよう配慮しなければな
らない。

8　国土交通大臣が第五項の規定により路線を認定すべき旨の裁定をした場合
においては、関係都道府県知事は、当該都道府県の区域内に存する部分につ
いて、それぞれ路線を認定しなければならない。この場合においては、第四
項の規定による当該都道府県の議会の議決を経ることを要しない。

　都道府県道の路線認定については、法の規定に基づくほか、「都道府県
道の路線認定基準等について」（平成 6（1994）年 6 月 30 日建設省道政
発第 33 号、各都道府県知事あて建設省道路局長通達　改正平成 14（2002）
年 7 月 15 日国道政第 12 号）が定められており、その通則で次のように
述べられており、法規定要件に関するより具体的な指針が示されている。

1　路線は、交通の流れに沿うように認定するものとする。

2　路線は、原則として、一般国道又は都道府県道と一体となって網を完結し

なければならない。ただし、主要港、主要停車場若しくは主要な観光地に連絡するもの又は開発的性格を有するものは、この限りでない。

3　路線の認定の結果構成される網の間隔は、社会的条件及び自然的条件等から適切なものであること。

4　路線の重用延長は、原則として総延長の 30% 以下とし、特別な理由がある場合は 50% 以下とすることができる。

5　路線は、原則として自動車交通可能な道路でなければならない。

ただし、当該路線の新設又は改築を行う確実な計画がある場合は、この限りでない。

なお、平成 14（2002）年に同通達を改正しているが、これは市町村合併により合併関係市町村の区域内に存する都道府県道が、道路法 7 条第 1 項第 6 号に定める都道府県道の認定要件を失うことにならないよう取り扱いを見直しているものである。

(2)　主要地方道

主要地方道は、道路法第 56 条（道路に関する費用の補助）の規定により国土交通大臣が指定する主要な都道府県道若しくは市道であり、高速自動車国道及び一般国道と一体となって広域交通を分担する広域幹線道路として位置づけられ、その整備に対して国は重点的に支援することとしている。

第五十六条　国は、国土交通大臣の指定する主要な都道府県道若しくは市道を整備するために必要がある場合、第七十七条の規定による道路に関する調査を行うために必要がある場合又は資源の開発、産業の振興、観光その他国の施策上特に道路を整備する必要があると認められる場合においては、予算の範囲内において、政令で定めるところにより、当該道路の新設又は改築に要する費用についてはその二分の一以内を、道路に関する調査に要する費用についてはその三分の一以内を、指定区間外の国道の修繕に要する費用についてはその二分の一以内を道路管理者に対して、補助することができる。

　主要地方道は道路法の制定にともない、昭和 29（1954）年 1 月に 1,039 路線、27,493 km が最初に指定され、その後数次にわたる追加指定が行われており、表Ⅳ-1-5 に示すとおり、平成 5（1993）年 5 月 11 日付けで、750 路線（新規追加 666 路線、既存主要地方道の延伸 84 路線）、12,073 km の追加指定を行い、これにより主要地方道の延長は 55,152 km となった。

表Ⅳ-1-5　　主要地方道の指定経緯[5]

指定年月日	路線数	延長（km）
昭和 29（1954）年 1 月 20 日	1,039	27,493
昭和 39（1964）年 12 月 28 日	281	8,502
昭和 46（1971）年 6 月 26 日	348	10,028
昭和 47（1972）年 5 月 23 日	3	127
昭和 51（1976）年 4 月 1 日	384	9,722
昭和 57（1982）年 4 月 1 日	601	11,356
平成 5（1993）年 5 月 11 日	750	12,073

Ⅳ-1-4　市町村道

　市町村道は、道路法第 8 条（市町村道の意義及びその路線の認定）第 1 項で規定されている。

　第八条　第三条第四号の市町村道とは、市町村の区域内に存する道路で、市町村長がその路線を認定したものをいう。
　2　市町村長が前項の規定により路線を認定しようとする場合においては、あらかじめ当該市町村の議会の議決を経なければならない。
　3　市町村長は、特に必要があると認める場合においては、当該市町村の区域をこえて、市町村道の路線を認定することができる。この場合においては、当該市町村長は、関係市町村長の承諾を得なければならない。
　4　前項後段の場合においては、関係市町村長は、当該市町村の議会の議決を経なければ承諾をすることができない。
　5　前項の承諾があつた場合においては、地方自治法第二百四十四条の三第一

---

[5] 道路行政研究会：道路行政，全国道路利用者会議，2010，p262

　　項の規定の適用については、同項に規定する協議が成立したものとみなす。

　市町村道のうち、都道府県道とともに高速自動車国道や一般国道と一体となって、地域の幹線道路網を形成する幹線市町村道は、広域的な生活圏を形成し、地方における交流と連携を促進するとともに、各種地域振興施策の実現、地域の生活環境の向上を図るうえで重要な役割を担っている。

　幹線市町村道は、原則として下記の幹線 1 級市町村道と幹線 2 級市町村道の基準に該当するものから、地域の土地利用、地形等を踏まえ、長期的な視点から地域の望ましい道路網の整備に配慮し、選定するものとしている。

〔幹線 1 級市町村道の基準〕

　　地方生活圏および大都市圏域の基幹的道路網を形成するのに必要な道路で、一般国道及び都道府県道以外の道路のうち次の各号のいずれかに該当するもの。

1　都市計画決定された幹線街路

2　主要集落（戸数 50 戸以上。以下同じ）とこれらと密接な関係にある主要集落とを連結する道路

3　主要集落と主要交通流通施設、主要公益的施設、または主要生産施設とを連絡する道路

4　主要交通流通施設、主要公益的施設、主要生産施設または主要観光地の相互間において密接な関係を有するものを連絡する道路

5　主要集落、主要交通流通施設、主要公益的施設または主要観光地と密接な関係にある一般国道、都道府県道、または幹線 1 級市町村道を連絡する道路

6　大都市または地方開発のために特に必要な道路

〔幹線 2 級市町村道の基準〕

　　幹線 1 級市町村道以上の道路を補完し、基幹道路網の形成に必要な道路で次の各号のいずれかに該当するもの。

1　都市計画決定された補助幹線街路

2　集落（25 戸以上、以下同じ）相互を連絡する道路

3　集落と主要交通流通施設、主要公益的施設もしくは主要な生産の場を結ぶ道路

4　集落とこれに密接な関係にある一般国道、都道府県道、または幹線 1 級市町村道とを連絡する道路

5　大都市または地方開発のために必要な道路

　昭和 55（1980）年度には土地利用、公共公益施設の配置等の変化に対応して幹線市町村道の見直しを行い、市町村道全延長の約 5 分の 1 にあたる約 20 万 km を幹線市町村道として選定している。

Ⅳ-2　高規格幹線道路

　国土交通省では、道路審議会基本政策部会における審議結果等を踏まえ、昭和 62（1987）年 5 月道路審議会に高規格幹線道路網を構成する路線要件および個別路線について諮問し、6 月 26 日に適当と認める旨の答申を得、これに基づき 14,000km の高規格幹線道路網計画を決定した。

　第四次全国総合開発計画（昭和 62（1987）年 6 月 30 日閣議決定）においても、21 世紀にむけ多極分散型の国土を形成するため"交流ネットワーク構想"を推進する必要があるとしており、これを実現するため『全国的な自動車交通網を構成する高規格幹線道路網については、高速交通サービスの全国的な普及、主要拠点間の連絡強化を目標とし、地方中枢・中核都市、地域の発展の核となる地方都市及びその周辺地域等からおおむね 1 時間程度で利用が可能となるよう、およそ 1 万 4 千キロメートルで形成する』とされている。

　以下に、計画決定当時の考え方を示す。

Ⅳ-2-1　高規格幹線道路網計画の設定当時の考え方[iv,v]

(1)　高規格幹線道路網の必要性

　(a)　高規格幹線道路網計画の背景と経緯

　道路は、多様化し増大する交通需要を安全かつ効率的に処理しつつ、国土全体の長期的発展基盤の形成に資するとともに、豊かで創造的な地域社会の形成及び安全で快適な日常生活を営むための生活基盤の充実と良好な環境の保全を図るなど、日常生活および経済活動に欠かすことのできない最も普遍的かつ基礎的な交通施設である。

　一方、我が国のモータリゼーションの進展は著しいものがあり、自動車輸送は国民生活や経済活動に欠かせないものとして重要な役割を担うに至り、「速さ」と「時間の正確」な効率的な輸送を可能とする質の高い道路ネットワークづくりが強く要請されてきていた。

　また、地域の振興と活性化を図り、国土の均衡ある発展と活力ある経

済・社会確立の基盤施設として、質の高い幹線道路ネットワークの拡充が強く要請されていた。

このため、「第三次全国総合開発計画（昭和 52（1977）年 11 月 4 日閣議決定）」では、全国的な幹線交通体系の長期構想として、既定の国土開発幹線自動車道を含む高規格幹線道路網の必要性が提唱され、また建設省においては、第 9 次道路整備五箇年計画期間内（昭和 58（1983）年度〜62（1987）年度）に高規格幹線道路網計画を策定すべく鋭意調査が進められた。

昭和 60（1985）年 11 月からは道路審議会の基本政策部会においても 4 回にわたって審議され、その結果等を踏まえて昭和 62（1987）年 5 月 28 日に道路審議会に新たに高規格幹線道路網を構成する路線の要件および個別路線 6,220km について諮問し、6 月 25 日に適当と認める旨の答申がなされた。

この答申に基づき建設大臣は高規格幹線道路網を構成する路線を決定し、関係都道府県知事等にその旨を通知して、これらの路線については自動車専用道路（1 種規格）として整備していくこととされた。

また、第四次全国総合開発計画は、昭和 62（1987）年 6 月 30 日に閣議決定されたが、この中にもこれらの高規格幹線道路網計画が位置づけられていた。

(b)　21 世紀への望ましい国土構造への対応（第四次全国総合開発計画における高規格幹線道路網の位置づけ）

第四次全国総合開発計画においては、21 世紀にむけ多極分散型の国土を形成するため、“交流ネットワーク”構想を推進する必要があるとされ、これを実現するため、

・全国一日交通圏の構築

　　全国の主要都市間の移動に要する時間をおおむね 3 時間以内、地方都市から複数の高速交通機関へのアクセス時間をおおむね 1 時間以内

・交通網の安定性の確保

大都市相互など国土の中枢部において複数ルート（多重系交通網）の形成、施設容量の不足による交通機能の低下や大規模な災害等の発生による交通途絶の防止

等を図る必要があるとされた。

高規格幹線道路網の拡充は、交流ネットワーク構想を実現するための重要な施策とされ、その方向は、「全国的な自動車交通網を構成する高規格幹線道路網については高速サービスの全国的な普及、主要拠点間の連結強化を目標とし、中枢・中核都市、地域の発展の核となる地方都市及びその周辺地域等からおおむね1時間程度で利用が可能となるようおよそ1万4,000キロメートルで形成する。」とその方向が示された。

(2) 高規格幹線道路の基本的考え方

(a) 高規格幹線道路の意義

高規格幹線道路は、自動車の高速交通の確保を図るため必要な道路で、全国的な自動車交通網を構成する自動車専用道路をいう。

（なお、国土開発幹線自動車道等及び本州四国連絡道路は高規格幹線道路網の一部をなすものである。）

(b) 高規格幹線道路網の路線要件の考え方

高規格幹線道路は、既定の国土開発幹線自動車道等及び本州四国連絡道路ならびに、これらと接続し、次のいずれかに該当するものとされた。

① 地域の発展の拠点となる地方の中心都市を効率的に連絡し、地域相互の交流の円滑化に資するもの（拠点都市間の連絡路化）

地域が相互に交流し、地域の特性を活かして役割を分担する『多極分散型の国土』を形成するには、地域間相互の交流のし易さを向上させる必要があった。

7,600 kmの既定国幹道等が整備された場合の拠点都市間（人口10万人以上）の道路距離と所要時間との関係をみると、例えば、酒田〜山形、酒田〜秋田ではほほ100 kmと同じ道路距離であっても、所要時間は、それぞれ70

分、180 分を要する等都市間によって大きな差異が生じていた。

　このため、高規格幹線道路によって、地方の拠点都市間相互の時間距離を短縮し、都市間の連絡強化を図ることとされた。

② 大都市圏において、近郊地域を環状に連絡し、都市交通の円滑化と広域的な都市圏の形成に資するもの（三大都市圏の環状軸の強化）

　大量の広域交通の混入と域内交通の発生により、三大都市圏の道路交通は著しい渋滞を生じており、都市活動に障害をきたしていた。

　このため、都心に起終点をもたない通過交通の排除及び適切な分散導入を図るとともに、都市近郊に展開する都市を育成して都市圏の再編成に資する環状軸の強化を図ることとされた。

③ 重要な空港・港湾と高規格幹線道路を連絡し、自動車交通網と空路・海路の有機的結合に資するもの（他の交通拠点との連携強化）

　航空・海運・新幹線はそれぞれ大きな長所を持つ交通機関であるものの、その端末輸送は自動車に依存せざるを得ない状況にあった。

　しかし、国土開発幹線自動車道等 7,600km が整備されてもなお、連絡不十分な港湾・空港があった。

　このため、国際・国内交通拠点への連絡を強化し、高速交通体系の形成を図ることとされた（表Ⅳ-2-1）。

表IV-2-1　高規格幹線道路と重要港湾、空港との連絡[6]

区分	全体数	連絡港数		
		昭和61（1986）年度末供用区間（3,910km）	既定国土開発幹線自動車道等（7,600km）	高規格幹線道路（14,000km）
港湾	122港	（40%）49	（61%）75	（94%）115
空港	49港	（49%）24	（78%）38	（98%）48

注）　1.　港湾の連絡数は、昭和61（1986）年6月現在、特定重要港湾に指定されている19港及び離島部を除く重要港湾103港のうち、30分以内で高規格幹線道路のインターチェンジ到達可能な港湾。

　　　2.　空港の連絡数は、昭和61（1986）年12月現在、ジェット機が定期的に就航する離島部を除く49港（計画中10港を含む）のうち、30分以内で高規格幹線道路のインターチェンジに到達できる空港。

④　全国の都市、農村地区からおおむね1時間以内で到達し得るネットワークを形成するために必要なもので、全国にわたる高速交通サービスの均てんに資するもの（高速サービスの全国的普及）

　地域振興、活性化を図ってゆくためには、その地域が高速交通サービスを利用し易いかどうかが重要な課題となる。しかし、既定の国土開発幹線自動車道網では、高速交通サービスの利用のし易さに大きな地域格差が生じていた。

　高速サービスを地域間に均等に提供することによって、地域間の競争条件を均等化し、国土の均衡ある発展に資するネットワークの全国的な展開を図る必要があるとされた。

　このため、全国の都市、農村からおおむね1時間以内で高規格幹線道路に到達しうるよう、その整備を図ることとされた（表IV-2-2）。

[6] 藤川寛之：「高規格幹線道路網計画について」，日本道路協会，道路，1987，8月号，p49

表IV-2-2　高規格幹線道路網による 1 時間カバー率[7]

（単位：％）

	昭和 61 （1986）年度末供用区間（3,910km）	既定国土開発幹線自動車道等（7,600km）	高規格幹線道路（14,000km）
人口カバー	82	94	98
面積カバー	49	75	94

注）離島部を除く

⑤　既定の国土開発幹線自動車道等の重要区間における代替ルートを形成するために必要なもので、災害の発生等に対し、高速交通システムの信頼性の向上に資するもの（代替性のあるネットワークの形成）

　　地域間の相互依存関係が一層強化されることが予想されたことから、災害や事故などの交通障害時において緊密な地域連携を提供できるよう適切な代替路の整備を図り、安定した高速サービスの確保を図ることとされた。

⑥　既定の国土開発幹線自動車道等の混雑の著しい区間を解消するために必要なもので、高速交通サービスの改善に資するもの

　　三大都市圏を連絡する大動脈である東名・名神高速道路は、国内貨物総輸送トン数、トンキロのそれぞれ 5.5％、8.5％を分担していたが、その混雑状況は著しく、全線のうち約 81％が混雑度 1.0 以上となっていた（表IV-2-3）。

　　東名・名神高速道路の機能低下は、ネットワーク全体の効率を低下させ、我が国の経済運営上に支障をきたす恐れがあり、これらの機能強化を図ることとされた。

---

[7] 藤川寛之：「高規格幹線道路網計画について」，日本道路協会，道路，1987，8 月号，p49

表IV-2-3　東名・名神高速道路の交通混雑状況[8]

（単位：km、%）

混　雑　度		延　長	比　率
1.0 未満		101	19
	1.0 以上　1.5 未満	330	61
	1.5 以上	105	20
混雑度　1.0 以上		435	81
合　　計		536	100

注）1.「昭和 60（1985）年度道路交通センサス」による。

　　2.ここで混雑度＝日交通量÷日交通容量

　　　　日交通容量は，高速道路が持つべきサービスレベルを考慮し，

　　　　円滑な交通が可能な一日当りの最大交通量。

（参考）機関別及び高速道路貨物輸送量（昭和 60（1985）年度）[9]

（単位：百万トン、億トンキロ）

項　　　目	国内貨物輸送		鉄　　　道		内航海運		国内航空		自　動　車		うち高速自動車国道		うち東名・名神	
	トン数	トンキロ	トン数	トンキロ	トン数	トンキロ	トン数	トンキロ	トン数	トンキロ	トン数	トンキロ	トン数	トンキロ
輸　送　量	5,600	4,344	99	221	452	2,058	1	5	5,048	2,060	845	711	308	369
対 国 内 分 担 率	100	100	1.8	5.1	8.1	47.4	－	0.1	90.1	47.4	15.1	16.4	5.5	8.5
対自動車 分 担 率	－	－	－	－	－	－	－	－	100	100	16.7	34.5	6.1	17.9

注）「道路交通センサス」「陸運統計要覧」による

　以上から、新たに高規格幹線道路網を構成することとされた路線は表IV-2-4 に示すとおりである。この結果、高規格幹線道路網は規定の国土開発幹線自動車道約 7,600km と本州四国連絡道路約 180km を含め約 14,000km で構成されることとなった。

8　建設省道路局：「高規格幹線道路について」，道路審議会説明資料，1987，p13

9　藤川寛之：「高規格幹線道路網計画について」，日本道路協会，道路，1987，8月号，p50

表Ⅳ-2-4　高規格幹線道路網計画一覧表[10]

路　　　　線	区　　　間	主 要 経 過 地	概算延長 （km）
日高自動車道	苫小牧～浦　河	北海道（静内町付近）	120
留萌自動草道	深　川～留　萌	北海道	50
旭川・紋別自動車道	旭　川～紋　別	北海道（遠軽町付近）	130
帯広・広尾自動車道	帯　広～広　尾	北海道	80
函館・江差自動車道	函　館～江　差	北海道	70
後志自動車道	黒松内～小　樽	北海道（倶知安町付近）	120
釧路・根室自動車道	釧　路～根　室	北海道（厚岸町付近）	130
北見・網走自動車道	北　見～網　走	北海道	50
日本海沿岸縦貫自動車道	新　潟～青　森	新潟県（村上市付近）、山形県（鶴岡市付近、酒田市付近）、秋田県（秋田市付近、能代市付近、大館市付近）、青森県	340
津軽自動車道	青　森～鯵ケ沢	青森県	40
東北縦貫自動車道八戸線延伸	八　戸～青　森	青森県（三沢市付近）	80
北東北横断自動車道	花　巻～釜　石	岩手県（遠野市付近）	80
三陸縦貫自動車道	仙　台～宮　古	宮城県（石巻市付近）、岩手県（釜石市付近）	220
八戸・久慈自動車道	八　戸～久　慈	青森県、岩手県	50
東北中央縦貫自動車道	相　馬～横　手	福島県（福島市付近）、山形県（米沢市付近、山形市付近、新庄市付近）、秋田県	260
常磐自動車道延伸	いわき～仙　台	福島県（相馬市付近）、宮城県	150
北関東横断自動車道	高　崎～那珂湊	群馬県（前橋市付近）、栃木県（宇都宮市付近）、茨城県（水戸市付近）	150
首都圏中央連絡自動車道	横　浜～木更津	神奈川県（厚木市付近）、東京都（八王子市付近）、埼玉県（川越市付近）、茨城県（牛久市付近）、千葉県（成田市付近）	270
東関東自動車道木更津線延伸	木更津～館　山	千葉県（鋸南町付近）	40
東関東自動車道鹿島線延伸	鹿　島～水　戸	茨城県	50
中部横断自動車道	清　水～佐　久	静岡県、山梨県（甲西町付近）、長野県	150
中部縦貫自動車道	松　本～福　井	長野県、岐阜県（高山市付近）福井県（勝山市付近）	160
第二東名自動車道	東　京～名古屋	東京都、神奈川県、静岡県、愛知県	280
第二名神自動車道	名古屋～神　戸	愛知県、三重県、滋賀県、京都府、大阪府、兵庫県	170
能越自動車道	砺　波～輪　島	富山県（高岡市付近）、石川県（七尾市付近）	100

---

[10]　藤川寛之：「高規格幹線道路網計画について」，日本道路協会，道路，1987，8月号，p50～51

路　　　　線	区　　　間	主　要　経　過　地	概算延長 （km）
伊豆縦貫自動車道	沼　津〜下　田	静岡県（修善寺町付近）	60
三遠南信自動車道	飯　田〜三ヶ日	長野県、愛知県、静岡県	100
東海環状自動書道	四日市〜豊　田	三重県、岐阜県（岐阜市付近）、愛知県（瀬戸市付近）	160
紀勢自動車道	勢　和〜海　南	三重県（尾鷲市付近）、和歌山県（新宮市付近、田辺市付近）	270
京奈和自動車道	京　都〜和歌山	京都府（城陽市付近）、奈良県（奈良市付近、五条市付近）、和歌山県（橋本市付近）	120
西神自動車道	神　戸〜三　木	兵庫県	20
敦賀・舞鶴自動車道	敦　賀〜舞　鶴	福井県（小浜市付近）、京都府	80
京都縦貫自動車道	京　都〜宮　津	京都府（綾部市付近）	100
北近畿豊岡自動車道	春　日〜豊　岡	兵庫県	60
姫路・鳥取自動車道	姫　路〜鳥　取	兵庫県、岡山県、鳥取県	100
山陰自動車道	鳥　取〜美　祢	鳥取県（米子市付近）、島根県（松江市付近、出雲市付近、浜田市付近）、山口県（長門市付近）	390
陰陽連結自動車道	尾　道〜松　江	広島県（三次市付近）、鳥取県	130
尾道・福山自動車道	尾　道〜福　山	広島県	10
東広島・呉自動車道	東広島〜　呉	広島県	30
山陽自動車道延伸	山　口〜下　関	山口県（宇部市付近）	60
今治・小松自動車道	今　治〜小　松	愛媛県	30
東四国縦貫自動車道	高　松〜阿　南	香川県、徳島県（徳島市付近）	110
高知東部自動車道	高　知〜安　芸	高知県	30
西四国縦貫自動車道	大　洲〜須　崎	愛媛県（宇和島市付近）、高知県（中村市付近）	190
東九州縦貫自動車道	北九州〜鹿児島	福岡県（行橋市付近）、大分県（大分市付近）、宮崎県（延岡市付近、宮崎市付近、日南市付近）、鹿児島県（鹿屋市村近）	430
西九州自動車道	福　岡〜武　雄	福岡県、佐賀県（伊万里市付近）、長崎県（佐世保市付近）	130
南九州西回り自動車道	八　代〜鹿児島	熊本県（水俣市付近）、鹿児島県（川内市村近）	140
九州中部横断自動車道	御　船〜延　岡	熊本県、宮崎県（高千穂町付近）	110
那覇空港自動車道	那覇〜那覇空港	沖縄県	20

（注）高規格幹線道路としては、表に掲げるもののほか、既定国土開発幹線自動車道等（約 7,600km）及び本州四国連絡道路（約 180km）がある。

本表小計	約 6,220km
その他 国土開発幹線自動車道等	約 7,600km
本州四国連絡道路	約　180km
合計	約 14,000km

(3)　高規格幹線道路網の評価

(a)　都市、交通拠点との連絡状況

高規格幹線道路の整備によって

①　全国の都市・農村からおおむね 1 時間程度以内で高速ネットワークに到達可能

②　重要を空港・港湾の大部分とおおむね 30 分以内で連絡

③　人口 10 万人以上のすべての都市とインターチェンジで連絡

が可能となると考えられた（表Ⅳ-2-5）。

表Ⅳ-2-5　高規格幹線道路網の整備による拠点連絡状況[11]

	総　　数	現　　況 (昭和 61(1986) 年度末供用区間) 3,910km	国幹道等 7,600km	高　規　格 14,000km	備　考
市町村カバー （1 時間以内）	(100%) 2,541	(55%) 1,400	(76%) 1,930	(97%) 2,453	
ジェット化空港 （30 分以内）	(100%) 49	(49%) 24	(78%) 38	(98%) 48	1 時間以内で全て の空港に到達可能
重要港湾 （30 分以内）	(100%) 122	(40%) 49	(61%) 75	(94%) 115	1 時間以内で全て の港湾に到達可能
10 万人以上の都市との連 絡（IC により連絡）	(100%) 101	(61%) 62	(93%) 94	(100%) 101	

注）1.10 万以上の都市との連絡については、大都市圏内にある都市を対象外としている。

　　2.市町村の数は全国 3,253 市町村のうち大都市圏 577、離島部 135 を除いたもの。

(b)　高速道路の整備水準（欧州比較）

欧州諸国の高速交通の用に供する道路延長に対する、経済・社会指標当りの原単位を適用して試算すれば、当時の欧州 4 ヶ国と同程度の計画水準に匹敵する規模となると考えられた（表Ⅳ-2-6）。

---

[11] 藤川寛之：「高規格幹線道路網計画について」，日本道路協会「道路」1987 年 8 月号，p51

表Ⅳ-2-6　高速道路の整備水準比較[12]

項目／国名	高速道路延長 (km)	道路原単位 延長 人口 (km/万人)	延長 面積 (km/万km²)	延長 $\sqrt{人口・面積}$ (km/√万人・万km²)	延長 G N P (km/10億ドル)	延長 保有台数 (km/万台)	延長 走行台キロ (km/10億台キロ)
供用延長 西ドイツ	8,080	1.32	324.50	20.66	12.32	3.07	25.17
欧州4ヶ国	6,674	1.17	219.88	15.76	13.75	2.95	22.65
日　本	3,721	0.31	98.44	5.50	2.96	0.97	7.24
整備目標延長 西ドイツ	10,500	1.71	421.69	26.85	16.01	3.98	32.71
欧州4ヶ国	7,966	1.39	263.75	18.83	16.24	3.50	26.94
日　本	7,600	0.63	201.06	11.24	6.05	1.62	14.79
日　本	14,000	1.16	370.37	20.70	11.14	2.98	27.24

注) 欧米諸国の高速交通の用に供する道路としては以下の道路を対象とした。
　アメリカ：Interstate highway のほか、Urban Roads and Streets を含む。(1980 年末値)
　西ドイツ：Autobahn (1983 年末値)
　イギリス：Motorway のほか、Major Dual Carriage Way を含む。(1983 年末値)
　フランス：Autoroutes のほか、Prolongement d'Autoroute (1984 年末値)
　イタリア：Autostrade (1983 年末値)

人口、国土面積、$\sqrt{人口・面積}$、GNP、自動車保有台数、走行台キロの指標により高速交通の用に供する道路延長を試算すると表Ⅳ-2-7 の通りである。

表Ⅳ-2-7　諸外国の原単位による必要延長[13]

	欧州四ケ国の原単位 を適用して試算した場合		米国の原単位 を適用して試算した場合	
	現況	計画	現況	計画
全体延長 (km)	12,100	14,400	14,200	14,900

(c)　高速道路の交通分担率（欧米比較）

我が国の陸上貨物・旅客輸送は大部分を自動車輸送に依存しており、自動車輸送の効率性の向上は重要な課題である。

高速道路網の整備の進んでいたアメリカ、西ドイツ、フランスにおいては当時の高速道路の交通分担は既に 15～25％になっていたのに対し、

12　藤川寛之：「高規格幹線道路網計画について」，日本道路協会，道路，1987，8 月号，p53
13　藤川寛之：「高規格幹線道路網計画について」，日本道路協会，道路，1987，8 月号，p53

我が国では当時 6%（昭和 60（1985）年）にすぎず、7,600km の整備により 11%程度と予測された。

　高規格幹線道路網（14,000 km）の整備により欧米並の自動車輸送の効率性の向上が図られると考えられた（表Ⅳ-2-8）。

表Ⅳ-2-8　高親格幹線道路の自動車走行台キロ分担率[14]

高規格幹線道路網の整備規模	全自動車走行台キロに占める高規格幹線道路シェア	〔参考〕都市高速含む高規格幹線道路シェア
7,600 km	11%	14%
14,000 km	18%	21%

注）1.昭和 75 年の全自動車走行台キロは約 6,900 億台キロとして推計
　　2.都市高速道路については，基本計画延長（首都高速 220km、阪神高速 196km）等の完成時の走行台キロを想定。

Ⅳ-2-2　高規格幹線道路網の整備

　高規格幹線道路の整備に当たっては、効率的な整備を図る観点から、路線の性格を勘案し、高速自動車国道（国土開発幹線自動車道等）又は一般国道の自動車専用道路として同時並行的に整備を推進することとされた。

　このため、昭和 62（1987）年 9 月 1 日国土開発幹線自動車道建設法の一部改正が行われ、新たに 3,920 km が予定路線として追加され、高速自動車国道（国土開発幹線自動車道等）は、11,520 km の網として構成されることになった。それ以外の 2,480 km は、一般国道の自動車専用道路とされた。図Ⅴ-2-1 に高規格幹線道路の整備体系、図Ⅴ-2-2 に高規格幹線道路の整備状況を示す。

　高規格幹線道路の整備目標としては、21 世紀初頭の概成を目指し、幹線交通のボトルネック解消の観点から大都市圏間を結ぶ道路、大都市圏の環状道路等に重点を置き、地方圏にあっては、広域的な連携の軸とな

---

[14]　藤川寛之：「高規格幹線道路網計画について」，日本道路協会，道路，1987，8 月号，p53

る縦貫路線、横断路線に重点を置いて整備を推進してきており、平成 29
（2017）年度末の供用延長は 11,638 ㎞ となる見込みである（表Ⅴ-2-9）。

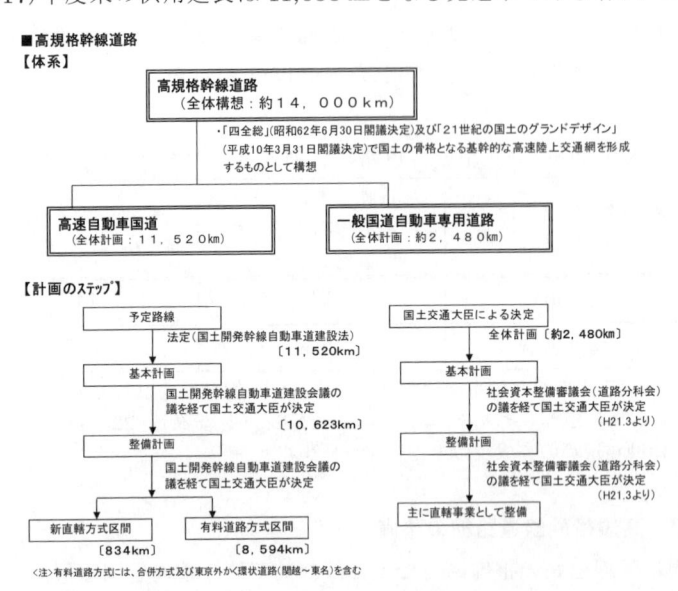

■高規格幹線道路
【体系】

図Ⅳ-2-1　高規格幹線道路網の整備体系[15]

表Ⅳ-2-9　高規格幹線道路の整備状況[16]

	総延長	平成 29（2017）年度末 供用延長 （　）進捗率		平成 30（2018）年度末 供用延長 （　）進捗率	
高規格幹線道路	約 14,000 km	11,638 km	（83%）	11,922 km	（85%）
高速自動車国道	11,520 km	＜954 km＞ 8,913 km	（86%） （77%）	＜1,017 km＞ 9,056 km	（87%） （79%）
一般国道自動車専用道路 （本州四国連絡道路を含む）	約 2,480 km	1,771 km	（71%）	1,849 km	（75%）

（注）　1．高速自動車国道の＜　＞内は、高速自動車国道に並行する一般国道自動車専用道路である。（外書きで
　　　　　あり、高規格幹線道路の総計に含まれている。）

　　　　2．一般国道自動車専用道路の開通予定延長には、一般国道のバイパス等を活用する区間が含まれる。

　　　　3．総延長は、高速自動車国道においては、国土開発幹線自動車道建設法第 3 条及び高速自動車国道法第
　　　　　3 条、本州四国連絡道路及び一般国道においては、国土交通大臣の指定に基づく延長を示す。

　　　　4．平成 29、30 年度供用延長は予定である。（H30 決定白パン時点）

15　国土交通省道路局資料より
16　国土交通省道路局資料より

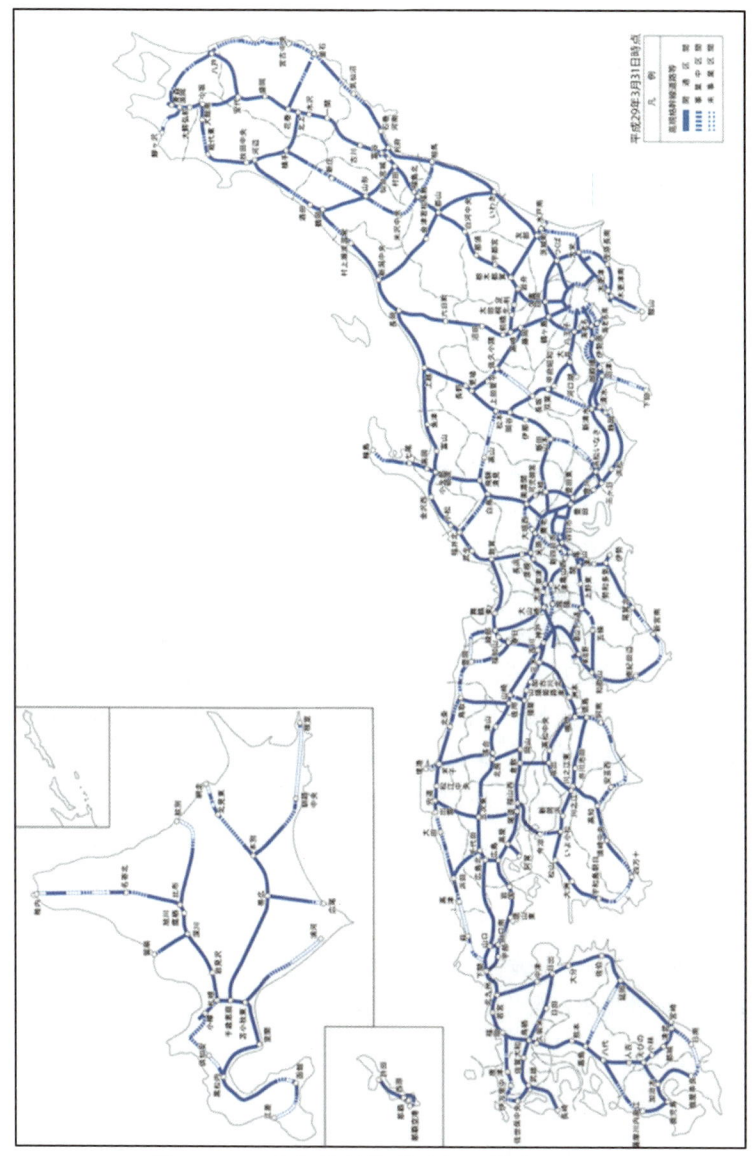

図Ⅳ-2-2　高規格幹線道路網の整備状況[17]

Ⅳ-3　地域高規格道路

　地域の活性化を促進し、均衡ある国土構造の形成を図るためには、地方においては、地域の連携によって自立した広域的な文化・経済ブロックを形成し、大都市地域においては、適切な都市活動が確保された多核的都市構造へと誘導していく必要がある。

　また、東京への一極集中を是正し、それぞれの地域が個性を生かしつつ活性化するためには、地域が広域的に連携して、地域集積圏を形成することが重要であり、地域振興施策と一体となって、地域への集積効果を発揮する質の高い交通網の整備、高規格幹線道路へのアクセス路線や高規格幹線道路網の補完路線等の強化が必要である。

　一方、都市部においても、活力ある都市活動のためには、多核的な都市構造へ誘導すると共に、円滑な都市活動を支える環状方向や拠点間を連絡する質の高い幹線道路網が必要である。

　このため、高規格幹線道路と一体になって、地域発展の核となる都市圏の育成や地域相互の交流促進、空港・港湾等の広域交通拠点との連絡等に資する路線を地域高規格道路として指定し、連携（Combination）、交流（Communication）、連結（Connection）のいずれかの機能を有し、地域の実状に応じた走行サービスを提供することが可能となるよう自動車専用道路もしくはこれと同等の規格を有する道路として整備を推進することとされた。

　なお、地域高規格道路については、既存ストックの有効活用も含めて、6,000～8,000km の整備を図るとしている。

　以下に、計画決定当時の考え方を示す。

Ⅳ-3-1　地域高規格道路の計画設定当時の考え方[vi]

(1)　新たな幹線道路ネットワークの必要性

　高規格幹線道路などの全国的ネットワークの整備によって、沿線市町村を中心に地域の活性化が図られた一方で、東京圏への人口・機能の集中が依然続くとともに、地方圏では高規格幹線道路の沿線や地方中枢都市圏以外の地域で人口が減少しているなど、活力ある地域づくりという観点から大きな課題が残されていた。

　この原因のひとつとして、地方圏の個々の地域に定住・発展を支えるだけの十分な集積が不足していることが上げられ、それぞれの地域において、広域的に地域が連携し、地域全体としての実質的な集積規模の拡大を図る「地域集積圏」の形成を図る必要があると考えられた。

　これらの背景から、平成4（1992）年6月の道路審議会建議『「ゆとり社会」のための道づくり』においては、今後の道路整備の3つの基本方向の1つとして「活力ある地域づくり」のために地域集積圏の形成が必要とされた。

　その形成にあたって、それぞれの地域のもつ特色をいかしつつ、圏域の中核となる都市や複数の連携する都市群の拠点性を高めるとともに、都市と周辺市町村、あるいは周辺市町村間相互の連絡強化、さらには、都市における環状方向や拠点との連絡強化を図るため、地域高規格道路を軸とした地域の幹線道路網の整備を推進することとしたものである。

　また、活力ある地域づくりの基本単位となる「地域集積圏」は、経済・文化面等で他の圏域との交流を前提としてはじめて成立するものであり、それぞれの地域集積圏の定住と活性化を推進する上で、圏域内の連携のみならず他の圏域と相互に交流することによって多様で選択制の高い交流機会の確保を図ることが重要であった。

　このため、地方圏においては、地域集積圏と大都市圏との交流の強化とあわせて地域集積圏相互の横の交流を強化するため、高規格幹線道路と連携する道路整備の推進が必要であるとともに、大都市圏においても、新たに核となる地域集積圏相互を連絡する環状方向の質の高い道路の整備を図ることとした。

　さらに、地域の活性化とあわせて、各地域が海外を含め広域的な地域と主体的に交流を図っていくことにより、地域の特性を一層発揮させることが可能となるため、空港等の広域交通拠点と各地域の間を、高速性、信頼性、安定性のある道路等のネットワークで連結することが重要とされた。

　以上のような認識のもと、具体的な施策として地域高規格道路の整備が建議に位置付けられ、これを受けて平成5（1993）年5月に閣議決定された第11次道路整備五箇年計画においてもその整備を推進することとされた。

(2)　広域道路整備基本計画

　前述のように、広域幹線道路の約95%を占める一般国道、主要地方道の中から、「地域集積圏の形成」等に資する路線を「地域高規格道路」として選定するため、そのベースとなる道路ネットワーク計画（広域道路整備基本計画）を策定することとし、平成4（1992）年より各地方建設局、都道府県等において調査検討が行われ、平成6（1994）年1月に広域道路整備基本計画が策定された。

　広域道路整備基本計画は、広域的な道路のマスタープランとして、地域活性化施策等も考慮して想定しうる交通の流れをベースに、地域に整合した道路ネットワークの考え方を整理したものであり、詳細な道路計画を策定する際のベースとなるものであった。

　国土全体、地域全体といった広域レベルの社会交流を支えるとともに、地域の連携を促すネットワークを形成することを目的として、高規格幹線道路の整備とあわせ、地域高規格道路網や、これらと一体的に機能する広域的な幹線道路網（一般国道および主要な都道府県道（道路種別未定のものも含む）の整備を計画的に進めるため、その策定にあたっては、関連する交通機関、交通拠点（空港、港湾、高速鉄道駅等）や都市拠点、振興拠点等の地域拠点をはじめとした、国土利用、土地利用等との整合を十分に図ることとされた。

　特に各都道府県における長期構想に位置付けられている「県土 1 時間圏構想」等を実現させるための幹線道路ネットワークなど、各地域ごとの実情、特性を尊重した構想となっていた。

　広域道路整備基本計画に位置付けられた道路である広域道路は、その有する機能から次の 2 つに分類される。

① 　広域道路（交流促進型）：本線のトラフィック機能確保のため、整備の目標として特に構造上の強化を図ろうとする道路。例えば、自動車専用道路や交通の円滑性確保のため交差点を立体化する道路など

② 　広域道路（地域形成型）：沿道からのアクセス性にも配慮した上記以外の道路

　各地域の計画をまとめた結果、広域道路（交流促進型）として約 1 万9,500km、広域道路（地域形成型）として約 9 万 7,100km の合計約 11万 6,600km の延長規模となった（図 IV-3-1）。

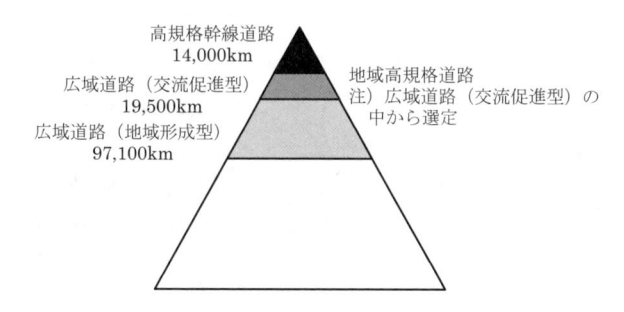

　　　図 IV-3-1　広域道路整備基本計画における広域道路の指定延長[18]

(3)　地域高規格道路の指定

　地域高規格道路の整備を具体的に進めるため、路線の指定を行うこととし、この路線指定にあたっては、広域道路整備基本計画において高い交流機能を発揮する道路として位置付けられた広域道路（交流促進型：前述約 1 万 9,500km）の中から地域の要望を踏まえて選定することとした。

---

[18] 中神陽一：「地域高規格道路の概要」，日本道路協会，道路，1995，7 月号，p17

　路線の選定にあたっては、まず路線の持つ機能として以下に示す条件のいずれかを満たすこととした（図Ⅳ-3-2）。

①　通勤圏域の拡大や都市と農山村地域との連携の強化による地域集積圏の拡大を図る環状・放射道路（核都市と農山村地域をはじめとする周辺地域が連携した広域的な地域・都市構造の形成を図る）・・・・・・・・【連携機能】

②　高規格幹線道路を補完し、物資の流通、人の交流の活発化を促し地域集積圏間の交流を図る道路（さまざまな地域圏との活発な交流が可能となる多角的ネットワークの形成を図る）・・・・・・・・・・・・・・【交流機能】

③　空港・港湾等の広域的交流拠点や地域開発拠点等との連絡道路（国際的、全国的な交流を図るため、航空等他の広域交通機関との効率的なネットワークの形成を図る）・・・・・・・・・・・・・・・・・【連結機能】

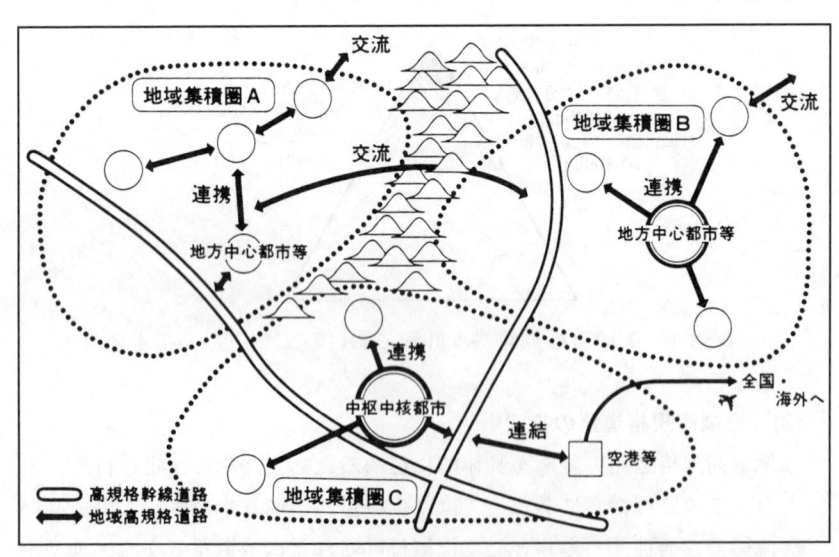

図Ⅳ-3-2　地域高規格道路の機能イメージ[19]

---

[19]　中神陽一：「地域高規格道路の概要」、日本道路協会，道路，1995，7月号，p18

Ⅳ-3-2　地域高規格道路の整備状況等

(1)　整備の考え方

以下の整備の考え方に基づき、地域高規格道路の整備が進められている。

①　地域高規格道路は、高規格幹線道路と一体となって、高い速度サービスを提供する道路として整備を推進（図Ⅳ-3-3）。

②　長期的には、既存ストックの有効活用を含めて、6,000〜8,000kmのネットワークを形成。

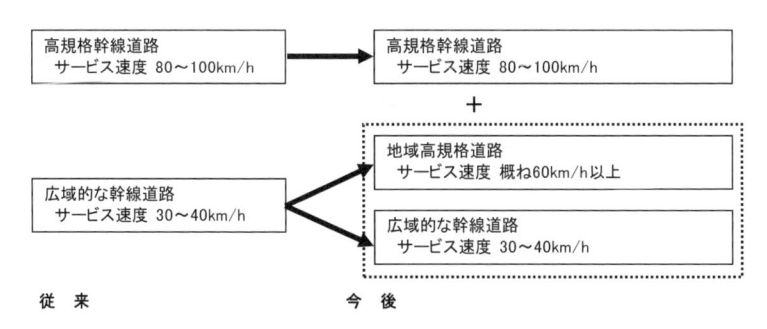

図Ⅳ-3-3　地域高規格道路の目指す走行サービス[20]

(2)　指定の経緯

地域高規格道路の指定の経緯は以下のとおりである。また、地域高規格道路の指定状況を表Ⅳ-3-1 に示す。

平成 6（1994）年 1 月	各都道府県において、広域道路整備基本計画を策定（平成 10（1998）年 6 月に見直し）。
平成 6（1994）年 11 月	広域道路整備基本計画に高い交流機能を発揮する道路として位置付けられた広域道路（交流促進型）の中から地域高規格道路として指定する路線の要望提出を各都道府県知事等あてに指示（平成 10（1998）年 6 月に追加指定の要望提出を指示）。

---

[20] 国土交通省道路局資料より

平成 6 年（1994）12 月　　候補路線、計画路線指定

平成 10（1998）年 6 月　　候補路線、計画路線の追加指定

　　　　　　　　　　　　　　（追加指定後：候補路線 110 路線、計画路線

　　　　　　　　　　　　　　186 路線）

平成 25（2013）年 5 月末　地域高規格道路の計画路線にかかる指定

　　　　　　　　　　　　　　（整備区間：3,549km）

表Ⅳ-3-1　地域高規格道路の指定状況（平成 25（2013）年 5 月末現在）[21]

	候補路線	計画路線			
	路線数	路線数	路線指定延長	整備区間延長	
					うち供用中
全　　国	110 路線	187 路線	約 6,950km	3,549km	2,299km

[21] 国土交通省道路局資料より

Ⅳ-4　一般国道の指定

Ⅳ-4-1　元一級国道および元二級国道の第 1 次指定

道路法による第 1 次指定では、国道網の規模はどの程度が適当であろうか、一級国道はどのような都市をカバーすべきであろうか、これらの都市を相互に連絡するいくつかの路線のうちいずれを選択するかなどについて考察が進められ、以下のように指定された。

国道網の規模は、藤井真透博士の国土係数理論を援用して検討された。これは、「道路密度は人口密度の平方根に比例する」というもので、その考え方はつぎのとおりである。

道路は、交通量が大なるほど単位交通量に対する建設費および維持費は低くなり、相当の工事費を出して建設しても均衡がとれるという考え方から、「地域の延長 L は、その地域の交通需要 TA（T：単位面積あたり交通需要、A：地域の面積）に比例し、建設費および維持費 CL（C：単位延長あたり建設費および維持費）に反比例する。」とする。また、その地域の面積 A が大なるほど、他の条件が同一の場合には、大きな路線長を必要とするので、「路線の延長 L は面積 A に比例する」とする。

したがって、

$$L \propto A \cdot TA/CL \text{すなわち } (L/A)^2 \propto T/C$$

道路密度 L/A を d で表せば

$$d \propto \sqrt{T/C} \cdots\cdots\cdots\cdots\cdots\cdots\cdots\cdots (1)$$

つぎに、「交通需要 TA は人口 pA（p：人口密度）に比例し、さらに人口に比例する物資の移動量に比例する。」とする。

$$T \propto p^2 \cdots\cdots\cdots\cdots\cdots\cdots\cdots\cdots (2)$$

また、建設費および維持費は原則としてその地域の住民が負担するという考え方から、「負担し得る建設費および維持費 C は人口密度に比例する。」と考え、

$$C \propto p \cdots\cdots\cdots\cdots\cdots\cdots\cdots\cdots (3)$$

(1)、(2)および(3)をあわせ

$$d \propto k\sqrt{p}$$

を得る。比例常数を k とし、国土係数と呼ぶ。

$$d = k\sqrt{p} \quad \cdots \cdots \cdots \cdots \cdots \cdots \cdots \cdots (4)$$

k は、類似の地域との比較により帰納的に設定されるものである。

第 1 次指定では、I を 1 人あたり国民所得（ドル/人）とすれば、

$$k = aI$$

とし、α は我が国と比較的事情を同じくすると判断されたベルギー、フランス、イタリア、オランダおよびイギリスの資料から、0.0284 と求められ、

$$L = 0.0284I\sqrt{AP}$$

が得られた。この式に、我が国の昭和 25（1950）年の人口 83,199,637 人、面積 368,303 ㎢および 1 人あたり国民所得 119 ドル/人（昭和 27 （1952）年 3 月 27 日の国連統計月報）を代入して得られた 18,710 km が、一級国道と二級国道とをあわせた目標規模とされた。

　一級国道の法定要件にいう「国土を縦断し、横断し、又は循環して、都道府県庁所在地その他政治上、経済上又は文化上特に重要な都市を連絡する道路」の重要都市の選定には、都市活動、工業的な機能および商業的な機能の 3 要素が考慮され、それぞれ人口、工業生産額および鉄道貨物発着トン数が指標として用いられた。すなわち昭和 27（1952）年 5 月現在市制をしている全国 279 市について、上記 3 要素をそれぞれ全市の平均値を 100 として指数化し、その和が全国平均値以上にある 57 都市が選定された。これに、都道府県庁所在地を加え、81 都市が重要都市とされた。

　具体的な路線は、法定要件により全国的なバランスを考えて選定されたが、各都市を連絡する方法または比較線を検討する手段として路線値が用いられ、路線値の大きい路線が採択された。路線値は、東京－水戸－仙台の下記の値がとられ、これらをそれぞれ 100 として求めた指数の和である。

　①　延長 1 km あたり沿線市町村人口：1,590 人/km

②　延長1kmあたり沿線市町村工業生産額：14,000千円/km

③　延長1kmあたり沿線市町村貨物自動車保有台数：4.3台/km

④　その路線の平均交通量：190台/km

　このようにして一級国道の概略の網が得られたが、一級国道の存しない県が生じないように多少の修正が加えられ、網を構成しないものであっても、東京〜千葉、名古屋〜津、横浜〜横須賀等は特に一級国道とされた。また、新潟〜仙台、鳥取〜岡山、松江〜岡山、熊本〜大分等は明らかに国土を横断していて法定要件に適合し、路線値も比較的高い路線であるが、それぞれの都市が一応一級国道網上にあることおよび一級国道の総延長を必要最小限にするという理由から除外された。

　なお、北海道については東北地方における一級国道の密度と同程度の延長におさえることを想定し、内地とおおむね同様の方法によって設定された。

　以上により、40路線、延長9,205kmが指定された。

　二級国道については、法定要件を満足する候補路線について、路線値を主な指標として選定された。一般に路線値が低く地域的な差が大きいため、地域ごとに路線値を比較し、起終点相互間の緊密度、道路の現況および改築する場合の問題点と費用、一級国道とともに形成する道路網の疎密等をあわせ考慮され、144路線、延長14,847kmが指定された。

Ⅳ-4-2　元一級国道および元二級国道の追加指定

(1)　元一級国道の第2次指定

　3路線、延長662kmが追加指定されたが、主として起終点相互間の緊密度を考え、延長および路線値に一定の基準値を定め、つぎの採択基準により選定された。

(a)　法定要件に該当すること。

(b)　現在二級国道であること。

(c)　延長が230km以上あること。

(d)　路線値が 2,000 以上あること。

　ここにいう基準値は、延長については当時の一級国道の平均延長がお
おむね 230 km であること、路線値については一級国道中路線値が中位と
考えられる 3 号（熊本～鹿児島間）の路線値が約 2,000 であることから
設定されたものである。
　指定された路線は、41 号（名古屋市～富山市）、42 号（和歌山市～津
市）および 43 号（大阪市～神戸市）である。

(2)　元一級国道の第 3 次指定

　16 路線、延長 2,955 km が追加指定されたが、第 3 次指定では、まず網
の偏在を矯正することを重視し、当時の一級国道網の配置から人口また
は面積の割合に国道網密度の疎な地区に路線を追加し、新たに形成され
る一級国道網全体が普遍的かつ均整のとれた形になるように考慮され、
一方北海道のように人口の著しく稀薄な地域や東京、大阪等大都市周辺
の人口密度の著しく高い地域については、別にその路線の開発要素や路
線値等をあわせ考え、また県庁所在地の連絡ルート、裏日本と表日本の
連絡ルート等についても再検討され、バランスのとれた網構成とするこ
とに目標がおかれた。その採択基準はつぎのとおりである。

(a)　法定要件に該当すること。
(b)　原則として当該路線の大部分が現在二級国道であること。
(c)　つぎの各項の一に該当すること。
　①　現在一級国道網の密度が人口分布および面積に対して著しく稀薄な地
　　　区の道路網を補うものであること。このため網間隔値が 100 以上の地区
　　　に該当すること。
　②　①に拘らず、北海道においては網内面積に比べて一級国道の延長が著し
　　　く不足している地区の道路網を補うものであること。このため網内面積
　　　（km²）/網延長（km）の値が 40 をこえる地区に該当すること。
　③　大都市（東京、大阪）の周辺にあって適当な網間隔を構成し、路線値が

著しく高くかつ延長がおおむね 100 km 以上にわたるものであること。

④ 隣県の県庁所在地を直結する路線等であって、横断線として網構成上妥当なものであること。

なお、路線選定にあたり、重要都市として第 1 次指定の場合と同様な方法により 112 都市が選定された。

(c)①の網間隔値は、{網内人口（人）/網延長（km）} ×｛網内面積（km²）/網延長（km）} ×（1/1,000）であって、この条件により、51 号（千葉市～水戸市）、45 号（仙台市～青森市）、55 号（徳島市～高知市）、52 号（清水市～甲府市）、56 号（高知市～松山市）、57 号（大分市～熊本市～長崎市）、54 号（広島市～松江市）および 49 号（平市～新潟市）の 8 路線が採択された。

(c)②の条件により、44 号（釧路市～根室市）が、(c)）③の条件により、16 号（東京環状）、50 号（前橋市～水戸市）および 25 号（四日市市～大阪市）の 3 路線が、(c)④）の条件により、53 号（岡山市～鳥取市）、48 号（仙台市～山形市）、46 号（盛岡市～秋田市）および 47 号（仙台市～酒田市）の 4 路線が採択された。

(3) 元二級国道の第 2 次指定

7 路線、延長 818 km がつぎの採択基準によって選定のうえ、指定された。

(a) 法定要件に該当すること。

(b) 現在主要地方道であること。

(c) 延長が 100 km 以上であること。

(d) 路線値が 150 を下らないこと。

(c)および(d)の基準値は、当時の二級国道 144 路線の平均延長がおおむね 100 km であること、二級国道中最も低い路線値を有する数路線を考慮して設定された。

　以上により、245 号（水戸市〜日立市）、246 号（東京都〜沼津市）、247 号（名古屋市〜半田市〜豊橋市）、248 号（蒲郡市〜岐阜市）、249 号（七尾市〜珠洲市〜金沢市）、250 号（神戸市〜赤穂市〜岡山市）および251 号（長崎市〜口之津町〜諫早市）の 7 路線が選定された。

(4)　元二級国道の第 3 次指定

　33 路線、延長 3,067 km がつぎの採択基準によって選定のうえ、指定された。

(a)　法定要件に該当すること。

(b)　原則として当該路線の大部分が現在主要地方道であること。

(c)　つぎの各項の一に該当すること。

　①　延長およそ 100 km 以上（他の二級国道の延長路線と目されるものはその合計延長についておよそ 100 km 以上）、路線値およそ 150 以上でかつ網間隔が他の同等地域と比較して妥当なものであること。

　②　延長 100 km 未満であっても隣県の県庁所在地を相互に直結するものであること。

　③　路線値 150 未満であっても現国道網の網間隔が著しく大きい地区の道路網を補うものであること。

　④　路線値が著しく高くかつ大都市周辺における幹線道路網構成上必要なものであること。

　(c)①の条件により、105 号（大曲市〜大館市）等 24 路線、(c)②の条件により、123 号（宇都宮市〜水戸市）および 263 号（福岡市〜佐賀市）の 2 路線、(c)③の条件により、256 号（飯田市〜中津川市）および 265 号（小林市〜阿蘇町）の 2 路線、(c)④の条件により、129 号（平塚市〜相模原市）、155 号（名古屋環状）、170 号（高槻市〜橋本市）、173 号（池田市〜瑞穂町）および 258 号（大垣市〜桑名市）の 5 路線が選定された。

Ⅳ-4-3 昭和44（1969）年度の一般国道の追加指定

前回追加指定のあった昭和37（1962）年度以来7年を経過したが、この間自動車交通は飛躍的に進展し、一般国道の整備も著しい進捗をみた。このような情勢から、国土の有効利用、流通の合理化および国民生活環境の改善に寄与するため、近代的道路網体系を確立することを目途に、幹線道路網の規模、道路の種類ごとの配分、財政事情等が勘案され、追加指定の規模はおおむね6,000㎞と設定された。追加指定路線の選定にあたっては、都道府県等から要望のあった189路線、14,233㎞が対象路線として調査され、これらの路線のうち、道路法第5条に規定する一般国道の要件に該当するものであることのほか、自動車交通需要を充足し、国土の普遍的なかつ均衡ある発展を図るよう適正な国道網を形成するものであることおよび原則として主要地方道であることが採択の基本的な条件とされた。

(1) 法解釈上の所要事項等

(a) 重要都市については、北海道の支庁所在地を含む都道府県庁所在地59都市のほか77都市が設定された。

① 都道府県庁所在地（北海道の支庁所在地を含む。）) 　　59都市

② 都道府県庁所在地以外の重要都市 　　77都市

各市の人口、製造品出荷額および自動車保有台数（特種車等および二輪車等を除く）の指数を、全市のそれぞれの平均を100として求め、合計値が300を越える市を重要都市とする。

(b) 人口10万以上の都市は、昭和44（1969）年1月1日現在、134都市を数えるが、このうち重要都市に含まれない都市は14都市である。

(c) 港湾法第42条第2項に規定する特定重要港湾は、室蘭、千葉、東京、横浜、川崎、新潟、清水、名古屋、四日市、大阪、堺、神戸、姫路、和歌山下津、徳山下松、下関、北九州の17港、港湾法附則第5項に規定する港湾は、横須賀、舞鶴、呉、苅田、佐世保の5港である。

(d) 　重要な飛行場については、新東京国際空港が新たな対象となった。

(e) 　国際観光上重要な地については、国立公園の区域内の市町村のうち、外国人観光客の宿泊費等が年間 1,000 万円以上の観光交通上重要な市町村とされた。

(f) 　国土の総合的な開発又は利用上特別の建設又は整備を必要とする都市については、新産業都市建設促進法（昭和 37（1962）年法律第 117 号）第 3 条により指定された 15 地区すなわち、岡山県南、大分、日向延岡、徳島、東予（以上昭和 39（1964）年 1 月 30 日総理府告示第 3 号）、松本諏訪、新潟、常磐郡山、仙台湾、八戸（以上昭和 39 年 3 月 3 日総理府告示第 8 号）、富山高岡、不知火有明大牟田、道央（以上昭和 39（1964）年 4 月 4 日総理府告示第 12 号）、秋田湾（昭和 40（1965）年 11 月 1 日総理府告示第 37 号）および中海（昭和 41（1966）年 11 月 16 日総理府告示第 43 号）の地区内の都市および工業整備特別地域整備促進法（昭和 39（1964）年法律第 146 号）第 2 条に掲げられた 6 地区すなわち、鹿島、東駿河湾、東三河、播磨、備後および周南の地域内の都市とされた。

(2) 　追加指定にあたっての採択基準

追加指定路線については、法定要件に該当する路線で、網値および路線値を基礎的指標とし、下記の採択基準が設定された。

網値とは、人口および面積に対する網の疎密の程度を示す指標で、前回の指定に用いられた網間隔値における網密度効果を重視したものである。現在の一般国道によって囲まれる網内人口を P_1（人）、面積を A（km²）、当該網を構成する一般国道の延長を L_1（km）とすれば、つぎの式により算定された値である。

$$網値 ＝ （P_1/L_1） \times （A/L_1）$$

網値の基準値としては、前回の追加指定路線の約 85％ が 50,000 以上の網値を示す地域であることを勘案して、50,000 がとられた。

路線値とは、路線の重要性を示す指標で、道路延長 1 km あたり沿線市町村人口、同じく生産額および平均交通量のそれぞれの基準値に対する

合計値である。昭和 40（1965）年国勢調査による沿線市町村人口を P_2（人）、昭和 40（1965）年における沿線市町村の製造品出荷額と農業粗収益との和を I（百万円）、昭和 40（1965）年度全国道路交通情勢調査による平均交通量を T（台/12 時間）、道路延長を L_2（km）とすれば、つぎの式により算定された値である。

$$路線値 = \{(P_2 / L_2) \times (1/a) \times 100\}$$
$$+ \{(I / L_2) \times (1/b) \times 100\}$$
$$+ \{ T \times (1/c) \times 100\}$$

a、b および c は基準値で、前回の追加指定路線の平均値がとられ、それぞれ 720 人/km、110 百万円/km および 900 台/12 時間である。

(a)　延長およそ 50km 以上の路線で、路線値が 300 以上であり、かつ網値が 50,000 以上のものであること。

(b)　延長が 50 km 未満であっても、都市周辺における幹線道路網構成上必要なものであること。

(c)　路線値が 300 未満の路線であっても、網値が著しく大きい地域の道路網を補うものであること。

(d)　網値が 50,000 未満であっても、路線値が著しく大きいものであること。

(e)　北海道においては、内地における昇格後の国道網と比較し、適正な網を形成するために必要なものであること。

(f)　内地の都府県においては、都府県間の均衡を図るため現在の一般国道の密度が低い都府県の国道網を補正するために必要なものであること。

(g)　(a)〜(d)に掲げる基準に達しないものであっても、国土の開発および利用上重要な地より他の重要な国道に達するもので、将来の交通需要の著しい増大が予想されるものであること。

(3)　追加指定路線

以上により選定された追加指定路線は、71 路線、実延長 5,798km である。このうち、15 路線は現在の一般国道の路線の延伸等による起点、終点または重要な経過地の変更によるもので（32 号、105 号、108 号、

113 号、152 号、176 号、178 号、186 号、191 号、197 号、202 号、204 号、210 号、254 号、257 号）、他の 56 路線は新たな路線である（272～318 号、320 号～323 号）。また、重要な経過地の変更にともなって、現在の一般国道の一部を新たな路線に指定したものが 1 路線ある（319 号）。この結果、追加指定後の一般国道の路線数は 279（=222+56+1）となった。

　なお、追加指定路線または区間の昭和 43（1968）年度末改良率および舗装率はそれぞれ 53%および 42%である。また、追加指定前の元一級国道および元二級国道の整備済路線数は、それぞれ 57 路線中 41 路線および 165 路線中 31 路線である。

Ⅳ-4-4　昭和 49（1974）年度の一般国道の追加指定[vii]
(1)　追加指定にあたっての採択基準

　追加指定路線については、法定要件に該当する路線で網値および路線値を基礎的指標とした下記の採択基準を満足するものとされた。

(a)　延長およそ 50 km 以上の路線で、網値 40,000 以上であり、かつ路線値が 250 以上のものであること。

(b)　網値が、40,000 未満又は路線値が 250 未満であっても、網値又は路線値が著しく大きいものであること。

(c)　網値が 40,000 以上であるか又は路線値が 250 以上であり、かつ、都市周辺における幹線道路網構成上又は地方生活圏中心都市間を結ぶ幹線道路網構成上若しくは高速自動車国道とを結ぶ幹線道路網構成上のいずれかの事由から必要なものであること。

(d)　離島振興法の適用をうける離島については、市が存在するか又は、市は存在しないが 4 町以上あり、かつ、人口 4 万人以上で地域開発上必要なものであること。若しくは本土と橋梁で一体となっており幹線道路網構成上必要なものであること。

(e)　路線値、網値、または路線値および網値が(a)、(b)に掲げる基準に達しな

いものであっても、重要な飛行場若しくは国際的観光地、他の重要な国道
に達するもの。または、国土の開発および利用上重要な地より、他の重要な
国道に達するもので、将来交通需要の著しい増大が予想されるものである
こと等、特別な事由があること。

(2)　追加指定路線の概要

　以上により選定された追加指定路線は、73 路線実延長 5,867 kmであ
る。この 73 路線のうち 15 路線は、現在の一般国道を構成する路線の延
長等による起点、終点の変更、または重要な経過地の変更により追加指
定するもので、他の 58 路線は新たな追加指定路線である。

　この結果今回の追加指定後の一般国道の路線数は、342 路線、
38,795km となった。

　国道番号としては現在の 1 号から 58 号、101 号から 108 号、112 号
から 213 号、217 号から 332 号に加えて 333 号から 390 号となり、路
線数は 342 路線で欠番は 59 号〜100 号の 42 路線と 3 桁番号の 6 路線
となった。

Ⅳ-4-5　昭和 56（1981）年度の一般国道の追加指定[viii]
(1)　追加指定にあたっての採択基準

　追加指定路線については、法定要件に該当する路線で後述する網値、
路線値及び仕事量を基礎的指標とした下記の採択基準を満足するものと
された。

(a)　延長およそ 60 km以上の路線で、網値が 29,000 以上、又は、仕事量が
　　2,600 以上のものであり、かつ路線値が 220 以上のものであること。

(b)　網値、仕事量又は路線値のいずれか一つが著しく大きいものであること。

(c)　網値が 29,000 以上、仕事量が 2,600 以上又は、路線値が 220 以上の路
　　線であり、かつ大都市周辺における幹線道路網構成上、又は地方生活圏の
　　中心都市等を連絡する幹線道路網構成上、若しくは高速自動車国道と一体

として機能する幹線道路網構成上の事由から必要なものであること。

(d)　離島振興法の適用をうける離島については、市が存在するか、又は市は存在しないが 4 町以上存在すものであり、かつ人口 4 万人以上で地域開発上必要なものであること、又は本土と橋梁で一体となっており幹線道路網構成上必要なものであること。

(e)　路線値、網値及び仕事量が(a)、(b)に掲げる基準に達しないものであっても、重要な飛行場若しくは国際的観光地より他の重要な国道と達するもの又は国土の開発若しくは利用上重要な地より他の重要な国道に達するもので、将来の交通需要の著しい増大が予想されるものであること等、特別な事由があること。

(2)　追加指定路線の概要

　以上により指定された追加指定路線は、83 路線、実延長 5,548 ㎞であった。この 83 路線のうち 24 路線は、現在の一般国道を構成する路線の延伸等による起点、終点の変更、または重要な経過地の変更により追加指定するもので、他の 59 路線は新たな追加指定路線であった。

　この結果、追加指定後の一般国道路線数は、401 路線、44,202km になった。

　国道番号としては現在の 1 号から 53 号、101 号から 108 号、112 号から 213 号、217 号から 390 号に加えて 391 号から 449 号となり、路線数は 401 路線で欠番は、59 号〜100 号の 42 路線と 3 桁番号の 6 路線となった。

　また、追加指定路線を分類すれば、表Ⅳ-4-1 の通りである。

表IV-4-1　追加指定路線の内容[22]

項　　　目	路線数	実延長 (km)
国道密度の粗な地域において、既存国道のネットワークを補完し、地域の発展に資する路線	18	1,917
半島、島しょ部等、国道の通っていない地域の格差是正に資する路線	9	532
地方における自動車交通の役割の増大等新たな需要に対応するとともに、地方生活圏の定住基盤の確立に資する路線	16	875
高速自動車国道の供用等に伴うネットワーク形成上必要な路線	28	1,723
都市周辺における交通需要の増大に対応するとともに、都市機能の回復を図るために必要な路線	12	51
計	83	5,548

IV-4-6　平成 4（1992）年度の一般国道の追加指定[ix]

(1)　追加指定にあたっての採択基準

　追加指定路線については、法定要件に該当する路線で後述する網値、路線値、仕事量を基礎的指標とした下記の採択基準を満足するものとされた。

(a)　延長およそ 50km 以上の路線で、網値が 19,000 以上又は仕事量が 2,200 以上のものであり、かつ路線値が 160 以上のものであること。

(b)　網値、仕事量又は路線値のいずれか一つが著しく大きいものであること。

(c)　網値が 19,000 以上、仕事量が 2,200 以上、又は路線値が 160 以上の路線であり、かつ以下のいずれかの要件を満たすものであること。

①　大都市周辺における幹線道路網構成上必要であること

②　地方生活圏の中心都市等を連絡する幹線道路網構成上必要であること

③　高規格幹線道路と一体として機能する幹線道路網構成上必要であること

④　半島振興対策実施地域を通過し、かつ地域開発上必要なものであること、又は幹線道路網構成上必要なものであること

---

[22] 建設省道路局：一般国道昇格説明資料，道路審議会資料，1981

(d)　離島振興法の適用を受ける離島については、市が存在するか、又は市は存在しないが、4 町以上存在するものであり、かつ人口 4 万人以上で地域開発上必要なものであること、又は本土と橋梁で一体となっており、幹線道路網構成上必要なものであること。

(e)　路線値、網値及び仕事量が(a)、(b)に掲げる基準に達しないものであっても、重要な飛行場、若しくは国際的観光地より他の重要な国道に達するもの、又は国土の開発若しくは利用上重要な地より、他の重要な国道に達するもので将来の交通需要の著しい増大が予想されるものであること等、特別な事由があること。

(2)　追加指定路線の概要

(a)　追加指定路線の路線数及び延長（表Ⅳ-4-2）

表Ⅳ-4-2　追加指定路線の路線及び延長[23]

	路線数		延長	備　考	
既存一般国道	449 号まで	401 路線	44,253km		
追加指定一般国道	新規路線	49 路線	3,599km	前回 59 路線	4,501km
	変更路線	53 路線	2,462km	前回 24 路線	1,047km
	合計	102 路線	6,061 km	前回 83 路線	5,548km
追加指定後	507 号まで	459 路線	50,314km		

注）　1.　59～100 号の 42 路線、109～111 号の 3 路線、214～216 号の 3 路線、合計 48 路線が欠番である。
　　　2.　追加指定後の路線数については、高規格幹線道路に係る一般国道の路線番号の整理分の 9 路線を含む。

---

[23] 建設省道路局：一般国道の追加指定説明資料，道路審議会資料，1992

(b)　追加指定路線（案）の分類（表Ⅳ-4-3）

表Ⅳ-4-3　追加指定路線（案）の分類[24]

項　　　　　　目	路線数	延長（km）
骨格的な一般国道の副軸化に資する路線 （例）　457 号　一関〜白石市（4 号の副軸化）	17	1,615
都市部における環状道路等 （例）　479 号　豊中市〜大阪市住之江区（大阪都心部の環状道路）	11	296
地方中心都市等の連携の強化、地域振興プロジェクト支援等、地域の振興に資する路線 （例）　500 号　別府市〜鳥栖市（県北国東地域テ.クノポリス開発計画、久留米・鳥栖地域テクノポリス開発計画）	48	2,894
半島地域等今後開発を促進すべき地域における路線 （例）　101 号　青森市〜秋田市（男鹿半島）	21	1,016
空港、港湾等へのアクセス性を向上する路線 （例）　481 号　関西国際空港〜泉佐野市	5	240
計	102	6,061

(3)　高規格幹線道路に係る一般国道の路線番号の整理

　高規格幹線道路のうち、一般国道の自動車専用道路 25 路線については、現在、既存一般国道のバイパスとして整備を実施しているが、そのうち一つの道路が複数の路線番号となっている 9 路線については起点から終点までを一つの路線番号とするため、新しい番号が付番された（表Ⅳ-4-4）。

---

[24] 建設省道路局：一般国道の追加指定説明資料，道路審議会資料，1992

表Ⅳ-4-4　高規格幹線道路に係る一般国道の路線番号[25]

路　　　　線　　　　名	国道番号	起　　　点	終　　　点
旭 川 ・ 紋 別 自 動 車 道	450	旭 川 市	紋 別 市
首 都 圏 中 央 連 絡 自 動 車 道	468	横 浜 市	木 更 津 市
能 越 自 動 車 道	470	輪 島 市	砺 波 市
三 遠 南 信 自 動 車 道	474	飯 田 市	引 佐 町
東 海 環 状 自 動 車 道	475	豊 田 市	四 日 市 市
京 都 縦 貫 自 動 車 道	478	宮 津 市	久 御 山 町
北 近 畿 豊 岡 自 動 車 道	483	豊 岡 市	春 日 町
西 九 州 自 動 車 道	497	福 岡 市	武 雄 市
那 覇 空 港 自 動 車 道	506	那 覇 空 港	西 原 町

---

[25] 建設省道路局：一般国道の追加指定説明資料，道路審議会資料，1992

Ⅳ-5 道路管理者

道路管理権（法律上認められた特殊な包括的権能）を有している者を道路管理者という。

法は原則として、高速自動車国道及び指定区間内の一般国道については国土交通大臣（高速自動車国道法6条、法12条、13条）、指定区間外の一般国道については、都道府県又は指定市（法12条、13条、17条）、都道府県道については都道府県又は指定市（法15条、17条）、市町村道については市町村（法16条）がそれぞれ、当該道路の管理者であることを記している。指定区間外の一般国道について、都道府県又は指定市の行う管理は、法定受託事務である。

Ⅳ-5-1 道路別管理者
(1) 高速自動車国道

高速自動車国道の新設、改築、維持、修繕、災害復旧事業その他の管理は国土交通大臣が行う（高速自動車国道法6条）。

(2) 一般国道

新設又は改築は原則として国土交通大臣が行う（法12条本文）。例外として都道府県が新設又は改築を行う場合は、第一に、工事の規模が小であるもの、第二に、特別の事情により都道府県が工事を施行するのが適当であるものの二つである（法12条但書）。後者の「特別の事情」としては、知事等が行う河川工事その他の建設工事と密接な関連を有すること、道路の区域を変更し当該変更に係る部分を一般国道以外の道路とする計画のある箇所であること等が認められている（令1条）。この場合、工事施行主体は都道府県であるが、指定市の区域内に存する一般国道については当該指定市が行わなければならず、指定市以外の市の区域内に存する一般国道については都道府県と協議して当該市が行うことができることになっている（法17条）。

維持、修繕、災害復旧その他の管理は、指定区間内の一般国道については国土交通大臣が行い、指定区間外の一般国道については都道府県が行う（法13条1項）。

なお、指定区間とは一般国道中交通量の多い幹線区間で、既に改良、舗装を概ね完了した区間について、特に政令（「一般国道の指定区間を指定する政令」参照）で定められているものを指す。指定区間外の一般国道については例外として次のような場合が認められている。第一に、修繕については必要があると認めるときは国土交通大臣が自ら工事を施行することができる（道路の修繕に関する法律2条1項）。第二に、災害復旧について、工事が高度の技術を要する場合、高度の機械力を使用して実施することが適当であると認められる場合、又は都道府県の区域の境界に係る場合には、国土交通大臣が自ら施行することができる（法13条3項）。

(3)　都道府県道

都道府県道の管理は当該都道府県が行う（法15条）。都道府県道は当該都道府県の営造物であるとする考えに基づく。ただし、指定市の区域内に存する都道府県道の管理は、当該指定市が行い、指定市以外の市であっても、都道府県と協議して当該市が管理を行うことができる（法17条）。

(4)　市町村道

市町村道の管理は当該市町村が行う（法16条1項）。市町村道は当該市町村の営造物であると考えられるからである。管理の内容は、都道府県道の場合と同じである。市町村道については、市町村が他の市町村の区域内に営造物を設けた場合に例外としてそれに達する区域外道路の路線を認定することができることになっているが、この場合の区域外道路についても、この路線を認定した市町村長の統轄する市町村が道路管理者としてこれを管理する。また区域外道路が当該道路の存する他の市町村の市町村道としても認定されている道路であるときは道路の重複関係

が生じ、複雑になるので、これらの道路管理者である関係市町村の市町村長が、それぞれ議会の議決を経てその重複する部分の道路の管理方法を協議して定めなければならない（法第 16 条第 2 項）。

Ⅳ-5-2　権限の代行

　道路の管理は、道路管理者の権限及び義務に属し、他の者は関与しないのが原則となっている。しかし、この原則には若干の例外がある。また、特別の事情があるために特定の者を道路管理者とする場合もある。

　管理者の特例の第一のものは権限の代行によるものである。権限の代行が認められている範囲においては、代行者は道路管理者の地位に立ち、その限りにおいては本来の道路管理者は権限を行使することができない。権限の代行は道路法をはじめとして各法律に規定してあり、以下のとおりである。

(a)　国土交通大臣は、指定区間外の一般国道の新設、改築を行うことができるが、この場合には、国土交通大臣が道路管理者の権限の一部を代行する（法 27 条）。代行できる権限の範囲は令 4 条に列挙してある。

(b)　国土交通大臣は、指定区間内の国道の維持、修繕及び災害復旧以外の管理を都道府県又は指定市が行うこととすることができる（法 13 条 2 項）。その範囲は施行令 1 条の 2 に列挙してある。

(c)　国土交通大臣は、指定区間外の一般国道の修繕をすることができる（道路の修繕に関する法律 2 条、同施行令 7 条）。

(d)　市町村は、当該市町村の区域内の指定区間外の一般国道、都道府県道の歩道等の管理のうち、地域住民の日常生活の安全性・利便性・快適性の観点から必要なものを部分的に代行することができる（法 17 条 3 項）。

(e)　北海道における一般国道は全部指定区間であるから、管理は全て国土交通大臣が行い、開発道路（注）については、国土交通大臣が全部又は一部の管理を行う（法 88 条、施行令 31 条～34 条の 2 の 3）。

　　（注）開発道路道道及び道の区域内の市町村道で、国土交通大臣が開発のた
　　　　め特に必要と認めて指定したもの。国の費用負担の特例が認められている。

(f)　日本高速道路保有・債務返済機構、東日本高速道路株式会社、首都高速道
　　路株式会社、中日本高速道路株式会社、西日本高速道路株式会社、阪神高速
　　道路株式会社及び本州四国連絡高速道路株式会社（上記の 6 会社を「高速道
　　路株式会社」と総称する。）又は地方道路公社は国土交通大臣の許可又は認
　　可を受けて、有料道路の新設又は改築等を行うことができるが、この場合に
　　は道路管理者に代わって一定の権限を代行することができる（道路整備特別
　　措置法第 8 条、9 条、17 条）。

(g)　国土交通大臣は、地方道を構成する構造物のうち、大規模かつ構造が複雑
　　なものについて、地方公共団体に代わって改築及び修繕を行うことができる
　　こととする。（道路法第 27 条）

(h)　道路管理者と維持修繕協定を締結した民間団体等は、災害の発生時に、
　　当該協定に基づき修繕工事等を行うことができることとする。（第 22 条の
　　2）

Ⅳ-5-3　一般国道の直轄管理区間[×]

　一般国道は、戦後一級国道と二級国道の二つに区分されていた時期を
経て、昭和 39（1964）年の道路法改正によって一つにまとめられたが、
その時点では、改良の進捗、管理体制の整備等に合わせ逐次直轄管理区
間に編入し、最終的にはすべて国が管理することを目指していた。この
ため、直轄管理区間の具体的な指定基準を定める考えはなかった。

　その後、国の予算や管理体制の制約から、昭和 39（1964）年以降新た
に追加指定された一般国道路線のほとんどが直轄管理区間とされないな
ど、昭和 40 年代後半からは、直轄管理区間は微増にとどまっており、今
日に至っている。

　なお、現在、全部または一部が直轄管理区間となっている路線のほと
んどが、道路法第 5 条第 1 項第 1 号又は第 4 号に該当しており、そのこ

とから現在の直轄管理区間は第 1 号又は第 4 号を基本としているといえる。

　このような状況から、国の責務という視点に照らし、直轄管理区間の位置付けの明確化についての要請が高まる中で、道路審議会では、経済・社会活動の広域化など経済・社会・国民生活を取り巻く環境の変化に対応するとともに、地方公共団体の意見を踏まえ、一般国道の中でも特に重要な直轄管理区間の指定基準のあり方について以下のようにとりまとめている。

平成 11（1999）年 7 月 29 日　道路審議会答申「直轄管理区間の指定基準に関する答申」
【道路審議会答申の概要】
　1.直轄管理区間の指定基準の考え方
　(1) 直轄管理区間の基本的な考え方
　　○　高規格幹線道路の整備・管理は国の責務として整理
　　○　国家的な見地から重要な拠点を効果的かつ効率的に連絡する最小限の枢要なネットワークとすることとし、以下のとおり基本的な考え方を提案
　　　国土の骨格を成すとともに、国土を縦貫・横断・循環する人やモノ（道路空間を移動する電気、ガス、水、情報等を含む）の移動を安定的に確保するため、原則として(1)又は(2)のいずれかに該当する区間
　　①　都道府県庁所在地等の広域交通の拠点となる都市を効率的かつ効果的に連絡する枢要な区間（大都市圏の広域的な環状道路を形成する区間を含む）
　　②　重要な空港・港湾と高規格幹線道路又は(1)の区間を連絡する区間
　(2) 拠点の選定の考え方
　　【広域交通の拠点となる都市】
　　　・　地方中核都市（都道府県庁所在地・人口概ね 30 万人以上の市）
　　　・　地方における中核的な都市（人口概ね 10 万人以上かつ昼夜間人口比 1 以上の市）を考慮
　　　・　二つ以上の市を含んだ概ね 10 万人以上の半島地域等であり、かつ広域交通の拠点となる都市に著しく到達が困難な地域の中心となる市

【空港】
・　大都市及び地方ブロックの中心都市の空港
【港湾】
・　広域交通の拠点となる特に重要な港湾
注）　北海道、沖縄の重要な拠点は地域の特殊性を考慮して支庁所在地等を選定

(3) 重要な拠点間の効率的、効果的な連絡の考え方
【効率的に連絡する方法】
都道府県境を意識することなく、近接する重要な拠点を原則として重要度の高いものから相互に交差することなく、距離が最短になるように連絡
【効果的に連絡する方法】
重要な拠点間の連絡の際は、より多く拠点（都市が連担する地域、広域交通の発生が多い空港・港湾、観光地等）を連絡するように配慮

(4) 直轄管理区間の調整
①　具体の直轄管理区間の指定にあたり、地方の中核的な都市（人口概ね 10 万人以上かつ昼夜人口比 1 以上の市）を考慮するほか、広域的な利用状況や国土全体から見た道路網配置のバランスによる調整を実施
②　その際、地域の実情を勘案するため地方公共団体の意見を反映する手続を導入
2.直轄管理区間の指定基準の運用その他
①　直轄管理区間の定期的な見直しの実施
②　直轄管理区間の指定の結果、国から地方あるいは地方から国に移管する区間がある場合は、必要に応じ経過措置
③　直轄管理区間であるバイパス整備後の現道等は、直轄事業が施行中である等の特別な事情がある場合を除き、調整の上、地方公共団体へ引き継ぎ

参考文献

i 今井勇，井上孝，山根孟：道路の長期計画，（株）技術書院，1971，p98～124 より再掲

ii 道路行政研究会：道路行政，全国道路利用者会議年，2010，p75～90 より再掲

iii 総務省ホームページ，電子政府の総合窓口 e-gov，http://law.e-gov.go.jp/cgi-bin/idxsearch.cgi

iv 藤川寛之：「高規格幹線道路網計画について」，日本道路協会，道路，1987，8 月号，p47～54 より再掲

v 建設省道路局：「高規格幹線道路について」，道路審議会説明資料，1987

vi 中神陽一：「地域高規格道路の概要」，日本道路協会，道路，1995，7 月号，p12～20 より再掲

vii 建設省道路局：一般国道昇格説明資料，道路審議会資料，1974 年

viii 建設省道路局：一般国道昇格説明資料，道路審議会資料，1981 年

ix 建設省道路局：一般国道の追加指定説明資料，道路審議会資料，1992 年

x 国土交通省ホームページ，道路審議会「直轄管理区間の指定基準に関する答申（平成 11（1999）年 7 月 29 日）」，
http://www.mlit.go.jp/road/singi/990729.html

V　長期計画等の概要と変遷[i,ii]

V-1　道路整備五箇年計画の概要[iii]

　昭和 24（1949）年に揮発油税が復活して以来、我が国の道路整備の遅れを取り戻すとともに自動車交通の増大に対応するため、揮発油税を道路特定財源とし道路整備を推進すべきであるとの主張が繰り返されていたが、昭和 28（1953）年に「道路整備費の財源等に関する臨時措置法」が制定されて、揮発油税を特定財源とすることが定められた。その後、臨時措置法の趣旨が受け継がれ、「道路整備緊急措置法」が制定されたが、本法には、道路整備五箇年計画を策定し、閣議決定すべきこと、計画には道路整備の目標、事業の量を定めること、揮発油税等を道路整備の財源に充当すべきこと等について規定された。

　道路整備五箇年計画は、昭和 29（1954）年度発足の第 1 次計画以来既に第 12 次までが完了している。これらの計画のうち、第 1 次は 4 年、第 2 次から第 6 次までは 3 年で改定されているが、第 7 次から第 12 次までは 5 年間通して実施されている。表 V-1-1 に、過去の計画改定の主な理由を示す。

　表 V-1-2 には、第 1 次から第 12 次に至る五箇年計画を基礎となった経済計画等とともに対比している。第 1 次計画は公共事業（一般道路事業）についてのみの計画であり、比較に適さないので、第 2 次計画と第 12 次計画を比較してみると、総投資規模は第 2 次計画が 1 兆円であったのに対し、第 12 次計画は 78 兆円と 78 倍になっている。わずか 40 年たらずの間に道路投資規模がこれほどまでに拡大したのは、我が国の道路整備の立ち遅れが自覚され、整備水準向上の緊要さが国内に浸透してきたからであろう。

　なお、一般道路事業についての計画を対比してみると、第 12 次計画は第 1 次計画の 112 倍、第 2 次計画の 48 倍となっている。

　表 V-1-3 には第 1 次から第 12 次にわたる五箇年計画の進捗状況を対比している。

表 V-1-1　五箇年計画の改定理由[1]

計　画　名	改　　定　　理　　由
第 2 次五箇年計画 (昭和 33 (1958) ～37 (1962) 年度)	1. 経済計画等との整合 2. 経済発展のネックとなっている道路への整備の要請 3. 高速国道法、国幹道法制定等の道路整備促進気運の盛上り
第 3 次五箇年計画 (昭和 36 (1961) ～40 (1965) 年度)	1. 経済計画等との整合 2. 道路交通需要の急速な増大 3. 道路整備に関する新たな事態への対応
第 4 次五箇年計画 (昭和 39 (1964) ～43 (1968) 年度)	1. 経済計画等との整合 2. 道路交通需要の急速な増大 3. 地域開発に応ずる道路整備 4. 現道舗装方式の採用
第 5 次五箇年計画 (昭和 42 (1967) ～46 (1971) 年度)	1. 経済計画等との整合 2. 交通需要の増大 3. 国土開発幹線自動車道路網の決定に伴う道路計画の再検討 4. 新たな人口動態への対応 5. 流通合理化への対応
第 6 次五箇年計画 (昭和 45 (1970) ～49 (1974) 年度)	1. 経済計画等との整合 2. 新しい道路網体系の確立 3. 自動車輸送の近代化に対応 4. 交通安全対策の確立
第 7 次五箇年計画 (昭和 48 (1973) ～52 (1977) 年度)	1. 経済計画等との整合 2. 過密・過疎の解消と地方都市の育成 3. 生活環境の改善 4. 交通安全対策・道路環境対策の充実
第 8 次五箇年計画 (昭和 53 (1978) ～57 (1982) 年度)	1. 経済計画等との整合 2. 道路交通需要の着実な増大 3. 道路に対するニーズの多様化への対応 (生活環境面、交通安全等) 4. 定住構想推進のための基盤整備 5. 資源・エネルギー制約への対応
第 9 次五箇年計画 (昭和 58 (1983) ～62 (1987) 年度)	1. 今後の経済・社会動向への対応 (地方定住と都市化の進展、産業構造の高度化等) 2. 道路交通需要の着実な増大 3. 道路整備の立ち遅れと国民の多様な要求に対応する道路整備の充実
第 10 次五箇年計画 (昭和 63 (1988) 年度 ～平成 4(1992)年度)	1. 四全総等との整合を図り、多極分散型国土の形成、地域社会の活性化への対応 2. 進展するくるま社会と道路整備の立ち遅れへの対応 3. 社会経済の変化、道路に対するニーズの多様化への対応
第 11 次五箇年計画 (平成 5 (1993) ～9 (1997) 年度)	1. 「公共投資基本計画」「生活大国 5 箇年計画」との整合 2. 生活者の豊かさの向上、一極集中の是正、活力ある地域集積圏の実現へ対応 3. 道路整備の立ち遅れ、進展するくるま社会、道路に対するニーズの多様化への対応
第 12 次五箇年計画 (平成 10 (1998) ～14 (2002) 年度)	1. 効果的・効率的な社会、生活、経済の諸活動の展開への要請を受け、社会的公共空間機能や交通機能等、道路の持つ多様な機能の再構築の必要性の高まり 2. ゆとり志向と生活重視のニーズの高まりを受け、くるま中心の視点から人の視点に立った道路整備への要請の高まり 3. 地域により異なるニーズの顕在化や国民ニーズの多様化を踏まえ、社会的効果により投資を判断する時代への対応 4. 物流効率化、市街地整備、渋滞解消、環境保全、国土保全等国民の要請に対する対応

---

[1] 道路行政研究会：道路行政，全国道路利用者会議，2010，p309

2　道路行政研究会：道路行政，全国道路利用者会議，2010，p310

表 V-1-2　道路整備五箇年計画の推移（第1次～第12次）[2]

	第1次	第2次	第3次	第4次	第5次	第6次	第7次	第8次	第9次	第10次	第11次	第12次
計画期間	29～33	33～37	36～40	39～43	42～46	45～49	48～52	53～57	58～62	63～H4	H5～9	H10～14
閣議決定	29.5.20	34.2.20	36.10.27	40.1.29	43.3.22	46.3.30	48.6.29	53.5.19	58.5.27	63.5.27	5.5.28	10.5.29
事業内訳		億円	億円	億円	億円	億円	億円	億円	億円	億円	億円	億円
一般道路	2,600	6,100	13,000	22,000	35,500	52,000	93,400	135,000	160,000	238,000	288,000	292,000
有料道路	—	2,000	4,500	11,000	18,000	25,000	49,600	68,000	92,000	140,000	206,000	170,000
地方単独	—	1,900	3,500	11,000	11,000	25,500	47,000	75,000	117,000	139,000	252,000	268,000
調整費	—	—	—	—	1,500	1,000	5,000	7,000	13,000	13,000	14,000	50000
計	2,600	10,000	21,000	41,000	66,000	103,500	195,000	285,000	382,000	530,000	760,000	780,000
道路整備の長期計画 名称				道路整備の長期計画	道路整備の長期構想	道路整備の長期構想	道路整備の長期計画	道路整備の長期構想（中期計画）	道路整備の長期計画	道路整備の長期計画	道路整備の長期構想	道路整備の長期構想
計画期間				（35～55）	（35～60）	（48～60）	（48～60）	（53～21世紀初頭）／（53～H2）	（58～21世紀初頭）	（63～21世紀初頭）	（平5～21世紀初頭）	（平10～21世紀初頭）
投資規模				約24兆円	約53兆円	60兆円	99兆円	227兆円／100兆円	300兆円	300兆円	概ね400兆円	
経済計画 名称		新長期経済計画	国民所得倍増計画	中期経済計画	経済社会発展計画	新経済社会発展計画	経済社会基本計画	昭和50年代前期経済計画／新経済社会7ヵ年計画	1980年代経済社会の展望と指針	世界とともに生きる日本—経済運営5ヵ年計画—	生活大国5か年計画—生活力ある経済・安心できるくらし—	構造改革のための経済社会計画—生活力ある経済・安心できるくらし—
計画期間		（33～37）	（36～45）	（39～43）	（42～46）	（45～50）	（48～52）	（51～55）／（54～60）	（54～60）	（63～H4）	（H4～8）	（H7～12）
閣議決定		32.12.17	35.12.27	40.1.22	42.3.13	45.5.1	48.2.13	51.5.14／54.8.10	58.8.12	63.5.27	4.6.30	7.12.1
雪寒計画		雪寒六箇年計画（32～37）15,281百万円	雪寒五箇年計画（36～40）29,350百万円	雪寒五箇年計画（39～43）500億円	雪寒五箇年計画（42～46）810億円	雪寒五箇年計画（45～49）1,210億円	雪寒五箇年計画（48～52）2,266億円	雪寒五箇年計画（53～57）3,930億円	雪寒五箇年計画（58～62）5,340億円	雪寒五箇年計画（63～H4）7,400億円	雪寒五箇年計画（H5～9）9,000億円	雪寒五箇年計画（要求）（H10～14）14,300億円
奥地計画				奥地計画（39～43）100億円	奥地計画（42～46）250億円	奥地計画（45～49）360億円	奥地計画（48～52）600億円	奥地計画（53～57）1,400億円	奥地計画（58～62）1,900億円	奥地計画（63～H4）2,340億円	奥地計画（H5～9）3,040億円	奥地計画（H10～14）
交安計画				交通安全三箇年計画（41～43）（当初）～（変更） 道路管理者分 660～722億円 公安委員会分 43～60億円 計 703～782億円（単独除く）	交通安全三箇年計画（44～46）億円 道路 750　公安 46 公共計 796　単独 854 計 1,650（うち道路 623）	交通安全五箇年計画（変更後） 道路 2,293　公安 686 公共計 2,979　単独 3,357 計 6,335（うち道路 2,304）	交通安全五箇年計画（56～60）億円 道路 5,700　公安 1,500 公共計 7,200　単独 6,415 計 13,615（うち道路 4,115）	交通安全五箇年計画（61～H2）億円 道路 9,100　公安 1,900 公共計 11,000　単独 9,927 計 20,927（うち道路 6,877）	交通安全五箇年計画（H3～7）億円 道路 13,500　公安 1,350 公共計 14,850　単独 13,915 計 28,765（うち道路 10,235）	交通安全五箇年計画 道路 18,500　公安 1,650 公共計 20,150　単独 19,370 計 39,520（うち道路 14,400）	交通安全五箇年計画（H8～12）億円 道路 24,800　公安 2,100 公共計 26,900　単独 25,800 （うち道路 19,500）計 52,700
国土計画 名称				全国総合開発計画		新全国総合開発計画		第三次全国総合開発計画		第四次全国総合開発計画		21世紀の国土のグランドデザイン（第五次全国総合開発計画）
計画期間 閣議決定				（昭和36（1961）～45（1970）年） 昭和37（1962）年10月5日 拠点開発方式		（昭和40（1965）～60（1985）年） 昭和44（1969）年5月30日 大規模プロジェクト構想		おおむね10ヵ年計画 昭和52（1977）年11月4日 定住構想		おおむね平成12（2000）年を目標 昭和62（1987）年6月30日 交流ネットワーク構想		2010～2015年目標 平成10（1998）年3月31日 参加と連携

注）　第8次計画までの調整費は予備費である。

表Ⅴ-1-3　道路整備五箇年計画実施状況[3]

区分	一般道路事業		有料道路事業		地方単独事業		合計
	投資額 (億円)	構成比 (%)	投資額 (億円)	構成比 (%)	投資額 (億円)	構成比 (%)	(億円)
第 1 次計画(A) 昭和 29(1954)〜32(1957)年度(a) a／A（%）	2,600 1,821 70.0	100.0 59.0 —	— 146 —	— 4.7 —	— 1,119 —	— 36.3 —	2,600 3,086
第 2 次計画(B) 昭和 33(1958)〜35(1960)年度(b) b／B（%）	6,100 3,222 52.8	61.0 61.3 —	2,000 510 25.5	20.0 9.7 —	1,900 1,521 80.0	19.0 29.0 —	10,000 5,252 52.5
第 3 次計画(C) 昭和 36(1961)〜38(1963)年度(c) c／C（%）	13,000 7,222 55.6	61.9 57.7 —	4,500 2,255 50.1	21.4 18.0 —	3,500 3,045 87.0	16.7 24.3 —	21,000 12,522 59.6
第 4 次計画(D) 昭和 39(1964)〜41(1966)年度(d) d／D（%）	22,000 12,441 56.6	53.7 56.8 —	11,000 4,432 40.3	26.8 20.2 —	8,000 5,023 62.8	19.5 23.0 —	41,000 21,896 53.4
第 5 次計画(E) 昭和 42(1967)〜44(1969)年度(e) e／E（%）	35,500 17,956 50.6	53.8 51.9 —	18,000 7,535 41.9	27.3 21.7 —	11,000 9,127 83.0	16.6 26.4 —	1) 66,000 34,618 52.5
第 6 次計画(F) 昭和 45(1970)〜47(1972)年度(f) f／F（%）	52,000 31,080 59.8	50.2 49.9 —	25,000 13,179 52.7	24.2 21.2 —	25,500 17,863 70.1	24.6 28.8 —	2) 103,500 9) 62,235 60.1
第 7 次計画(G) 昭和 48(1973)〜52(1977)年度(g) g／G（%）	93,400 77,578 83.1	47.9 47.3 —	49,600 39,608 79.9	25.4 24.1 —	47,000 46,939 99.9	24.1 28.6 —	3) 195,000 164,125 84.2
第 8 次計画(H) 昭和 53(1978)〜57(1972)年度(h) h／H（%）	135,000 129,479 95.9	47.4 45.0 —	68,000 66,145 97.3	23.9 23.0 —	75,000 92,314 123.1	26.3 32.0 —	4) 285,000 287,938 101.0
第 9 次計画(I) 昭和 58(1983)〜62(1987)年度(i) i／I（%）	160,000 159,265 99.5	41.9 43.1 —	92,000 97,403 105.9	24.1 26.4 —	117,000 112,527 96.2	30.6 30.5 —	5) 382,000 369,194 96.6
第 10 次計画(J) 昭和 63(1988)〜平成 4(1992)年度(j) j／J（%）	238,000 226,376 95.1	44.9 41.1 —	140,000 142,387 101.7	26.4 25.9 —	139,000 181,643 130.7	26.2 33.0 —	6) 530,000 550,406 103.9
第 11 次計画(K) 平成 5(1993)〜9(1997)年度(k) k／K（%）	288,000 286,274 99.4	37.9 39.9 —	206,000 177,036 85.9	27.1 24.7 —	252,000 254.762 101.1	33.2 35.5 —	7) 760,000 718,072 94.5
第 12 次計画(L) 平成 10(1998)〜14(2002)年度(l) l／L（%）	292,000 317,290 108.7	37.4 48.6 —	170,000 134,312 79.0	21.8 20.6 —	268,000 201.554 75.2	34.4 30.9 —	8) 780,000 653,156 83.7

注 1)　予備費 1,500 億円を含む。
注 2)　　〃　　 1,000 億円　〃
注 3)　　〃　　 5,000 億円　〃
注 4)　　〃　　 7,000 億円　〃
注 5)　調整費 13,000 億円　〃
注 6)　　〃　　13,000 億円　〃
注 7)　　〃　　14,000 億円　〃
注 8)　　〃　　50,000 億円　〃
注 9)　第 6 次計画実績には、予備費 112 億円（沖縄分）を含む。

---

[3] 道路行政研究会：道路行政，全国道路利用者会議，2010 年，p311

　以下に、第 1 次から第 12 次までの計画を記載するが、第 1 次から第 6 次については、「道路の長期計画（技術書院）」（P34〜97、156〜225 参照）からの引用、第 7 次から第 12 次については、表Ⅴ-1-4 にあるように「道路（日本道路協会）」、「道路行政　平成 21 年度版（全国道路利用者会議）」、「道路審議会資料」より、「五箇年計画の大綱」、「整備目標及び整備水準」、「進捗状況」について記載するものとする。

表Ⅴ-1-4　日本道路協会「道路」における第7次五計～第12次五計の記載内容

参照文献	策定の背景	道路整備の長期計画	五箇年計画の大綱	道路整備の主要課題	道路整備促進のための諸方策	整備目標及び整備水準	効果	進め方の改革	閣議決定	進捗状況
	日本道路協会「道路」	日本道路協会「道路」	日本道路協会「道路」	日本道路協会「道路」	日本道路協会「道路」	日本道路協会「道路」	日本道路協会「道路」	日本道路協会「道路」	全国道路利用者会議道路行政平成21年度版	全国道路利用者会議道路行政平成21年度版
第7次	1973年5月号 P16～17	1973年5月号 P17～21	1973年5月号 P16～21	1972年12月号 P2～7 1973.5月号 P16～18		1972年12月号 P2～7 1973年5月号 P21～23			P346～348	P322～326
第8次		1977年9月号 P2～3	1977年9月号 P2～6	1977年9月号 P7～30		1977年9月号 P7～30			P349～351	P326～328
第9次	1982年10月号 P3～4	1982年10月号 P5	1982年10月号 P5～7	1982年10月号 P8～43		1982年10月号 P8～43 P43～45	1982年10月号 P46～47		P351～354	P328～330
第10次	1987年10月号 P3～7	1987年10月号 P6～7 P8～11	1987年10月号 P8～11	1987年10月号 P12～49	1987年10月号 P50～51	1987年10月号 P10～11 P12～49	1987年10月号 P52～54		P354～356	P330～331
第11次	1992年10月号 P12～17		1992年10月号 P18～19	1992年10月号 P20～51	1992年10月号 P57～P58	1992.10月号 P52～54	1992年10月号 P55～56		P356～358	P331～333
第12次	1997年11月号 P8～11		1997年11月号 P12～16	1997年11月号 P17～61		1997年11月号 P13～15	1997年11月号 P16	1997年11月号 P15 P62～67	P359～361	P333～335

Ⅴ-1-1　第 1 次道路整備五箇年計画と道路整備

　第 1 次道路整備五箇年計画は、昭和 29（1954）年 5 月 20 日に閣議決定された。この計画は、国道地方道を通じて道路を完備するには巨額の事業費を必要とするが、昭和 29（1954）年度以降の 5 ヵ年間における揮発油税収入見込額を勘案し、事業費 2,600 億円をもって、さしあたり緊急を要する道路の整備を行うものとして決定された。またこの計画は、一般道路事業のみを対象とし、有料道路事業および地方単独事業については、ふれていない。

　以下、道路整備の基準、道路整備の推移等について述べる。

(1)　道路整備の基準

(a)　一級国道

道路改良:普通貨物自動車の交通不能箇所 21 kmを改良し、交通可能にする。その他の未改良区間については、日交通量おおむね 200 台以上の箇所で著しく交通の障害となっているものを、交通の現況を勘案して改良する（未改良延長の約 30%）。

踏切除却:日交通量おおむね 1,000 台以上で 1 日遮断時間 2 時間以上程度の危険踏切を立体交差に改良する。

橋梁整備:荷重制限を行っている長大橋は、ほとんど全部改築する。荷重制限を行っている中小橋は、その大半を改築する（約 80%）。

舗装新設:改良済で現在日交通量おおむね 500 台以上の区間、または気象条件、土質等のため砂利道としてはきわめて維持困難な箇所を舗装する。なお、今後 5 箇年間に改良される区間についても、上記とほぼ同じ基準によって舗装する（今後改良される延長の約 35%）。

修繕:修繕（特殊改良、災害防除等を含む。以下同じ）については、とくに緊要な箇所について実施する。

(b)　二級国道

道路改良:普通貨物自動車の交通不能区間の大部分を改良し、交通可能にする。その他の未改良区間については、日交通量おおむね 200 台以上

の箇所で交通障害の著しいものを、交通の現況を勘案して改良する（未改良延長の約 12%）。

踏切除却:日交通量おおむね 1,000 台以上で 1 日遮断時間 2 時間程度の危険な踏切を立体交差に改良する。

橋梁整備:荷重制限を行っている長大橋は、ほとんど全部改築する。荷重制限を行っている中小橋については、その約 35%を改築する。

舗装新設:改良済で日交通量おおむね 500 台以上の区間、または気象条件、土質等のため砂利道としてはきわめて維持が困難な箇所は舗装する。なお今後 5 箇年間に改良される区間についても、上記とほぼ同じ基準によって舗装する（今後改良される延長の約 3%）。

修繕:修繕については、とくに緊要な箇所について実施する。

(c)　主要地方道

道路改良:未改良区間のうち、とくに交通障害の著しい箇所を交通の現況を勘案して改良する。現に継続工事中の箇所はおおむね完成する（未改良延長の約 12%）。

踏切除却:日交通量おおむね 1,000 台以上で 1 日遮断時間 2 時間以上程度の危険な踏切を立体交差に改良する。

橋梁整備:荷重制限をしている長大橋の約半分を永久橋に架け換える。荷重制限をしている中小橋については、約 35%を改築する。

舗装新設:舗装は国道とおおむね同じ基準にするが、とくに人家稠密な区間について実施する。

修繕:修繕については、とくに緊要な箇所について実施する。

(d)　その他の地方道

資源開発、産業の振興、重要交通の確保または都市計画の整備のため必要な道路のうち、緊急を要するものについて、各々の緊急の程度に応じて、改良、橋梁の架設、舗装ならびに修繕を行う。

(2)　道路整備の推移等

　第 1 次計画の初年度である昭和 29（1954）年度は、物価の上昇、国際収支の大幅な赤字などのため緊縮財政がとられたが、一般道路事業の規模は前年度の 1.5 倍以上の拡大をみた。しかしながら、地方財政事情から地方公共団体の所要道路財源が乏しく、事業の完全な実施が困難な情勢であったため、昭和 29（1954）年度に限って揮発油税収入額の 1/3 の約 79 億円が都道府県および指定市の道路財源として譲与され、このうち 48 億円が一般道路事業に充当された。これは、地方道路税法（昭和 30（1955）年 7 月法律第 104 号）および地方道路譲与税法（昭和 30（1955）年 8 月法律第 113 号）により制度化され、揮発油税 kl あたり 1 万 3,000 円を 1 万 1,000 円とし、差額 2,000 円を地方道路税として徴収し、その収入相当額を都道府県および指定市に譲与することとなった。さらに、昭和 31（1956）年には軽油引取税（昭和 31（1956）年 6 月法律第 81 号による地方税法の一部改正、税率 kl あたり 6,000 円）が創設され、道路整備の目的税として、地方の道路財源の拡充をみた。

　この頃、鮎川義介参議院議員により、既存の主要道路網約 3 万 km の改良整備を重点とした投資規模 6,600 億円の五箇年計画が提唱され、藤井真透博士を委員長とする鮎川道路調査会により、その国民的利益の計測結果がまとめられ、また、産業計画会議により、一般道路 2 車線 10 万 km、4 車線 1 万 km、6 車線以上 2,000 km の整備、東京・大阪間その他高速自動車専用道路 2,000 km、閑散線を主とする鉄道の一部道路化 5,000 km、出入口改善その他大都市道路 200 km、山林地帯開発その他産業開発道路 2,000 km の事業を内容とした投資規模 5 兆円の 12 ヵ年計画が提案されるなど、経済発展のあい路としての輸送力の不足が認識され、道路投資規模の拡大が一般に論じられるようになった。

　昭和 31（1956）年 5 月 19 日、建設省の要請により、ワトキンス（Ralph J. Watkins）を団長とする高速道路調査団の一行が来日、名神高速道路の経済的・技術的妥当性について調査検討し、8 月 8 日その報告書をまとめた。その冒頭には、フランシス・ベイコン（Francis Bacon）の「国家の繁栄と偉大さを決定するものに三つの要素がある。すなわち、肥よ

くな土地、繁忙な工場そして人と物との場所から場所への容易な移動である。」との名言を掲げ、道路交通政策についてつぎの 16 項目を指摘した。

(a)　日本の道路は信じがたい程に悪い。工業国でこれ程完全にその道路網を無視してきた国は、日本をおいてほかにない。

(b)　道路網の閑却は日本に重いコストの負担を課している。

(c)　現行の道路整備五箇年計画はまことにささやかなものであって、道路網の憂慮すべき不備を是正するにははるかに足りない。

(d)　日本の道路費は少なくとも年 5 億ドルすなわち、1,800 億円に増加されるべきである。これは現在の額のおよそ 3 倍に相当するであろう。

(e)　最終的に東京まで建設を予定される高速道路の一部としての名神高速道路は、加速度的な道路整備計画の重要欠くべからざる一部である。

(f)　名神高速道路の物理的な計画は、健全な計画技術にもとづいて立案されている。

(g)　日本における近代的な道路を整備する財政の補助手段として有料制を活用することは、経済的な観点からも望ましく、また、必要とされる高価な高速道路を早急に達成する唯一の実際的な方法であるというもう一つの観点からも望ましい。

(h)　提案されている高速道路は主として料金収入によってまかなわれるであろうが、経営開始当初の数年間は、この収入だけでは高速道路の総費用を支払うには不十分であろう。

(i)　予想される料金収入と高速道路の年間総費用の差は、国の特別ガソリン税または現行の自動車物品税を目的税とすることにより補填すべきである。

(j)　道路および自動車に関する課税政策をさらに改訂することが、日本の道路交通の発展に必要である。

(k)　道路整備および高速道路計画を成功させるためには、一層の技術的な援助と訓練とが必要であろう。

(l)　東京から名古屋までの中央道案は、東海道案の代替案ではなく、経済開発のために望ましいもう一つの計画である。

(m)　現在以上に大きな責任と権限とを政府に与えるよう、日本の道路行政を改革すべきである。

(n)　自動車時代の恩恵を最大限に享受しようとするならば、交通および運転状態の改善により大きな重点がおかれなければならない。

(o)　日本の最大限の経済発展に必要な交通の質を確保するためには、日本の交通政策全般にわたる大きな修正が必要である。

(p)　道路整備の諸目標を達成するためには、理解ある世論が絶対に必要である。

かくて、昭和 32（1957）年には、国土開発縦貫自動車道建設法（昭和 32（1957）年 4 月法律第 68 号）および高速自動車国道法（昭和 32（1957）年 4 月法律第 79 号）が制定され、同年 10 月には、名神高速道路の整備計画が決定をみ、日本道路公団に対する施行命令が発せられた。また同年 4 月からは、kl あたり揮発油税 1 万 1,000 円が 1 万 4,800 円、地方道路税 2,000 円が 3,500 円、軽油引取税 6,000 円が 8,000 円にそれぞれ引き上げられた。

Ｖ-1-2　第 2 次道路整備五箇年計画と道路整備

　昭和 32（1957）年 12 月 17 日、新長期経済計画が閣議決定され、重点施策の一つとして、経済拡大のための基礎部門の整備拡充、とくに道路の近代化を中軸とする輸送力の増強とエネルギー供給の確保がとりあげられた。前節で述べた諸情勢に対処し、この経済計画に即応するため、昭和 33（1958）年度を初年度とする第 2 次計画の検討が進められた。

　建設省原案は、10 ヵ年 2 兆 3,500 億円、前期 5 ヵ年 9,500 億円、後期 5 ヵ年 1 兆 4,000 億円の投資規模で、これにもとづいて昭和 33（1958）年度の概算要求が行われた。投資規模、計画期間および地方財政問題に議論が集中し、結局、地方単独事業を含めて 9,000 億円の五箇年計画とすることで一応の決定をみた。しかしながら、二級国道以下の道路および首都高速道路に対する投資額の不足などのため、投資規模は 1 兆円に

拡大され、昭和34（1959）年2月20日に閣議決定された。

　この計画は、有料道路事業を計画内容に入れ、地方単独事業を投資規模に含めたこと、投資規模をマクロ的に設定する手法として原単位方式を導入したこと、整備目標を明示したことなどに特徴がある。

　以下、新長期経済計画における道路整備、道路整備の推移等について述べる。

(1)　新長期経済計画における道路整備

　新長期経済計画は、その主要な目的を「経済の安定を維持しつつできるだけ高い経済成長率を持続的に達成することによって、国民生活水準の着実な向上をはかりつつ、完全雇用に接近すること」におき、経済成長率を昭和31（1956）年度の基準状態（実績を過去6年間の傾向線によって修正し、景気変動をのぞいた昭和31（1956）年度の経済水準）から年率6.5％と見込んだ。

　国内輸送需要については表Ｖ-1-5のように想定し、道路整備については「従来経済発展におくれる傾向のあった道路については、輸送需要の急増と車両の大型化、行動範囲の伸長に対応し、交通量の多い箇所で生産活動のあい路となる区間を重点的に整備するとともに、都市間道路網の整備と高速自動車道路の建設をあわせて行うものとする」としている。

表 V-1-5　新長期経済計画における国内輸送需要の見通し[4]

項目		昭和 31（1956）年度(A)		昭和 37（1962)年度(B)		B/A	年率
		輸送量	分担比率	輸送量	分担比率		
貨物輸送量		億トンキロ 905	% 100.0	億トンキロ 1,140	% 100.0	1.26	% 3.9
	国　　鉄	469	51.8	565	49.6	1.20	3.2
	トラック	88	9.8	155	13.6	1.76	9.7
	海　　上	340	37.6	410	36.0	1.21	3.2
	民　　鉄	8	0.9	10	0.8	—	—
旅客輸送量		億人キロ 1,823	% 100.0	億人キロ 2,490	% 100.0	1.37	% 5.3
	国　　鉄	981	53.8	1,230	49.4	1.25	3.8
	民　　鉄	470	25.8	560	22.5	1.19	3.0
	バ　　ス	313	17.2	560	22.5	1.79	10.2
	乗 用 車	56	3.1	130	5.2	2.32	15.0
	航 空 機	3	0.1	10	0.4	3.33	22.2
	旅 客 船	9[※]	—	10[※]	—	—	—

資料）経済企画庁：新長期経済計画
注）※は外数を示す。

　この計画では、輸送需要に見合う必要投資額の算定方法として平均資本係数の概念による原単位方式が導入された。すなわち、施設の資産額と産出高の過去の関係を参考として、目標年次である昭和 37（1962）年度の単位産出高あたり資産額（原単位）を設定し、これに昭和 37（1962）年度の産出高を乗じて所要資産高を算出し、基準年次の資産高と対比して計画期間中の所要投資額を求めるという方式である。この方式は、各輸送施設の原単位を尺度とした客観性のある投資配分方式としての意義を持つものといえよう。産出高として、道路は自動車保有台数、鉄道は換算車両キロ、港湾は取扱貨物トン数が用いられた。

　))道路投資については、昭和 31（1956）年度の道路原単位（自動車 1 台あたり道路資産額）664 千円（昭和 31（1956）年度価格）の 10%幅 598〜730 千円をとり、昭和 37（1962）年度に想定される自動車保有台数 1,990 千台に対する昭和 37（1962）年度所要道路資産額を求め、これから計画期間中の所要投資額を 6,600〜9,500 億円（昭和 31（1956）年

---

[4] 今井勇，井上孝，山根孟：道の長期計画，（株）技術書院，1971，p41

度価格）と算定した。この手法の詳細については章を改めて述べる。

表V-1-6 に、想定された自動車保有台数および輸送量を示す。

表V-1-6　新長期経済計画における自動車保有台数および自動車輸送量の見通し[5]

車　種	保　有　台　数			輸　送　量		
	昭和 31 （1956） 年度(A)	昭和 37 （1962） 年度(B)	B/A	昭和 31 （1956） 年度(C)	昭和 37 （1962） 年度(D)	D/C
ト　ラ　ッ　ク	千台 747	千台 1,525	2.04	億トンキロ 88	億トンキロ 155	1.76
普　通　車	165	230	1.39	66	107	1.62
小　型　車	582	1,295	2.22	22	48	2.18
バス・乗用車	千台 186	千台 465	2.50	億人キロ 369	億人キロ 690	1.87
バ　　　ス	37	60	1.62	313	560	1.88
乗　用　車	149	405	2.72	56	130	2.32
計	933	1,990	2.13	—	—	—

資料）経済企画庁総合計画局編：日本交通の現状と将来、交通協力会、昭和 33（1958）年 3 月、p56、58

(2)　道路整備の推移等

　第 2 次計画への改訂により、一級国道の一次改築を重点とする道路整備の促進がはかられ、第二阪神国道の大規模な事業の促進、伊勢湾台風（昭和 34（1959）年）の災害復旧と関連し、かつ名古屋市・四日市市間の交通量増大に対処する名四国道の建設の本格化、熊本バイパス、栗子トンネル、高崎前橋バイパスの着工（昭和 35（1960）年度）をみるなど、全国的に道路整備が展開され、交通混雑に対処する 2 次改築がとりいれられるようになった。

　昭和 33（1958）年 6 月 2 日には、道路法施行令の一部を改正する政令（昭和 33（1958）年政令第 163 号）および一級国道の指定区間を指定する政令（昭和 33（1958）年政令第 164 号）が公布、施行され、指定区間については、都道府県知事に委任した占用関係の事務を除き、建設大臣がその管理を行うこととなり、一級国道の管理体制が確立された。

　昭和 34（1959）年 4 月からは、揮発油税 kl あたり 14,800 円が 19,200

---

[5] 今井勇，井上孝，山根孟：道路の長期計画，（株）技術書院，1971 年，p42

円に、軽油引取税 kl あたり 8,000 円が 10,400 円に引き上げられた。同年 6 月には首都高速道路公団が発足し、東京都の区の存する区域およびその周辺地域において有料の自動車専用道路の建設および管理を行うこととなった。

昭和 34（1959）年度からは本州四国連絡架橋調査が開始され、昭和 34（1959）〜35（1960）年度には東海道交通処理対策調査が実施されている。東海道交通処理対策調査は、東京・名古屋間について一級国道 1 号の道路および輸送の現状ならびに道路機能の行きづまりの程度に関する調査・分析を行い、あわせて将来の輸送需要を推定し、抜本的な東海道交通処理対策を確立することを目的としたもので、主として自動車専用道路による一級国道 1 号のバイパス計画と高速自動車国道との両者について検討するものであった。昭和 29（1954）年に中央道事業法案が提案されてから（未成立）、東京・名古屋間の高速道路について、東海道か中央道かの論争がくりかえされてきた。中央道については国土開発縦貫自動車道建設法により決定されていた（昭和 32（1957）年）が、東海道については東海道高速鉄道計画（新幹線）との関連もあって、その具体化の提案は困難な情勢にあった。しかしながら、東海道交通処理対策の緊急性が認識され、昭和 35（1960）年 7 月、東海道幹線自動車国道建設法の成立をみた。

V-1-3　第 3 次道路整備五箇年計画と道路整備

我が国の経済は戦後の段階を終え、新たな発展段階を迎える時期に入り、昭和 28（1953）〜34（1959）年度の経済成長率は 8.3%、34（1959）年度には 17%、35（1960）年度も 10%前後という高い成長が維持され、新長期経済計画の設定した成長率 6.5%をはるかに上回る水準を示した。産業構造は想定以上の速度で変化をとげ、工業の発展は目ざましく、技術革新にともなう設備投資も高い水準で行われた。

これにともなって、自動車輸送需要の伸びも著しく、自動車保有台数も計画を上回って増加した。このような情勢から、新たな経済計画を策

定する必要を生じ、経済審議会による約 1 ヵ年の審議の後、昭和 35（1960）年 12 月 27 日、国民所得倍増計画の決定をみた。道路整備五箇年計画もまたこれに並行して検討が進められた。

　建設省が昭和 35（1960）年 8 月に策定した第 3 次計画の原案は、昭和 40（1965）年度および昭和 45（1970）年度における自動車保有台数（年度央、軽自動車等を除いた主要事種の台数）をそれぞれ 3,160 千台および 5,737 千台と想定し、目標年度において昭和 31（1956）年度道路原単位 770 千円/台（昭和 33（1958）年度価格）の 10%増を確保するものとして、投資規模を 10 ヵ年 6 兆円、5 ヵ年 2 兆 3,000 億円（一般道路事業 1 兆 5,000 億円、有料道路事業 5,200 億円、地方単独事業 2,800 億円）とするものであった。

　一方、経済審議会交通体系小委員会では、昭和 31（1956）年度原単位 770 千円/台に 10%の幅を持たせ、昭和 45（1970）年度の原単位を 698〜847 千円/台、自動車保有台数を 5,737 千台として、10 ヵ年の投資規模を昭和 33（1958）年度価格で 4 兆 7,000 億円〜5 兆 9,000 億円、昭和 35（1960）年度価格で 4 兆 8,700 億円〜6 兆 1,100 億円と設定した。結局、国民所得倍増計画では 4 兆 9,000 億円（昭和 35（1960）年度価格）と決定された。

　これに対し大蔵省の五箇年計画投資規模に対する第 1 次内示は、地方単独事業を 3,500 億円とし、総投資規模を 1 兆 8,000 億円とするものであった。関係各省等との調整がはかられた結果、揮発油税等の増税による特定財源の確保を図ることを前提として、総投資規模を 2 兆 1,000 億円（一般道路事業 1 兆 3,000 億円、有料道路事業 4,500 億円、地方単独事業 3,500 億円）とすることとなり、昭和 36（1961）年 10 月 27 日に閣議決定された。

　以下、国民所得倍増計画における道路整備、道路整備の推移等および国民所得倍増計画をうけて策定された全国総合開発計画における道路整備について述べる。

(1)　国民所得倍増計画における道路整備

　国民所得倍増計画は、その目的を国民生活水準の顕著な向上と完全雇用の達成に向かっての前進におき、そのためには、経済の安定的成長の極大化がはかられなければならないとし、成長を軸に安定を必要条件と考え、10年後の国民総生産を昭和35（1960）年度の2倍に相当する26兆円（昭和33（1958）年度価格）、昭和31（1956）〜33（1958）年度平均の水準からの成長率を 7.8% と設定した。

　この計画の中心的課題の第1にとりあげている社会資本の充実については、産業基盤強化のための社会資本をまず必要最小限確保することが緊要であるとし、つぎのように指摘している。

> 「今後、道路、港湾、鉄道、空港等の輸送施設、電信電話等の通信施設、さらには工業用地、用水等産業の立地条件の格段の整備を図る必要がある。この場合、既成工業地帯の行きづまり、大都市問題の激化、地域間所得格差の拡大等、現在国民経済全体の大きな構造変革の必要性が強まりつつあるので、長期的総合的な観点から今後のあるべき産業立地の姿を想定し、それに即応した方向において基盤の整備に努めなければならない。」
>
> 「経済の急速な成長によって道路を中心とした交通施設の遅れと、工業用水の不足はますます拡大しつつあるので、その整備拡充に大きな重点をおく必要がある。また交通施設については、経済活動、国民生活の高度化に対応して、その内部構造そのものも近代化の必要にせまられており、その整備に当っては、産業の適正配置の観点からの要請とともに、交通施設相互の役割を明確にし、近代的な総合交通体糸の確立を指向する。」

　社会資本充実のための行政投資については、他の諸要素との関連を考慮し、国民経済の均衡ある発展の見地からみた最大限の規模として、企業設備投資に対する比率を、現在の 1：3 から目標年次には 1：2 程度に拡大し、計画期間中に合計 16 兆 1,300 億円（うち道路 4 兆 9,000 億円）を投下するものとしている。

　国内輸送需要については、表 V-1-7 のように想定し、道路整備につい

てはつぎのように述べている。

表Ｖ-1-7　所得倍増計画における国内輸送需要の見通し[6]

項目		昭和 33（1958）年度(A)		昭和 45（1970）年度(B)		B/A	年率
		輸送量	分担比率	輸送量	分担比率		
貨物輸送量		億トンキロ 975	% 100.0	億トンキロ 2,173	% 100.0	2.23	6.9
	国　　鉄	453	46.5	815	37.5	1.80	5.0
	トラック	130	13.3	498	22.9	3.82	11.8
	内航海運	392	40.2	860	39.6	2.19	6.8
	民　　鉄	7[*]	－	9[*]	－	－	－
旅客輸送量		億人キロ 2,109	% 100.0	億人キロ 5,082	% 100.0	2.41	7.6
	国　　鉄	1,062	50.4	2,039	40.1	1.92	5.5
	民　　鉄	534	25.3	981	19.3	1.83	5.1
	バ　　ス	437	20.7	1,445	28.4	3.31	10.5
	乗　用　車	63	3.0	504	9.9	8.00	19.0
	航　空　機	4	0.2	103	2.1	25.07	30.8
	旅　客　船	9	0.4	10	0.2	－	－

資料）経済企画庁：国民所得倍増計画
注）＊ は外数を示す。

　「自動車輸送需要の飛躍的発展に対応して投資規模を大幅に拡大するとともに、将来の産業構造、地域構造等を十分に考慮して、輸送需要に即応する最適道路体系を重点的に確立していかなければならない。とくに大都市間交通の拡充のための大動脈的幹線道路、都市交通緩和のための街路および都市高速自動車道、大工業地帯とその周辺地帯を結ぶ道路網の整備拡充が図られなければならない。

　このための所要投資額は、経済の規模と可能な行政投資の総額を勘案して4.9兆円と算定した。また、道路交通の安全と効率向上のための管理方式の改善、有料道路制度の活用、国、都道府県、市町村間の道路事業に対する役割の合理的配分等、制度面においても十分その改革が検討されなければならない。」

　表Ｖ-1-8 に想定された自動車保有台数および輸送量を示す。

---

[6] 今井勇，井上孝，山根孟：道路の長期計画，（株）技術書院，1971 年，p48

表Ｖ-1-8　国民所得倍増計画における

自動車保有台数および自動車輸送量の見通し[7]

車　　種	保　有　台　数			輸　送　量		
	昭和 33 (1958)年度 (A)	昭和 45 (1970)年度 (B)	B/A	昭和 33 (1958)年度 (C)	昭和 45 (1970)年度 (D)	D/C
ト ラ ッ ク	千台 973	千台 3,362	3.46	億トンキロ 130	億トンキロ 498	3.83
普　通　車	188	490	2.61	90	344	3.82
小　型　車	785	2,872	3.66	40	154	3.85
バス・乗用車	千台 269	千台 2,375	8.83	億人キロ 500	億人キロ 1,949	3.90
バ　　ス	46	135	2.94	437	1,445	3.31
乗　用　車	223	2,240	10.04	63	504	8.00
計	1,242	5,737	4.62	—	—	—

資料）経済企画庁総合計画局編：総合的交通体系、交通協力会、昭和 36（1961）年 10 月、P26〜34

(2)　道路整備の推移等

　第 3 次計画では、名神高速道路の供用開始、中央および東名高速道路の建設推進、一級国道を重点とする一般道路の整備促進がはかられ、またとくに昭和 39（1964）年 10 月開催の東京オリンピック大会に対処するため、首都高速道路の建設および関連街路の整備が促進された。

　第 3 次計画の初年度である昭和 36（1961）年度には、4 月から揮発油税 kl あたり 19,200 円が 22,100 円に、同じく地方道路税 3,500 円が 4,000 円に、軽油引取税 kl あたり 10,400 円が 12,500 円にひきあげられて財源の充実をみたこと、国民所得倍増計画を背景として積極財政がとられたことなどにより、投資規模の飛躍的な拡大がはかられた。

　昭和 36（1961）年 11 月には、激増する踏切事故に対処して踏切道改良促進法（昭和 36（1961）年 11 月法律第 195 号）が制定され、交通事故の防止と交通の円滑化に寄与することを目的として、踏切道の立体交差化、構造改良および保安設備の整備が促進されることとなった。

　昭和 37（1962）年 5 月 9 日には、中央自動車道東京富士吉田線について整備計画が決定され、日本道路公団に対する施行命令が発せられ、5 月

---

[7] 今井勇，井上孝，山根孟：道路の長期計画，（株）技術書院，1971 年，p49

30 日には、東海道幹線自動車国道（東名高速道路）の東京静岡線および豊川小牧線の路線指定が行われ、それぞれ 5 月 30 日および 9 月 17 日に整備計画が決定され、施行命令が発せられた。翌昭和 38（1963）年 10 月 25 日には、残区間の施行命令により、全線の着工をみることとなった。なお昭和 38（1963）年 7 月には、名神高速道路尼崎・栗東間約 71 km が、我が国最初の都市間高速道路として供用開始された。

阪神高速道路公団は、昭和 37（1962）年 5 月に発足し、大阪市の区域および神戸市の区域ならびにそれらの区域の間および周辺の地域について有料の自動車専用道路の建設および管理を行うこととなった。同年 12 月には、首都高速道路 1 号線の一部（中央区宝町～港区海岸 3 丁目）約 4.5 km が、我が国最初の都市高速道路として供用開始され、翌昭和 38（1963）年 12 月には、1 号線および 4 号線の一部、上記区間を含めて約 13.4 km の供用をみた。

昭和 38（1963）年 4 月には、共同溝の整備等に関する特別措置法（昭和 38（1963）年 4 月法律第 81 号）が制定され、共同溝を整備すべき道路を指定し、路面の掘削をともなう地下の占用の制限とあいまって共同溝を整備することにより、頻繁な掘り返しに対処し、道路の構造の保全と円滑な道路交通の確保がはかられることとなった。この共同溝は、日本電信電話公社、電気事業者、ガス事業者、水道事業者または水道用水供給事業者、工業用水道事業者、公共下水道管理者または都市下水路管理者のうち、2 者以上の公益事業者の電線、ガス管、水管、下水道管などの公益物件を収容するため、道路管理者が道路の地下に設ける施設である。

(3)　全国総合開発計画における道路整備

国民所得倍増計画の策定にあたり、経済審議会の産業立地小委員会においては、「倍増計画の中心的役割を担うものは工業であり、企業における経済的合理性を尊重して、倍増計画期間内ではいわゆる太平洋ベルト地帯に工業立地の中核を形成させるべきである」との主張がなされた。この構想は、とくに後進地域側からの批判により、国民所得倍増計画の

閣議決定にあたっては地域問題が重視され、後進地域開発の可能性の検討を含めて全国総合開発計画の作成が要請されることとなった。

　全国総合開発計画は、昭和 36（1961）年 7 月、政府原案どおり国土総合開発審議会から答申されたが、引き続き検討が行われ、昭和 37（1962）年 10 月 5 日に閣議決定をみた。この計画は、高度成長過程において露呈された重要かつ緊迫した地域的課題として過大都市問題と地域格差問題とをとりあげ、その解決に重点をおかなければならないとし、「都市の過大化の防止と地域格差の縮小を配慮しながら、我が国に賦存する自然資源の有効な利用および資本、労働、技術等諸資源の適切な地域配分を通じて、地域間の均衡ある発展を図ること」を目標とし、この目標を効果的に達成する方策として拠点開発方式をとった。拠点開発方式とは、「東京、大阪、名古屋およびそれらの周辺部を含む地域以外の地域をそれぞれの特性に応じて区分し、これら既成の大集積と関連させながら、それぞれの地域において果たす役割に応じたいくつかの大規模な開発拠点を設定し、これらの開発拠点との接続関係および周辺の農林漁業との相互関係を考慮して、工業等の生産機能、流通、文化、教育、観光等の機能に特化するか、あるいはこれらの機能を併有する中規模、小規模開発拠点を配置し、すぐれた交通通信施設によって、これらを数珠状に有機的に連結させ、相互に影響させると同時に、周辺の農林漁業にも好影響を及ぼしながら連鎖反応的に発展させる開発方式」である。

　交通体系の整備の方向としては、まず交通投資の画期的な拡充が必要であり、拠点開発方式による地域開発の基礎として現在の連結関係を考慮に入れたもっとも効果的な交通体系が求められなければならないとし、地方別機関別輸送需要のすう勢を反映しながら、全国的観点から各種交通機関が長短あい補って交通投資全体の効率を高めるよう配慮する必要があるものとした。

　以上のような考え方のもとに道路整備の方向をつぎのように示している。

　① 各地方にまたがる大動脈的幹線道路の整備拡充を図るものとする。とくに

東京・大阪間の整備に引き続いて、大規模地方開発都市と既成大集積地帯の諸都市を結ぶ高速自動車国道の建設を図るとともに、その他の国土開発縦貫自動車道ならびに本州四国連絡ルートについても、その調査を促進し、それぞれの緊要度に応じて着工を図るものとする。

② 各地方における幹線道路の整備拡充を図るため、既成大集績地帯および大規模な地方開発都市を中心とし、当該地方の各種開発地区を有機的に結ぶ道路網の体系をつとめて先行的に整備するものとする。

③ 過大都市では、自動車の急増によって街路交通に隘路が露呈している。したがって、街路および都市高速道路を整備拡充し、都市交通の緩和を図る。

④ 工業等の開発のため、幹線道路網を補完する支線道路を幹線道路の整備のタイミングを考慮しながら先行的に整備するものとする。

さて、拠点開発方式の柱の一つである工業開発拠点については、低開発地域工業開発促進法（昭和 36（1961）年 11 月法律第 216 号）、新産業都市建設促進法（昭和 37（1962）年 5 月法律第 117 号）および工業整備特別地域開発促進法（昭和 39（1964）年 7 月法律第 146 号）の制定およびこれにもとづく各種施策によりその整備がはかられることとなった。なお、一方の柱である地方開発拠点、すなわち地方開発都市については、都市発展のメカニズム、都市機能と都市発展との関係あるいは拠点都市と周辺地域の発展等についての解明が十分でなく、都市育成の方法についても明確な認識がなかったため、政策面での具体化は後に譲られた。

つぎに、全国総合開発計画策定後、昭和 36（1961）年 11 月 17 日、地域経済問題調査会に対して、「経済の高度成長を維持しつつ、各地域相互間に均衡のとれた経済の発展を実現するための総合的かつ基本的方策いかん」との諮問がなされ、昭和 38（1968）年 9 月 26 日にその答申をみた。この答申は、大都市問題および地域格差問題を解決するための基本方向として、①求心的な累積傾向という基本的動因の認識とその理解のうえに立って施策を行わなければならないこと　②日本の地域開発の理念は非貨幣的福祉を含む地域住民の福祉を向上させることでなければな

らないこと　③地域特性に応じ地域の分担する機能が十分発揮されるよう考慮すべきこと　に留意し、求心構造の改編すなわち、「東京、大阪のもつ外部経済のうち、一国の首都たるにふさわしい機能、一国の経済の中枢たるにふさわしい機能など高い水準の機能が効率的に発揮させるように特化させ、他方、工業生産等その他の機能をその種類に応じて合理的に配置する」ことを指摘した。

　この答申では、社会資本の地域配分を大きな政策課題としてとらえ、地域開発の戦略手段としての社会資本を地域に与える効果を基準としてA、B、Cに分類し、地域開発上つぎのようにその整備についての考え方を示している。

　　第1に、社会資本A（全国的効果をもつ幹線自動車道など）は、地域発展の方向を規定する基礎的投資であるから、全国的かつ長期的視点に立ち、タイミングとスケールを考慮しながら整備を行わなければならない。とくに、全国的幹線道路網は、戦略的に重要である。

　　第2に、社会資本B（広域的効果をもつ一〜二級国道など）は、社会資本Aを前提として、各地域の特性にもとづき、現行行政区域をこえて広域的に整備されなければならない。この場合、計画面での調整機能、実施主体のあり方等を検討する必要がある。

　　第3に、社会資本C（狭域的効果をもつ生活環境整備など）は、地域住民の生産生活と直接結びつくものであって、とくに地域住民の欲求と経済発展との調和を図りつつ、事業の重点的選択を行うべきものである。この場合、全国的立場において認められる地方的利益を図るため、その範囲において、自主的かつ弾力的な運用を図ることが望ましい。

V -1-4　第4次道路整備五箇年計画と道路整備

　国民所得倍増計画で想定された昭和45（1970）年度のトラック、バスおよび乗用車の輸送量（トンキロまたは人キロ）は、昭和33（1958）年度を基準として年率それぞれ、11.8、10.5および18.9%の伸びにより達

成される量に相当するが、昭和 36（1961）〜38（1963）年度の対前年伸び率はそれぞれ 16.4〜28.1、11.5〜13.0 および 18.8〜39.5％という大幅な増大を示し、昭和 37（1962）年度の自動車保有台数は想定値 221 万台を越え、3・4 輪の軽自動車を加えれば 331 万台で、想定値を 50％も上回った。これにともなって、東京、大阪などはもちろん、地方の中小都市にも交通混雑が及び始め、「店に突込み 2 階家傾く——衝突のトラック」「バスの 3 人が怪我——ダンプカーが衝突」などの表現にみられるように、交通事故が深刻化し、激化した。一方、すでに述べたように、全国総合開発計画により拠点開発方式が打ち出され、新産業都市建設促進法の制定をみるなど、道路整備の進め方に対する新たな構想を必要とした。

　このような情勢から、昭和 37（1962）年 12 月、建設省では、「近頃の自動車交通の発展ぶりは、経済発展の反映というだけでなく、自動車が国民の日々の生活に根をおろし始めたことによるものであり、これにつれて世界水準なみの道路が要求されるようになった」との認識のもとに、欧米なみの道路をめざし、昭和 55（1980）年度を目標年次とした道路整備の長期構想がまとめられ、引き続き第 4 次道路整備五箇年計画の策定が進められた。また、「産業基盤施設および生活環境施設の面における立ち遅れおよび地域問題の解決をはかり、さらに今後発展し変ぼうして行く社会経済に対応する均衡のとれた国づくりを実現するためには、国土建設の長期的観点に立った計画的総合的推進が強く要請される」との認識のもとに、国土建設の基本構想が検討された。時期を同じくして、経済企画庁においても、日本経済の長期展望作業、国民所得倍増計画に対する検討作業が進められた。

　かくて建設省は、国土建設の基本構想を背景とし、昭和 39（1964）年度から昭和 55（1980）年度までの投資規模を約 24 兆円（昭和 37（1962）年度価格）とする道路整備の長期構想を作成し、昭和 39（1964）年度以降 5 ヵ年間の投資規模を 5 兆円（一般道路事業 3 兆円、有料道路事業 1 兆 3,400 億円、地方単独事業 6,600 億円）とする第 4 次道路整備五箇年計画案を作成し、昭和 39（1964）年度の概算要求を行った。これに対し

て大蔵省の原案は、3 兆 6,000 億円（一般道路事業 2 兆 500 億円、有料道路事業 8,500 億円、地方単独事業 7,000 億円）であったが、調整の結果、4 兆 1,000 億円（一般道路事業 2 兆 2,000 億円、有料道路事業 1 兆 1,000 億円、地方単独事業 8,000 億円）として、昭和 39（1964）年 1 月 24 日、閣議了解された。

以後、事業内容が検討され、昭和 40（1965）年 1 月 22 日、閣議決定をみた中期経済計画にひきつづき、1 月 29 日に閣議決定された。

第 4 次計画は、国土建設の基本構想にもとづく道路整備の長期構想を背景として五箇年計画を作成したこと、投資規模の設定にあたり、従来の道路原単位によるマクロ方式に加え、将来の地域別開発目標に応じた交通需要から地域ごとの所要事業費を求めて集計するセミマクロ式を導入したこと、幹線自動車道路網体系を設定してその整備を推進し（イタリア方式）、従来の改良重点主義から未改良であっても交通量の少ない道路は現道のまま舗装を行うこととする現道舗装方式（イギリス方式）を併用するものとしたことなどに特徴がある。

以下、昭和 55（1980）年度を目標年次とした道路整備の長期構想、中期経済計画における道路整備、道路整備の推移等について述べる。

(1)　昭和 55（1980）年度を目標年次とする道路整備の長期構想

国土建設の基本構想は、およそ 20 年後における公共施設の整備水準が現在の西欧先進国なみに達することを目指して国土建設の目標を設定し、ついで国土の将来像を地域の特性に応じて設定し、この将来像を実現するために必要な国土建設施策を、自動車道路網の建設と拠点都市の整備を主軸に総合的に策定したもので、①生活環境の整備充実　②産業基盤の育成強化　③中枢都市の整備育成　④災害のない国土建設、の 4 点を基本目標としている。国土の将来像実現のための重点施策としての自動車道路網は、高次の管理中枢機能に純化する京浜および阪神の 2 大都市と、適地に配置される主要工業都市およびそれを支えつつ地域発展の中枢主導的役割を果たす中枢都市とを結びこれら各拠点都市相互間の時間距離を短縮することにより、それらの育成強化と各地域の発展を誘

導するものとしている。

　この構想にもとづいて、表Ⅴ-1-9 のように自動車保有台数および走行台キロを想定し、昭和 55（1980）年までに道路交通の混雑を解消し、欧米諸国なみの道路状態を実現させるために、つぎのように道路を整備するものとし、所要事業費を地方単独事業費含めて、23 兆 8,610 億円（昭和 37（1962）年度価格）と算定した。

表Ⅴ-1-9　昭和 55（1980）年度を目標年次とする道路整備の長期構想における自動車保有台数および走行台キロの見通し[8]

車　　種	保　　有　　台　　数					走　　行　　台　　キ　　ロ				
	昭和 37 (1962) 年度 (A)	昭和 43 (1968) 年度 (B)	昭和 55 (1970) 年度 (C)	B/A	C/A	昭和 37 (1962) 年度 (D)	昭和 43 (1968) 年度 (E)	昭和 55 (1970) 年度 (F)	E/D	F/D
普通トラック	千台 288	千台 488	千台 810	1.69	2.81	億台キロ 86	億台キロ 143	億台キロ 206	1.66	2.40
小型トラック	1,368	2,845	6,385	2.09	4.67	166	360	802	2.17	4.83
バ　　　　ス	70	134	270	1.91	3.86	24	48	101	2.00	4.21
乗　用　車	695	2,315	4,722	3.33	6.79	154	421	827	2.73	5.37
計	2,421	5,791	12,187	2.39	5.03	430	972	1,936	2.26	4.50

①　幹線自動車道路網の整備　　　　　　　　　　　　　4 兆 6,800 億円

　　拠点都市の育成とその機能の効果的な発現をはかり、交通需要の激増に対処するため必要となる路線について高速自動車国道および国土開発縦貫自動車道 3,566 kmならびに自動車専用道路 3,000 kmの整備を行う。

②　一般道路網の整備　　　　　　　　　　　　　　　11 兆 2,750 億円

　　国道および地方道について昭和 55（1980）年度までに交通が飽和に達する未改良区間は全部改良舗装する。ただし、都道府県道以上については昭和 49（1974）年度までに交通可能区間は現道舗装を含めて全線の舗装を完了する（改良 57,659 km、現道舗装を含め舗装 85,582 km、所要事業費 6 兆 2,980 億円）。

　　改良済道路のうち、昭和 55（1980）年度における混雑度が 1.0 以上となる区間 27,275 kmのうち、幹線自動車道路網と重複する区間 5,380 kmを除く区間 21,895 kmについて再改築を行う（所要事業費 4 兆 6,200 億円）。

---

[8] 今井勇，井上孝，山根孟：道路の長期計画，（株）技術書院，1971，p59

　　その他共同溝 162 kmの整備、本州四国連絡道路、第二関門道路等の建設を行う（所要事業費 3,570 億円）。

③　大都市内道路網の整備　　　　　　　　　　　　　　　4 兆 7,240 億円

　　都市内高速道路については、首都高速道路 227 km、阪神高速道路 162 kmおよび名古屋高速道路 51 km、計 440 kmを街路の改築とあわせて建設する（所要事業費 1 兆 860 億円）。

　　7 大都市内の道路で昭和 55（1980）年度までに交通が飽和に達する区間 2,790 kmを全部改築する（所要事業費 3 兆 6,380 億円）。

④　維持・修繕等　　　　　　　　　　　　　　　　　　　3 兆 1,760 億円

　　交通安全施設の整備、雪寒事業の拡大強化、道路の維持管理の強化等を図る。

　以上により、自動車道路 6,600 kmが完成することとなり、欧米先進国に対して見劣りのしない状態となる。一般道路については、主要地方道以上の全線が改良舗装され、一般都道府県道も改良率約44%、舗装率約91%となる。昭和 55（1980）年度末における自動車 1 台あたり舗装道路延長は約 36.5m と算定され、イギリス、イタリアの水準より低く、西ドイツ、アメリカより若干高い水準に相当し、ほぼ欧米諸国なみと考えられた。

(2)　中期経済計画における道路整備

　中期経済計画は、国民所得倍増計画の残された期間のうち昭和 39（1964）年度から昭和 43（1968）年度の期間における政策運営の指針として作成され、主要な政策課題一つとして、「高度成長の結果として表面化してきた経済・社会における立遅れの面を是正するための低生産性部門の近代化、労働力の流動化と有効活用、国民生活の質的向上」をあげ、計画期間中の経済成長率を年平均8.1%と設定した。

　社会資本の整備については、政策課題達成の手段として大きな意義を持つものとし、「社会資本は、生産および生活の基盤をなすものであることはいうまでもないが、近年、その充実のテンポが著しく速いとはいえ、先進諸国に比して我が国の社会資本整備は、まだかなり立ち遅れている。このことが、産業の生産性を低め、国民の生活内容の充実を妨げているので、政府は、引き続きその整備に努力する責務がある。」とし、計画期

間中の公共投資の総額を昭和 38（1963）年度価格でおおむね 17 兆 8,000 億円（うち道路 4 兆 1,000 億円）と設定している。

国内輸送需要については表 V-1-10 のように想定し、道路整備の実施にあたって、①未改築の既存幹線道路を整備して、これを自動車交通に適するように改善を急ぐとともに、幹線自動車道の段階的建設による道路交通の近代化が必要であること　②大都市における道路交通の行きづまりを打開するため、交差点の立体化および主要道路の拡幅、郊外区域の道路の早期整備を急ぐとともに、都市内高速道路の建設を推進する必要があること　③生活環境としての道路のあるべき姿を見失ってはならないこと、このため、舗装の促進が強く望まれること　④踏切道の立体化、歩道の整備、道路標識の設置等道路交通の安全対策に集中的な努力が傾けられなければならないこと　⑤他の輸送施設の連絡機関としての道路、すなわち、港湾および鉄道拠点貨物駅とその後背地との連絡、空港と都心を結ぶための自動車道路等の建設を行い、積極的に協同輸送の実をあげる必要があること、に留意すべきであることを指摘している。

表 V-1-10　中期経済計画における国内輸送需要の見通し[9]

項目		昭和38 (1963) 年度 (A)		昭和43 (1968) 年度 (B)		B/A	年率	昭和38 (1963) 年度 (C)		昭和43 (1968) 年度 (D)		D/C	年率
		輸送量	分担比率	輸送量	分担比率			輸送量	分担比率	輸送量	分担比率		
貨物		輸送トン数						輸送トンキロ					
貨物輸送量		百万トン 2,407	% 100	百万トン 3,662	% 100	1.52	% 8.7	億トンキロ 1,867	% 100	億トンキロ 2,691	% 100	1.44	% 7.6
	国　鉄	206	9	255	7	1.24	4.4	592	32	750	28	1.27	4.9
	民　鉄	47	2	61	2	1.30	5.4	10	1	12	0	1.20	3.7
	トラック	1,948	81	3,030	83	1.56	9.2	420	23	650	24	1.55	9.1
	内航海運	206	9	316	9	1.53	8.9	845	45	1,279	48	1.51	8.6
旅　客		輸送人員						輸送人キロ					
旅客輸送量		千万人 2,626	% 100	千万人 3,809	% 100	1.45	% 7.7	億人キロ 3,211	% 100	億人キロ 4,750	% 100	1.48	% 8.1
	国　鉄	604	23	721	19	1.19	3.6	1,527	48	1,981	42	1.30	5.3
	民　鉄	855	33	1,006	26	1.18	3.3	739	23	914	19	1.24	4.4
	バ　ス	841	32	1,333	35	1.59	9.7	629	20	991	21	1.58	9.5
	乗用車	315	12	731	19	2.32	18.3	265	8	741	16	2.80	22.8
	航空機	0	0	2	0	4.19	33.2	21	1	81	2	3.86	31.0
	旅客船	11	0	16	0	1.45	7.8	30	1	42	1	1.40	7.0

資料）経済企画庁編：中期経済計画、大蔵省印刷局、昭和 40（1965）年 2 月、p305

[9] 今井勇，井上孝，山根孟：道路の長期計画，（株）技術書院，1971，p61

(3)　道路整備の推移等

　第4次計画では、名神高速道路全線の供用開始、中央および東名高速道路の建設促進、一般国道を重点とする一般道路の一次改築の促進、都市およびその周辺における交通混雑緩和のための再改築の促進がはかられ、とくに現道舗装および交通安全施設整備への努力が払われた。この計画は3ヵ年を経過した後、昭和42（1967）年度からは第5次計画に引き継がれている。

　この間における特記すべき事項の第1は、高速道路建設時代への体制が整備されたことである。昭和39（1964）年4月に名神高速道路栗東・関ケ原間約69kmが供用開始され、同年9月には西宮・一宮間約182kmの完成をみ、昭和40（1965）年7月1日には小牧・西宮間全線約190kmの開通をみた。昭和39（1964）年4月、第12回国土開発縦貫自動車道建設審議会において東北自動車道、中国自動車道、北陸自動車道および九州自動車道の予定路線を定め、中央自動車道の予定路線を変更（静岡県安部郡井川村付近経過の路線を諏訪回り路線に）することについて議決が得られ、国土開発縦貫自動車道建設法の一部を改正する法律として、同年6月16日公布され、青森から鹿児島までの予定路線が決定された。これよりさき昭和38（1963）年7月には関越自動車道建設法（昭和38（1963）年7月法律第158号）が制定されているが、昭和39（1964）年6月に東海北陸自動車道建設法（昭和39（1964）年6月法律第131号）、昭和40（1965）年5月に九州横断自動車道建設法（昭和40（1965）年5月法律第92号）、昭和40（1965）年6月に中国横断自動車道建設法（昭和40（1965）年6月法律第132号）があいついで制定され、国土開発縦貫自動車道建設法および東海道幹線自動車国道建設法をあわせ、6建設法により13路線、約5,000kmが高速自動車国道の候補路線として定められた。しかしながら、これらはいずれもそれぞれ単独に定められており、全国的な構想にもとづくものでないため、地域的均衡を欠いたものであった。建設省は、昭和35（1960）年以来「自動車道路網設定のための調査」を進めてきたが、その成果をまとめ、全国にわたる自動車道路網約7,600kmを設定し、国土開発縦貫自動車道建設法を改正して、

上記 6 建設法を包含した国土開発幹線自動車道建設法を提案した。この法律は、昭和 41（1966）年 7 月法律第 107 号として昭和 41（1966）年 7 月 1 日公布をみ、我が国の自動車道路網の将来像が明文化された。また、昭和 40（1965）年 11 月基本計画の決定をみた中央、東北、中国、九州および北陸の 5 自動車道の約 1,578 km のうち、中央自動車道甲府西宮線の甲府市・小牧市間、東北縦貫自動車道岩槻盛岡線の岩槻市・仙台市間、中国縦貫自動車道吹田千代田線の吹田市・岡山県真庭郡落合町間、同じく鹿野下関線の美祢市・下関市間、九州縦貫自動車道福岡熊本線の福岡県粕屋郡粕屋町・熊本県飽託郡託麻村間および北陸自動車道富山米原線の富山市・武生市間の約 1,017 km（新規高速道路第 1 次整備計画と呼ばれる。実施計画 1,032 km）については、昭和 41（1966）年 7 月、日本道路公団に対する施行命令が出され、全国にわたって高速道路の建設が展開されることとなった。国土開発幹線自動車道路網 7,600km の網設定については、改めて述べる。

　第 2 に、道路管理体制の強化があげられる。すなわち、一級国道および二級国道を統合して一般国道とし、この管理に関する建設大臣の責任を強化するとともに、交通安全施設の整備についての規定を整備するため、道路法の一部を改正する法律案が国会に提出され、昭和 39（1964）年 6 月その成立をみた。昭和 39（1964）年度には、全国的な道路標識の整備のため、主要地方道以上の道路について国庫補助（補助率 1/4）の予算措置がとられ、昭和 40（1965）年度には、都道府県道以上の道路について防護柵の重点的整備がはかられた。昭和 41（1966）年 4 月には、交通安全施設等整備事業に関する緊急措置法（昭和 41（1966）年 4 月法律第 45 号）が制定され、国家公安委員会および建設大臣は緊急に交通の安全を確保する必要がある道路を指定し、昭和 41（1966）年度以降の 3 ヵ年間において実施すべき交通安全施設等整備事業に関する計画を作成することとなり、都道府県公安委員会または道路管理者はこれにもとづいて交通安全施設等の整備を実施することとなった。この法律にもとづいて、交通安全施設等整備事業三箇年計画（総額 603 億円、うち道路管理者 560 億円）が、昭和 41（1966）年 7 月 15 日に閣議決定された。

この計画は、通学路に係る交通安全施設等の整備及び踏切道の構造改良等に関する緊急措置法（昭和 42（1967）年 7 月法律第 108 号）の制定にともない、①歩行者の交通事故を防止するための事業　②車両の交通事故を防止するための事業　③通学路に係る交通安全施設等整備事業、が特掲されることとなり、総額 782 億円うち通学路関係 382 億円、うち道路管理者分 722 億円うち通学路関係 358 億円に拡充され、昭和 42（1967）年 12 月 1 日に閣議決定された。この間、昭和 41（1966）年 6 月に交通安全施設等を整備すべき道路として 43,695 km が指定され、その後、昭和 42（1967）年 5 月および 12 月に追加指定され、総延長は 57,178 km となった。

　さて、昭和 39（1964）年 6 月には、法律第 115 号をもって奥地等産業開発道路整備臨時措置法が公布された。この法律は、奥地等（交通条件がきわめて悪く、産業の開発が十分に行われていない山間地、奥地等で政令で定める基準に該当するもの）における産業の総合的な開発の基盤となるべき奥地等産業開発道路（奥地等において政令で指定された地域と主要な道路とを連絡する地方的な幹線道路で、建設大臣が指定した道路）の整備を促進することにより、地域格差の是正に資するとともに、民生の向上と国民経済の発展に寄与することを目的としたもので、建設大臣は奥地等産業開発道路を指定すること、当該道路の新設および改築に関する計画を立案し、閣議の決定を求めなければならないこと、政府は計画の実施に必要な資金の確保をはかり、国の財政の許す範囲内において実施の促進に努めること、この場合、当該道路の新設または改築に要する費用に係る国の負担割合または補助率については 3/4 以内で政令で特別の定めをすることができることなどを規定した。これにもとづいて、奥地等産業開発道路整備計画が昭和 39（1964）年度以降の 5 ヵ年間に総額 110 億円に相当する事業を行うものとして、積雪寒冷特別地域道路交通確保五箇年計画とともに、第 4 次道路整備五箇年計画とあわせて、昭和 40（1965）年 1 月 29 日に閣議決定された。同年 3 月には、73 地域が政令指定され、都道府県道 130 路線、約 2,100 km が、翌昭和 41（1966）年 6 月には、さらに 52 路線約 620 km が奥地等産業開発道路に

指定された。

　また、昭和 39（1964）年 4 月からは、揮発油税 kl あたり 22,100 円が 22,300 円に、同じく地方道路税 4,000 円が 4,400 円に、軽油引取税 kl あたり 12,500 円が 15,000 円に引き上げられているが、この揮発油税の税率引き上げに関連し、農林漁業用揮発油に対する揮発油税等の免税問題が国会で論議となり、結論として、徴収技術上免税は困難であるが、その身替り財源として農業等の事業に一般財源を還元しようということになった。昭和 40（1965）年度から農林省予算として計上されることとなり、昭和 40（1965）年度 50 億円、昭和 41（1966）年度 85 億円、昭和 42（1967）年度 115 億円と事業が拡大され、事業の対象は、農道等にとどまらず道路法上の道路に及び、市町村道の整備上検討すべき課題が提起されることとなった。

　一方、昭和 40（1965）年 5 月には、法律第 64 号をもって山村振興法が公布施行され、山村振興計画にもとづく道路事業が昭和 41（1966）年度から実施されることとなり、補助事業としては原則として市町村道の整備が対象となった。なお、この法律の有効期間は昭和 40（1965）年度以降 10 ヵ年で、振興の緊急度に応じて順次振興山村の指定および振興計画の承認を行い、計画にもられた事業については、おおむね 4 ヵ年程度で完了するものとし、全体の整備を昭和 49（1974）年度末までに実施することを目途としている。

　財源措置としてはすでに述べたほか、昭和 40（1965）年 12 月に法律第 156 号および 157 号をもって、石油ガス税法および石油ガス譲与税法が公布された。石油ガスを自動車用燃料に使用する場合、揮発油に比し経済的にも有利であり、道路利用に対する受益者負担ないし損傷者負担としての意味も含め、揮発油等との均衡上、石油ガスに相当の税負担を課することになったものである。税率については多くの論議を呼んだが、17.5 円/kg に決定され、昭和 41（1966）年 2 月 1 日から課税、同年 12 月 31 日までは 5 円/kg、昭和 42（1967）年 12 月 31 日までは 10 円/kg の暫定税率とされた。その後法改正により 10 円/kg の暫定税率が昭和 44（1969）年 12 月 31 日まで延長された。また、石油ガス税収入額の 1/2

相当額は、都道府県および指定市に譲与されることとなった。

　なお、この間の特記すべき事業である名阪国道は、昭和 38（1963）年度の初めに調査が開始され、1000 日を待たず昭和 40 年（1965）12 月 16 日に供用開始された。この道路は、亀山市・天理市間を一般国道 25 号の一次改築として直轄施工されたもので、延長 73.3 ㎞、4 車線計画のうち 2 車線を段階施工とし、設計速度 80〜60km/h、最小曲線半径 200m、最急縦断勾配 6%、横断勾配 1.5%、アスファルト舗装の無料道路としては初めての大規模な自動車専用道路で、盛土量 8,500,000 ㎥、切土量 8,200,000 ㎥、橋梁 35 ヵ所 2,757m、トンネル 2 ヵ所 1,640m、舗装 690,000 ㎡、事業費 190 億円の事業規模を持つものであった。

　また、昭和 40（1965）年 12 月には、第 2 の関門連絡施設として関門海峡に吊橋を建設することが決定された。この計画は、昭和 41（1966）年度の直轄調査を経て、昭和 42（1967）年度には日本道路公団にひきつがれ、高速自動車国道関門自動車道として、昭和 43（1968）年 4 月、建設大臣から施行命令が発せられた。

(4)　国土開発幹線自動車道路網の設定

（a）　国土開発幹線自動車道路網の設定の基本的な考え方

　国土開発幹線自動車道建設法第 1 条（目的）によれば、その目的として、「国土の普遍的開発をはかり、画期的な産業の立地振興及び国民生活領域の拡大を期するとともに、産業発展の不可欠の基盤たる全国的な高速自動車交通網を新たに形成させるため、国土を縦貫し、又は横断する高速幹線自動車道を開設し、及びこれと関連して新都市及び新農村の建設等を促進する」ことをうたっており、これにもとづき、つぎのような考え方によって網が設定された。

　①　南北に細長い我が国の地形からみて、国土を縦方向に貫通する縦貫線を自動車道路網における基幹的路線と考え、既定の縦貫自動車道を骨格とし、これに必要な路線を追加、設定する。

　②　人口おおむね 10 万人以上の地方中心都市、新産業都市、工業整備特別地域等の地方開発の拠点となる主要拠点地域を相互に連結す

212

る路線から選択する。

③ 半島、山岳地帯、島しょ部等の特殊な地域を除く全国の都市および農村地域から、おおむね 2 時間以内で到達し得るよう考慮する。この 2 時間帯の考え方は、イギリスの自動車道路網計画において、特殊な地域を除き、如何なる地点からも 25 マイル以内の走行距離で車が自動車道に到達し得るよう設定した考え方とよく似ており、興味深い。

以上を基本事項として、各種比較路線を含む約 15,000 kmから採択して描かれる路線は約 10,000 kmに及ぶ。この道路網仮案からつぎの手順により自動車道路網を構成すべき路線を選定する。

④ 仮案を構成する各路線ごとに将来の交通需要を算定し、需要の大きな路線を優先採択し、利用効率の面から検討する（将来交通需要からの接近）。

⑤ 各路線について沿線都市人口を算出し、単位延長あたり沿線都市人口の大きい路線を追加する（人口カバー量からの接近）。

⑥ ④および⑤によって選定された道路網について、各路線によって囲まれる地域の交通需要に対して網間隔が粗である地域には、路線を追加配置する（交通仕事量からの接近）。

(b) 国土開発幹線自動車道路網の設定

① 検討対象道路網の設定

北海道については後で述べることとし、以下内地を対象とする。

まず、主要拠点地域として、京浜、中京、阪神および北九州の四大地域ならびにつぎの 58 地域が選定された。

青森　八戸　三陸　北上　仙台湾　秋田　山形　酒田　福島　常磐　郡山
水戸日立　鹿島　宇都宮　高崎前橋　千葉海岸　新潟　長岡　直江津
富山高岡　金沢小松　福井　山梨　長野　松本諏訪　岐阜大垣　東駿河湾
静清　浜松磐田　東三河岡崎　北伊勢　琵琶湖　舞鶴　播磨　奈良
和歌山海南　鳥取　中海　岡山県南　備後　広島呉　周南　宇部小野田

徳島小松島　高松　丸亀　東予　松山　高知須崎　福岡　福岡中部

長崎大村　熊本八代　有明　大分鶴崎　延岡日向　宮崎　鹿児島谷山

青森〜鹿児島間の国土を縦貫する路線を設定し、この路線から自動車利用による所要時間が 2 時間を越える拠点地域に対して支線を設定し、さらにこれらの拠点地域を相互に連絡する路線を設定して約 10,000km の道路網仮案が得られた。

② 　将来交通需要からの接近

各路線の将来交通量を指定することは困難なため、交通需要の相対比較の指標としてつぎのように交通需要指数が用いられた。

(ア)　道路網仮案上に地域中心とみなされる代表都市 110 都市を選定する。

(イ)　全国を各代表都市の勢力圏に分け、勢力圏ごとに昭和 55(1980) 年の自動車保有台数を推定し、標準車台数に換算する。標準車台数への換算は、過去の出発地目的地別自動車交通量調査成果から求めた車種別トリップ長を参考として、普通貨物自動車を 1.0、乗用車およびその他の車種を 0.6 とする。

(ウ)　各代表都市間の交通需要指数を次式により与える。

$T_{ij} = I_i \cdot I_j / t_{ij}^2$

T_{ij} : ij 都市間の交通需要指数

I_i、I_j : i,j 都市における将来自動車保有台数の換算値

t_{ij} : i〜j 都市間の自動車走行時間

設計速度 120、100、80 km/h に対し、走行速度をそれぞれ 70、75、80％として算出した。

(エ)　都市間将来交通需要指数を最短時間経路で道路網仮案に配分する。

(オ)　得られた路線ごとの交通需要指数を大きいものから累加し、道路延長との関係を描く。

これによれば、道路延長 5,000〜6,000 km までが効率的であると判断され、この程度の延長になるようにつぎのように採択し、約 5,700 km が選定された。

1	東 京	〜	小 牧	350 km	17	吹 田	〜	津 山	150 km
2		東京外かく環状		110 km	18	砺 波	〜	新 潟	300 km
3	小 牧	〜	西 宮	190 km	19	亀 山	〜	伊 勢	80 km
4	東 京	〜	前 橋	90 km	20	諏 訪	〜	長 野	100 km
5	名古屋	〜	吹 田	200 km	21	津 山	〜	下 関	370 km
6	東 京	〜	鹿 島	110 km	22	仙 台	〜	青 森	340 km
7	東 京	〜	仙 台	330 km	23	仙 台	〜	酒 田	150 km
8	吹 田	〜	山 口	440 km	24	高 松	〜	高 知	115 km
9	東 京	〜	平	220 km	25	徳 島	〜	松 山	190 km
10	東 京	〜	諏 訪	210 km	26	前 橋	〜	直江津	190 km
11	北九州	〜	熊 本	160 km	27	長 崎	〜	久留米	120 km
12	諏 訪	〜	小 牧	170 km	28	熊 本	〜	鹿児島	160 km
13	一 宮	〜	砺 波	180 km	29	平	〜	郡 山	70 km
14	松 原	〜	和歌山	60 km	30	三 田	〜	舞 鶴	80 km
15	米 原	〜	砺 波	210 km	31	盛 岡	〜	八 戸	90 km
16	前 橋	〜	新 潟	190 km				計	5,725 km

③ 人口カバー量からの接近

道路網仮案に対し、30 分以内でカバーされる都市人口は、昭和 40（1965）年の国勢調査を基礎とすれば、全都市人口の 90％となる。単位延長あたり沿線人口カバー量の大きい路線を採択する。前と同様この値の大きいものから累加し、道路延長との関係を描く。

これによれば、道路延長 6,500 km 程度までが効率的であると判断され、岡山〜米子 140 km、広島〜浜田 110 km、久留米〜大分 110 km、小林〜宮崎 90 km および北上〜秋田 120 km、合計 570 km が追加選定された。

④ 交通仕事量からの接近

交通需要および人口カバー量からの接近によって選定された 6,295 km の道路網について、交通需要に対して網間隔が適当かどうかの検討を行う。このため、各路線によって囲まれる地域ごとに、地域内の自動車が最寄りの路線に到達する 台×時 を集計した交通仕事量を算定

し、この値が異常に大きい地域は交通需要に対して道路網間隔が粗であると判断され、路線が追加された。

　この方法により、千葉〜木更津 60 km、新潟〜郡山 150 km、松山〜大洲 40 kmおよび高知〜須崎 35 km、合計 285 kmが追加選定された。以上によって設定された内地の道路網は、6,580 kmである。

⑤　北海道の道路網

　北海道については、人口、面積等内地と著しく事情が異なるため、藤井真透博士の国土係数理論（「Ⅳ-4 一般国道の指定」参照）の考え方により、内地と均衡のとれた道路延長が求められた。すなわち、内地と北海道の道路延長比は 1 : 0.15 となり、内地で設定された道路延長に見合う北海道の道路延長は、約 1,000 kmと算定された。

　具体的な路線としては、まず交通需要からの接近により札幌〜小樽 40 kmおよび札幌〜旭川 115 kmが、人口カバー量からの接近により函館〜札幌 270 kmが得られ、これに札幌〜釧路 300 kmおよび旭川〜稚内 235 kmが追加、交通仕事量からの接近により足寄〜北見 60 kmが追加され、計 1,020 kmの道路網が設定された。

　以上により設定された、国土開発幹線自動車道路網 7,600 kmを図Ⅴ-1-1 に示す。

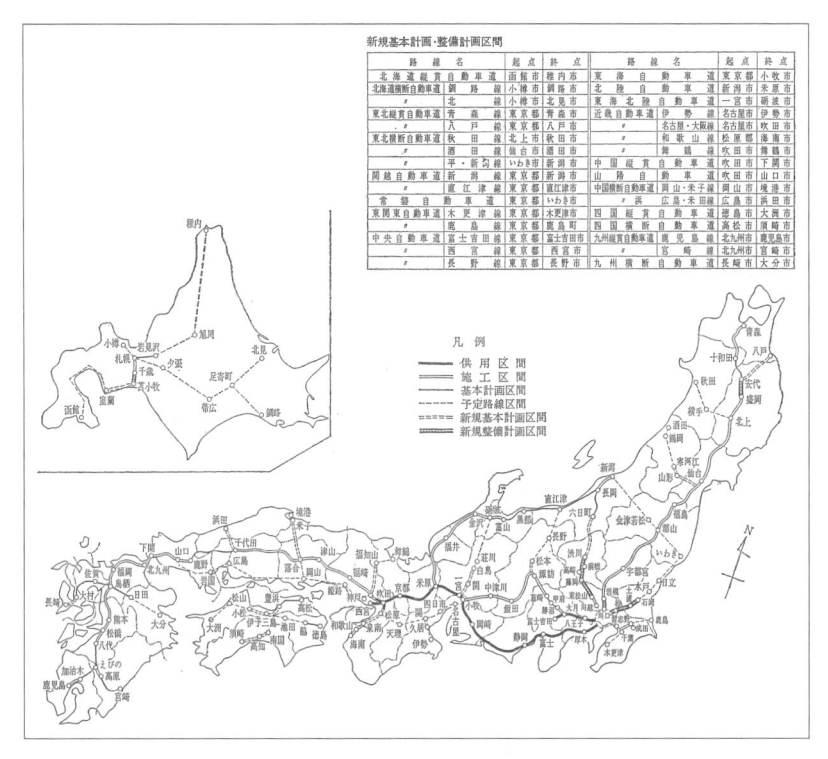

図Ⅴ-1-1 国土開発幹線自動車道路網図[10]

---

[10] 住友栄吉：「国土開発幹線自動車道の新しい計画」，日本道路協会，道路，1970，9月号，p2

Ⅴ-1-5　第 5 次道路整備五箇年計画と道路整備

　昭和 40 年代を迎え、自動車交通は加速度的な進展をみせた。また、国土開発幹線自動車道路網 7,600 kmの決定にともなう道路計画の再検討、昭和 40（1965）年の国勢調査により明らかとなった人口動態の分析にもとづく道路投資の再検討、関門架橋および本州四国連絡道路の事業化および万国博覧会関連道路の整備などの新規事業の採用、流通の合理化に寄与するための道路整備の促進など、計画の改定が迫られることとなった。一方、中期経済計画は、消費者物価の上昇等、計画と実績とのくいちがいが大きくなり、昭和 41（1966）年 1 月にその廃棄が決定され、新たな経済計画の策定作業が始められた。

　このような情勢から、建設省においては、新経済計画の策定作業と並行して、国土建設の長期構想、道路整備の長期構想、これにもとづく第 5 次道路整備五箇年計画の策定作業が進められた。国土建設の長期構想は、昭和 38（1963）年にまとめられた国土建設の基本構想をさらに発展させ、完全に先進国段階に達するものと想定される昭和 60（1985）年度の我が国経済および国民生活水準にふさわしい国土の姿を描き、経済の発展を促進し誘導するような役割を適切に果たし得るよう、国土の機能を整備し、緩急軽重を誤らない施策を講ずるための指針をまとめたものであった。道路整備の長期構想もこの構想を背景として作成され、従来の「我が国の道路整備水準の遅れを取り戻す」という姿勢から一歩前進して、国の経済計画・開発計画のうちの重点施策の一つとして、国土の有効利用とともに、積極的に「流通の合理化と国民生活環境の改善に寄与する」という方向をとるものとし、おおむね 20 年後に想定される社会経済水準にふさわしい近代的道路網体系を確立することを企図し、昭和 41（1966）年度以降 20 ヵ年の所要投資額を 53 兆円（昭和 40（1965）年度価格）と算定した。

　かくて建設省は、この道路整備の長期構想にもとづき、緊急を要する事業について、昭和 42（1967）年度以降 5 ヵ年間の投資規模を 7 兆 3,000 億円（一般道路事業 4 兆 800 億円、有料道路事業 2 兆 1,300 億円、地方単独事業 1 兆 900 億円）とする第 5 次計画案を作成し、昭和 42（1967）

年度の概算要求を行った。これに対し、大蔵省および経済企画庁による検討の結果は、物価上昇抑制策のため燃料税の税率ひきあげが困難な情勢もあり、きわめてきびしく、5兆9,000億円（一般道路事業3兆2,700億円、有料道路事業1兆5,300億円、地方単独事業1兆1,000億円）の当初案であった。

昭和42（1967）年2月27日には、経済審議会から新経済計画の答申がなされたが、この答申での道路投資は6兆1,500億円（昭和40（1965）年度価格）とされた。調整の結果、第5次計画の投資規模は、この答申で見込まれた公共投資のうちの調整費5,000億円を一部とりくずすなどを考慮し、予備費1,500億円を含めて6兆6,000億円（一般道路事業3兆5,500億円、有料道路事業1兆8,000億円、地方単独事業1兆1,000億円、予備費1,500億円）と決定されて、昭和42（1967）年3月22日に閣議了解された。なお新経済計画は、「経済社会発展計画」と命名され、昭和42（1967）年度から昭和46（1971）年度の期間における経済運営の指針として、昭和42（1967）年3月13日に閣議決定された。

以後、事業内容の検討、通学路に係る交通安全施設等の整備および踏切道の構造改良等に関する緊急措置法（昭和42（1967）年7月法律第107号）の制定にともなう交通安全施設等整備事業三箇年計画の改訂、市町村に対する道路整備特定財源の充実措置（自動車取得税の創設）、都市およびその周辺における道路と鉄道との連続立体化（鉄道高架化事業―地下化を含む）にともなう負担割合の調整などを経て、閣議了解から1年後の昭和43（1968）年3月22日に、第5次計画の閣議決定をみた。

以下、昭和60（1985）年度を目標年次とする道路整備の長期構想、経済社会発展計画における道路整備、道路整備の推移等について述べる。

(1) 昭和60（1985）年度を目標年次とする道路整備の長期構想

道路整備の長期構想の背景となる国土建設の長期構想においては、国土建設の基本目標を「美しい自然の中で人間生活を豊かにし、経済と人間の交流を進めるために、長期的な展望に立って国土を建設する」ことにおき、今後の経済発展にともなって想定される産業活動および国民生

活の質量両面にわたる著しい変化に対処するためには、活動の舞台とし
ての国土の機能を高めることが不可欠の前提であるとして、経済発展と
国民生活の向上ならびに都市化の進展と地域の変ぼうについてつぎのよ
うに想定し、国全体を通じて産業構造高度化にともなう都市化の進展と
地域間交流の増大および社会構造の変化とに適切に対応するため、まず
都市化にともなう地域発展のすう勢を正しく評価し、これに対応して、
そのエネルギーを計画的に誘導し、秩序づけながら、国土全体の効率的
な開発を図る必要があるものと考えられた。

① 経済発展と国民生活の向上

　総人口は昭和 40（1965）年度の 9,830 万人から昭和 60（1985）年度の 1 億
1,650 万人に増加する。この間、就業人口は 4,750 万人から 5,500 万人前後に
増加するが、このうち第 1 次産業就業者は減少し、第 2 次および第 3 次産業
就業者が増加して就業構造は大きく変わる。技術の進歩はめざましく、労働生
産性は著しく向上し、この結果、農業生産は就業者の減少にかかわらず約 2 倍
に達し、工業生産は約 6 倍に増加する。国際分業は進み、貿易の重化学工業化
は一層進展する。国民総生産は 140 兆円前後（昭和 40（1965）年度価格、以
下同じ）に達し、昭和 40（1965）年度の 30 兆円の 4 倍強に増加する。高い投
資と貯蓄が続き、20 年間の累積額で政府資本形成は 170 兆円、民間設備投資
は 210 兆円、住宅投資は 100 兆円に達する。1 人あたり国民所得は昭和 40
（1965）年度の 25 万円から昭和 60（1985）年度には 90 万円程度と昭和 40
（1965）年度の 4 倍弱、すなわち現在の為替レート換算で 1 人あたり年約 2,000
ドルとなり、現在の西欧水準を抜き、アメリカの水準に追いつき完全な先進国
水準に達する。

② 都市化の進展と地域の変貌

　第 2 次産業の発展を基軸にして、第 1 次産業から流出した人口は、都市に集
積してその拡大をもたらし、市街地人口は昭和 40（1965）年度の 4,726 万人
から昭和 60（1985）年度には 9,300 万人前後に増加する。その総人口に占め
る比率は、昭和 40（1965）年度の 48%から昭和 60 年度には 80%に達する。
3 大都市圏での産業の発展とそれにともなう人口の集積は著しく、その市街地

人口規模は現在の2倍弱に達する。その他の地域においては、農村地域から都市への人口移動によって市街地人口が増大し、さらに、集落の再編成によって農村地域でも市街地化が進む等、これまで大きな変化のなかった地域でも市街地の著しい拡大をもたらし、市街地の人口は倍加する。このようにして、各地方において都市の発展とその地域的拡大が進み、国土の全域を通じて都市化が進展する。農村地域においても、農業の構造変化が進み、農村集落の集約および再編成が進展し、都市的な生活が普及する。

③　国土建設の長期構想の基本的な考え方

大都市地域にあっては、過密の弊害を避けて、国民経済および国際経済に占める高次の役割を充分に発揮させ、地方中枢都市その他の地方都市においても、都市化のエネルギーを分担させて、積極的に発展を図るとともに、とくに地方の住民の福祉を確保することを重視する。農村地域においては、農村関連都市を充実させるとともに、農村の再編成に対応して農業の近代化を促進するため、生活および産業の基礎的な条件を整備する。また、経済活動の広域化を促進し、地方の産業活動を効率化するため、地域間の時間距離を短縮して、住民の生活および産業の諸活動の機会を増大し、国土全体の利用度の向上を図る。以上の目標を達成するにあたっては、都市の改造と整備による都市機能の充実と道路網の整備による経済および人間交流の促進をその主要な手段とする。

さて、道路整備の長期構想は、以上を背景として、将来の道路網をおおむねつぎのように機能別に体系化するものとした。

①　高速道路

自動車交通の大量・高速・長距離化のすう勢および国土開発の要請からみて、将来の道路網体系においては、高速道路がその骨格をなすものとする。

②　一般国道・都道府県道

高速道路網を補い、地域間の中距離交通を処理するものとして一般国道網を、およびこれらの幹線道路と地域内における経済圏・生活圏の中心とを連絡するものとして都道府県道網を考える。

③　市町村道

　　生活圏内の短距離交通の処理等の機能を持ち、日常的な流通施設であり、ま
た生活環境施設としての性格を持つものとして、必要な市町村道網を選定する。

④　大都市内道路網

　　大都市においては、放射・環状等の主要道路および都市高速道路をもって幹
線道路網を形成させる。また、都市間高速道路との接続は大規模環状線等をも
って行う。

⑤　他の輸送機関との連携等

　　鉄道・海運・航空等他の輸送機関との連携に必要な道路および物資の集散等の
流通施設に関連する道路については、道路網体系の一部としてとくに配慮する。

　昭和 60（1985）年度の自動車交通については、乗用車の飛躍的増加、
トラック輸送の効率の向上などを見込み、想定される経済水準を前提と
して、表 V-1-11 のように自動車保有台数および走行台キロが想定され
た。この自動車保有台数は、1,000 人あたり 300 台の普及水準に相当す
るものであり、また従来の推計から省かれていた軽自動車（3・4 輪）が
含まれた。

表 V-1-11　昭和 60（1985）年度を目標年次とする道路整備
の長期構想における自動車保有台数および走行台キロの見通し[11]

車種	保　有　台　数					走　行　台　キ　ロ				
	昭和40 (1965) 年度 (A)	昭和46 (1971) 年度 (B)	昭和60 (1985) 年度 (C)	B/A	C/A	昭和40 (1965) 年度 (D)	昭和46 (1971) 年度 (E)	昭和60 (1985) 年度 (F)	E/D	F/D
普通トラック	千台 407	千台 794	千台 1,560	1.95	3.83	億台キロ 127	億台キロ 265	億台キロ 624	2.09	4.91
小型トラック	3,936	6,513	7,470	1.65	1.90	469	795	1,307	1.70	2.79
バ　　ス	100	206	420	2.06	4.20	36	69	115	1.92	3.19
乗　用　車	2,034	7,940	25,550	3.90	12.56	353	1,227	2,990	3.48	8.47
計	6,477	15,453	35,000	2.39	5.40	985	2,356	5,036	2.39	5.11

　道路整備の長期構想は、上述のような自動車交通の量的増大・質的変

---

[11] 今井勇，井上孝，山根孟：道路の長期計画，（株）技術書院，1971，p73

化に対処し、流通の合理化と国民生活環境の改善に寄与するため、おお
むね 20 年間に近代的道路網体系の整備を完了することを目標とし、①
幹線道路における人と車の分離、緩速車と高速車の分離による安全と能
率の確保　②乗用車の増加に対処する生活圏内道路の整備　③流通の合
理化、物価安定に資するための流通施設関連道路の整備　④大都市周辺
の人口急増地域に対する先行的道路整備　⑤未開発後進地域に対する開
発道路の積極的整備　⑥道路管理の強化による道路機能の確保、などに
とくに配慮するものとし、つぎのように道路の整備を図るものとした。

① 　幹線自動車道（高速自動車国道）7,600 km および海峡連絡道路等の建設に
　　より、全国の拠点都市相互が連絡され、ほとんどの地域が大都市（3 大市お
　　よび将来大都市化する数市）へ自動車による日帰り可能な範囲となり、全国
　　的に輸送時間距離が約半分に短縮することとなる。これによって、地方産業
　　の市場圏の拡大、産業の立地条件の改善、工場の地方への分散的立地、農産
　　物供給圏の拡大による適産地化の進展に貢献し、流通機能の画期的向上が期
　　待される。　　　　　　　　　　　　　　　　　　　　 7 兆 3,000 億円
② 　一般国道および都道府県道総延長 148,000 km のうち、昭和 40（1965）年
　　度末改良区間についても交通量の増大に対処とするため、約 20,000 km の区
　　間を 4 車線以上または人と車を分離した高い機能の道路に再改築する。これ
　　によって、全国のほとんどの地域が地方中心都市からの通勤通学圏あるいは
　　生活圏に含まれるようになる。また、流通センター、海上コンテナターミナ
　　ル、拠点貨物駅、空港等との連絡道路および公共駐車施設の整備を推進する。
　　　　　　　　　　　　　　　　　　　　　　　　　　　 14 兆 8,430 億円
③ 　一般国道および都道府県道とともに交通幹線網を形成する重要な市町村
　　道 224,000 km の整備をはかり、住民の生産活動および日常生活の便益の向
　　上に寄与する。　　　　　　　　　　　　　　　　　　 6 兆 3,500 億円
④ 　都市交通の増大に対処し、交通渋滞の解消を図るため、都市整備の一環と
　　して幹線街路約 37,000 km を整備し、中枢機能都市および地方中心都市につ
　　いては都市高速道路総延長約 800 km の建設を行い、都市機能の向上を図る。
　　　　　　　　　　　　　　　　　　　　　　　　　　　 13 兆 5,000 億円

⑤　このほか、市街地内の区画街路約 150,000 kmおよび地方部の区画道路約 152,000 kmを舗装する。　　　　　　　　　　　　　　　　　　　　2 兆円

⑥　道路を良好な状態に維持し、必要な修繕を実施し、とくに交通事故を防止するため交通安全施設の整備をはかり、安全かつ円滑な道路交通を確保する。また、積雪寒冷地域における冬期交通の確保を図る。　　　　　　9 兆円

以上により整備される道路の総延長は約 707,400 km であり、昭和 60（1985）年度までのおおむね 20 ヵ年間に、およそ 53 兆円の道路投資を要するものと算定された。

(2)　経済社会発展計画における道路整備

経済社会発展計画は、昭和 40（1965）年代の課題を経済成長と物価安定の両立、効率のよい経済への再編、新しい地域社会の建設とし、3 大重点政策として、①経済の効率化　②物価の安定　③社会開発の推進をあげ、社会資本の整備についてはつぎのように述べ、経済成長率を年平均 8%程度と想定していた。

「社会資本整備の遅れをすみやかに解消するとともに、進展する経済社会の要請にこたえて量質両面にわたる社会資本の拡充を図らなければならない。さらに交通・通信施設や国土保全施設、水資源の開発など国土利用の基盤となる施設については、長期的な成長基盤の醸成という見地から先行整備も必要である。このため、計画期間中に総額 27 兆 5,000 億円（昭和 40（1965）年度価格、用地費を含む。）の投資を行う。これにより、社会資本整備の遅れは緩和の方向に向かい、昭和 30 年代を通じて低下気味であった社会資本ストックの国民総生産に対する比率は上昇すると見込まれる。・・・」

また、社会資本整備の重点に、合理的な交通通信体系の整備をあげ、国内輸送需要を表 V - 1 - 12 のように想定し、昭和 46（1971）年度央の自動車保有台数は昭和 40（1965）年度の約 2.4 倍の 1,600 万台に達し、このうち乗用車（乗用軽自動車、貨物兼用車を含む）の伸びがとくに著しく約 2.9

倍の 950 万台程度に達するものと見込み、つぎのように指摘している。

　　「このように増大する交通需要に対処するとともに、長期的視野に立って国
　土の有効利用と全国各地域の発展に資するためには、各交通機関が相互に協調
　しあい、それぞれの特性を十分に活用して、交通施設全体の効用が最大限に発
　揮されるよう、総合的観点から整備する必要がある。」
　　「自動車による貨客輸送量は近年著しい伸びを示しており、その機動性、簡
　便性と自由度の高い特性を考えると、今後もいっそう伸びるものと考えられる
　が、旅客輸送については大量輸送は鉄道の、長距離輸送は航空の機能をそれぞ
　れ十分に活用し、また貨物輸送については、品質、形状、単位輸送量等により
　必ずしもいちがいにはいえないが、長距離および大量の輸送は鉄道や海運の分
　野と考えて誘導することが今後の方向と考える。」

表Ⅴ-1-12　経済社会発展計画における国内輸送需要の見通し[12]

項目	昭和40(1965)年度(A)		昭和46(1971)年度(B)		B/A	年率	昭和40(1965)年度(C)		昭和46(1971)年度(D)		D/C	年率
	輸送量	分担比率	輸送量	分担比率			輸送量	分担比率	輸送量	分担比率		
貨　　物	輸送トン数						輸送トンキロ					
貨物輸送量	百万トン 2,650	% 100	百万トン 4,730	% 100	1.8	% 10	億トンキロ 1,920	% 100	億トンキロ 3,130	% 100	1.6	% 8
国　鉄	200	8	250	5	1.3	4	560	29	740	24	1.3	4
民鉄その他	50	2	70	2	1.4	6	10	1	14	0	1.4	6
トラック	2,190	83	4,050	86	1.9	11	480	25	920	29	1.9	11
内航海運	210	8	360	8	1.7	9	860	45	1,450	46	1.7	9
旅　　客	輸送人員						輸送人キロ					
旅客輸送量	千万人 30,800	% 100	千万人 44,900	% 100	1.5	% 7	億人キロ 3,820	% 100	億人キロ 5,670	% 100	1.5	% 7
国　鉄	6,700	22	8,300	18	1.3	4	1,740	46	2,370	42	1.4	6
民鉄その他	9,100	30	11,000	25	1.2	3	820	21	1,040	18	1.3	4
バ　ス	10,600	34	16,600	37	1.6	8	800	21	1,310	23	1.6	8
乗用車	4,300	14	8,800	20	2.0	12	410	11	850	15	2.1	13
航空機	5	0	10	0	2.0	12	29	1	60	1	2.1	13
旅客船	114	0	150	0	1.3	4	31	1	40	1	1.3	4

資料）鹿野義夫編：経済社会発展計画の解説、日本経済新聞社、昭和42（1967）年3月、P278

　交通施設整備の重点としては、以上のような交通体系の整備の方向に
もとづいて幹線交通網の整備を推進するとともに、大都市の交通対策、

---

12 今井勇，井上孝，山根孟：道路の長期計画，（株）技術書院，1971，p78

交通安全対策、貨物輸送の近代化・高速化、外貿港湾・国際空港等、国際交通施設の整備をあげている。道路整備については、新市街地を含む既成都市および人口急増地域を重点とし、大都市では都市機能の再編成を図るための再開発施策と連携をとりながら、都市高速道路、環状道路をはじめとする幹線道路の整備、交差点・踏切道の立体化を推進し、歩車道の分離等道路の機能分化をはかり、交通安全・都市機能増進の見地から、都市鉄道の高架化・地下化を促進するとともに、これにともなって路面電車を極力撤去するものとしている。高速自動車国道については、長期的視点から総合的に検討し、効率的な建設を図ることとして、交通混雑の著しい路線から重点的に整備を行い、一般国道については、とくに地方の産業、生活の基盤となる路線の整備を完了し、地方道については、必要度の高いものから効率的、重点的に整備を図るものとしている。なお、高速自動車国道は国土開発の骨格となるものであるから、その建設に合理的に推進するため、料金プール制、地域別料金制等、料金制度について根本的な検討を行うべきことを指摘している。

(3)　道路整備の推移等

　第5次計画では、中央高速道路の調布・河口湖間および東名高速道路全線の供用開始、中央、東北、中国、九州および北陸の新規高速道路はじめ東関東高速道路（東関東自動車道千葉成田線）等の緊急に整備すべき区間の建設の推進がはかられ、一般道路の一次改築、一般国道の交通混雑の著しい路線の二次改築および都市の主要幹線街路の整備が促進され、とくに交通安全施設等の整備および地方道の現道舗装に努力が払われ、また、昭和45（1970）年開催の万国博覧会に関連する道路の重点的な整備が行われた。この計画は3カ年を経過した後、昭和45（1970）年度からは第6次計画にひきつがれることとなった。

　以下、この間の特記すべき事項について述べる。

　中央高速道路（中央自動車道富士吉田線93 km）は、昭和42（1967）年12月に調布・八王子間18 kmが、昭和43（1968）年12月に八王子・相模湖間20 kmが、昭和44（1969）年3月に相模湖・河口湖間47 kmが

それぞれ供用開始され、東名高速道路は、昭和 43（1968）年 4 月に東京・厚木間 35 km、富士・静岡間 40 km および岡崎・小牧間 53 km が、昭和 44（1969）年 2 月に静岡・岡崎間 132 km が、昭和 44（1969）年 3 月に厚木・大井松田間 23km および御殿場・富士間 38km がそれぞれ供用開始され、残区間の大井松田・御殿場間 26 km の完成により、昭和 44（1969）年 5 月 26 日全線 346 km の開通をみた。また、昭和 45（1970）年 3 月には万国博覧会の開催に先立ち、中国縦貫高速道路の吹田・池田間 10 km および近畿高速道路松原吹田線の門真・吹田間 11km がそれぞれ供用開始された。

　国土開発幹線自動車道建設線の基本計画は、昭和 42（1967）年 11 月に千歳・札幌間、盛岡・十和田間、川越・東松山間、千葉・成田間、大月・甲府間、新潟・長岡間、黒部・富山間、松原・吹田間、泉南・海南間、千代田・鹿野間、北九州・福岡間、熊本・えびの間、えびの・鹿児島間およびえびの・宮崎間の 766 km が、昭和 44（1969）年 1 月に苫小牧・千歳間、札幌・岩見沢間、川口・岩槻間、東松山・渋川間、六日町・長岡間、三郷・石岡間、長岡・黒部間、徳島・脇間、高松・豊浜間および大村・日田間の 629 km がそれぞれ決定された。整備計画は、昭和 42（1967）年 11 月に東北縦貫自動車道岩槻青森線の仙台市・盛岡市間、同じく秋田県鹿角郡十和田町・青森市間、北陸自動車道黒部米原線の武生市・滋賀県坂田郡米原町間、中国縦貫自動車道の岡山県真庭郡落合町・広島県山県郡千代田町間および同じく山口県都濃郡鹿野町・美祢市間の 561km（新規高速道路第 2 次整備計画）が、昭和 43（1963）年 3 月に北海道縦貫自動車道千歳札幌線の千歳市・北海道札幌郡広島村間、関越自動車道川越東松山線、東関東自動車道千葉成田線、近畿自動車道松原吹田線、同じく泉南海南線、九州縦貫自動車道鹿児島線・宮崎線の北九州市・福岡県粕屋郡粕屋町間、同じく熊本県飽和郡託麻村・同県下益城郡松橋町間、九州縦貫自動車道鹿児島線の鹿児島県蛤良郡加治木町・鹿児島市間、九州縦貫自動車道宮崎線の宮崎県西諸県郡えびの町・同郡高原町間および関門自動車道の 283 km（新規高速道路第 3 次整備計画）がそれぞれ決定され、昭和 43（1968）年 4 月、日本道路公団に対する施行

227

命令が出された。また、昭和 44（1969）年 1 月に中央自動車道大月甲府線の大月市・山梨県東山梨郡勝沼町間、北陸自動車道新潟長岡線、九州縦貫自動車道鹿児島線・宮崎線の熊本県下益城郡松橋町・八代市間および新東京国際空港線の 97 ㎞について整備計画が決定され（新規高速道路第 4 次整備計画）、同年 4 月、日本道路公団に対する施行命令が出された。

　一般国道のうち 1〜43 号の一次改築は 16 号および 25 号を除いておおむね完了し、二次改築に重点が移行し、大規模バイパスとして第 4 次計画からの継続事業であった西湘、浜松、加古川、岡山、周南、北九州、仙台、常盤、新潟、金沢など 57 ヵ所の各バイパスに加え、静清、寝屋川、小郡、福岡南、立川、足利、伊予など 26 ヵ所のバイパスが事業化され、西湘の一部、東山、加古川、新広島、新熊本、草加越谷、盛岡など 60 ヵ所が供用開始（一部供用開始を含む）され、9 ヵ所の完成をみた。

　なお、一般国道は前回の追加指定のあった昭和 37（1962）年度から 7 年後の昭和 44（1969）年 12 月 4 日、一般国道の路線を指定する政令の一部を改正する政令（昭和 44（1969）年 12 月政令第 280 号）により、71 路線約 5,800km が追加指定され、昭和 45（1970）年 4 月 1 日から施行されることとなった。指定経緯等については IV-4 に述べている。

　交通安全施設等の整備は、昭和 41（1966）年度を初年度とする三箇年計画にもとづいてかなりの成果をおさめてきたが、道路整備を上回る自動車交通量の増加にともなう交通事故発生の増勢に対処するため、昭和 44（1969）年 3 月 31 日、交通安全施設等整備事業に関する緊急措置法の改正（昭和 44（1969）年 3 月法律第 9 号）をみ、4 月 1 日から施行されることとなった。この改正により、

①　地方単独事業も含めて計画が作成され、緊急に交通の安全を確保する必要のある道路について、必要なすべての交通安全施設等が計画的に整備され、

②　都道府県公安委員会および道路管理者は都道府県総合計画および指定区間内計画を作成し、これらの計画のうち国が負担しまたは補助して行う事業として特定交通安全事業等整備三箇年計画を作成する制度により、国と地方

　　公共団体、都道府県公安委員会と道路管理者が一体となって、地域の交通事
　　情に即応した交通安全施設等の整備を促進する体制が確立され、
　③　地方単独事業の実施の義務および地方単独事業に要する費用に対する国
　　の財政上の措置を明確にすることにより、地方単独事業の実施が確保される

こととなった。

　この法律にもとづいて、昭和44（1969）年10月、特定交通安全施設
整備事業を実施すべき道路として70,389kmが指定され、歩道整備を重
点とした特定交通安全施設等整備三箇年計画が昭和44（1969）年12月
2日に閣議決定された。昭和41（1966）年度〜昭和43（1968）年度に
実施された道路管理者による交通安全施設等整備事業および昭和44
（1969）年度を初年度とする交通安全施設等整備三箇年計画を表Ⅴ-1-
13、Ⅴ-1-14およびⅤ-1-15に示す。なお、道路交通法の改正（昭和42
（1967）年3月法律第126号）により、交通反則金納付制度が昭和43
（1968）年7月1日から実施され、反則金収入を道路交通安全施設の地
方単独事業に充当するため、交通安全対策特別交付金として地方公共団
体に交付されることとなった。

　昭和43（1968）年8月18日未明の飛騨川へのバス転落事故が直接の
契機となり、道路情報に関する道路利用者のぼう大な需要に対処してい
くため、昭和44（1969）年4月建設省に道路情報センターが設置され、
①道路の構造、通行条件等の道路に関する情報の収集　②これらの道路
利用者、報道機関等に対する提供　③車両制限令にかかる特殊車両の認
定に必要な道路に関する情報の収集、交換　④道路に関する工事、災害
等に関連する通行規制等の情報の収集、提供　⑤道路情報活動に必要な
調査および情報施設等の整備に関する研究、を行うこととなった。さら
に昭和45（1970）年1月には財団法人日本道路交通情報センターが設
立され、警察・道路管理者の両者において収集される情報を、一元的か
つ正確・迅速に提供することにより、道路交通の安全と円滑化に寄与し、
流通経済上も大きな役割を果たすこととなった。

表Ⅴ-1-13　交通安全施設等整備事業三箇年計画（昭和41（1966）〜43（1968）年度）による整備状況（道路管理者分）[13]

事業費の単位：百万円

工　　種	三箇年計画		昭和41（1966）年度実施		昭和42（1967）年度実施		昭和43（1968）年度実施	
	事業量	事業費	事業量	事業費	事業量	事業費	事業量	事業費
第一種 歩道（km）	4,288	31,406	437	2,754	2,121	15,709	1,730	12,943
横断歩道橋等（箇所）	3,091	21,616	385	2,159	1,701	11,584	1,005	7,873
中央分離帯（km）	142	517	47	153	50	176	45	188
緩速車線（km）	30	123	—	—	20	79	10	44
小規模交差点改良（箇所）	744	1,363	270	400	263	469	211	494
視距の改良（箇所）	104	196	—	—	54	87	50	109
バス停車帯（箇所）	1,029	730	277	173	404	290	348	267
小　　計	—	55,951	—	5,639	—	28,394	—	21,918
第二種 道路照明（基）	35,390	4,365	9,716	1,079	13,354	1,618	12,320	1,668
防護柵（km）	2,510	7,821	933	2,584	906	2,856	671	2,381
道路標識（本）	49,412	1,028	18,946	259	16,628	325	13,838	444
区画線（km）	15,701	2,323	4,776	690	5,782	862	5,143	771
視線誘導標（本）	327,386	477	123,841	150	113,407	170	90,138	157
道路反射鏡（本）	5,967	249	2,381	94	2,063	85	1,523	70
小　　計	—	16,263	—	4,856	—	5,916	—	5,491
計	—	72,214	—	10,495	—	34,310	—	27,409

資料）三谷浩：交通安全事業と新三箇年計画、交通工学研究会、「交通工学」1970　No.1、昭和45年1月、p44

表Ⅴ-1-14　道路管理者の地方単独事業による交通安全施設等の整備状況（昭和41（1966）〜43（1968）年度）[14]

事業費の単位：百万円

工　　種	昭和41（1966）〜昭和43（1968）年度		昭和41（1966）年度実施		昭和42（1967）年度実施		昭和43（1968）年度実施	
	事業量	事業費	事業量	事業費	事業量	事業費	事業量	事業費
第一種 歩道（km）	1,463	8,982	110	537	470	2,500	883	5,945
横断歩道橋等（箇所）	499	3,366	45	256	109	759	345	2,351
地下横断歩道（箇所）	29	246	4	10	12	142	13	94
中央分離帯（km）	20	101	1	5	3	10	16	86
緩速車線（km）	3	22	—	—	—	2	3	20
交差点改良（箇所）	994	500	65	40	410	134	519	326
視距の改良（箇所）	983	413	158	50	240	159	585	204
バス停車帯（箇所）	886	169	17	6	481	48	388	115
小　　計	—	13,799	—	904	—	3,754	—	9,141
第二種 道路照明（基）	102,493	3,551	33,364	1,058	31,666	1,087	37,339	1,406
防護柵（km）	1,834	5,375	238	592	634	1,800	962	2,983
道路標識（本）	113,414	777	17,324	144	40,784	242	55,306	391
区画線（km）	10,316	1,070	1,200	107	3,872	377	5,244	586
視線誘導標（本）	154,254	143	12,533	13	45,897	40	95,824	90
道路反射鏡（本）	18,556	600	1,132	34	3,837	134	13,587	432
小　　計	—	11,516	—	1,948	—	3,680	—	5,888
計	—	25,315	—	2,852	—	7,434	—	15,029

資料）三谷浩：交通安全事業と新三箇年計画、交通工学研究会「交通工学」1970　No.1、昭和45年1月、P44

13　今井勇，井上孝，山根孟：道路の長期計画，（株）技術書院，1971，p82
14　今井勇，井上孝，山根孟：道路の長期計画，（株）技術書院，1971，p83

表V-1-15 交通安全施設等整備事業三箇年計画
（昭和44（1969）～46（1971）年度）[15]

事業費の単位：百万円

区分				合計		計画内訳(A)				計画内訳(B)			
						都道府県総合		指定区間内		特定事業		地方単独事業	
				事業量	事業費	事業量	事業費	事業量	事業費	事業量	事業費	事業量	事業費
都道府県公安委員会	信号機	新設	(基)	8,310	63	6,340	48	1,970	15	3,020	20	5,290	43
		改良	(基)	16,920	30	11,000	17	5,920	13	1,390	7	15,530	23
			(本)	5480		3,030		2,450		1,200		4,280	
		系統化	(基)	3480	39	1,830	18	1,650	21	1,880	19	1,600	20
			(km)	113		90		23		20		93	
		小 計		−	132	−	83	−	49	−	46	−	86
	道路標識		(本)	762,890	51	643,350	42	119,540	9	−	−	762,890	51
	道路標示	横断歩道	(本)	309,970	94	246,320	72	63,650	22	−	−	309,970	94
		その他	(km)	22,760		15,780		6,980		−		22,760	
		計		−	277	−	197	−	80	−	46	−	231
道路管理者	第一種	歩道	(km)	7,600	721	6,100	561	1,500	160	5,000	508	2,600	213
		横断歩道橋等	(箇所)	2,000	190	1,400	137	600	53	1,200	112	800	78
		その他		−	102	−	80	−	22	−	57	−	45
		小 計		−	1,013	−	778	−	235	−	677	−	336
	第二種	防護柵	(km)	4,900	167	4,500	151	400	16	400	16	4,500	151
		道路標識	(箇所)	125,700	26	114,100	12	11,600	14	11,600	14	114,100	12
		その他		−	167	−	124	−	43	−	43	−	124
		小 計		−	360	−	287	−	73	−	73	−	287
	計			−	1,373	−	1,065	−	308	−	750	−	623
合計	計			−	1,650	−	1,262	−	388	−	796	−	854

資料）特定交通安全施設等整備事業三箇年計画閣議決定参考資料、昭和44（1969）年12月2日

　自動車取得税は、地方税法の改正（昭和43（1968）年3月法律第4号）により、地方公共団体の道路目的税として創設され、昭和43（1968）年7月から施行された。これは、自動車取得価格が10万円を越える自動車の取得に対して、取得価格の3％の税率を課し、道府県が徴収して、取得税総額の5％を徴税費とし、残りの95％を市町村に7割、道府県に3割の比率で配分するもので、地方道とくに市町村道整備の財源が充実されることとなった。

　地方公共団体による有料道路は、旧道路整備特別措置法（昭和27（1952）年6月法律第169号）により建設が進められたが、昭和31（1956）年日本道路公団の発足によりそのほとんどが公団にひきつがれ、一時低調

15 今井勇，井上孝，山根孟：道路の長期計画，（株）技術書院，1971，p84

となった。しかしながら、自動車交通の進展、公団の高速自動車国道等
幹線道路建設への指向などにより、地方公共団体の有料道路が活発とな
り、一般有料道路における比重も高まってきた。自動車交通の進展に対
処するためには、積極的な有料道路制度の活用が必要と考えられたが、
地方公共団体の有料道路はその資金を主として公営企業金融公庫債（年
利7分3厘）および縁故債（年利7分3厘〜5厘）に依存しているため
金利負担が重く、その必要性にかかわらず制約を受け、加えて料金徴収
期間が短いこと等の理由により日本道路公団の同種の有料道路に比較し
て通行料金が割高となっており、資金コストの低減が望まれた。このよ
うな情勢から、地方道整備の一方法として今後とも相当長期間にわたっ
て有料道路制度を活用し、資金を回転してその効率的利用を図る見地か
ら、無利子資金の貸付けの方法が採用されることとなった。かくて道路
整備特別措置法の一部改正（昭和43（1968）年3月法律第10号）によ
り、昭和43（1968）年度から有料道路整備資金貸付制度が発足し、この
運営のため道路整備特別会計に有料道路整備資金貸付金が新設された。
なお、貸付額は建設利息を含む総事業費の15％に相当する額とし、毎年
度当該年度に要する建設費の15％相当額を貸付けて、資金コストを年利
6分5厘程度とし、貸付金の償還期間を15年、据置期間を建設期間とし
て5年以内、償還方法は償還開始年度1、完了年度3の割合の等差の年
賦償還によることとされた。昭和43（1968）年度の貸付対象事業費は6
億6,700万円（貸付金1億円）であつたが、昭和44（1969）年度は66
億円（貸付金9億9,000万円）と大幅に拡大された。

　建設省は、昭和37（1962）年度から東京湾の総合的発展、ひいては首
都圏の発展に寄与するための東京湾環状道路調査を開始し、東京湾岸道
路160km、湾口横断道路10kmおよび川崎・木更津横断道路15kmを対象
として調査を進めてきたが、湾内における埋立の進展、企業の立地、東
京湾を一体とした広域港湾の整備の進捗、新新京国際空港の建設等の諸
情勢に即応し、昭和42（1967）年度からは、関東地方建設局に首都道路
調査出張所を開設し、本格的な調査体制をとった。東京港の部分につい
ては、新たに昭和44（1969）年度から直轄で事業化され、とくに第一航

路横断個所（水路幅 960m）の沈埋トンネル計画区間については、首都高速道路公団の事業として着手された。

　さて、日本～北米太平洋航路の初就航コンテナ専用船ハワイアン・プランタ号が、昭和 42（1967）年 9 月 18 日神戸港を出港して、東京湾に寄港、同 20 日太平洋横断の途についたのを契機として、我が国も大型コンテナによる大規模な国際海陸一貫輸送の時代を迎えた。このような情勢から、東京湾岸道路に呼応して大阪湾岸道路の直轄調査が開始され、昭和 43（1968）年度には大阪南港部の計画がまとめられ、阪神高速道路公団にひきつがれた。

　昭和 34（1959）年度に開始された本州四国連絡架橋調査は、昭和 38（1963）年 4 月の本州四国連絡道路調査事務所の開設により調査の本格化をみた。建設省と日本国有鉄道、昭和 39（1964）年 3 月からは日本鉄道建設公団との土木学会への共同委託による技術的検討成果として、本州四国連絡橋計画の基礎となる設計指針、技術的可能性を中心とした第 1 次報告がとりまとめられ、昭和 41（1966）年 3 月に、架橋計画案の技術的検討を中心とした総合的とりまとめ成果が、昭和 42（1967）年 5 月に、それぞれ発表された。昭和 43（1968）年 2 月には、建設省および運輸省により本州四国連絡橋の工期・工費が、同年 10 月には建設省により尾道～今治ルートの一般道路規格の計画案が、昭和 44（1969）年 5 月には海上保安庁への委託による明石海峡および備讃瀬戸における架橋の船舶航行安全上の問題点がそれぞれまとめられ、発表された。昭和 44（1969）年度には、建設省の直轄調査は日本道路公団にひきつがれたが、本州四国連絡橋の事業化は第 6 次計画に譲られることとなった。

Ⅴ-1-6　第 6 次道路整備五箇年計画と道路整備

(1)　第 6 次道路整備五箇年計画への改訂

(a)　第 6 次道路整備五箇年計画への改訂の経緯

　第 1 次計画の発足以来、数次にわたる計画の改訂を通じ特定財源制度と有料道路制度を背景として道路整備の著しい進捗をみたが、道路投資

規模を遥かに上回る自動車台数の激増により、道路資産と自動車交通の
アンバランスはますます顕著となっており、これが交通混雑の激化と交
通事故の増大を招き、経済活動と国民生活を阻害する重大な要因をなす
ものと観察された。

　また、都市への人口、産業の著しい集中にともなう市街地の無秩序な
拡散と都市機能の低下に対処するとともに、一方人口の流出する過疎地
域における住民生活の安定と生産活動の振興を図るために、計画的・先
行的な道路整備の緊急性が一段と高まっているものと判断された。

　このような情勢に対応するため、建設省においては、国土建設の長期
構想（昭和 41（1966）年 8 月）を各地域に具体化する基本的施策が「地
域開発の主要課題」として昭和 43（1968）年 7 月にまとめられ、さらに
地方生活圏整備構想に展開された。一方、昭和 41（1966）年 10 月以来
新しい全国総合開発計画の策定が進められ、昭和 44（1969）年 5 月 30
日に閣議決定をみた。この間、昭和 42（1967）年 10 月には経済審議会
地域部会により、全国地域計量モデルによる分析にもとづいて、昭和 60
（1985）年の地域展望がなされた。また、昭和 44（1969）年 1 月以来、
計画の想定と経済の実勢との乖離の実情から経済社会発展計画の補正作
業が進められた。この経済計画は、同年 9 月 19 日の経済審議会に対す
る諮問すなわち、「内外における経済社会情勢の著しい変化に対応して、
均衡のとれた経済発展と充実した国民生活の実現を図るための新しい経
済社会発展計画いかん」により改訂されることとなり、検討審議の後、
昭和 45（1970）年 4 月 9 日、諮問に対する答申をみ、5 月 1 日、新経済
社会発展計画として閣議決定された。

　これらの課題に対処するため、建設省は、国土開発幹線自動車道を骨
格とした地方生活圏の末端にいたるまでの近代的道路網を整備する長期
計画を作成し、当面緊急を要する事業について昭和 45（1970）年度を初
年度とする新しい道路整備五箇年計画案を策定し、これにもとづいて昭
和 45（1970）年度の概算要求を行った。

　昭和 45（1970）年度の予算編成にあたり、五箇年計画の規模は要求の
投資規模 10 兆 7,000 億円（一般道路事業 5 兆 2,000 億円、有料道路事

業 2 兆 7,000 億円、地方単独事業 2 兆 8,000 億円）に対し、10 兆 3,500 億円（一般道路事業 5 兆 500 億円、有料道路事業 2 兆 5,000 億円、地方単独事業 2 兆 5,500 億円、予備費 2,500 億円）とすることとなり、昭和 45（1970）年 3 月 6 日、つぎのように閣議了解された。

道路整備五箇年計画について

昭和 45（1970）年 3 月 6 日閣議了解

1　昭和 45（1970）年度から昭和 49（1974）年度にいたる五箇年間における道路投資の規模を次のとおりとし、新道路整備五箇年計画を強力に推進するものとする。

一般道路事業	5 兆　500 億円
有料道路事業	2 兆 5,000 億円
地方単独事業	2 兆 5,500 億円
予　備　費	2,500 億円
合　　　計	10 兆 3,500 億円

2　本計画を遂行するために必要な財源措置については、昭和 46（1971）年度予算編成時までに所要の検討を行うものとする。

3　本計画は、今後の経済、財政事情等を勘案しつつ弾力的にその実施を図るものとする。

(b)　第 6 次道路整備五箇年計画への改訂の理由

第 5 次計画を第 6 次計画に発展的に改訂する主な理由は、つぎのように考えられた。

第 1 に、道路整備計画の前提となる新全国総合開発計画および新経済社会発展計画の決定をみ、道路整備についてもこれらの計画と整合のとれた計画にもとづいて実施する必要があること。

第 2 に、道路網の機能的体系を確立し、時代の要請に即応した新しい道路構造基準にもとづいて道路整備を実施する必要があること。

第 3 に、新都市計画法（昭和 43（1968）年 6 月 15 日法律第 100 号）の制定にもとづいて市街化区域および市街化調整区域の設定が進められているが、とくに新市街地については計画的かつ先行的な道路整備を推

進する必要があること。

　第4に、トラックの大型化、コンテナリゼーションの進展、通勤通学
輸送としての高速道路を利用したバス輸送体系の整備など、自動車輸送
の近代化の要請に対処し得るよう道路の整備を推進する必要があること。

　第5に、道路整備の促進を図るため、特定財源の拡充を図る他、民間
資金の導入、民間企業の活用など有料道路事業を拡大するための新たな
措置を確立する必要があること。

　第6に、本州四国連絡橋建設のための本州四国連絡橋公団の設立、名
古屋市等における都市高速道路、地方幹線道路等の有料道路事業による
整備を促進するための地方道路公社の設立などによる新規事業を採用す
る必要があること。

　(c)　昭和60（1985）年度を目標年次とする道路整備の長期計画
　道路は、国土の総合的な開発をはかり、国民生活および生産活動を向
上するための最も重要かつ基礎的な社会資本であるとの認識のもとに、
第5次計画以来の道路整備の基本的な方針すなわち「国土の有効利用、
流通の合理化および国民生活環境の改善に寄与する」ことが踏襲され、
第5次計画の背景となった道路整備の長期構想が改訂され、道路整備の
長期計画としてまとめられた。

　まず、昭和60（1985）年度における我が国の人口、経済水準等を新全
国総合開発計画によるフレームを前提とし、人口を1億2,000万人、国
民総生産を130〜150兆円（昭和40（1965）年価格）、1人あたり国民
所得を94万円、2,600ドルとし、過去のすう勢、西欧諸国の実績等にも
とづいて、昭和60（1985）年度の自動車保有台数および走行台キロが表
V-1-16のように推計された。自動車保有台数は3,500万台に達し、走
行台キロは昭和43（1968）年度のおよそ3倍と見込まれた。

表 V-1-16　昭和 60（1980）年度を目標年次とする道路整備の長期計
画における自動車保有台数および走行台キロの見通し[16]

車　種	保　有　台　数					走　行　台　キ　ロ				
	昭和 43 (1968) 年度 (A)	昭和 50 (1975) 年度 (B)	昭和 60 (1985) 年度 (C)	B/A	C/A	昭和 43 (1968) 年度 (D)	昭和 50 (1975) 年度 (E)	昭和 60 (1985) 年度 (F)	E/D	F/D
普通トラック	千台 630	千台 1,300	千台 2,000	2.1	3.2	億台キロ 199	億台キロ 493	億台キロ 800	2.5	4.0
小型トラック	6,311	8,525	8,590	1.4	1.4	738	1,149	1,300	1.6	1.8
バ　　　ス	143	275	410	1.9	2.9	45	75	105	1.7	2.3
乗　用　車	4,803	14,500	24,000	3.0	5.0	787	1,998	2,995	2.5	3.8
計	11,887	24,600	35,000	2.1	2.9	1,769	3,715	5,200	2.1	2.9

注　1)　二輪車類および特種車等を除く。
　　2)　保有台数は年度央の値である。

道路整備の基本的な方針にもとづき、上記交通需要に対処して、つぎ
のように道路の整備を図るものとされた。

① 　道路網体系の骨格として、国土開発幹線自動車道 7,600 kmおよび海峡連絡
道路等を建設する。
② 　一般国道および都道府県道の全線 151,000 kmを 2 車線以上に整備する。
また、改築済区間のうち混雑区間 18,400 kmを 4 車線以上または規格の高い
道路に再改築する。
③ 　地域住民の生活および生産の高度化に寄与する重要な幹線市町村道
222,000 kmを整備する。
④ 　望ましい市街地の形成、都市機能の向上を図るため、幹線街路 35,300 km
を整備し、さらに大都市においては都市高速道路 800 kmを建設する。
⑤ 　このほか市街地内の区画街路等 302,000 kmの舗装等の整備を行う。
⑥ 　道路を良好な状態に維持し、交通安全施設の整備をはかり、安全かつ円滑な
道路交通を確保する。また、積雪寒冷地域における冬期交通の確保につとめる。

以上により整備される道路の総延長は表 V-1-17 に示すようにおよそ 70
万kmであり、所要の道路投資額は表 V-1-18 に示すように昭和 45（1970）

---

[16] 今井勇，井上孝，山根孟：道路の長期計画，（株）技術書院，1971，p159

年度以降、昭和 60（1985）年度までにおおむね 60 兆円と算定された。

表Ⅴ-1-17　道路整備の長期計画達成後の整備延長[17]

単位：km

種　　　別	新　設	改　築	再　改　築
幹 線 自 動 車 道	7,600	－	－
都 市 高 速 道 路	800	－	－
道路　一 般 国 道	－	27,000	10,700
道路　都 道 府 県 道	－	124,000	4,950
道路　重要な市町村道	－	222,000	2,750
道路　計	－	373,000	18,400
街路　一 般 国 道	－	－	1,280
街路　都 道 府 県 道	－	－	9,620
街路　重要な市町村道	－	24,000	400
街路　計	－	24,000	11,300
中　　　計	8,400	397,000	29,700
区 画 街 路 等	－	302,000	－
合　　　計	8,400	699,000	29,700

表Ⅴ-1-18　道路整備の長期計画事業内訳[18]

（昭和 45（1970）～60（1985）年度、昭和 43（1968）年度実施単価）

区　　分	事 業 量（km）	事 業 費（億円）	うち、用地補償（億円）
幹 線 自 動 車 道	6,760	60,000	6,400
大 規 模 特 殊 事 業		28,000	2,410
一 次 改 策	251,000	160,000	32,450
一 般 国 道	4,700	8,600	510
主 要 地 方 道	11,660	16,300	3,590
一 般 都 道 府 県 道	59,640	61,000	11,600
重 要 な 市 町 村 道	175,000	74,100	16,750
再 改 築	18,400	81,100	31,020
一 般 国 道	10,700	55,900	16,270
主 要 地 方 道	4,950	17,450	10,480
一 般 都 道 府 県 道	2,750	7,750	4,270
街 路	35,300	144,000	82,110
一 般 国 道	1,280	10,299	5,870
主 要 地 方 道	3,520	28,894	16,470
一 般 都 道 府 県 道	6,100	29,037	16,550
重 要 な 市 町 村 道	24,400	75,770	43,220
都 市 高 速 道 路	654	23,400	4,980
そ の 他 の 事 業		21,300	360
区 画 街 路 等		19,000	0
そ の 他		2,300	360
維 持 管 理 等		82,200	0
計		600,000	159,730

---

[17] 今井勇，井上孝，山根孟：道路の長期計画，（株）技術書院，1971，p160
[18] 今井勇，井上孝，山根孟：道路の長期計画，（株）技術書院，1971，p161

(d)　第 6 次道路整備五箇年計画案の大綱

閣議了解された第 6 次計画の事業規模を第 5 次計画と対比すれば、表 V-1-19 のとおりであり、第 6 次計画の重点は概ね次のように設定された。

表 V-1-19　第 6 次と第 5 次道路整備五箇年計画との対比[19]

区　　　分	第 5 次計画　A (昭和 42 (1967) ～46 (1971) 年度) (億円)	第 6 次計画　B (昭和 45 (1970) ～49 (1974) 年度) (億円)	B/A
一 般 道 路 事 業	35,500	50,500	1.42
有 料 道 路 事 業	18,000	25,000	1.39
計	53,500	75,500	1.41
地 方 単 独 事 業	11,000	25,500	2.32
予 　 備 　 費	1,500	2,500	1.67
合 　 　 　 計	66,000	103,500	1.57

①　高速自動車国道については、五道全線およびその他緊急を要する区間の着工をはかり、計画期間内に 1,900 km の供用を図る。

②　在来一般国道の一次改築については、一部区間を除き、昭和 50 (1975) 年度完成を目途に事業の促進を図る。また、交通上隘路となっている区間おおむね 3,000 km の再改築を行う。

③　主要地方道の改良、舗装および都道府県道の舗装を昭和 55 (1980) 年度までに完成することを目途に整備の促進を図る。また市町村道については、重要路線を選定して整備を推進する。

　　なお、地方道の整備にあたっては、過疎対策の主軸として奥地開発、山村振興等を含め、地方生活圏構想にもとづく道路の整備を強力に促進する。

④　都市高速道路については、首都高速道路 150 km、阪神高速道路 130 km の供用を図るほか、新たに名古屋高速道路等の建設に着手し、約 20km の供用を図る。

⑤　都市交通の円滑を図るため、都市計画街路の整備、主要交差点の改良および鉄道の高架化を促進する。また市街化区域のうち開発を推進すべき都市計画街路については、昭和 55 (1980) 年度完成を目途にその整備を促進する。

---

[19]　今井勇，井上孝，山根孟：道路の長期計画，(株) 技術書院，1971，p162

⑥　本州四国連絡橋、東京湾岸道路等の事業の推進を図る。

⑦　交通事故増大のすう勢にかんがみ、歩道設置を重点として交通安全施設の整備を強力に促進する。

⑧　道路を良好な状態に維持し、とくに積雪寒冷地域においては冬期交通の確保につとめる。

⑨　以上の道路整備を促進するにあたっては、道路網の再編成を行うとともに、流通業務施設、港湾、空港、鉄道ターミナル等との連携にとくに配慮する。

⑩　新たに地方道路公社を有料道路の事業主体に加える等の方策により、有料道路事業の促進を図る。

　これらの事業を達成するためには、特定財源の拡充強化、民間資金の導入等財源の充実について新たな措置を講ずる必要がある。

(2)　地域開発の主要課題と道路整備

(a)　地域開発の主要課題

　地域開発の主要課題（昭和 43（1968）年 7 月、建設省）は、国土建設の長期構想（昭和 41（1966）年 8 月）をうけ、昭和 60（1985）年の人口、就業人口、生産所得、産業構造などのフレーム、都市化、輸送需要、国土保全、水需給、住宅需要および観光・レクリエーションの地域ごとの動向を分析して、産業構造の高度化に伴う全国的な都市化の一層の進展と地域間交流の著しい増大が地域経済社会の構造を劇的に変ぼうさせようとしており、国土の一部の先進地域への人口・産業の集中は過密の弊害を一層激化させるとともに過疎問題を深刻化し、地域格差とくに社会的生活環境水準格差を拡大させるなど、望ましい国土建設の視点から憂うべき問題も少なくないとし、このような問題の発生を防ぎ、国民の生活と経済活動の舞台である国土がより安全に、より快適に、そしてより有効に利用されるようにするためには、都市化に伴う地域発展のすう勢を正しく評価したうえでそのエネルギーを計画的に誘導し、秩序づけながら国土全体の効率的な開発保全を図る必要があるものとして、地域開発の戦略的な課題をとりまとめたものである。

　地域開発の主要課題の骨子はおおむねつぎのようである。

① 都市化への対応策として、都市を機能的に分類し、全国の都市のなかで、全国中心都市、地方中心都市、地域中心都市または生活圏中心都市としての機能を現に果たしつつある都市またはそのポテンシャルを強めつつある都市を、それぞれの機能に応じて積極的に育成・整備する。

② 農山漁村地域については、生活圏中心都市を核とし、これと一体として整備すべき生活圏の総合的な計画を策定し、これにもとづいて施設の整備、集落の再編成等を推進することにより、基礎的生活条件の整備を進める。

③ 地域間の交流激化に対処するとともに、国土全域の開発の基礎条件の均衡化を図るため、国土開発幹線自動車道路網を骨格とする幹線道路網の建設を促進し、全国、地方、地域および生活圏の各中心都市相互をすべて国土開発幹線自動車道または高規格の国道により連絡する。

④ 国土保全の基幹となる大規模河川施設をはじめ、都市およびその周辺地域の治水・保全施設を整備し、集中豪雨等に対処するための中小河川対策を推進するとともに、水需要の増大に対処して水資源の先行開発と大規模開発を促進し、広域利水と水利用の合理化を図る。

⑤ 所得水準の上昇、余暇時間の増大等に伴うアウトドア・レクリエーション需要の急増に対処し、自然景観の保護、自然環境の保全・開発に努める。

⑥ 土地需要の増大に伴う用地需給の競合、優良農地の潰廃、自然の破壊、地価の高騰など土地問題の激化に対処し、土地に関する権利の行使、土地からの受益は常に社会公共の利益との調和を前提にするという基本的な考え方のもとに土地対策を推進する。

これらの大綱は新全国総合開発計画にとりこまれることとなった。また、これらの施策を実現するためには、地域に即した具体的な施設計画を都道府県の計画として策定し、公共施設等の整備を推進する必要があると考えられたため、昭和 44（1969）年 6 月 6 日、建設事務次官から都道府県知事あてに「都道府県建設省所管施設整備基本計画について」の通知が出され、基本計画の作成が進められた。この基本計画は、①その対象とする施設を国、公団、地方公共団体等事業主体の如何を問わず、建設省所管に係る施設とし、②都道府県全域にわたる計画、地方生活圏

ごとの計画および大都市地域の計画からなり、③昭和 45（1970）年度を
初年度とし、昭和 60（1985）年度を目標年次とする長期計画と昭和 50
（1975）年度を目標年次とする中期計画とからなる。建設省としては、
建設省所管施設の整備についてはこの基本計画を基礎としてこれに即応
するよう努めるものとした。なお、基本計画は、情勢の変化等に応じて
所要の改訂が行われるものとされた。

(b)　地方生活圏整備構想

　都道府県建設省所管施設整備基本計画では、地方生活圏を「都市的地
域を中心とし周辺農山漁村地域を一体とした住民の日常生活圏域で、住
民の基礎的生活条件の確保を図るため一体的に整備する必要がある圏域
をいい、原則として、大都市地域以外について知事が設定する」ものと
しており、その設定基準はつぎのようである。

地方生活圏設定基準

①　地方生活圏は、つぎの各要件をみたすことを標準として選定した市または
　　町（以下「地方生活圏中心都市」という。）を中心に一体的に整備すべき地域
　　とし、地方生活圏中心都市と周辺地域間の通勤通学、医療・買物等日常生活
　　機能の依存状況等についての現況および将来の見通しを勘案して設定する。
　　なお、京浜葉、中京および京阪神の大都市地域については、下記②ェ）の場
　　合を除いては、地方生活圏は設定しない。

　ｱ）　昭和 40（1965）年における人口集中地区人口がおおむね 1 万 5 千人
　　　以上であること。

　ｲ）　昭和 40（1965）年において当該市または町への通勤通学者総数が当該
　　　市または町からのそれを上まわること。

　ｳ）　昭和 39（1964）年において人口 1 人あたり小売販売額（飲食店を除
　　　く。）が、当該市または町の属する都道府県の人口 1 人あたり小売販売額
　　　（飲食店分を除く）をこえること。

　ｴ）　昭和 40（1965）年において当該市または町を就業地とするサービス業
　　　就業者数が、当該市または町の常住人口に当該市または町の属する都道府

242

県を就業地とするサービス業就業者数と当該都道府県の常住人口との比
を乗じて得た数をこえること。

注　　1）　　人口集中地区人口、通勤通学者総数、サービス業就業者数およ
び常住人口は、国勢調査の数値による。

2）　　人口 1 人あたり小売販売額は、商業統計調査の数値および昭
和 39（1964）年 1 月 1 日現在の住民登録にもとづく人口により算
定する。

②　①により地方生活圏を設定する場合においては、つぎの事項に留意するも
のとする。

ｱ）　地方生活圏は、圏域の半径おおむね 20km〜30km、圏域内人口おおむ
ね 15 万人〜30 万人を標準とすること。

ｲ）　都道府県内の市町村（京浜葉、中京および京阪神の大都市地域内にあ
るものを除く。）のすべてが、いずれか 1 つの地方生活圏に属さなければ
ならない。この場合において 1 つの市町村の区域が 2 以上の地方生活圏
に属さないこと。

ｳ）　1 つの都市計画区域が 2 以上の地方生活圏に属さないこと。

ｴ）　大都市地域外の市または町を地方生活圏中心都市としては地方生活圏
を設定することができない地域については、地方生活圏中心都市として大
都市地域内の市または町を選定し、当該地方生活圏中心都市を中心に一体
的に整備する必要がある地域について大都市地域をその圏域の一部とす
る地方生活圏を設定することができること。

　地方生活圏整備構想は、以上により設定された地方生活圏について、
その下位の生活圏として中心部にそれぞれ商店街、病院等相当規模の都
市的機能の集積を有する 2 次生活圏（圏域の半径おおむね 6〜10 ㎞、圏
域内人口 1 万人以上、中心部へのバスによる 1 時間圏）、役場、診療所、
中学校等基礎的な公益的施設の集積を有する 1 次生活圏（圏域の半径お
おむね 4〜6 ㎞、圏域内人口 5 千〜1 万人、中心部へのバスによる 15 分
圏、自転車による 30 分圏）および幼児保育、老人福祉等のための施設の
集積を有する基礎集落圏（圏域の半径おおむね 1〜2 ㎞、圏域内人口 1,000

〜2,500 人、中心部への徒歩による 15〜30 分圏）の階層的区分を考慮して、当該地方生活圏の都市地域については都市機能の育成強化をはかり、農山村地域については基幹となる集落について生活環境施設を整備するとともに、当該地方生活圏の一体的形成を図るために必要な道路網および他地域との地域間交流の緊密化に必要な幹線道路の整備を強力に推進しようとするものである。この場合、生産条件に恵まれず、居住環境の劣悪な小集落については、基幹となる集落等へ移転するよう誘導することが考慮されている。

(c)　地域開発の主要課題に即応した道路整備

　地域開発の主要課題に即応した道路整備としては、全国中心都市、地方中心都市および主たる地域中心都市を連絡する道路として国土開発幹線自動車道を建設し、これを補完し地域中心都市または生活圏中心都市と全国中心都市または地方中心都市を、また地域中心都市または生活圏中心都市相互を連絡する道路として一般国道等を整備する。地方生活圏については、中心都市と圏域内 2 次生活圏の中心とは主要地方道等、2 次生活圏の中心と 1 次生活圏の中心とは一般都道府県道等、1 次生活圏の中心と基礎集落圏の中心および基礎集落圏の中心と主要集落とは幹線市町村道等により連絡し、その整備を図る。

　中心都市の類型に応じた道路整備については、概ね次のように考えられる。

①　全国中心都市

　全国中心都市としては、東京および大阪、これに準ずる都市として名古屋があげられる。これらを中核とする地域の国際的および全国的規模での役割は今後ますます増大し、とくに管理中枢機能の拡大と効率化が要求される。このため、都心業務地を改造し、高層化して機能の増大に対処するとともに、副都心を整備するほか、流通業務機能を一団として都市の外かく部に再配置し、また、圏域内諸都市の機能分担を明確にしてその整備を積極的に進めることにより、多核型都市として再編成する必要がある。周辺部においては、広域的な土地利

用計画にもとづき保全すべき農用地、緑地等と調整をとりつつ優先的に市街化すべき地域を設定し、これを重点的に整備することにより、人口や産業の秩序ある収容を図る必要がある。

このような観点から、他の地方と連絡する国土開発幹線自動車道等の建設を促進し、都心、副都心、外かく部の流通業務地、新住宅市街地等および周辺の核となる諸都市の相互を国土開発幹線自動車道、一般国道、都市高速道路、地下鉄を中心とした通勤鉄道等の放射環状体系の有機的な交通網により結合し、あわせて市街地の基幹となる道路網の整備を図る。この場合、とくに下記の諸点に配慮する。

ｱ) 放射高速道路およびその他主要幹線道路からの交通を円滑に都市内に分散・導入し、都市内に起終点を持たない交通をバイパスさせ、流通機能の再編成に寄与し得るよう、外郭環状道路を建設する。

ｲ) 既成市街地については、都市再開発の手法による建物の高層化により道路および駐車場面積の確保を図る。幹線街路の整備にあたっては、都市高速道路の併設あるいは交差点の立体化を考慮する。

ｳ) 既成市街地の周辺部については、主として区画整理方式により近隣住区を単位として、市街地と道路網の再編成を図る。

ｴ) その他の地域については、大団地方式による新市街地と既成市街地とを連絡する放射・環状道路網の形成を図る。

② 地方中心都市

札幌、仙台、広島および福岡は、管理中枢機能や商業機能等の面からみて、地方の中心的な都市としての性格を持ち、人口も今後飛躍的に増大する可能性を持っている。これらの地方中心都市については、全国中心都市が持っている役割を分担させて、地方の住民が従来持っていたような大都市からの距離的な疎隔感をなくすために、全国中心都市に準ずる総合的な機能を整備し、その機能を影響圏の住民に提供できるようにする必要がある。

このような観点から、とくに下記の諸点に配慮して道路を整備する。

ｱ) 勢力圏内にある地域中心都市およびその他の都市とを連絡する道路の整備を図る。

ｲ) 全国中心都市に準じ、計画的な市街地の再開発と新市街地の形成に必

要な放射・環状道路の整備を図る。

ウ)　国土開発幹線自動車道、空港・港湾等に連絡する自動車専用道路の建
　　　設を図る。

エ)　通勤大型バス路線の確保を図る。

③　地域中心都市

地域中心都市は、県庁所在地その他これに準ずる都市で、管理中枢機能や商
業機能の集積があり、その地域の行政、経済、文化、情報、流通その他の中心
となるポテンシャルを持つ都市である。

道路整備にあたっては、計画的な都市形成に寄与するよう配慮するとともに
とくに下記の諸点に留意する。

ア)　勢力圏内の生活圏中心都市、生活圏内のそれぞれの中心と連絡する放
　　　射道路の整備を図る。

イ)　環状道路の機能を考慮して幹線道路のバイパスの建設を図る。

ウ)　国土開発幹線自動車道との連絡道路の整備を図る。

④　生活圏中心部市

すでに述べたように、圏域内のそれぞれの中心と連絡する放射道路の整備を
図る。

(3)　新経済社会発展計画における社会資本の整備

社会資本の整備については、国民の生活基盤の充実を通じての「社会
開発の推進」、全国土にわたる発展の可能性を高める観点からの「発展基
盤の培養」の手段として、重点の第1に良好な住宅と健康にして安全な
生活環境の整備、第2に経済活動の主要な基盤であり国土利用の再編成
に先導的役割を果たす交通通信体系の整備、第3に国土保全施設の整備
と安定した水の供給の確保、第4に農業水産業の生産基盤および近代化
施設の整備をあげている。

交通通信の分野においては、従来需要への対応がともすれば立ち遅れ
がちであったことにかえりみ、今後は的確な需要予測のもとに重点的か
つ先行的な施設整備を行う必要があり、あわせて輸送の高速化、快適化
および通信の高度化等サービスの質的向上に努めなければならないとし、

　このため、現在各所に発生している交通混雑などの隘路を早急に打開するとともに、長期的視点にたった広域的、体系的な国土の新骨格の建設を目ざし、さらに各交通機関の特性を十分活用しつつ相互の協調体制を整備するほか、施設の一層の近代化を進めることなどにより効率的な輸送体系を確立するものとしている。なお、国内輸送需要については表V-1-20のように需要の増大が見込まれ、自動車保有台数については表V-1-21のように推計されている。

　計画期間中の公共投資の総額は、おおむね55兆円（昭和44（1969）年度価格、用地費を含む）と設定された。これは、政策変数としての政府固定資本形成（Ig）について年平均伸率を10〜15%程度（実質）の範囲でいくつかのケースがテストされ、他の一連の指標とともに昭和44（1969）年度を初項とする年平均伸率13.5%（実質）が適当な値として決定され、これにもとづいてつぎのように算定されたものである。①モデルから算出された政府固定資本形成デフレーターの年平均伸率3.1%を用い、計画期間における名目政府固定資本形成を求め、②昭和35（1960）〜昭和43（1968）年度の名目用地費率から計画期間の平均の名目用地費率を13.2%と推定して名目用地費を算出し、③計画期間における用地費デフレーターの年平均伸率を昭和38（1963）〜昭和44（1969）年度の全国市街地価格指数（日本不動産研究所による）から13.4%と推定し、これにより実質用地費を算出し、④実質政府固定資本形成に実質用地費を加え公共投資を算出するという手法を各年度について行い、計画期間中の公共投資総額を求める。この結果、公共投資の年平均伸率は13.0%となった。

　公共投資の部門別配分については、社会資本整備の重点に即応した各部門の整備の方向、最近における各部門の投資実績、前計画における部門別投資額、各部門に対する各省の計画案、需要の見通し、整備水準、各部門相互間のバランスなどが検討され、表V-1-22のように決定された。なお、計画の具体化が予想される大規模な整備事業等にあてるため、調整費として1兆円が見込まれた。

表Ｖ-1-20　新経済社会発展計画における国内輸送需要の見通し[20]

項目	昭和43 (1968) 年度(A)		昭和50 (1975) 年度(B)		B/A	年平均伸び率	昭和43 (1968) 年度(C)		昭和50 (1975) 年度(D)		D/C	年平均伸び率
	輸送量	構成比率	輸送量	構成比率			輸送量	構成比率	輸送量	構成比率		
貨物	輸送トン数						輸送トンキロ					
総貨物量	百万トン 4,344	% 100	百万トン 9,800	% 100	2.3	% 12	億トンキロ 2,789	% 100	億トンキロ 5,700	% 100	2.0	% 11
国鉄	199	5	300	3	1.5	6	590	21	900	16	1.5	6
私鉄	54	1	80	1	1.5	6	10	0	15	0	1.5	6
トラック	3,813	88	8,820	90	2.3	13	1,015	36	2,285	40	2.3	12
海運	278	6	600	6	2.2	12	1,174	42	2,500	44	2.1	11
旅客	輸送人員						輸送人キロ					
総旅客量	千万人 36,090	% 100	千万人 56,000	% 100	1.6	% 6	億人キロ 4,823	% 100	億人キロ 8,900	% 100	1.8	% 9
国鉄定期	4,742	13	6,500	12	1.4	5	791	16	1,100	12	1.4	5
国鉄一般	2,126	6	3,000	5	1.4	5	1,057	22	1,900	21	1.8	9
国鉄計	6,868	19	9,500	17	1.4	5	1,848	38	3,000	34	1.6	7
私鉄定期	5,957	16	7,400	13	1.2	3	604	12	800	9	1.3	4
私鉄一般	3,361	9	4,500	8	1.3	4	289	6	400	4	1.4	5
私鉄計	9,318	26	11,900	21	1.3	4	893	18	1,200	14	1.3	4
バ　ス	11,529	32	16,310	29	1.4	5	953	20	1,390	16	1.5	6
乗用車	8,214	23	18,000	32	2.2	12	1,036	22	3,000	34	2.9	16
航　空	8	0	40	0	5.0	26	51	1	240	3	4.7	25
海　運	151	0	250	0	1.7	8	41	1	70	1	1.7	8

資料）経済企画庁編：新経済社会発展計画、大蔵省印刷局、昭和45（1970）年5月、P123
注 1)　航空による貨物輸送は除外している。
　　2)　国内貨物輸送は、鉱工業生産指数または国民総生産との相関により推計した。
　　3)　定期以外の旅客輸送量については、個人消費支出との相関により、また、定期旅客輸送量については、雇用者高校生以上の学生数との相関により推計した。

表Ｖ-1-21　経済社会発展計画における自動車保有台数の見通し[21]

項目	昭和43 (1968) 年度(A)		昭和50 (1975) 年度(B)		B/A	年平均伸び率
	台数	構成比率	台数	構成比率		
総 台 数	千台 13,336	% 100.0	千台 29,000	% 100.0	2.2	% 11.7
普通トラック	687	5.2	1,500	5.2	2.2	11.8
小型トラック	6,719	50.4	9,160	31.6	1.4	4.5
特種用途車	263	2.0	550	1.9	2.1	11.1
バ　ス	153	1.1	290	1.0	1.9	9.6
乗 用 車	5,514	41.3	17,500	60.3	3.2	17.9

資料）経済企画庁編：新経済社会発展計画、大蔵省印刷局、昭和45（1970）年5月、P124
注 1)　総台数は三輪以上の自動車であり、軽自動車を含む。
　　2)　普通トラックには被けん引車を含む。
　　3)　特種用途車には大型特種車を含む。
　　4)　国民総生産または個人消費支出との相関により推計した。

---

20 今井勇、井上孝、山根孟：道路の長期計画、（株）技術書院、1971, p178
21 今井勇、井上孝、山根孟：道路の長期計画、（株）技術書院、1971, p179

表V-1-22　新経済社会発展計画における事業別公共投資額[22]

| 部　　門 | 昭和45(1970)〜昭和50(1975)年度 | | 参　　考 | |
	金　額 (44(1969)年度価格) (10億円)	構成比率 (%)	昭和39(1964)〜 昭和44(1969)年度 (時　価) (10億円)	経済社会発展計画 (昭和42(1967)〜昭和46 (1971)年度) (昭和40(1965)年度価格) (10億円)
道　　　路	11,700	21.3	5,544	6,150
港　　　湾	1,900	3.5	659	840
航　　　空	590	1.1	80	−
住　　　宅	3,900	7.1	1,201	1,710
環 境 衛 生	3,140	5.7	995	1,270
厚 生 福 祉	1,040	1.9	537	520
学　　　校	2,620	4.8	1,569	1,310
国 土 保 全	3,700	6.7	1,537	1,810
農 林 漁 業	3,250	5.9	1,443	1,550
鉄　　　道	5,500	10.0	2,802	3,380
電　　　々	5,320	9.7	2,656	2,660
小　　　計	42,660	77.6	19,023	21,200
そ　の　他	11,340	20.6	6,441	5,800
調 整 費	1,000	1.8	−	500
合　　　計	55,000	100.0	25,464	27,500

資料）経済企画庁編：新経済社会発展計画、大蔵省印刷局、昭和45（1970）年5月、p121
　注）昭和39（1964）〜昭和44（1969）年度実績は、一部推定を含む。

　建設省の提出した道路整備計画は、投資規模10兆7,000億円の第6次道路整備五箇年計画要求案の整備方針を基礎とした6ヵ年の計画期間に相当する投資規模13兆9,000億円の計画に、本州四国連絡橋、東京湾岸道路など大規模プロジェクトの促進、都道府県道の一次改築および主要幹線街路の昭和55（1980）年度までの完成、一般国道において昭和50（1975）年度に予想される混雑区間9,300kmの混雑解消、都道府県道において昭和55（1980）年度に予想される混雑区間4,800kmの昭和55（1980）年度までの混雑解消などの計画を織り込み、所要投資額を加算し、投資規模を16兆7,000億円とするものであった。結局、道路投資規模は表V-1-22のように11兆7,000億円（昭和44（1969）年度価格）に決定されたが、この規模は、新経済社会発展計画の閣議決定に先立って閣議了解された第6次道路整備五箇年計画の投資規模10兆3,500億円を名目価格として考えた場合の昭和45（1970）〜昭和50（1975）年度6ヵ年の計画期間に相当する規模と考えられる。

　社会資本整備の積極的拡充を図るためには資金の調達が大きな要件で

---

[22] 今井勇，井上孝，山根孟：道路の長期計画，（株）技術書院，1971，p181

あるが、新経済社会発展計画では、施設の性格に応じ受益者を含めた合理的費用負担ならびに社会資本分野への民間事業主体の積極的参加を図ることが肝要となろうとし、受益、負担の対応関係が明らかな施設や利用者にとって選択可能な施設もしくはより高度のサービスを提供する施設の整備に関しては極力受益者負担の考え方を導入すること、従来公的機関が主として実施してきた分野においても収益性を確保しうる施設については可能なかぎり民間事業主体の参加を推進すべきであること、このためには、計画、実施ならびに運営において公共性を確保するうえで必要となる一定の条件のもとで、社会資本分野に民間の参加を制限している現行制度の改善などを図るとともに、これら民間事業主体の事業の実施と関連公共施設の整備との間に整合性が保たれるよう配慮する必要があることを指摘している。

また、社会資本はこれを総合的プロジェクトとしてとらえ効率的な整備が実施されるよう配慮することが必要であるとし、このため、第1に社会資本整備の目標および達成手段について科学的に選択する方法を強化する必要があること、第2に国および地方を通じて計画立案、総合調整の機能を強化する必要があること、第3に事業の実施にあたっては、たとえば基幹的事業については総合的視点から国がその事業の実施または調整を行い、地域的事業で国の基本政策にかかわりのないものについてはそれぞれの地域の特性と創意を生かして地方公共団体にゆだねるか、または新たな開発主体を活用するなど事業の規模、性格に適応した効率的な整備体制を検討すること、第4に社会資本の実質的な拡充強化を図るための建設工事の生産性を高めることが必要であることなどを強調している。

(4) 道路整備体制の整備等

昭和45（1970）年度の予算編成にあたり、第6次道路整備五箇年計画への改訂、一般国道の二次改築の国庫負担率の調整、本州四国連絡橋公団の設立、地方道路公社制度の創設などが認められた。以下、これらについて記述し、さらに第6次計画の閣議決定までに制定された道路整備に関連する新たな法律などに言及する。

　国庫負担率の調整については、昭和45（1970）年度から、内地の一般国道の二次改築で都市計画決定がなされている4車線以上の道路の区間の改築に要する費用の国の負担金の割合が3/4から2/3に、北海道の一般国道の交通安全施設等整備事業によるものを除く二次改築に要する費用の国の負担金の割合が10/10から9/10に改訂されることとなった。また昭和46（1971）年度からは、北海道における国の直轄事業についての国の負担金の割合が、一般国道の一次改築については10/10から9.5/10に、交通安全施設等整備事業および雪寒事業（除雪、防雪および凍雪害防止）については10/10から9/10に、その他の維持修繕については10/10から8/10にそれぞれ改訂されることとなった。

　一般有料道路事業については、道路整備特別措置法の一部を改正する法律（昭和45（1970）年法律第45号）が5月4日に公布、施行され、地域的合併採算制が導入され、また日本道路公団の一般有料道絡を道路管理者が引き継いで新設または改築および料金の徴収をみずから行うことができることとなった。

　本州四国連絡橋については、土木学会の答申（昭和42（1967）年6月28日）以後技術調査として詳細な地質調査とくに巨大な基礎に対する基礎地盤の工学的諸性質の把握、耐震設計の合理化および施工時を含めた耐風安定性の確認、基礎施工の裏付けのための大規模実験、耐風性のすぐれたケーブルおよび補剛トラスの架設工法の裏付け実験、海上作業についての実験的裏付け調査、施工機械の開発と実験、工事中および完成後の船舶航行対策および安全施設の研究と実験などに重点をおいて調査が進められ、経済調査として新たに開発された地域経済計量モデルを用いて各種架橋計画による生産所得の増加額、投資効率および有料事業としての採算性がまとめられた（表V-1-23）。本州四国連絡橋の調査、研究を推進し、その事業を遂行するためには、

① 　いずれのルートも世界的規模の橋梁を台風、地震、潮流などの厳しい条件のもとで建設することとなり、共通した難問題を含んでいるとともに、その事業規模も大きいので、調査・技術開発から建設にいたるまでの事業の遂行は単一の組識と一貫した責任体制の下に

251

　　行う必要のあること

②　建設ルートのうちには道路と鉄道との併用となるものもあるので、今後の調査・設計段階では道路と鉄道とを一体として総合調整しながら業務の遂行を図る必要があり、従来のように日本道路公団と日本鉄道建設公団による別個の調査では対応できないこと

③　本州四国連絡橋は地域的に限定された大規模な事業であるので、地域に則した組織と資金調達ができる体制を確立する必要があること

などのため、新たな組織を設けることとなり、昭和45（1970）年5月20日、本州四国連絡橋公団法（昭和45（1970）年法律第81号）が公布・施行され、7月1日、同公団の発足をみた。同公団の基本的な業務は、本州と四国とを連絡する有料の一般国道および鉄道施設の建設、管理を総合的に行うことで、建設した鉄道施設は有償で日本国有鉄道が利用することとなる。なお、所要資金には民間資金の大幅な導入が予定されていた。

表Ｖ-1-23　本州四国連絡橋の工費、工期など[23]

項　　　目		A 神戸・鳴門		D 児島・坂出		E 尾道・今治		
		道路橋	併用橋	道路橋	併用橋	高速道路	一般規格4車線	一般規格2車線
区間	起点	神戸市垂水区	山陽本線鷹取	岡山県倉敷市	山陽本線岡山付近	広島県尾道市	広島県尾道市	広島県尾道市
	終点	徳島県板野郡	鳴門線鳴門	香川県綾歌郡	予讃本線坂出丸亀	愛媛県周桑郡	愛媛県周桑郡	愛媛県今治市
延長 (km)	海峡部	7.1	6.9	8.7	9.5	11.4	9.9	9.9
	陸上部	80.1	77.6	31.9	31.2	69.5	69.5	50.8
	計	87.3	84.5	40.6	40.7	80.9	79.4	60.7
工費 (億円)	海峡部	1,884	2,452	1,475	1,747	1,683	1,013	1,013
	陸上部	637	1,276	358	804	549	465	230
	計	2,521	3,728	1,833	2,551	2,232	1,478	1,243
工期 (年)		14	15	11	12	10	8	8
海峡部車線数		6	複線	6	複線	6	4	4
海峡部	鋼材量 (t)	315,200	421,400	260,600	335,100	310,800	186,380	186,380
	コンクリート量 (㎥)	895,400	1,766,000	807,600	1,432,000	844,600	780,770	780,770

資料1)　建設省道路局：本州四国連絡道路の工費・工期、昭和43（1968）年2月
　　2)　日本鉄道建設公団：本州四国連絡鉄道道路併用橋の工事費・工期、昭和43（1968）年2月
注　1)　工費は昭和42（1967）年12月現在の単価による。
　　2)　工期には実施調査の期間を含む。

　有料道路の飛躍的な整備を図るため、同じく5月20日、地方道路公社

23　今井勇，井上孝，山根孟：道路の長期計画，（株）技術書院，1971，p197

法（昭和 45（1970）年法律第 82 号）が公布・施行され、有料道路の事業主体として地方公共団体の出資する地方道路公社が加えられ、政府資金および地方公共団体の資金のほか民間資金を積極的に導入・活用して、地方的な幹線道路のうち有料道路として適当なものについて、その建設・管理を行うこととなった。

同公社の基本的な業務は、設立団体である地方公共団体の区域およびその周辺の地域において、①地域の利害にとくに関係が高い一般国道、都道府県道または市町村道を新設しまたは改築して料金の徴収を行うこと　②政令で指定する人口 50 万人以上の市の区域およびその周辺の地域における幹線道路網の一部をなし、かつ自動車専用道路として都市計画において定められたものを「指定都市高速道路」として新設しまたは改築して料金の徴収を行うこと　③道路運送法（昭和 26（1951）年法律第 183 号）にもとづく一般自動車道の建設・管理を行うこと、とされた。名古屋高速道路公社は、同法による地方道路公社の第 1 号で、名古屋高速道路についての資金構成は、地方公共団体の出資金 10%、国の無利子の貸付金 15%、財投引受けによる特別転貸債（地方公共団体が公社等に融資する資金を調達するために発行する地方債で、政府は財政援助としてその金額を資金運用部資金で引き受ける）35%、民間借入金 40%で、総合資金コストはおおむね年 6%である。

第 63 回国会で成立した道路に関係するその他の法律としては、まず 4 月 3 日に公布・施行された自転車道の整備等に関する法律（昭和 45（1970）年法律第 16 号）があげられる。同法は、「自転車道の整備等に関し必要な措置を定め、もって交通事故の防止と交通の円滑化に寄与し、あわせて自転車の利用による国民の心身の健全な発達に資する」ことを目的とし、①道路管理者は、既設の道路において自転車だけ、または自転車と歩行者が通行できる部分を、自転車道等として設けるようつとめなければならないこと　②市町村は、市町村道としての、自転車だけが通行できる自転車専用道路、または自転車と歩行者だけが通行できる自転車歩行者専用道路を設けるようつとめなければならないこと　③建設大臣は、道路整備五箇年計画において、自転車道の計画的整備が促進されるよう

配慮しなければならないこと、などを規定している。

　次に、過疎地域対策緊急措置法（昭和 45（1970）年法律第 31 号）が 4 月 24 日に公布・施行された。同法は、人口の急激な減少により地域社会の基盤が変動し、生活水準および生産機能の維持が困難となっている過疎地域について、①交通通信連絡の確保　②教育・厚生・文化施設の整備および医療の確保など住民の福祉の向上　③産業の振興と安定的な雇用の増大　④地域社会の再編成の促進を、振興のための対策の目標として過疎地域振興計画を定めるものとし、その実施に必要な財政上およびその他の特別措置を講ずることにより、人口の過度の減少を防止するとともに地域社会の基盤を強化し、住民の福祉の向上と地域格差の是正に寄与しようとするものである。過疎地域における基幹的な市町村道で建設大臣が指定する基幹道路の新設および改築については、都道府県知事が過疎地域の市町村に協力して講じようとする措置の計画（都道府県計画）にもとづいて都道府県が行うことができるものとし、これらの事業に要する経費については、都道府県が負担するものとしている。

　第 65 回国会においては、道路法等の一部を改正する法律案が成立をみ、車両の通行に関する規制措置の強化、自転車専用道路等に関する規定の整備などにより、道路管理についていっそうの強化がはかられることとなった。その要旨はおおむねつぎのとおりで、とくに道路管理者と公安委員会との緊密な連けいが積極的にはかられるようになったことは、当然のこととはいえ、画期的なものと考えられる。

①　道路の構造を保全し、または交通の危険を防止するため、幅、重量、高さ、長さ等について一定の限度をこえる車両を通行させてはならないものとし、これに違反した者には罰則を科するとともに、限度外の車両であっても当該通行がやむを得ないものについては道路管理者の許可制を設け、また申請者の便宜を図るため許可の一元化の措置を講ずる。

②　道路管理者は、車両の積載物が落下するおそれがある場合において、道路の構造または交通に支障が及ぶのを防止するため、運転者に対して必要な措置を命ずることができるものとする。

③　道路の破損、決壊その他の事由により交通が危険であると認められる場合には、道路監理員も、必要な限度において、一時、通行の規制措置を行うことができるものとする。

④　道路管理者は、交通の安全と円滑を図るために必要があると認めるときは、自転車専用道路、自転車歩行者専用道路または歩行者専用道路を指定することができるものとする。

⑤　道路管理者の行う道路管理と都道府県公安委員会の行う交通規制との調整措置等について必要な規定を設けるほか、道路情報提供装置その他の道路情報管理施設を新たに道路の付属物に加える。

⑥　高速自動車国道についても、都道府県公安委員会の交通規制との調整措置の規定を設ける。

⑦　路上駐車場の適切な運営を図るため、その駐車料金の額について、駐車場法（昭和 32（1957）年法律第 106 号）に所要の改正を加え、法定限度額（駐車 1 時間につき 50 円）の規定を廃止し、その料金決定の原則を規定する。

(5)　道路整備の推移等

　第 6 次五箇年計画策定に際しては、まず昭和 60（1985）年度を目標年次とする道路整備の長期計画が改定された。長期計画の方針は、国土の有効利用、流通の合理化及び国民生活環境の改善に寄与することであり、昭和 60（1985）年度までに 60 兆円の道路投資を行うこととされた。次にこれに基づいて昭和 45（1970）年度を初年度とする第 6 次道路整備五箇年計画が策定された。建設省の当初要求は、10 兆 7,000 億円であったが、財政事情等により 10 兆 3,500 億円とされ、昭和 45（1970）年 3 月 6 日閣議了解、翌昭和 46（1971）年 3 月 30 日閣議決定をみた。事業費の内訳は、一般道路事業 5 兆 2,000 億円、有料道路事業 2 兆 5,000 億円、地方単独事業 2 兆 5,500 億円、予備費 1,000 億円であった。

　第 6 次計画では、高速道路の建設が進み、バイパス等の二次改築に事業の重点が置かれた。また、有料融資事業も本格化し、各地で地方道路公社が設立された。

　高速自動車国道の建設については、縦貫五道を中心に昭和 45（1970）〜昭和 47（1972）年度の 3 ヵ年で 226 km の新規供用のほか、基本計画、整備計画の追加決定がなされた。

　国道整備は、元一級国道の一次改築が一部を除き完了し、元二級国道の一次改築は昭和 50（1975）年度、昇格国道は昭和 52（1977）年度にそれぞれ完成を目標に整備が進められたほか、一般国道の二次改築が重点的に行われた。この結果、一般国道全体では、第 6 次計画発足時に改良率 77.3%、舗装率 78.6%だったものが、計画の第 3 年度である昭和 47（1972）年度の末には、改良率 85.9%、舗装率 90.4%とそれぞれ上昇した。

　一般有料道路事業については、昭和 45（1970）年の本州四国連絡橋公団の設立、地方道路公社法の成立等により有料道路事業の強力な推進が図られた。昭和 47（1972）年度末の地方道路公社の数は、45（1970）年度の名古屋高速道路公社、昭和 46（1971）年度の福岡北九州高速道路公社を含め 23 となった。

　このほか交通安全事業五箇年計画が発足し、昭和 46（1971）年 2 月12 日閣議了解を経た。これらの甲斐あって交通事故数は昭和 45（1970）年をピークとして減少に転じた。さらに、車両制限令の改正等一連の道路管理の強化や、大規模プロジェクトを始めとする各種調査が推進された。

　なお、第 6 次計画の遂行に当たっては、相当な資金不足が予想されたので、閣議了解の趣旨に基づき、昭和 46（1971）年 5 月、自動車重量税が創設された。

　また、雪寒五箇年計画及び奥地計画も見直しが行われ、雪寒五箇年計画では、昭和 45（1970）年度以降 5 ヵ年間に 1,210 億円、奥地計画では 5ヵ年間に 360 億円に相当する事業を行うこととされた。なお、沖縄県の復帰に伴い昭和 47（1972）年度の沖縄県における一般道路事業の追加として 112 億円（国費 106 億円、地方費 9 億円）が予備費から使用された。

　第 6 次道路整備五箇年計画の進捗状況は表 V-1-24 の通りである。

表Ⅴ-1-24　第 6 次道路整備五箇年計画の進捗状況[24]

単位：億円

事業区分	五箇年計画	昭和 45 (1970) 年度	昭和 46 (1971) 年度	昭和 47 (1972) 年度	計	進捗率(%)
一般道路事業	52,000	7,784	10,067	13,229	31,080	59.8
有料道路事業	25,000	3,100	4,408	5,671	13,179	52.7
小　　　計	77,000	10,884	14,475	18,901	44,259	57.5
地方単独事業	25,500	5,095	5,991	6,776	17,863	70.1
合　　　計	102,500	15,979	20,467	25,677	62,122	60.6
予　備　費	1,000	—	—	112	112	11.2
再　　　計	103,500	15,979	20,467	25,789	62,235	60.1

（注）　予備費 112 億円は沖縄県の一般道路事業分である。

Ⅴ-1-7　第 7 次道路整備五箇年計画と道路整備[25]

(1)　第 7 次道路整備五箇年計画の大綱

（a）　道路整備の基本方針

第 7 次道路整備五箇年計画は道路整備の長期計画を達成することを目途として、そのうちの当面緊急に整備する必要のあるものについて昭和48（1973）年度以降 5 ヵ年間に実施するものである。

建設省ではこのため必要な投資額として 21 兆 5,000 億円を要求していたが、昭和 48（1973）年 1 月の予算折衝の結果、19 兆 5,000 億円と決定され、同年 2 月 16 日に閣議の了解がなされた。

この投資規模は経済社会基本計画に即応して決められたものである。

（b）　道路交通の見通し

計画の前提となる人口や経済指標は表Ⅴ-1-25 に、自動車保有台数と走行台キロの見通しを表Ⅴ-1-26 に、国内輸送需要の見通しを表Ⅴ-1-27 に示す。

24　道路行政研究会：道路行政，全国道路利用者会議，2010，p322
25　建設省道路局：「第 7 次道路整備五箇年計画案－高速自動車国道・一般国道・有料道路－」，日本道路協会，道路，1972，12 月号，p2〜7 、松下勝二：「第 7 次道路整備五箇年計画の策定について」，日本道路協会，道路，1973，5 月号，p16〜23

表Ⅴ-1-25 人口、経済指標[26] （昭和 45 （1970） 年価格）

		昭和 45 （1970） 年	昭和 60 （1985） 年
人 口	（万人）	10,372	12,100
国 民 総 生 産	（兆円）	71	230～250
1 人 当 り 国 民 所 得	（万円/人）	55	320
政 府 固 定 資 本 形 成	（兆円）	5.8	32～35
政府固定資本形成/民間企業設備投資 Ig/Ip		0.4	1.2

表Ⅴ-1-26 昭和 60 （1985） 年度を目標とする道路整備の長期計画における自動車保有台数と走行台キロの見通し[27]

車 種	自動車保有台数					自動車走行台キロ				
	昭和 46 （1971）年度(A)		昭和 60 （1985）年度(B)		B/A	昭和 46 （1971）年度(D)		昭和 60 （1985）年度(D)		D/C
	千 台	（%）	千 台	（%）		億台キロ	（%）	億台キロ	（%）	
普 通 貨 物	842	4	1,800	4	2.1	296	10	805	13	2.7
小 型 貨 物	7,908	42	10,590	25	1.3	970	32	2,137	33	2.2
小 計	8,750	46	12,400	29	1.4	1,266	42	2,942	46	2.3
乗 用 車	10,041	53	29,700	70	3.0	1,672	56	3,278	52	2.0
バ ス	193	1	400	1	2.1	56	2	114	2	2.0
小 計	10,234	54	30,100	71	2.9	1,728	58	3,392	54	2.0
計	18,984	100	42,500	100	2.2	2,994	100	6,334	100	2.1

注） 二輪車、特種車等を除く年央値。ただし昭和 46 （1971） 年度は 9 月末現在

表Ⅴ-1-27 国内輸送需要の見通し[28]

	貨物輸送						旅客輸送					
	トン数 （億 t ）			トンキロ（億トンキロ）			人数 （億人）			人キロ （億人キロ）		
	国内計	うち自動車	シェア%	国内計	うち自動車	シェア%	国内計	うち自動車	シェア%	国内計	うち自動車	シェア%
昭和 35（1960）年	15.0	11.6	77	1,377	208	15	202.9	79.0	39	2,433	555	23
昭和 40（1965）年	26.3	21.9	83	1,864	484	26	307.9	148.6	48	3,822	1,207	32
昭和 45（1970）年	52.2	46.3	89	3,418	1,359	40	405.7	240.3	59	5,858	2,842	48
昭和 60（1985）年	165.0	142.0	86	13,815	4,535	33	764.0	512.0	67	13,298	7,240	54
60（1985）/45（1970）	3.2	3.1		4.0	3.3		1.88	2.13		2.26	2.55	

(2) 整備目標

五箇年計画達成後の道路種別ごとの整備延長および整備率の見込みは

---

26 松下勝二：「第 7 次道路整備五箇年計画の策定について」，日本道路協会，道路，1973，5 月号，p18

27 松下勝二：「第 7 次道路整備五箇年計画の策定について」，日本道路協会，道路，1973，5 月号，p19

28 松下勝二：「第 7 次道路整備五箇年計画の策定について」，日本道路協会，道路，1973，5 月号，p19

表 V-1-28 のとおりである。

表 V-1-28　道路整備五箇年計画実施後の道路整備の見通し[29]（単位：km）

①　高速自動車国道

区分	供用延長	
	昭和 48（1973）年 3 月末	昭和 53（1978）年 3 月末
高速自動車国道	872	3,100

②　都市高速道路

区分	供用延長	
	昭和 48（1973）年 3 月末	昭和 53（1978）年 3 月末
首 都 高 速 道 路	101	180
阪 神 高 速 道 路	81	141
指定都市高速道路	0	42
計	182	363

③ア）一次改築

区　　分	実延長 A	改　　　良				舗　　　装			
		昭和 48（1973）年 3 月末		昭和 53（1978）年 3 月末		昭和 48（1973）年 3 月末		昭和 53（1978）年 3 月末	
		改良済 延長 B	B/A （%）	改良済 延長 C	C/A （%）	舗装済 延長 D	D/A （%）	舗装済 延長 E	E/A （%）
一　般　国　道	32,861	28,510	86.8	32,120	97.7	29,717	90.4	32,170	97.9
都 道 府 県 道	138,164	71,335	51.6	95,360	69.0	84,802	61.4	123,560	89.4
主要地方道	38,383	27,619	72.0	34,360	89.5	28,085	73.2	36,640	95.5
一般地方道	99,781	43,716	43.8	61,000	61.1	56,717	56.8	86,920	87.1
国、都府県道	171,625	99,845	58.4	127,480	74.5	114,519	67.0	155,730	91.1
市　町　村　道	861,258	145,700	16.9	176,040	20.4	135,658	15.8	240,060	27.9
合　　　計	1,032,283	245,545	23.8	303,520	29.4	250,177	24.2	395,790	38.3

注）1. 有料、単独事業を含む。
　　2. 実延長のうち一般国道については計画延長であり、都道府県道、市町村道については昭和 41（1966）年末見込延長である。

イ）再改築

区　　　分	改　　良	舗　　装
一 般 国 道	3,720	3,170
地 方 道	6,150	7,090
計	9,870	10,260

注）街路、有料、単独事業によるものを含む。

(3)　道路整備の推移等

　第 7 次五箇年計画の策定に際しては、まず「新国土建設長期構想」の一環として昭和 60（1985）年度を目標年次とする道路整備の長期計画が改定された。長期計画の方針は、国土の有効利用、流通の合理化及び生活環境の改善に寄与することがあり、昭和 60（1985）年度までに 99 兆円の道路投資を行うこととされた。次にこれに基づいて昭和 48（1973）年度を初年度とする第 7 次道路整備五箇年計画が策定された。建設省の当初要求

29 松下勝二：「第 7 次道路整備五箇年計画の策定について」，日本道路協会，道路，1973，5 月号，p22

は、21兆5,000億円であったが、昭和48（1973）年2月13日閣議決定された経済社会基本計画との整合をとって19兆5,000億円に決定された。

なお、従来は閣議了解後1年かけて事業量、事業費及び財源等について検討し閣議決定を行っていたが、第7次は道路整備緊急措置法改正の成立（衆議院昭和48（1973）年4月20日、参議院昭和48（1973）年6月15日）をまって、直ちに閣議決定を行い財源等の検討は、昭和49（1974）年予算編成時までに行うこととされた。

第7次計画はその初年度にあたる昭和48（1973）年秋に石油供給削減問題がおこり、道路事業費も石油危機克服のためにとられた総需要抑制策のため、昭和49（1974）、昭和50（1975）年度にわたってその伸び率が大幅におさえられた。すなわち国費でみると昭和49（1974）年度当初予算は道路整備特別会計史上初の減額（対昭和48（1973）年当初比△0.7%）となり続く昭和50（1975）年度も大幅減（対昭和49（1974）年当初比△7.4%）となった。昭和51（1976）、昭和52（1977）年度については景気の低迷から脱却するため積極的な予算編成がなされ道路事業費もある程度の伸び率が確保されたが、総需要抑制策の影響は大きく第7次計画の進捗率は名目で86%、実質で60%程度と極めて低い水準にとどまることとなった。その結果第7次計画の事業は当初の予定より大幅に遅れることとなったが、環境、交通安全、防災・震災対策等緊急性の高い施策を中心に事業が推進された。

高速自動車国道の建設については縦貫五道を中心に昭和48（1973）～昭和52（1977）年度の5ヵ年で1,327kmが新規供用され、我が国の高速自動車国道の延長は2,000kmを突破することとなった。

一般国道については元一級国道の一次改築が一部を除き完了した他、直轄国道では東京湾岸道路26.9kmの供用、東京1号（南馬込～池上共同溝）他共同溝41.9kmを完成した。又補助国道では昭和49（1974）年度から都市モノレールの下部構造に対する補助制度が始まり、また昭和50（1975）年度から新道路交通システム（ガイドウェイバスシステム）建設のための道路整備事業に対する補助を開始した。なお、昭和50（1975）年4月、一般国道として新たに58路線5,867kmが追加指定された。

　都道府県道については、昭和52（1977）年度に高速自動車国道インターチェンジ関連地方道整備の日本道路公団による立替施行制度を創設した。市町村道については幹線市町村道を補助事業として優先的に整備した他、厳しい地方財政事情の中で市町村道整備の促進を図る目的から、昭和51（1976）、52（1977）年度に臨時市町村道整備事業債が認められた。昭和52（1977）年度にはこの他臨時都道府県道整備事業債が認められた。

　環境対策については、昭和49（1974）年度から幹線道路の必要な区間に用地を環境施設帯として取得し、環境保全のための施設を設置することとした。また、昭和51（1976）年度から有料の自動車専用道路の周辺における騒音対策のための住宅の防音工事の費用の助成等を行うこととした。さらに昭和52（1977）年度からは緩衝建築物の建築費の一部交付等を内容とする沿道環境整備事業を実施することとした。なお、昭和52（1977）年7月より本州四国連絡橋（児島・坂出ルート）に係る環境影響評価が行われた。

　交通安全対策については昭和41（1966）年度を初年度とする第1次交通安全事業三箇年計画以降の計画的な事業の実施によって増加の一途をたどってきた交通事故は昭和46（1971）年度以降減少傾向に転じたが、その一層の減少を図るため、昭和51（1976）年度を初年度とする第2次特定交通安全施設等整備事業五箇年計画が策定された（昭和51（1976）年11月9日閣議決定）。事業費7,200億円、うち道路管理者分5,700億円）この計画では、歩行者、自転車の安全確保を重点に歩道等の整備拡充を図ることとしている。

　本州四国連絡橋については、昭和48（1973）年度中に着工の予定であったが、総需要抑制等の見地から本工事の着工が一次延期されていた。しかし昭和50（1975）年8月に当面の建設方針が決定され、昭和50（1975）年12月には大三島橋、昭和51（1976）年7月には大鳴門橋、昭和52年（1977）1月には因島大橋にそれぞれ着工した。また、昭和52（1977）年11月に閣議決定された第三次全国総合開発計画において当面早期完成を図るルートとして児島・坂出ルートが決定された。なお、

有料道路事業に対する無利子貸付金については、昭和 49（1974）年度より償還期間の延長、貸付率の弾力的運用の措置がとられた。

道路整備五箇年計画の改定に伴い、雪寒五箇年計画及び奥地計画も見直しが行われ、雪寒五箇年計画では昭和 48（1973）年度以降 5 ヵ年間に 2,266 億円、奥地計画では 600 億円に相当する事業を行うこととされた。

第 7 次道路整備五箇年計画の進捗状況は表 V-1-29 の通りである。

表 V-1-29　第 7 次道路整備五箇年計画の進捗状況[30]

（単位：億円、%）

事業区分	五箇年計画	昭和 48（1973）年度	昭和 49（1974）年度	昭和 50（1975）年度	昭和 51（1976）年度	昭和 52（1977）年度	計	進捗率
一般道路事業	93,400	14,090	14,048	14,140	15,470	19,831	77,578	83.1
有料道路事業	49,600	7,085	6,984	7,517	8,186	9,835	39,608	79.9
小　　　計	143,000	21,175	21,032	21,657	23,657	29,666	117,186	81.9
地方単独事業	47,000	7,596	8,144	7,893	10,247	13,058	46,939	99.9
合　　　計	190,000	28,772	29,176	29,550	33,904	42,724	164,125	86.4
予　備　費	5,000	—	—	—	—	—	—	—
再　　　計	195,000	28,772	29,176	29,550	33,904	42,724	164,125	84.2

V-1-8　第 8 次道路整備五箇年計画と道路整備[31]

(1)　第 8 次道路整備五箇年計画の大綱

(a)　基本方針

第 8 次道路整備五箇年計画においては道路交通の安全確保、生活基盤の整備、生活環境の改善、国土の発展基盤の整備および維持管理の充実の五つの施策について、当面 5 ヵ年間（昭和 53（1978）年度〜昭和 57（1982）年度）に緊急に整備すべき事業を重点的に推進するものとする。その推進にあたっては地域格差を是正し、国土利用の均衡化を図るとともに、地域社会における生活基盤、生活環境の改善を図ることを地域整備の目標に、国土構造の骨格となる全国幹線道路網、大都市、地方都市、

---

[30] 道路行政研究会：道路行政，全国道路利用者会議，2010，p326
[31] 建設省道路局：「第 8 次道路整備五箇年計画の基本的考え方」，日本道路協会，道路，1977，9 月号，P2〜30

農山漁村の生活基盤の強化、生活環境の改善に資する地域道路網および道路整備が特に遅れている特定地域の道路網をそれぞれの地域に相応しい道路空間の確保に配慮しつつ整備するものとした。

(b)　投資規模

施策別の投資額を表V-1-30に示す。

表V-1-30　施策別投資規模[32]

（単位：億円）

区　　　分	第7次実績 (昭和48(1973) 年～昭和52 (1977)年)	昭和53 (1978) 年度 (当初)	第8次五箇年計画 (昭和53(1978)年～ 昭和57(1982)年)		中期計画 (昭和53(1978)年～昭 和65(1990)年)		長期構想 (昭和53(1978)年～)	
	事業費	事業費(A)	事業費(B)	(B)/(A)	事業費(C)	(C)/(A)	事業費(D)	(D)/(A)
1.道路交通の安全確保	39,000	11,200	67,300	6.0	270,000	24.1	690,000	61.6
2.生活基盤の整備	45,200	14,000	74,700	5.3	280,000	20.0	510,000	36.4
3.生活環境の改善	20,000	5,600	35,500	6.3	150,000	26.8	420,000	75.0
4.国土の発展基盤の整備	34,100	8,900	56,200	6.3	160,000	18.0	320,000	36.0
5.維持管理の充実等	25,600	7,500	44,300	5.9	140,000	18.7	330,000	44.0
合　　　　計	163,900	47,200	278,000	5.9	1,000,000	21.2	2,270,000	48.1

（注）長期構想は21世紀初頭（昭和75（2000）～昭和80（2005）年度）を目標年次とする。

(c)　道路交通の見通し

計画の前提となる人口や経済指標は表V-1-31に、国内交通交要の見通しは表V-1-32に、自動車保有台数の見通しを表V-1-33に、走行台キロの見通しを表V-1-34に示す。

表V-1-31　人口、経済指標[33]

（45年価格）

	昭和45 (1970)年	昭和50 (1975)年	昭和60 (1980)年	昭和65 (1995)年	年平均伸び率（%）		
					50/45	60/50	65/60
国民総生産　（兆円）	111.7	145.4	260	330	5.4	6.0	4.7
生　産　額　（兆円）	159.2	197.5	370	470	4.4	6.5	4.8
人　　口　（千人）	104,665	111,940	123,749	128,272	－	－	－

注）　国民総生産は昭和50（1975）年価格、生産額は昭和45（1970）年価格である。

---

[32] 建設省：第8次道路整備五箇年計画及び説明資料，道路審議会，1978，p41
[33] 建設省：第8次道路整備五箇年計画及び説明資料，道路審議会，1978，p45

表 V-1-32 国内交通需要の見通し[34]

			昭和 45(1970)年度		昭和 50(1975)年度		昭和 60(1985)年度		昭和 65(1990)年度	
			輸送量	構成比(%)	輸送量	構成比(%)	輸送量	構成比(%)	輸送量	構成比(%)
旅	輸送人員（百万人）	自動車	(85)24,033	59.2	(100)28,412	61.5	(144)41,000	68	(159)45,000	67
		その他	(93)16,573	40.8	(100)17,764	38.5	(108)19,200	32	(127)22,500	33
		合 計	(88)40,606	100.0	(100)46,176	100.0	(130)60,200	100	(146)67,500	100
客	輸送人キロ（億人キロ）	自動車	(79)2,842	48.4	(100)3,609	50.8	(160)5,800	57	(177)6,400	55
		その他	(87)3,030	51.6	(100)3,495	49.2	(123)4,300	43	(152)5,300	45
		合 計	(83)5,872	100.0	(100)7,104	100.0	(141)10,100	100	(104)11,700	100
貨	輸送トン数（百万トン）	自動車	(105)4,626	88.0	(100)4,393	87.3	(170)7,500	87	(196)8,600	86
		その他	(99)633	12.0	(100)637	12.7	(173)1,100	13	(220)1,400	14
		合 計	(105)5,259	100.0	(100)5,030	100.0	(171)8,600	100	(199)10,000	100
物	輸送トンキロ（億トンキロ）	自動車	(105)1,359	38.8	(100)1,297	35.9	(189)2,400	39	(224)2,900	38
		その他	(93)2,147	61.2	(100)2,312	64.1	(169)3,900	61	(203)4,700	62
		合 計	(97)3,506	100.0	(100)3,609	100.0	(170)6,300	100	(210)7,600	100

上段（ ）は昭和 50（1985）年度に対する比率

表 V-1-33 自動車保有台数の見通し[35]

車 種	昭和 45(1970)年度		昭和 50(1975)年度		昭和 60(1985)年度		昭和 65(1990)年度		昭和 75(2000)年度		指数(昭和 50(1975)年度:100)				
	千 台	%	千 台	%	千 台	%	千 台	%	千 台	%	45年度	50年度	60年度	65年度	75年度
貨物車	8,871	49	10,768	38	13,000	33	14,000	33	15,000	31	82	100	121	130	139
乗用車うちバス	9,295190	51	17,597220	62	26,000380	67	28,500420	67	33,000500	69	53	100	148	162	188
計	18,166	100	28,365	100	39,000	100	42,500	100	48,000	100	64	100	137	150	169

---

[34] 建設省：第 8 次道路整備五箇年計画及び説明資料，道路審議会，1978，p45
[35] 建設省：第 8 次道路整備五箇年計画及び説明資料，道路審議会，1978，p46

表Ⅴ-1-34　自動車走行台キロの見通し[36]

車　種	昭和46 (1971) 年度		昭和49 (1974) 年度		昭和50 (1975) 年度		昭和60 (1985) 年度		昭和65 (1990) 年度		昭和75 (2000) 年度		指数（昭和50 (1975) 年度：100)					
	億台キロ	％	億台キロ	％	億台キロ	％	億台キロ	％	億台キロ	％	億台キロ	％	46年度	49年度	50年度	60年度	65年度	75年度
貨物車	1,470	53	1,570	49	1,650	48	2,200	41	2,450	41	2,800	40	89	95	100	133	148	170
乗用車	1,280	47	1,630	51	1,790	52	3,200	59	3,550	59	4,200	60	72	91	100	179	198	234
計	2,750	100	3,200	100	3,440	100	5,400	100	6,000	100	7,000	100	80	93	100	157	174	203

注）　1　人口、経済フレーム、貨物および旅客輸送量については、「第三次全国総合開発計画」による。
　　　2　自動車保有台数および自動車走行台キロについては、車種別輸送分担率、輸送効率および1台当り走行キロ等を予測し、「第三次全国総合開発計画」の輸送量を用いて推計した。
　　　3　昭和75（2000）年度の自動車保有台数、自動車走行台キロは参考値である。

(2)　整備目標

　以上の方針に基づき、計画期間中における道路整備目標は表Ⅴ-1-35のとおりとした。

[36] 建設省：第8次道路整備五箇年計画及び説明資料，道路審議会，1978，p46

表Ⅴ-1-35　整備目標[37]

（単位：km）

区　　分	昭和52 (1977) 年度末整備済延長	第8次五箇年計画 昭和53 (1978) ～ 昭和57 (1882) 年度整備延長	第8次 昭和57 (1982) 年度末整備済延長	中期計画 昭和53 (1977) ～ 昭和65 (1990) 年度整備延長	中期 昭和65 (1990) 年度末整備済延長	長期構想 整備延長	長期構想 整備済延長	備　　考
高速自動車国道	2,195	1,295	3,490	3,545	5,740	5,405	7,600	
本州四国連絡道路	0	32	32	106	106	180	180	
都市高速道路	224	153	377	316	540	476	700	
特殊幹線道路（専用部）※	11	60	71	133	144	419	430	※高速車自動車国道等との重複分を含む
（一般部）	71	36	107	46	117	179	250	
一　次　改　築（改良済延長）	(50.0) 186,800	25,400	(56.8) 212,200	77,000	(70.6) 263,500	157,200	(92.0) 343,700	( )は改良率(%)（総延長373,400km）
一 般 国 道	(87.1) 33,800	1,900	(92.0) 35,700	4,900	(99.7) 38,700	5,000	(100.0) 38,800	
主要地方道	(73.1) 31,600	3,900	(82.2) 35,500	10,300	(96.8) 41,800	11,700	(100.0) 43,200	( )は改良率(%)
一般都道府県道	(52.7) 43,500	7,500	(61.8) 51,000	23,100	(80.5) 66,500	39,200	(100.0) 82,600	
二　次　改　築	[10,900]	[2,300] 3,100	[13,200]	[9,100] 23,800	[20,000]	[23,400] 81,400	[34,300]	
一 般 国 道	[3,600]	[1,600] 2,100	[5,200]	[6,800] 10,900	[10,400]	[13,300] 25,000	[16,900]	[ ]は4車化延長（含暫定2車）
主要地方道	[1,300]	[200] 300	[1,500]	[700] 1,300	[2,000]	[4,000] 10,600	[5,300]	
一般都道府県道	[1,200]	[200] 300	[1,400]	[700] 1,400	[1,900]	[3,200] 16,000	[4,400]	
幹線市町村道	[4,800]	[300] 400	[5,100]	[900] 10,200	[5,700]	[2,900] 29,800	[7,700]	
一 般 市 町 村 道	(19.9) 137,600	21,400	(22.9) 159,000	81,500	(31.6) 219,100	249,400	(54.1) 387,000	( )は改良率(%)（総延長693,000）
歩 道 設 置 延 長	46,400	33,400	79,800	95,800	142,200	187,300	233,700	
鉄 道 高 架	(20) 90	100	(50) 190	410	(130) 500	760	(240) 850	( )：箇所
共 同 溝	110	70	180	210	320	530	640	
駐 車 場	(6) 1,520	3,650	(28) 5,170	11,250	(62) 12,770	21,780	(120) 23,300	( )：箇所台
駅 前 広 場	960	130	1,090	580	1,540	1,650	2,610	箇所
大規模自転車道	1,130	1,570	2,700	5,360	6,490	13,870	15,000	
歩行者専用道	90	100	190	260	350	6,880	6,970	

（注）　長期構想は21世紀初頭（昭和75（2000）～昭和80（2005）年度）を目途とする。

(3)　道路整備の推移等

　従来の長期構想では昭和48（1973）年度から昭和60（1985）年度までに 99 兆円を道路整備に投資することとしていたが、石油ショック以降の経済社会環境の変化により、目標の達成が極めて困難となり、残事業量、経済の見通し等を勘案して目標達成年度を昭和60（1985）年度か

---

[37] 建設省：第8次道路整備五箇年計画及び説明資料，道路審議会，1978，p42

ら 21 世紀初頭（昭和 75（2000）〜80（2005）年度）に遅らせることとなった。新しい長期構想では道路整備の目的の明確化を図るため、道路交通の安全確保、生活基盤の整備、生活環境の改善、国土の発展基盤の整備、維持管理の充実等の 5 つの主要施策に分類した。その上で、施策項目毎に整備目標を設定し、21 世紀初頭までに必要な投資額を 227 兆円と想定した。

　また、道路整備に係る緊急性、重要性、施策相互間の関連性等を考慮しながら計画的に整備を推進するため昭和 65（1990）年度を緊急施策達成のための目標年次とする中期計画を設定した。中期計画では防災・震災対策、交通安全、緑化、環境対策等を最も重要な施策として取りあげ、計画期間中に 100 兆円を道路整備に投資することによって、我が国の道路整備水準を欧米の現在の水準程度にまで引上げることを目指した。

　以上の道路整備の長・中期計画を踏まえて新五箇年計画の策定を進め、経済計画との整合性も考慮して第 8 次道路整備五箇年計画として総額 28 兆 5,000 億円を要求し、財政当局において検討が進められた結果、事業費の大枠について昭和 53（1978）年 1 月 31 日閣議了解された。その内訳は、一般道路事業 13 兆 5,000 億円、有料道路事業 6 兆 8,000 億円、地方単独事業等 7 兆 5,000 億円、予備費 7,000 億円、計 28 兆 5,000 億円である。

　その後、道路整備の目標及び事業量の詳細について検討を進め、道路整備緊急措置法改正の成立を待って、同年 5 月 19 日に閣議決定された。

　第 8 次道路整備五箇年計画の達成状況については、昭和 53（1978）、昭和 54（1979）年度の一般・有料道路事業の大幅な伸びや、地方単独事業の高い達成率に支えられて、事業費においては 104％の達成率となったが、物価の上昇等のため、事業量においては約 80％の達成率にとどまった。

　高速自動車国道については、新たに、1,037 kmが供用開始され、総延長で 3,232 kmに達した。また、本州四国連絡橋については、児島・坂出ルートを中心とする 1 ルート 4 橋の事業を進め、このうち、大三島橋は、昭和 54（1979）年度に供用開始した。

　また、昭和 56（1981）年 4 月 30 日に一般国道 59 路線 5,548 km を、昭和 57（1982）年 4 月 1 日に主要地方道 11,356 km を追加指定した。

　また、第 8 次計画で特記すべきこととして、昭和 55（1980）年 5 月 1 日に「幹線道路の沿道の整備に関する法律」が公布され、道路交通騒音の著しい幹線道路について道路交通騒音により生ずる障害の防止と沿道の適正かつ合理的な土地利用の促進を図ることとされた。

　このほか交通安全事業も強力に推進され、昭和 56（1981）年度からは第 3 次特定交通安全施設等整備事業五箇年計画（昭和 56（1981）〜昭和 60（1985）年度 9,100 億円）が策定され、昭和 56（1981）年 11 月 27 日に閣議決定された。

　こうした事業の推進を図るため、昭和 54（1979）年 6 月には特定財源の税率引上げが行われ、揮発油税については 36,500 円/kl から 45,600 円/kl に、地方道路譲与税については 6,600 円/kl から 8,200 円/kl に、軽油引取税については 19,500 円/kl から 24,300 円/kl に改定された。

　なお、道路整備五箇年計画の改正に伴い、雪寒五箇年計画及び奥地計画も見直しが行われ、雪寒五箇年計画では、昭和 53（1978）年度以降 5 ヵ年間に 3,930 億円、奥地計画では 1,000 億円に相当する事業を行うこととされた。

　第 8 次道路整備五箇年計画の進捗状況は表Ⅴ-1-36 の通りである。

表Ⅴ-1-36　第 8 次道路整備五箇年計画の進捗状況[38]

（単位：億円、％）

事業区分	五箇年計画	昭和 53（1978）年度	昭和 54（1979）年度	昭和 55（1980）年度	昭和 56（1981）年度	昭和 57（1982）年度	計	進捗率
一 般 道 路 事 業	135,000	23,962	26,845	26,428	26,138	26,105	129,479	95.9
有 料 道 路 事 業	68,000	11,398	12,653	13,067	13,590	15,437	66,145	97.3
小　　　　計	203,000	35,360	39,498	39,494	39,729	41,542	195,623	96.4
地 方 単 独 事 業	75,000	15,601	17,008	18,795	20,002	20,908	92,314	123.1
合　　　　計	278,000	50,961	56,506	58,290	59,731	62,450	287,938	103.6
予　備　費	7,000	—	—	—	—	—	—	—
再　　　計	285,000	50,961	56,506	58,290	59,731	62,450	287,938	101.0

---

[38] 道路行政研究会：道路行政，全国道路利用者会議，2010，p328

Ⅴ-1-9　第 9 次道路整備五箇年計画と道路整備[39]

(1)　第 9 次道路整備五箇年計画の大綱

(a)　基本方針

　第 9 次道路整備五箇年計画においては、21 世紀初頭をめざす道路整備の長期計画に基づき、我が国の経済社会情勢の変化と国民の道路に対する新たな要請を踏まえ、当面 5 ヵ年間（昭和 58（1983）年度〜62（1987）年度）に緊急に整備すべき事業を推進するものとされた。

　その際、①地震、豪雨、豪雪などの災害に強い道路の整備および歩行者、自転車利用者の安全で快適な通行空間の確保、②地方定住を促進するための効率的な地域道路網の整備、③豊かで住みよい環境の形成をめざすバイパス・環状道路および都市内道路の整備、④国の長期的繁栄を支えるための高規格な幹線道路の整備、⑤道路資産の保全と効率的運用のための維持管理の充実など道路整備の緊急課題に特に重点をおいて、施策の推進を図ることとされた。

(b)　投資規模

　今後の経済的・社会的要請を踏まえ、他の公共投資とのバランスを考慮して、道路整備の長期計画を計画的かつ着実に達成するためには、昭和 58（1983）年度から昭和 62（1987）年度の 5 ヵ年間に道路投資額 43 兆円が必要とされた（表Ⅴ-1-37）。

[39] 建設省道路局：「第 9 次道路整備五箇年計画の基本的考え方」, 日本道路協会, 道路, 1982, 10 月号, p3〜4

表Ｖ-1-37　　第 9 次五箇年計画の投資規模[40]

（単位：億円）

区　　　　分	第 9 次五箇年計画 （A）	第 8 次五箇年計画 （B）	倍率 (A)/(B)
一般道路事業	196,000	135,000	1.45
有料道路事業	105,000	68,000	1.54
小　　　　計	301,000	203,000	1.48
地方単独事業	129,000	75,000	1.72
合　　　　計	430,000	278,000	1.55
予　　備　　費	－	7,000	－
再　　　　計	430,000	285,000	1.51

　その際、防災、震災上の危険箇所の解消、緊急に整備すべき歩道の設置および環境対策の充実等の事業については早期達成を図るものとされた。また、投資額の施策別内訳および財源の見通しは表Ｖ-1-38、表Ｖ-1-39 のとおりである。

---

[40] 建設省道路局：「第 9 次道路整備五箇年計画の基本的考え方」，日本道路協会，道路，1982，10 月号，p5

表Ⅴ-1-38　施策別事業費内訳[41]

（単位：億円）

| 施　策　項　目 | 第9次五箇年計画 (A) | 第8次五箇年計画 | | (A)/(B) | (A)/(C) | 第9次五箇年計画平均伸率（昭和57 (1982) 年度初項） |
		計画(B)	実績(C)			
1.道路交通の安全確保	104,100	66,400	67,962	1.57	1.53	1.13
交通安全のための改築	57,700	38,600	39,702	1.49	1.45	1.12
交　通　安　全　事　業	21,900	12,900	13,108	1.70	1.67	1.14
防　災・震　災　対　策	17,000	9,700	10,401	1.75	1.63	1.15
避　難　路　の　整　備	5,000	3,200	2,974	1.57	1.69	1.14
そ　　の　　他	2,500	2,000	1,777	1.29	1.41	1.14
2.生活基盤の整備	108,800	74,200	79,840	1.47	1.36	1.09
狭あい道路の解消	26,900	19,200	21,691	1.40	1.24	1.07
バ　ス　路　線　の　整　備	31,300	18,300	18,159	1.71	1.72	1.16
木橋、潜橋、渡船、老朽橋の解消	12,000	9,800	7,070	1.22	1.69	1.16
現　道　舗　装　等	13,300	11,300	13,536	1.18	0.99	0.98
交通不能区間の解消	12,200	7,900	9,000	1.54	1.36	1.09
住宅・ダム関連道路の整備	10,900	6,300	8,880	1.72	1.23	1.01
そ　　の　　他	2,200	1,400	1,504	1.58	1.47	1.13
3.生活環境の改善	50,600	35,700	32,779	1.42	1.54	1.15
都市およびコミュニティ環境の改善	26,200	19,300	18,955	1.36	1.38	1.12
健全な市街地の形成	9,000	6,400	6,098	1.40	1.47	1.13
連　続　立　体　交　差	6,100	3,800	3,415	1.61	1.80	1.18
緑　化・環　境　対　策	3,800	2,900	1,168	1.33	3.23	1.38
そ　　の　　他	5,500	3,300	3,143	1.67	1.74	1.17
4.国土の発展基盤の整備	90,000	57,500	55,780	1.57	1.61	1.13
高　速　自　動　車　国　道	48,000	32,000	33,050	1.50	1.45	1.09
都　市　高　速　道　路	16,600	10,400	9,307	1.60	1.78	1.15
大　規　模　幹　線　道　路	17,500	10,500	9,491	1.66	1.85	1.21
本　州　四　国　連　絡　橋	6,800	3,900	3,077	1.74	2.20	1.14
そ　　の　　他	1,100	700	855	1.65	1.32	1.13
5.維持管理の充実等	76,500	44,200	49,151	1.73	1.56	1.11
維　　持　　修　　繕	56,600	30,600	34,491	1.85	1.64	1.13
除　　　　　雪	2,900	2,200	2,517	1.36	1.15	1.03
そ　　の　　他	17,000	11,400	12,143	1.49	1.40	1.07
合　　　　　計	430,000	278,000	285,512	1.55	1.51	1.12

（注）第8次五箇年計画には、他に予備費 7,000 億円がある。

---

[41] 建設省道路局：「第9次道路整備五箇年計画の基本的考え方」，日本道路協会，道路，1982，10月号，p6

表V-1-39　財源内訳見通し[42]

（単位：億円）

区　　　分		国　費	地方費	財投等	計
事業区分	一般道路事業	133,585	62,415	—	196,000 (45.6%)
	有料道路事業	10,762	4,553	89,705	105,000 (24.4%)
	地方単独事業	—	129,000		129,000 (30.0%)
	計	144,347 (33.6%)	195,948 (45.6%)	89,705 (20.8%)	430,000 (100.0%)
財源区分	特　定　財　源 (A)	95,079 (65.9%)	72,809 (37.2%)	—	167,888
	一　般　財　源	49,268 (34.1%)	123,139 (62.8%)	—	172,407
	自動車重量税 (B)	20,170 (14.0%)			—
	純　一　般　財　源	29,098 (20.1%)			—
	財　　投　　等	—		89,705	89,705
	（A＋B）	115,249 (79.9%)	—	—	—
	計	144,347 (100.0%)	195,948 (100.0%)	89,705	430,000

（注）1.　地方費の一般財源には,都市計画税の道路充当分,交通安全対策特別交付金,街路事業に係る通常の地方債等を含む。
　　　2.　財投とは,財政投融資資金,縁故債等である。

(c)　道路交通の見通し

①　交通需要

　経済審議会長期展望委員会（大来佐武郎委員長）は、昭和57（1982）年6月、「2000年の日本―国際化、高齢化、成熟化に備えて―」を発表し、我が国経済社会の長期展望を明らかにした。これより前、長期展望委員会地域・社会資本小委員会（下河辺淳主査）は、昭和57（1982）年4月、「地或・社会資本小委員会報告書―21世紀へ継承すべき良質な国土・居住空間の形成―」を発表、この中で昭和75（2000）年度の交通需要の予測値を交通機関別に示している（表V-1-40、表V-1-41）。

---

[42] 建設省道路局：「第9次道路整備五箇年計画の基本的考え方」，日本道路協会，道路，1982，10月号，p7

　交通需要の見通しはこの予測値によることとし、昭和65（1990）年度の値は別途道路局においてこれを基に推計した。

表Ⅴ-1-40　　国内旅客輸送量[43]

項　　　　目		昭和55(1980)年度		昭和65(1990)年度		昭和75(2000)年度	
		輸送量	構成比(％)	輸送量	構成比(％)	輸送量	構成比(％)
輸送人員（百万人）	自　動　車	33,315	64.8	44,000	68.8	49,000	70.7
	鉄　　　道	18,005	34.8	20,000	31.2	20,000	28.9
	海　　　運	160	0.3			160	0.2
	航　　　空	40	0.1			140	0.2
	計	51,720	100.0	64,000	100.0	69,300	100.0
輸送人キロ（億人キロ）	自　動　車	4,317	55.2	5,900	56.7	6,700	56.9
	鉄　　　道	3,145	40.2	4,500	43.3	4,100	34.8
	海　　　運	61	0.8			80	0.7
	航　　　空	297	3.8			890	7.6
	計	7,820	100.0	10,400	100.0	11,770	100.0

　（注）昭和75（2000）年度の予測値は経済審議会長期展望委員会地域・社会資本小委員会報告書（昭和57（1982）年4月）による。昭和65（1990）年度の予測値は建設省道路局による。

表Ⅴ-1-41　　国内貨物輸送量[44]

項　　　　目		昭和55(1980)年度		昭和65年度		昭和75年度	
		輸送量	構成比(％)	輸送量	構成比(％)	輸送量	構成比(％)
輸送トン数（百万トン）	自　動　車	5,318	88.9	7,350	88.6	8,600	87.8
	鉄　　　道	167	2.8	950	11.4	150	1.5
	海　　　運	500	8.3			1,050	10.7
	計	5,985	100.0	8,300	100.0	9,800	100.0
輸送トンキロ（億トンキロ）	自　動　車	1,789	40.7	3,000	44.1	3,800	45.2
	鉄　　　道	377	8.6	3,800	55.9	400	4.8
	海　　　運	2,222	50.6			4,200	50.0
	計	4,391	100.0	6,800	100.0	8,400	100.0

　（注）昭和54（1979）年度の予測値は経済審議会長期展望委員会地域・社会資本小委員会報告書（昭和57（1982）年4月）による。昭和65（1990）年度の予測値は建設省道路局による。

---

[43]　建設省道路局：「第9次道路整備五箇年計画の基本的考え方」，日本道路協会，道路，1982，10月号，p4
[44]　建設省道路局：「第9次道路整備五箇年計画の基本的考え方」，日本道路協会，道路，1982，10月号，p4

②　自動車保有台数および自動車走行台キロ

　　昭和 65（1990）年度および昭和 75（2000）年度の自動車輸送量か
ら、自動車 1 台当たり輸送量、輸送距離の原単位を用いて自動車保有
台数および自動車走行台キロを推計した（表Ⅴ-1-42、表Ⅴ-1-43）。昭
和 75（2000）年度の人口千人当たり自動車および乗用車保有台数はそ
れぞれ 453 台、304 台となり、これはほぼ当時の欧米諸国の水準であ
る。

表Ⅴ-1-42　自動車保有台数の見通し（被けん引車、二輪車を除く）[45]

区　分	昭和 55(1980)年度央		昭和 65(1990)年度央		昭和 75(2000)年度央		指　　　数		
	千　台	%	千　台	%	千　台	%	56年度央	65年度央	75年度央
貨 物 車	13,725	36.9	17,500	34.3	19,000	32.8	1.00	1.28	1.38
乗 用 車	23,427	63.1	33,500	65.7	39,000	67.2	1.00	1.43	1.66
計	37,152	100.0	51,000	100.0	58,000	100.0	1.00	1.37	1.56

表Ⅴ-1-43　自動車走行台キロの見通し[46]

区　分	昭和 55(1980)年度		昭和 65(1990)年度		昭和 85(2010)年度		指　　　数		
	億台キロ	%	億台キロ	%	億台キロ	%	55年度	65年度	75年度
貨 物 車	1,730	39.5	2,350	39.2	2,700	39.1	1.00	1.36	1.56
乗 用 車	2,650	60.5	3,650	60.8	4,200	60.9	1.00	1.38	1.58
計	4,380	100.0	6,000	100.0	6,900	100.0	1.00	1.37	1.58

(2)　整備目標および整備水準

(a)　整備目標

　第 9 次五箇年計画においては長期計画に基づき、当面 5 ヵ年間に緊急
に整備すべき目標を、表Ⅴ-1-44 のとおり定めた。

---

[45]　建設省道路局：「第 9 次道路整備五箇年計画の基本的考え方」、日本道路協会、道路、
1982，10 月号，p4
[46]　建設省道路局：「第 9 次道路整備五箇年計画の基本的考え方」、日本道路協会、道路、
1982，10 月号，p4

表V-1-44　事業別整備目標[47]

(単位：km)

区　　　分	昭和57 (1982)年度末 整備済延長	第 9 次五箇年計画		長期計画		備　　考
		昭和58 (1983)～昭和 62(1987)年度 整備延長	昭和62 (1987)年度末 整備済延長	昭和58 (1983)年度～ 21世紀初頭 整備延長	21世紀初頭 整備済延長	
高 速 自 動 車 国 道	3,232	1,077	4,309	4,368	7,600	
本 州 四 国 連 絡 橋	7	96	103	172	179	
都 市 高 速 道 路	304	139	443	466	770	
首 都 高 速	159	56	215	146	305	
阪 神 高 速	124	41	165	157	281	
指 定 都 市 高 速	21	42	63	163	184	
特 殊 幹 線 道 路						
専 用 部	56	34	90	834	890	高速自動車国道等
一 般 部	89	51	140	181	270	との重複分を含む
一 般 道 路 改良済で幅員5.5m以上の延長	(39) 144,600	25,600	(46) 170,200	141,600	(77) 286,200	( )は実延長に対する率(%) 実延長 371,000km
一 般 国 道	(84) 37,200	2,100	(89) 39,300	7,100	(100) 44,300	
主 要 地 方 道	(63) 30,800	4,000	(71) 34,800	17,600	(99) 48,400	
一般都道府県道	(39) 29,600	7,300	(49) 36,900	40,900	(93) 70,500	
幹 線 市 町 村 道	(23) 47,000	12,200	(29) 59,200	76,000	(61) 123,000	
改 良 済 延 長						
幹 線 市 町 村 道	(47) 95,100	19,100	(56) 114,200	85,800	(89) 180,000	( )は改良率(%)
一 般 市 町 村 道	(24) 183,900	26,500	(56) 210,400	205,200	(52) 389,100	
4　車 化 延 長	11,160	1,360	12,520	23,240	34,400	
一 般 国 道	3,410	770	4,180	14,090	17,500	
主 要 地 方 道	2,300	230	2,530	3,600	5,900	
一般都道府県道	300	160	460	3,200	3,500	
幹 線 市 町 村 道	5,150	200	5,350	2,350	7,500	
歩道整備済道路延長	73,000	27,000	100,000	163,000	236,000	

(b)　整備水準

　五箇年計画の実施による道路整備の水準をみると表V-1-45 のとおりである。

---

[47] 建設省道路局：「第 9 次道路整備五箇年計画の基本的考え方」，日本道路協会，道路，1982，10 月号，p43

表 V-1-45 整備水準[48]

区　分		延長等	昭和 57 (1982) 年度末	昭和 62 (1987) 年度末	長期計画	備　考
整　備　率	一　般　国　道	44,162 km	62%	64%	95%	1.整備率は改良済でかつ混雑度 1.0 未満の延長の実延長に対する割合である。 2.幹線市町村道は改良率である。
	主　要　地　方　道	49,031 km	55%	59%	90%	
	一　般　都　道　府　県　道	75,388 km	40%	47%	90%	
	計	168,581 km	50%	55%	90%	
	幹　線　市　町　村　道	202,323 km	47%	56%	90%	
幅　員　率	一　般　国　道	44,162 km	55%	61%	90%	3.幅員率は、望ましい道路幅員（標準幅員）に対する実幅員の割合である。
	主　要　地　方　道	49,031 km	54%	60%	80%	
	一　般　都　道　府　県　道	75,388 km	49%	54%	80%	
	計	168,581 km	52%	57%	85%	
高速自動車国道等の交通分担	高速自動車国道　全　国		5.7% (3,233 km)	7% (4,309 km)	15 (7,600 km)	4.交通分担率は対象地域における全自動車走行台キロに占める対象道路の走行台キロの比率である。 5.阪神地域は大阪市、神戸市とその間の諸都市を含む地域である。
	首都高速道路　東京 23 区		13.1% (137 km)	16% (180 km)	25% (235 km)	
	阪神高速道路　阪神地域		12.6% (105 km)	14% (138 km)	25% (216 km)	
バイパス・環状道路の整備	完　成　都　市　数		60	90	540	6.対象都市は、昭和 56 (1981) 年 4 月現在、市制施行都市 646 都市から首都圏整備法の既成市街地および近畿圏整備法の既成都市区域にかかる市を除く。
	一　部　完　成　都　市　数		230	250	90	
	未　完　成　都　市　数		340	290	0	
	計		630	630	630	
高速自動車国道による国土の有効利用	供　用　延　長		3,232 km	4,309 km	7,600 km	7.国土カバー率は山岳部、離島、湖沼等物理的にアクセス不可能な地域を除く約 28 万 k㎡について、高速自動車国道のインターチェンジから 2 時間以内または 1 時間以内で到達できる面積の割合である。
	国　土　カ　バ　ー　率					
	（　2　時　間　）		69%	76%	95%	
	（　1　時　間　）		42%	52%	75%	
一般国道における交通不能区間の解消	交　通　不　能　箇　所		64 ヵ所	53 ヵ所	0	
	交　通　不　能　区　間　延　長		381 km	320 km	0	
一般国道の 4 車線化	一　般　国　道（指　定　区　間）	19,237 km	2,630 km (13.7%)	3,240 km (16.8%)	12,800 km (67%)	
	一　般　国　道（指 定 区 間 外）	24,925 km	780 km (3.2%)	940 km (3.7%)	4,700 km (19%)	
	計	44,162 km	3,410 km (7.7%)	4,180 km (9.5%)	17,505 km (40%)	
道路の緑化	一　般　国　道	12,100 km	25%	39%	95%	8.緑化必要延長とは都市部及び地方部の人家密集地を通過する国道、都道府県道の延長である。 9.緑化率とは緑化必要延長に対する緑化延長の割合である。
	都　道　府　県　道	23,300 km	18%	22%	85%	
	計	35,400 km	20%	28%	90%	
人と自転車の空間の確保	広幅員歩道整備済道路延長		36,500 km	60,400 km	234,700 km	10.広幅員歩道整備済道路延長とは幅員 2.0m 以上の歩道等が整備された道路の延長である。 11.コミュニティ道路とは通過交通を抑制し、人と車の共存を図る道路である。 12.大規模自転車道とは主として地方部に設置される延長 20 km 以上の自転車専用道路である。
	コミュニティ道路		34 ヵ所	300 ヵ所	2,600 ヵ所	
	歩　行　者　専　用　道		166 km	270 km	6,970 km	
	大　規　模　自　転　車　道		1,956 km	3,140 km	15,000 km	
災害時に孤立する集落群の解消	孤　立　集　落　群　数		3,100	1,930	0	13.孤立集落群とは市町村の中心に行く道路に危険箇所等があり災害時に孤立するおそれのある集落群（50 戸以上）をいう。
避難路の整備	避　難　路　に　よ　る　カ　バ　ー　人　口		1,400 万人 (60%)	1,700 万人 (75%)	2,300 万人 (100%)	14.避難路によるカバー人口とは要避難圏域人口（2,300 万人）のうち、震災時に避難路を利用して避難圏域へ避難できる地域の人口。 15.要避難圏域とは三大都市圏、東海地域の既成市街地で特に地震災害が発生するおそれのある地域。
健全な市街地の形成	面　的　整　備　済　市　街　地		4,300 k㎡ (41%)	5,100 k㎡ (48%)	10,600 k㎡ (100%)	16.面的整備済市街地とは、将来市街地 17,000 k㎡のうち、土地区画整理事業、市街地再開発事業等により面的な整備が完了し幹線道路 3.5 km/k㎡、宅地面積率 20%がほぼ達成された市街地をいう。 17.公共施設管理者負担金、開発許可等による整備を含む。
自転車駐車場の整備	駐　車　需　要　台　数　　A		251 万台	343 万台	400 万台	18.駐車需要台数は総理府調査により推計。 19.収容台数は民間事業者による整備も見込んでいる。
	収　容　台　数　　B		151 万台	291 万台	400 万台	
	放　置　台　数　　C		100 万台	52 万台	0 万台	
	収　容　率　　B/A		60%	85%	100%	

---

[48] 建設省道路局：「第 9 次道路整備五箇年計画の基本的考え方」，日本道路協会，道路，1982 年 10 月号，p44〜45

(3)　道路整備の推移等

建設省道路局では、第 9 次道路整備五箇年計画の策定作業を始めるにあたって、まず、昭和 52（1977）年度に策定した道路整備の長期構想の見直しに着手し、既投資分を差し引き、災害関連等について部分修正したものを昭和 57（1982）年度価格になおし、「道路整備の長期計画（昭和 58（1983）年度〜21 世紀初頭、300 兆円）」を策定した。

この「道路整備の長期計画」を踏まえて新五箇年計画の策定作業を進め、昭和 58（1983）年度の概算要求にあたり、建設省は、総投資規模を 43 兆円とする第 9 次道路整備五箇年計画を策定することを財政当局に要求した。

その後、財政当局と折衝の結果、現下の厳しい財政事情にかんがみ、総投資規模を 38 兆 2,000 億円とすることでその策定が認められ、昭和 58（1983）年 2 月 4 日に第 9 次道路整備五箇年計画の策定に関する閣議了解が行われた。

また、これと同時に、同計画の根拠となる道路整備緊急措置法の改正案が国会に提出され、3 月 24 日衆議院本会議で可決、3 月 31 日参議院本会議で可決成立した。

その後、五箇年計画について道路の整備の目標及び事業の量に関して検討を進め、昭和 58（1983）年 5 月 27 日閣議決定された。なお、雪寒五箇年計画及び奥地計画についても同時に閣議決定がなされ、昭和 58 年以降 5 ヵ年間に、それぞれ 5,340 億円、1,400 億円に相当する事業を行うこととされた。

第 9 次道路整備五箇年計画の達成状況については、厳しい財政事情を背景として、道路整備事業も抑制を余儀なくされたが、昭和 60（1985）年度からは緊急地方道路整備事業や道路開発資金など新たな制度を設け事業費の確保を図った結果、総事業費に対する達成率は、62（1987）年度で 96.6％となった。その内訳は国の道路財源を用いて行う一般道路事業、有料道路事業がそれぞれ 99.5％、105.9％であり、地方単独事業が 96.2％である。

五箇年間の具体的な事業の進捗を見ると、高速自動車国道の 62 年度

末までの供用延長は、計画延長 4,331km に対し実績は 4,280km となっており、本州四国連絡道路は計画どおり 1 ルート 3 橋(児島坂出ルート、大鳴門橋、因島大橋、伯方・大島大橋) が完成した。一般道路については、新設・改良延長の達成率が一般国道で 83%、地方道で 99%であり、舗装延長の達成率は、一般国道で 80%、地方道で 90%となった。

　また、昭和 61 (1986) 年 11 月には、第 4 次特定交通安全施設等整備事業五箇年計画 (昭和 61 (1986) ～平成 2 (1990) 年度 13,500 億円) が閣議決定され、昭和 62 (1987) 年 6 月には、既定の国土開発幹線自動車道等 7,600 ㎞を拡充し、14,000 ㎞の高規格幹線道路網計画が決定された。

　第 9 次道路整備五箇年計画の進捗状況は表Ⅴ-1-46 の通りである。

表Ⅴ-1-46　第 9 次道路整備五箇年計画の進捗状況[49]

(単位：億円、%)

事業区分	五箇年計画	昭和58(1983)年度	昭和59(1984)年度	昭和60(1985)年度	昭和61(1986)年度	昭和62(1987)年度	計	進捗率
一般道路事業	160,000	26,304	26,216	31,581	33,495	41,668	159,265	99.5
有料道路事業	92,000	16,649	17,574	18,819	20,691	23,669	97,403	105.9
小　　　　計	252,000	42,953	43,790	50,401	54,186	65,338	256,667	101.9
地方単独事業	117,000	21,376	22,355	21,473	22,850	24,473	112,527	96.2
合　　　　計	369,000	64,329	66,145	71,874	77,036	89,811	369,194	100.1
調　整　費	13,000	—	—	—	—	—	—	—
再　　　　計	382,000	64,329	66,145	71,874	77,036	89,811	369,194	96.6

---

[49] 道路行政研究会：道路行政，全国道路利用者会議，2010，p330

V-1-10 第 10 次道路整備五箇年計画と道路整備[50]

(1) 第 10 次道路整備五箇年計画の大綱

(a) 基本方針

第 10 次道路整備五箇年計画においては、1 万 4,000 km の高規格幹線道路網の構築など 21 世紀初頭をめざす道路整備の長期計画に基づき、多極分散型国土の形成、地域社会の活性化等を促し道路整備の立ち遅れに適切に対応するため、当面の 5 ヵ年間（昭和 63（1988）年度〜昭和 67（1992）年度）に緊急に整備すべき事業を推進することとされた。

その際、特に以下の主要課題に配慮し、各種施策の推進を図るものとした。

① 交流ネットワークの強化

② よりよい都市のための道路づくり

③ 地方部の定住と交流を促進する道路づくり

④ 多様な道路機能の充実

さらに、各種施策を推進するため、民間活力の活用、道路と建築物等との一体的整備など新たな道路整備促進のための諸方策の活用を図るものとした。

(b) 投資規模

道路整備の長期計画を計画的かつ着実に達成するとともに、地域活性化および産業構造転換等に緊急に対応するためには昭和 63（1988）年度から昭和 67（1992）年度の 5 ヵ年間に道路投資額 53 兆円が必要とされた（表 V-1-47）。また、投資額の施策別内訳は、表 V-1-48 のとおりである。

---

[50] 建設省道路局：「第 10 次道路整備五箇年計画の基本的考え方」，日本道路協会，道路，1987，10 月号，p3〜54

表Ⅴ-1-47 第 10 次五箇年計画の投資規模[51]

(単位：億円)

区分	第 10 次五箇年計画要求	第 9 次五箇年計画			計画倍率	平均伸率昭和 62 (1987) 年初項
		計 画	実 績	達成率 (%)		
一般道路事業	256,000	160,000	159,213	99.5	1.60	1.13
有料道路事業	149,000	92,000	97,400	105.9	1.62	1.09
小　　計	405,000	252,000	256,613	101.8	1.61	1.12
地方単独事業	125,000	117,000	108,077	92.4	1.07	1.07
計	530,000	369,000	364,690	98.8	1.44	1.11
調　整　費	—	13,000	—	—	—	—
合　　計	530,000	382,000	364,690	9.55	1.39	1.11
うち高規格幹線道路整備	103,000	—	—	—	—	—

(c) 道路整備財源の確保

第 10 次道路整備五箇年計画を円滑に実施するため、所要財源の確保を図る必要があった。

このため、昭和 62（1987）年度末で適用期眼が到来する揮発油税、自動車重量税等の道路特定財源諸税の暫定税率の延長を図るとともに、一般財源の大幅な投入を図ることとされた。

第 9 次道路整備五箇年計画においては、昭和 57（1982）年度以降、概算要求基準（シーリング）により自動車重量税を含む道路特定財源の全額が道路整備に充当されない状況が生じ（未充当額昭和 57（1982）～59（1984）年度累計 4,108 億円、なお、昭和 60（1985）～62（1987）年度における予算措置で現在の未充当額は 685 億円）、その解決を図るため、昭和 60（1985）年度から昭和 62（1987）年度の間においては、揮発油税収の 15 分の 1 を国税収納金整理資金から一般会計を経由せずに道路整備特別会計へ直接繰り入れる（直入）とともに、臨時緊急の措置として資金運用部からの借入れを行い、所要の道路整備費を確保したところである。しかしながら、借入金の累計は昭和 62（1987）年度末で

---

51 建設省道路局：「第 10 次道路整備五箇年計画の基本的考え方」，日本道路協会，道路，1987，10 月号，p9

6,497億円に達したため、昭和63（1988）年度以降同様の措置を継続することはできなかった。

表V-1-48　第10次道路整備五箇年計画の施策別事業費[52]

（単位：億円）

施策項目	第10次五箇年計画	第9次五箇年計画		第10次五箇年計画平均伸率（62初項）
		計画	実績	
1.道路交通の安全確保	119,100	87,700	84,862	1.11
交通安全のための改築	69,600	45,800	46,535	1.12
交通安全事業	22,000	19,000	17,601	1.09
防災・震災対策	18,200	16,700	14,734	1.08
避難路の整備	6,700	4,200	4,256	1.12
その他	2,600	2,000	1,736	1.13
2.生活基盤の整備	122,400	91,800	91,881	1.10
狭あい道路の解消	26,300	23,600	22,176	1.08
バス路線の整備	34,000	23,300	23,013	1.13
木橋、潜橋、渡船、老朽橋の解消	13,300	10,300	9,082	1.11
現道舗装等	13,300	12,000	12,541	1.08
交通不能区間の解消	11,700	10,500	9,759	1.07
住宅地・ダム関連道路の整備	21,400	10,300	13,639	1.11
その他	2,400	1,800	1,671	1.12
3.生活環境の改善	61,700	40,100	40,304	1.10
都市およびコミュニティ環境の改善	28,800	20,000	20,913	1.07
健全な市街地の形成	11,900	7,400	7,758	1.12
連続立体交差	6,200	4,900	4,019	1.11
現道緑化・現道環境対策	3,600	3,300	2,762	1.15
その他	11,200	4,500	4,852	1.16
4.国土の発展基盤の整備	138,600	76,500	77,596	1.15
高規格幹線道路	84,200	47,600	49,538	1.13
都市高速道路	26,200	14,200	13,633	1.16
大規模幹線道路	26,700	13,700	13,476	1.20
その他	1,500	1,000	949	1.13
5.維持管理の充実等	88,200	72,900	70,047	1.05
維持修繕	61,800	53,900	49,127	1.07
除雪	3,600	2,900	3,207	1.08
その他	22,800	16,100	17,713	1.01
調整費		13,000		
合計	530,000	382,000	364,690	1.11

（注）高規格幹線道路の第9次五箇年計画の計画および実績は、高速自動車国道および本州四国連絡道路の建設費を計上。第10次五箇年計画には、一般国道の自動車専用道路分も含み計上。

第10次道路整備五箇年計画においては、借入金によらず道路特定財源税収を全額道路整備に充てることが必要であり、このため、揮発油税の

---

[52] 建設省道路局：「第10次道路整備五箇年計画の基本的考え方」，日本道路協会，道路，1987，10月号，p9

直入措置の拡大を図り、高規格幹線道路の整備促進と地方道路整備臨時交付金の存続・拡充にそれぞれ税収の 15 分の 2 に相当する額を充てることとされた（表Ⅴ-1-49）。

表Ⅴ-1-49　財源内訳[53]

（単位：億円）

区　　分		国　　費	地方費	財投等	計
事業区分	一 般 道 路 事 業	146,130	109,870	－	256,000 (48.3%)
	有 料 道 路 事 業	11,812	4,300	132,888	149,000 (28.1%)
	地 方 単 独 事 業	－	125,000	－	125,000 (23.6%)
	計	157,942 (29.8%)	239,170 (45.1%)	132,888 (25.1%)	530,000 (100.0%)
財源区分	特 定 財 源 (A)	93,807 (59.4%)	86,865 (36.3%)	－	180,672
	一 般 財 源	64,135 (40.6%)	152,305 (63.7%)		216,440
	自 動 車 重 量 税 (B)	23,068 (14.6%)	－		
	純 一 般 財 源	41,067 (26.0%)			
	財 投 等	－	－	132,883	132,888
	（ A ＋ B ）	116,875 (74.0%)			
	計	157,942 (100.0%)	239,170 (100.0%)	132,888 (100.0%)	530,000

（注）　1.一般道路事業の国費は、昭和 63 年度概算要求の一般道路事業の国費率により推計。
　　　　2.地方費の一般財源には、都市計画税の道路充当分、交通安全対策特別交付金、街路事業に係る通常の地方債等を含む。
　　　　3.財投等とは、財政投融資資金、縁故債等である。

(d)　道路交通の見通し

　産業経済の成長、国民生活の向上に伴って、交通需要は全体として増大してきた。なかでも、自動車交通は、戸口性や随時性などの特性が利用者に高く評価され、経済・社会の発展とともに著しく進展し、トンキロ、人キロでみると、昭和 60 （1985） 年は昭和 40 （1965） 年に対し、各々4.25 倍、4.05 倍と増大すると見込んだ。

---

[53] 建設省道路局：「第 10 次道路整備五箇年計画の基本的考え方」，日本道路協会，道路，1987，10 月号，p10

①　交通需要

　昭和 62（1967）年 6 月、第四次全国総合開発計画が閣議決定されたが、その中で「21 世紀の交通体系の形成にあたっては、適切な競争と利用者の自由な選択を通して各交通機関の特性が生かされた体系の実現を目指す」とされた。四全総には、昭和 75（2000）年度の交通需要の予測値が機関別に示されており、昭和 75（2000）年度の交通需要の見通しはこの予測値によることとした（表Ⅴ-1-50）。

②　自動車保有台数および自動車走行台キロ

　昭和 75（2000）年度および 85（2010）年度の自動車交通需要から、自動車 1 台当たりの輸送量、輸送距離の原単位を用いて自動車保有台数および自動車走行台キロを推計した（表Ⅴ-1-51、Ⅴ-1-52）。

表Ⅴ-1-50　交通需要将来予測[54]

項　　　目			昭和60(1985)年度		昭和75(2000)年度		昭和85(2010)年度	
			輸送量	構成比(%)	輸送量	構成比(%)	輸送量	構成比(%)
旅 客	輸送人員 （百万人）	総　　計	53,866	100.0	69,000～72,000	100	79,200	100
		自　動　車	34,679	64.4	49,000	69	55,600	70
		鉄　　道	18,989	35.2	22,000	31	23,600	30
		海　　運	154	0.3	140	0.2		
		航　　空	44	0.1	94	0.1		
	輸送人キロ （億人キロ）	総　　計	8,582	100.0	11,000～12,000	100	13,560	100
		自　動　車	4,893	56.9	7,200	61	8,280	61
		鉄　　道	3,301	38.5	3,900	33	5,280	39
		海　　運	57	0.7	52	0.4		
		航　　空	331	3.9	700	6		
貨 物	輸送トン （百万トン）	総　　計	5,600	100.0	6,500～7,700	100	7,760	100
		自　動　車	5,048	90.1	6,500	92	7,140	92
		鉄　　道	99	1.8	74	1	620	8
		海　　運	452	8.1	520	7		
	輸送トンキロ （億トンキロ）	総　　計	4,344	100.0	5,600～6,500	100	7,210	100
		自　動　車	2,059	47.4	3,200	53	3,920	54
		鉄　　道	221	5.1	230	4	3,290	46
		海　　運	2,058	47.4	2,600	43		

（注）1.将来値のうち昭和 75（2000）年度は「第四次全国総合開発計画」と整合を図っており、各機関別の将来値にも総計と同程度の幅がある。昭和 85（2010）年度は建設省道路局による予測値で、参考値である。
　　　2.自動車は軽自動車分を除く。

---

[54] 建設省道路局：「第 10 次道路整備五箇年計画の基本的考え方」、日本道路協会，道路，1987，10 月号，p6

表Ⅴ-1-51　自動車保有台数（被けん引車、二輪車を除く）の見通し[55]

| 区　分 | 昭和 60 (1985) 年度央 | | 昭和 75 (2000) 年度央 | | 昭和 85 (2010) 年度央 | | 指　　数 | | |
	千　台	％	千　台	％	千　台	％	昭和 60 (1985) 年度央	昭和 75 (2000) 年度央	昭和 85 (2010) 年度央
乗 用 車	27,785	61.0	38,000	62.3	43,000	63.2	1.00	1.37	1.55
貨 物 車	17,790	39.0	23,000	37.7	25,000	36.8	1.00	1.29	1.41
計	45,575	100.0	61,000	100.0	68,000	100.0	1.00	1.34	1.49

（注）将来値は表Ⅴ-1-50 の自動車交通需要の将来値に基づき、建設省道路局で予測したもので、昭和 85 (2010) 年度は参考値である。

表Ⅴ-1-52　自動車走行台キロの見通し[56]

| 区　分 | 昭和 60 (1985) 年度 | | 昭和 75 (2000) 年度 | | 昭和 85 (2010) 年度 | | 指　　数 | | |
	億台キロ	％	億台キロ	％	億台キロ	％	昭和 60 (1985) 年度	昭和 75 (2000) 年度	昭和 85 (2010) 年度
乗 用 車	2,978	57.9	4,010	58.6	4,390	57.9	1.00	1.35	1.47
貨 物 車	2,165	42.1	2,830	41.4	3,190	42.1	1.00	1.31	1.47
計	5,143	100.0	6,840	100.0	7,580	100.0	1.00	1.33	1.47

（注）将来値は表Ⅴ-1-50 の自動車交通需要の将来値に基づき、建設省道路局で予測したもので、昭和 85 (2010) 年度は参考値である。

(2)　整備目標および整備水準

(a)　整備目標

　以上の方針に基づき、計画期間中における道路整備目標は表Ⅴ-1-53、施策別整備目標は表Ⅴ-1-54 のとおりとした。

---

[55] 建設省道路局：「第 10 次道路整備五箇年計画の基本的考え方」，日本道路協会，道路，1987，10 月号，p7
[56] 建設省道路局：「第 10 次道路整備五箇年計画の基本的考え方」，日本道路協会，道路，1987，10 月号，p7

表Ⅴ-1-53　道路別整備目標[57]　　　（単位：km）

区　　分	昭和 62 (1987)年度末整備済延長	第 10 次五箇年計画		長期計画 21 世紀初頭整備済延長
		昭和 63(1988)～67(1992)年度整備延長	昭和 67 (1992)年度末整備済延長	
高 規 格 幹 線 道 路	4,387	1,654	6,041	14,000
国 幹 道 等	4,280	1,246	5,526	11,520
本 州 四 国 連 絡 道 路	107	1	108	180
一 般 国 道	－	407	407	2,300
都 市 高 速 道 路	384	133	517	1,000
首 都 高 速	201	39	240	
阪 神 高 速	139	71	210	
指 定 都 市 高 速	44	23	67	
一次改築（改良済延長）	220,300	34,800	255,100	46,500
一 般 国 道	40,000	1,900	41,900	355,000
主 要 地 方 道	32,500	4,500	37,000	50,000
一 般 都 道 府 県 道	37,000	7,600	44,600	77,600
幹 線 市 町 村 道	110,800	20,800	131,600	180,900
二次改築（4 車化延長）	12,570	〔3,890〕 1,540	14,110	34,370
一 般 国 道	4,310	〔2,670〕 810	5,120	17,480
主 要 地 方 道	1,860	〔450〕 260	2,120	4,950
一 般 都 道 府 県 道	1,490	〔370〕 230	1,720	4,420
幹 線 市 町 村 道	4,910	〔400〕 240	5,150	7,520
一 般 市 町 村 道	244,300	24,200	268,500	389,100

（注）　1. 高規格幹線道路の一般国道の整備延長 407 km には新たに追加する国土開発幹線自動車道に並行する一般国道におい
　　　　 て既に事業に着手している自動車専用道路 215 km を含む。
　　　 2. 一次改築の改良済延長は、一般国道、主要地方道、一般都道府県道については幅員 5.5m 未満を除き、幹線市町村道
　　　　 については幅員 5.5m 未満を含む。
　　　 3. 二次改築の〔　〕は、暫定 2 車線供用、2 車線再改築を含む二次改築の全体延長である。
　　　 4. 幹線市町村道の数値は、幅員 5.5m 未満を含む改良済延長である。
　　　 5. 一般国道、主要地方道、一般都道府県道の一次改築は、計画対象延長合計 17 万km（昭和 61 (1986) 年 4 月 1 日現在の
　　　　 実延長）の 100% 整備を長期目標とする。幹線市町村道は、計画対象延長 20 万km の約 90% 整備を長期目標とする。
　　　 6. 一般国道、主要地方道、一般都道府県道の二次改築（4 車線化）は計画対象延長のうち、昭和 75 (2000) 年時点の予測
　　　　 混雑度 1.5 以上の区間を 21 世紀初頭までに 4 車線化することを長期目標とする。幹線市町村道は、積み上げによる。

表Ⅴ-1-54　施策別整備目標[58]

項　　目	内　　容　（例）	昭和 62 (1987)年度末	第 10 次五箇年計画		長期計画目標（21 世紀初頭）（昭和 85(2010)～90(2015)年）
			実施事業量	昭和 67(1992)年度末	
道 路 交 通の 安 全 確 保	歩　　道　　整　　備	(40) 94,000 km	26,000 km	(51) 120,000 km	236,000 km
生活基盤の整備	大型車のすれ違い困難区間解消（ 2 車 線 以 上 ）	(56) 166,200 km	26,700 km	(65) 192,000 km	297,100 km
生活環境の改善	混雑区間の解消(4 車線以上)	(37) 12,570 km	1,540 km	(41) 14,110 km	34,400 km
	土 地 区 画 整 理 等 面 的 整 備	(46) 4,850 km²	850 km²	(54) 5,700 km²	10,600 km²
	キ ャ ブ シ ス テ ム	(7) 136 km	496 km	(27) 632 km	2,090 km
国 土 の 発 展基 盤 の 整 備	高 規 格 幹 線 道 路	(31) 4,387 km	1,654 km	(43) 6,041 km	14,000 km
	都 市 高 速 道 路	(38) 384 km	133 km	(52) 517 km	1,000 km
維持管理の充実	維　持　修　繕　費	(62 (1987) 年度) 10,000 億円/年	－	(67 (1992) 年度) 15,000 億円/年	(85 (2010) 年度) 33,000 億円/年

（注）　1. 上段（　）は長期計画目標に対する割合（%）である。
　　　 2. 歩道整備は、市街部においては概成、地方部においては平地部の自動車交通量 500 台/12h 以上の区間の概成を長期計画目標とする。
　　　 3. 幹線市町村道の大型車のすれ違い困難区間解消（2 車線以上）は、計画対象延長 20 万kmの約 60% 整備を長期計画目標とする。
　　　 4. 土地区画整理等面積整備は、将来市街地 17,000 km²のうち土地区画整理事業、市街地再開発事業等の面的整備を必要
　　　　 とする地域の整備を完了することを長期計画目標とする。
　　　 5. キャブシステムの長期計画目標は、電線類の地中化延長を 5,000 km とした場合の整備延長である。

[57]　建設省道路局：「第10次道路整備五箇年計画の基本的考え方」，日本道路協会，道路，1987，10月号，p10
[58]　建設省道路局：「第10次道路整備五箇年計画の基本的考え方」，日本道路協会，道路，1987，10月号，p11

(b)　整備水準

　五箇年計画の実施による一般道路の交通機能を総合的に表す指標として整備率による道路整備の水準をみると表Ｖ-1-55 のとおりである。

表Ｖ-1-55　整備水準[59]

区　分	計画対象延長(A)(km)	昭和62(1987)年度末			昭和67(1992)年度末			長期計画目標		
		改良区間延長(km)	改良区間のうち混雑度1.0未満(B)(km)	整備率(B/A)(%)	改良区間延長(km)	改良区間のうち混雑度1.0未満(c)(km)	整備率(C/A)(%)	改良区間延長(km)	改良区間のうち混雑度1.0未満(D)(km)	整備率(D/A)(%)
一　般　国　道	46,540	(86) 40,000	26,940	58	(90) 41,900	28,800	62	(100) 46,540	44,200	95
主 要 地 方 道	49,970	(65) 32,560	26,340	53	(74) 37,020	29,540	59	(100) 49,970	45,000	90
一 般 都 道 府 県 道	77,610	(48) 36,980	33,310	43	(57) 44,590	40,170	52	(100) 77,610	69,800	90
小　　　計	174,120	(63) 109,540	86,590	50	(71) 123,510	98,510	57	(100) 174,120	159,000	91
幹 線 市 町 村 道	202,320	(55) 110,810	110,810	55	(65) 131,640	131,640	65	(89) 180,900	180,900	89
計	376,440	(59) 220,350	197,400	52	(68) 255,150	230,150	61	(94) 355,020	339,900	90

（注）　1.計画対象延長は実延長（昭和61（1986）年4月1日現在、道路統計年報）である。
　　　　2.改良区間とは、幅員5.5m 以上改良済の区間をいい、（　）は改良率である。ただし、幹線市町村道の改良区間延長、改良済には幅員5.5m 未満を含む。
　　　　3.整備率は改良区間のうち混雑度が1.0 未満の延長（幹線市町村道は改良区間延長）の計画対象延長に対する割合である。

(3)　道路整備の推移等

　道路審議会基本政策部会が昭和60（1985）年11月に再開され、高規格幹線道路網計画及び今後の道路整備のあり方について検討が開始された。そして、昭和62（1987）年6月26日に高規格幹線道路網計画が建設大臣に答申されるとともに、「豊かな明日への道づくり」が建議された。

　また、昭和62（1987）年6月30日には、第四次全国総合開発計画が閣議決定された。

　建設省道路局では、これらを踏まえて、次期五箇年計画の策定作業を進め、まず、昭和57（1982）年度に策定した道路整備の長期計画を改訂し、新たに「道路整備の長期計画（昭和63（1988）年度～21世紀初頭）」を策定した。そして、総投資規模を53兆円とする第10次道路整備五箇年計画を策定することを財政当局に要求した。

59　建設省道路局：「第10次道路整備五箇年計画の基本的考え方」，日本道路協会，道路，1987，10月号，p11

　その後、財政当局と折衝の結果、総投資規模を 53 兆円とすることで
その策定が認められ、昭和 63（1988）年 2 月 5 日に第 10 次道路整備五
箇年計画の投資規模について閣議了解が行われた。

　また、これと同時に同計画の根拠となる道路整備措置法の改正案が国
会に提出され、3 月 25 日衆議院本会議で、3 月 31 日参議院本会議で可
決成立した。

　その後、五箇年計画について道路の整備の目標及び事業の量に関して
検討を進め、道路審議会への諮問、答申を経て、昭和 63（1988）年 5 月
27 日閣議決定された。なお、新経済計画「世界とともに生きる日本―経
済運営 5 ヵ年計画―」も同日閣議決定された。

　第 10 次道路整備五箇年計画の達成状況については、総事業費に対す
る達成率は、平成 4（1992）年度までで 103.9%となっている。その内
訳は国の道路財源を用いて行う一般道路事業、有料道路事業がそれぞれ
95.1%、101.7%であり、地方単独事業が 130.7%である。

　五箇年計画の具体的な事業の進捗をみると、高規格幹線道路の平成 4
（1992）年度末までの供用延長は、計画延長 6,041km に対し実績は
5,929km となっている。一般道路については、新設・改築延長の達成率
が一般国道で 91.5%、地方道で 93.2%となっている。

　また、平成 3（1991）年 11 月には、第 5 次交通安全施設等整備事業五
箇年計画（平成 3（1991）〜平成 7（1995）年度 18,500 億円）が閣議決
定された。

　第 10 次道路整備五箇年計画の進捗状況は表 V‐1‐56 の通りである。

表 V-1-56 第 10 次道路整備五箇年計画の進捗状況[60]

（単位：億円、%）

事業区分	五箇年計画	昭和63 (1988) 年度	平成元 (1989) 年度	平成2 (1990) 年度	平成3 (1991) 年度	平成4 (1992) 年度	計	進捗率
一般道路事業	238,000	41,848	43,057	43,675	44,685	53,110	226,376	95.1
有料道路事業	140,000	25,018	25,785	27,399	30,311	33,874	142,387	101.7
小 計	378,000	66,866	68,842	71,075	74,996	86,984	368,763	97.6
地方単独事業	139,000	26,973	31,832	36,253	39,647	46,937	181,643	130.7
合 計	517,000	93,840	100,674	107,328	114,643	133,921	550,406	106.5
調 整 費	13,000	―	―	―	―	―	―	―
再 計	530,000	93,840	100,674	107,328	114,643	133,921	550,406	103.9

V-1-11 第 11 次道路整備五箇年計画と道路整備[61]

(1) 第 11 次道路整備五箇年計画の大綱

(a) 基本的方向

「生活大国」をめざし、活力ある経済に支えられた「ゆとり社会」を実現するため、国民の要請に応え、道路整備の立ち遅れに緊急に対応すべく第 11 次道路整備五箇年計画が策定された。

その策定に際しては、各界、各地域からの意見等を参考にまとめられた道路審議会の「建議」、ならびに「建議」をもとにおおむね 21 世紀初頭（2010 年〜2015 年）を整備目途としてとりまとめた「道路整備の長期構想（案）」の考え方を基本に、「公共投資基本計画」（投資総額おおむね：430 兆円）や「生活大国 5 か年計画―地球社会との共存をめざして―」との整合性を図りつつ、①生活者の豊かさを支える道路整備の推進、②活力ある地域づくりのための道路整備の推進、③良好な環境創造のための道路整備の推進を主要な課題とし今後の道路整備の推進を図ることとされた（図 V-1-2）。

---

[60] 道路行政研究会：道路行政，全国道路利用者会議，2010，p331
[61] 建設省道路局・都市局：「第 11 次道路整備五箇年計画」，日本道路協会，道路，1992，10 月号，P12〜58、建設省道路局「スタートした第 11 次道路整備五箇年計画」日本道路協会，道路，1993，7 月号，p55〜62

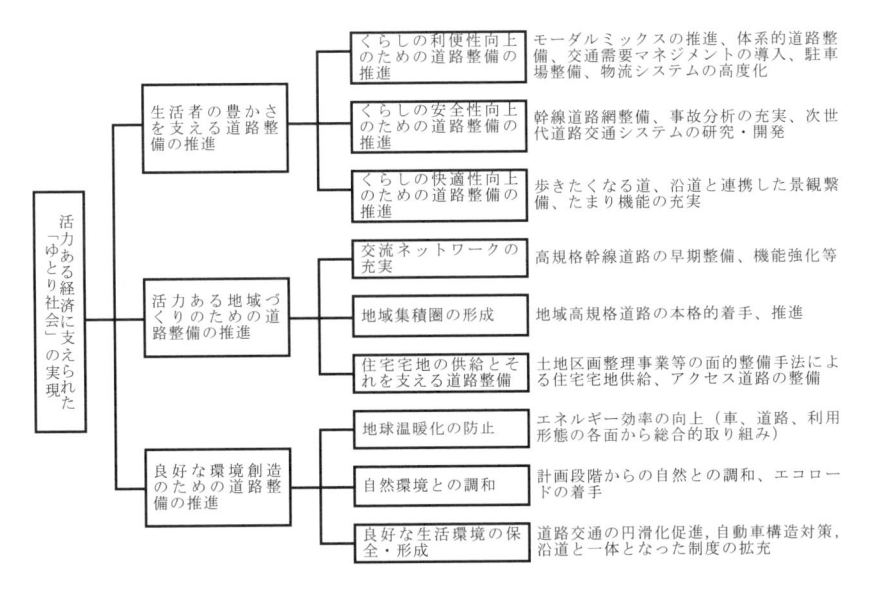

図 V-1-2　道路整備の基本的方向（体系図）[62]

　なお、道路は極めて社会性の強い空間であり、『人とくらしを支える「社会空間」』であるとの認識のもと、次のような視点に立って、施策の展開が図られた。

① 複合的施策の展開

　道路に関しては、道路利用者、地域生活者、関係機関、自動車メーカー、道路管理者など極めて多くの関係者が存在している。

　『道路は「社会空間」である』という認識から、各関係者の既存の枠を越えた協力が必要である。

　このため、さまざまな関係者の協力と連携のもとに、作り方から使い方まで含めた複合的な取り組みを推進する。

② 多様な空間機能の充実

---

[62] 建設省道路局「スタートした第 11 次道路整備五箇年計画」日本道路協会，道路，1993，7 月号，p56

　道路の役割として、今後、一層重要になってくると考えられる、景観形成、収容機能など、多様な空間機能の充実を図る。

③　総合的な交通機能の強化

　「ゆとり社会」を支える交通基盤を形成するため、自動車交通に対応するとともに、他の交通機関との連携、歩行者・自転車の復権、「たまり」空間の重視など、地域特性、交通特性に応じた交通機能の強化を図る。また、渋滞解消により、省エネ型社会の形成に資する。

④　まちづくり、地域づくりの支援

　各都道府県において地方版長期構想、および地方版五箇年計画も策定し、道路整備計画を国民により身近なものとして役立てていただくとともに、これからのまちづくり、地域づくり、さらに地域の社会・経済活動等を支援していく。

(b)　投資規模および財源

　道路整備を計画的かつ着実に推進するとともに、生活者の豊かさの向上、活力ある地域づくり、良好な環境創造等の課題に緊急に対処するため、平成5（1993）年度から平成9（1997）年度の五箇年間に道路投資額76兆円が必要であった。

　また、第11次道路整備五箇年計画を円滑に実施するため、所要の財源の確保を図る必要があった。

　このため平成4（1992）年度末を適用期限とする揮発油税、軽油引取税等、平成5（1993）年4月末を適用期限とする自動車重量税の道路特定財源諸税の暫定税率を継続するとともに、一般財源の大幅な投入を行った。

　また、道路整備特別会計への直入制度を継続し、必要な見直しを行うこととされた。投資規模は表Ⅴ-1-57のとおりである。

表Ⅴ-1-57　投資規模[63]

（単位：億円）

区分	第11次五箇年計画	第10次五箇年計画	計画倍率	平均伸率平成4(1992)年度初項
一般道路事業	288,000	238,000	1.21	1.08
有料道路事業	206,000	140,000	1.47	1.08
小　　　計	494,000	378,000	1.31	1.08
地方単独事業	252,000	139,000	1.81	1.08
計	760,000	517,000	1.44	1.08
調　整　費	14,000	13,000	1.08	―
合　　　計	760,000	530,000	1.43	1.08

(c)　道路交通の見通し

　計画の前提となる交通需要量は表Ⅴ-1-58 に、自動車保有台数の見通しを表Ⅴ-1-59 に、走行台キロの見通しを表Ⅴ-1-60 に示す。

---

[63] 建設省道路局「スタートした第11次道路整備五箇年計画」日本道路協会，道路，1993，7月号，p55

表V-1-58　交通需要量の見通し[64]

項　　　目			昭和60(1980)年		平成2(1990)年		平成12(2000)年		平成22(2010)年	
			輸送量	構成比(%)	輸送量	構成比(%)	輸送量	構成比(%)	輸送量	構成比(%)
旅 客	輸送人員 （百万人）	総　計	51,720	100.0	64,795	100.0	70,601	100.0	78,978	100.0
		自動車	33,515	64.8	42,628	65.8	46,708	66.1	52,576	66.6
		鉄　道	18,005	34.8	21,939	33.8	23,635	33.5	26,131	33.1
		海　運	160	0.3	163	0.3	150	0.2	146	0.2
		航　空	40	0.1	65	0.1	108	0.2	125	0.1
	輸送人キロ （億人キロ）	総　計	7,820	100.0	11,082	100.0	12,858	100.0	14,821	100.0
		自動車	4,317	55.2	6,628	59.8	7,819	60.8	9,169	61.9
		鉄　道	3,145	40.2	3,875	35.0	4,084	31.8	4,505	30.4
		海　運	61	0.8	63	0.5	55	0.4	53	0.3
		航　空	297	3.8	516	4.7	900	7.0	1,094	7.4
貨 物	輸送トン数 （百万トン）	総　計	5,985	100.0	6,636	100.0	6,603	100.0	6,690	100.0
		自動車	5,318	88.8	5,974	90.0	5,989	90.7	6,061	90.6
		鉄　道	167	2.8	87	1.3	86	1.3	94	1.4
		海　運	500	8.4	575	8.7	528	8.0	535	8.0
	輸送トンキロ （億トンキロ）	総　計	4.388	100.0	5,439	100.0	5,829	100.0	6,479	100.0
		自動車	1.789	40.8	2,722	50.0	3,234	55.5	3,861	59.6
		鉄　道	377	8.6	272	5.0	261	4.5	318	4.9
		海　運	2.222	50.6	2,445	45.0	2,334	40.0	2,301	35.5

（注）1.将来値は「日本の将来推計人口」（厚生省人口問題研究所）等に基づいた建設省道路局による予測
　　　　値である。
　　　2.自動車は軽自動車分を除く

表V-1-59　自動車保有台数（被けん引車、二輪車を除く）の見通し[65]

区　分	昭和60(1980)年		平成2(1990)年		平成12(2000)年		平成22(2010)年		指　　　数		
	千台	%	千台	%	千台	%	千台	%	平成2(1990)年	平成12(2000)年	平成22(2010)年
乗用車	23,876	63.0	35,398	61.4	41,378	63.7	46,950	64.1	1.00	1.169	1.326
貨物車	14,040	37.0	22,271	38.6	23,607	36.3	26,240	35.9	1.00	1.060	1.178
計	37,916	100.0	57,669	100.0	64,985	100.0	73,190	100.0	1.00	1.127	1.269

（注）将来値は表V-1-58の自動車交通需要の将来値に基づき、建設省道路局で予測したものである。

---

[64] 建設省：第11次道路整備五箇年計画その他説明資料，道路審議会，1993，p94
[65] 建設省：第11次道路整備五箇年計画その他説明資料，道路審議会，1993，p94

表 V-1-60　　自動車走行台キロの見通し[66]

区　分	昭和 60 (1980)年		平成 2 (1990)年		平成 12 (2000)年		平成 22 (2010)年		指　　数		
	億台キロ	%	億台キロ	%	億台キロ	%	億台キロ	%	平成 2 (1990)年	平成 12 (2000)年	平成 22 (2010)年
乗 用 車	2,646	60.4	3,727	59.3	4,656	59.9	5,420	60.4	1.00	1.249	1.454
貨 物 車	1,734	39.6	2,559	40.7	3,121	40.1	3,553	39.6	1.00	1.220	1.388
計	4,380	100.0	6,286	100.0	7,777	100.0	8,973	100.0	1.00	1.237	1.427

（注）将来値は表 V‐1‐58 の自動車交通需要の将来値に基づいた建設省道路局による予測値である。

(2)　整備目標および整備水準

（a）　整備目標

計画期間中における課題別整備目標は表 V-1-61、道路別および施策別整備目標は表 V-1-62 のとおりである。

（b）　整備水準

五箇年計画の実施による一般道路の交通機能を総合的に表す指標として整備率による道路整備の水準をみると表 V-1-63 のとおりである。

---

[66] 建設省：第 11 次道路整備五箇年計画その他説明資料，道路審議会，1993，p94

表Ⅴ-1-61　課題別整備目標[67]

項目	内容		平成4（1992）年度末	第11次道路整備五箇年計画目標	長期構想（案）目標（21世紀初頭）
くらしの利便性向上	朝・夕の走行速度	地方都市	22 km/h	24 km/h	30 km/h
		三大都市圏の人口集中地区	18 km/h	20 km/h	25 km/h
	主要な空港・港湾・新幹線駅への直結率		8.5%	15.1%	約5割
	平均バス表定速度	地方都市	16 km/h	17 km/h	19 km/h
		三大都市圏	14 km/h	15 km/h	17 km/h
	駅前広場等整備率		6%	41%	約8割
くらしの安全性向上	市街地における駐車場充足率		約50%	約65%	おおむね充足
	交通事故死者数		11,105人/年	1万人を下回る	半減
くらしの快適性向上	幅の広い歩道等の設置率		12%	15%	約4割
	電線類地中化延長		1,290 km	約2,600 km	約8,000 km
交流ネットワークの充実	高規格幹線道路等の交通分担率	地方圏	7%	9%	17%
		三大都市圏	13%	15%	23%
		全国	11%	13%	21%
地域集積圏の形成	1時間圏カバー率	地方圏	49%	54%	約7割
		三大都市圏	80%	82%	8割台半ば
		全国	68%	71%	約8割
	都市の骨格を形成する規格の高い環状道路等の整備率		19%	28%	約7割
	生活中心都市30分連絡率		55%	約60%	約9割
	良好な市街地の形成		38%	44%	約7割
住宅宅地の供給とそれを支える道路整備	アクセス道路が整備された良質な新たな住宅供給戸数（　）内は、土地区画整理事業など面的整備手法による道路事業により供給される良好な住宅地の供給戸数（長期構想目標は2000年である）	地方圏	－	約170万戸（約77万戸）	約270万戸（約122万戸）
		三大都市圏	－	約160万戸（約73万戸）	約260万戸（約118万戸）
		全国	－	約330万戸（約150万戸）	約530万戸（約240万戸）
地球温暖化の防止	走行速度向上による燃料消費率		1.00	0.98	おおむね0.9
自然環境との調和	のり面植栽率		0%	21%	概成
良好な生活環境の保全・形成	緑化率	一般国道	12%	16%	約4割
		都道府県道	6%	8%	約3割
		計	8%	11%	約3割

（注）
1. 朝夕の走行速度とは、午前7時から9時、午後5時から7時における走行速度であり、三大都市圏の人口集中地区とは、埼玉・千葉・東京・神奈川・愛知・三重・京都・大阪・兵庫の県庁所在都市における人口集中地区、地方都市とは三大都市圏を除く地域の県庁所在都市である。
2. 主要な空港への直結率とは、自動車専用道路までに準ずる質の高い道路により、高規格幹線道路のインターチェンジから当該交通拠点までが連結されているものの割合である。空港は公共の用に供する空港（84港）のうち、離島に位置するものを除く49港を対象としており、将来値には今後開港予定の空港（平成9年度末4港、21世紀初頭5港）を含む。港湾は全国の重要港湾、特定重要港湾のうち、離島に位置する122港、新幹線駅は63駅を対象とする。
3. バス表定速度とは、総運行キロを延べ運行時間で除した値である。三大都市圏は、埼玉・千葉・東京・神奈川・愛知・三重・京都・大阪・兵庫の主要11市、地方都市とは三大都市圏を除く地域の主要23都市である。
4. 駅前広場等整備率とは、おおむね乗降客5千人／日以上である駅前広場等（駅前広場および交通広場）の箇所数（3,700ヶ所）に対する整備済箇所数の割合である。
5. 市街地における駐車場充足率とは、市街地（人口集中地区）における一般公共の用に供する駐車場の需要量の割合である。
6. 交通事故死者数とは、道路において車両等および列車の交通によって起こされた事故で、事故の発生から、2時間以内に死亡した人の数である。なお、交通事故死者数の平成4年度末の水準は、平成3年に比較する値である。
7. 幅の広い歩道等の設置率とは、市街地（既成市街地および21世紀初頭までに市街地を形成することが見込まれる地域）や住宅地等（「市街地」に含まれない住宅用地および一団の集落）の2車線以上の道路および幹線道路で歩行者が通行する区間約26万kmに対する、幅の広い歩道（幅員おおむね3m以上）の設置された割合である。
8. 電線類地中化延長とは、道路における電力・通信等のケーブルをキャブシステム、管路方式などにより地中化した部分の延長である。
9. 高規格幹線道路等の交通分担率とは、全自動車走行台キロに占める高規格幹線道路等（都市高速道路を含む）の走行台キロの割合である。三大都市圏は、首都圏整備法、近畿圏整備法、中部圏整備法の対象都道府県、地方圏は三大都市圏を除く地域である。
10. 1時間圏カバー率とは、県庁所在地あるいは同一都道府県内の人口30万人以上の都市（81都市）へ、おおむね1時間以内で到達できる定住人口の割合である。三大都市圏は、首都圏整備法、近畿圏整備法、中部圏整備法の対象都道府県、地方圏は三大都市圏を除く地域である。
11. 都市の骨格を形成する規格の高い環状道路等の整備率とは、三大都市圏（埼玉・千葉・東京・神奈川・愛知・三重・京都・大阪・兵庫）を除く県庁所在地あるいは人口20万人以上の都市（58都市）において、都市の骨格を形成する規格の高い環状道路等（高規格幹線道路を含む）の総延長に対する供用延長の割合である。
12. 生活中心都市30分連絡率とは、地方生活圏（2次生活圏）中心都市（352都市、人口おおむね3万人以上）へ30分以内で到達できる市町村の割合である。
13. 良好な市街地の形成率とは、アクセス道路が整備され土地区画整理事業等により分離された良好な市街地（土地区画整理事業などにより、市街地の骨格となる幹線道路が体系的に整備され、住区内への通過交通の流入が排除されている市街地）の面積の割合である。
14. アクセス道路が整備された良質な新たな住宅供給戸数とは、新たな宅地供給戸数であり、住宅宅地供給戸数は、「第三次宅地需給長期見通し」（平成3年5月建設省建設経済局）により見込まれる宅地供給量およびこれに相当する住宅供給をいう。ここで、三大都市圏は「大都市地域における住宅および住宅地の供給の促進に関する特別措置法」第二条で定める地域であり、それを除く地域は地方圏である。
15. 走行速度向上による燃料消費率とは、自動車の単位走行あたりの燃料消費量について、平成4年度末を1とした場合、バイパス・環状道路の整備、現道拡幅等による将来の渋滞解消等による走行速度の向上の効果として算出される燃料消費量の割合である。
16. のり面植栽率とは、一般国道および都道府県道において平成4年度末の切り高が5m以上の盛土のり面あるいは切土のり面の面積（約4,800ha）に対する再緑化済面積の割合である。
17. 緑化率とは、一般国道および都道府県道の全延長に対する緑化済延長の割合であり、緑化率とは、道路の上り側、下り側の少なくともどちらか、あるいは中央分離帯、交通島に植栽されている状態を示す。

[67] 建設省道路局・都市局：「第11次道路整備五箇年計画」，日本道路協会，道路，1992，10月号，P52

表 V-1-62　道路別および施策別整備目標[68]

区分	平成4(1992)年度末 整備済延長(km)	(率)	第11次道路整備五箇年計画 平成5(1993)～9(1997)年度整備延長	平成9(1997)年度末 整備済延長	(率)	長期計画(案)目標(21世紀初頭) 整備済延長(km)	(率)	備考
高規格幹線道路	5,929 km	42	1,877 km	7,806 km	56	14,000 km	100	.
国　幹　道　等	(285 km) 5,404 km	47	(201 km) 1,319 km	(486 km) 6,723 km	58	11,520 km	100	(注)1
本州四国連絡道路	108 km	60	39 km	147 km	82	180 km	100	
一　般　国　道	132 km	6	318 km	450 km	20	2,300 km	100	
都　市　高　速　道　路	473 km	47	174 km	647 km	65	1,000 km	100	
首　都　高　速	222 km		57 km	279 km				
阪　神　高　速	158 km		79 km	237 km				
指　定　都　市　高　速	93 km		38 km	131 km				
地　域　高　規　格　道　路			約2,000 km　事業着手			6,000～8,000 km 整備推進		(注)2.
2　車線以上改良済	183,490 km	48	22,950 km	206,170 km	54	295,900 km	78	
一　般　国　道	40,600 km	88	1,910 km	48,510 km	91	53,190 km	100	
主　要　地　方　道	37,470 km	68	3,500 km	33,970 km	76	44,680 km	100	
一　般　都　道　府　県　道	40,980 km	52	5,980 km	46,960 km	60	76,660 km	98	
幹　線　市　町　村　道	65,170 km	32	11,560 km	76,730 km	38	121,370 km	60	
4　車化以上改良済	11,220 km	3	2,870 km	14,360 km	4	44,430 km	12	
一　般　国　道	5,250 km	10	1,480 km	6,730 km	13	22,030 km	41	
主　要　地　方　道	1,820 km	4	500 km	2,320 km	5	6,720 km	15	
一　般　都　道　府　県　道	1,600 km	2	410 km	2,010 km	3	5,570 km	7	
幹　線　市　町　村　道	2,820 km	1	480 km	3,300 km	2	8,090 km	4	
一般市町村道改良済	295,180 km	40	27,030 km	323,210 km	44	368,610 km	50	(注)3.
連　続　立　体　交　差	260 km		103 km	363 km		800 km		
新　交　通　システム等	56 km		58 km	114 km		500 km		
駅　前　広　場　等	1,342箇所		254箇所	1,535箇所		2,900箇所		
自　転　車　駐　車　場	7万台		15万台	22万台		約60万台		
共　同　溝	308 km		138 km	446 km		1,140 km		
歩　道　設　置	119,000 km		26,000 km	145,000 km		210,000 km		(注)4.
広　幅　員　歩　道　設　置	30,000 km		9,500 km	39,500 km		100,000 km		
大　規　模　自　転　車　道	2,450 km		800 km	3,250 km		6,450 km		
キ　ャ　ブ　シ　ス　テ　ム	490 km		500 km	990 km		3,000 km		
遮　　音　　壁	3,088 km		1,087 km	4,175 km		8,500 km		
環　境　施　設　帯	447 km		196 km	643 km		1,200 km		
道　路　緑　化	32,943 km		9,500 km	42,443 km		97,000 km		

(注)1. (　)書きは、国幹道に並行する一般国道自専道で外書きである。なお、高規格幹線道路の総計には含まれる。

　　2.地域高規格道路は、将来的におおむね2万kmを想定している。

　　3.1車線以上改良済を含む。

　　4.歩道等必要延長は、約26万kmである。

68 建設省道路局・都市局：「第11次道路整備五箇年計画」，日本道路協会，道路，1992，10月号，P53

表 V-1-63　整備水準[69]

区　分	計画対象延長 (A) (km)	平成 4(1992)年度末			平成 9(1997)年度末			長期構想目標		
		改良区間延長 (km)	改良区間のうち混雑度 1.0 未満(B) (km)	整備率 (B/A) (%)	改良区間延長 (km)	改良区間のうち混雑度 1.0 未満(C) (km)	整備率 (C/A) (%)	改良区間延長 (km)	改良区間のうち混雑度 1.0 未満(D) (km)	整備率 (D/A) (%)
一 般 国 道	53,190	(88) 46,600	30,440	57	(91) 48,510	31,870	60	(100) 53,190	44,680	84
主 要 地 方 道	44,680	(68) 30,470	22,790	51	(76) 33,970	24,440	55	(100) 44,680	34,410	77
一般都道府県道	78,220	(52) 40,980	35,130	45	(60) 46,960	39,040	50	(98) 76,660	50,450	76
小　　　計	176,090	(67) 118,050	88,360	50	(74) 129,440	95,350	54	(99) 174,530	138,540	79
幹線市町村道	202,280 (202,280)	(32) 65,170 (69) (140,300)	65,170 (140,300)	32 (69)	(38) 76,730 (75) (152,370)	76,730 (152,370)	38 (75)	(60) 121,370 (90) (182,050)	121,370 (182,050)	60 (90)
計	378,370	(48) 183,220	153,530	41	(54) 206,170	172,080	45	(78) 295,900	259,910	69

（注）1.計画対象延長は、平成 3 年 4 月 1 日現在の実延長である。ただし、一般国道の追加指定（平成 5 年 4 月 1 日）後の見込み
　　　延長を加えたものである。
　　　2.改良区間とは、幅員 5.5m 以上改良済の区間をいい、（　）は改良率である。
　　　3.整備率は改良区間のうち混雑度が 1.0 未満の延長（幹線市町村道は改良区間延長）の計画対象延長に対する割合であ
　　　る。
　　　4.幹線市町村道の下段（　）書きは、幅員 5.5m 未満改良済み区間を含んだ場合の数値である。

(3)　道路整備の推移等

　平成 2（1990）年 6 月に 21 世紀に向けて着実に社会資本整備の充実を図っていくための指針として「公共投資基本計画」（投資総額：概ね 430兆円）が策定され、平成 4（1992）年 6 月には新たな経済計画「生活大国 5 か年計画—地球社会との共存をめざして—」が策定された。

　建設省道路局では、これらを踏まえて、次期五箇年計画の策定作業を進め、まず、昭和 57（1982）年度に策定した「道路整備の長期計画（昭和 58（1983）年度〜21 世紀初頭）」を改訂し、新たに「道路整備の長期計画（昭和 63（1988）年度〜21 世紀初頭）」を策定した。そして、平成 5（1993）年度の概算要求にあたり、同年度を初年度とし総投資規模を 76 兆円とする第 11 次道路整備五箇年計画を策定することを財政当局に要求した。

69　建設省道路局・都市局：「第 11 次道路整備五箇年計画」，日本道路協会，道路，1992，
10 月号，P54

　その後、財政当局と折衝の結果、平成 4（1992）年 12 月の平成 5 年
度予算政府原案編成に際し、その策定が認められ、平成 5（1993）年 1
月 22 日に第 11 次道路整備五箇年計画の総投資規模 76 兆円について閣
議了解が行われた。これは、調整費 1 兆 4,000 億円を含むものである。
　その後、五箇年計画について道路の整備の目標及び事業の量に関して
検討を進め、道路審議会への諮問、答申を経て、平成 5（1993）年 5 月
28 日閣議決定された。
　第 11 次五箇年計画の達成状況については、総事業に対する達成率は、
平成 9（1997）年度までで 94.5％となった。その内訳は、国の道路財源
を用いて行う一般道路事業、有料道路が各々99.4％、85.9％であり、地
方単独事業が 101.1％である。
　五箇年計画の具体的な事業の進捗をみると、高規格幹線道路の平成 9
（1997）年度末までの供用延長は、計画延長 7,860km に対し実績は
7,265km となり、本州四国連絡道路（神戸・鳴戸ルート）の明石海峡大
橋、東京湾アクアライン等が供用開始した。一般道路については、改良
区間延長が一般国道で 47,390km、主要地方道で 41,540km となった。
　平成 6（1994）年 12 月には、一般国道、主要地方道等の中で、ネット
ワーク上規格の高い道路として整備することが望ましい路線を「地域高
規格道路」として指定し整備を進めるため、候補路線及び計画路線の合
計約 5,320km が初めて指定され、平成 7（1995）年 8 月には計画路線の
中から調査区間 740km 及び整備区間 150km が指定された。
　また、道路整備五箇年計画の改正に伴い、積雪寒冷特別地域道路交通
確保五箇年計画及び奥地等産業開発道路整備計画も改正され、平成 5
（1993）年度以降 5 ヶ年間にそれぞれ 1 兆 3,900 億円、2,960 億円に相
当する事業を行うこととされた。
　第 11 次道路整備五箇年計画の進捗状況は表 V-1-64 の通りである。

表Ｖ-1-64　　第 11 次道路整備五箇年計画の進捗状況[70]

（単位：億円、%）

事業区分	五箇年計画	平成 5 (1993) 年度	平成 6 (1994) 年度	平成 7 (1995) 年度	平成 8 (1996) 年度	平成 9 (1997) 年度	計	進捗率
一 般 道 路 事 業	288,000	63,568	50,130	66,131	54,572	51,873	286,274	99.4
有 料 道 路 事 業	206,000	36,918	36,476	35,677	34,236	33,729	177,036	85.9
小　　　　　計	494,000	100,485	86,606	101,808	88,808	85,602	463,309	93.8
地 方 単 独 事 業	252,000	50,156	49,368	50,937	53,342	50,958	254,762	101.1
合　　　　　計	746,000	150,642	135,874	152,745	142,150	136,560	718,072	96.3
調　　整　　費	14,000	—	—	—	—	—	—	—
再　　　　　計	760,000	150,642	135,874	152,745	142,150	136,560	718,072	94.5

Ｖ-1-12　　新たな（第 12 次）道路整備五箇年計画と道路整備[71]

(1)　新たな道路整備五箇年計画の大綱

(a)　基本的方向

　新たな道路整備五箇年計画においては、社会、経済、生活の各分野において直面する緊急課題に対応するため、道路の持つ多様な機能を効率的に発揮できるよう、「新たな経済構造実現に向けた支援」、「活力ある地域づくり・都市づくりの支援」、「よりよい生活環境」、「安心して住める国土の実現」の 4 つを施策の柱として道路政策を重点的かつ計画的に推進することとした（図Ｖ-1-3）。

　事業目的と社会的な効果を十分に確認しながら投資を判断する時代へ移行していることに対応して、道路政策をより効率的に執行するため、重点化・効率化、施策等の評価・改善、透明性の確保、適切な役割分担等の視点から道路政策の進め方の改革を図ることとした。

---

[70] 道路行政研究会：道路行政，全国道路利用者会議，2010，p333
[71] 建設省道路局・都市局：「新たな道路整備五箇年計画（案）の概要〜安全で活力に満ちた社会・経済・生活の実現〜」，日本道路協会，道路，1997，11 月号，p8〜67

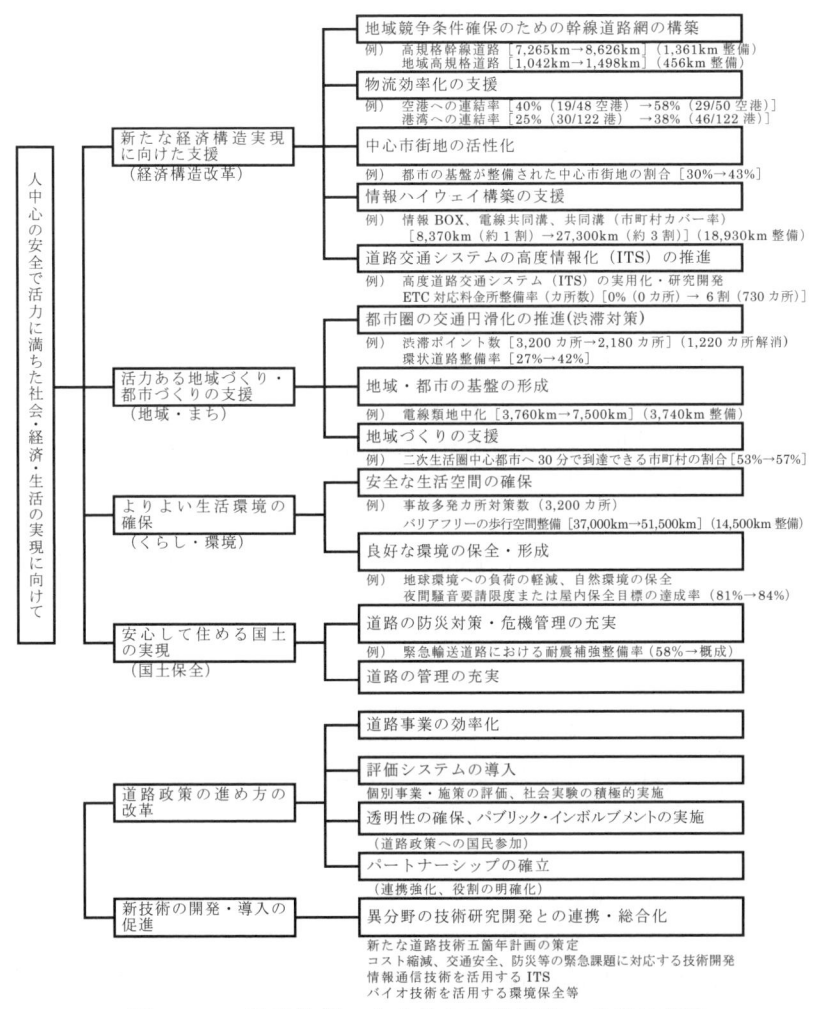

図 V-1-3　道路施策の方向性と五箇年間の政策目標[72]

[72] 建設省道路局・都市局：「新たな道路整備五箇年計画（案）の概要」，日本道路協会，道路，1997，11 月号，p8

(b) 投資規模および財源

当時の社会・経済情勢、財政構造改革に関わる考え方、現在計画規模等を踏まえ、平成10（1998）年度からの五箇年間の道路投資額は、「新たな経済構造実現に向けた支援」「活力ある地域づくり・都市づくりの支援」「よりよい生活環境の確保」「安心して住める国土の実現」の課題に緊急に対処するために必要な73兆円に加え、今後の経済情勢等の不測の事態に備え、計画自体を弾力的に運用するための調整費としての5兆円を含む、総額78兆円とした。

なお、平成10（1998）年度税制改正において、道路整備五箇年計画の円滑な実施に必要な財源の確保を図るため、揮発油税、地方道路税、自動車取得税、軽油引取税暫定税率の適用期限が平成15（2003）年3月末まで、自動車重量税の暫定税率の適用期限が平成15（2003）年4月末まで延長された。投資規模は表V-1-65に示す通りである。

表V-1-65 投資規模[73]　(単位：億円)

事業区分	新たな五箇年計画（案）	第11次五箇年計画		計画倍率	実績倍率
		計 画	実 績		
一 般 道 路 事 業	295,000	288,000	284,600	1.02	1.04
有 料 道 路 事 業	180,000	206,000	177,140	0.87	1.02
小 計	475,000	494,000	461,740	0.96	1.03
地 方 単 独 事 業	275,000	252,000	249,462	1.09	1.10
計	750,000	746,000	711,202	1.01	1.05
調 整 費	30,000	14,000	—	2.14	—
合 計	780,000	760,000	711,202	1.03	1.10

(c) 道路交通の見通し

計画の前提となる人口、GDP の見通しを表V-1-66に、免許保有者数、自動車保有台数の見通しは表V-1-67に、交通需要量は表V-1-68に、走行台キロの見通しを表V-1-69に示す。

---

[73] 建設省道路局・都市局：「新たな道路整備五箇年計画（案）の概要」，日本道路協会，道路，1997，11月号，p13

表 V-1-66　人口、GDP の見通し[74]

	平成 7 (1995) 年	平成 22 (2010) 年	平成 32 (2020) 年
人口（千人）	125,570 (1.00)	127,623 (1.02)	124,133 (0.99)
ＧＤＰ（10 億円）	465,511 (1.00)	648,259 (1.39)	744,952 (1.60)

（注）1.参考人口：厚生省社会保障・人口問題研究所推計（平成 9 (1997) 年 1 月）（中位推計）による
　　　2.ＧＤＰ：経済企画庁「構造改革のための経済社会計画、活力ある経済・安心できるくらし」の進捗状況と今後の課題（平成 8 (1996) 年 12 月）より設定（～2000 年：2.90%/年、～2010 年 1.90%/年、～2020 年 1.40%/年）

表 V-1-67　免許保有者数、自動車保有台数の見通し[75]

	平成 7 (1995) 年	平成 22 (2010) 年	平成 32 (2020) 年
免許保有者数（千人）	68,564 (1.00)	84,025 (1.23)	89,515 (1.31)
自動車保有台数（千台）	66,950 (1.00)	82,454 (1.23)	89,023 (1.33)

（注）1.免許保有者数：平成 7 (1995) 年値は警察庁資料、将来値は建設省道路局推計
　　　2.自動車保有台数：平成 7 (1995) 年値は運輸省陸運統計揺籃、将来値は建設省道路局推計

表 V-1-68　交通需要の見通し[76]

項		目	昭和 55(1980)年	構成比	平成 2(1990)年	構成比	平成 7(1995)年	構成比	平成 22(2010)年	構成比	平成 32(2020)年	構成比
旅客	輸送人員（百万人）	総計	51,720	100.0	64,795	100.0	68,253	100.0	83,482	100.0	89,633	100.0
		自動車	33,515	64.8	42,628	65.8	45,396	66.5	56,371	67.5	60,912	68.0
		鉄道	18,005	34.8	21,939	33.9	22,630	33.2	26,844	32.2	28,427	31.7
		海運	160	0.3	163	0.3	149	0.2	149	0.2	149	0.2
		航空	40	0.1	65	0.1	78	0.1	118	0.1	145	0.2
	輸送人キロ（億人キロ）	総計	7,820	100.0	11,082	100.0	11,764	100.0	15,295	100.0	16,808	100.0
		自動車	4,317	55.2	6,628	59.8	7,058	60.0	9,465	61.9	10,447	62.2
		鉄道	3,145	40.2	3,875	35.0	4,001	34.0	4,765	31.2	5,055	30.1
		海運	61	0.8	63	0.6	55	0.5	55	0.4	55	0.3
		航空	297	3.8	516	4.7	650	5.5	1,009	6.6	1,251	7.4
貨物	輸送トン数（百万トン）	総計	5,981	100.0	6,636	100.0	6,489	100.0	6,494	100.0	6,002	100.0
		自動車	5,318	88.9	5,974	90.0	5,863	90.4	5,877	90.5	5,430	90.5
		鉄道	163	2.7	87	1.3	77	1.2	68	1.0	68	1.1
		海運	500	8.4	575	8.7	549	8.5	549	8.5	504	8.4
	輸送トンキロ（億トンキロ）	総計	4,385	100.0	5,439	100.0	5,560	100.0	6,373	100.0	6,407	100.0
		自動車	1,789	40.8	2,722	50.0	2,926	52.6	3,528	55.4	3,668	57.2
		鉄道	374	8.5	272	5.0	251	4.5	235	3.7	244	3.8
		海運	2,222	50.7	2,445	45.0	2,383	42.9	2,609	40.9	2,496	39.0

（注）1.平成 7 (1995) 年までの推移は運輸省陸運統計要覧、自動車については軽自動車を除く
　　　2.将来値は、ＧＤＰの推計、人口の推計及び自動車利用状況の推移等より建設省道路局が推計

---

[74] 建設省：新道路整備五箇年計画説明資料，道路審議会，1998，p55
[75] 建設省：新道路整備五箇年計画説明資料，道路審議会，1998，p55
[76] 建設省：新道路整備五箇年計画説明資料，道路審議会，1998，p56

表Ｖ-1-69　自動車走行台キロ（中位推計）[77]

区　　分	昭和 55(1980)年		平成 2(1990)年		平成 7(1995)年		平成 22(2010)年		平成 32(2020)年	
	億台キロ	%	億台キロ	%	億台キロ	%	億台キロ	%	億台キロ	%
乗 用 車	2,646	60.4	3,727	59.3	4,532	62.9	5,955	67.6	6,607	70.1
（指数）	0.58	—	0.82	—	1.00	—	1.31	—	1.46	—
貨 物 車	1,733	39.6	2,599	40.7	2,671	37.1	2,851	32.4	2,822	29.9
（指数）	0.65	—	0.96	—	1.00	—	1.07	—	1.06	—
計	4,380	100.0	6,286	100.0	7,203	100.0	8,806	100.0	9,430	100.0
（指数）	0.61	—	0.87	—	1.00	—	1.22		1.31	—

（注）1.平成 7（1995）年までの推移は運輸省陸運統計要覧
　　　2.将来値は、ＧＤＰの推計、人口の推計及び自動車利用状況の推移等より建設省道路局推移

(2)　整備目標

　計画期間中における道路別および施策別整備目標は表Ｖ-1-70 のとおりである。

---

[77] 建設省：新道路整備五箇年計画説明資料，道路審議会，1998，p56

表Ⅴ-1-70　道路別および施策別整備目標[78]

| 区　分 | 平成9(1997)年度末 | | 新道路整備五箇年計画（案） | | | 長期構想目標
(21世紀初頭) | | 備　考 |
| | 整備済延長
(km) | (率) | 平成10
(1998)～14
(2002)
年度整備延長 | 平成14(2002)年度末 | | 整備済延長 | (率) | |
				整備済延長	(率)			
高規格幹線道路	7,265 km	52	1,361 km	8,626 km	62	14,000 km	100	.
高速自動車国道等	(426 km) 6,395 km	56	(202 km) 883 km	(628 km) 7,278 km	63	11,520 km	100	注) 1
本州四国連絡道路	147 km	82	17 km	164 km	91	180 km	100	
一般国道	297 km	13	259 km	556 km	24	2,300 km	100	
都市高速道路	577 km	58	112 km	689 km	69	1,000 km	100	
首都高速道路	248 km	－	38 km	286 km	－	－ km	－	
阪神高速道路	221 km	－	15 km	236 km	－	－ km	－	
指定都市高速道路	108 km	－	59 km	167 km	－	－ km	－	
地域高規格道路	1,042 km		456 km	1,498 km		6,000～8,000 km		注) 2.
改良済延長	204,526 km	54	28,268 km	232,794 km	61	318,694 km	84	注) 3.
一般国道	47,623 km	89	1,304 km	48,927 km	92	53,327 km	100	
主要地方道	42,055 km	74	5,602 km	47,657 km	84	57,040 km	100	
一般都府県道	39,505 km	58	7,197 km	46,702 km	68	68,472 km	100	
幹線市町村道	75,343 km	38	14,165 km	89,508 km	45	139,855 km	70	
うち4車化以上	13,479 km	4	1,581 km	15,060 km	4	36,002 km	10	
一般国道	5,782 km	11	406 km	6,188 km	12	17,617 km	33	
主要地方道	2,893 km	5	516 km	3,409 km	6	7,237 km	13	
一般都府県道	1,711 km	2	262 km	1,973 km	3	6,153 km	9	
幹線市町村道	3,093 km	2	397 km	3,490 km	3	4,995 km	3	
一般市町村道改良済	74,583 km	10	13,584 km	88,167 km	12	151,600 km	20	
連続立体交差	332 km	29	89 km	421 km	36.6	1,150 km		
新交通システム等	99 km	10	42 km	141 km	14.5	970 km		
駅前広場等	1,500箇所	41	268箇所	1,718箇所	46.4	3,700箇所		注) 4.
自動車駐車場	143万台	53	36万台	179万台	66.3	270万台		
共同溝	392 km	20	168 km	560 km	28	2,000 km		
歩道等設置	137,000 km	53	26,000 km	163,000 km	62.7	260,000 km		
幅の広い歩道等設置	37,000 km	28	14,500 km	51,500 km	39.6	130,000 km		
電線共同溝	3,760 km	25	3,740 km	7,500 km	50	15,000 km		注) 5.
遮音壁	4,060 km	66	770 km	4,830 km	78.4	6,160 km		
環境施設帯	670 km	46	80 km	750 km	51.7	1,450 km		
道路緑化	48,400 km	59	4,910 km	53,310 km	65.3	81,600 km		

（注）　1.（　）書きは、高速自動車国道に並行する一般国道自専道で外書きである。なお、高規格幹線道路の総計には含まれる。
　　　　2.地域高規格道路は、長期的に約6,000～8,000 kmの整備を図ることとしている
　　　　　地域高規格道路の延長については、都市高速道路の延長を含む
　　　　3.改良済延長とは車道幅員5.5m以上で改良された延長をいう
　　　　　改良済延長および4車線以上の延長には、高規格幹線道路、地域高規格道路を含まない
　　　　4.駅前広場等の整備箇所には、再整備箇所（五箇年計画（案）で50ヵ所）を含む
　　　　5.電線共同溝等の実績延長は、電線類地中化五箇年計画に基づくものである

(3)　道路整備の推移等

　第12次道路整備五箇年計画策定に向け、平成7（1995）年6月から道路審議会基本政策部会において21世紀の道のあり方を考えるために検討が開始された。検討にあたっては、可能な限りたくさんの意見・提

[78] 建設省道路局・都市局：「新たな道路整備五箇年計画（案）の概要」，日本道路協会，道路，1997，11月号，p14

案を踏まえて策定するべく、国民と対話を行う国民参加型の新たな方法（パブリック・インボルブメント方式）による全国約 13 万人からの道路政策への意見をはじめ、道路や地域づくりをテーマにした懇談会での意見、地域経済界等からのこれからの地域・まちづくりを支える道路整備の方向性を示すビジョン・提言等、各方面から寄せられた道路政策に対する様々な要請を受け「道路政策への提言〜より高い社会的価値を目指して〜」が建議された。

　建設省道路局では、これらを踏まえて第 12 次五箇年計画の策定作業を進め、平成 10（1998）年度の概算要求にあたり、同年度を初年度とする第 12 次道路整備五箇年計画を策定することを財政当局に要求した。その後、財政当局との折衝の結果、平成 9（1997）年 12 月年度予算政府原案編成において認められ、平成 10（1998）年 1 月 30 日に総投資規模78 兆円について閣議了解された。これは、調整費 5 兆円を含むものである。

　これと同時に同計画の根拠となる道路整備緊急措置法の改正案が国会に提出され、平成 10（1998）年 3 月 31 日可決成立した。

　また、新・全国総合開発計画「21 世紀の国土のグランドデザイン」についても同日に閣議決定された。

　その後、第 12 次五箇年計画について道路の整備の目標及び事業の量に関して検討を進め、計画案を道路審議会へ諮問・答申し、平成 10（1998）年 5 月 29 日閣議決定された。

V-2　社会資本整備重点計画

V-2-1　第 1 次社会資本整備重点計画

　第 1 次「社会資本整備重点計画」（計画期間：平成 15（2003）〜19（2007）年度までの 5 箇年間）は、国土交通省の 9 本の事業分野別長期計画を統合し、コスト縮減、事業間連携の強化等を図るとともに、計画策定の重点を従来の「事業量」から「達成される成果」に変更する等、社会資本整備の重点化・効率化を一層推進するために策定するものとして、社会資本整備審議会の審議等を経て、平成 15（2003）年 10 月 10 日に閣議決定された。

　これにより、従前の「道路整備五箇年計画」及び「特定交通安全施設等整備事業七箇年計画」は、他の分野の長期計画とあわせて、「社会資本整備重点計画」に統合された。

1．道路整備事業

(1)　重点的、効果的かつ効率的な実施に向けた取組み

　　成果主義に基づく行政マネジメントを導入することにより、より透明性の高い、効果的かつ効率的な道路整備を推進し、社会・経済の活性化と暮らしの豊かさの向上を図る。その際、「活力」、「暮らし」、「安全」、「環境」の各施策テーマに基づき、質の高い道路サービスの低コストでの提供、地域特性に応じた柔軟な道路構造の採用等による地方の裁量の拡大、有料道路における多様で弾力的な料金施策の導入等による既存ストックの有効活用、市民参画型の道路計画・管理等の導入、今後の高速道路の整備・料金のあり方や有料道路制度の運用の検討等を進め、効率的に「つくる」とともに有効に「使う」ことを徹底し、国民本位の道路行政を推進する。

(2)　事業の概要

①　活力〜都市再生と地域連携による経済活力の回復〜

・　道路整備の推進や路上工事の徹底合理化、ETC 普及促進等により道路渋滞を削減

○　道路渋滞による損失時間

【38.1 億人時間/年（H14）→約 1 割削減（H19）】
○　ETC 利用率※　　　　　　　　　　　【5%（H14）→70%（H19）】

（※H19 目標である 70% を H17 までに前倒しで向上を図る）

・　三大都市圏環状道路の整備率を 35% から 60% に向上させるなど環状道路整備を推進

・　都市内道路整備の推進等により、民間都市開発の誘発や密集市街地を解消

・　自立した個性ある地域の形成や市町村合併等地域連携や地域振興、観光交流等に資する道路整備を推進するとともに、空港・港湾へのアクセスを改善

・　高規格幹線道路や地域高規格道路等のネットワークを重点的、効率的に整備し、これらの整備等により規格の高い道路を使う割合を 13% から 15% に引き上げ

・　ETC の無線通信技術や光ファイバー網等を活用した多様な ITS サービスを推進

②　暮らし、〜生活の質の向上〜

・　くらしのみちゾーンの形成等により、人や自転車を優先し、質の高い生活環境を創出

・　主要な鉄道駅等周辺の歩行空間のバリアフリー化を推進

・　幹線道路に加え、住居系地域や歴史的景観地区等の主要な非幹線道路の無電柱化を推進

○　市街地の幹線道路の無電柱化率　　　【7%（H14）→15%（H19）】

③　安全〜安全で安心できる暮らしの確保〜

・　幹線道路の事故危険箇所における集中的な対策、面的・総合的な歩行者交通安全対策等を推進

○　死傷事故率

【118 件/億台キロ（H14）→約 1 割削減（108 件/億台キロ）（H19）】

・　豪雨・豪雪による孤立地域の解消や医療施設へのアクセスを確保する生命線となる道路整備、災害時の緊急活動等を支える道路等の防災・震災・雪寒対策を推進

- 道路構造物の総合的資産管理システムの導入など効率的・計画的な維持管理を推進
○　道路構造物保全率

【舗装：91％（H14）→現在（H14）の水準を維持（H19）】

【橋梁：86％（H14）→93％（H19）】

④　環境〜環境の保全・美しい景観の創造〜
- 幹線道路ネットワークの整備やTDM施策、自動車の低公害化、道路の緑化等の総合的な実施により、沿道環境を改善し地球環境を保全するとともに、美しい道路景観を創出
○　夜間騒音要請限度達成率　　　　　【61％（H14）→72％（H19）】

⑤　開かれた道路行政に向けて
- 質の高い情報を提供するとともに、幅広く国民の意見を聴き、国民の満足度を把握
○　利用者満足度　　　　　　　　　【2.6点（H14）→3.0点（H19）】

2.　交通安全施設等整備事業

(1)　重点的、効果的かつ効率的な実施に向けた取組み

特に交通の安全を確保する必要がある道路について、都道府県公安委員会及び道路管理者が連携し、事故実態の調査・分析を行いつつ、計画的かつ重点的に交通安全施設等整備事業を推進することにより、交通環境を改善し、交通事故の防止と交通の円滑化を図る。

①　歩行者等の安全通行の確保

◇　あんしん歩行エリアの整備

○　エリア内の死傷事故の抑止

【H19までに約2割抑止（歩行者・自転車事故については約3割抑止）】

- 死傷事故発生割合の高い地区約1,000箇所を指定の上、面的かつ総合的な事故抑止対策を実施

◇　歩行空間のバリアフリー化の推進

○　信号機のバリアフリー化率　　　【約4割（H14）→約8割（H19）】

○　道路のバリアフリー化率　　　　【17％（H14）→約5割（H19）】

- 交通バリアフリー法の特定経路を構成する道路において、バリアフリー

　　　対応型信号機の整備や歩道の段差、勾配等の改善を推進

◇　安全・快適な歩行者通行及び自転車利用環境の整備

・　歩道、自転車道等の通行空間と自転車駐車場の整備を推進

②　幹線道路等における交通の安全と円滑の確保

◇　事故危険箇所対策の推進

○　対策実施箇所の死傷事故の抑止　　　　　【H19 までに約 3 割抑止】

・　死傷事故発生率が高く、又は死傷事故が多発している交差点・単路約 4,000 箇所を選定の上、集中的に交通安全施設等を整備

◇　ハード・ソフト一体となった駐車対策の推進

・　大都市圏等の特に違法駐車が著しい幹線道路において、カラー舗装による駐停車禁止区域の明示、違法駐車抑止システム等の整備等による集中的な違法駐車対策を実施

③　IT 化の推進による安全で快適な道路交通環境の実現

◇　信号機の高度化等

○　死傷事故の抑止【H19 までに約 44,000 件を抑止】

○　CO2 の排出の抑止【H19 までに約 70 万 t－CO2 を抑止】

○　通過時間の短縮

　　【H19 までに対策実施箇所において約 3.2 億人時間／年（約 1 割）短縮】

◇　高度道路交通システム（ITS）の推進

・　光ビーコンの整備拡充、交通管制センターの高度化等の新交通管理システム（UTMS）の推進

・　情報収集・提供環境の拡充等により、道路交通情報提供の充実等を推進

V -2-2　第 2 次社会資本整備重点計画[iv]

　平成 20（2008）年度以降については、平成 20（2008）年度から平成 24（2012）年度までの 5 箇年間を計画期間とする第 2 次「社会資本整備重点計画」（平成 21（2009）年 3 月 31 日閣議決定）が策定された（以下、抜粋を記述）。

　また、同計画を受け、地方ブロックの社会資本整備の具体的方針を示

す「地方ブロックの社会資本の重点整備方針」が平成 21（2009）年 8 月
策定されている。

1-1　道路整備事業

(1)　道路整備事業を巡る課題と今後の方向性

　　　昨今の国際的な厳しい経済状況の中、引き続き我が国が競争力を確保する
　　ためには、物流の効率化や産業立地等に資するサービスの高い交通ネットワ
　　ークが必要である。

　　　また、少子高齢化・人口減少社会においても、地域社会の活力を維持し、
　　豊かな暮らしを実現するためには、地域経済や生活を支える交通基盤が不可
　　欠であり、地球温暖化問題など環境問題については、国民の関心が高まる中、
　　道路行政としても積極的に対応していく必要がある。

　　　さらに、近年頻発する自然災害や日常生活における交通事故などのリスク
　　から国民生活を守るため、安全で信頼性の高い社会の実現が求められている。

　　　道路は社会経済の活動や日常生活などを支える社会基盤であることから、
　　これらの課題に対して、地域の実情を踏まえ、道路の整備・管理を計画的に
　　取り組むことにより、その解消に寄与することが必要である。

　　　その際、政策課題・投資の重点化など選択と集中の方針の下、厳格な事業
　　評価、徹底したコスト縮減や無駄の徹底した排除に取り組みつつ、重点的、
　　効率的に進めることが重要である。

　　　また、時代に応じた課題に対応するため、その整備が着実に進められた結
　　果、一定の道路ストックが形成されていることから、これらの蓄積されたス
　　トックを適切に管理し、長寿命化を図り、その機能を最大限に有効活用して
　　いく必要がある。

(2)　重点的、効果的かつ効率的な実施に向けた取組

　1)　　地域の実情を踏まえた計画策定と厳格な事業評価

　　　①　地域づくり・まちづくりとの連携を図り、地域における道路の位置づ
　　　　けや役割を重視して、道路の地方版の計画を策定する。

　　　②　今後の道路整備に当たっては、最新のデータに基づく交通需要推計
　　　　結果をもとに、見直した評価手法を用いて事業評価を厳格に実施する。

309

　　　　なお、社会経済情勢等に大きな変化があれば、その都度必要な見直しを
　　　実施する。評価結果に地域からの提案を反映させるなど、救急医療、観
　　　光、地域活性化、企業立地、安全・安心の確保など地域にもたらされる
　　　様々な効果についても、総合的に評価する仕組みを導入する。

　2)　政策課題・投資の重点化

　　①　これまで蓄積してきた道路ストックの機能を維持するとともに、そ
　　　の利用価値を高め、道路利用者にとってより使いやすい道路とするた
　　　め、既存ストックの点検や予防保全により、長寿命化を図るとともに、
　　　その機能を最大限に有効活用する。

　　②　生活道路、歩道の整備やバリアフリー化など生活に身近な道路整備
　　　の実施に当たっては、原則として、重点的に対策を要する箇所・区間を
　　　明確にした上で、この中から、各年度の予算において、地域の実情を踏
　　　まえ、事業を優先的に実施する。

　　③　国、地方を支える基幹ネットワークの整備に当たっては、最新のデー
　　　タに基づく交通需要推計結果をもとに、見直しを行った評価手法を用
　　　いて厳格な評価を行い、既存計画どおりの整備では費用に比してその
　　　効果が小さいと判断される場合には、現道の活用、徹底したコスト縮減
　　　を図るなど抜本的な見直しを行う。

　3)　徹底したコスト縮減・無駄の徹底した排除

　　①　計画・設計段階から維持・管理・更新段階に至る全てのプロセスにお
　　　いて、ニーズや地域特性等から求められるサービスレベル、地形や気象
　　　等の自然条件などを踏まえ、総合的なコスト縮減を徹底的に行う。特に、
　　　地域の状況、道路の利用形態に応じ、道路構造令の弾力的運用を徹底す
　　　る。

　　②　道路関係業務の執行に当たっては、無駄の徹底した排除に取り組む。

(3)　今後取り組む具体的な施策

　1)　活力

　　①　基幹ネットワークの整備

　　　　経済のグローバル化の進展への対応や、国際競争力を一層強化する
　　　とともに、地域経済の強化による地域の自立を支援し、発展する機会

　を確保するため、高規格幹線道路をはじめとした基幹ネットワークの
　うち、主要都市間を連絡する規格の高い道路、大都市の環状道路、拠点
　的な空港・港湾へのアクセス道路や国際物流基幹ネットワーク上の国
　際コンテナ通行支障区間の解消などに重点をおいて整備を推進する。
　また、早期にネットワーク全体としての効果を発揮するため、当面現
　道を活用するなど効率的に行う。

②　生活幹線道路ネットワークの形成

　　少子高齢化が進み、人口減少が進展する中、集落の衰退や産業活動
　の低下、緊急医療体制の確保など、地方部の活力低下や地域格差の拡
　大が懸念されている中で、地域において安全で快適な移動を実現する
　ため、通勤や通院などの日常の暮らしを支える生活圏の中心部への道
　路網や、救急活動に不可欠な道路網の整備を推進するとともに、現道
　拡幅及びバイパス整備等による隘路の解消を推進する。

③　慢性的な渋滞への対策

　　円滑な都市・地域活動を支え、地域経済の活性化を図るため、環状道
　路やバイパスの整備、交差点の立体化、開かずの踏切の解消等の渋滞
　対策を、特に整備効果が高い箇所に対し、重点化して実施する。また、
　路上工事の縮減、駐車対策、有料道路における効果的な料金施策の実
　施、総合的な交通戦略に基づく公共交通機関等の利用促進や徒歩・自
　転車への交通行動転換策の推進、交通結節機能の強化を図る。

2)　安全

①　交通安全の向上

　　道路交通環境をより安全・安心なものとするため、道路の特性に応
　じた交通事故対策を進めることとして、事故の発生割合の高い区間に
　おける重点的な対策、通学路における歩行空間の整備、自転車利用環
　境の整備等を推進する。あわせて、安全上課題のある踏切に対し、緊急
　的な対策や抜本的な対策を実施する。

②　防災・減災対策

　　大規模な地震の発生時において、橋梁の落橋・倒壊や重大な損傷を
　防止し、緊急輸送道路の通行を確保するため、橋脚の補強等の耐震対

策を推進する。また、豪雨・豪雪時等においても、公共施設や病院などを相互に結ぶ生活幹線道路の安全な通行を確保するため、道路斜面等の防災対策、雪寒対策、災害のおそれのある区間を回避する道路の整備を推進する。さらに、安心な市街地を形成するため、市街地整備や延焼遮断帯、緊急車両の進入路・避難路として機能する道路の整備を推進する。

3)　　暮らし・環境

①　　生活環境の向上

少子高齢化が進展する中、安心して暮らせる地域社会を形成するため、駅、官公庁施設、病院等を相互に連絡する道路について、幅の広い歩道の整備や、既設歩道の段差解消等のバリアフリー対策を推進する。また、安全で快適な道路空間の形成等のため、電柱や電線類が特に支障となる箇所で無電柱化を推進する。さらに魅力ある都市空間の形成に向け、中心市街地における土地区画整理事業等の市街地整備を推進する。

また、地域資源を活かした美しい道路景観の形成を図り、地域活性化や観光振興を推進する。

②　　道路環境対策

幹線道路の沿道環境の早期改善を図るため、バイパス整備や交差点改良等のボトルネック対策とともに、低騒音舗装の敷設や遮音壁の設置等を推進する。また、騒音や大気質の状況が、環境基準を大幅に上回っている箇所については、関係機関と連携して、重点的な対策を推進する。

③　　地球温暖化対策

京都議定書の温室効果ガス削減目標の達成を図るため、走行速度を向上するなど二酸化炭素排出量を削減する必要があり、京都議定書目標達成計画に基づき、ETC の利用促進などの ITS の推進、高速道路の多様で弾力的な料金施策、自転車利用環境の整備、路上工事の縮減等を推進する。

　4)　　既存ストックの効率的活用

　　①　安全・安心で計画的な道路管理

　　　　高速道路から市町村道までの道路橋について定期点検に基づく「早期発見・早期補修の予防保全」を計画的に実施して長寿命化を実現し、安全・安心な通行を長期にわたり確保する。また、地域性を踏まえた効率的な維持管理を行い、コストの縮減を推進する。

　　②　既存高速道路ネットワークの有効活用・機能強化

　　　　地域活性化、物流の効率化、都市部の深刻な渋滞の解消、地球温暖化対策などの観点から、ETC を活用しつつ、効果的な料金施策やスマートインターチェンジの増設等を実施する。

施策の方向性	施　　策	指　　　　標
活力	基幹ネットワークの整備	・三大都市圏環状道路整備率 【53%（H19 年度）→69%（H24 年度）】
	慢性的な渋滞への対策	・開かずの踏切等の踏切遮断による損失時間 【約 132 万人・時／日（H19 年度） →約 1 割削減（約 118 万人・時／日）（H24 年度）】
安全	交通安全の向上	・道路交通における死傷事故率 【約 109 件/億台キロ（H19 年） →約 1 割削減（約 100 件/億台キロ）（H24 年）】
暮らし・環境	生活環境の向上	・特定道路におけるバリアフリー化率 【51%（H19 年度）→約 75%（H24 年度）】
	地球温暖化対策	・運輸部門における CO_2 排出量 【254 百万 t－CO_2（H18 年度） →240～243 百万 t－CO_2（H22 年度）】
既存ストックの効率的活用	安全・安心で計画的な道路管理	・全国道路橋の長寿命化修繕計画策定率 【28%（H19 年度）→概ね 100%（H24 年度）】
	既存高速道路ネットワークの有効活用・機能強化	・ETC 利用率 【76%（H19 年度）→85%（H24 年度）】

＜交通安全施設等整備事業＞

1-2　交通安全施設等整備事業を巡る課題と今後の方向性

(1)　少子高齢社会に対応した安全・安心な道路交通環境の実現

　　　近年、交通事故による死者は減少しているものの、依然として年間約 95 万人が負傷しているなど、我が国の道路交通を取り巻く環境は厳しい。今後、更に少子高齢社会が進展する中、子どもや高齢者等が安全にかつ安心して外出することができるよう、人優先の交通安全対策を推進することが重要である。このため、幹線道路及び生活道路において交通安全施設等を重点的に整備することにより、安全・安心な道路交通環境の実現を図る。

(2)　円滑な交通の実現と地球環境問題への対応

　　地域が活力を持って自立的に発展するためには、日常の社会生活・経済活動において円滑な交通が確保されていることが必要である。また、地球温暖化が深刻化する中、今後とも持続的に社会生活・経済活動を営んでいくためには、低炭素社会を実現することが必要である。このため、交通安全施設等を整備することにより、交通の円滑化を図るとともに、渋滞を緩和するなどして自動車からの二酸化炭素排出の抑止を図る。

1-3　重点的、効果的かつ効率的な実施に向けた取組

　　交通事故の発生割合が高いなど、特に交通の安全を確保する必要がある道路の区間を対象として、都道府県公安委員会及び道路管理者が緊密に連携し、事故原因の検証を行いつつ、効果的かつ効率的に交通安全施設等整備事業を推進することにより、交通事故の抑止、交通の円滑化及び二酸化炭素排出の抑止を図る。

1-4　今後取り組む具体的な施策

(1)　歩行者・自転車対策及び生活道路対策の推進

　　生活道路において人優先の考えの下、あんしん歩行エリアにおける面的な交通事故対策を推進するとともに、少子高齢社会の進展を踏まえ、歩行空間のバリアフリー化及び通学路における安全・安心な歩行空間の確保を図る。また、自転車利用環境の整備、無電柱化の推進、安全上課題のある踏切の対策等による歩行者・自転車の安全な通行空間の確保を図る。

(2)　幹線道路対策の推進

　　幹線道路では交通事故が特定の区間に集中して発生していることから、事故危険箇所など、事故の発生割合の高い区間において重点的な交通事故対策を実施する。この際、事故データの客観的な分析による事故原因の検証に基づき、信号機の高度化、交差点改良等の対策を実施する。

(3)　交通円滑化対策の推進

　　信号制御の高度化、交差点の立体化、開かずの踏切の解消等を推進するほか、駐車対策を実施することにより、交通容量の拡大を図り、交通の円滑化を推進するとともに、自動車からの二酸化炭素排出の抑止を推進する。

（4）　高度道路交通システム（ITS）の推進

　　　最先端の IT 等を用いて、光ビーコンの整備拡充、交通管制センターの高度化等により新交通管理システム（UTMS）を推進するとともに、情報収集・提供環境の拡充等により、道路交通情報提供の充実等を推進し、安全で快適な道路交通環境の実現を図る。

施策の方向性	施　　策	指　　　　　標
少子・高齢社会の進展に対応した安全・安心な道路交通環境の実現	交通安全の向上	・道路交通における死傷事故率 【約 109 件/億台キロ（H19 年） →約 1 割削減（約 100 件/億台キロ）（H24 年）】
	歩行者・自転車対策及び生活道路対策の推進	・あんしん歩行エリア内の歩行者・自転車死傷事故抑止率 【H24 年までに対策実施地区における歩行者・自転車死傷事故件数について約 2 割抑止】 （注）あんしん歩行エリア：歩行者・自転車死傷事故発生割合が高く、面的な事故抑止対策を実施すべき地区であり、市区町村が主体的に対策を実施する地区について、警察庁と国土交通省が指定するもの。 ・特定道路におけるバリアフリー化率 【51%（H19 年度）→約 75%（H24 年度）】
	幹線道路対策の推進	・事故危険箇所の死傷事故抑止率 【H24 年までに対策実施箇所における死傷事故件数について約 3 割抑止】 （注）事故危険箇所：事故の発生割合の高い区間のうち、特に重点的に対策を実施すべき箇所として警察庁と国土交通省が指定するもの。
円滑な交通の実現と地球環境問題への対応	交通円滑化対策の推進	・開かずの踏切等の踏切遮断による損失時間 【約 132 万人・時／日（H19 年度） →約 1 割削減（約 118 万人・時／日（H24 年度）】

Ⅴ-2-3　新たな中期計画

　道路の中期計画については、道路特定財源の見直しに際して、「道路特定財源の見直しに関する具体策」（平成 18（2006）年 12 月 8 日閣議決定）において、「今後の具体的な道路整備の姿を示した中期的な計画を作成する」とされた。

　中期計画の作成に当たっては、国民各層からの意見等を踏まえ、計画期間を平成 20（2008）年度から 10 年間を対象とし、必要な事業量を示すとともに、政策課題ごとに重点化する課程を重点方針として明確にするなど、今後の具体的な道路整備の姿を分かりやすく示した「道路の中期計画（素案）」を平成 19（2007）年 11 月 13 日に取りまとめ、中期計画の作成に向けて更なる検討を進めた。

　その後、道路特定財源の見直しに係る議論の中で、「道路特定財源等に関する基本方針」（平成 20（2008）年 5 月 13 日閣議決定）において、「道路の中期計画は 5 年とし、最新の需要推計などを基礎に、新たな整備計画を策定する」とされた。「新たな整備計画」については、「道路特定財源の一般財源化等について」（平成 20（2008）年 12 月 8 日政府・与党合意）を踏まえ、計画内容を「事業費」から「達成される成果」（アウトカム目標）へと転換し、今後の選択と集中の基本的な方向性を示す「新たな中期計画」として、平成 20（2008）年 12 月 24 日に取りまとめがなされた。

　なお、「新たな中期計画」については、第 2 次社会資本整備重点計画（計画期間：平成 20（2008）〜24（2012）年度までの 5 箇年間）と一体化している。

Ⅴ-2-4　第 3 次社会資本整備重点計画による道路整備の進展[ⅴ]

　第 3 次社会資本整備重点計画は、平成 20（2008）年度から平成 24（2012）年度までの第 2 次計画を 1 年前倒しで見直して策定したものとなっており、平成 24（2012）年 8 月 31 日に閣議決定された。

第 1 章　社会資本整備事業を巡る現状とその対応

1. 基本的な考え方

　　我が国は、人口減少社会に入っており、諸外国が経験していない速さで少子・高齢化が進む中で、国・地方ともに厳しい財政状況にある。加えて、経済のグローバル化の進展に伴う競争の激化など我が国を取り巻く社会経済情勢は刻一刻と変化し、日々その深刻さを増している。

　　一方で、我が国の国土は、極めて多種の自然災害が多発する自然条件下に位置しており、これまでも幾度となく甚大な自然災害を被ってきた。加えて、地球温暖化に伴う気候変動により、災害リスクは高まっている。

　　平成 23（2011）年 3 月 11 日に発生した東日本大震災は、そうした厳しい状況の中で起きた危機であり、被害の規模、態様において、未曾有の大災

害となった。我々は、国の総力を挙げて、東日本大震災からの復旧、復興に取り組まなければならない。また、このような惨禍が二度と起こらないよう、この度の震災を教訓として、大規模災害にも備えていかなければならない。さらに、同時に発生した原子力発電施設の事故により、省エネルギー化の推進や再生可能エネルギーの導入等を進め、低炭素・循環型社会を構築していく必要性も再認識されたことを忘れてはならない。

こうした社会経済情勢・自然環境の変化や東日本大震災からの教訓を踏まえて、安全・安心な国民生活の確保、我が国産業・経済の基盤や国際競争力の強化、及び持続可能で活力ある国土・地域づくりの実現のため、真に必要な社会資本整備を進めていくことが必要である。

このような社会資本整備を進めるに当たっては、

① ハード施策事業間の連携や、ハード施策とソフト施策との連携により、社会資本整備の効果を高めること

② 国や地方公共団体だけでなく、企業、NPO 等多様な主体が協働すること

③ 厳しい財政状況を踏まえ、戦略的・重点的な事業実施を行うことが求められる。

なお、国土形成計画等において示される、国土像の方向性や地域戦略などを踏まえて社会資本整備のあるべき姿を定め、それに基づき事業・施策を推進していく。

第2章 社会資本整備のあるべき姿

1. 中長期的な政策課題及びそれに対応する事業・施策（プログラム）の整理

国土交通行政、とりわけ社会資本整備が深く関わる政策分野は、「国土」、「生活」、「産業・活力」である。これらの政策分野に対して、それぞれの分野で最も基本的な課題は何か、大きな外部環境の変化に対して取り組むべき課題は何か、新たな価値を創造するために取り組むべき課題は何か、という3つの視点から俯瞰することにより、以下のとおり今後の中長期的な社会資本整備に関する9つの政策課題を設定する。その上で、これらの課題を解決するための事業・施策の集合体を、横断的な政策目標を共有する18のプロ

グラムとして整理する。

　3つの視点、9つの政策課題、18のプログラムの内容は以下のとおりである。

視点1　安全・安心な生活、地域等の維持	
（政策課題） ① 国土の保全 ② 暮らしの安全の確保 ③ 地域の活性化	（プログラム） 1 災害に強い国土・地域づくりを進める 2 我が国の領土や領海、排他的経済水域等を保全する 3 陸・海・空の交通安全を確保する 4 広域的な移動や輸送がより効率的に円滑にできるようにし、都市・地域相互間での連携を促す 5 社会資本の維持管理・更新を計画的に推進するストック型社会へ転換する
視点2　国や地球規模の大きな環境変化、人口構造等の変化への対応	
（政策課題） ④ 地球環境問題への対応 ⑤ 急激な少子・高齢化への対処 ⑥ 人口減少への対処	（プログラム） 6 低炭素・循環型社会を構築する 7 健全な水循環を再生する 8 生物多様性を保全し、人と自然の共生する社会を実現する 9 生活・経済機能が集約化された地域社会を構築する 10 日常生活において不可欠な移動が、より円滑に、快適にできるようにする 11 離島・半島・豪雪地域等の条件不利地域の自立的発展を図る
視点3　新たな成長や価値を創造する国家戦略・地域戦略の実現	
（政策課題） ⑦ 快適な暮らしと環境の確保 ⑧ 交流の促進、文化・産業振興 ⑨ 国際競争力の確保	（プログラム） 12 健康で快適に暮らせる生活環境を確保する 13 良好なランドスケープを有する美しい国土・地域づくりを進める 14 国際交流拠点の機能を強化し、ネットワークを拡充する 15 大都市におけるインフラの機能の高度化を図り、産業・経済活動のグローバル化に対応する 16 我が国の優れた建設・運輸産業、インフラ関連産業等が、世界市場で大きなプレゼンスを発揮する 17 個性的で魅力あふれる観光地域を作り上げ、国内外から観光客を惹きつける 18 社会資本整備に民間の知恵・資金を活用する

第3章　計画期間における重点目標と事業の概要

2. 計画期間中の重点目標及びその達成のために実施すべき事業・施策の概要

　　第2章で定めた18の「プログラム」に示された事業・施策について、1.

　定めた「選択と集中」の基準を踏まえ、計画期間における重点目標を以下の

　とおり定める。

　国は、計画期間内に重点目標が達成されるよう、自ら効果的・効率的に社会資本整備事業を実施するとともに、地方公共団体や民間の自主性及び自立性を尊重しつつ、適切な役割分担の下、施策を講ずることが求められている。必要な事業・施策については、できる限りわかりやすい目標とともに、重点目標ごとに整理する。その際、重点目標の主な事項について、その達成状況を定量的に測定するため、指標を設定する。

　なお、指標のうち、必要なものについては、地方公共団体や民間が主体となる事業に関するものも含めて定義するが、これは国としての目標を掲げる観点からのものであり、これらの事業については、事業主体の自主性及び自立性が尊重される。

　国は、計画の目標の達成のため、地方及び民間における事業・施策の実施状況の把握に努めるものとする。

重点目標 1　大規模又は広域的な災害リスクを低減させる

1-1　大規模地震の発生に備えた耐震化やソフト対策の推進

(1)　強い振動に伴う地盤や構造物の損壊防止、市街地の防災性向上

　① 首都直下地震や東海・東南海・南海地震等の大規模地震の発生に備えた耐震・液状化対策の促進

　② 公共インフラの機能の損失による人的・物的な二次被害の拡大の防止

(2)　災害時に避難地や防災拠点となる施設等の整備・耐震化、緊急輸送ルートの整備

　① 一定水準の防災機能を備えるオープンスペース等の確保

　② 陸海空の連携による、人流・物流確保のための対策

　③ 災害時の緊急輸送のバックアップ機能の強化、円滑な交通の確保のための対策

> ○ [7]緊急輸送道路上の橋梁の耐震化率
> 　　　　　　　【77%（H22 年度末）→82%（H28 年度末）】
> ○ [8]市街地等の幹線道路の無電柱化率
> 　　　　　　　【15%（H23 年度末）→18%（H28 年度末）】
> ○ [11]道路による都市間速達性の確保率 12
> 　　　　　　　【46%（H22 年度末）→約 50%（H28 年度末）】

(3)　ハード整備と一体となったソフト対策による安全の確保

1-2　大規模又は広域的な津波災害が想定される地域における津波対策及び人口・資産が集中する海面下に位置する地域等における高潮・侵食対策の強化

(1)　海岸・河川堤防の整備等による津波・高潮・侵食被害の防止・軽減

　　①　東海・東南海・南海地震等による津波の発生が想定されている地域等における津波対策の推進

　　②　高潮対策等の推進

(2)　津波防災地域づくり等による津波対策等の推進

○　[8]市街地等の幹線道路の無電柱化率（再掲、1-1(2)②を参照）

1-3　人口・資産が集中する地域や近年甚大な被害が発生した地域等における治水対策の強化及び大規模土砂災害対策の推進

(1)　大規模水害の未然の防止等

(2)　水害に強い地域づくり

(3)　水害に対する警戒避難体制等の整備

(4)　大規模土砂災害の未然防止

○　[25]道路斜面や盛土等の要対策箇所の対策率
　　　　　　　　　　　【54％（H22年度末）→68％（H28年度末）】

(5)　大規模土砂災害に対する警戒避難体制等の整備

1-4　災害発生時のリスクの低減のための危機管理対策の強化

(1)　災害発生時における、早期復旧、二次災害防止のための対策の実施

(2)　災害発生時における、迅速な応急対応や活動支援のための準備

重点目標2　我が国産業・経済の基盤や国際競争力を強化する

2-1　世界的な競争に打ち勝てる大都市や国際拠点空港・港湾の機能拡充・強化とアクセス性の向上や、官民連携による海外プロジェクトの推進

(1)　国際競争力の基盤整備

　　①　都市機能の高度化及び都市交通ネットワーク整備

○　[34]三大都市圏環状道路整備率
　　　　　　　　　　　【56％（H23年度末）→約75％（H28年度末）】

　　②　国際交流拠点の機能拡充・強化

(2) 官民連携による海外プロジェクトの推進

2-2 それぞれの地域が持つ魅力や強みを引き出すことによる地域の活力の維持・向上

(1) 国際競争力の高い魅力ある観光地域の形成、美しい国土・地域づくりの推進

    ① 国際競争力の高い魅力ある観光地域の形成

    ② 美しい国土・地域づくりの推進

> ○ [8]市街地等の幹線道路の無電柱化率（再掲、1-1(2)②を参照）

(2) 基幹となる交通・物流ネットワークの整備

> ○ [11]道路による都市間速達性の確保率 14（再掲、1-1(2)③を参照）
> ○ [44]信号制御の高度化による通過時間の短縮
> 　　【H28 年度末までに対策実施箇所において約 9 千万人時間／年短縮】

重点目標 3　持続可能で活力ある国土・地域づくりを実現する

3-1 持続可能でエネルギー効率の良い暮らしのモデルの形成と国内外への普及・展開

(1) 都市における暮らしの低炭素化

(2) 人流・物流から発生する温室効果ガスの排出抑制

> ○ [50]信号制御の高度化による CO_2 の排出抑止
> 　　　　　　　　【H28 年度末までに約 18 万 t－CO2/年を抑止】
> ○ [51]開かずの踏切等の踏切遮断による損失時間
> 　　【128 万人・時／日（H23 年度末）→121 万人・時／日（H28 年度末）】

3-2 少子・高齢化社会においても誰もが安全・安心して暮らすことができる社会への転換

(1) 都市機能の集約化・街なか居住の推進、地域内の移動円滑化

> ○ [52]都市計画道路（幹線街路）の整備率
> 　【59%（H21 年度末）→63%（H28 年度末）】

(2) 公共施設等のバリアフリー化

    ① 公共施設等のバリアフリー化

> ○ [53]公共施設等のバリアフリー化率
> ・一定の旅客施設のバリアフリー化率
> 　　　　　【段差解消率：78%（H22 年度末）→約 100%（H32 年度末）】
> 　　　　　【視覚障害者誘導用ブロックの整備率：92%（H22 年度末）】

```
                              →約 100％（H32 年度末）】
  ・特定道路におけるバリアフリー化率
              【77％（H23 年度末）→約 100％（H32 年度末）】
  ・市街地等の幹線道路の無電柱化率（再掲、1-1(2)②を参照）
  ・主要な生活関連経路における信号機等のバリアフリー化率
              【約 98％（H23 年度末）→100％（H28 年度末）】
  ・特定路外駐車場のバリアフリー化率
              【45％（H22 年度末）→約 70％（H32 年度末）】
```

　　　② 車両等のバリアフリー化

　　　③ 住宅のバリアフリー化

　(3)　交通安全の確保

　　　① 道路交通

```
  ○ [55]道路交通による事故危険箇所の死傷事故抑止率
                【－（H23 年度末）→約 3 割抑止（H28 年度末）】
  ○ [56]通学路 25 の歩道整備率
                【51％（H22 年度末）→約 6 割（H28 年度末）】
  ○ [57]信号機の高度化等による死傷事故の抑止件数
                    【H28 年度末までに約 3 万 5 千件／年抑止】
```

　　　② 鉄道

　　　③ 海上交通

　(4)　健康で快適に暮らせる生活環境の確保

3-3　失われつつある自然環境の保全・再生

　(1)　生物多様性の保全

　(2)　健全な水循環の再生

```
重点目標 4  社会資本の適確な維持管理・更新を行う
```

　(1)　我が国の社会資本の実態把握と維持管理・更新費の推計

　(2)　施設の長寿命化によるトータルコストの縮減等

```
  ○ [67]長寿命化計画の策定率
  ・全国道路橋の長寿命化修繕計画策定率
                【76％（H23 年度末）→100％（H28 年度末）】
```

V-2-5　第 4 次社会資本整備重点計画による道路整備の進展[vi]

　第 4 次社会資本整備重点計画は、平成 24（2012）年度から平成 28（2016）年度までの第 3 次計画を 2 年前倒しで見直して策定したものとなっており、平成 27（2015）年度から平成 32（2020）年度までを計画期間として、平成 27（2015）年 9 月 18 日に閣議決定された。

第 1 章　社会資本整備をめぐる状況の変化と基本戦略の深化

　社会資本は、その時々の社会経済状況に応じ、我が国の発展を支える基盤として脈々と積み重ねられてきた。また、社会資本は、構想・計画段階から事業完了までにも相当の時間を要し、長期間にわたる利活用がなされることから、中長期を見据えた社会経済状況の変化への対応が求められる。

　今日、これからの社会資本整備を考えるに当たっては、新しい国土形成計画において示された時代の潮流と課題を踏まえつつ、とりわけ、社会資本整備をめぐっては、①加速するインフラ老朽化、②切迫する巨大地震や激甚化する気象災害、③人口減少に伴う地方の疲弊、④激化する国際競争という 4 つの構造的課題に直面しているとの認識に立つ必要がある。

　こうした状況に立ち向かう上で、我が国の厳しい財政状況を踏まえると、限られた財政資源の中で持続性を持って社会資本の蓄積・高度化の効果を最大限に発揮させるための基本となる戦略を一層深化させていかなければならない。正に、マネジメントの徹底なくして持続可能な社会資本整備が成り立たない状況にある。

　直面する構造的課題を乗り越えるための社会資本整備の基本戦略を確立し、その実行を軌道に乗せていくことにより、中長期的な見通しを持って持続可能な社会資本整備を実現していく必要がある。

第 2 章　社会資本整備の目指す姿と計画期間における重点目標、事業の概要

　第 1 節　重点目標と政策パッケージの体系化

　　第 1 章において、社会資本整備が直面する 4 つの構造的課題とこれを乗り越えるための中長期的な視点からの社会資本整備の基本戦略について整理した。こ基本戦略として示した「機能性・生産性を高める戦略的インフラマネジ

メント」の具体化を図り、中長期的な見通しを持った社会資本整備を進めていくため、第2章では、4つの構造的課題に対応した4つの重点目標を定め、その達成に向けて必要な事業横断的な13の政策パッケージを設定した上で、重点的に取り組むべき具体的な事業・施策を明らかにする。

重点目標1　社会資本の戦略的な維持管理・更新を行う
1-1　メンテナンスサイクルの構築による安全・安心の確保とトータルコストの縮減・平準化の両立
1-2　メンテナンス技術の向上とメンテナンス産業の競争力の強化
重点目標2　災害特性や地域の脆弱性に応じて災害等のリスクを低減する
2-1　切迫する巨大地震・津波や大規模噴火に対するリスクの低減
2-2　激甚化する気象災害に対するリスクの低減
2-3　災害発生時のリスクの低減のための危機管理対策の強化
2-4　陸・海・空の交通安全の確保
重点目標3　人口減少・高齢化等に対応した持続可能な地域社会を形成する
3-1　地域生活サービスの維持・向上を図るコンパクトシティの形成等
3-2　安心して生活・移動できる空間の確保（バリアフリー・ユニバーサルデザインの推進）
3-3　美しい景観・良好な環境の形成と健全な水循環の維持又は回復
3-4　地球温暖化対策等の推進
重点目標4　民間投資を誘発し、経済成長を支える基盤を強化する
4-1　大都市圏の国際競争力の強化
4-2　地方圏の産業・観光投資を誘発する都市・地域づくりの推進
4-3　我が国の優れたインフラシステムの海外展開

　具体的には、4つの構造的課題に対応するものとして、加速するインフラ老朽化に対しては、重点目標1「社会資本の戦略的な維持管理・更新を行う」を掲げ、あらゆる社会資本に共通する課題として、戦略的メンテナンスに取り組む。

　また、切迫する巨大地震、激甚化する気象災害に対しては、重点目標2「災害特性や地域の脆弱性に応じて災害等のリスクを低減する」を掲げ、「安全安心インフラ」の選択と集中により、ハード・ソフトの取組を総動員し、人命と

財産を守る事業・施策に重点的に取り組む。

　人口減少に伴う地方の疲弊に対しては、重点目標3「人口減少・高齢化等に対応した持続可能な地域社会を形成する」を掲げ、「生活インフラ」の選択と集中により、人口減少下での地域生活サービスの持続的・効率的な提供による生活の質の向上を図る事業・施策に重点的に取り組む。

　激化する国際競争に対しては、重点目標4「民間投資を誘発し、経済成長を支える基盤を強化する」を掲げ、「成長インフラ」の選択と集中により、民間事業者等との連携を強化し、生産拡大効果を高める事業・施策に重点的に取り組む。

　これら重点目標の達成に向けた政策パッケージについては、優先度と時間軸を明確化する観点を踏まえ、社会資本整備に関わる現状と課題、計画期間を超えて中長期的に目指す姿を示すとともに、その実現のために平成32（2020）年度までの計画期間中に取り組むべき重点施策や指標について、一連のストーリーとして分かりやすく関連づけ、体系化する。これにより、第1章に示した戦略的インフラマネジメントの基本的考え方に即した選択と集中の徹底による事業・施策の具体的な概要を明確化していくこととする。

　中長期的に目指す姿としては、おおむね10年から20年先を見据え、政策パッケージの遂行により実現を目指す国民生活や社会経済の姿を示す。これは、社会資本整備の多くが、長期にわたって事業が行われることによってはじめて国民がそのストック効果を享受することができるものであることから、計画期間を超えて社会資本整備が目指す姿を国民の視点に立った分かりやすさの観点から提示するものである。

　その上で、中長期的に目指す姿を実現するために必要な事業・施策について、厳しい財政制約の下、優先度と時間軸を考慮した選択と集中の徹底を図りつつ取り組むべき重点施策として、その方向性を示した上で、具体的な事業・施策の一覧を整理する。重点施策については、国は、自ら効果的・効率的に社会資本整備事業を実施するとともに、地方公共団体や民間の自主性及び自立性を尊重しつつ、適切な役割分担の下、施策を講ずることが求められる。

　また、重点施策については、客観的なデータに基づき把握可能なものについてはできる限り、その達成状況を定量的に測定するための指標を設定するとと

　もに、このうち、当該政策パッケージの全体的な進捗状況を示す代表的な指標については、KPI（Key Performance Indicator）として位置づける。

　指標のうち必要なものについては、地方公共団体や民間が主体となる事業・施策に関するものも含めて定義するが、これは国としての目標を掲げる観点からのものであり、これらの事業・施策については、実施主体の自主性及び自立性が尊重される。また、国は、地方及び民間における事業・施策の実施状況の把握に努めるものとする。

　なお、例えば、海岸や離島等を適切に管理することによる我が国の領土や領海、排他的経済水域の保全、日常的・継続的な対応が求められる発生頻度の比較的高い交通事故や災害への対策、離島・半島・豪雪地域等の条件不利地域や北方領土隣接地域等における地域特性に即した自立的発展・活性化等に向けた取組については、我が国の存立基盤である領土や国土を保全し、国民の安全・安心を確保して日々の生活・活動を支えるために、計画期間にかかわらず、今後とも効果的な取組を弛まず着実に進めていくことが重要である。

第2節　重点目標と政策パッケージ

1．重点目標1：社会資本の戦略的な維持管理・更新を行う

政策パッケージ1-1：メンテナンスサイクルの構築による安全・安心の確保と
　　　　　　　　　　トータルコストの縮減・平準化の両立

国民生活や社会経済の目指す姿

　生活や産業・経済活動の基盤として整備、蓄積してきた社会資本の機能を維持し、その利用価値を高め、利用者にとってより使いやすいものにするとともに、予防保全の徹底による安全・安心の確保とトータルコストの縮減・平準化の両立を図る。

重点施策の方向性

　国、地方公共団体や民間企業等の様々な社会資本の管理者が一丸となって、戦略的な維持管理・更新等に取り組み、維持管理のメンテナンスサイクルを構築するとともに、新技術の開発・導入、さらに、これらの取組を支える体制、法令、予算等の制度を構築することにより、国民の安全・安心を確保しつつ、中長期的な維持管理・更新等に係るトータルコストの縮減や予算の平

準化を図る。

　具体的には、インフラ長寿命化基本計画に基づき、各社会資本の管理者は、維持管理・更新等を着実に推進するための中期的な取組の方向性を明らかにする計画としての行動計画を平成 28（2016）年度までに策定し、同行動計画に基づき、個別施設ごとの具体の対応方針を定める計画として、個別施設計画を平成 32（2020）年度までに策定する。

　これらの計画に基づいて、施設の点検・診断を実施し、その結果により、例えば、緊急措置が必要な道路施設について、応急措置等を実施した上で、修繕、更新、撤去のいずれかを速やかに決定し、その実施時期を明確化するなど、必要な対策を適切な時期に、着実かつ効率的・効果的に実施する。また、これらの取組を通じて得られた施設の状態や対策履歴等の情報を記録し、次の点検・診断等に活用するというメンテナンスサイクルを構築し、「道路メンテナンス会議」等も活用しつつ継続的に発展させる。

　人口減少や超高齢社会の到来を見据え、国土の利用や都市、地域構造の変化に応じたインフラ機能の維持・適正化を推進する。具体的には、福祉等の生活サービス機能と居住を誘導することにより、集約型都市構造の形成に向けた取組を推進するとともに、各管理者は、他の関連する事業も考慮した上で、その施設の必要性、対策の内容や時期等を再検討する。その結果、必要性のなくなった社会資本は廃止、除却等の対応を図り、必要な社会資本についても、更新等の機会を捉えて、社会経済状況の変化に応じた機能転換や集約・再編等を図る。

　厳しい財政状況の下、真に必要な社会資本の維持管理・更新と財政健全化を両立させるために、民間の資金・ノウハウを最大限活用することを目的に、包括的民間委託や PPP/PFI の活用を推進する。

重点施策の達成状況を測定するための代表的な指標（KPI）

　〔1〕個別施設ごとの長寿命化計画（個別施設計画）の策定率

　【道路（橋梁）：平成 26（2014）年度―　→平成 32（2020）年度 100%】

【道路（トンネル）：平成 26（2014）年度―　→平成 32（2020）年度 100%】

重点施策	指標
（定期的な点検管理の実施）	
・メンテナンスサイクルの第一段階として、点検が確実に実施されていることを把握・見える化することで、確実にメンテナンスサイクルを回すことができる体制を構築	・点検実施率 　各事業分野で計画期間中 100％の実施を目指す （道路（橋梁）、道路（トンネル）、河川、ダム、砂防、海岸、下水道、港湾、空港（空港土木施設）、鉄道、自動車道、航路標識、公園（遊具）、官庁施設、観測施設）
・国民の財産である道路について、適正利用者にはより使いやすく、道路を傷める重量制限違反車両を通行させる悪質違反者に対しては指導や処分を厳格に実施するなど、メリハリの効いた取組を実施	
（個別施設ごとの長寿命化計画（個別施設計画）の策定・実施）	
・各社会資本の管理者は、各施設の特性や維持管理・更新等に係る取組状況等を踏まえつつ、メンテナンスサイクルの核となる個別施設計画を平成 32（2020）年度までに策定し、これに基づき戦略的な維持管理・更新等を推進 ・長寿命化計画の策定を防災・安全交付金による支援の要件とするなど、各地方公共団体が管理する社会資本の老朽化対策が着実に進展するような取組を推進	〔KPI-1〕 ・個別施設ごとの長寿命化計画（個別施設計画）の策定率 道路（橋梁）平成 26（2014）年度 ― 　　　　　　→平成 32（2020）年度 100％ 道路（トンネル）平成 26（2014）年度 ― 　　　　　　→平成 32（2020）年度 100％
・個別施設計画に基づくメンテナンスサイクルの構築と着実な取組の継続により、各施設の健全度を維持・向上させ、老朽化に起因する重要インフラの重大事故をゼロにすることを推進	
・交通安全施設等の維持管理・更新等を着実に推進するため、警察庁インフラ長寿命化計画に即して、交通安全施設等の整備状況を把握・分析した上で、老朽施設の更新等を推進	・老朽化した信号機の更新数 　平成 32（2020）年度までに約 43,000 基
（維持管理・更新等のコストの算定）	
・維持管理・更新等に係るコストの縮減・平準化を図るためには、中長期的な将来の見通しを把握し、それを一つの目安として、戦略を立案し、必要な取組を進めていくことが重要 　そのため、個別施設計画において維持管理・更新等に係るコストを算定することを推進	・維持管理・更新等に係るコストの算定率（※） 道路（橋梁）平成 26（2014）年度 ― 　　　　　　→平成 32（2020）年度 100％ 道路（トンネル）平成 26（2014）年度 ― 　　　　　　→平成 32（2020）年度 100％ ※個別施設計画において、計画期間内に要する対策費用の概算を整理することとしている
（メンテナンスにおける PPP の活用）	
・都市再生と連携した首都高速道路など高速道路の老朽化対策の具体化に向けた取組を推進	

政策パッケージ1-2：メンテナンス技術の向上とメンテナンス産業の競争力の
　　　　　　　　　　強化

国民生活や社会経済の目指す姿

　　研究開発の推進によるイノベーションの創出や市場の整備、海外展開等の
取組を通じ、維持管理・更新に係る産業（メンテナンス産業）の競争力を確
保し、世界のフロントランナーとしての地位を築き、我が国のインフラビジ
ネスの競争力強化を実現する。

重点施策の方向性

　　老朽化対策等に関する基準類を体系的に整備し、適時・適切に改定を行う。
また、都道府県や市町村等に対する老朽化対策等に関する技術的支援体制を
強化するとともに、国だけでなく地方公共団体の職員等を対象とした研修・
講習会の充実を図る。さらに、老朽化が原因となる施設事故に対し、国が、
迅速に緊急調査や応急対応等の技術的な支援を円滑かつ迅速に実施するよ
う体制や財源等の制度構築を推進する。

　　点検・診断、修繕・更新等のメンテナンスサイクルの取組を通じて得られ
た最新の劣化・損傷状況や、構造諸元等の情報を収集し、施設の現状を把握
する。また、今後の対策を講じるために利活用できるよう、得られた情報を、
国、地方公共団体等において確実に蓄積するとともに、一元的な集約化や共
有化、及び「道路メンテナンス年報」等の取組を通じた見える化を図る。

　　適切な役割分担の下での産官学の連携や、社会資本のメンテナンスに係る
多様な主体を一堂に集めて、管理ニーズと技術シーズのマッチングやインフ
ラメンテナンスの理念普及を行う場（インフラメンテナンス国民会議（仮称））
の設置、インフラメンテナンスに関する表彰制度の創設等により、点検・補
修におけるセンサー、ロボット、非破壊検査等の技術研究開発や異業種から
の新規参入を促進するとともに、新技術情報提供システム（NETIS）等を活
用し、現場への導入・普及を加速し、円滑な現場展開を図る。

　　我が国に遅れてインフラの老朽化のピークが到来するアジアの新興国等
への国際的な展開を見据え、世界最先端のメンテナンス技術を構築し、新規
整備から維持管理・更新までが一体的となったインフラシステムの輸出を図
る。

重点施策の達成状況を測定するための代表的な指標（KPI）

〔2〕現場実証により評価された新技術数

【平成 26（2014）年度 70 件 → 平成 30（2020）年度 200 件】

重点施策	指標
（維持管理体制の構築）	
・社会資本の安全を確保するため、国の職員はもとより、地方公共団体等の職員を対象とした研修や講習を実施し、職員の技術力向上を推進	・維持管理に関する研修を受けた職員のいる団体 道路　　　平成 26（2014）年度　約 24% 　　　　　→平成 32（2020）年度　約 85% ・国及び地方公共団体等で維持管理に関する研修を受けた人数 道路　　　平成 26（2014）年度　1,151 人 　　　　　→平成 32（2020）年度　5,000 人
・橋梁補修用の歩掛の新設、維持修繕に関する歩掛の改定など、施工実態がより正確に反映されるよう積算基準を新設・改定し、維持補修に関係する積算基準の見直しによる適正な価格等の設定に向けた取組を推進	
・点検・診断、補修・修繕の民間事業者への包括的委託の活用	
・点検・診断等を実施する際の人員・技術力の確保のため、業務を実施する際に必要となる能力や技術を、国が施設分野・業務分野ごとに明確化するとともに、関連する民間資格について評価、登録し、それにより点検・診断等の一定の水準の確保や、社会資本の維持管理に係る品質の確保を推進	
・施設の管理者のみでは対応困難な施設については、必要に応じて道路における「直轄診断」等の国や都道府県等による技術的アドバイスや権限代行制度の活用等による支援の仕組みを構築また、地域での一括発注を行うこと等によりマスメリットを活かした効率的な維持管理を行う	
（情報基盤の整備と活用）	
・点検・診断、修繕・更新等のメンテナンスサイクルの取組を通じて、最新の劣化・損傷の状況や、過去に蓄積されていない構造諸元等の情報を収集し、それを国、地方公共団体等を含め確実に蓄積するとともに、一元的な集約化を図り、それらの情報を利活用し、目的に応じて可能な限り共有・見える化していくことを推進	・基本情報、健全性等の情報の集約化・電子化の割合 　各事業分野で計画期間中 100% を目指す
（新技術の開発・導入）	
・社会資本の老朽化対策を進め、社会資本の安全性・信頼性を確保するため、技術開	〔KPI-2〕 ・現場実証により評価された新技術

発や新技術の導入を積極的に推進	平成 26（2014）年度　70 件 →平成 32（2020）年度　200 件
・社会資本のモニタリング技術については、管理ニーズの体系的整理、管理ニーズと技術シーズのマッチングを行った上で、異分野の技術も含めて施設ごとに現場を活用して実証試験を実施し、耐久性・安全性・経済性等の検証、得られたデータと施設の状態との関係の分析等を通じて、管理ニーズからみた有効性を明らかにすることにより、技術研究開発等を促進	
・ロボット技術について、現場ニーズと異分野技術を含めた技術シーズのマッチングを行い、民間や大学等のロボットを公募し、現場での検証・評価を通じて、有用なロボットを国土交通省が実施する事業の現場へ先導的に導入することにより、技術研究開発を促進	

2．重点目標 2：災害特性や地域の脆弱性に応じて災害等のリスクを低減する
政策パッケージ 2-1：切迫する巨大地震・津波や大規模噴火に対するリスクの
　　　　　低減

国民生活や社会経済の目指す姿

　　国土強靱化の理念を踏まえ、①人命の保護が最大限図られること、②重要な機能が致命的な障害を受けず維持されること、③国民の財産及び公共施設に係る被害が最小化されること、④迅速な復旧復興がなされることを基本目標として、南海トラフ地震や首都直下地震等の切迫する巨大地震・津波や大規模噴火が発生した場合に想定される被害を軽減する。

重点施策の方向性

　　切迫する巨大地震等による被害の軽減を図るとともに、円滑かつ迅速な応急活動の確保や地域の産業・物流機能を維持できるよう、住宅、建築物、公共土木施設等の耐震化を進める。

　　切迫する巨大地震等の発生の可能性の高い地域や密集市街地において、面的な市街地整備や避難地等の整備、建築物の不燃化、無電柱化、災害時の業務継続に必要なエネルギーの自立化・多重化を進めるなど、市街地の防災性を向上する対策を推進するとともに、帰宅困難者対策等を進める。

　　切迫する巨大地震・津波等に際し、陸海空が連携した人流・物流を確保するため、日本海側と太平洋側の連携の強化を含め、陸上・海上・航空輸送の特性を踏まえたネットワークの代替性・多重性の確保を図るとともに、幹線

　　交通施設等の社会経済上重要な施設を保全するための土砂災害対策等を推進する。

　　切迫する巨大地震・津波等に備え、津波浸水被害リスクの高い地域等において、河川・海岸堤防等の嵩上げ及び耐震化、河川管理施設等の耐震化、水門等の自動化・遠隔操作化を推進する。その際、地域特性に応じて、自然との共生及び環境との調和に配慮する。

　　発生頻度は極めて低いが、発生すれば甚大な被害をもたらす最大クラスの津波に対して、住民等の命を守ることを最優先に、避難体制の整備や土地利用など、ハード・ソフトの施策を組み合わせた多重防御による津波災害に強い地域づくりを推進する。

　　火山は、一たび噴火すると甚大な被害をもたらす場合があることから、火山噴火に伴う被害を軽減するため、ハード・ソフトの両面にわたる対策を推進する。

<u>重点施策の達成状況を測定するための代表的な指標（KPI）</u>

〔３〕公共土木施設等の耐震化率等

　・緊急輸送道路上の橋梁の耐震化率

　　　　【平成 25（2013）年度 75%　→　平成 32（2020）年度 81%】

〔４〕市街地等の幹線道路の無電柱化率

　　　　【平成 26（2014）年度 16%　→　平成 32（2020）年度 20%】

重点施策	指標
（耐震化等の地震対策）	
・大規模災害時の救急救命活動や復旧支援活動を支えるため、緊急輸送道路の橋梁の耐震性能向上を推進	〔KPI-3〕 ・緊急輸送道路上の橋梁の耐震化率 　　　平成 25（2013）年度　75% 　→平成 32（2020）年度　81%
・道路の防災性の向上の観点からの無電柱化を推進	〔KPI-4〕 ・市街地等の幹線道路の無電柱化率 　　　平成 26（2014）年度　16% 　→平成 32（2020）年度　20%
・災害発生時において安全で円滑な交通を確保するための対策（信号機電源付加装置の整備、環状交差点の活用等）を推進	・信号機電源付加装置の整備台数 　平成 32（2020）年度までに約 2,000 台

・社会経済活動を支える重要交通網を保全する土砂災害対策の実施	・重要交通網にかかる箇所における土砂災害対策実施率 　　　　平成 26（2014）年度　約 49% 　　　→平成 32（2020）年度　約 54%
（津波対策）	
・代替性確保のためのミッシングリンクの整備	〔KPI-20〕 ・道路による都市間速達性の確保率 　　　　平成 25（2013）年度　　 49% 　　　→平成 32（2020）年度　約 55%

政策パッケージ 2-2：激甚化する気象災害に対するリスクの低減

<u>国民生活や社会経済の目指す姿</u>

　　国土強靭化の理念を踏まえ、①人命の保護が最大限図られること、②重要な機能が致命的な障害を受けず維持されること、③国民の財産及び公共施設に係る被害が最小化されること、④迅速な復旧復興がなされることを基本目標として、雨の降り方が局地化・集中化・激甚化している新たなステージにも対応するよう、ハード・ソフトを総動員した防災・減災対策に取り組むとともに、住民、企業を始めとする社会の各主体が、最大クラスの大雨等に対しては「施設では守りきれない」との危機感を共有し、それぞれが備え、また、協働して災害に立ち向かう社会を構築する。

<u>重点施策の方向性</u>

　　比較的発生頻度の高い降雨等に対しては、施設によって防御することを基本に、堤防、洪水調節施設、下水道等の整備を計画的に進めるとともに、既存施設の機能向上を図る。

　　施設の能力を上回る降雨等に対しては、施設の運用、構造、整備手順等の工夫、避難場所や避難路の確保を考慮した減災対策を図るとともに、最大クラスの大雨等が発生した場合を想定した洪水・内水・高潮等に関する浸水想定、ハザードマップの作成・公表、河川情報基盤の充実など、河川、下水道、まちづくり等の機関が協働して、ハード・ソフト一体となった総合的な水害対策を推進する。

　　土砂災害については、要配慮者利用施設、防災拠点を保全し、人命を守る対策を重点的に実施するとともに、土砂災害防止法に基づく土砂災害警戒区

域等に関する基礎調査結果の公表及び区域指定による危険な区域の明示、警戒避難体制の整備、避難勧告の発令等を支援するためのきめ細やかな情報提供、想定をはるかに超える規模の土石流に対する緊急調査の実施による監視の強化など、ハード・ソフト一体となった対策を推進する。

　災害リスク情報の提供・共有とあわせ、長期的観点から、将来の人口減少・高齢化を考慮し、コンパクトシティの形成を進めるに当たっては、居住と都市機能をより災害リスクの低い地域に誘導するとともに、既に居住や都市機能が集積している地域のリスク低減対策を実施する。

重点施策の達成状況を測定するための代表的な指標（KPI）

〔11〕土砂災害警戒区域等に関する基礎調査結果の公表及び区域指定数

【公表：平成 26（2014）年度　約 42 万区域

→平成 31（2019）年度　約 65 万区域】

【指定：平成 26（2014）年度　約 40 万区域

→平成 32（2020）年度　約 63 万区域】

重点施策	指標
（土砂災害対策）	
・社会経済活動を支える重要交通網を保全する土砂災害対策の実施	・重要交通網にかかる箇所における土砂災害対策実施率（再掲） 　　平成 26（2014）年度　約 49% 　→平成 32（2020）年度　約 54%
・大規模災害時の救急救命活動や復旧支援活動を支えるため、道路斜面や盛土等の要対策箇所の対策を推進	・道路斜面や盛土等の要対策箇所の対策率 　　平成 26（2014）年度　約 62% 　→平成 32（2020）年度　約 75%

政策パッケージ 2-3：災害発生時のリスクの低減のための危機管理対策の強化
国民生活や社会経済の目指す姿

　国土強靱化の理念を踏まえ、①人命の保護が最大限図られること、②重要な機が致命的な障害を受けず維持されること、③国民の財産及び公共施設に係る被害が最小化されること、④迅速な復旧復興がなされることを基本目標として、大規模自然災害発生直後から救命・救助活動等が迅速に行われ、社会経済活動が機能不全に陥ることなく、また、制御不能な二次災害を発生させないことなどを目指し、社会資本の機能確保・早期復旧等が図られるよう

危機管理体制を強化する。

重点施策の方向性

　　災害発生時における、応急復旧、早期復旧、二次災害防止、地方公共団体支援等のため、防災拠点等の施設整備を進めるとともに、リエゾンや TEC-FORCE を派遣するなどの対策を実施する。

　　市区町村における避難勧告の的確な発令を支援するため、国と市区町村が協力して避難勧告に着目したタイムラインの策定を推進する。また、東京、名古屋、大阪等において、最大クラスの洪水・高潮等が最悪の条件下で発生した場合の社会全体の被害を想定・共有するとともに、地方公共団体、公益事業者、企業等と連携し関係者一体型タイムラインの策定を行うなどにより、国、地方公共団体、公益事業者、企業等が主体的かつ連携して対応する体制を構築し、社会全体で社会経済の壊滅的な被害を回避する。さらに、大規模災害時においても、企業や社会資本等が事業・機能を継続できるよう引き続き事業継続計画（BCP）の策定を推進するとともに、地方公共団体や企業等と連携した防災訓練を推進する。

　　国土の基礎的な情報の平時及び発災時における収集・管理・提供に加え、迅速かつ的確な災害対応を行うため、避難施設等の事前に内蔵した基礎データとリアルタイムの各種災害情報等を重ね合わせて把握・共有できる統合災害情報システムの更なる活用を推進する。

　　住民一人一人が、災害リスクを認識し心構えを持ち、自然災害や避難の知識を持てるよう、学校教育現場において、防災教育の充実が図られるよう支援する。さらに、ハザードマップポータルサイトの充実など、災害リスク情報を共有、活用するための取組を行い、住民の主体的判断による避難を促すことで、自助・共助の促進を図る。

重点施策の達成状況を測定するための代表的な指標（KPI）

　〔12〕TEC-FORCE と連携し訓練を実施した都道府県数

【実施都道府県数：

　平成 26（2014）年度 17 都道府県→平成 32（2020）年度 47 都道府県】

重点施策	指標
・災害発生又は災害発生のおそれがある場	〔KPI-12〕

合には、リエゾンを被災地方公共団体に派遣し、情報の収集・提供と支援ニーズの把握、災害対策本部との情報共有を図る ・全国の地方整備局より職員を被災地に派遣し、緊急災害対策派遣隊(TEC-FORCE)による被災状況の調 査、被害拡大防止及び早期復旧に係る被災地方公共団体等への技術的な支援を実施 ・TEC-FORCE 隊員の確保、訓練や研修による技術力の向上・強化、災害対策機械等の装備の充実など、危機管理対策を強化 ・大規模地震等に備えた広域応援部隊の広域活動拠点の整備や関係ブロック・行政機関等との広域的な合同防災訓練の実施により、広域災害に対応できる体制を構築	・TEC-FORCE と連携し訓練を実施した都道府県数 　　　平成 26（2014）年度 17 都道府県 　→ 平成 32（2020）年度 47 都道府県
・災害発生時において安全で円滑な交通を確保するための対策（信号機電源付加装置の整備、環状交差点の活用等）の推進（再掲）	・信号機電源付加装置の整備台数(再掲) 　　　H32 年度までに約 2,000 台
・道路の雪寒対策の推進（冬期の道路交通を確保するための除雪体制の強化）	
・道路啓開計画の策定、既計画のスパイラルアップを推進	

政策パッケージ 2-4：陸・海・空の交通安全の確保

<u>国民生活や社会経済の目指す姿</u>

　　　人命を守ることを最優先に、また、交通事故がもたらす大きな社会的・経済的損失をも勘案して、更に対策を進めることで、究極的には交通事故のない社会を目指す。

<u>重点施策の方向性</u>

（道路交通）

　　　幹線道路については、ビッグデータを活用して抽出した潜在的危険箇所等において、重点的な事故対策を実施する。生活道路については、道路の機能分化を図ることで幹線道路等へ自動車交通を転換させるとともに、通過交通及び走行速度の抑制を図ることで、「人優先の安全・安心な歩行空間」を確保する。また、通学路やバス停周辺における安全な歩行空間を確保する。

　高齢者や障害者等が安全に活動できる社会を実現するため、歩行空間のバリアフリー化や踏切道の歩行者対策、高速道路の誤進入（逆走）対策を推進するとともに、増加している歩行者と自転車の事故等を防止するため、自転車道、自転車専用通行帯等の整備を始め、安全で快適な自転車利用環境の創出に向けた取組を推進する。

　「開かずの踏切」等による渋滞の解消や踏切事故防止のため、連続立体交差事業等を推進する。また、踏切安全通行カルテを作成・公表し、透明性を保ちながら歩行者対策を重点的に推進する。

重点施策の達成状況を測定するための代表的な指標（KPI）

　〔15〕道路交通における死傷事故の抑止

　　　・生活道路におけるハンプの設置等による死傷事故抑止率

　　　　　　【平成32（2020）年　約3割抑止（平成26（2014）年比）】

　　　・信号機の改良等による死傷事故の抑止件数

　　　　　　【平成32（2020）年度までに約27,000件/年抑止】

重点施策	指標
（道路交通）	
・幹線道路において事故の危険性が高い箇所に対する重点的な交通事故抑止対策（交差点改良、右折レーンの設置、交通安全施設等の整備等）を推進	・幹線道路の事故危険箇所における死傷事故抑止率 　　平成26（2013）年比　約3割抑止 　　　　（平成32（2020）年）
・市街地や住宅地等において人優先のエリアを形成（生活道路における区域（ゾーン）を設定した最高速度30キロメートル毎時の区域規制、路側帯の設置・拡幅、物理的デバイスの設置等の車両の速度抑制及び通過交通の抑制・排除）	
・生活道路におけるハンプ、狭窄等の道路整備による車両の速度抑制の徹底	〔KPI-15〕 ・生活道路におけるハンプの設置等による死傷事故抑止率 　　平成26（2014）年比　約3割抑止 　　　　（平成32（2020）年）
・ITSの活用、信号機の改良等により道路交通の安全を確保するため、設置場所の交通実態等に応じて複数の信号機を面的・線的に連動させる集中制御化・プログラム多段系統化、疑似点灯防止による視認性の向上に資する信号灯器のLED化等を推進	〔KPI-15〕 ・信号機の改良等による死傷事故の抑止件数 　　平成32（2020）年度までに 　　　　約27,000件/年抑止

・通学路において通学路交通安全プログラム等に基づき、安全な通行空間を確保（歩道整備、カラー舗装、信号機及び道路標識・道路標示の整備等）	・通学路における歩道等の整備率 　　　平成 25（2013）年度 54% 　　→平成 32（2020）年度 65%
・安全で快適な自転車利用環境の創出（自転車道、自転車専用通行帯等の整備）を推進	
・踏切道の歩行者対策、高速道路の誤進入（逆走）対策を推進 ・「開かずの踏切」等による渋滞の解消や踏切事故防止のため、連続立体交差事業等を推進 ・踏切安全通行カルテを作成・公表し、透明性を保ちながら歩行者対策を重点的に推進	・踏切事故件数 　　　平成 27（2015）年比　約 1 割削減 　　　（平成 32（2020）年）

　３．重点目標３：人口減少・高齢化等に対応した持続可能な地域社会を形成する

　政策パッケージ 3-1：地域生活サービスの維持・向上を図るコンパクトシティ
　　　　　　　　　　の形成等

国民生活や社会経済の目指す姿

　　　人口減少や高齢化が進む地域において、地域の特性に即し、「コンパクト＋ネットワーク」の考え方を基礎とした多層的な地域構造を構築し、日常生活サービスや高次都市機能等を持続的に提供できる活力ある地域を形成する。

重点施策の方向性

（コンパクトな集積拠点の形成等）

　　　まち・ひと・しごと創生総合戦略や地方版総合戦略を踏まえ、地方都市においては、中心拠点や生活拠点に、医療・福祉・商業等の生活サービス機能や居住を誘導するとともに、公共交通網を始めとするネットワークで結び、コンパクトシティの形成を推進する。このため、コンパクトシティの形成を目指す市町村において、都市生活を支える生活サービス機能の整備や公的不動産、空き家等を活用したまちづくりを支援することなどにより、都市機能の計画的配置を推進するとともに、公共交通の再構築等を支援する。また、中山間地域等においては、地域住民の合意形成を図りつつ、住民の生活に必要な生活サービス機能や地域活動の場を集め、周辺集落とネットワークでつ

ないだ「小さな拠点」を形成し、「道の駅」等も活用しながら持続可能な地域づくりを推進する。

　コンパクトシティの形成は、高齢者・子育て世代の生活環境の整備、財政面・経済面で持続可能な都市経営の実現、地域産業の生産性向上、熱の有効利用等による低炭素型都市構造への転換、災害に強いまちづくり等の多角的な観点から推進するとともに、住民や民間事業者、NPO 等の多様な民間主体の参画と連携を図りつつ取り組む。

　公営住宅や汚水処理施設等の生活密着型の公共施設については、人口減少・高齢化等に伴う地域のニーズに的確に対応し、機能更新を進めるとともに、効率的・効果的な集約・再編等の取組を進める。生活排水処理に係る下水道については、集落排水、浄化槽等他の汚水処理施設と適切な役割分担の下、効率的な整備を実施するため、全ての都道府県で持続的な汚水処理システム構築に向けた都道府県構想の策定・見直しを促進する。

（連携中枢都市圏等による活力ある経済・生活圏の形成）

　コンパクトに集積した地域や拠点を交通ネットワークでつなぎ、ETC2.0 を始めとする ICT 等の新技術の活用や運用の工夫等によりネットワークを最大限活用することにより、円滑かつ快適なネットワークを形成し、地域の特性に即した連携中枢都市圏や定住自立圏等の広域的な経済・生活圏の形成を促進する。

（大都市圏における生き生きと暮らせるコミュニティの再構築）

　大都市圏、特に大都市近郊における急速な高齢化に対応し、高齢者や子育て世代等の多様な世代が生き生きと生活し活動できる「スマートウェルネス住宅・シティ」を実現するため、医療・介護・子育て等のサービス拠点やサービス付き高齢者向け住宅の整備等を推進するとともに、公的賃貸住宅団地の再生・福祉拠点化を推進する。

重点施策の達成状況を測定するための代表的な指標（KPI）

　〔20〕道路による都市間速達性の確保率

【平成 25（2013）年度 49%→平成 32（2020）年度約 55%】

重点施策	指標
（コンパクトな集積拠点の形成等）	

・「道の駅」やスマート IC 等の活用による拠点の形成	
（連携中枢都市圏等による活力ある経済・生活圏の形成）	
・道路ネットワークによる地域・拠点の連携確保	〔KPI-20〕（再掲） ・道路による都市間速達性の確保率 　　　　　平成 25（2013）年度　　49% 　　　　→平成 32（2020）年度　約 55%
・ITS の活用、信号機の改良等により、より円滑な道路交通を実現	・信号制御の改良による通過時間の短縮 平成 32（2020）年度までに対策実施箇所において約 5 千万人時間/年短縮

政策パッケージ 3-2：安心して生活・移動できる空間の確保（バリアフリー・ユニバーサルデザインの推進）

<u>国民生活や社会経済の目指す姿</u>

　バリアフリー・ユニバーサルデザインの考え方に基づき、高齢者、障害者や、子育て世代など、全ての人々が安心して生活・移動できる環境を実現する。

<u>重点施策の方向性</u>

　公共施設や車両等について、バリアフリー法等を踏まえ、関係者が必要に応じて緊密に連携しながら、移動等円滑化の促進に関する基本方針に定められた目標達成を目指すなど、一体的・総合的なバリアフリー・ユニバーサルデザインを推進する。

　2020 年東京オリンピック・パラリンピック競技大会を見据えて、新たに主要ターミナルにおける複数ルートのバリアフリー化や地方の主要な観光地のバリアフリー化等に重点的に取り組む。また、東京の主要ターミナル駅、競技大会施設、人気観光スポット等を結ぶ連続的なエリアにおいて、バリアフリー化と分かりやすい案内情報の提供を徹底的に推進し、超高齢化が進む日本におけるベストプラクティスを実現する。

　また、公共交通事業者の職員教育を通じた接遇の向上、公共交通機関等における心のバリアフリー推進運動を展開する。さらに、誰もが安心して使える安全で清潔なトイレや授乳スペース等の公共の空間づくりや、ベビーカーマークの普及啓発等を推進する。

重点施策の達成状況を測定するための代表的な指標（KPI）

〔21〕公共施設等のバリアフリー化率等

・特定道路におけるバリアフリー化率

【平成 25 年度 83%→平成 32 年度 100%】

重点施策	指標
（公共施設等のバリアフリー化）	
・高齢者や障害者等が安全に安心して参加し活動できる社会を実現するための歩行空間のバリアフリー化	〔KPI-21〕 ・特定道路におけるバリアフリー化率 　　　　平成 25（2013）年度　83% 　　　　→平成 32（2020）年度　100%
・安全で快適な通行空間を確保する無電柱化の推進	〔KPI-4〕（再掲） ・市街地等の幹線道路の無電柱化率 　　　　平成 26（2014）年度　16% 　　　　→平成 32（2020）年度　20%
・携帯型端末等を活用した、ユニバーサルな情報の提供による移動支援など ICT を活用した歩行者移動支援の普及促進等の推進	

政策パッケージ 3-3：美しい景観・良好な環境の形成と健全な水循環の維持又は回復

国民生活や社会経済の目指す姿

　　地域の自然や歴史文化に根ざした魅力・個性あふれるまちの形成、水と緑豊かで良好な都市環境の形成により、世界に誇れる日本の美しい景観・良好な環境の形成を図る。また、生物多様性が充実し、水の健全な循環が確保され、その恵沢が将来にわたって享受できる社会を実現する。

重点施策の方向性

　　景観法や歴史まちづくり法等を活用し、地域の特性にふさわしい良好な景観を形成する。

　　健康で快適に暮らせる生活環境を確保するため、交通に起因する大気汚染等の沿道環境の改善を進める。

　　水環境改善のため早期の汚水処理施設整備や高度処理の推進、水道事業や下水道事業等の老朽化する施設の維持管理・更新に備えた事業基盤の強化、

　　計画的な水資源の開発、渇水対策、雨水・再生水利用の促進など、健全な水循環の維持又は回復に向けた取組を総合的かつ一体的に推進する。

　　湿地の再生、良好な港湾・海洋環境の形成、都市公園整備等による水と緑のネットワーク形成等の取組を継続するとともに、多自然川づくりや緑の防潮堤、延焼防止等の機能を有する公園緑地の整備など、自然環境が有する多様な機能を活用する「グリーンインフラ」の取組により、自然環境の保全・再生・創出・管理とその活用を推進する。

重点施策の達成状況を測定するための代表的な指標（KPI）

重点施策	指標
（美しい景観・良好な環境形成）	
・観光地の魅力向上、歴史的街並みの保全、伝統的祭り等の地域文化の復興等に資する無電柱化の推進	〔KPI-4〕（再掲） ・市街地等の幹線道路の無電柱化率 　　　　平成 26（2014）年度　16% 　　　　→平成 32（2020）年度　20%
・沿道環境の改善（環境基準を達成していない地域を中心に、沿道環境の改善を図るため、バイパス整備による市街地の通過交通の転換等を推進）	

政策パッケージ 3-4：地球温暖化対策等の推進

国民生活や社会経済の目指す姿

　　都市や交通分野における温室効果ガス排出量を大幅削減する「緩和策」による都市・地域構造の変革や中長期的なライフスタイルの変化を通じた低炭素社会の実現を図るとともに、水災害分野及び沿岸分野等における「適応策」を通じ、気候変動に対する適応力の高い社会の実現を図る。

　　また、下水汚泥や廃棄物等の適正な循環利用を促進し、環境への負荷ができる限り低減される循環型社会の形成を目指す。

重点施策の方向性

　　都市機能の集約化を始めとして、都市緑化等による温室効果ガス吸収源対策、下水道が有する水・資源・エネルギー活用の推進、LED 照明器具の導入等による環境負荷低減に配慮した官庁施設等の建築物の整備など、あらゆる分野における総合的な取組により、都市における低炭素社会の構築を進める。

　陸・海・空の輸送モード及び各種設備の省エネルギー化や再生可能エネルギーの利活用の推進、交通流対策に加え、モーダルシフトや共同輸配送、コンテナのラウンドユース（往復利用）、宅配の再配達の削減等による物流の効率化を促進するなど、環境負荷の少ない物流の実現を図る。また、環境負荷の小さい都市内交通体系の実現を図るため、公共交通利用促進策として、LRT、BRT、路面電車やバス走行空間の改善等の整備を進めるとともに、道路空間の再配分等による安全で快適な自転車利用環境の創出を推進するなど、人流・物流から発生する温室効果ガスの排出抑制及び吸収源拡大に向けた取組を進める。

　地球温暖化に伴う気候変動による影響として懸念される、水害、土砂災害、高潮災害、熱中症等の様々なリスクの増加等を踏まえて、気候変動による影響に対処する「適応策」を進める。

　資源・エネルギーの有効活用に加えて、海上輸送による効率的な静脈物流ネットワークの構築を推進するとともに、廃棄物海面処分場を計画的に整備するなど循環型社会の実現に向けた取組を進める。

重点施策の達成状況を測定するための代表的な指標（KPI）

重点施策	指標
（地球温暖化緩和策・適応策の推進）	
・交通渋滞を緩和する対策（深刻な交通渋滞が発生している路線における路上駐車抑制、ITS の活用、信号制御の改良、交通アセスメント等の取組）を推進	・信号制御の改良による CO2 の排出抑止量 平成 32（2020）年度までに約 10 万 t −CO2/年抑止
・「開かずの踏切」等による渋滞の解消や踏切事故防止のため、連続立体交差事業等を推進（再掲） ・踏切安全通行カルテを作成・公表し、透明性を保ちながら歩行者対策を重点的に推進（再掲）	・踏切遮断による損失時間 平成 25（2013）年度　約 123 万人・時/日 →平成 32（2020）年度　約 117 万人・時/日
・道路分野における地球温暖化対策の推進（地球温暖化対策として、道路ネットワークを賢く使い、渋滞なく快適に走行できる道路とするため、交通流対策を推進）	
・共同輸配送、コンテナのラウンドユース（往復利用）、宅配の再配達削減等による物流効率化の促進	

４．重点目標４：民間投資を誘発し、経済成長を支える基盤を強化する

政策パッケージ 4-1：大都市圏の国際競争力の強化

<u>国民生活や社会経済の目指す姿</u>

　　歴史文化など我が国固有の魅力を活かしながら、国際都市にふさわしいビジネス・生活環境や世界に伍する交通ネットワークの形成により、グローバルな都市間競争を勝ち抜ける大都市圏として、国際的なヒト・モノ・カネ・ビジネスを呼び込み、我が国経済の成長エンジンとしての役割を果たす。

<u>重点施策の方向性</u>

　　大都市の国際競争力強化に有効な大規模で優良な民間都市開発事業等の民間投資の促進に必要となるインフラ整備等を推進し、防災性の向上を図り国内外に発信しつつ、国際都市にふさわしいビジネス・生活環境の整備や都市内移動環境の高度化等を推進する。

　　大都市圏内の渋滞緩和や国際的な空港・港湾へのアクセス改善、高速道路・港湾等周辺への物流施設の集約化の促進など、人流や物流の効率化を図り、民間事業活動の生産性向上等に寄与する観点から、三大都市圏環状道路を始めとする根幹的な道路網を整備するとともに、交通結節機能の強化やネットワークを賢く使う取組、大型車誘導区間の充実等を図る。

　　大都市圏拠点空港について、首都圏空港の機能強化に向けて、羽田空港の飛行経路の見直しについて住民との双方向の対話を行い、環境影響に配慮した方策を策定するなど、2020 年までに羽田・成田両空港の空港処理能力を約 8 万回拡大することに最優先に取り組む。また、2020 年以降の機能強化については、成田空港における抜本的な容量拡大等の諸課題について、関係地方公共団体等と議論を深める。関西国際空港・大阪国際空港においては、平成 27 年度中のコンセッションの実現により、関西国際空港の国際拠点空港としての再生・強化、関西の航空輸送需要の拡大等を図るとともに、中部国際空港においては、将来の完全 24 時間化という課題を見据え、空港機能の充実を始めとする空港活性化の取組を推進する。上記空港における取組を含め、オープンスカイの推進等を進め、国際航空ネットワークの充実を図るとともに、航空貨物ネットワークの拡大を図る。

　　国際コンテナ戦略港湾（京浜港、阪神港）については、これら戦略港湾へ

の貨物を集約する「集貨」、戦略港湾への産業集積を図る「創貨」、大水深コ
ンテナターミナルの機能強化等による「競争力強化」の取組を推進し、我が
国に寄港する基幹航路の維持・拡大を図り、企業の立地環境を向上させる。

<u>重点施策の達成状況を測定するための代表的な指標(KPI)</u>

〔27〕特定都市再生緊急整備地域における国際競争力強化に資する都市開
発事業の事業完了数

【平成 26（2014）年度　8→平成 32（2020）年度　46】

〔28〕三大都市圏環状道路整備率

【平成 26（2014）年度　68%→平成 32（2020）年度　約 80%】

重点施策	指標
（都市機能の高度化及び都市交通ネットワーク整備）	
・特定都市再生緊急整備地域における都市開発プロジェクトの促進に必要となるインフラ整備等の推進により、大都市の国際競争力強化のための基盤整備を推進する	〔KPI-27〕 ・特定都市再生緊急整備地域における国際競争力強化に資する都市開発事業の事業完了数 平成 26（2014）年度　8 →平成 32（2020）年度　46
・三大都市圏環状道路や空港港湾へのアクセス道路等の整備とその進展に合わせた、大型車誘導区間の充実や通行支障区間の計画的な解消等により、効率的な物流ネットワークを強化する	〔KPI-28〕 ・三大都市圏環状道路整備率 平成 26（2014）年度　68% →平成 32（2020）年度　約 80%
・2020 年東京オリンピック・パラリンピック競技大会の開催を見据え、ITS の活用、信号機等のバリアフリー化等により、大会会場周辺、アクセス道路等における安全・円滑かつ快適な交通環境を整備	・信号制御の改良による通過時間の短縮（再掲） 平成 32（2020）年度までに対策実施箇所において約 5 千万人時間/年短縮
・都市における安全で円滑な交通を確保し、徒歩、自転車、自動車、公共交通等の多様なモードが連携した、総合的な都市交通システムの高度化を推進	
・駅前広場等の交通結節点の整備や、LRT、バス走行空間の改善等の整備等を支援	
・首都圏の高速道路の料金体系については、水準の整理・統一及び起終点を基本とした料金の導入を進める。近畿圏、中京圏の料金体系についても、ネットワークの整備の進展に合わせて、地域固有の課題等について整理した上で検討を進める	
・道路交通状況をきめ細やかに把握し、実容量の不揃いの解消、本線料金所の撤去等により今ある道路を更に賢く使い、時間損失・低い時間信頼度・交通事故・活力低下の克服を目指す	

　　政策パッケージ 4-2：地方圏の産業・観光投資を誘発する都市・地域づくりの
　　　　　　　　　　　　推進

<u>国民生活や社会経済の目指す姿</u>

　　　地域の個性を活かした産業・観光振興を支える都市・地域づくりや交通ネットワークの形成により、企業の地方移転を含む民間投資の誘発や生産性向上等による地域の経済産業活動の拡大をもたらし、海外や大都市を含む他の圏域との対流を増大するなど、地方圏における地域経済の再生・活性化を図る。

<u>重点施策の方向性</u>

　　　地方圏における地域の個性を活かした基幹産業等の振興を図るため、地域の産業政策と連携し、農林水産業の成長産業化や製造業の国内回帰等を支える移出・輸出の環境整備にも資するよう、企業の地方移転の促進や新規の民間投資の誘発など、地域経済活動の拡大に資する効果の高い人流・物流ネットワークの形成等に重点的に取り組む。

　　　また、インバウンド観光・国内観光を含めた観光振興を図るため、複数の都道府県にまたがってテーマ性・ストーリー性を持った一連の魅力ある観光地を交通アクセスも含めてネットワーク化する広域観光周遊ルートの形成や、賑わいや活力があり、歴史文化等に根ざした美しさと風格を備えた魅力ある空間をまちづくりと一体となって創出するなど、観光資源のポテンシャルを活かした地域づくりなどにより、交流人口と消費の拡大を図る。これらの取組により 2020 年に向けて、「2000 万人時代」を万全の備えで迎え、また、2030 年には訪日外国人旅行者数 3000 万人を越えることを目指し、観光立国に対応した国土づくりに資するよう、交通ネットワークを始めとする社会資本整備についても、中長期的な視点から議論を深め、体制を整えていくことが必要である。

　　　こうした観点から、移動時間の短縮等によるビジネス機会の拡大、生産活動や物流の効率化を通じたヒトやモノの対流の促進に向け、ミッシングリンクやバイパスの整備、地域の産業や生活の拠点の交通利便性を向上するスマート IC の整備等の道路ネットワークの強化を図る。また、整備新幹線の着実な整備等を図るとともに、那覇空港や福岡空港を始め、地方における訪日

外国人旅行者受入れの主要なゲートウェイとなる地域の拠点空港等の機能強化・魅力向上、LCC 参入促進等による地方空港を活用した航空ネットワークの活性化、全国の港湾に寄港するクルーズ船の増加や大型化に対応した受入環境の改善、地方創生の核となる「道の駅」の機能強化、交通系 IC カードの利用エリア拡大等による観光にも資する地域公共交通の充実等の取組を推進する。

　また、国際的な動向を見据えた空港・港湾等の既存施設の活用・再編を含めた機能の高度化を図る。特に、地方圏の産業活動等に不可欠な資源・エネルギー等を安定的かつ安価に輸入するため、国際バルク戦略港湾を念頭に置きつつ、大型船に対応した港湾機能の高度化や企業間連携の促進等を進め、拠点となる港湾を核とした安定的かつ効率的な資源・エネルギー等の海上輸送網の形成を図る。あわせて、地域における基幹産業の物流環境を改善し、民間投資の誘発や企業の立地競争力強化等を図るため、企業の事業環境改善に直結する物流基盤の整備を推進する。

　既存の社会資本の最大限の活用を図り、道路や水辺空間のオープン化等を進めるとともに、コンセッション方式の活用、公営住宅等の公共施設等の集約化や再配置に伴う余剰地の活用、下水処理場等における汚泥の利活用や施設上部空間の利用等による民間の収益事業を実施するなど、民間にとって魅力的な PPP/PFI 事業の拡大を図る。また、民間のビジネス機会の拡大を図る観点も含め、PPP/PFI の幅広い手法の開発・普及を図るため、地方公共団体、民間事業者、金融機関、専門家、大学等の関係者から構成される地域プラットフォームについて、地方圏を始め、大都市圏も含め全国をカバーする地方ブロックにおいて全国展開を図る。

　さらに、社会資本の利用者ニーズを取り込み、その効果を一層高めるため、地域の実情に応じた官民の関係者から成る協議会等を通じ、民間提案による社会資本の機能強化、民間投資の促進に資するインフラ情報提供システムの改善など、官民連携を強化する取組の充実を図る。

<u>重点施策の達成状況を測定するための代表的な指標(KPI)</u>

〔20〕道路による都市間速達性の確保率（再掲）

【平成 25（2013）年度　49%→平成 32（2020）年度　約 55%】

重点施策	指標
（地方圏の産業を支える基盤整備）	
・道路ネットワークによる地域・拠点の連携確保（再掲）	〔KPI-20〕（再掲） ・道路による都市間速達性の確保率 　　　　平成 25（2013）年度　49% 　　　　→平成 32（2020）年度　約 55%
・ITS の活用、信号機の改良等により、より円滑な道路交通を実現（再掲）	・信号制御の改良による通過時間の短縮（再掲） 　　　　平成 32（2020）年度までに対策実施 　　　　箇所において約 5 千万人時間/年短縮
（地方圏の観光を支える基盤整備）	
・2020 年東京オリンピック・パラリンピック競技大会を見据え、路面温度上昇抑制対策やバリアフリー化、無電柱化、案内標識の英語表記等の取組を通じて、大会の開催を支援する	〔KPI-4〕（再掲） ・市街地等の幹線道路の無電柱化率 　　　　平成 26（2014）年度　16% 　　　　→平成 32（2020）年度　20%
・重点「道の駅」制度の活用（地域活性化の切り札として「道の駅」を活かすため、全国のモデルとなる先駆的な取組を重点「道の駅」として選定し、国民に広く周知を図り、計画段階から重点的に支援）	
・道路空間のオープン化（地域のにぎわい・交流の場の創出や道路の質の維持・向上を図るため、道路空間を有効活用した官民連携による取組を推進）	

政策パッケージ 4-3：我が国の優れたインフラシステムの海外展開

<u>国民生活や社会経済の目指す姿</u>

　　我が国インフラシステムが海外において真に必要とされ、真に役立つ質の高いインフラの整備に協力することを通じ、現地経済社会の安定・発展、雇用創出や技術者育成、環境保全に貢献するとともに、アジアを始めとする新興国等の成長を取り込むことにより、我が国の経済発展や産業の成長に寄与する。

<u>重点施策の方向性</u>

　　我が国のインフラ開発の特長であるライフサイクルコストの抑制や環境・

防災等への配慮、現地人材の育成等につながる「質の高いインフラ投資」を実現するため、我が国企業が有する優れた運営ノウハウや技術等の強みを活かし、メンテナンスを含めたインフラ整備の分野において、官民連携によるインフラシステム海外展開を推進する。

そのため、官民一体となったトップセールス等により、プロジェクト構想段階である「川上」からの参画、情報収集・発信を強化する。

また、(株)海外交通・都市開発事業支援機構（JOIN）の活用など、実行段階まで含めて一貫した支援を行う。

加えて、我が国企業の受注に向けた環境整備として、国際標準化の推進、制度整備支援、人材育成といった「ソフトインフラ」についても海外展開を推進する。

重点施策の達成状況を測定するための代表的な指標(KPI)

〔35〕我が国企業のインフラシステム関連海外受注高

【建設業の海外受注高：平成 22（2010）年　1 兆円

→平成 32（2020）年　2 兆円】

【交通関連企業の海外受注高：平成 22（2010）年　4,500 億円

→平成 32（2020）年　7 兆円】

重点施策	指標
（「川上」からの参画・情報発信）	
・官民一体となったトップセールスの展開 ・プロジェクト構想段階からの官民連携による案件形成・コンソーシアム形成の支援、海外 PPP 協議会の開催等 ・日本のインフラの優れた点を様々な国際会議の機会等を活用して情報発信 ・防災技術の海外展開に向けた「防災協働対話」の展開	〔KPI-35〕 ・我が国企業のインフラシステム関連海外受注高 （建設業の海外受注高） 　　　　　　平成 22（2010）年　1 兆円 　　　　　→平成 32（2020）年　2 兆円 （交通関連企業の海外受注高） 　　　　　　平成 22（2010）年　4,500 億円 　　　　　→平成 32（2020）年　7 兆円
（インフラシステムの海外展開に取り組む企業支援）	
・(株)海外交通・都市開発事業支援機構（JOIN）による海外インフラ市場への我が国事業者の参入促進	

・二国間対話等を通じたビジネストラブルの解決支援 ・外国政府・企業と連携して周辺の第三国へ展開する我が国建設企業等の取組支援、公正な海外建設市場形成の推進 ・中堅・中小建設企業の海外進出支援	
（ソフトインフラの海外展開）	
・国際標準化の推進、制度整備支援、人材育成といった「ソフトインフラ」の海外展開の推進	

第3章　計画の実効性を確保する方策

　第2章で示した重点目標の効果的な達成を図るため、第3章では、「計画の実効性を確保する方策」として、政策パッケージを効果的かつ効率的に実施するための措置に関する事項を定める。

第1節　多様な効果を勘案した公共事業評価等の実施

　事業の効率性及びその実施過程の透明性の一層の向上を図るため、新規事業採択時評価、再評価及び完了後の事後評価による一貫した事業評価体系の下、公共事業評価を実施するとともに、新規事業採択時評価の前段階において、政策目標を明確化した上で、複数案の比較・評価を行う計画段階評価を実施する。

　新規事業化に当たっては、建設費のみならず、維持管理費も含めたトータルの費用を勘案した事業評価が必要であり、国土交通省所管公共事業の新規事業化に当たっては、事業評価実施要領等に基づき、費用対効果分析の中で、従前からその費用に建設費等とともに維持管理費を計上して評価を実施し、直轄事業についてはその評価結果を公表している。また、新規事業採択時評価時と再評価時においては、貨幣換算することが困難な定量・定性的な効果項目をも含めて事業の投資効果を評価するなど、費用対効果分析等を含めて総合的に実施する。完了後の事後評価においては、事業の効果の発現状況、環境の変化等の視点から評価し、必要に応じ適切な改善措置を検討する。

　また、評価の客観性を向上させるため、学識経験者等の最新の知見の蓄積

状況を踏まえつつ、評価手法の改善を行うとともに、必要とされる機能の確認や新工法の採用等によりコストを見直し、事業に適切に反映する。

　さらに、安全・安心の確保、生活の質の向上、民間投資の誘発や生産性の向上による生産拡大といった社会資本のストック効果の発現状況について、多面的な効果を踏まえつつ、事業完了後における地域の即地的な社会経済状況の変化を継続的に把握・公表するなど、ストック効果の見える化の取組を推進する。

第2節　政策間連携、国と地方公共団体の連携の強化

　社会資本整備が直面する4つの構造的課題に中長期的な視点から計画的に対応すべく、本重点計画の実行を図っていくに当たっては、社会資本の様々な事業分野間の連携はもとより、社会資本整備政策以外の関係府省庁が所管する各種の政策分野との連携強化を図っていく必要がある。本重点計画と車の両輪である交通政策基本計画との一体的な取組を図るための交通・物流政策との連携、情報通信政策・技術との連携を始めとして、安全安心インフラ、生活インフラ、成長インフラのそれぞれの役割を果たすために関連する政策分野との連携は不可欠である。

　安全安心インフラに関しては、住まい方・暮らし方を含めた土地利用、産業面での立地安全性やサプライチェーンの継続性の確保、エネルギー等の政策分野との連携強化が求められる。また、生活インフラに関しては、医療・福祉や教育・文化、環境・エネルギー等に係る政策と連携し、地域や時代のニーズの変化に即した持続可能な都市・地域づくりを総合的に推進することが求められる。成長インフラに関しては、農林水産業や製造業、観光業等の地域の基幹産業との連携はもとより、地域金融や大学等の教育・研究開発分野との政策連携を推進することが求められる。

　また、社会資本の大部分を管理しているのは地方公共団体であることから、本重点計画の実効性を確保するためには、都道府県や市町村等との役割分担を踏まえ、その自主性及び自立性を尊重しつつ、相互の補完・連携を強化していく必要がある。特に、社会資本の既存施設のメンテナンスを社会資本整備政策のメインストリームの一つとして取り組んでいくとともに、PPP/PFI

　等の多様な取組を効果的に推進していくためには、個別の地方公共団体ごとの対応のみならず、全国共通の課題として、国と地方が連携を強化し、先進的な取組の優良事例を全国展開することを含め、総合的に取り組む必要がある。

第３節　社会資本整備への多様な主体の参画と透明性・公平性の確保

　国民の価値観が多様化する中で社会資本整備を円滑に進めるためには、事業の構想・計画段階、実施段階、そして管理段階のそれぞれの段階において、多様な主体の参画を通じて受け手のニーズに合わせたものとするとともに、効率性にも留意しながら各段階において透明性・公平性が確保されたプロセスを経ることにより、社会資本整備に対する国民の信頼度を向上させることが重要であり、整備された社会資本が有効に活用され、そのストック効果が最大限発現されることにもつながる。

　さらに、利用者が維持管理にも関与する意識を醸成することにより、地域における社会資本について、利用者も整備・管理主体とともに守り・支え、皆の協働により将来にわたって当該社会資本が必要な機能を発揮し続けるようにしていくことが求められる。いわば、利用者が「我がこと感」を持って、自らの社会経済活動に必要な社会資本に向き合う環境づくりを図る必要がある。これにより、自らの地域に対する誇りと愛着に根ざした、地域の安全・安心の確保や生活の質の向上、地域経済の活性化等に必要な社会資本整備の選択やその円滑な事業実施への理解増進にもつながっていくこととなる。

　このため、構想段階において、事業に対する住民や施設の利用者等の理解と協力を得るとともに、検討プロセスの透明性・公正性を確保するため、「公共事業の構想段階における計画策定プロセスガイドライン」を始めとするガイドライン等に基づき、住民や施設の利用者を含めた多様な主体の参画を推進するとともに、社会面、経済面、環境面等の様々な観点から行う総合的な検討の下、計画を合理的に策定する取組を積極的に実施する。

　また、河川管理者や海岸管理者に自発的に協力して河川・海岸の維持、環境保全等に関する活動を行う NPO 等を河川協力団体又は海岸協力団体に指

定したり、住民・事業主等の地域の関係者によるエリアマネジメント活動を推進するなど、NPO や地縁組織等の多様な主体の協働により、自立的・持続的に地域の社会資本を維持管理していくことを推進する。あわせて、こうした活動の推進を担う地域人材の育成も重要な課題である。

　加えて、民間投資を誘発し、経済成長を支える社会資本の効果を一層高める観点から、民間事業者等との連携を強化し、官民の関係者から成る協議会等を通じ、民間事業者等の利用者のニーズを把握するなどの取組を強化する。

第 4 節　社会資本整備に関する情報基盤の強化

　社会資本がもたらす効果に関する評価の充実、社会資本整備への多様な主体の参画の促進等を図るためには、社会資本整備に関する様々な情報の収集・分析や社会資本の利用者の目線に立った分かりやすく、使いやすいオープン化が必要である。

　特に、民間投資の誘発など、社会資本のストック効果を高めるためには、利用者の関心に応じた情報の適時的確な提供が効果的である。

　このため、社会資本に関する様々な情報を効率的、効果的に地理空間情報と重ね合わせ共有化する取組を引き続き推進するとともに、総合的にワンストップで検索・入手・利用できる環境を整え、利用者の利便性向上を図るなどにより利活用を推進し、社会資本のストック効果を最大限に引き出す。その際には、社会資本に関する様々な情報の時系列的な変化を分かりやすく「見える化」したり、情報の内容・提供の仕方について国民生活や社会経済活動との関係で利用者が実感できるよう工夫するとともに、様々な情報の複合的な活用によるイノベーションが効果的に発現されるようにするなど、情報の提供者と利用者の双方にとって利用価値を高める情報基盤の在り方について研究開発を進めていくことも重要な課題である。

　また、社会資本整備を円滑かつ効率的に進める上で、地籍整備の実施による土地境界の明確化など、土地に関する情報の整備は不可欠であり、いわば社会資整備のためのインフラとも言えるものである。地籍整備を重点的に推進するとともに、所有者の所在の把握が難しい土地の増加への対応方策の検討等が進められる必要がある。

第 5 節　効果的・効率的な社会資本整備のための技術研究開発の推進

　持続可能で活力ある国土・地域づくりを実現するため、技術研究開発の成果を活用し、社会資本整備を効果的かつ効率的に進めることが必要である。そのために、以下のとおり総合的な取組を推進する。

① 　効果的かつ効率的な社会資本の維持管理・更新を実現するため、技術研究開発の促進、円滑な現場展開など、新技術の開発・導入を推進する。

② 　自然災害に対する強靭な国土を実現するため、今後、発生が危惧される大規模な地震、津波、風水害等に対する施設整備等のハード対策と警戒避難体制の充実等のソフト対策に関する技術の高度化を図る。また、発災時における被災状況の迅速な把握や円滑な情報共有・提供を可能とするような技術開発にも取り組む。

③ 　高度交通システムを実現するため、ICT や高度な制御技術を活用し、事故防止・事故の被害軽減、効率的かつ円滑な人流・物流に係る技術開発を推進する。

④ 　豊かで活力のある持続可能な成長を実現するエネルギー・環境先進社会を実現するとともに、新たな成長産業や市場を創出するため、革新的技術による再生可能エネルギーの供給拡大、エネルギー源・資源の多様化、海洋の戦略的な開発・利用・保全を推進する。

⑤ 　オープンデータ・ビッグデータの活用の推進、世界一安全で災害に強い社会を実現するため、情報の入手・利用環境の整備、信頼性の向上を図るとともに、先導的土木事業に CIM を導入し、調査・計画・設計から維持管理に至るプロセスのシームレス化を図る。また、ICT やロボット技術等を活用した情報化施工・無人化施工等の更なる高度化や、建築分野における BIM の導入事例の蓄積を図る。

　このほか、技術研究開発のみならず、技術政策全般を総合的に俯瞰し、事業・施策と一体的に推進するため、新たに「国土交通技術の海外展開」、「技術政策を支える人材育成」、「技術に対する社会の信頼の確保」に取り組む。

第6節　地方ブロックにおける社会資本整備重点計画の策定

　　新たに設定される重点目標と政策パッケージを戦略的に推進するため、全国レベルの計画である本重点計画に基づき、各地方の特性に応じて重点的、効率的、効果的に整備するための計画として、国が地方ブロックにおける社会資本整備重点計画を策定する。

　　策定に当たり、国が、各地方において、地方公共団体や地方経済界、有識者等との十分な意見交換を行い、社会資本に関する現状と課題やストック効果の最大化に向けた取組など社会資本整備の重点事項等について検討し、取りまとめる。

　　また、国土形成計画（広域地方計画）と調和を図りつつ、地方版まち・ひと・しごと創生総合戦略や国土強靱化地域計画など、各地方で策定される計画と連携し、各地方を取り巻く社会経済情勢等を踏まえた即地性の高い計画となるよう検討を行う。その際には、優先度と時間軸を考慮した選択と集中の徹底を図りつつ、特に、経済と財政双方の一体的な再生に資する観点から、社会資本のストック効果を最大限発揮できるよう、供用時期の明示など、民間事業者等の利用者のニーズに資する情報提供を含め、社会資本整備と民間投資の相乗効果が発揮されるよう取り組むこととする。

第7節　重点計画のフォローアップ

　　本重点計画で掲げた目標の達成状況、事業・施策の実施状況の把握等により、政策上のボトルネックの確認等を行い、社会や時代の要請の変化を踏まえつつ、重点計画の改善検討を行うものとする。

　　その際、第2章で示した重点目標達成のために実施すべき事業・施策の進捗状況の把握に当たっては、KPIその他の指標の実績値の把握とともに、指標を定めていない事業・施策についても、可能な限り関連する客観的なデータの集積や目標レベルの設定の試み等に努める。また、事業・施策が国民生活等にいかなる成果をもたらしたかも含めて、重点目標の達成状況を把握するものとする。

　　さらに、本重点計画の基本方針として掲げる機能性・生産性を高める戦略的インフラマネジメントの効果的な実行手法や仕組み、実施状況の評価につ

いても検証し、充実強化を図るものとし、その際には、集約・再編を含めた戦略的メンテナンスや既存施設の有効活用といった取組も踏まえた事業・施策の進捗状況の把握の在り方も含めて検討を進める必要がある。

おわりに

社会資本は、幅広い国民生活や社会経済活動を支える基盤であり、いつの時代においても、その本来の役割であるストック効果が最大限発揮されることが期待される。とりわけ、厳しい財政制約が見込まれる中、これからの社会資本整備は、限られた財源で、安全・安心の確保、生活の質の向上、生産拡大といったストック効果を高めるための戦略的な対応が一層求められる。

社会資本は、構想・計画から完成までに長期の時間を要するものであり、いわば未来への投資とも言える。今日の我が国の社会経済活動も、過去に中長期を見据えて整備を重ねてきた社会資本に支えられている。これからの社会資本整備も、将来の国土、社会経済を見据えて、中長期的な視点から未来に引き継ぐ使命を忘れてはならない。

また、高度成長期以降に集中整備された社会資本が今後一斉に老朽化する時代の到来が迫る中、先人が積み重ねてきた社会資本についても、人口減少や高齢化等の時代の変化を踏まえ、社会資本の役割に即し必要に応じ適切な集約・再編に取り組みつつも、新技術等を活かした革新的な更新により質的な高度化を図るなど、時代の新たなニーズに応えていく必要がある。

このような中にあって、これからの社会資本整備に対する国民の理解促進を図り、多様な主体の参画を得ながら、利用者ニーズを踏まえた真に必要な社会資本を実現していくためにも、我が国が直面する社会資本整備をめぐる状況を的確に捉え、中長期的な視点から求められる社会資本整備の見通しを示すことが重要であり、本重点計画においてはこれらに貢献することを意識した。

公共とともに、国土や地域の形成に寄与する民間の取組とも歩調を合わせ、相乗効果を得て、将来の世代が安心して日本各地で活力のある社会経済活動を営むことができる社会資本を形成できるよう、本重点計画の着実な実施が求められる。

V-3　経済計画・国土計画等

V-3-1　我が国の経済計画

　我が国の経済計画は、表V-3-1に示すように、昭和30（1955）年に策定された「経済自立5か年計画」以来、「経済社会のあるべき姿と経済新生の政策方針」まで14を数える。

表V-3-1　我が国の中・長期経済計画一覧[79]　　　（1/3）

名　　称	経済自立5か年計画	新長期経済計画	国民所得倍増計画	中期経済計画	経済社会発展計画－40年代への挑戦－
諮　　問 答　　申 策　　定	昭和30(1955)年7月 昭和30(1955)年12月 昭和30(1955)年12月	昭和32(1957)年8月 昭和32(1957)年11月 昭和32(1957)年12月	昭和34(1959)年11月 昭和35(1960)年11月 昭和35(1960)年12月	昭和39(1964)年1月 昭和39(1964)年11月 昭和40(1965)年1月	昭和41(1966)年5月 昭和42(1967)年2月 昭和42(1967)年3月
策定時内閣	鳩　　山	岸	池　　田	佐　　藤	佐　　藤
計画期間 （年度）	昭和31（1956） ～35（1960）年 （5ヵ年）	昭和33（1958） ～37（1962）年 （5ヵ年）	昭和36（1961） ～45（1970）年 （10ヵ年）	昭和39（1964） ～43（1968）年 （5ヵ年）	昭和42（1967） ～46（1971）年 （5ヵ年）
計画の目的	経済の自立 完全雇用	極大成長 生活水準向上 完全雇用	極大成長 生活水準向上 完全雇用	ひずみ是正	均衡がとれ充実した経済社会への発展
実質経済成長率 （年平均）	4.9% 8.8%	6.5% 9.7%	7.8% 10.0%	8.1% 10.1%	8.2% 9.8%
名目経済成長率 （年平均）	－ 14.1%	－ 15.0%	－ 16.3%	10.6% 15.9%	8.1% 15.9%
完全失業率 （計画最終年度）	1.0% 1.5%	－ 1.3%	－ 1.2%	－ 1.1%	－ 1.3%
消費者物価上昇率 （年平均）	－ 1.8%	－ 3.6%	－ 5.8%	2.5%程度 5.0%	計画期間末までに3%程度 5.7%
経常収支尻 （計画最終年度）	0億ドル ▲0.1億ドル	1.5億ドル ▲0.2億ドル	1.8億ドル 23.5億ドル	0億ドル 14.7億ドル	14.5億ドル 63.2億ドル
道路整備 五箇年計画	－	第2次五計 日本道路協会 「道路」 (1959.4) P210～	第3次五計 日本道路協会 「道路」 (1961.4) P230～	第4次五計 日本道路協会 「道路」 (1964.7) P506～	第5次五計 日本道路協会 「道路」 (1968.5) P32～

---

[79] 国土庁監修/（株）大成出版社：中・長期経済計画，平成12年度版　国土統計要覧，p148～149

(2/3)

名　　　　　称	新経済社会発展計画	経済社会基本計画－活力ある福祉社会のために	昭和50年代前期経済計画－安定した社会を目指して－	新経済社会7ヵ年計画	1980年代経済社会の展望と指針
諮　　　　　問	昭和44(1969)年9月	昭和47(1972)年8月	昭和50(1975)年7月	昭和53(1978)年9月	昭和57(1982)年7月
答　　　　　申	昭和45(1970)年4月	昭和48(1973)年2月	昭和51(1976)年5月	昭和54(1979)年8月	昭和58(1983)年8月
策　　　　　定	昭和45(1970)年5月	昭和48(1973)年2月	昭和51(1976)年5月	昭和54(1979)年8月	昭和58(1983)年8月
策　定　時　内　閣	佐　　藤	田　　中	三　　木	大　　平	中曽根
計　画　期　間（年　　度）	昭和45（1970）〜50（1975）年（6ヵ年）	昭和48（1973）〜52（1977）年（5ヵ年）	昭和51（1976）〜55（1980）年（5ヵ年）	昭和54（1979）〜60（1985）年（7ヵ年）	昭和58(1983)〜平成2(1990)年（8ヵ年）
計　画　の　目　的	均衡がとれた経済発展を通じる住みよい日本の建設	国民福祉の充実と国際協調の推進の同時達成	我が国経済の安定的発展と充実した国民生活の実現	安定した成長軌道への移行国民生活の質的充実国際経済社会発展への貢献	平和で安定的な国際関係の形成活力ある経済社会の形成安心で豊かな国民生活の形成
実質経済成長率（年平均）	10.6%5.1%	9.4%3.5%	6%強4.5%	5.7%前後3.9%	4%程度4.5%
名目経済成長率（年平均）	14.7%15.3%	14.3%14.5%	13%強10.0%	10.3%前後6.5%	6〜7%程度6.5%
完　全　失　業　率（計画最終年度）	—1.9%	—2.1%	1.3%台2.1%	1.7%程度以下2.6%	2%程度2.1%
消費者物価上昇率（年平均）	年平均4.4%計画期間末までに3%台10.9%	4%台12.8%	年平均6%台計画最終年度までに6%以下6.4%	5%程度3.6%	3%程度1.6%
経　常　収　支　尻（計画最終年度）	35億ドル1.3億ドル	59億ドル140.0億ドル	40億ドル程度▲70.1億ドル	国際的に調和の取れた水準550.2億ドル	国際的に調和の取れた対外均衡の達成337.2億ドル
道　路　整　備五　箇　年　計　画	第6次五計日本道路協会「道路」(1971.5)P2〜	第7次五計日本道路協会「道路」(1972.12)P2〜	第8次五計日本道路協会「道路」(1977.9)P2〜		第9次五計日本道路協会「道路」(1982.10)P3〜

(3/3)

名　　　　　称	世界とともに生きる日　　　　　　本－経済運営五ヵ年計画－	生　活　大　国5　か　年　計　画－地球社会との共存をめざして－	構造改革のための経済社会計画－活力ある経済・安心できるくらし－	経済社会のあるべき姿と経済新生の政策方針
諮　　　　　問答　　　　　申策　　　　　定	昭和 62(1987)年 11 月昭和 63(1988)年 5 月昭和 63(1988)年 5 月	平成 4(1992)年 1 月平成 4(1992)年 6 月平成 4(1992)年 6 月	平成 7(1995)年 1 月平成 7(1995)年 11 月平成 7(1995)年 12 月	平成 11(1999)1 月平成 11(1999)年 7 月平成 11(1999)年 7 月
策 定 時 内 閣	竹　　下	宮　　澤	村　　山	小　　渕
計　画　期　間（年　　度）	昭和 63(1988)～平成 4(1992)年（5 ヵ年）	平成 4(1992)～8(1996)年（5 ヵ年）	平成 7(1995)～12(2000)年（6 ヵ年）	平成 11(1999)～22(2010)年（10 ヵ年程度）
計　画　の　目　的	大幅な対外不均衡の是正と世界への貢献豊かさを実感できる国民生活の実現地域経済社会の均衡ある発展	生活大国への変革地球社会との共存発展基盤の整備	自由で活力ある経済社会の創造豊かで安心できる経済社会の創造地球社会への参画	多様な知恵の社会の形成少子・高齢社会、人口減少社会への備え環境との調和
実質経済成長率（年平均）	3¾%程度4.0%	3½%程度0.1%（平成 4(1992)～7(1995)年度平均）	3%程度（平成 8(1996)～12(2000)年度）	2%程度（景気回復後の平均）
名目経済成長率（年平均）	4⅝%程度5.7%	5%程度1.3%（平成4(1992)～7(1995)年度平均）	3½%程度（平成 8(1996)～12(2000)年度）	3%台半ば（景気回復後の平均）
完　全　失　業　率（計画最終年度）	2½%程度2.2%	2¼%程度3.2%（平成7(1995)年度）	2¾%程度	3%後半～4%前半（計画最終年）
消費者物価上昇率（年平均）	1½%程度2.2%	2%程度0.8%（平成 4(1992)～7(1995)年度平均）	¾%程度（平成 8(1996)～12(2000)年度）	2%程度（計画期間平均）
経　常　収　支　尻（計画最終年度）	経常収支黒字の対GNP 比を計画期間中に国際的に調和のとれた水準にまで縮小1,259.0 億ドル	国際的に調和のとれた対外均衡の達成94,817 億円（平成 7(1995)年度）	経常収支黒字の意味ある縮小につながっていく	
道　路　整　備五　箇　年　計　画	第 10 次五計日本道路協会「道路」（1987.11）P47～	第 11 次五計日本道路協会「道路」（1992.10）P12～	第 12 次五計日本道路協会「道路」（1997.11）P8～	

注：1.掲載した経済指標は、上段が計画ベース、下段が実績である。
　　2.成長率の実績は新 SNA ベース（平成 2（1990）年基準）による。
　　3.消費者物価上昇率は持家帰属分を除く総合指数による。
　　4.「経済社会のあるべき姿と経済新生の政策方針」における経済指標は、閣議決定には含まれていない。

V-3-2　全国総合開発計画

　戦後日本の国土政策・地域政策は、国の主導による「国土の均衡ある発展」、「地域間格差の是正」を基調とした、5 次に渡る全国総合開発計画（全総）及びその具体施策としての地域振興、産業立地・振興、大都市圏・地方圏の社会資本整備等により実施されてきた。政策の大きな流れは、戦後復興期から高度成長期にかけて、まず大都市圏への投資を集中的に行い、その後地方圏への投資を行うというものであった。そして、近年では地方分権の進展などにより、地域の自主性に基づく、地方の主導による国土政策・地域政策が指向されている。

　戦後の地域開発の最も主要な柱は地域間格差の是正であったが、地域間格差が生じた大きな要因は、高度成長期に生じた地方部から都市部への人口移動であったと考えられる。戦後復興期に大都市圏を中心とする地域への産業基盤整備が重点的に行われた結果、企業や行政機関、教育機関などが大都市圏に集中し、特に、地域間の成長・発展力に格差が生じ、若年層を中心として地方から都市に流入する。そうした生じた地域間格差と都市の過密化、地方の過疎化に対処するために、その後、地方部の産業基盤整備が進められることとなった。

　表 V-3-2 にこれまで策定された全国総合開発計画の比較を示す。

表 V・3-2 全国総合開発計画（概要）の比較 [80]

	全国総合開発計画（全総）	新全国総合開発計画（新全総）	第三次全国総合開発計画（三全総）	第四次全国総合開発計画（四全総）	21世紀の国土の グランドデザイン
閣議決定	昭和37 (1962) 年10月5日	昭和44 (1969) 年5月30日	昭和52 (1977) 年11月4日	昭和62 (1987) 年6月30日	平成10 (1998) 年3月31日
策定時の内閣	池田内閣	佐藤内閣	福田内閣	中曽根内閣	橋本内閣
背景	1 高度成長経済への移行 2 過大都市問題、所得格差の拡大 3 所得倍増計画（太平洋ベルト地帯構想）	1 高度成長経済 2 人口、産業の大都市集中 3 情報化、国際化、技術革新の進展	1 安定成長経済 2 人口、産業の地方分散の兆し 3 国土資源、エネルギー等の有限性の顕在化	1 人口、諸機能の東京一極集中 2 産業構造の急速な変化等により、地方圏での雇用問題の深刻化 3 本格的国際化の進展	1 地球時代（地球環境問題、大競争、アジア諸国との交流） 2 人口減少・高齢化時代 3 高度情報化時代
長期構想	—	—	—	—	「21世紀の国土のグランドデザイン」一極一軸型から多軸型国土構造へ
目標年次	昭和45 (1970) 年	昭和60 (1985) 年	昭和52 (1977) 年から おおむね10年間	おおむね平成12 (2000) 年	平成22 (2010) 年 〜平成27 (2015) 年
基本目標	＜地域間の均衡ある発展＞ 都市の過大化による生産面・生活面の諸問題、地域による生産性の格差について、国民経済的視点からの総合的解決を図る。	＜豊かな環境の創造＞ 基本的課題を調和しつつ、高福祉社会を目指して、人間のための豊かな環境を創造する。	＜人間居住の総合的環境の整備＞ 限られた国土資源を前提として、地域特性を生かしつつ、歴史的、伝統的文化に根ざし、人間と自然との調和のとれた安定感のある健康で文化的な人間居住の総合的環境を計画的に整備する。	＜多極分散型国土の構築＞ 安全でうるおいのある国土の上に、特色ある機能を有する多くの極が成立し、特定の地域への人口や経済機能、行政機能等諸機能の集中がなく、地域間、国際間で相互に補完、触発しあいながら交流している国土を形成する。	＜多軸型国土構造形成の基礎づくり＞ 多軸型国土構造の形成を目指す「21世紀の国土のグランドデザイン」実現の基礎を築く。地域の選択と責任に基づく地域づくりの重視
基本的課題	1 都市の過大化の防止と地域格差の是正 2 自然資源の有効利用 3 資本、労働、技術等の諸資源の適切な地域配分	1 長期にわたる人間と自然との調和、自然の恒久的保護、保存 2 開発の基礎条件整備による開発可能性の全国土への拡大均衡化 3 地域特性を生かした開発整備による国土利用の再編成と効率化 4 安全、快適、文化的環境条件の整備保全	1 居住環境の総合的整備 2 国土の保全と利用 3 経済社会の新しい変化への対応	1 定住と交流による地域の活性化 2 国際化と世界都市機能の再編成 3 安全で質の高い国土環境の整備	1 自立の促進と誇りの持てる地域の創造 2 国土の安全と暮らしの安心の確保 3 恵み豊かな自然の享受と継承 4 活力ある経済社会の構築 5 世界に開かれた国土の形成
開発方式等	＜拠点開発構想＞ 目標達成のために工業の分散を図ることが必要であり、東京等の既成大集積と関連させつつ開発拠点を配置し、交通通信施設によりこれを有機的に連絡させ相互に影響させながら、地域の特性を生かして開発をすすめることにより、連鎖反応的に開発をすすめ、地域間の均衡ある発展を実現する。	＜大規模プロジェクト構想＞ 新幹線、高速道路等のネットワークを整備し、大規模プロジェクトを推進することにより、国土利用の偏在を是正し、過密過疎、地域格差を解消する。	＜定住構想＞ 大都市への人口と産業の集中を抑制する一方、地方を振興し、過密過疎問題に対処しながら、全国土の利用の均衡を図りつつ人間居住の総合的環境の形成を図る。	＜交流ネットワーク構想＞ 多極分散型国土を構築するため、①地域の特性を生かしつつ、創意と工夫により地域整備を推進、②基幹的交通、情報・通信体系の整備を国自らあるいは国の先導的な指針に基づき全国にわたって推進、③多様な交流の機会を国、地方、民間諸団体の連携により形成。	＜参加と連携＞ ー多様な主体の参加と地域連携による国土づくりー（4つの戦略） 1 多自然居住地域（小都市、農山漁村、中山間地域等）の創造 2 大都市のリノベーション（大都市空間の修復、更新、有効活用） 3 地域連携軸（軸状に連なる地域連携の展開） 4 広域国際交流圏（世界的な交流機能を有する圏域）の形成
投資規模	「国民所得倍増計画」における投資額に対応	昭和41(1966)年から昭和60(1985)年 約130～170 兆円 累積政府固定投資（昭和40 (1965) 年価格）	昭和51(1976)年から昭和65(1990)年 約370 兆円 累積政府投資（昭和50 (1975) 年価格）	昭和61 (1986) 年度から平成12 (2000) 年度 1,000 兆円程度 公、民による累積国土基盤投資（昭和55 (1980) 年価格）	投資総額を示さず、投資の重点化、効率化の方向を提示

[80] 国土庁監修/（株）大成出版社：全国総合開発計画，平成12年度版 国土統計要覧，p109

Ⅴ-3-3 国土形成計画

(1) 国土形成計画の策定

　我が国の国土づくりは、全国総合開発計画（全総）を中心に展開されてきたが、平成 17（2005）年に国土計画制度が抜本的に見直され、全総に代えて新たに「国土形成計画」を策定することとされた（国土形成計画法の制定）。

　国土形成計画は、国による明確な国土及び国民生活の姿を示す「全国計画」と、ブロック単位の地方ごとに国と都府県等が適切に役割分担しながら、相互に連携・協力して策定する「広域地方計画」の二層の計画体系となっており、全国計画については平成 20（2008）年 7 月 4 日に閣議決定された。広域地方計画については、東北圏、首都圏、北陸圏、中部圏、近畿圏、中国圏、四国圏及び九州圏の 8 つの圏域ごとの地方計画が平成 21（2009）年 8 月に策定された。

　図Ⅴ-3-1 に国土形成計画（全国計画）の目次構成を示す。

(2) 国土のグランドデザイン 2050

　急速に進む人口減少や巨大災害の切迫等、国土形成計画策定後の国土を巡る大きな状況の変化や危機感を共有しつつ、2050 年を見据えた、国土づくりの理念や考え方を示した「国土のグランドデザイン 2050～対流促進型国土の形成～」が平成 26（2014）年 7 月 4 日に公表された。

　図Ⅴ-3-2 に国土のグランドデザイン 2050 の目次構成を示す。

(3) 第二次国土形成計画の策定

　国土形成計画法に基づき、平成 27（2015）年 8 月 14 日に国土形成計画（全国計画）の変更の閣議決定がなされた。

　第二次計画は、平成 26（2014）年 7 月に策定した「国土のグランドデザイン 2050」等を踏まえて、急激な人口減少、巨大災害の切迫等、国土に係る状況の大きな変化に対応した、平成 27（2015）年から概ね 10 年間の国土づくりの方向性を定めるものである。

　第二次計画では、国土の基本構想として、それぞれの地域が個性を磨

き、異なる個性を持つ各地域が連携することによりイノベーションの創出を促す「対流促進型国土」の形成を図ることとし、この実現のための国土構造として「コンパクト＋ネットワーク」の形成を進めることとしている。

図V-3-3に第二次国土形成計画（全国計画）の目次構成を示す。

さらには、平成28（2016）年3月29日、新たな国土形成計画（広域地方計画）を大臣（国土交通大臣）決定した。

第二次国土形成計画（全国計画）では、新しい国土の基本構想である「対流促進型国土」の形成を目指すこととしたが、それを踏まえ、全国8ブロックごとに、概ね10年間の国土づくりの戦略を定めたものである。

表V-3-3に新たな国土形成計画（広域地方計画）の各ブロックの将来像を示す。

表V-3-3 各ブロックの将来像[81]

東北圏	震災復興から自立的発展
	震災復興を契機に、日本海・太平洋2面活用による産業集積、インバウンド増加により、人口減少下においても自立的に発展する防災先進圏域の実現と豊かな自然を生かした交流・産業拠点を目指す。
首都圏	安全・安心を土台に洗練された対流型首都圏の構築
	三環状、リニア等の面的ネットワークを賢く使い、「連携のかたまり」を創出する対流型首都圏に転換。「防災・減災」と一体化した「成長・発展」、国際競争力強化。首都圏全体で超高齢化に対応。
北陸圏	日本海・太平洋2面活用型国土の要
	三大都市圏との連携、ユーラシアへのゲートウェイ機能の強化を図り、国土全体の災害リスクに対応した多重性・代替性を担うとともに、暮らしやすさに磨きをかけ、日本海側の対流拠点圏域の形成を目指す。
中部圏	世界ものづくり対流拠点
	リニア効果を最大化し、スーパー・メガリージョンのセンターを担い、首都、関西、北陸圏と連携し、世界最強・最先端のものづくり産業・技術のグローバル・ハブを形成、観光産業を育成、圏域の強靱化を図る。
近畿圏	歴史とイノベーションによるアジアとの対流拠点
	我が国の成長エンジンとして、スーパー・メガリージョンの一翼を担う

---

81 国土交通省国土政策ホームページ，新たな国土形成計画（広域地方計画）について，
http://www.mlit.go.jp/common/001124958.pdf より

	ため、知的対流拠点機能を強化し次世代産業を育成。圏域北部・南部まで個性を活かし世界を魅了し、多様な観光インバウンドの拡大を図る。
中国圏	瀬戸内から日本海の多様な個性で対流し世界に輝く
	瀬戸内海側の産業クラスター、中山間地の自立拠点、日本海側の連携都市圏などの拠点間のネットワークを強化し、国内外の多様な交流と連携により、圏域を超えた産業・観光振興を図る。
四国圏	圏域を越えた対流で世界へ発信
	隣接圏域等との対流を促進し、南海トラフ地震への対応力の強化、瀬戸内海沿岸に広がる素材産業・製造業やグローバルニッチ産業の競争力強化、滞在・体験型観光によるインバウンド拡大を目指す。
九州圏	日本の成長センター〜新しい風を西から〜
	アジアの成長を引き込むゲートウェイとして、高速交通ネットワークを賢く使い、巨大災害対策や環境調和を発展の原動力として、中国、四国など他圏域との対流促進を図る「日本の成長センター」を目指す。

```
┌─────────────────────────────────────────────────────────────────────────┐
│ 第1部　計画の基本的考え方                                                    │
│ 第1章　時代の潮流と国土政策上の課題                                          │
│   ┌─────────────────────────────┐  ┌─────────────────────────────────┐    │
│   │ <経済社会情勢の大転換>       │  │ <国民の価値観の変化・多様化>    │    │
│   │ ・本格的な人口減少社会      ・グローバル化と東  ・情報通信技術  │ ・安全・安心、地球環境、美しさや  ・ライフスタイルの多様化、│
│   │  の到来、高齢化の進展       アジアの経済発展   の発達        │ 文化に対する国民意識の高まり    「公」の役割を果たす主体の成長│
│   └─────────────────────────────┘  └─────────────────────────────────┘    │
│   ┌──────────────────────────────────────────────────────────────────┐    │
│   │ <国土をめぐる状況>                                                │    │
│   │ ・一極一軸型国土構造の現状    ・地域の自立的発展に向けた環境の進展   ・人口減少等を踏まえた人と国土のあり方│
│   │  (引き続く東京・太平洋ベルトへの集中、(東アジアとの直接交流機会の増大等、     の再構築の必要性│
│   │   新たな成長戦略の必要性)     都道府県を超える広域的課題の増加)     (国土のひずみの解消と質の向上、気候変動への対応)│
│   └──────────────────────────────────────────────────────────────────┘    │
```

第2章　新時代の国土構造の構築

<新しい国土像>
「多様な広域ブロックが自立的に発展する国土を構築するとともに、美しく、暮らしやすい国土の形成を図る」
・各広域ブロックが、東アジア等との交流・連携、資源を活かした特色ある地域戦略の展開により、成長力を強化
・各地域が魅力を発揮するとともに、相互に補い合って共生し、美しく信頼され質の高い「日本ブランドの国土」を再構築
・このため、成長エンジンとなる都市・産業の強化、ブロック内外の交流・連携の促進、多様な主体の協働による地域力の結集

<自立的な広域ブロック形成に向けた国と地方の協働>　　　　　　　　　　　　　　<計画期間>
・広域地方計画の策定・官民による地域戦略を支え実現する支援国の総合的支援　・地方分権等の環境整備　・今後概ね10ヶ年間

第3章　新しい国土像実現のための戦略的目標
　　(グローバル化や人口減少に対応する国土の形成)　　　　　　　　(安全で美しい国土の再構築と継承)

(1) 東アジアとの円滑な交流・連携
①東アジアネットワーク型の産業構造下における我が国産業の強化
②東アジアの共通課題への取組、文化交流、人材育成
③円滑な交流・連携のための国土基盤の形成

(3) 災害に強いしなやかな国土の形成
①減災の観点も重視した災害対策の推進
②災害に強い国土構造への再構築

(2) 持続可能な地域の形成
①持続可能で暮らしやすい都市圏の形成
②地域資源を活かした産業の活性化
③美しく暮らしやすい農山漁村の形成と農林水産業の新たな展開
④地域間の交流・連携と地域への人の誘致・移動の促進

(4) 美しい国土の管理と継承
①循環と共生を重視し適切に管理された国土の形成
②流域圏における国土利用と水循環系の管理
③海域の適正な利用と保全
④魅力あふれる国土の形成と国土の国民的経営

(5)「新たな公」を基軸とする地域づくり(横断的視点)
①「新たな公」を基軸とする地域づくりのシステム　　②多様な民間主体の発意・活動を重視した自助努力による地域づくり

第4章　計画の効果的推進 (1)国土基盤投資の方向性 (2)国土情報の整備・利活用と計画のモニタリング (3)計画関連施策の点検等 (4)国土利用計画との連携

```
┌─────────────────────────────────────────────────────────────────────────┐
│ 第2部　分野別施策の基本的方向                                                │
```

第1章　地域の整備
 (1) 住生活の質の向上及び暮らしの安全・安心の確保 (中古住宅市場整備 等)
 (2) 暮らしやすく活力ある都市圏の形成 (集約型都市構造、医療等の連携 等)
 (3) 美しく暮らしやすい農山漁村の形成 (集落機能の維持・再生 等)
 (4) 地域間の交流・連携と地域への人の誘致・移動の促進 (二地域居住 等)
 (5) 地理的、自然的、社会的条件の厳しい地域への対応

第2章　産業
 (1) イノベーションを支える科学技術の充実 (科学技術基盤の強化 等)
 (2) 地域を支える活力ある産業・雇用の創出 (魅力ある企業立地環境整備 等)
 (3) 食料等の安定供給と農林水産業の展開 (担い手育成・確保、輸出促進 等)
 (4) 世界最先端のエネルギー需給構造の実現とその発信

第3章　文化及び観光
 (1) 文化が育む豊かで活力ある地域社会 (新しい日本文化の創造・発信 等)
 (2) 観光振興による地域の活性化 (国際競争力のある観光地づくり 等)

第4章　交通・情報通信体系
 (1) 総合的な国際交通・情報通信体系の構築 (広域ブロックゲートウェイ 等)
 (2) 地域間の交流・連携を促進する国土幹線交通体系の構築
 (3) 地域交通・情報通信体系の構築 (ユビキタスネットワーク基盤 等)

第5章　防災
 (1) 総合的な災害対策の推進 (減災、交通・情報通信の迂回ルート等の余裕性 等)
 (2) 様々な自然災害に的確に対応するための具体的施策

第6章　国土資源及び海域の利用と保全
 (1) 流域圏に着目した土管理 (総合的な土砂管理 等)
 (2) 安全・安心な水資源確保と利用 (渇水に強い地域づくり 等)
 (3) 次代に引き継ぐ美しい森林 (担い手育成・確保 等)
 (4) 農用地等の利用増進 (農地の効率的利用 等)
 (5) 海域の利用と保全 (沿岸域の総合的管理 等)
 (6)「国土の国民的経営」に向けた施策展開

第7章　環境保全及び景観形成
 (1) 人間活動と自然のプロセスとが調和した物質循環の構築 (温暖化対策 等)
 (2) 健全な生態系の維持・形成 (広域的なエコロジカル・ネットワークの形成 等)
 (3) 良好な景観等の保全・形成 (地域の個性ある景観の形成 等)

第8章　「新たな公」による地域づくりの実現
 (1)「新たな公」の担い手確保とその活動環境整備 (中間支援組織の育成 等)
 (2) 多様な主体による国土基盤のマネジメント
 (3) 多様な民間主体の発意・活動を重視した自助努力による地域づくり

```
┌─────────────────────────────────────────────────────────────────────────┐
│ 第3部　広域地方計画の策定・推進                                              │
```

第1章　基本的考え方
・広域ブロックごとの特色ある施策展開
・広域地方計画協議会を通じた地域の関係主体の協働
・北海道総合開発計画及び沖縄振興計画との連携

第2章　独自性のある広域地方計画の策定
 (1) 策定に当たって必要な検討事項
  ①地域の現状分析に基づく地域特性の把握
  ②地域特性を踏まえた独自の地域戦略の立案
  ③重点的・選択的な資源投入

 (2) 地域戦略の立案に当たっての視点
  ①国土の自らの位置付けと東アジアでの独自性の発揮
  ②特性を踏まえた地域内の各都市・地域の連携方策
  ③全国共通の課題に対するブロック独自の対応策
  ④それぞれの広域ブロック固有の課題への取組

図Ⅴ-3-1　国土形成計画（全国計画）の目次構成[82]

---

[82] 道路行政研究会：道路行政，全国道路利用者会議，2010，p307

1．はじめに
○本格的な人口減少社会の到来、巨大災害の切迫等に対する危機意識を共有
○2050年を見据え、未来を切り開いていくための国土づくりの理念・考え方を示す「国土のグランドデザイン2050〜対流促進型国土の形成〜」を策定

2．時代の潮流と課題
(1) 急激な人口減少、少子化	(3) 都市間競争の激化などグローバリゼーションの進展	(5) 食料・水・エネルギーの制約、地球環境問題
(2) 異次元の高齢化の進展	(4) 巨大災害の切迫、インフラの老朽化	(6) ICTの劇的な進歩など技術革新の進展

3．基本的な考え方

(1) コンパクト＋ネットワーク
・質の高いサービスを効率的に提供
　・人口減少において、各種サービスを効率的に提供するためには、集約化（コンパクト化）することが不可欠
　・しかし、コンパクト化だけでは、圏域・マーケットが縮小して、ある高次の都市機能によるサービスが成立するために必要な人口規模を確保できないおそれ
　・このため、ネットワーク化により、各々の都市機能に応じた圏域人口を確保することが必要
・新たな価値創造
　・コンパクト＋ネットワークにより、人・モノ・情報の高密度な交流を実現
　・高密度な交流がイノベーションを創出
　・また、賑わいの創出により、地域の歴史・文化などを継承し、さらにそれを発展
⇒**コンパクト＋ネットワークにより「新しい集積」を形成し、国全体の「生産性」を高める国土構造**

(2) 多様性と連携による国土・地域づくり
・人口減少社会において、各地域が横並びを続けていては、それぞれの地域は埋没し、サービス機能や価値創造機能が消失
・しかしながら、我が国が長い歴史の中で育んできた多様性が、近代化や経済発展を遂げる過程で多くが喪失
・このため、
　① まず各地域が「多様性」を再構築し、主体的に自らの資源に磨きをかけていくことが必要
　② その上で、複数の地域間の「連携」により、人・モノ・情報の交流を促進していくことが必要
・これにより、多様性を有する地域間で1) 機能の分担・補完、2) 目標を共有し進化、3) 融合し高次の発展が図られ、圏域に対する高次のサービス機能や新たな価値創造が可能に
・このような「多様性と連携」を支え、地域の多様性をより豊かにしていくのが、コンパクト＋ネットワーク
・コンパクト＋ネットワークは、50年に一度の交通革命、情報革命を取り込み、距離の制約を克服するとともに、実物空間と知識・情報空間を融合させる
（距離は死に、位置が重要になる）⇒その場所で何ができるかという「比較優位」
・人・モノ・情報の交流はそれぞれの地域が多様であるほど活発化（一対流）
・対流のエンジンは温度差（地域間の差異）がなければ対流は起こらない
　→常に多様性を生み出していく必要

(3) 人と国土のなかなかわり
・多様性を支えるふるさと
　多様性のある地域で暮らす中で、人は地域に愛着を持ち、そこがふるさとになる。ふるさとが長い年月を経て、それぞれの文化を育み、人は地域の文化の各分野で〈戦略的サブシステムなど、多元的な仕組みを取り入れることが必要
・新しい「協働」
　人々が各地の地域活動などに積極的にかかわっていく、新しい「協働」の時代へ
・女性の社会参画
　新しい就業率と出生率は正の相関。男女がともに仕事と子育てを両立できる環境を整備し、女性の社会参画を推進
・高齢者の社会参画
　元気な高齢者が知識、経験、知恵を活かして地域で社会参画
・コミュニティの再構築
　各地域で少子化対策と相まって国民の希望通りに子供を産み育てることができる環境を整備することにより、出生率が回復し、中長期的に1億人程度の人口規模を保持

(4) 世界の中の日本
・グローバリゼーションの中で日本が存在感を高めるには、日本独自の価値を磨いて、世界の人々に多面的な価値を提供できる場とする必要
・このため、全国津々浦々で世界に通用する魅力ある地域へ。地域の宝を見出し、それを磨き世界に情報発信を積極化
・2020年の東京オリンピック・パラリンピックは、東京だけでなく、日本の姿を世界に見せる絶好のチャンス

(5) 災害への粘り強くしなやかな対応
・災害に対する安全を確保することは、国土づくりの大前提
・国民の生命、財産を守ることが最優先。一方で、災害に対する安全の確保はグローバル社会における我が国経済とその信用力の基盤
・巨大災害のリスクを軽減する観点からも、依然として過度する東京一極集中からの脱却
・災害が発生しても人命を守り、致命的なダメージを受けない、災害に強い国土づくり

(6) 国土づくりの理念		
「多様性（ダイバーシティ）」	「連携（コネクティビティ）」	「災害への粘り強くしなやかな対応（レジリエンス）」	3つの基本理念

4．基本戦略

(1) 国土の細胞としての「小さな拠点」と、高次地方都市連合の構築
中山間地域から大都市に至るまで、コンパクト＋ネットワークにより新たな地方の集積を図り、それらが重層的に重なる国土を形成する。

(2) 攻めのコンパクト・新産業連合・価値創造の場づくり
新しい集積の下、人・モノ・情報が活発に行き交う中で新たな価値の創造・イノベーションにつなげる「攻めのコンパクト」

(3) スーパー・メガリージョンと新たなリンクの形成
リニア中央新幹線が三大都市圏を結び、スーパー・メガリージョンを構築。その効果を最大限に広く波及させ、新たなリンクを生み出す。

(4) 日本海・太平洋2面活用型国土と圏域間対流の促進
グローバリゼーションの進展による我が国土の地政学上の位置付けの変化、災害に強い国土づくりの観点から、諸機能が集中している太平洋側だけでなく日本海側も重視し、国土を多軸的に強化する。

(5) 国の光を観せる観光立国の実現
あらゆる地域が自らの宝を探し、誇りと愛着を持ち、活力に満ちた地域社会を実現する。

(6) 田舎暮らしの促進による地方への人の流れの創出
あらゆる世代で地方への人の流れを創出するため、UIJターン、元気なうちの田舎暮らし、二地域生活・就労等の促進を図る

(7) 子供から高齢者まで生き生きと暮らせるコミュニティの再構築
失われたコミュニティの機能を再構築し、あらゆる世代が地域と積極的に関わり、生き生きと暮らせる社会を実現する。

(8) 美しく、災害に強い国土
美しい国土を守り、国土全体を最大限有効活用するとともに、災害に強い国土づくりを進める。

(9) インフラを賢く使う
インフラの維持管理に加え、技術革新の進展等を踏まえて使い方を工夫することで、既存ストックを最大限に活用する。具体的には、様々な人・モノ・情報の流れを活発にする「対流基盤」としてのインフラの高度化を図るとともに、先進技術を積極的に活用し、将来の移動需要に応える「スマート・インフラ」への進化を促進する

(10) 民間活力や技術革新を取り込む社会
ICTの劇的な進化などの技術革新や、民間の活力を最大限に活用したイノベーションにあふれる国土をつくり上げる。

(11) 国土・地域の担い手づくり
人口減少下でも持続可能な地域社会の実現のため、国土・地域づくりの担い手を広く継続的に確保する。

(12) 戦略的サブシステムの構築も含めたエネルギー制約・環境問題への対応
エネルギー制約・環境問題への対応のため、新たなエネルギーの活用や省エネを進めるとともに、「戦略的サブシステム」を構築する。

5．目指すべき国土の姿

(1) 実物空間と知識・情報空間が融合した「対流促進型国土」の形成
・地球表面の実物空間（2次元の空間）と知識・情報空間が融合した、いわば「3次元の空間」
・数多くの小さな対流が創発を生み出し、大きな対流へとつながっていく、「対流促進型国土」

(2) 大都市圏域
・世界最大のスーパー・メガリージョンを軸とした国際経済戦略都市圏
・大都市も人口減少時代に突入。効率性を高め、より一層筋肉質の都市構造へ

(3) 地方圏域
・小さな拠点、コンパクトシティ、高次地方都市連合などから形成される活力ある集積へ
・大都市圏域と連携しつつ、世界とも直結。多自然居住地域の形成

(4) 大都市圏域と地方圏域
・フューチャー・インダストリー・クラスターや農林水産業の活性化、観光立国の実現、元気なうちの田舎暮らし等を通じて、地方への人の流れを創出し、依然として過度する東京一極集中からの脱却を図る
・必ずしも東京にある必要はないと考えられる国や民間企業の施設・機能等の地方への移転促進策の検討
・広域ブロック相互間の連携を強化し、北東国土軸、日本海国土軸、太平洋新国土軸、西日本国土軸の4つの国土軸の構想にも着実する

(5) 海洋・離島
・我が国の主権と領土・領海を堅守するとともに、447万km2の領海・排他的経済水域のすべてを持続可能な形で最大限活用
・国境離島に住民が住み続けることは国益国民にとっての利益。いわば「現代の防人」

6．グランドデザイン実現のための国民運動　—「日本未来デザインコンテスト」の実施等—
・本グランドデザインを素材として、未来の国土や地域の姿について国民の間で活発な議論を展開
・（グランドデザインに関する様々なデータやライフ地域づくりの情報を提供する新たなプラットフォームを構築）
・広く国民が参加して面白な様々なアイディアを競う「日本未来デザインコンテスト」（仮称）を実施
・広域地方計画協議会の機能の充実・強化（大学、若手経営者、女性起業家等の参画）
・これらも踏まえ、国土形成計画（全国計画及び広域地方計画）を見直す

図Ⅴ-3-2　国土のグランドデザイン2050の目次構成[83]

[83] 国土交通省国土のグランドデザイン2050ホームページ　本文目次及び概要より作成

図Ⅴ-3-3　第二次国土形成計画（全国計画）の目次構成[84]

http://www.mlit.go.jp/kokudoseisaku/kokudoseisaku_tk3_000043.html
[84] 国土交通省第二次国土形成計画ホームページ　本文目次及び概要より作成

V-4 道路に関するその他の長期計画

V-4-1 特定交通安全施設等整備計画

　既存の一般道路における交通安全対策として、昭和 41（1966）年に「交通安全施設等整備事業に関する緊急措置法」が制定された。この法律に基づき、公安委員会とともに総合的な整備計画を策定し、歩道、自転車歩行者道、道路標識、道路照明や信号の整備など交通安全施設等整備事業を実施している。

　第 1 次計画においても交通安全施設の整備について、かなりの成果をおさめてきたが、道路整備を上回る自動車交通量の増加にともなう交通事故発生の増勢に対処するため、昭和 44（1969）年 3 月 31 日、交通安全施設整備事業に関する緊急措置法を改正、翌 4 月 1 日に施行した。この法律に基づいて、特定交通安全施設整備事業を実施すべき道路として、70,389km が指定され、歩道整備を重点とした第 2 次計画が昭和 44（1969）年 12 月 2 日に閣議決定した。その後の計画的な事業実施によって、増加の一途をたどっていた交通事故死者数は昭和 46（1971）年以降初めて減少に転じた。昭和 46（1971）年度以降も五箇年計画を策定し、道路管理者は特に歩行者等の安全確保を図る観点から、歩道等の整備を重点的に実施してきた。なお、平成 8（1996）年度を初年度とする第 6 次五箇年計画は、平成 10（1998）年の 1 月に七箇年計画として改訂された。

　事業計画の推移および対象事業の変遷について、表V-4-1、表V-4-2にまとめる。

http://www.mlit.go.jp/kokudoseisaku/kokudokeikaku_fr3_000003.html

表Ｖ-4-1　交通安全施設等整備事業計画の推移 [82]

区分		特定事業 計画(億円)	特定事業 実績(億円)	特定事業 達成率(%)	地方単独事業 計画(億円)	地方単独事業 実績(億円)	地方単独事業 達成率(%)	備考
第1次三箇年計画（昭和41(1966)～43(1968)年）	道路管理者	721.9	722.1	100.0	(134)	253.2	―	閣議決定（変更）昭和42(1967)年12月1日
	公安委員会	60.3	60.3	100.0	(38)	112.0	―	
第2次三箇年計画（昭和44(1969)～46(1971)年）	道路管理者	750.0	(507.4)	67.7	623.0	(456.2)	73.2	閣議決定 昭和44(1969)年12月2日
	公安委員会	46.3	(28.5)	61.6	230.7	(151.1)	65.5	
第1次五箇年計画（昭和46(1971)～50(1975)年）	道路管理者	2,292.8	2,380.9	103.8	2,304.1	2,324.0	109.9	閣議決定（変更）昭和48(1973)年2月20日
	公安委員会	685.5	720.9	105.2	1,052.7	1,000.1	95.0	
第2次五箇年計画（昭和51(1976)～55(1980)年）	道路管理者	5,700	5,922.1	103.9	4,115.3	4,525.5	110.0	閣議決定 昭和51(1976)年11月9日
	公安委員会	1,500	1,424.1	94.9	2,300	1,636.4	71.1	
第3次五箇年計画（昭和56(1981)～60(1985)年）	道路管理者	9,100	8,153.8	89.6	6,876.9	6,144.0	89.3	閣議決定 昭和56(1981)年11月27日
	公安委員会	1,900	1,311.5	69.0	3,049.6	2,365.4	77.6	
第4次五箇年計画（昭和61(1986)～平成2(1990)年）	道路管理者	(13,500) 11,500 (1,350)	11,596	100.8	10,235.0	7,739.1	75.6	閣議決定 昭和61(1986)年11月28日
	公安委員会	1,150	1,165	101.3	3,680.1	3,509.1	95.4	
第5次五箇年計画（平成3(1991)～7(1995)年）	道路管理者	(18,500) 15,900 (1,650)	17,635	110.9	14,400	13,091	90.9	閣議決定 平成3(1991)年11月29日
	公安委員会	1,550	1,678	108.3	4,970	5,149	103.6	
七箇年計画（平成8(1996)～14(2002)年）	道路管理者	(24,800) 21,300 (2,100)	25,606	120.2	19,500	15,844	81.3	閣議決定 平成10(1998)年1月30日
	公安委員会	1,900	2,797	147.2	6,300	6,144	97.5	

（注）　1．第1次三箇年計画の地方単独事業は、昭和42(1967)～43(1968)年度の2箇年度の通学路分のみである。
　　　　2．第2次三箇年計画の実績は中途改定したので、昭和44(1969)～45(1970)年度の2箇年分である。
　　　　3．第4次、第5次、七箇年計画の特定事業の上段（　）書きは、調整費を含む総計画額である。

85　道路行政研究会：道路行政　平成21年版，全国道路利用者会議，2010年，p497

表Ⅴ-4-2（特定）交通安全施設等整備事業の変遷（道路管理者）[86]（1/2）

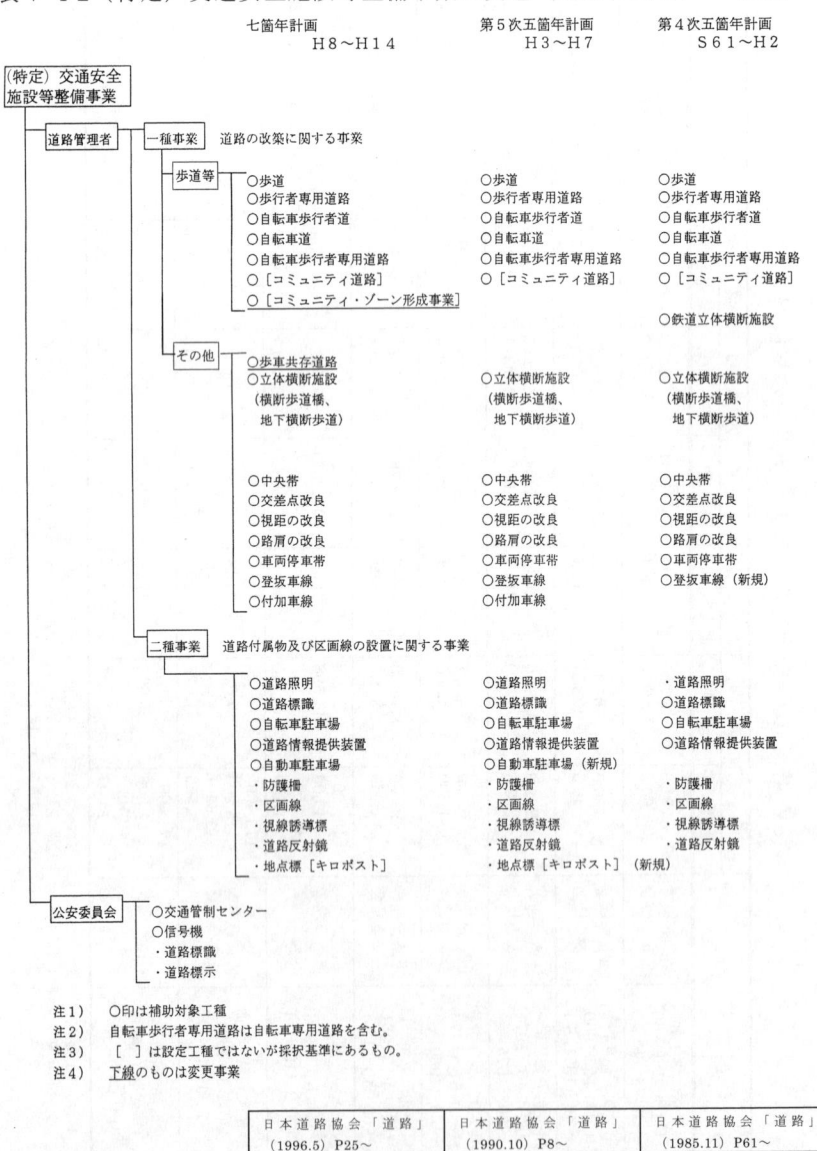

	七箇年計画 H8～H14	第5次五箇年計画 H3～H7	第4次五箇年計画 S61～H2
（特定）交通安全施設等整備事業			
道路管理者　一種事業　道路の改築に関する事業			
歩道等	○歩道 ○歩行者専用道路 ○自転車歩行者道 ○自転車道 ○自転車歩行者専用道路 ○［コミュニティ道路］ ○［コミュニティ・ゾーン形成事業］	○歩道 ○歩行者専用道路 ○自転車歩行者道 ○自転車道 ○自転車歩行者専用道路 ○［コミュニティ道路］	○歩道 ○歩行者専用道路 ○自転車歩行者道 ○自転車道 ○自転車歩行者専用道路 ○［コミュニティ道路］ ○鉄道立体横断施設
その他	○歩車共存道路 ○立体横断施設 （横断歩道橋、 　地下横断歩道） ○中央帯 ○交差点改良 ○視距の改良 ○路肩の改良 ○車両停車帯 ○登坂車線 ○付加車線	○立体横断施設 （横断歩道橋、 　地下横断歩道） ○中央帯 ○交差点改良 ○視距の改良 ○路肩の改良 ○車両停車帯 ○登坂車線 ○付加車線	○立体横断施設 （横断歩道橋、 　地下横断歩道） ○中央帯 ○交差点改良 ○視距の改良 ○路肩の改良 ○車両停車帯 ○登坂車線（新規）
二種事業　道路付属物及び区画線の設置に関する事業			
	○道路照明 ○道路標識 ○自転車駐車場 ○道路情報提供装置 ○自動車駐車場 ・防護柵 ・区画線 ・視線誘導標 ・道路反射鏡 ・地点標［キロポスト］	○道路照明 ○道路標識 ○自転車駐車場 ○道路情報提供装置 ○自動車駐車場（新規） ・防護柵 ・区画線 ・視線誘導標 ・道路反射鏡 ・地点標［キロポスト］（新規）	・道路照明 ○道路標識 ○自転車駐車場 ○道路情報提供装置 ・防護柵 ・区画線 ・視線誘導標 ・道路反射鏡
公安委員会	○交通管制センター ○信号機 ・道路標識 ・道路標示		

注1）　○印は補助対象工種
注2）　自転車歩行者専用道路は自転車専用道路を含む。
注3）　［　］は設定工種ではないが採択基準にあるもの。
注4）　下線のものは変更事業

日本道路協会「道路」 （1996.5）P25～	日本道路協会「道路」 （1990.10）P8～	日本道路協会「道路」 （1985.11）P61～

[86] 道路行政研究会：道路行政，全国道路利用者会議，2010，p502～503

（2/2）

第3次五箇年計画 S56~S60	第2次五箇年計画 S51~S55	第1次五箇年計画 S46~S50	第2次3箇年計画 S44~S46	第1次3箇年計画 S41~S43
○歩道	○歩道	○歩道	○歩道	○歩道
○歩行者専用道路	○歩行者専用道路	○歩行者専用道路（新規）		
○自転車歩行者道	○自転車歩行者道	○自転車歩行者道（新規）		
○自転車道	○自転車道	○自転車道（新規）		
○自転車歩行者専用道路	○自転車歩行者専用道路	○自転車歩行者専用道路（新規）		
○［コミュニティ道路］（新規）				
○鉄道立体横断施設	○鉄道立体横断施設（新規）			
○立体横断施設	○立体横断施設	○横断歩道橋等	○横断歩道橋等	○横断歩道橋等
（横断歩道橋、	（横断歩道橋、	（横断歩道橋、	（横断歩道橋、	（横断歩道橋、
地下横断歩道）	地下横断歩道）	地下横断歩道、	地下横断歩道、	地下横断歩道）
		歩行者立体横断施設）	歩行者立体横断施設（新規））	
			○高速車道	
○中央帯	○中央帯	○中央帯	○中央分離帯	○緩速車道分離帯
○交差点改良	○交差点改良	○小規模交差点改良	○小規模交差点改良	○中央分離帯
○視距の改良	○視距の改良	○視距の改良	○視距の改良	○小規模交差点改良
○路肩の改良	○路肩の改良（新規）			○視距の改良
○車両停車帯	○車両停車帯	○バス停車帯	○バス停車帯	○バス停車帯
・道路照明	・道路照明	・道路照明	・道路照明	○道路照明
・道路標識	・道路標識	・道路標識	・道路標識	○道路標識
・自転車駐車場	・自転車駐車場（新規）			
・道路情報提供装置（新規）				
・防護柵	・防護柵	・防護柵	・防護柵	○防護柵、歩行者用防護柵
・区画線	・区画線	・区画線	・区画線	○区画線
・視線誘導標	・視線誘導標	・視線誘導標	・視線誘導標	○視線誘導標
・道路反射鏡	・道路反射鏡	・道路反射鏡	・道路反射鏡	○道路反射鏡
日本道路協会「道路」 （1980.11）P22~	日本道路協会「道路」 （1976.5）P17~	日本道路協会「道路」 （1970.12）P1~	日本道路協会「道路」 （1970.1）P72~	－

Ⅴ-4-2　積雪寒冷特別地域道路交通確保五箇年計画

　道路整備五箇年計画は、道路整備に関する全ての事業を包括するものであるが、その中で特に必要を認められ、道路整備五箇年計画と同時に策定された道路に関する計画として、積雪寒冷特別地域道路交通確保五箇年計画がある。

　昭和31（1956）年4月、議員提案による積雪寒冷特別地域における道路交通の確保に関する特別措置法（昭和31（1956）年4月法律第72号、雪寒法と略称される）が制定された。

　この法律は、積雪寒冷の度が特に甚だしい地域における道路の交通を確保するため、当該地域内の道路につき、除雪、防雪および凍雪害防止について特別の措置を定め、これらの地域における産業の振興と民生の安定に寄与することを目的とし、①建設大臣は積雪寒冷特別地域において道路の交通の確保が特に必要であると認められる道路を指定し（雪寒法第3条）、②積雪寒冷特別地域道路交通確保五箇年計画の案を作成して閣議の決定を求めること（雪寒法第4条）、③この五箇年計画にもとづいて実施される除雪、防雪または凍雪害防止に係る事業に要する費用については、道路法および道路の修繕に関する法律の規定にかかわらず国が実施するものに対する国の負担割合は2/3に、地方公共団体が実施するものに対する補助率は、除雪については2/3、防雪、凍雪害防止については6/10（道路法第88条を除く）（当初は1/2で実施、昭和37（1962）年度から昭和60（1985）年度までは2/3で実施）とすること（雪寒法第5条の2、第6条）、などを規定したものである。

　この法律にもとづいて、昭和32（1957）年度を初年度とする五箇年計画（事業費約100億円）が、昭和32（1957）年8月16日に閣議決定された。

　なお、この第1次五箇年計画は、第2次道路整備五箇年計画の期間と調整するため、昭和32（1957）年度を初年度とする六箇年計画（6ヵ年152億8,100万円、昭和33（1958）～昭和37（1962）年度の5ヵ年137億円）とされた。以後の五箇年計画は、道路整備五箇年計画とあわせて改定されている。

　また、昭和 38（1963）年 1 月に北陸地方を襲った豪雪の実態から、建設大臣が雪寒五箇年計画にもとづいて実施する指定区間内の一級国道の除雪等の事業に要する費用に係る国の負担割合は 1/2 から 2/3 に引き上げられることとなり、昭和 38(1963) 年度から実施されることとなった。雪寒五箇年計画事業費の経緯については表 V-4-3 のとおりである。

表 V-4-3　雪寒五箇年計画の推移[87]

単位：億円

計　画	除　雪	防　雪	凍雪害防　止	雪寒道路事業計	除　雪機　械	計	地方単独事業	調整費	合　計
第 1 次計画（昭和 32(1957)～37(1962)年度）	12（11）	11（9）	104（95）	127（115）	26（22）	153（137）	－	－	153（137）
第 2 次計画（昭和 36(1961)～40(1965)年度）	27	15	200	242	52	294	－	－	294
第 3 次計画（昭和 39(1964)～43(1968)年度）	70	30	280	380	120	500	－	－	500
第 4 次計画（昭和 42(1967)～46(1971)年度）	105	78	469	652	158	810	－	－	810
第 5 次計画（昭和 45(1970)～49(1974)年度）	184	156	600	940	270	1,210	－	－	1,210
第 6 次計画（昭和 48(1973)～52(1977)年度）	301	462	1,137	1,900	366	2,266	－	－	2,266
第 7 次計画（昭和 53(1978)～57(1982)年度）	912	964	1,324	3,200	730	3,930	－	－	3,930
第 8 次計画（昭和 58(1983)～62(1987)年度）	1,420	1,610	1,500	4,530	810	5,340	－	－	5,340
第 9 次計画（昭和 63(1988)～平成 4(1992)年度）	1,690	2,550	2,040	6,280	920	7,200	－	200	7,400
第 10 次計画（平成 5(1993)～9(1997)年度）	1,800	3,400	2,480	7,680	1,020	8,700	4,500	300	13,900
第 11 次計画（平成 10(1998)～14(2002)年度）	1,840	3,460	2,480	1,020	8,800	5,000	7,780	500	14,300

注）第 1 次計画は、昭和 32（1957）年度に 6 ヵ年計画で発足したが、33（1958）年度に道路整備五箇年計画に合わせて 5 ヵ年計画に修正した。

　なお、平成 15（2003）年度以降の計画については、雪寒事業に対する

---

[87] 道路行政研究会：道路行政，全国道路利用者会議，2003，p409

特例措置の対象範囲を定めるものとして、以下のように閣議決定されている。

積雪寒冷特別地域における道路交通の確保について

平成 25（2013）年 11 月 12 閣議決定

積雪寒冷特別地域における道路交通の確保に関する特別措置法（昭和 31 年（1956）法律第 72 号）第 4 条第 1 項に規定する積雪寒冷特別地域道路交通確保 5 箇年計画として、同法第 3 条第 1 項の規定により指定された道路を対象に次に掲げる事業を行うものとする。

1. 除雪に関する事項
   ・　指定された道路のうち、積雪の度が特にはなはだしい地域における道路について、除雪を実施する。
   ・　除雪機械の整備について現在の除雪水準を維持するために必要な範囲内で行う。
2. 防雪に関する事項
   ・　なだれ、飛雪又は積雪により交通に支障を及ぼすおそれがある箇所について、吹きだまり防止施設、なだれ防止施設又は融雪施設等を整備する。
3. 凍雪害の防止に関する事項
   ・　凍上、融雪による路盤の破壊のおそれがある箇所について、路盤改良を実施する。
   ・　積雪により交通に支障を及ぼすおそれがある箇所について、流雪溝の整備、堆雪幅の確保を実施する。

Ⅴ-4-3　奥地等産業開発道路整備計画

昭和 39（1964）年 6 月、法律第 115 号をもって奥地等産業開発道路整備臨時措置法が公布された。この法律は、奥地等（交通条件がきわめて悪く、産業の開発が十分に行われていない山間地、奥地その他のへんぴな地域で政令で定める基準に該当するもの）における産業の総合的な開発の基盤となるべき奥地等産業開発道路（奥地等において政令で指定された地域と主要な道路とを連絡する地方的な幹線道路で、建設大臣が

指定した道路）の整備を促進することにより、地域格差の是正に資する
とともに、民生の向上と国民経済の発展に寄与することを目的としたも
ので、建設大臣は奥地等産業開発道路を指定すること、当該道路の新設
および改築に関する計画を立案し、閣議の決定を求めなければならない
こと、政府は計画の実施に必要な資金の確保をはかり、国の財政の許す
範囲内において実施の促進に努めること、この場合、当該道路の新設ま
たは改築に要する費用に係る国の負担割合または補助率については
5.5/10 以内で政令で特別の定めをすることができることなどを規定した。
これにもとづいて、第 1 次奥地等産業開発道路整備計画が昭和 39（1964）
年度以降の 5 ヵ年間に総額 110 億円に相当する事業を行うものとして、
積雪寒冷特別地域道路交通確保五箇年計画とともに、第 4 次道路整備五
箇年計画とあわせて、昭和 40（1965）年 1 月 29 日に閣議決定された。
　　これまでの指定地域及び指定路線の経緯については表Ⅴ-4-4 のとおり
である。
　　なお、奥地等産業開発道路整備臨時措置法は、時限立法であり、平成
15（2003）年 3 月 31 日に失効している。

表Ⅴ-4-4　　指定地域及び指定路線の経緯[88]

区分	第1次指定 （昭和40 （1965）年 3月）	第2次指定 （追加のみ） （昭和41 （1966）年 6月）	第3次指定 （昭和47 （1972）年 2月）	第4次指定 （昭和53 （1978）年 5月）	第5次指定 （昭和58 （1983）年 5月）	第6次指定 （昭和63 （1988）年 5月）	第7次指定 （平成5 （1993）年 6月）	新指定 （平成10 （1998）年 6月）
指定地域数 （市町村数）	73 （435）	73 （435）	73 （435）	70 （372）	65 （302）	63 （289）	61 （268）	58 （244）
指定路線数 主要地方道 一般都道府県道 市 町 村 道	130 － 130 －	52 － 42 10	242 － 215 27	296 － 229 67	289 － 220 69	300 － 215 85	359 101 174 84	344 113 161 70
指定延長（km） 主要地方道 一般都道府県道 市 町 村 道	2,094 － 2,094 －	620 － 529 91	3,178 － 2,976 202	3,381 － 3,043 338	3,293 － 2,943 350	3,282 － 2,784 498	4,638 1,922 2,177 539	4,320 2,030 1,879 411

---

88 道路行政研究会：道路行政，全国道路利用者会議，2003，p410

Ｖ-4-4　道路技術関係五箇年計画

(1)　道路技術五箇年計画[vii]

(a)　計画内容および計画の位置づけ

　第 11 次道路整備五箇年計画の一環として平成 5（1993）年 6 月に策定され、道路整備の新長期構想、および第 11 次道路整備五箇年計画の主要課題の実現を支える主要な技術として 74 テーマが対象とされた。

　研究開発を進めていくべきテーマだけでなく、既に試験導入段階にあるテーマや普及段階にあるテーマについても対象とし、テーマごとにその長期的な開発・導入目標を踏まえつつ、五箇年間における開発・導入・普及のプログラムを策定したものであった。

　策定に際しては、建設技術開発の全省的な検討を踏まえるとともに、道路新技術会議（委員長：中村英夫東京大学教授、平成 3 年 9 月設置）において、今後重点的に取り組むべき道路技術等について審議されたほか、アンケート調査、ヒアリング調査の実施等により、全国各地域の学識経験者、道路利用者、業界関係者、報道関係者、道路行政担当者など、道路分野はもとより、他の分野を含めた幅広い有識者からの意見や提案を収集し、これらの声を反映して策定した。

　計画の推進にあたっては、大学・民間をはじめ各界の協力を得ながら、一体となって取り組んでいくこととされた。

(b)　特徴

本計画の特徴は以下の 5 項目にまとめることができる。

　① 第 11 次道路整備五箇年計画の発足に合わせて初めて策定
　② 道路整備を支えてきた主要技術の役割・効果を検証
　③ 取り組むべき主要な道路技術とその効果、五箇年における開発・導入等の目標を明示
　④ 技術の具体的イメージをできるだけ分かりやすくビジュアルに提示
　⑤ 道路新技術の開発・導入推進方策について、取り組むべき方向を提示

(c)　道路技術開発の基本的方向と主要技術テーマの例

　計画策定の背景を踏まえ、21世紀を目指した道路技術開発の基本的方向として、図V-4-1に示す7つを置き、新たな可能性への挑戦を行うこととされた。さらに、各基本的方向に沿った主要技術テーマとして74テーマについて、目標水準およびその効果、五箇年の計画目標等が明記された。

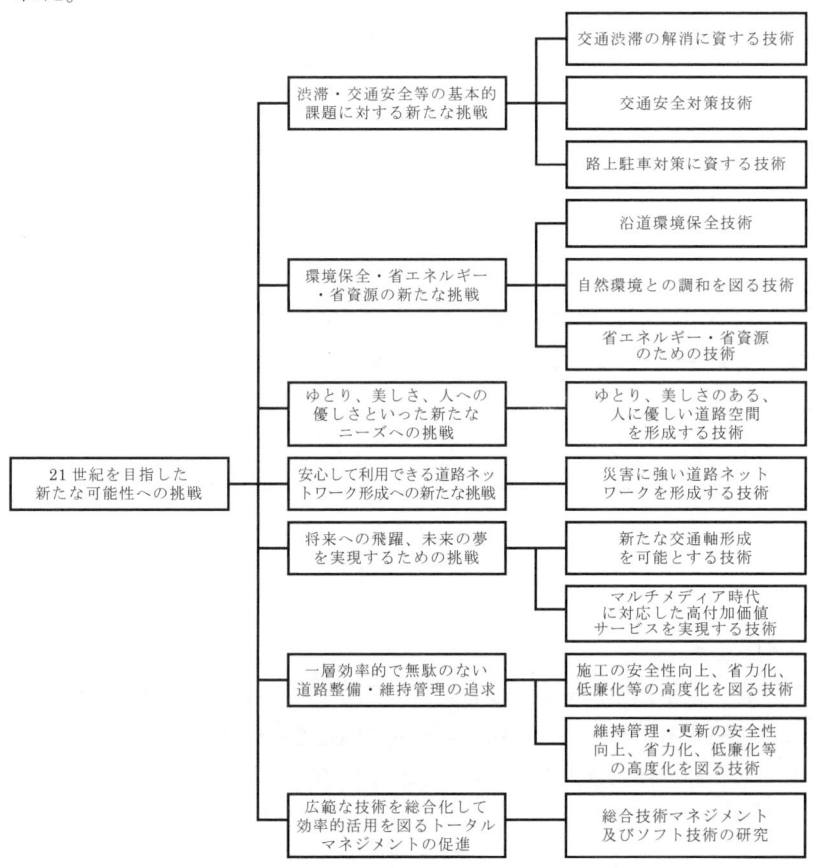

図V-4-1　道路技術開発の基本的方向[89]

---

[89] 建設省道路局国道第二課：「道路技術五箇年計画の概要-21世紀を目指した新たな可能性への挑戦-」，日本道路協会，道路，1994，2月号，p9

(d)　推進体制等の整備

　道路整備をはじめとする環境や交通といった社会的分野に係る技術開発を推進するためには、民間企業等に対するインセンティブの付与と同時に公的部門における先導的な取り組みがますます重要になっていた。そこで、建設技術評価制度、技術活用パイロット事業等、建設技術開発・導入に関する既存の制度の積極的な活用、道路開発資金における研究開発融資制度をはじめとする道路技術研究開発関係予算の拡充に加え、以下のような取り組みを図ることとされた。

① 　推進体制の整備
② 　道路新技術会議の充実
③ 　道路新技術登録制度の創設

(2)　新道路技術五箇年計画[viii]

　「社会が直面する課題の解決」と「研究開発マネジメントの充実」を基本方針として、新道路技術五箇年計画が平成 10（1998）年 11 月に策定された。

　新道路技術五箇年計画の最大の目標は、現在の社会が抱える様々な課題に挑む技術を研究開発することで、よりよい社会を築くことであった。

　このため、道路に対する社会の期待を、道路環境（Environment）の改善、道路と生活の安全・安心（Safety）の向上、道路交通の効率性（Efficiency）の向上、道路事業の効率性（Efficiency）の向上の 4 つに類型化した。

　また、近年、施策や事業の必要性・目的・内容などを分かりやすく国民に説明するとともに、国民のニーズや満足度を道路の施策や事業に反映するための仕組みの整備が求められていることから、類型化した 4 つの期待に、アカウンタビリティ（Accountability）の向上を加えた 5 つを、社会ニーズに応えるための主要課題とされた。

　新道路技術五箇年計画においては、これら 5 つの主要課題に対して、13 の重点研究開発テーマが設定された。

　これらの重点研究開発テーマに関しては、中間時点（平成 12（2000）
年度）および最終時点（平成 14（2002）年度）における目標を明確にし
た上で、この目標を達成するための要素技術開発内容、実施時期、産学
官の連携体制を明らかにした五箇年間の研究開発計画を作成し、これに
基づき効率的に研究開発を実施した。また、予算の配分時期に合わせ、
この研究開発計画に対する内部評価を行い、研究開発の進捗状況の確認
および研究開発計画の見直し検討が実施された。

　研究開発マネジメントとして以下の通り充実させることとされた。

① 　産学官の道路技術研究開発活性化を促す新しい仕組み（技術研究
　　開発基本協定）
② 　情報収集機能の強化
③ 　共同研究の活用
④ 　委員会等の設置による研究開発の効率的な推進
⑤ 　評価の実施

　平成 10（1998）年度～平成 14（2002）年度まで実施された新道路技
術五箇年計画において、取り扱った技術開発テーマは、13 テーマ、公表
されている技術基準・マニュアル等、特許、論文といった成果は、783 件
にのぼった。

(3)　国土交通省技術基本計画[ix]

(a)　計画の位置づけ及び経緯

　国土交通省技術基本計画は、科学技術基本計画、社会資本整備重点計
画、交通政策基本計画等の関連計画を踏まえ、持続可能な社会の実現の
ため、国土交通行政における事業・施策の効果・効率をより一層向上さ
せ、国土交通技術が国内外において広く社会に貢献することを目的に、
技術政策の基本方針を示し、技術研究開発の推進、技術の効果的な活用、
技術政策を支える人材の育成等の重要な取組を定めるものある。

　国土交通省では、平成 15（2003）年度以降、3 期にわたって計画を策
定し（表Ⅴ-4-5 参照）、その実行によって、技術政策や技術基準への反映

等、多く成果や実績を上げてきた。前計画では、計画の対象を技術政策全般に拡大し、技術研究開発と事業・施策の一体的な推進等の取組方針を示し、技術研究開発成果の実用化、普及を実践してきたが、技術研究開発をより一層推進していく上で、組織外の知識や技術を積極的に取り込むオープンイノベーション等の取組を取り入れていくことが求められている。

　このため、第4期計画では、技術政策全般を対象とし技術研究開発と事業・施策を一体的に推進する前計画を踏襲しつつ、技術の徹底的な活用よって、新たな技術が自律的に生み出される好循環を実現するといった視点を加えたものとし、我が国の現状、世界情勢、国土交通行政上の諸課題を踏まえ、事業・施策と関連も含め、技術研究開発を進める上での必要な視点や目指す方向性を示した（図Ⅴ-4-2）。

　第4期計画によって、国の研究機関等や産業界、大学、学会等に対し、国土交通省の技術研究開発、人材育成等の取組方針を示すことにより、産学官の共通認識の醸成を図るとともに、産学官が連携しつつ、それぞれが主体なり最善の努力を果たしながら効果的・効率的に技術研究開発を推進することを目指している。

　第4期計画の期間は、中長的な展望を踏まえ、平成29（2017）年度から平成33（2021）年度までの5年間とし、時代の変化に応じて適した方法が変わり得る認識の下、適宜、柔軟な対応、又は見直しを行う。

表 V-4-5 国土交通省技術基本計画策定経緯[90]

	第 1 期	第 2 期	第 3 期	第 4 期
策定年月	平成15 (2003) 年11月	平成20 (2008) 年4月	平成24 (2012) 年12月	平成29 (2017) 年 3 月
計画期間	平成15 (2003) 年度 ～19 (2007) 年度	平成20 (2008) 年度 ～24 (2012) 年度	平成24 (2012) 年度 ～28 (2016) 年度	平成29 (2017) 年度 ～33 (2021) 年度
特 徴	・作り手 (供給者) の視点から、国民 (利用者) の視点への転換 ・国土交通省の技術開発の方向性を示した初めての計画 ・5つの目標と10の重点プロジェクトを実施	・国土交通省が目指す4つの社会と実現に向けた技術研究開発の3つの視点を明確化 ・成果を確実に社会に還元するための技術研究開発システムを構築	・計画の対象を従来の技術研究開発を主眼としたものから、技術政策全般に拡大し、国土交通行政における技術政策の基本方針を明示 ・技術政策の基本方針を踏まえ、今後取り組むべき技術研究開発や技術の効果的な活用方策、重点プロジェクトの推進、国土交通技術の国際展開、技術政策を支える人材の育成及び技術に対する社会の信頼の確保等の取組を示す。	・前計画を踏襲しつつ、技術の徹底的な活用によって、新たな技術が自律的に生み出される好循環を実現するといった視点を追加 ・3つの柱として「人を主役とした IoT、AI、ビッグデータの活用」、「社会経済的課題への対応」、「好循環を実現する技術政策の推進」を掲げ、新たな価値の創出により、生産性革命、働き方改革を実現し、持続可能な社会を目指す。

[90] 国土交通省技術調査技術研究開発ホームページ http://www.mlit.go.jp/tec/gijutu/ より作成

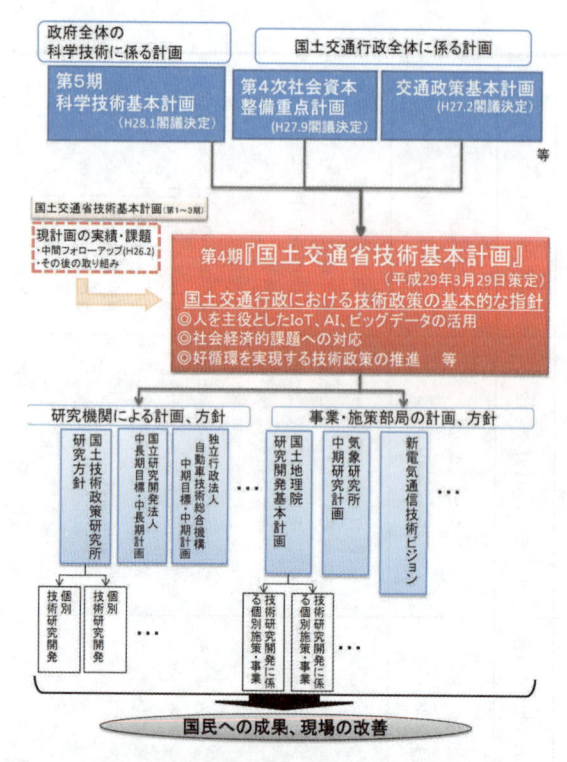

図Ⅴ-4-2　　第 4 期国土交通省技術基本計画の位置づけ[91]

(b)　第 4 期国土交通省技術基本計画の概要

　第 4 期計画は、3 つの柱として「人を主役とした IoT、AI、ビッグデータの活用」、「社会経済的課題への対応」、「好循環を実現する技術政策の推進」を掲げ、新たな価値の創出により生産性革命、働き方改革を実現し、持続可能な社会を目指している。図Ⅴ-4-3 に第 4 期国土交通省技術基本計画の目次構成を示す。

　この中から、以下に 3 つの柱に沿って計画の概要を示す。

[91]国土交通省ホームページ、「第 4 期国土交通省技術基本計画　参考資料」,http://www.mlit.go.jp/common/001179532.pdf

第1章　技術政策の基本方針

1.現状認識
(1) 技術が果たしてきた役割
- 自然災害から国土・命を守るための土木技術、気象関連
- 人・物の交流を促進する道路、港湾、鉄道、空港の整備や各交通機関の安全確保、環境保全に係る各種技術
- 住まいの安全、安心、快適を支える建築技術　等
(2) 社会経済の構造的変化
① 科学技術の大きな変革
- IoT、AI、ビッグデータ等ICTの急激な進展
- 「第4次産業革命」、「超スマート社会（Society5.0）」の取り組み
② 加速するインフラ老朽化
③ 切迫する巨大地震、激甚化する気象災害
④ 少子高齢化社会、人口減少
⑤ 地方の疲弊、厳しい財政状況
⑥ 激化する国際競争
⑦ 大規模災害からの復旧・復興
⑧ 地球規模課題への対応
⑨ 技術への信頼

2.前計画の実績と課題
- 技術開発について他部局等との連携、「見える化」は進展
- 一方、技術開発をひとつの組織で生み出すことが困難な社会となっており、オープンイノベーションの推進が課題

3.今後の技術政策の基本方針
(1) 技術政策を進める上での基本的姿勢
(2) 計画の3つの柱
- 人を主役とするIoT、AI、ビッグデータ等の活用
- 社会経済的課題への対応
- 好循環を実現する技術政策の推進

第2章　人を主役としたIoT、AI、ビッグデータの活用

新たな価値の創出と生産性革命の推進	・人の創造性とIoT、AI、ビッグデータ等の融合による新たな価値の創出 ・IoT、AI、ビッグデータ等の徹底活用をすべての技術政策で検討
基準・制度等の見直し・整備	・基準・制度等の見直し・整備、データ規格統一、共通プラットフォーム構築 ・コンカレントエンジニアリングやフロントローディング等の本格的導入
人材強化・育成と働き方改革	・科学技術の進展への対応、チャレンジ人材の育成、多様な技術の習得等による仕事の変化への対応、多様な働き方の創出、働き方改革

第3章　社会経済的課題への対応

(1) 安全・安心の確保	①防災・減災 ・切迫する巨大地震、津波や大規模噴火に対するリスクの低減 ・激甚化する気象災害に対するリスクの低減 ・災害発生時のリスク低減のための危機管理対策の強化 ② 安全・安心かつ効率的で円滑な交通 ③ 戦略的なメンテナンス ・メンテナンスサイクルの構築による安全・安心の確保とトータルコストの縮減・平準化の両立 ・メンテナンス技術の向上とメンテナンス産業の競争力の強化
(2) 持続可能な成長と地域の自律的な発展	・競争力強化（ストック効果の最大化、国際競争力の強化、新市場創出） ・持続可能な都市及び地域のための社会基盤の整備 ・地球温暖化対策等の推進
(3) 技術基盤情報の整備	・地理空間情報の高度活用社会の実現 ・地盤情報の集積・共有による地下空間の安全 ・地球観測情報の高度化
(4) 生産性革命の推進	・i-Construction（建設現場における生産性向上） ・i-Shippingとj-Ocean（海事産業の生産性向上） ・IoT、AI、ビッグデータ等を活用した「物流生産性革命」の推進 ・ビッグデータを活用した交通安全対策 ・自動運転技術に資する技術開発の促進 ・気象ビジネス市場の創出　等

第4章　好循環を実現する技術政策の推進

○ 産学官の役割分担
国土交通省の技術政策は、産学官の各主体による取組支えられている。また、技術開発を進めるためには、産学官の連携が重要である。

1.好循環を実現する環境の整備	
(1) オープンイノベーションの推進	・社会や現場のニーズ把握と提供 ・オープンデータ化の推進 ・人、知、財が結集する場の形成 ・技術の活用 ・技術基準の策定及び国際基準・標準の整備 ・助成制度、税制
(2) 技術の効果的な活用	・新技術活用システムの再構築 ・技術の活用を促進する調達 ・ナレッジマネジメント
(3) 研究開発の評価	・研究開発評価の位置付け ・研究開発プログラムの評価 ・研究者等の業績の評価
(4) 地域とともにある技術	
(5) 老朽化した研究施設・設備の更新	
2.我が国の技術の強みを活かした国際展開	・川上（案件形成）からの参画・情報発信 ・ソフトインフラの展開 ・人材育成等人材面からの取組 ・中小企業等の海外展開支援
3.技術政策を支える人材育成	・行政部局における人材育成 ・研究機関における人材育成 ・人材の多様性確保と流動化の促進
4.技術に対する社会の信頼の確保	・災害、事故等に対する迅速かつ的確な対応と防災・減災、未然の防止 ・事業・施策に対する理解の向上 ・伝わる広報の実現 ・技術の信頼の確保
5.技術基本計画のフォローアップ	・フォローアップ対象の設定 ・フォローアップの実施方針等の作成 ・フォローアップの実施

あとがき

図Ⅴ-4-3　第4期国土交通省技術基本計画の目次構成[92]

---

[92]国土交通省ホームページ報道・広報，新たな「国土交通技術基本計画」の策定につい

1.人を主役とした IoT、AI、ビッグデータ

　本計画の1つ目の柱として、人を主役とした IoT、AI、ビッグデータの活用がある。現在、飛躍的な発展を遂げる ICT（情報通信技術）やネットワーク化による第4次産業革命を迎えており、この流れを社会にまで適用する「超スマート社会（Society 5.0）」に向けた取り組みが政府で進められている。この、IoT、AI、ビッグデータ等と、人の創造性を融合することで、常に人を中心に考え、人の力を高め、新たな価値を創出することが可能となっている。

(1) 新たな価値の創出と生産性革命の推進

　　このため、本計画では、IoT、AI、ビッグデータ等を技術政策の全てにおいて徹底活用する検討を行い、賢く使っていくこととしている。これにより、公共サービスを改善し、新たなサービス、ビジネスを創出し、生産性革命の推進、競争力の強化を進め、多様な働き方を実現、そして、社会経済を発展させ、豊かな国民生活を実現する。

　　ただし、検討にあたっては、日進月歩で進化する ICT と、設計から廃棄まで数十年、百年を超える社会資本の時間的スケールの違いや、進化のスピードの違いについて、十分な留意が必要である。

(2) 基準・制度等の見直し・整備

　　現在の基準や制度等は、従来の技術や体制、課題等を前提として形づくられているため、新たな技術の導入時には、必要に応じて基準、規制、制度等の整備や見直しを行う。

　　特に、プロセス全体の最適化を目指す全体最適の考えを導入する。導入にあたっては、製品やシステムの開発において、設計技術者から製造技術者まで全ての部門の人材が集まり、諸問題を討議しながら協調して同時に作業にあたる生産方式「コンカレントエンジニアリング」（出典：大辞林）や、システム開発や製品製造の分野で、初期の工程

て，計画本文及び概要より作成

において後工程で生じそうな仕様の変更等を事前に集中的に検討し、品質の向上や工期の短縮化を図る「フロントローディング」(出典：(一財)日本建設情報総合センターHP) の考え方が有効である。

(3) 人材の強化・育成と働き方改革

　　さらに、IoT、AI、ビッグデータ等の導入により仕事の仕方が大きく変わるとともに、これにより新たな価値がもたらされ、また新たな市場創出につながる可能性を秘めている。このような変化に対応するためには、科学技術の進展に対応した人材育成が必要である。

　　このように、技術の導入、普及、基準制度等の見直し、人材育成の取り組み等が仕事の仕方を変え、多様な働き方を可能とし、あらゆる人材が活躍できる働き方改革を実現する。

2.社会経済的課題への対応

　2 つ目の柱は、社会経済的課題への対応である。加速するインフラの老朽化、切迫する巨大地震、激甚化する気象災害、少子高齢化、人口減少、地方の疲弊、厳しい財政状況、激化する国際競争、大規模災害からの復旧・復興、地球規模課題への対応、技術への信頼といった現状の諸課題に対して、第 3 期計画に継続して、

　①国民の経済・社会活動の基盤となっている社会資本、交通・輸送システムの更なる「安全・安心の確保」

　②豊かで質の高い生活を確保するため我が国の優れた技術や経験を活かす「持続可能な成長と地域の自律的な発展」

　③様々な技術の基盤となる「技術基盤情報の整備」

　とともに、600 兆円経済の実現や、生産年齢人口の減少に伴う人手不足への対応を進めていくため、今回の計画では、第 4 の重点分野として、

　④「生産性革命の推進」

を位置づけた。

　これら4つの分野に対して、本計画では、技術研究開発等の課題と社会資本整備重点計画等に位置づけられた施策との関連を明確化しつつ、事業や施策の遂行に必要となる技術研究開発、技術基準の作成等の技術政策を個々位置づけ、推進していくこととしている。

　なお、本計画の検討中に、地下空間の安全確保が喫緊の課題とされたことから、社会資本整備審議会・交通政策審議会の技術部会の下に、地下空間の利活用に関する安全技術の確立に関する小委員会が設置され、議論がなされたところであるが、「技術基盤情報の整備」の分野に「地盤情報の集積・共有による地下空間の安全」を位置づけたところである。

3.技術政策の推進

　3つ目の柱は、好循環を実現する技術政策の推進である。技術は国民のためにあり、技術研究開発の成果が社会に実装され、国民に還元されなければならない。開発された技術が使われない「死の谷問題」を乗り越えるため、ユーザーがニーズを具体的に提供する等、使われる技術を開発するシステムとする。

　そして、その技術が使われ、評価されることで、改善等さらなる技術開発が進み、優れた技術の普及につながるイノベーションのスパイラルアップが連続する好循環を実現する。

(1) オープンイノベーションの推進

　まずは、昨今の一組織での技術開発が困難になりつつある状況において、外部の知識や技術を積極的に取り込むオープンイノベーションの取り組みが強く求められているところである。この取り組みにあたっては、ニーズに基づいて産学官による自律的で有効な技術開発を促進していくことが重要であり、オープンデータ化の推進によって、新たな施策の立案や、新規産業分野の構築につなげていく必要がある。

　さらには、グローバルな競争の中で拡大する協調領域に対応した産学官の連携に向けて、人・知・財が結集する、コンソーシアム等の場

の形成が重要である。このほかにも、開発に係る助成・補助制度の拡
充によって、オープンイノベーションを推進する。

(2) 技術の効果的な活用

　開発された技術を効果的に活用するため、新技術活用システムの再
構築等も含め、現場における活用体制を整備・拡充する。また、企業
による技術研究開発を促進するため、技術の差別化が企業の価値を生
む調達方式を活用する。ただし、その活用にあたっては、革新的技術
の初期段階における脆弱な価格競争力に配慮する必要がある。

　加えて、採算性を単なるコスト縮減や維持管理を含めたトータルコ
ストの縮減と捉えることなく、工期短縮や労働力不足対応、品質や安
全性向上等、社会経済が必要とする技術を積極的かつ適正に採用する
ことが重要である。

　このほか、研究開発の評価、老朽化施設・設備の更新、我が国の技
術の強みを活かした国際展開、技術政策を支える人材育成、技術に対
する信頼の確保等に関わる取り組みを進めることで、好循環を実現す
る技術政策を推進していくこととしている。

(c)　道路技術開発の基本的方向

人口減少下における労働生産性の抜本的向上、ドライバー不足が進行
する物流の効率化、地方における公共交通の衰退等への対応や、欧米に
比べて多い身近な道路での交通事故の削減等、厳しい財政制約の中でこ
れまで以上にハードルが高く、逼迫した課題への対応が求められている。

　これらの諸課題を解決するため、道路と多様な交通モードとの連携を
強固にしつつ、IoT・ビッグデータ・AI・ロボット・センサーなど技術革
新が急速に進展するICTを最大限活用するという考えの下、道路政策を実
現するための研究技術開発という観点から、今後の道路分野における研
究技術開発の方向性をとりまとめ、国土交通省技術基本計画に位置付け
ている。技術基本計画に位置付けた道路関係の技術研究開発等課題は、
以下の通りである。

表Ⅴ-4-6　技術研究開発等課題名称（道路関係を抜粋）[93]

1.安全・安心の確保	
1-1 防災・減災	
(1) 切迫する巨大地震、津波や大規模噴火に対するリスクの低減	
【耐震対策】	路線の重要度を考慮した地震発生後、早期機能確保に必要な道路構造物の耐震性能の基準設定に関する技術開発
(2) 激甚化する気象災害に対するリスクの低減	
【水害、土砂災害対策】	道路ネットワーク機能とリスク管理の観点を取り込んだ盛土・切土・自然斜面対策工等の維持管理手法
1-2 安全・安心かつ効率的で円滑な交通	
【道路交通】	ETC2.0 等のビッグデータを活用したTDM技術の開発
	商業施設等の立地によるアセスメント手法やモニタリング技術の開発
	ETC2.0 を活用した高速バス運行支援システムの開発
	多様な交通モード間の情報一元化を図るプラットフォームの構築
	暫定二車線区間における正面衝突事故を防ぐワイヤロープの設置に関する技術的検討
	逆走車両の自動での検知、警告、誘導に関する技術開発
	ライジングボラードのコスト縮減や設置手法に関する技術開発
	自転車ネットワーク計画策定や自転車走行空間の設計、利用実態把握に関する技術開発
1-3 戦略的なメンテナンス	
(1)メンテナンスサイクルの構築による安全・安心の確保とトータルコストの縮減・平準化の両立	
【安全・安心の確保とトータルコストの縮減、平準化】	道路構造物の将来状態予測手法の開発
	新技術の導入等に対応するきめ細かな橋梁設計手法の具現化に関する技術開発
【インフラ長寿命化】	部分係数設計法を活用した合理的に長寿命化を図る橋梁設計手法の構築
	長寿命化のための品質確認や補修・補強の質の向上などを目指した IT モニタリング
(2)メンテナンス技術の向上とメンテナンス産業の競争力の強化	
【基準類の体系的整備、技術開発と導入・普及】	新技術を比較・評価するためのリクワイヤメントの設定に関する技術開発 （路面下空洞探査技術、コンクリートのうきを調べる非破壊検査技術,路面状状を簡易に把握する技術、PC 橋に用いる被覆鋼線技術 等）
2.持続可能な成長と地域の自律的な発展	
(1)競争力強化（ストック効果の最大化、国際競争力の強化、新市場創出）	
【新市場創出】	無電柱化の低コスト化に向けた更なる技術開発
	道路の地下空間における埋設物の位置把握手法とその情報共有化及び活用方法に関する技術
(2)持続可能な都市及び地域のための社会基盤の整備	
【コンパクトな集積拠点の形成等】	シェアリングの活用促進に資する路上におけるステーションの設計や運用方法に関するガイドラインの策定
	自動車の環境性能向上を踏まえた騒音・大気質予測手法の検討・開発
【失われつつある自然環境の保全・再生・創	快適な環境の提供に資する道路緑化の検討や路面温度上昇抑制機能をもつ舗装の温度上昇抑制機能の検証・開発（コス

93　国土交通省ホームページ、「第 4 期国土交通省技術基本計画　別添資料」，
http://www.mlit.go.jp/common/001179564.pdf

出・管理】	ト、性能、美観)
	移植困難植物の効果的な保全手法や自然由来重金属等を含む岩の溶出特性に応じた合理的なリスク評価法の開発
(3)地球温暖化対策等の推進	
【地球温暖化緩和策・適応策の推進】	道路施設・周辺地域・次世代自動車が連携したエネルギー有効利用技術の開発
4.生産性革命の推進	
【ピンポイント渋滞対策】	ETC2.0等のビッグデータを活用した、渋滞分析技術の高度化
【高速道路を賢く使う料金】	ETC2.0システムによる情報収集・提供機能の高度化
【インフラメンテナンス革命】	施設管理者のニーズや技術的な課題を明らかにし、その課題解決のために産学官民が一丸となって、その技術や知恵を総動員し、メンテナンス技術の連携、融合、開発を促進
【i-Construction (建設現場における生産性向上)】	i-Construction 導入により得られる3次元データを活用した長期保証型契約の性能確認における要因分析による舗装のライフサイクルコストの縮減に資する技術開発
【道路の物流イノベーション】	省力化を促進するダブル連結トラックの実験
	ETC2.0を活用した車両運行支援システムの開発(トラック)
	幾何構造や橋梁の電子データを活用した特車許可自動審査システムの強化
	自動重量計測技術 (WIM) の高度化
	車載型荷重計測装置による過積載の違反事業者の取締技術の開発
	ETC2.0や民間の通行実績データの集約・提供システムの開発
【ビッグデータを活用した交通安全対策】	対策実施に向けて、関係者間の合意形成を促進する、ビッグデータを活用したわかりやすいツールの開発
	道路交通環境情報に関するデータの共有化に向けた技術的な検討
【自動運転技術に資する技術開発の促進】	分合流部等の複雑な交通環境において自動運転を支援する新たな路車協調システムの開発
	車載カメラ等のセンシング技術を活用した道路基盤地図等の収集システムの開発
	中山間地域における道の駅を拠点とした自動運転サービス実現のための技術開発

Ⅴ-4-5　長期計画における総合交通体系の位置付け[x,xi,xii,xiii,xiv,xv]

　総合交通体系に関する議論は、すでに新長期経済計画（昭和32（1957）年 12 月 17 日閣議決定）において「総合的輸送体系の確立」、国民所得倍増計画（昭和 35（1960）年 12 月 27 日閣議決定）において「総合的な交通体系の確立」として強調され、以後の経済計画においても重要な政策課題として検討が進められ、問題の解決に努力が払われてきた。第六次道路整備五箇年計画（昭和 45〜49（1970〜1974）年度）の財源措置、国鉄財政再建措置の必要性などを背景に緊急課題として登場し、昭和 40 年代後半から盛んに議論されるようになった。以下に主な議論の経緯を解説する。

(1)　〜昭和 39（1964）年頃

　「総合交通体系」に関する議論が萌芽した。

　戦中戦後を通じて立ち遅れてきた基幹交通施設の整備が急務とされており、当時交通体系の主流であった鉄道、海運を主体にこれを補完するものとして発展の過程にあった自動車輸送、航空輸送を位置付け、それらを取り入れた交通体系の形成を目指そうという動きであった。

　「新長期経済計画」（昭和 32（1957）年 12 月 17 日閣議決定）においては『鉄道、自動車、船舶及び航空機の四者は、それぞれの特質に応じて、独自の輸送分野を持つとともに、相互に補完的であり、またある程度代替的な関係にあるが、今後は、これら四者の合理的分業性を十分に発揮させるような総合的輸送体系の確立を目標として、輸送力の増強と近代化をはかり、特に鉱工業地帯における輸送の円滑化と大都市における交通の混雑緩和を図る必要がある』とされた。

(2)　昭和 40（1965）年頃〜昭和 44（1969）年頃

　国土開発基盤としての「総合交通体系」が論じられた。

　交通体系の整備は、これまでの隘路打開的な投資から、新幹線、高速道路、航空といった高速交通体系の整備などの国土開発基盤として長期的視点に立った投資が求められるようになった。ただし、この時点では

総合交通への財政等による政策介入については論じられていない。

　一方、この頃を境に自立採算であった国鉄の収支が赤字になり、政府による補助金の交付が始まった。

　「新全国総合開発計画」（昭和 44（1969）年 5 月 30 日閣議決定）においては、今後向こう 100 年間の我が国における国土利用の根幹をなす交通体系として、新幹線鉄道、高速道路、航空といった高速交通手段により全国主要都市を相互に連結する新たな高速交通体系を整備することにより、東京、大阪等に集積された中枢管理機能を活かしつつ、国土開発の可能性を全国土に均てんさせていくことが可能という考え方が示された。

(3)　昭和 45（1970）年頃〜昭和 47（1972）年頃

　自動車重量税の使途を巡り、国鉄によっていわゆるイコールフッティング（equal footing）論が強調され、総合交通体系論議が本格化された。イコールフッティング論は鉄道事業の衰退と自家用車の爆発的普及に伴って沸き起こった議論である。インフラ費用や維持管理運営費用、環境負荷等の外部不経済に対する利用者の費用負担、政府による補助などを考えた場合、鉄道事業が競争上の不利益を被っている点を指摘し、交通手段間の公平な競争基盤の形成を求めた、交通調整に関する主張である。

　このような主張の中で、道路その他社会資本の充実の要請に対処するために創設された自動車重量税の使途を巡り、関係省庁間で総合交通体系論が大きな議論となった。政府は関係閣僚等で構成する「臨時総合交通問題関係閣僚協議会」を設置し、総合交通体系の検討を進めた。

　昭和 46（1971）年 7 月、運輸政策審議会は「総合交通体系の在り方及びこれを実現するための基本的方策について」を運輸大臣に答申した。答申では、総合交通体系は、一般の経済活動と同様に、交通市場における各交通機関間の競争と利用者の自由な選択を通じて形成されることが原則であるとしている。しかし、交通部門においては、このような原則を貫徹することが困難なことが多いとする考え方を重視し、「財政その他の手段による政策介入を弾力的に行うことが必要」とした。

これを受け、建設省は同年 9 月、「総合交通政策に関する基本的考え方」を公表し、交通施設の費用負担については利用者負担の原則が必要であるとした。この原則により費用を負担した利用者の交通施設の選択を反映して交通施設の運用及び整備を図ることにより、各交通施設がそれぞれ望ましいサービス水準を確保するとともに、全体として効率的な輸送の分担をすることが可能となるという考えを示した。

また、警察庁は「総合交通体系における道路交通管理」において、交通管理及び運転者管理のための体制整備に要する経費の財源としては、基本的には、受益者負担ないし原因者負担の考え方を導入し、道路利用者が物的施設としての道路の整備費のほか、道路交通に伴い派生する事故、渋滞、公害等を除去するための経費すなわち交通管理及び運転者管理に要する費用を負担することが合理的であるとした考え方を示した。さらに、その財源に自動車関係諸税の一部を充てるとともに、現行の道路整備費と同様にこれを特定財源的に取り扱うことが適当であるとした。

臨時総合交通問題閣僚協議会はこれらを踏まえて検討を進め、昭和 46（1971）年 12 月に「総合交通体系について」が閣議決定された。

(4) 昭和 48（1973）年頃〜平成 8（1996）年頃

昭和 48（1973）年のオイルショックを契機として、我が国の経済は安定成長へと向かい、省エネ・環境問題が論じられるようになった。交通体系の整備についても厳しい見直しを迫られるようになった。また、イランによる石油供給削減や幹線道路の環境問題等が生じたことから、公共交通機関の利用促進策が図られた。

「総合交通体系の検討に関する中間報告」（経済企画庁・総合交通研究会、昭和 49（1974）年）では、これまでの答申を継承しながらも、エネルギー制約などの新しい制約を勘案した上で、総合交通体系の再検討をする必要性があることを述べている。一方、同年にはモノレール、新交通システム、ガイドウェイバス等のインフラ部分に対して国が道路予算から負担または補助するモノレール道整備事業xviが創設された。

また、「第三次全国総合開発計画」（昭和 52（1977）年）では、国土利

用の均衡を図るための幹線交通体系の再構築、地域交通体系の整備、交通機関の有機的結合を基本的方向とした。

運輸政策審議会「長期展望に基づく総合的な交通政策の基本方向」（昭和 56（1981）年答申）では、効率的な交通体系の必要性を示し、「第四次全国総合開発計画」（昭和 62（1987）年）では、総合的な整備及び地域交通体系の形成を推進することとした。

また、「多極分散型国土形成促進法」（昭和 63（1988）年）の第 28 条「総合的な高速交通施設の体系の整備」においては、全国各地域を有機的かつ効率的に連結した高速交通網の構築による全国各地域間の交流の促進を図るため、道路、鉄道、空港等の交通施設で高速交通の用に供する総合的な体系の整備を促進するものとした。このために必要な調査及び計画の作成の推進、資金の確保等の財政金融上の措置、その他の措置を講ずるとした。

道路審議会「今後の道路整備のあり方について」（平成 4（1992）年答申）では、モーダルミックス政策を推進するとした。

(5)　平成 8（1996）年頃～平成 14（2002）年頃

各種規制緩和や経済構造改革さらには地球環境問題への対応が強く求められ、総合交通においても、交通事業者に対する規制緩和、高コスト構造の是正、CO_2 削減への対応が求められるなど社会経済の大きな変革への対応が必要となった。

「新たな全国総合開発計画（21 世紀の国土のグランドデザイン）」（平成 10（1998）年）では、交通体系整備の基本目標として、基幹的交通体系と地域の交通体系が直結、融合化した利便性の高い、より高速な国内交通体系の形成を目指すことを示した。全国交通体系にあっては、高速性、利便性の向上により、全国主要都市間での日帰りの可能性を一層高める全国 1 日交通圏の形成を推進した。地域の交通体系にあっては、諸機能の適性配置に併せ、人々の広域的な諸活動を支える利便性の高い交通体系を形成するとした。また、安全な国土づくりに資する交通体系の形成（既存施設強じん化、リスクポイント総点検、ネットワークの多重化、

多元化　等）、環境への負荷の少ない交通体系等の形成（特に CO_2 排出削減、低公害車開発、環状道路の整備、TDM や ITS の導入、複合一貫輸送、新交通システムの導入　等）が謳われた。

平成 10（1998）年度には警察庁及び建設省により、「都市圏交通円滑化総合対策xvii,xviii実施要綱」が関係機関に通知された。当対策は、交通容量拡大策に加え、交通需要マネジメント及びマルチモーダル施策を組み合わせた「都市圏交通円滑化総合計画」を関係機関、市民等が共同で策定し、都市圏の交通渋滞の解消・緩和、都市交通サービス向上等を図るとされた。当計画の策定については、平成 11（1999）から 13（2001）年に 12 箇所が指定された。

また、平成 12（2000）年には鉄道駅等の交通結節点における円滑な乗り継ぎや積み替えを効率的に確保する交通結節点改善事業xixが創設された。

(6) 平成 14（2002）年頃〜平成 19（2007）年頃

平成 14（2002）年 11 月に国土審議会基本政策部会から、今後の地域づくりに際しては、『地域ブロック』と『生活圏域』の『二層の広域圏』を念頭においた対応が基本であると指摘された。この指摘をもとに、「二層の広域圏の形成に資する総合的な交通体系に関する検討委員会」が設置され、交通体系整備や交通サービスの今後の方向性が検討された。

委員会の最終報告において、「『地域ブロック』同士の交流・連携」の中で、最適な輸送手段の選択や、交通モード間の乗り継ぎの利便性向上が図れるようなマルチモーダル施策展開の必要性が位置づけられた。一方、「『生活圏』で必要となるモビリティ」としては、『生活圏域』の特性を引き出すマルチモーダルな交通計画を立案する必要性、公共交通をはじめとした多様な交通手段確保の必要性が位置づけられている。また、我が国の国際競争力の強化と、ドア・ツー・ドアのサービスを、環境にやさしく、適切なコストで提供することを目指して、マルチモーダル施策を推進するために、空港、港湾、鉄道駅等の拠点、高規格幹線道路、これらを接続する道路、連絡鉄道等の重点的な連携整備と機能向上によ

り、スピードアップと乗継ぎ・積み替えの円滑化が図られている^{xx}。

(7)　平成 20（2008）年頃〜

　平成20（2008）年には、これまでの「国土総合開発計画」に代えて新たに「国土形成計画」が策定され、空港・港湾アクセスの強化や国際貨物を迅速かつ円滑に処理できる陸海空の総合的な輸送ネットワークの構築などが位置づけられた。また、ブロック相互を結ぶ道路・鉄道・港湾・空港等の国内交通基盤を整備・活用し、これらを有機的に結節することでネットワーク性を強化することなどが位置づけられた。

(8)　最近の動き

　国土交通省内にモーダルコネクト検討会が設置され、平成 28（2016）年 3 月から平成29（2017）年 3 月まで 4 回の検討を経て「モーダルコネクトの強化　バスを中心とした道路施策^{xxi}」と題された報告が作成された。人口減少、高齢化など社会経済情勢が大きく変化していく中、国民の日常生活や経済活動を支え、地域の活性化を果たしていくためには、その重要な基盤である道路ネットワークと多様な交通モードが、より一層の連携を高め、有機的な結合を図り、利用者が多様な交通を利用・選択しやすい環境を維持・向上していく必要がある。

　このため、本検討会では、道路ネットワークやその空間を有効に活用しながら、交通モード間の接続を強化（モーダルコネクトの強化）するという観点から検討することが目的に設立された。モーダルコネクトの強化に関する施策内容については後述の節「Ⅶ-8　モーダルコネクトの強化」で記述する。

参考文献

i　今井勇，井上孝，山根孟：道路の長期計画，（株）技術書院，1971，p34〜97，p156〜225 より再掲

ii　道路行政研究会：道路行政，全国道路利用者会議，2010 より再掲
「社会資本整備重点計画」，p292〜303
「国土形成計画」，p304~307
「道路整備五箇年計画の推移」，p308〜311
「道路整備五箇年計画の実施内容」，p312〜335
「積雪寒冷特別地域道路交通確保五箇年計画」，p372〜375
「「新たな中期計画」について」，p376〜382
「特定交通安全施設等整備計画の推移」，p496〜507
「踏切道の改良促進」，p528〜536

iii　建設省：第 7 次〜第 12 次五箇年関係資料，道路審議会

iv　国土交通省ホームページ，「第 2 次社会資本整備重点計画（平成 20 年度〜24 年度：平成 21 年 3 月 31 日閣議決定）」，
http://www.mlit.go.jp/common/000222240.pdf

v　国土交通省ホームページ，「第 3 次社会資本整備重点計画（平成 24 年度〜28 年度：平成 24 年 8 月 31 日閣議決定）」，
http://www.mlit.go.jp/common/000221986.pdf

vi　国土交通省ホームページ，「第 4 次社会資本整備重点計画（本文）」，
http://www.mlit.go.jp/common/001104256.pdf

vii　建設省道路局国道第二課：「道路技術五箇年計画の概要-21 世紀を目指した新たな可能性への挑戦-」，日本道路協会，道路，1994，2 月号，p8〜13 より再掲

viii　建設省道路局国道課：「新進路技術五箇年計画に基づく研究開発」，日本道路協会，道路，1999，10 月号，p13〜16 より再掲

ix　国土交通省ホームページ：「新たな価値の創出による生産性革命の推進、働き方改革の実現〜新たな「国土交通省技術基本計画」の策定について〜」，
http://www.mlit.go.jp/report/press/kanbo08_hh_000408.html

x　山根孟：「総合交通問題」，日本道路協会，道路，1972，4 月号，p2〜12

xi　（財）国土技術研究センターホームページ，「連携重視のネットワーク型交通体系〜道路交通の活用〜」，http://www.jice.or.jp/sonota/k2/200806230.html

xii　日本交通学会：交通経済ハンドブック，白桃書房，2011

xiii　国土交通省：平成 15 年度　国土交通白書，
http://www.mlit.go.jp/hakusyo/mlit/h15/index.html

xiv　政策統括官付政策調整官室：「『二層の広域圏に資する　総合的な交通体系に関する検討委員会』最終報告資料」，2005，
http://www.mlit.go.jp/seisakutokatsu/soukou/nisou-saishuu/nisou-saishuutop.htm

xv　国土交通省ホームページ，「国土形成計画」，2008，
http://www.mlit.go.jp/kokudoseisaku/kokudoseisaku.html

xvi　国土交通政策研究会：2008 国土交通行政ハンドブック，（株）大成出版社，2008

xvii　国土交通省：「都市圏の交通渋滞対策　-都市再生のための道路整備」，2003，
http://www.mlit.go.jp/common/000043136.pdf

xviii 国土交通省道路局ホームページ，「都市圏交通円滑化総合計画の概要」，
　　http://www.mlit.go.jp/road/sisaku/tdm/Top03-01-06.html
xix 国土交通政策研究会：2008 国土交通行政ハンドブック，（株）大成出版社，
　　2008
xx 国土交通省：平成 21 年国土交通白書，
　　http://www.mlit.go.jp/hakusyo/mlit/h21/index.html
xxi モーダルコネクト検討会：モーダルコネクトの強化 バスを中心とした道路施
　　策 平成 29（2017）年 3 月
　　http://www.mlit.go.jp/road/ir/ir-council/modal_connect/index.html

VI　自動車輸送の進展と道路交通情勢

VI-1　自動車輸送の進展

VI-1-1　国内輸送量の推移

　表VI-1-1 に示すように、昭和 40（1965）年度から平成 21（2009）年度までの 44 年間に、実質国内総生産は 4.2 倍に成長した。これに並行して、国内輸送量は次の様に推移した。

①国内貨物輸送量は輸送トン数で 1.9 倍、輸送トンキロで 2.8 倍の増加

②国内旅客輸送量は輸送人員で 2.7 倍、輸送人キロで 3.0 倍の増加

表VI-1-1　国内総輸送量の推移

年度	国内総生産		貨物				旅客			
			トン数		トンキロ		人員		人キロ	
	実質 (10億円)	対前年 伸び率 (%)	実数 (百万トン)	対前年 伸び率 (%)	実数 (百万トン キロ)	対前年 伸び率 (%)	実数 (百万人)	対前年 伸び率 (%)	実数 (百万人キ ロ)	対前年 伸び率 (%)
昭和40(1965)	113,362	6.20	2,616	-0.31	185,726	1.15	30,793	4.83	382,494	7.56
45(1970)	190,448	8.20	5,253	10.94	350,264	11.31	40,606	6.91	587,177	11.04
50(1975)	237,330	4.00	5,026	-1.08	360,490	-3.99	46,195	2.46	710,711	2.47
55(1980)	287,366		5,981	0.47	438,792	-0.66	51,720	0.59	782,031	0.60
60(1985)	355,096	6.28	5,597	-1.27	434,160	-0.05	53,961	1.85	858,214	3.14
平成2(1990)	453,604	6.20	6,776	4.09	546,785	7.46	66,928	2.18	1,131,255	4.06
7(1995)	441,404	3.48	6,643	3.06	559,002	2.67	73,531	1.95	1,232,618	2.40
12(2000)	464,337	2.52	6,371	-1.16	578,000	3.18	76,422	1.44	1,296,898	0.45
17(2005)	492,688	2.08	5,446	-2.22	570,444	0.08	80,772	0.73	1,304,160	-0.26
21(2009)	477,511	-2.16	4,830	-6.10	523,586	-6.10	82,806	-0.14	1,271,113	-1.64
22(2010)	492,833	3.21	5,012		446,079		29,078		547,899	
23(2011)	495,054	0.45	5,021	0.19	428,583	-3.92	28,869	-1.03	543,195	-0.86
24(2012)	499,634	0.93	4,905	-2.33	410,948	-4.11	29,292	1.46	561,073	3.29
25(2013)	512,668	2.61	4,905	0.01	422,864	2.90	29,939	2.21	576,367	2.73
26(2014)	510,393	-0.44	4,862	-0.89	417,187	-1.34	29,837	-0.34	576,298	-0.01

資料 1) 国土交通省「交通関連統計資料集」（各年版）、「自動車輸送統計年報」（各年版）、「鉄道輸送統計年報」
　　　（各年版）、「内航船舶輸送統計調査」（各年版）、「航空輸送統計調査」（各年版）、海事レポート（各年版）
　　2) 運輸省大臣官房統計調査部:陸運統計要覧昭和 45（1970）年版，昭和 45（1970）年 12 月，p9～10

注 1) 昭和 62（1987）年度より自動車には軽自動車及び自家用貨物を加えたので、昭和 61（1986）年度以
　　　前と連続しない。

　　2) 昭和 62（1987）年度以降の鉄道は JR 各社間の重複等があり、前年度までと連続しない。

　　3) 自動車輸送は、平成 22（2010）年 10 月より、調査方法及び集計方法を変更したことに伴い、平成 22
　　　（2010）年 9 月以前の統計数値の公表値とは、時系列上の連続性が担保されない。そのため、機関分担
　　　率は更新していない。また、平成 22（2010）年度の数値には、平成 23（2011）年 3、4 月の北海道運輸
　　　局及び東北運輸局の数値（営業用バスの走行キロを除く。）を含まない。

　　4) 国内総生産の実質値は、デフレーターを昭和 54（1979）年以前が平成 2（1990）年基準、昭和 55（1980）
　　　年から平成 5（1993）年までが平成 12（2000）年基準、平成 6（1994）年以降が平成 23（2011）年基
　　　準として計算されたものである。

VI-1-2　自動車による貨物輸送

昭和 40（1965）年度から平成 21（2009）年度までの 44 年間における、自動車による国内貨物輸送量は次のように推移した。

① 輸送トンキロは、484 億トンキロから 3,347 億トンキロ（6.9 倍）に増加（表VI-1-2）

② 輸送トン数は、21.9 億トンから 44.5 億トン（2.0 倍）に増加（表VI-1-3）

ただし、輸送トン数は、平成 2（1990）年度までは増加（昭和 40（1965）年に対して 2.8 倍）しているのに対し、平成 2（1990）年度以降は減少に転じている[1]。

---

[1] 「輸送機関別距離帯、貨物輸送トン数分担率の推移」等その他データは、道路行政研究会：道路行政，全国道路利用者会議，2010，p191〜211 を参照

表Ⅵ-1-2　輸送機関別国内貨物輸送トンキロ及び分担率 (単位：百万トンキロ)

年度	自動車	シェア (%)	鉄道	(%)	内航海運	(%)	航空	(%)	総計	(%)	対前年度伸び率 (%)
昭和 40 (1965)	48,392	26.1	56,678	30.5	80,635	43.4	21	0.0	185,726	100	1.1
45 (1970)	135,916	38.8	63,031	18.0	151,243	43.2	74	0.0	350,264	100	11.3
50 (1975)	129,701	36.0	47,058	13.1	183,579	50.9	152	0.0	360,490	100	-4.0
55 (1980)	178,901	40.8	37,428	8.5	222,173	50.6	290	0.1	438,792	100	-0.7
60 (1985)	205,941	47.4	21,919	5.0	205,818	47.4	482	0.1	434,160	100	-0.0
平成 2 (1990)	274,244	50.2	27,196	5.0	244,546	44.7	799	0.1	546,785	100	7.5
7 (1995)	294,648	52.7	25,101	4.5	238,330	42.6	924	0.2	559,002	100	2.7
12 (2000)	313,118	54.2	22,136	3.8	241,671	41.8	1,075	0.2	578,000	100	3.2
17 (2005)	334,980	58.7	22,813	4.0	211,576	37.1	1,075	0.2	570,444	100	0.1
21 (2009)	334,667	63.9	20,562	3.9	167,315	32.0	1,043	0.2	523,586	100	-6.1
22 (2010)	244,750	54.9	20,398	4.6	179,898	40.3	1,032	0.2	446,079	100	
23 (2011)	232,693	54.3	19,998	4.7	174,900	40.8	992	0.2	428,583	100	-3.9
24 (2012)	211,669	51.5	20,471	5.0	177,791	43.3	1,017	0.2	410,948	100	-4.1
25 (2013)	215,884	51.1	21,071	5.0	184,860	43.7	1,049	0.2	422,864	100	2.9
26 (2014)	211,988	50.8	21,029	5.0	183,120	43.9	1,050	0.3	417,187	100	-1.3

資料）国土交通省：「交通関連統計資料集」（各年版）、「自動車輸送統計年報」（各年版）、
「鉄道輸送統計年報」（各年版）、「内航船舶輸送統計調査」（各年版）、「航空輸送
統計調査」（各年版）

注 1) 昭和 62（1987）年度より自動車には軽自動車及び自家用貨物を加えたので、昭和
61（1986）年度以前と連続しない。

2) 昭和 62（1987）年度以降の鉄道は JR 各社間の重複等があり、前年度までと連続
しない。

3) 自動車輸送は、平成 22（2010）年 10 月より、調査方法及び集計方法を変更したこ
とに伴い、平成 22（2010）年 9 月以前の統計数値の公表値とは、時系列上の連続
性が担保されない。そのため、機関分担率は更新していない。また、平成 22（2010）
年度の数値には、平成 23（2011）年 3、4 月の北海道運輸局及び東北運輸局の数値
（営業用バスの走行キロを除く。）を含まない。自家用貨物自動車及び自家用旅客
自動車が除外された。

表VI-1-3　輸送機関別国内貨物輸送トン数及び分担率（単位：百万トン）

年度	自動車	シェア(%)	鉄道	(%)	内航海運	(%)	航空	(%)	総計	(%)	対前年度伸び率(%)
昭和40(1965)	2,193.195	83.8	243.524	9.3	179.645	6.9	0.033	0.0	2,616.397	100	-0.3
45(1970)	4,626.069	88.1	250.360	4.8	376.647	7.2	0.116	0.0	5,253.192	100	10.9
50(1975)	4,392.859	87.4	180.616	3.6	452.054	9.0	0.192	0.0	5,025.721	100	-1.1
55(1980)	5,317.950	88.9	162.827	2.7	500.258	8.4	0.329	0.0	5,981.364	100	0.5
60(1985)	5,048.048	90.2	96.285	1.7	452.385	8.1	0.538	0.0	5,597.256	100	-1.3
平成2(1990)	6,113.565	90.2	86.619	1.3	575.199	8.5	0.874	0.0	6,776.257	100	4.1
7(1995)	6,016.571	90.6	76.932	1.2	548.542	8.3	0.960	0.0	6,643.005	100	3.1
12(2000)	5,773.619	90.6	59.274	0.9	537.021	8.4	1.103	0.0	6,371.017	100	-1.2
17(2005)	4,965.874	91.2	52.473	1.0	426.145	7.8	1.082	0.0	5,445.574	100	-2.2
21(2009)	4,454.028	92.2	43.251	0.9	332.175	6.9	1.024	0.0	4,830.478	100	-6.1
22(2010)	4,600.624	91.8	43.647	0.9	366.734	7.3	0.941	0.0	5,011.946	100	-
23(2011)	4,619.485	92.0	39.886	0.8	360.983	7.2	0.960	0.0	5,021.314	100	0.2
24(2012)	4,495.208	91.7	42.340	0.9	365.992	7.5	0.977	0.0	4,904.516	100	-2.3
25(2013)	4,481.703	91.4	44.101	0.9	378.334	7.7	1.016	0.0	4,905.155	100	0.0
26(2014)	4,447.760	91.5	43.424	0.9	369.302	7.6	1.019	0.0	4,861.505	100	-0.9

資料）国土交通省：「交通関連統計資料集」（各年版）、「自動車輸送統計年報」（各年版）、
　　　「鉄道輸送統計年報」（各年版）、「内航船舶輸送統計調査」（各年版）、「航空輸送
　　　統計調査」（各年版）
注 1）昭和 62（1987）年度より自動車には軽自動車及び自家用貨物を加えたので、昭和
　　　61（1986）年度以前と連続しない。
　 2）昭和 62（1987）年度以降の鉄道は JR 各社間の重複等があり、前年度までと連続
　　　しない。
　 3）自動車輸送は、平成 22（2010）年 10 月より、調査方法及び集計方法を変更した
　　　ことに伴い、平成 22（2010）年 9 月以前の統計数値の公表値とは、時系列上の連
　　　続性が担保されない。そのため、機関分担率は更新していない。また、平成 22（2010）
　　　年度の数値には、平成 23（2011）年 3、4 月の北海道運輸局及び東北運輸局の数
　　　値（営業用バスの走行キロを除く。）を含まない。自家用貨物自動車及び自家用旅
　　　客自動車が除外された。

VI-1-3　自動車による旅客輸送[i]

　産業構造の高度化により第 2 次、第 3 次産業就業者の大幅な増加と、
これに伴う都市への人口集中、国民の消費生活の多様化と大衆消費の定
着等により、旅客輸送量においても著しい伸びが見られた。また、乗用
車輸送は、モータリゼーションの進展に伴う乗用車の普及と利用が急速
に進んだことにより、着実にシェアを伸ばしており、輸送人キロでは、

昭和 43（1968）年度にバスと民鉄を追い抜き、昭和 46（1971）年度には国鉄（現 JR）も上回り、現在に至っている[2]。旅客輸送量は次のように推移した。

①自動車による旅客輸送量は、昭和 40（1965）年度に、1,208 億人キロ、149 億人であった輸送人キロ、輸送人数は、平成 21（2009）年度にはそれぞれ、6.6 倍の 7,991 億人キロ、4.0 倍の 599 億人に増大している（表Ⅵ-1-4、表Ⅵ-1-5）。

②平成 21（2009）年度の乗用車の輸送実績は、輸送人キロで 7,117 億人キロ、輸送人数で 542 億人となっており、それぞれ昭和 40（1965）年度当時の 17.5 倍、12.6 倍に達している（表Ⅵ-1-4、表Ⅵ-1-5）。

---

[2] 道路行政研究会：道路行政，全国道路利用者会議，2010，p197

表Ⅵ-1-4　輸送機関別国内旅客輸送人キロ及び分担率（単位：百万人キロ）

年度	自動車 合計	シェア(%)	乗用車 自家用	軽自動車	営業用	バス 自家用	営業用	鉄道	(%)	旅客船	(%)	航空	(%)	総計	(%)	対前年度伸び率(%)
昭和40(1965)	120,756	31.6	29,406	-	11,216	6,763	73,371	255,384	66.8	3,402	0.9	2,952	0.8	382,494	100	7.56
45(1970)	284,229	48.4	162,024	-	19,311	20,655	82,239	288,815	49.2	4,814	0.8	9,319	1.6	587,177	100	11.04
50(1975)	360,868	50.8	235,232	-	15,572	29,953	80,110	323,800	45.6	6,895	1.0	19,148	2.7	710,711	100	2.47
55(1980)	431,669	55.2	305,030	-	16,243	36,462	73,934	314,542	40.2	6,132	0.8	29,688	3.8	782,031	100	0.60
60(1985)	489,260	57.0	368,600	-	15,763	34,050	70,848	330,083	38.5	5,752	0.7	33,119	3.9	858,214	100	3.14
平成2(1990)	685,879	60.6	536,773	23,095	15,639	33,031	77,341	387,478	34.3	6,275	0.6	51,623	4.6	1,131,255	100	4.06
7(1995)	761,913	61.8	594,712	56,117	13,796	23,377	73,911	400,056	32.5	5,637	0.5	65,012	5.3	1,232,618	100	2.40
12(2000)	828,455	63.9	630,958	98,138	12,052	17,777	69,530	384,441	29.6	4,304	0.3	79,698	6.1	1,296,898	100	0.45
17(2005)	825,687	63.3	587,657	138,479	11,485	15,284	72,782	391,228	30.0	4,025	0.3	83,220	6.4	1,304,160	100	-0.26
21(2009)	799,072	62.9	533.499	168,016	10,155	16,197	71,205	393,765	31.0	3,073	0.2	75,203	5.9	1,271,113	100	-1.64
22(2010)	77,677	14.2	-	-	7,723	-	69,955	393,466	71.8	3,004	0.5	73,751	13.5	547,899	100	-
23(2011)	73,916	13.6	-	-	7,221	-	66,696	395,067	72.7	3,047	0.6	71,165	13.1	543,195	100	-0.86
24(2012)	75,668	13.5	-	-	7,210	-	68,458	404,396	72.1	3,092	0.6	77,917	13.9	561,073	100	3.29
25(2013)	74,571	12.9	-	-	7,044	-	67,527	414,387	71.9	3,265	0.6	84,144	14.6	576,367	100	2.73
26(2014)	72,579	12.6	-	-	6,930	-	65,649	413,970	71.8	2,986	0.5	86,763	15.1	576,298	100	-0.01

資料）国土交通省：「交通関連統計資料集」（各年版）、「自動車輸送統計年報」（各年版）、
　　　「鉄道輸送統計年報」（各年版）、「内航船舶輸送統計調査」（各年版）、「航空輸送
　　　統計調査」（各年版）
注1）　昭和62（1987）年度より自動車には軽自動車を加えたので、昭和61（1986）年
　　　度以前と連続しない。
　2）　昭和62（1987）年度以降の鉄道はJR各社間の重複等があり、前年度までと連続
　　　しない。
　3）　自動車輸送は、平成22（2010）年10月より、調査方法及び集計方法を変更した
　　　ことに伴い、平成22（2010）年9月以前の統計数値の公表値とは、時系列上の連
　　　続性が担保されない。そのため、機関分担率は更新していない。また、平成22（2010）
　　　年度の数値には、平成23（2011）年3、4月の北海道運輸局及び東北運輸局の数
　　　値（営業用バスの走行キロを除く。）を含まない。自家用貨物自動車及び自家用旅
　　　客自動車が除外された。
　4）　自家用貨物車を除く。

表Ⅵ-1-5　輸送機関別国内旅客輸送人及び分担率（単位：百万人）

年度	合計		自　動　車					鉄道		旅客船		航空		総計		対前年度伸び率
		シェア(%)	乗　用　車		バ　ス				(%)		(%)		(%)		(%)	(%)
			自家用	軽自動車	営業用	自家用	営業用									
昭和40(1965)	14,863	48.3	1,679	−	2,627	528	10,029	15,798	51.3	126	0.4	5	0.0	30,793	100	4.83
45(1970)	24,032	59.2	7,932	−	4,289	1,557	10,255	16,384	40.3	174	0.4	15	0.0	40,606	100	6.91
50(1975)	28,411	61.5	14,460	−	3,220	1,437	9,293	17,588	38.1	170	0.4	25	0.1	46,195	100	2.46
55(1980)	33,515	64.8	20,186	−	3,427	1,603	8,300	18,005	34.8	160	0.3	40	0.1	51,720	100	0.59
60(1985)	34,679	64.3	22,642	−	3,257	1,551	7,230	19,085	35.4	153	0.3	44	0.1	53,961	100	1.85
平成2(1990)	44,762	66.9	30,847	2,133	3,223	1,802	6,756	21,939	28.2	163	0.2	65	0.1	66,928	100	2.18
7(1995)	50,674	68.9	35,018	5,278	2,758	1,614	6,005	22,630	26.9	149	0.2	78	0.1	73,531	100	1.95
12(2000)	54,572	71.4	36,505	8,999	2,433	1,578	5,058	21,647	25.6	110	0.1	93	0.1	76,422	100	1.44
17(2005)	58,611	72.6	37,358	13,147	2,217	1,343	4,545	21,963	24.9	103	0.1	94	0.1	80,772	100	0.73
21(2009)	59,905	72.3	35,725	16,499	1,948	1,257	4,476	22,724	25.4	92	0.1	84	0.1	82,806	100	-0.14
22(2010)	6,241	21.5	−	−	1,783		4,458	22,669	78.0	85	0.3	82	0.3	29,078	100	−
23(2011)	6,073	21.1	−	−	1,660		4,414	22,632	78.6	84	0.3	79	0.3	28,869	100	-1.03
24(2012)	6,077	20.7	−	−	1,640		4,437	23,042	78.7	87	0.3	86	0.3	29,292	100	1.46
25(2013)	6,153	20.6	−	−	1,648		4,505	23,606	79.0	88	0.3	92	0.3	29,939	100	2.21
26(2014)	6,057	20.3	−	−	1,558		4,499	23,599	79.1	86	0.3	95	0.3	29,837	100	-0.34

資料）国土交通省：「交通関連統計資料集」（各年版）、「自動車輸送統計年報」（各年版）、
　　　「鉄道輸送統計年報」（各年版）、「内航船舶輸送統計調査」（各年版）、「航空輸送
　　　統計調査」（各年版）

注1）昭和62（1987）年度より自動車には軽自動車を加えたので、昭和61（1986）年度
　　　以前と連続しない。
　2）昭和62（1987）年度以降の鉄道はJR各社間の重複等があり、前年度までと連続
　　　しない。
　3）自動車輸送は、平成22（2010）年10月より、調査方法及び集計方法を変更した
　　　ことに伴い、平成22（2010）年9月以前の統計数値の公表値とは、時系列上の連
　　　続性が担保されない。そのため、機関分担率は更新していない。また、平成22年
　　　度の数値には、平成23（2011）年3、4月の北海道運輸局及び東北運輸局の数値（営
　　　業用バスの走行キロを除く。）を含まない。自家用貨物自動車及び自家用旅客自動
　　　車が除外された。
　4）自家用貨物車を除く。

Ⅵ-1-4　自動車の普及[ii]

　自動車の普及が著しくなったのは、昭和 30 年代に入ってからである
が、特に昭和 30 年代は貨物車の普及が中心となっていた。昭和 30（1955）
年度と昭和 40（1965）年度を比較すると、貨物車の保有台数（二輪車、
被けん引車を除く）は、その 10 年間で 400 万台の増加を示しており、
これは乗用車の増加量の約 2 倍に相当する。乗用車は、昭和 30（1955）
〜40（1965）年度の伸び率においては貨物車を大幅に上回っており、昭
和 40 年代に入ってからの毎年の増加量は貨物車を上回り、昭和 45（1970）
年度末になって遂に貨物車の保有台数を超えるに至った（表Ⅵ-1-6）。

　乗用車は昭和 45（1970）年度以降も増加している。しかし、近年の乗
用車の車種別保有台数では、軽乗用車以外の乗用車は横ばいから微減傾
向にあるのに対し、軽乗用車は増加を続けている。また、販売総数では
乗用車は近年減少傾向がみられる中、ハイブリッド車、電気自動車は販
売台数を拡大、軽自動車も堅調である[3]。これに対し、貨物車は平成 2
（1990）年頃がピークとなっており、その後減少に転じている。

　このような自動車の普及状況は、地方部において大都市部を上回る伸
びを示している（図Ⅵ-1-1）。

---

[3] 販売台数の推移は、社会資本整備審議会道路分科会第 2 回国土幹線道路部会：「（資料
5）自動車を取り巻く環境の変化」，2012 から引用

表VI-1-6　自動車保有台数の推移（単位：台）

年度末	乗　用　車　類				貨　物　車　類				三輪車以上合計
	乗用車	バス	計	うち軽乗用車	貨物車	特種(株)車	計	うち軽貨物車	
昭和20(1945)	25,533	12,792	38,325	−	101,408	2,314	103,722	−	142,047
25(1950)	48,309	19,345	67,654	−	277,621	12,653	290,274	122	357,928
30(1955)	157,802	34,960	192,762	−	695,124	34,087	729,211	4,492	921,973
35(1960)	493,470	57,740	551,210	53,053	1,673,033	74,252	1,747,285	357,408	2,298,495
40(1965)	2,289,665	105,386	2,395,051	411,753	4,679,982	163,608	4,843,590	1,819,119	7,238,641
45(1970)	9,104,593	190,066	9,294,659	2,327,644	8,518,592	351,661	8,870,253	3,081,967	18,164,912
50(1975)	17,377,551	219,945	17,597,496	2,555,458	10,172,607	595,798	10,768,405	2,831,680	28,365,901
55(1980)	23,646,119	229,429	23,875,548	2,102,619	13,245,891	794,025	14,039,916	4,620,226	37,915,464
60(1985)	27,790,194	230,783	28,020,977	1,942,616	17,185,827	943,801	18,129,628	8,945,677	46,150,605
平成2(1990)	35,151,831	245,844	35,397,675	2,715,334	21,057,439	1,213,569	22,271,008	12,311,663	57,668,683
7(1995)	45,068,530	242,907	45,311,437	5,965,822	20,114,002	1,524,405	21,638,407	11,377,221	66,949,844
12(2000)	52,449,354	235,550	52,684,904	10,084,285	17,930,702	1,754,311	19,685,013	9,958,458	72,369,917
17(2005)	57,097,670	231,696	57,329,366	14,350,390	16,558,814	1,618,698	18,177,512	9,547,749	75,506,878
22(2010)	58,139,471	226,839	58,366,310	18,004,339	14,984,631	1,646,018	16,630,649	8,922,794	74,996,959
23(2011)	58,729,343	226,270	58,955,613	18,585,902	14,854,206	1,645,449	16,499,655	8,872,908	75,455,268
24(2012)	59,357,223	226,047	59,583,270	19,347,873	14,695,781	1,654,739	16,350,520	8,783,528	75,933,790
25(2013)	60,051,338	226,542	60,277,880	20,230,295	14,591,495	1,669,679	16,261,174	8,708,181	76,539,054
26(2014)	60,517,249	227,579	60,744,828	21,026,132	14,492,387	1,683,313	16,175,700	8,623,545	76,920,528

資料）国土交通省：「自動車保有車両数」（各年版）、「陸運統計要覧」（各年版）、日本自動車工業会　「自動車統計月報　各年6，7月」

注 1）昭和25（1950）年度末〜34年度末の三輪以上の軽自動車は、実態を勘案して、すべて「貨物車」とした。

　　2）昭和35（1960）年度末以降、三輪の軽自動車は、すべて軽貨物車とした。

　　3）昭和25（1950）年度末〜38（1963）年度末の「被けん引車」には、バスの被けん引車が含まれている。

　　4）沖縄県分は、小型特殊自動車と原動機付自転車については、昭和47（1972）年度末から、その他については昭和49（1974）年度末から含まれている。

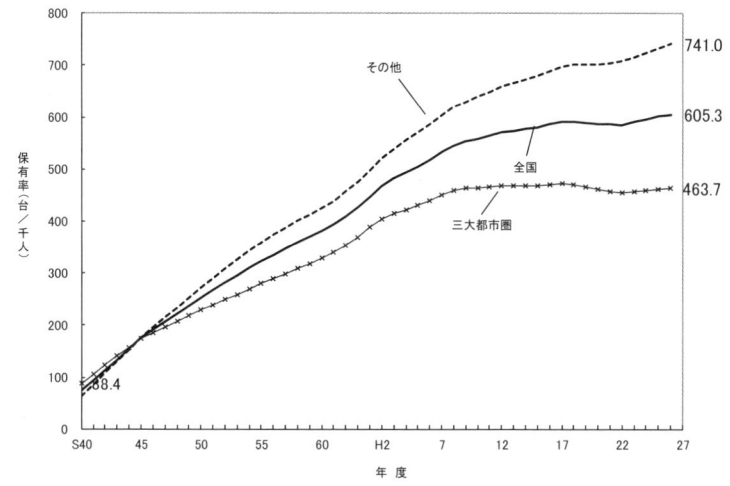

<資料>　(社)日本自動車工業会「自動車統計月報 各年6月号」、総務省「国勢調査」(昭和55年以前と昭和60年,平成2年、
　　　　7年、12年、17年、22年)、「人口推計」(国勢調査以外の年)
　注)　1．自動車保有台数は被けん引を除く三輪以上合計で各年度末値。人口は各年10月1日現在の値。
　　　　2．三大都市圏：埼玉県、千葉県、東京都、神奈川県、愛知県、三重県、京都府、大阪府、兵庫県
　　　　　その　の　他：三大都市圏以外の道県

図VI-1-1　自動車保有率の地域別推移

VI-1-5　自動車輸送原単位の推移[iii,iv]

　一例として、業態ごとのトラック輸送原単位の推移を表VI-1-7に示す。

　自動車輸送に関する統計は、昭和35（1960）年4月から統計法に基づく指定統計第99号（平成21（2009）年4月1日より基幹統計）として自動車輸送統計調査を開始した。その後、昭和39（1964）年に営業用バスの全数調査及び路線トラック調査（平成3（1991）年より、特別積合せトラック調査）を追加、昭和62（1987）年に軽自動車の調査対象への追加等を行った。さらに、平成22（2010）年10月より、調査対象から自家用貨物自動車のうち軽自動車及び自家用旅客自動車を除外し、調査方法及び集計方法を変更するとともに、走行キロ（営業用バスを除く）及び燃料消費量については、「自動車燃料消費量調査」に移管している。

　なお、自動車輸送統計調査では、登録自動車（道路運送車両法第4条）

及び軽自動車（道路運送車両法第 60 条）のうち、国土交通大臣が選定等する自動車について調査を実施している。自家用貨物自動車のうち軽自動車及び自家用旅客自動車のほか、一般の輸送の用に供さない以下の自動車については、調査から除外されている。

- ・ 大型特殊車（ブルドーザー等）
- ・ 一般の輸送に従事しない特種用途車（消防車、パトカー等）
- ・ 小型特殊車（フォークリフト、農耕用ハンドトラクター等）
- ・ 二輪車等。

　参考のため、自動車輸送統計に用いられている用語の定義を掲げておく。

① 輸送トン数・輸送人員：輸送した貨物の重量のトン数、輸送した旅客の人数

② 輸送トンキロ・輸送人キロ：輸送距離の要素を含めたいわば仕事量の概念を導入したもので、たとえば 5 トンの貨物を 20km 輸送した場合の輸送量は輸送トン数で 5 トン、輸送トンキロで 100 トンキロである。

③ 能力トンキロ・能力人キロ：各自動車が走行するとき、常に最大積載量・乗車定員の貨物・旅客を輸送するとした場合の輸送トンキロ・輸送人キロ

④ 輸送効率：輸送トンキロ（人キロ）÷能力トンキロ（人キロ）×100%

⑤ 走行キロ：自動車が走行した実際の距離を km であらわしたもので、貨物や旅客を輸送したかどうかを問わない。

⑥ 実車キロ：自動車が実際に貨物または旅客を乗せて走行した距離を km であらわしたもの

⑦ 実働延日車：貨物輸送または旅客輸送のため走行した自動車を実働車といい、調査期間中に延日数にして何台の自動車が実働したかをあらわしたもの

⑧ 実在延日車：登録を受けて実際に走行できる状態の自動車が調査期間中に延日数にして何台あったかをあらわしたもの

⑨　実在総車：（前期末登録自動車数＋今期末登録自動車数）÷2

⑩　1トン（人）あたり平均輸送キロ：輸送トンキロ（人キロ）÷輸送トン数（人員）

⑪　実働1日1車あたり輸送トン数（人員）：輸送トン数（人員）÷実働延日車数

⑫　実働1日1車あたり走行キロ：走行キロ÷実働延日車数

⑬　実働1日1車あたり輸送回数：総輸送回数÷実働延日車数

⑭　実働率：実働延日車÷実在延日車×100%

⑮　実車率：実車キロ÷走行キロ×100%

表VI-1-7　トラック輸送原単位の推移[4]

年　度			車両数（年度末）（両）	実働率（%）	実車率（%）	実働1日1車平均		1トン当たり平均輸送キロ（キロメートル）
						走行キロ（キロメートル）	輸送トン数（トン）	
営業用	普通車	昭和 30(1955)	48 285	…	…	84.9	8.4	28.6
		35(1960)	76 356	75.3	66.0	131.0	13.0	32.1
		40(1965)	143 559	70.4	64.5	155.1	13.1	40.2
		45(1970)	258 627	72.5	64.1	182.4	13.1	71.1
		50(1975)	353 010	64.9	62.9	172.4	12.4	60.9
		55(1980)	450 755	69.7	65.5	190.9	12.2	67.5
		60(1985)	550 059	71.8	69.1	199.8	11.5	76.4
		平成 2(1990)	731 920	71.5	68.9	214.0	11.3	82.6
		7(1995)	849 427	69.2	66.9	229.2	10.5	86.7
		12(2000)	901 104	68.8	69.7	241.5	11.0	88.3
		17(2005)	909 871	68.6	71.0	241.0	10.5	101.9
		22(2010)	856 599	67.6	69.9	219.8	12.1	67.9
	小型車	昭和 30(1955)	43 883	…	…	48.9	2.8	7.2
		35(1960)	89 814	77.6	58.3	68.4	4.6	10.2
		40(1965)	106 699	73.6	57.8	81.9	4.5	14.4
		45(1970)	92 282	74.4	58.5	95.9	4.0	17.6
		50(1975)	86 047	70.1	60.8	96.9	2.6	27.9
		55(1980)	86 622	73.3	64.0	101.7	2.1	30.7
		60(1985)	93 823	74.4	66.2	103.7	1.8	36.0
		平成 2(1990)	93 737	71.9	62.4	105.6	1.6	34.3
		7(1995)	85 973	68.9	56.4	110.0	1.5	31.5
		12(2000)	79 496	67.1	59.5	117.7	1.5	33.3
		17(2005)	76 877	64.7	61.3	116.3	1.4	36.2
		22(2010)	75 646	60.1	68.9	109.7	1.3	30.4
自家用	普通車	昭和 30(1955)	111 870	…	…	53.5	8.0	16.9
		35(1960)	155 169	60.0	44.8	112.2	12.9	17.5
		40(1965)	281 882	62.0	49.8	105.3	12.9	19.5
		45(1970)	555 218	66.8	51.2	119.2	13.9	23.4
		50(1975)	822 443	51.0	52.0	98.1	14.0	19.8
		55(1980)	1 051 653	54.0	54.4	98.5	12.1	21.5
		60(1985)	1 123 089	53.5	56.4	95.2	9.7	22.3
		平成 2(1990)	1 474 161	54.7	51.8	95.3	8.9	23.0
		7(1995)	1 734 729	52.1	50.4	91.1	7.0	22.7
		12(2000)	1 680 488	49.7	48.4	93.5	6.4	21.2
		17(2005)	1 558 569	48.8	48.2	89.5	5.2	21.9
		22(2010)	1 415 352	39.3	41.7	89.9	5.0	22.7
	小型車	昭和 30(1955)	486 568	70.0	…	26.8	1.2	8.6
		35(1960)	994 236	65.5	51.4	46.7	1.7	10.5
		40(1965)	2 328 723	63.3	46.0	58.8	1.4	14.2
		45(1970)	4 530 498	71.3	41.6	50.2	1.3	15.6
		50(1975)	6 079 427	61.1	39.3	53.0	0.6	19.8
		55(1980)	7 036 635	64.0	38.6	55.4	0.5	20.9
		60(1985)	6 473 179	63.1	38.9	57.6	0.4	22.7
		平成 2(1990)	6 445 958	64.2	31.6	59.0	0.4	22.1
		7(1995)	6 066 652	60.1	26.1	62.5	0.3	21.6
		12(2000)	5 311 156	58.2	25.0	69.5	0.3	21.6
		17(2005)	4 465 748	57.3	22.7	69.6	0.3	22.0
		22(2010)	3 714 240	38.2	21.1	82.9	0.3	17.1

資料　1)　国土交通省総合政策局情報政策本部情報政策課交通統計室：「自動車輸送統計年報」、平成22年度以降の走行キロは「自動車燃料消費量統計年報」
　　　2)　車両数については国土交通省自動車局自動車情報課：「自動車保有車両数」
注 1)　平成22（2010）年度より、「自動車輸送統計年報」の調査方法及び集計方法を変更した。平成21（2009）年度以前の数値とは連続しない。
　　2)　営業用普通車、営業用小型車の走行キロは一部他車種の走行キロを含む。
　　3)　平成22（2010）年度の自動車の数値には、東日本大震災の影響により北海道運輸局及び東北運輸局管内の3月の数値を含まない。

4　国土交通省：交通関連統計資料集，http://www.mlit.go.jp/statistics/kotsusiryo.html より作成

VI-2　道路交通情勢の推移

VI-2-1　全国道路・街路交通情勢調査（道路交通センサス）の実施状況
v,vi,vii,viii

(1)　道路交通情勢の調査

　道路交通情勢を把握するため、全国にわたり組織的に実施されている調査には、全国道路交通センサスがあり、その体系は図VI-2-1に示すように自動車の運行状況などを調査する「自動車起終点調査（OD 調査）」と、道路の状況と断面交通量を調査する「一般交通量調査」の二つに大別される。

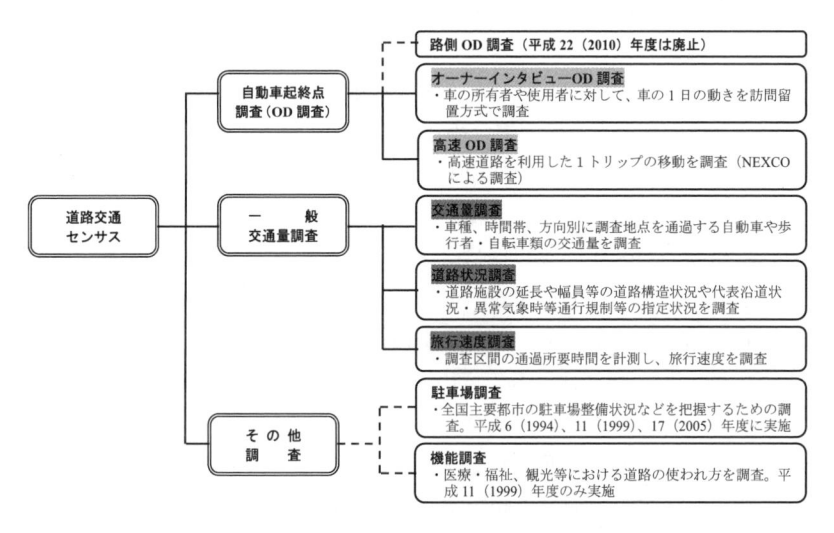

図VI-2-1　道路交通センサスの構成図[5]

注）　平成 22（2010）年度調査を基礎として、過去にのみ行われた項目も記述

(2)　道路交通センサスの変遷

　道路交通センサスは、昭和 3（1928）年に初めて体系的な交通調査が

---

[5] 九州地方整備局ホームページ等，http://www.qsr.mlit.go.jp/n-michi/ir-info/より作成

行われて以来、次の経緯を経て平成 27（2015）年の調査構成に至った。

①昭和 3（1928）年に日本道路協会の前身である道路改良会が主催して、国道および指定府県道 30,984km を対象に 5,005 地点において交通量および道路状況把握を目的とする調査を実施したのが最初である。

②昭和 23（1948）年度（第二次世界大戦中（昭和 18（1943）年度）は実施されなかった）に建設省道路局で実施されて以来、昭和 33（1958）年度までは 5 年ごとに、次いで昭和 37（1962）年度に、その後は昭和 55（1980）年度まで 3 年ごとに実施されてきた。

③昭和 33（1958）年度からはそれまでの一般交通量調査に加え、自動車交通の質的内容を把握するための自動車起終点調査（OD 調査）が実施された。

④旅行速度調査に関しては、昭和 39（1964）年度に、道路交通センサスとは別に、元一級国道全線 13,000km を対象として行われ[6]、昭和 43（1968）年度道路交通センサスにおいて、主要地方道以上の道路を対象として旅行速度調査が行われた[7]。

⑤昭和 55（1980）年度以降は、交通情勢等を勘案して 5 年ごとに実施することとし、5 年間隔のデータを量的に補完する調査として、中間年（3 年目）において、一般交通量調査のみを行うこととされた。なお、昭和 55（1980）年度の調査から「道路交通センサス」という通称が用いられるようになった。

⑥昭和 63（1988）年度には、休日の道路交通の実態を把握するため、初めて休日の交通量の調査が一部で実施され、平成 2（1990）年度より従来の平日調査の他に休日調査も同規模で実施された。

⑦その後、調査年度の変更があり、平成 6（1994）年度に一般交通量調査と自動車起終点調査が実施された。また、同年度に駐車場に関する基礎資料を得ることを目的に駐車場調査が実施された。

---

[6] 山根孟，他：「一般国道上の走行速度調査結果報告」，日本道路協会，道路，1965，4 月号，p281〜291
[7] 道路局道路経済調査室：「昭和 43 年度道路交通情勢調査集計結果」，日本道路協会，道路，1969，8 月号，p61

⑧平成 11（1999）年度は、地域ごとに道路交通センサス懇談会が開催され、学識経験者・経済界・マスコミ等各界の有識者の意見を踏まえる PI（パブリックインボルブメント）方式が導入され、調査内容の大幅な見直しを行った上で調査が実施された。同年度調査においては医療、福祉、観光等における道路の使われ方を把握する機能調査が行われた。

⑨平成 17（2005）年度調査では、一般交通量調査において機械観測の導入や、自動車起終点調査では車両数が増加していた ETC 装着車の交通特性把握手法について見直しが行われた。

⑩平成 22（2010）年度調査では、平成 17（2005）年度調査に引き続き学識経験者からなる検討委員会が設置され、大都市部での郵送調査、簡易調査票、Web 調査方式によるアンケート、ETC 利用情報を活用等の工夫が行われ、また、一般交通量調査では機械観測を基本とするなど、効率的な調査の実施に向けて大幅な変更が行われた。

⑪平成 27（2015）年度調査では、一般交通量の調査において、ITS の普及進展により新たな交通計測が実用化してきていることを踏まえ、データ収集の高度化、効率化が図られた。交通量調査では、機械観測の推進、既存の交通量調査結果の活用が、旅行速度調査では、ETC2.0 プローブデータの活用、調査区間の細分化がなされた。

(3)　自動車起終点調査（OD 調査）

　自動車起終点調査（OD 調査）は、ある 1 日の自動車利用状況（自動車の移動距離、移動の発地・着地等）を車両の所有者または使用者にアンケートをおこなうもので、オーナーインタビューOD 調査と高速 OD 調査からなる（表Ⅵ-2-1）。次の経緯で調査方法が推移した。

①昭和 33（1958）年度、OD 調査が道路交通センサスの一環として初めて実施された。全国を 92 ブロックに分割して、ブロック境界線上の主要道路における路側でドライバーに聞き取り調査を行う路側 OD 調査と、全国 106 都市、7 都市群におけるオーナーインタビューOD 調査とから構成されているものであった。

②その後、順次調査の拡充を図り、昭和 46（1971）年度になってはじめて全国を対象とした調査が実施された。

③昭和 49（1974）年度には、従来の平日調査に加えて休日交通の実態把握が試みられ、平成 2（1990）年度から平日と同規模で本格的に休日調査が実施された。

④平成 22（2010）年度調査では、路側 OD 調査を廃止し、オーナーインタビューOD 調査も、より効率的な実施に向けた見直しが行われた（表VI-2-1）。

表VI-2-1　平成 22（2010）年度自動車起終点調査（OD 調査）の概要[8]

	オーナーインタビューOD 調査の概要	高速 OD 調査の概要
①調査時期・期間	○秋季のある 1 日（平日、休日を対象）	○秋期のある 1 日（平日、休日を対象）
②調査対象	○全国の 3 輪以上の登録自動車及び軽自動車（緊急自動車、外交官用車両、トレーラ等除く）	○全国の 3 輪以上の登録自動車及び軽自動車（緊急自動車、外交官用車両、トレーラ等除く）
③抽出方法	○登録自動車は登録原簿ファイル、軽自動車は軽自動車検査ファイルから抽出 ○市区町村別車種・業態（自家用・営業用）別に抽出	○高速道路の利用者に対し、Web によるアンケート回答者を募集
④調査方法	○訪問配布、訪問回収	○Web 調査
⑤拡大方法	○保有台数が、車種別市区町村別の統計値に整合するように拡大係数を設定	○高速道路利用交通量が、車種別 IC ペア別交通量と整合するように拡大係数を設定
⑥調査内容	○自動車の 1 日の運行を調査 ○車種、使用者の住所、1 日の移動距離、主な運転者の属性（性・年齢等）など ○出発地・目的地、目的、出発・到着時刻、出発地・目的地の利用施設・駐車場所、移動距離、人数など	○高速道路を利用した 1 日の高速利用実態を調査 ○車種、運転者の属性（性・年齢）など ○出発地・目的地、目的、出発・到着時刻等

---

[8] 毛利雄一：「道路交通センサスの概要と道路交通の近況」，運輸調査局，運輸と経済第 72 巻第 6 号，2012，p42
オーナーインタビューOD 調査の詳細は、道路行政研究会：道路行政，全国道路利用者会議，2010，p702〜712 を参照。高速 OD 調査の詳細は、毛利雄一：「道路交通センサスの概要と道路交通の近況」，運輸調査局，運輸と経済第 72 巻第 6 号，2012，p39〜47、道路行政研究会：道路行政，全国道路利用者会議，2010，p702〜712 を参照。

(4)　一般交通量調査

一般交通量調査の経緯と調査対象道路の推移を表VI-2-2、表VI-2-3に示す。

一般交通量調査は、図VI-2-1に示すように、①道路状況調査[9]、②交通量調査[10]及び③旅行速度調査[11]からなる。

調査対象となる道路は、高速自動車国道から一般都道府県道（主要地方道と称している指定市の市道を含む）までの全路線である。ただし、指定市の一般市道のうち原則として4車線以上の道路の重要な路線については一部対象とされている。

平成17（2005）年度調査までは対象路線を交通量及び道路条件の著しい変化のない区間に分割し、原則として区間ごとに一箇所の交通量観測地点を設けて行われてきた。平成22（2010）年度調査では、この区間の見直しが行われ、調査対象路線を、他の路線との接続する箇所（幹線路道路同士の交差点やIC等）、大規模施設のアクセス点等で分割した交通調査基本区間を設定し、この調査基本区間を集約した交通量及び旅行速度調査単位区間について調査が実施された。また、調査にかかるコストを縮減しつつ、データ収集の高度化、効率化を図るため、様々な改善が行われた。

調査結果は、各道路管理者により調査単位区間ごとに作成されるデータをもとに国土交通省で全体集計が行われ、一般交通量調査箇所別基本表等[12]にまとめられている。

(5)　その他の調査

道路交通センサスでは、そのほかの調査として、①機能調査[13]、②駐車場調査[14]がある（図VI-2-1参照）。

9　道路行政研究会：道路行政、全国道路利用者会議、2010、p702〜712を参照
10　毛利雄一：「道路交通センサスの概要と道路交通の近況」、運輸調査局、運輸と経済第72巻第6号、2012、p39〜47
11　道路行政研究会：道路行政、全国道路利用者会議、2010、p705〜707
12　国土交通省ホームページ、http://www.mlit.go.jp/road/ir-data/ir-data.html
13　機能調査の詳細は、道路行政研究会：道路行政、全国道路利用者会議、2010、p710〜711を参照
14　駐車調査の詳細は、道路行政研究会：道路行政、全国道路利用者会議、2010、p711〜712を参照

表VI-2-2　一般交通量調査の経緯[15]

調査年度	調査名	主催	交通量観測地点数	調査延長 (km)	観測時間
昭和 3 (1928) 年度	全国交通調査	道路改良会	5,005	30,984	春秋季3日間日出〜日没後2時間
昭和 8 (1933) 年度	不明	内務省土木局	不明	不明	不明
昭和 13 (1938) 年度	国道及重要府県道交通情勢調査	〃	不明	不明	不明
昭和 23 (1948) 年度	〃	建設省道路局	6,353	不明	春秋季3日間6〜20時
昭和 28 (1953) 年度	1, 2級国道及重要都道府県道交通情勢調査	〃	7,067	不明	春秋季3日間7〜19時
昭和 33 (1958) 年度	全国交通情勢調査一般交通量調査	〃	7,851	51,892	〃
昭和37 (1962) 年度	全国交通情勢調査一般交通量調査	〃	8,284	50,946	〃
昭和40 (1965) 年度	全国道路交通情勢調査一般交通量調査	〃	12,468	108,178	〃
昭和43 (1968) 年度	〃	〃	18,576	144,815	春秋季2日間7〜19時
昭和46 (1971) 年度	〃	〃	23,225	156,447	〃
昭和49 (1974) 年度	〃	〃	28,215	177,187	春秋季1日間7〜19時
昭和52 (1977) 年度	〃	〃	22,716	158,104	〃
昭和55 (1980) 年度	道路交通センサス一般交通量調査	〃	23,664	173,515	〃
昭和58 (1983) 年度	〃	〃	23,643	176,280	秋季1日間7〜19時
昭和60 (1985) 年度	〃	〃	24,316	177,365	春秋季1日間7〜19時
昭和63 (1988) 年度	〃	〃	平日25,103 休日5,370	平日179,228 休日36,387	秋季平日、休日各1日間7〜19時
平成 2 (1990) 年度	〃	〃	25,609	180,975	〃
平成 6 (1994) 年度	〃	〃	26,738	183,396	〃
平成 9 (1997) 年度	〃	〃	27,541	187,449	〃
平成 11 (1999) 年度	〃	〃	23,287	188,731	〃
平成17 (2005) 年度	〃	国土交通省道路局	24,496	191,435	〃
平成22 (2010) 年度	〃	〃	25,371	193,045	〃
平成27 (2015) 年度	〃	〃	25,689	195,430	〃

表VI-2-3　調査対象道路の推移[16]

年度	高速道路 (都市高速を含む)	一般国道	主要地方道	一般都道府県道	市町村道
昭和 3 (1928) 年度	ー	○	○	ー	ー
昭和 8 (1933) 年度	ー	○	○	ー	ー
昭和 13 (1938) 年度	ー	○	○	ー	ー
昭和 23 (1948) 年度	ー	○	○	ー	ー
昭和 28 (1953) 年度	ー	○	○	ー	ー
昭和 33 (1958) 年度	ー	○	○	約1／3	ー
昭和37 (1962) 年度	ー	○	○	約1／3	ー
昭和40 (1965) 年度	○	○	○	約1／2	ー
昭和43 (1968) 年度	○	○	○	○	ー
昭和 46 (1971) 年度	○	○	○	○	一部
昭和49 (1974) 年度	○	○	○	○	約1／10
昭和 52 (1977) 年度	○	○	○	○	ー
昭和55 (1980) 年度	○	○	○	○	一部
昭和58 (1983) 年度	○	○	○	○	一部
昭和 60 (1985) 年度	○	○	○	○	一部
昭和 63 (1988) 年度平日	○	○	○	○	一部
休日	約1／5	約1／2	約1／5	約1／12	一部
平成 2 (1990) 年度	○	○	○	○	一部
平成 6 (1994) 年度	○	○	○	○	一部
平成 9 (1997) 年度	○	○	○	○	一部
平成 11 (1999) 年度	○	○	○	○	一部
平成17 (2005) 年度	○	○	○	○	一部
平成22 (2010) 年度	○	○	○	○	一部
平成27 (2015) 年度	○	○	○	○	一部

注　1)　昭和 3 年は北海道、昭和 23〜46 年までは沖縄県が調査されていない。
　　2)　平成 2 年度以降は平日、休日とも同規模で調査した。
　　3)　平成 17 年度は都道府県管理道路の一部地点で休日調査を行っていない。

15　全国道路利用者会議：道路行政研究会：道路行政，全国道路利用者会議，2010，p705、国土交通省：「平成 22 年度全国道路・街路交通情勢調査（道路交通センサス）一般交通量調査集計表」，http://www.mlit.go.jp/road/census/h22-1/より作成
16　全国道路利用者会議：道路行政研究会：道路行政，全国道路利用者会議，2010，p705、国土交通省：「平成 22 年度全国道路・街路交通情勢調査（道路交通センサス）一般交通量調査集計表」，http://www.mlit.go.jp/road/census/h22-1/より作成

VI-2-2 道路交通情勢の推移[ix]

道路交通センサスに基づき、いくつかの道路交通情勢の推移を紹介する[17]。

①平均交通量：平成 22（2010）年度における全車平均交通量は、平成 17（2005）年度から 2.6%減少し、7,829 台/日となっている。高速自動車国道では、平成 17（2005）年度調査以降に実施された無料化社会実験や料金割引制度の拡充等により、平均交通量が 7.4%増加している。一方、一般国道では 5.8%減少、都道府県道等では 4.3%減少しており、規格の高い道路へ自動車交通が転換していることがわかる（図 VI-2-2）。

②混雑時旅行速度：平成 22（2010）年度における平日の混雑時旅行速度は、35.1km/h であり、平成 9（1997）年度から平成 22（2010）年度にかけてほぼ横ばいで推移している。高速自動車国道で混雑時旅行速度が大きく低下したが、都市高速道路、一般国道では上昇した（図 VI-2-3）。

③道路整備水準：一般道路について、歩道設置率、幅広歩道設置率、四車線化率は、過去から一貫して増加している。また、鉄道との平面交差箇所数は減少している（図 VI-2-4）。

---

[17] 道路交通センサスの各種集計結果は、国土交通省道路局道路 IR サイト，http://www.mlit.go.jp/road/ir/ir-data/ir-data.html に、各年度の調査結果については、道路交通センサス基本集計表に公開されている。

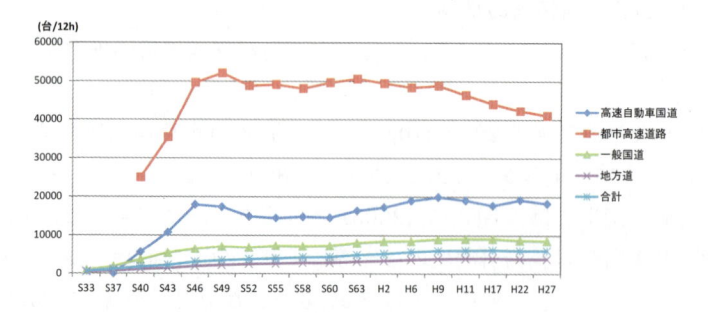

資料）　国土交通省「道路交通センサス」（各年度）による平日値
注 1)　昭和 40（1965）年度までは一般都道府県道の全延長を対象としていない。
　 2)　昭和 55（1980）年度以降は交通不能区間を除く延長に対する数値である。
　 3)　昭和 49（1974）年度までは「元一級国道」を「直轄」、「元二級国道」を「その他」とした。
　 4)　一般国道（その他）には、指定区間内の有料道路が含まれる。
　 5)　昭和 33（1958）、37（1962）年度の数値には自動二輪車が含まれる。

図VI-2-2　道路種類別の平均交通量の推移[18]

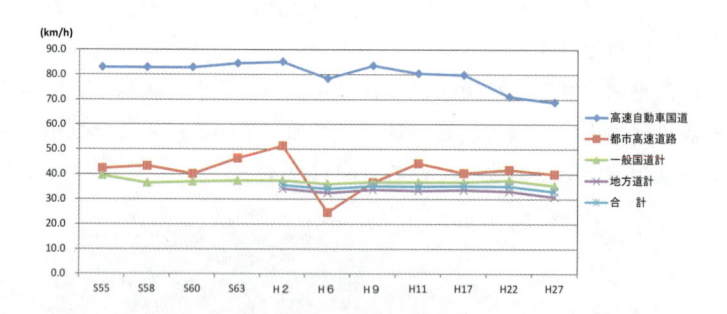

資料）　国土交通省「道路交通センサス」（各年度）による平日値
注 1)　混雑時旅行速度は、朝又は夕方のラッシュ時間帯（7,8,17,18 時台）の平均速度。各区間の上下
　　　で遅い方向の旅行速度から算出。
　 2)　昭和 55（1980）〜平成 2（1990）年度の旅行速度はピーク時に調査、平成 6（1994）年度以
　　　降は混雑時に調査したものである。
　 3)　合計は交通不能区間を含む値である。

図VI-2-3　混雑時旅行速度の推移（平日）[19]

---

[18] 国土交通省：「平成 22 年度　道路交通センサス　一般交通量調査結果の概要について
（添付資料『道路交通センサス一般交通量調査の概要』）、
http://www.mlit.go.jp/report/press/road01_hh_000207.html、国土交通省：「道路 IR；道
路交通センサスから見た道路交通の現状，推移（データ集）」、
http://www.mlit.go.jp/road/ir/ir-data/data_shu.html から作成
[19] 国土交通省：「平成 22 年度　道路交通センサス　一般交通量調査結果の概要について

年度	歩道				四車線化		鉄道平面交差		調査延長
	設置延長 (km)	設置率	うち幅広歩道 (km)	設置率	延長 (km)	率	箇所数 (箇所)	密度 (箇所/千km)	(km)
S55	34,363.5	20.2%	5,780.6	3.4%	5,982.1	3.5%	4,630	27.2	170,111.8
S58	40,922.5	23.7%	7,288.8	4.2%	6,357.5	3.7%	4,652	26.9	172,742.3
S60	45,421.9	26.2%	8,600.9	5.0%	6,857.7	4.0%	4,401	25.4	173,487.1
S63	51,764.7	29.7%	10,532.7	6.0%	7,833.7	4.5%	4,128	23.6	174,567.9
H2	55,502.7	31.6%	11,601.5	6.6%	8,460.6	4.8%	4,122	23.5	175,394.1
H6	62,554.5	35.4%	14,254.8	8.1%	9,738.7	5.5%	4,009	22.7	176,699.9
H9	67,846.2	37.7%	16,770.7	9.3%	10,807.8	6.0%	3,972	22.1	180,114.4
H11	71,349.3	39.4%	18,558.0	10.3%	11,238.9	6.2%	3,881	21.4	180,972.1
H17	77,667.9	42.5%	23,901.9	13.1%	12,533.6	6.9%	3,766	20.6	182,553.7
H22	82,725.7	45.1%	30,288.0	16.5%	14,513.0	7.9%	3,351	18.3	183,225.6

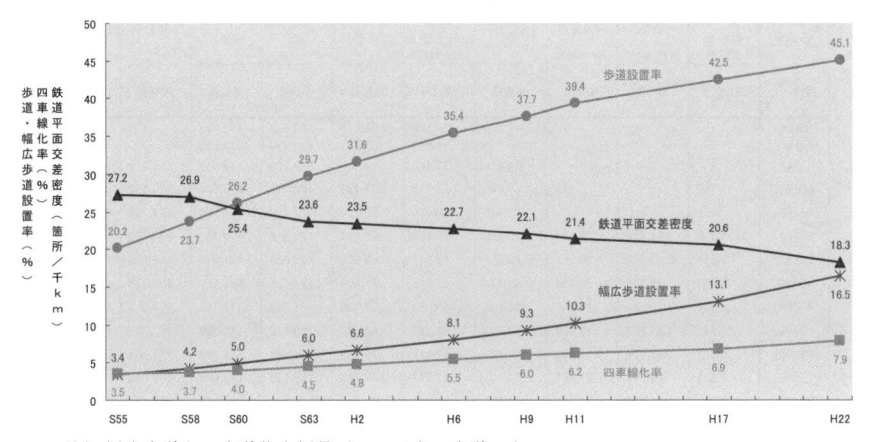

注）幅広歩道とは歩道代表幅員が 3m 以上の歩道である。

図Ⅵ-2-4　一般道路の整備水準の推移[20]

(添付資料『道路交通センサス一般交通量調査の概要』)」、
http://www.mlit.go.jp/report/press/road01_hh_000207.html、国土交通省：「道路 IR；道
路交通センサスから見た道路交通の現状、推移（データ集）」、
http://www.mlit.go.jp/road/ir/ir-data/data_shu.html から作成
[20] 国土交通省：「平成 22 年度 道路交通センサス　一般交通量調査結果の概要について
(添付資料『道路交通センサス一般交通量調査の概要』)、
http://www.mlit.go.jp/report/press/road01_hh_000207.html

VI-2-3　道路の整備水準

(1)　道路種別延長の推移

　表VI-2-4 に示すように、昭和 24（1949）年度から平成 27（2015）年度までの 66 年間に、国・都道府県道の実延長は 1.4 倍に増加した。この内訳を道路種別にみると、次の様に推移している。

①一般国道の実延長は、約 6 倍の増加。平成 27（2015）年度まで、右肩上がりに実延長は伸びている。

②都道府県道の実延長は、1.1 倍に増加。平成 27（2015）年度までの推移は、主要地方道は増加傾向、一般都道府県道は減少傾向にある。

表VI-2-4　道路実延長の推移

区分 / 年度	高速自動車国道 供用延長	一般国道（指定区間）実延長	一般国道（指定区間外）実延長	一般国道計 実延長	主要地方道（含主要市道）実延長	一般都道府県道 実延長	都道府県道計 実延長	国・都道府県道計 実延長	市町村道 実延長	一般道路計 実延長
昭24	–	–	–	9,300	24,388	98,235	122,623	131,923	–	–
29	–	–	–	24,092	28,019	92,517	120,536	144,628	–	–
34	–	–	–	24,918	27,419	94,705	122,124	147,042	814,872	961,914
40（初）	181	–	–	27,858	32,775	87,738	120,513	148,371	836,382	984,753
45（初）	638	–	–	32,818	28,450	92,730	121,180	153,998	859,953	1,013,951
50（初）	1,519	18,586	19,954	38,540	33,503	92,211	125,714	164,253	901,775	1,066,028
55（初）	2,579	19,227	20,985	40,212	43,906	86,930	130,836	171,048	939,760	1,110,808
60（初）	3,555	20,079	26,356	46,435	49,947	77,489	127,436	173,871	950,078	1,123,950
平2（初）	4,661	20,580	26,356	46,935	50,354	78,428	128,782	175,718	934,319	1,110,037
7（初）	5,677	21,201	32,127	53,327	57,040	68,472	125,512	178,839	957,792	1,136,631
12（初）	6,617	21,773	32,004	53,777	57,438	70,745	128,182	181,959	977,764	1,159,723
17（初）	7,383	22,279	31,986	54,265	57,821	71,318	129,139	183,404	1,002,185	1,185,590
22（初）	7,803	23,055	31,926	54,981	57,868	71,499	129,366	184,348	1,018,101	1,202,449
23（初）	7,920	23,205	31,909	55,114	57,901	71,442	129,343	184,457	1,020,286	1,204,744
24（初）	8,050	23,368	31,854	55,222	57,924	71,473	129,397	184,619	1,022,248	1,206,867
25（初）	8,358	23,517	31,915	55,432	57,931	71,444	129,375	184,807	1,023,962	1,208,769
26（初）	8,428	23,763	31,918	55,685	57,872	71,429	129,301	184,986	1,025,416	1,210,402

＜資料＞　　国土交通省監修「道路統計年報」（各年版）
注）1．年度区分で、（初）とあるのは年度当初の数値であり、（初）書きのないのは年度末の数値である。
　　2．東日本大震災の影響により、平成 23 年度においては、市町村道の一部に平成 22 年 4 月 1 日時点のデータを含む。

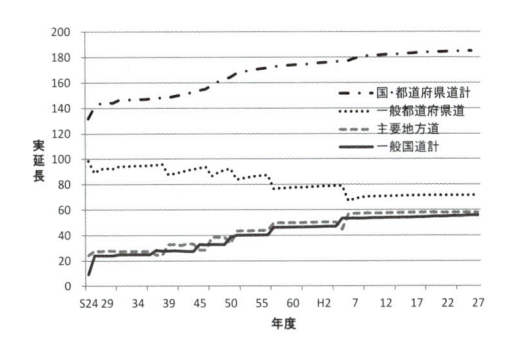

図Ⅵ-2-5　道路実延長の推移

(2)　道路網の階層構造

　　道路の整備・管理については、道路の機能や役割に応じ国と地方で役割を分担している。道路網の階層構造は下図のように、国道（高速自動車国道と一般道）の延長は全体の約 5.2％であり、8 割以上を市町村道が占めている。一方、交通量を見ると、国道は走行台キロの 41.3％を分担しており、延長割合が小さい主要な幹線道路が大きな割合の交通量を分担している。

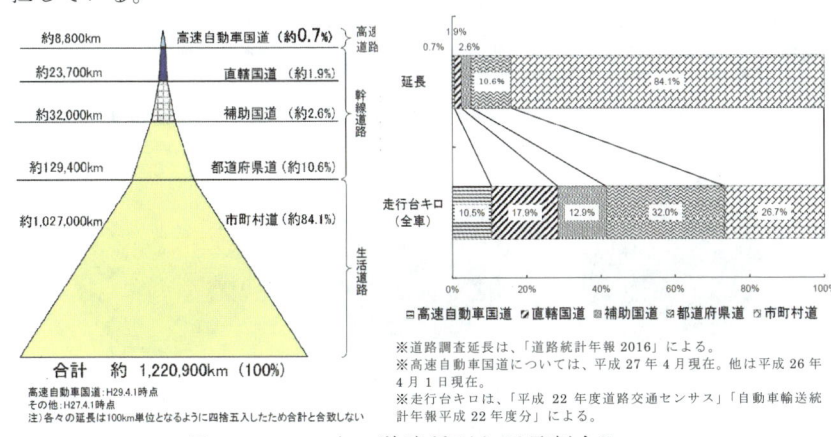

図Ⅵ-2-6　日本の道路種別と延長割合[21]

21　国土交通省道路局・国土交通省都市局：「平成 30 年度　道路関係予算概算要求概要」，平成 29 年 8 月，http://www.mlit.go.jp/common/001198658.pdf

(3)　道路種別幅員別延長

　一般国道、都道府県道共に、道路幅員 5.5m～13.0m の道路延長が最も多い。それぞれの道路種別でみると、次のようになる。

①一般国道では、他道路種別よりも 5.5m 以上道路の割合が大きく、未改良箇所は少ない。

②一般都道府県道は、未改良区間の比率が 20%を超えている。

表Ⅵ-2-5　道路種別幅員別の延長[22]

(単位：km)

道路種別	実延長計	改良済・未改良別,車線幅員区分別内訳						未改良				
		改良済										
		19.5m以上	13.0m～19.5m	5.5m～13.0m	小計	5.5m未満	計	5.5m以上	3.5m～5.5m	3.5m未満	うち自動車交通不能区間	計
高速自動車国道	8,652.20	802.5	5,635.90	2,208.30	8,646.60	5.6	8,652.20	–	–	–	–	–
計	8,652.20	802.5	5,635.90	2,208.30	8,646.60	5.6	8,652.20	–	–	–	–	–
一般国道指定区間	23,691.20	890.7	5,063.60	17,730.30	23,684.60	6.6	23,691.20	–	–	–	–	–
一般国道指定区間外	31,954.10	269.9	1,741.10	25,807.20	27,818.20	1,546.10	29,364.30	337.6	1,414.50	837.7	144.5	2,589.90
一般国道	55,645.40	1,160.60	6,804.70	43,537.50	51,502.80	1,552.70	53,055.50	337.6	1,414.50	837.7	144.5	2,589.90
主要地方道含主要市道	57,850.20	714.3	3,034.30	41,825.30	45,573.90	4,752.80	50,326.70	740.5	4,020.50	2,762.50	310.8	7,523.50
一般都道府県道	71,595.80	397.4	1,845.50	42,685.40	44,928.30	8,692.20	53,620.50	1,343.20	8,490.70	8,141.30	1,343.10	17,975.30
都道府県道	129,446.00	1,111.70	4,879.80	84,510.70	90,502.20	13,445.00	103,947.20	2,083.70	12,511.20	10,903.90	1,653.80	25,498.80
国都道府県道	185,091.40	2,272.30	11,684.50	128,048.20	142,005.00	14,997.70	157,002.70	2,421.30	13,925.70	11,741.60	1,798.40	28,088.70
市町村道	1,026,979.90	743.9	4,574.60	182,486.20	187,804.70	413,786.80	601,591.50	7,208.00	49,497.10	368,683.30	141,925.10	425,388.40
一般道路	1,212,071.30	3,016.20	16,259.10	310,534.40	329,809.70	428,784.50	758,594.20	9,629.40	63,422.80	380,424.90	143,723.50	453,477.00
合計	1,220,723.50	3,818.70	21,895.00	312,742.70	338,456.30	428,790.10	767,246.40	9,629.40	63,422.80	380,424.90	143,723.50	453,477.00

(注)東日本大震災の影響により、市町村道の一部に平成27年4月1日以前のデータを含む。

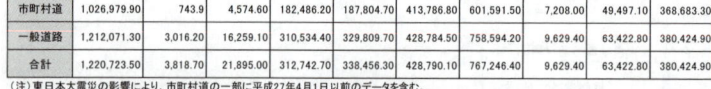

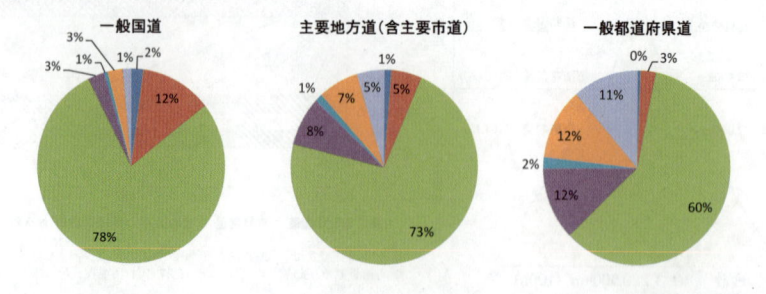

図Ⅵ-2-7　道路種別幅員別の延長

---

[22] 道路統計年報 2016 より作成
http://www.mlit.go.jp/road/ir/ir-data/tokei-nen/2016/pdf/d_genkyou03.pdf

VI-3 交通事故の推移

VI-3-1 交通事故死傷者数の推移[x,xi,xii]

　我が国の交通事故死傷者数は、モータリゼーションの進展に伴い、年々増加の一途をたどり、死者数は昭和 35（1960）年から昭和 44（1969）年までの 10 年間において 13 万 2,503 人を数え、昭和 45（1970）年には死者数 1 万 6,765 人、負傷者数 98 万 1,096 人を記録し、史上最悪の状況に至った（図VI-3-1）[23]。

　しかし、諸般の交通安全対策の実施により、昭和 46（1971）年からは交通事故は減少に転じ、特に死者数については昭和 54（1979）年までの 9 年間連続して減少を記録し、ピーク時の約半数となった。

　その後、交通事故死者数は増加し、昭和 63（1988）年に 1 万人を突破して以来、平成 7（1995）年まで 8 年連続して 1 万人を超えたが、平成 8（1996）年には 9 年ぶりに 1 万人を下回った[24]。

　平成 28（2016）年の交通事故死者数は 3,904 人となり、過去最悪であった昭和 45（1970）年の 1 万 6,765 人の 4 分の 1 以下であるのみならず、昭和 24（1949）年以来、67 年ぶりに 4 千人を下回ることができた。死者数を、自動車保有台数 1 万台当たり、自動車 1 億走行キロ当たりでみると、昭和 50 年代半ばまで順調に減少してきた後は、漸減傾向が続いている（図VI-3-2）[25]。なお、平成 28（2016）年中の死傷者数は 62 万 2,757 人と 12 年連続で減少したものの、依然として高い水準にある。

---

[23] 道路行政研究会：道路行政，全国道路利用者会議，2010，p215、今井勇，井上孝，山根孟：道路の長期計画，（株）技術書院，1971，p150
[24] 道路行政研究会：道路行政，全国道路利用者会議，2010，p215、今井勇，井上孝，山根孟：道路の長期計画，（株）技術書院，1971，p150
[25] 内閣府：平成 29 年度交通安全白書，p27〜28

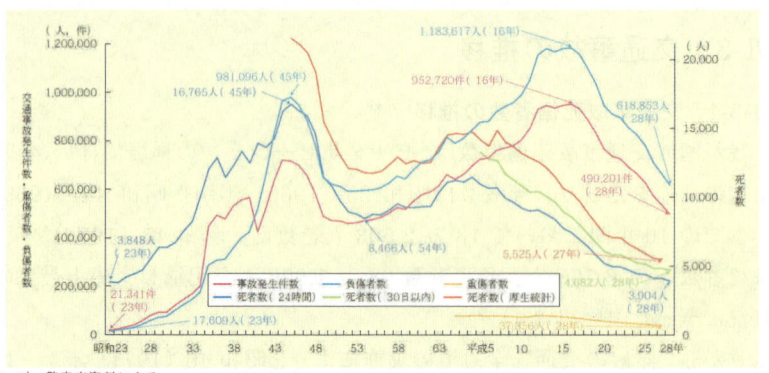

注　1)　警察庁資料による。
　　2)　昭和 41 年以降の件数には，物損事故を含まない。また，昭和 46 年までは，沖縄県を含まない。
　　3)　「死者数（24 時間）」とは，交通事故によって，発生から 24 時間以内に死亡したものをいう。
　　4)　「死者数（30 日以内）」とは，交通事故によって，発生から 30 日以内（交通事故発生日を初日とする。）に死亡し
　　　たものをいう。
　　5)　「死者数（厚生統計）」は，警察庁が厚生労働省統計資料「人口動態統計」に基づき作成したものであり，当該年に
　　　死亡した者のうち原死因が交通事故によるもの（事故発生後 1 年を超えて死亡した者及び後遺症により死亡した者
　　　を除く。）をいう。なお，平成 6 年までは，自動車事故とされた者を，平成 7 年以降は，陸上の交通事故とされた者
　　　から道路上の交通事故ではないと判断される者を除いた数を計上している。

図Ⅵ-3-1　道路交通事故による交通事故発生件数、死者数、
負傷者数及び重傷者数の推移[26]

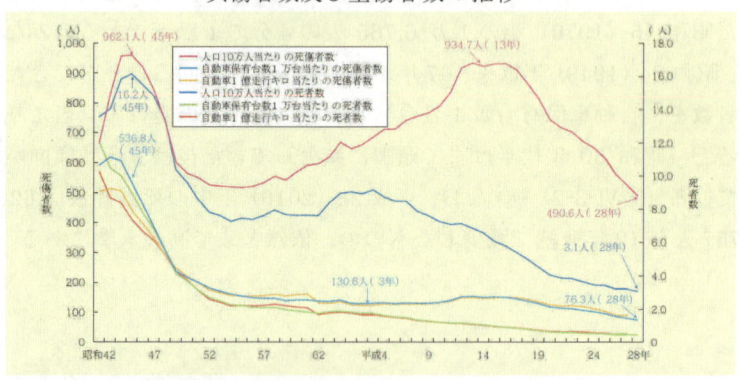

注　1)　死傷者数及び死者数は警察庁資料による。
　　2)　算出に用いた人口は，総務省統計資料「人口推計（各年 10 月 1 日現在）」（補間補正前人口）又は「国勢調査」によ
　　る。
　　3)　自動車保有台数は国土交通省資料により，各年 12 月末現在の値である。保有台数には，第 1 種及び第 2 種原動機付自
　　転車並びに小型特殊自動車を含まない。
　　4)　自動車走行キロは国土交通省資料により，軽自動車によるものは昭和 62 年度から計上している。

図Ⅵ-3-2　自動車 1 億走行キロ当り等の交通事故死傷者数等の推移[27]

26　内閣府：平成 29 年度交通安全白書，p29
27　内閣府：平成 29 年度交通安全白書，p29

Ⅵ-3-2　類型別事故発生件数

　交通事故件数を事故類型別にみると、平成28（2016）年においては、追突と出会い頭衝突で全体の約6割を占めたのを始め、車両相互事故が8割以上を占めた（図Ⅵ-3-3）。過去10年間の推移をみると、路外逸脱、工作物衝突及び駐車車両衝突等の単独事故が減少した（図Ⅵ-3-3）。

　死者数を状態別にみると、歩行中が最も多く、次いで自動車乗車中となっており、両者で全体の3分の2以上を占めた。10年前と比較すると、自動車乗車中が約半分に減少した。昭和50（1975）年以降は、自動車乗車中の死者数が状態別で最多であったが、自動車乗車中死者はシートベルト着用率の向上などにより平成5（1993）年をピークに減少に転じ、その後は、ほぼ一貫して減少した（図Ⅵ-3-4）。

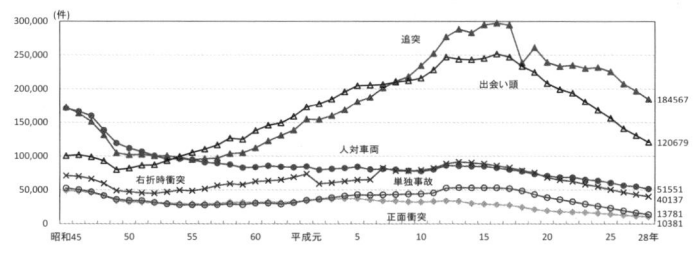

図Ⅵ-3-3　事故類型別交通事故件数の推移（各年12月末）[28]

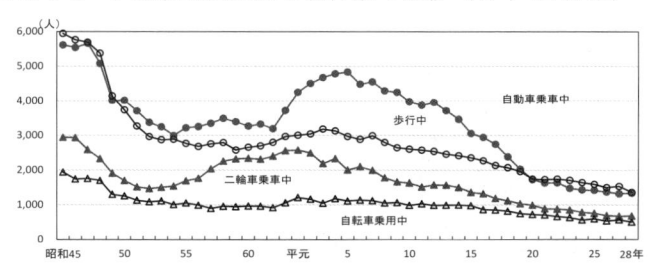

図Ⅵ-3-4　状態別死者数の推移（各年12月末）[29]

28　公益財団法人交通事故総合分析センター：「各年交通統計」、http://www.itarda.or.jp/materials/publications.php?page=4、警察庁交通局：「平成28年における交通事故の発生状況」、https://www.npa.go.jp/publications/statistics/koutsuu/index.html より作成
29　公益財団法人交通事故総合分析センター：「各年交通統計」、http://www.itarda.or.jp/materials/publications.php?page=4、http://www.e-28年中の交通死亡事故の特徴及び道路交通法違反取締り状況等について」、http://www.data.go.jp/data/dataset/npa_20170313_0003 より作成

VI-3-3 　交通事故の発生箇所[xiii,xiv]

　交通事故の発生箇所と道路との関連についてみると、平成28（2016）年においては、55%が交差点およびその付近において発生しており、交差点における事故対策の緊要性を示唆している（図VI-3-5）。

　また、交通事故件数を道路種類別にみると、交通事故全体では、市町村道が半数近くを占め最も多く、次いで一般国道、主要地方道の順である（図VI-3-6）。しかし、道路実延長 1km あたりで交通事故件数を比較すると、一般国道が最も多く、市町村道が最も少ない（図VI-3-7）。

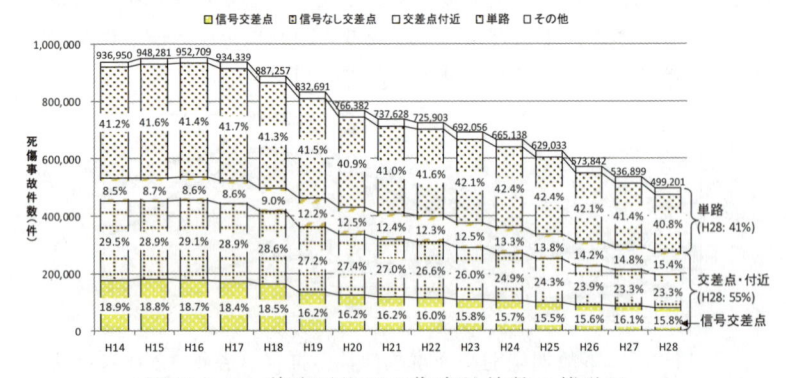

図VI-3-5 　道路形状別死傷事故件数の推移[30]

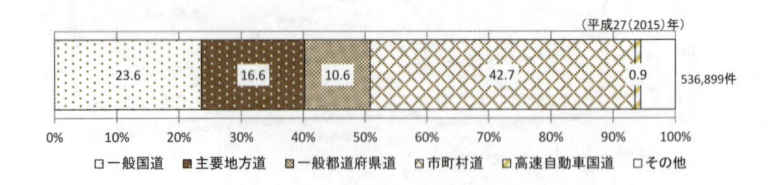

図VI-3-6 　道路種別の死傷事故件数[31]

---

[30] 公益財団法人交通事故総合分析センター：「各年交通統計」、
http://www.itarda.or.jp/materials/publications.php?page=4、警察庁交通局：「平成28年における交通事故の発生状況」、
https://www.npa.go.jp/publications/statistics/koutsuu/index.html より作成
[31] 公益財団法人交通事故総合分析センター：「平成27年交通統計」、
http://www.itarda.or.jp/materials/publications.php?page=4、より作成

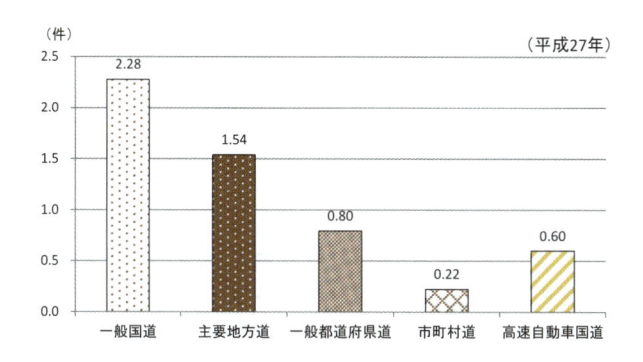

（平成27年）

図VI-3-7　道路種別の事故率（道路実延長 1km あたりの発生件数）[32]

VI-3-4　年齢別交通事故死者数

　交通事故による死者数を年齢層別に見ると、65 歳以上の高齢者の死者数が約 74%を占め（平成 28（2016）年）、特に歩行中の高齢者の交通事故死者数は平成 10（1998）年以降 6 割以上を占めている（図VI-3-8、図VI-3-9）。

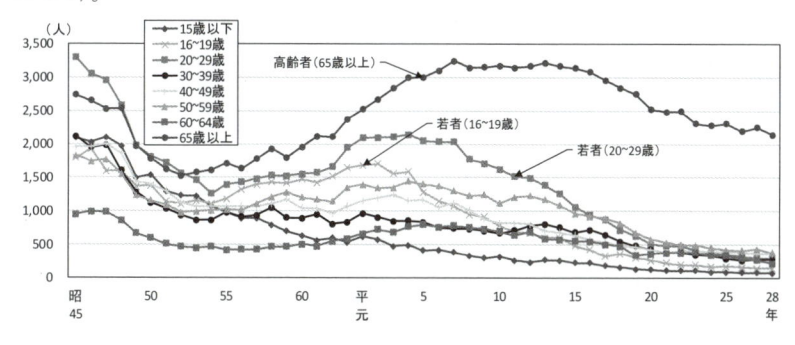

図VI-3-8　年齢層別死者数の推移[33]

[32] 公益財団法人交通事故総合分析センター：「平成 27 年交通統計」、
http://www.itarda.or.jp/materials/publications.php?page=4、より作成
[33] 公益財団法人交通事故総合分析センター：「各年交通統計」、
http://www.itarda.or.jp/materials/publications.php?page=4、警察庁交通局：「平成 28 年における交通事故の発生状況」、

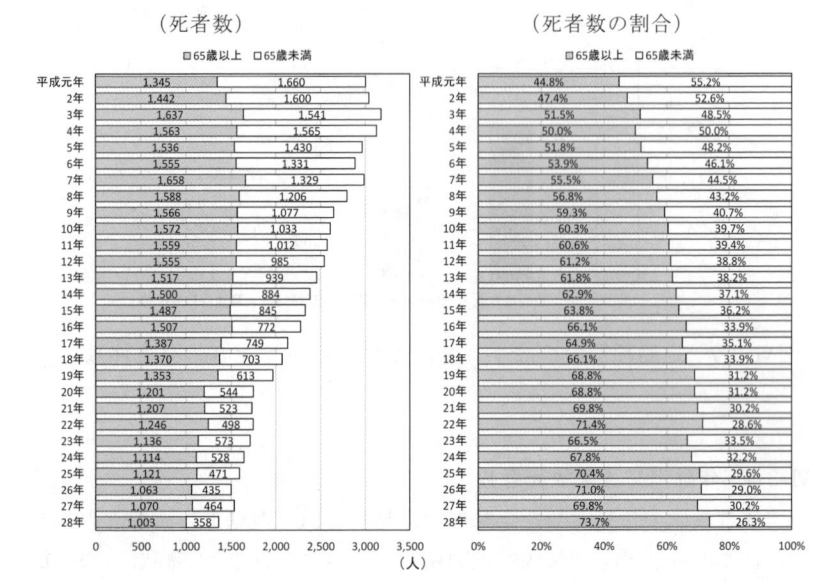

（死者数）　　　　　　　　　　（死者数の割合）

図Ⅵ-3-9　歩行中の死者数と高齢者の割合[34]

https://www.npa.go.jp/publications/statistics/koutsuu/index.html より作成
[34] 公益財団法人交通事故総合分析センター：「各年交通統計」，
http://www.itarda.or.jp/materials/publications.php?page=4、警察庁交通局：「平成 28 年中の交通死亡事故の発生状況及び道路交通法違反取締り状況等について」，
https://www.npa.go.jp/publications/statistics/koutsuu/index.html より作成

Ⅵ-4　道路関連指標の国際比較

Ⅵ-4-1　輸送機関別分担率[xv]

　輸送トンキロで見た場合、我が国は諸外国と比較して（図Ⅵ-4-1）、内航海運の占めるシェアが高く、特に臨海工業地帯を中心に基礎資材型産業が発展した高度成長期には輸送量が大きく伸びた。

　旅客輸送は、欧米諸国と比べた場合、鉄道、バス等の大量輸送機関への依存度が高い。欧米諸国における旅客輸送の乗用車分担率は、おおよそ 80%以上であるのに対し、我が国の分担率は 60%程度である（図Ⅵ-4-2）。なお、我が国の輸送機関別分担率は乗用車が増加傾向、鉄道が減少傾向が近年続いていたが、平成 14（2002）年以降、乗用車が減少、鉄道が増加と動きが逆転している[35]。

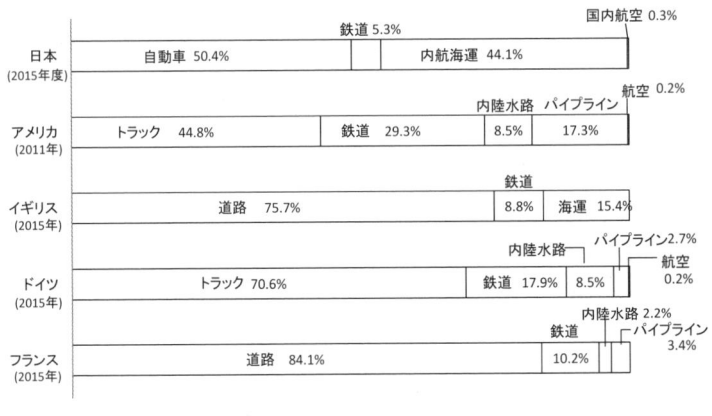

<資料>　　日本：国土交通省「交通関連統計資料集」
　　　　　ドイツ：「Verkehr in Zahlen」
　　　　　アメリカ：「National Transportation Statistics」
　　　　　フランス：「Les comptes des transports」
　　　　　イギリス：「Transport statistics Great Britain」
注）　　　1．日本は年度値で、貨物車は軽貨物車を含む。
　　　　　2．イギリスの鉄道は、1999 年度から集計方法が変更されている。
　　　　　3．ドイツは国内間の輸送のほか、ドイツを発着する国際輸送及びドイツを
　　　　　　通過する国際輸送のうち、ドイツ国内で行われたものを含む。
　　　　　4．（　）内は輸送機関分担率（%）である。

図Ⅵ-4-1　貨物輸送分担率（トンキロ）の国際比較

---

35 道路行政研究会：道路行政，全国道路利用者会議，2010，p199，表 1-3-(1)を基に記述

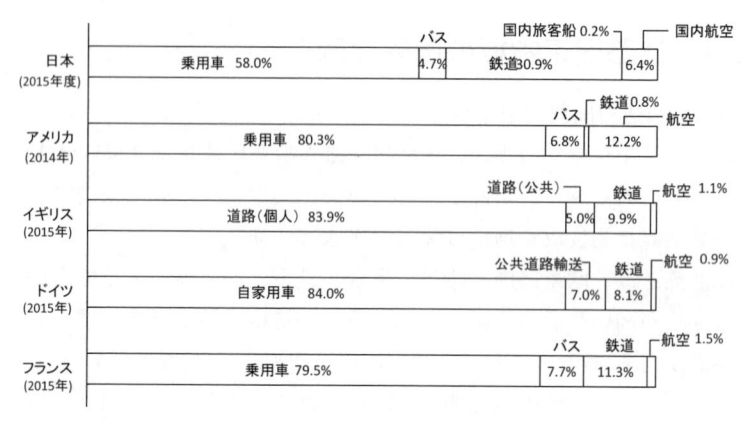

　　　　　　　　　＜資料＞　　日本：国土交通省「交通関連統計資料集」
　　　　　　　　　　　　　　　　ドイツ：「Verkehr in Zahlen」
　　　　　　　　　　　　　　　　アメリカ：「National Transportation Statistics」
　　　　　　　　　　　　　　　　フランス：「Les comptes des transports」
　　　　　　　　　　　　　　　　イギリス：「Transport statistics Great Britain」
　　　　　　　　注）　　1．日本は年度値で、乗用車には軽自動車及び自家用貨物車を含む。
　　　　　　　　　　　　2．イギリスの道路の個人は個人車両（乗用車、van、タクシー）、公共は公共車両である。
　　　　　　　　　　　　3．ドイツは国際輸送のドイツ国内分を含む。
　　　　　　　　　　　　4．ドイツの公共道路交通とは、バス，地下鉄，路面電車，トロリーバス等をいう。

図Ⅵ-4-2　旅客輸送分担率（人キロ）の国際比較

Ⅵ-4-2　自動車保有台数[xvi]

　平成 28（2016）年 3 月末現在、我が国の自動車保有台数（三輪以上）は 77,422 千台であって、これは国民 1.7 人に 1 台の割合に相当する。これを欧米諸国と比較すると表Ⅵ-4-1 のようになる。人口当たりの自動車保有台数はアメリカでは 784 台／千人、フランスは 596 台／千人であるのに対し、日本は 604 台／千人となっている[36]。

---

[36] 道路行政研究会：道路行政，全国道路利用者会議，2010，p206 を基に記述

表VI-4-1　主要国の自動車台数等の国際比較（四輪車）

国　名	保　有　台　数				千人当り台数	道路延長当り台数
	乗用車（千台）	バス（千台）	貨物車（千台）	計（千台）	（台／千人）	（台／km）
アメリカ	187,555	872	63,506	251,933	784	36
ドイツ	44,403	78	2,889	47,370	583	74
フランス	31,900	93	6,570	38,563	596	35
イタリア	37,351	98	3,944	41,393	672	227
日　本	60,988	229	16,204	77,422	604	224

<資料>　Highway Statistics, Verkehr in Zahlen, Les comptes des transports, Conto Nazionale delle Infrastrutture e dei trasporti
　　　　自動車検査登録情報協会「自動車保有台数」, 国土交通省監修「道路統計年報 2011」, 総務省「世界の統計 2010」
　注）1. 保有台数は、アメリカは 2014 年値、フランス・イタリア・ドイツ・日本は 2015 年値。
　　　2. 道路延長は、日本は幅員 5. 5m以上。年次は、保有台数と同年。
　　　3. 人口は OECD による 2015 年値。

VI-4-3　高速道路の整備水準[xvii]

　諸外国では、近年、日本を上回るペースで高速道路を整備しており、直近 10 年間の年平均高速道路整備量では、図VI-4-3 に示した 5 か国中、日本が最も少ない。

　特に中国は、近年驚異的なペースで高速道路を整備している。

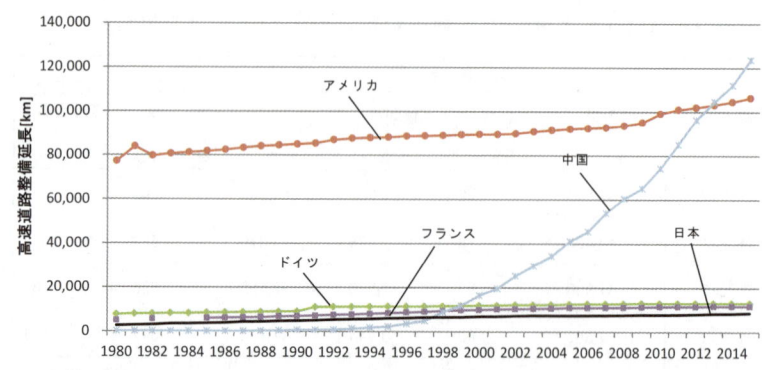

出典）イギリス ： Transport Statistics Great Britain
　　　フランス ： Memento de statistiques des transports
　　　ドイツ　 ： Verkehr in Zahlen
　　　イタリア ： Conto Nazionale infrastrutture e dei Trasporti
　　　アメリカ ： Highway Statistics
　　　中国　　 ： 中国交通年鑑
　　　日本　　 ： 道路統計年報

図Ⅵ-4-3　諸外国の高速道路整備延長の変化

Ⅵ-4-4　道路による都市間速達性の確保率[xviii]

　日本の都市間の連絡速度は表Ⅵ-4-2 の 6 か国中で最も低く、道路による都市間速達性[37]が諸外国よりも低くなっている（表Ⅵ-4-2、図Ⅵ-4-4〜図Ⅵ-4-5）。

表Ⅵ-4-2　都市間連絡速度の国際比較[38]

	日本	ドイツ	フランス	イギリス	中国	韓国
平均連絡速度	59km/h	90km/h	88km/h	72km/h	73km/h	60km/h

---

[37] 都市間の最短道路距離を最短所要時間で除し、「都市間の移動しやすさ」を表現する。最短道路距離（都市間を結ぶ一番短いルートの距離）を最短所要時間（都市間を最速で結ぶルートの所要時間）で除して算出する。対象都市は，拠点都市から一定の距離離れた人口 5 万人以上の都市及び主要港湾。
[38] 第 11 回高速道路のあり方検討有識者委員会：「ネットワークのあり方」（2011 年 10 月 12 日），http://www.mlit.go.jp/road/ir/ir-council/hw_arikata/doc11.html

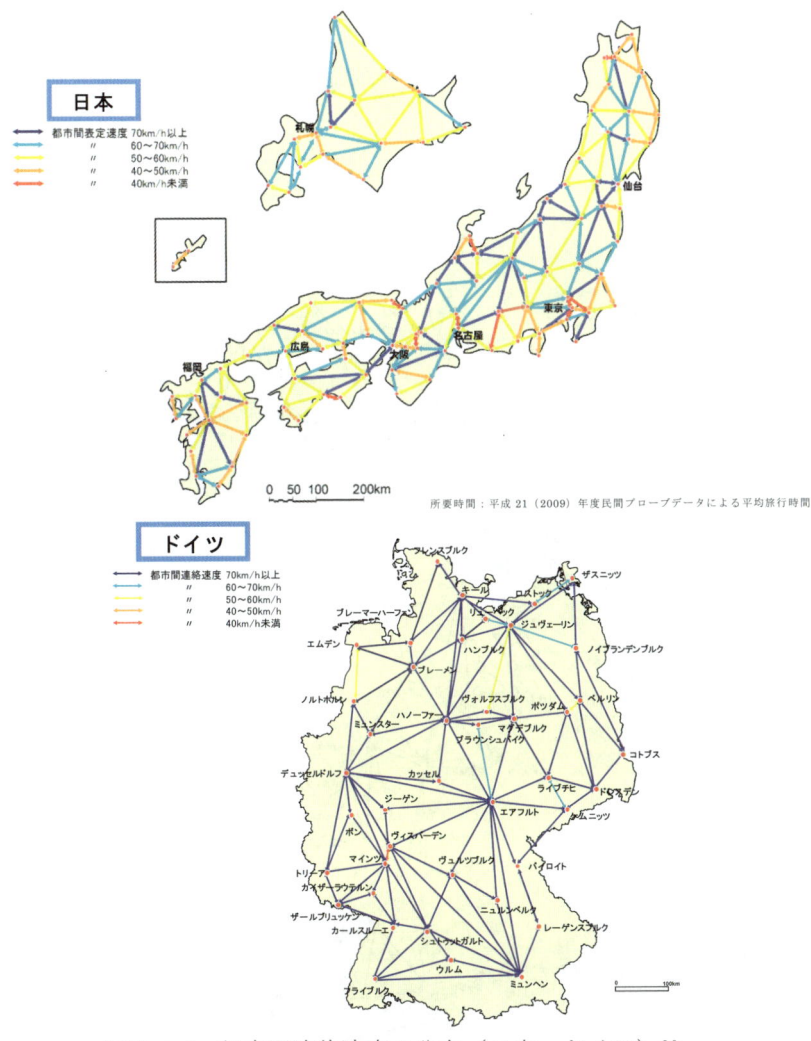

図Ⅵ-4-4　都市間連絡速度の分布（日本、ドイツ）[39],

[39] 日本については、社会資本整備審議会道路分科会第 31 回基本政策部会：「これまでの道路政策とその現状」，2011，
http://www.mlit.go.jp/policy/shingikai/road01_sg_000058.html から引用、
ドイツについては、第 11 回高速道路のあり方検討有識者委員会：「ネットワークのあり方」，2011，http://www.mlit.go.jp/road/ir/ir-council/hw_arikata/doc11.html から作成

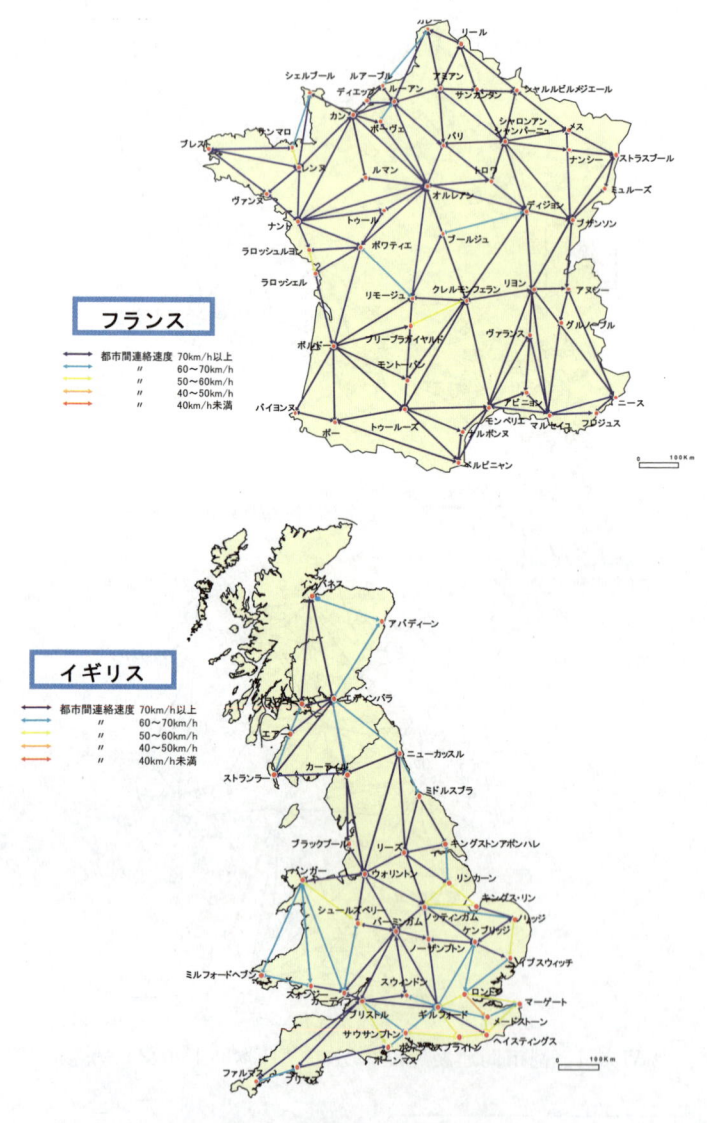

図Ⅵ-4-5　都市間連絡速度の分布（フランス、イギリス）[40]

---

[40] 第 11 回高速道路のあり方検討有識者委員会：「ネットワークのあり方」，2011，
http://www.mlit.go.jp/road/ir/ir-council/hw_arikata/doc11.html から作成

VI-4-5　環状道路整備率[xix]

首都圏における環状道路の整備率は 79%に過ぎず、海外主要都市と比較して整備が遅れている。

表VI-4-3　東京と海外主要都市における環状道路整備率[41]

都市名	計画延長	供用延長	整備率	備考
東京	525km	417km	79%	平成 29 (2017) 年 2 月 26 日現在
北京	433km	433km	100%	平成 21 (2009) 年 9 月 12 日完成
ソウル	168km	168km	100%	平成 19 (2007) 年 12 月 28 日完成
パリ	313km	272km	87%	平成 23 (2011) 年 1 月現在
ワシントン DC	103km	103km	100%	平成 10 (1998) 年完成
ロンドン	188km	188km	100%	昭和 61 (1986) 年完成
ベルリン	223km	217km	97%	平成 21 (2009) 年 1 月現在

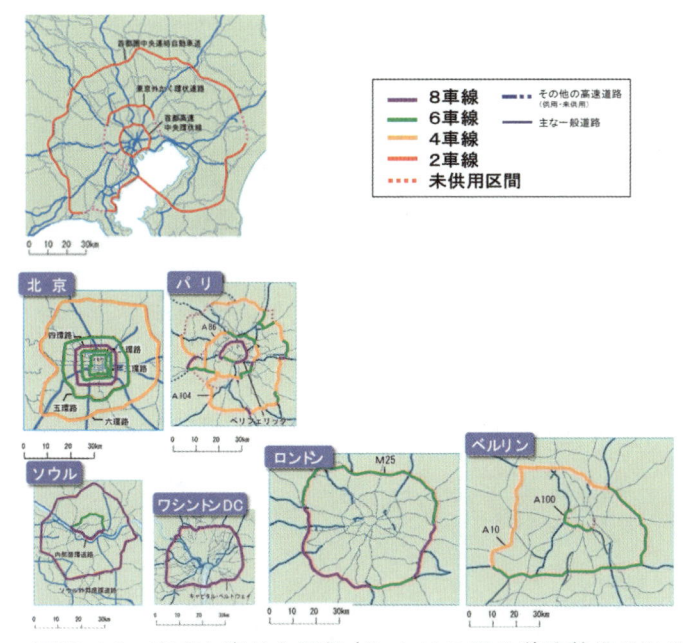

図VI-4-6　東京と海外主要都市における環状道路整備状況[42]

---

[41] 第 11 回高速道路のあり方検討有識者委員会：「ネットワークのあり方」，2011，http://www.mlit.go.jp/road/ir/ir-council/hw_arikata/doc11.html
[42] 第 11 回高速道路のあり方検討有識者委員会：「ネットワークのあり方」，2011，

Ⅵ-4-6　無電柱化率[xx]

欧米の主要都市では電線類は地中にあることが基本となっており、東京を始めとする日本の都市の無電柱化率は低い状況にある（図Ⅵ-4-7)。

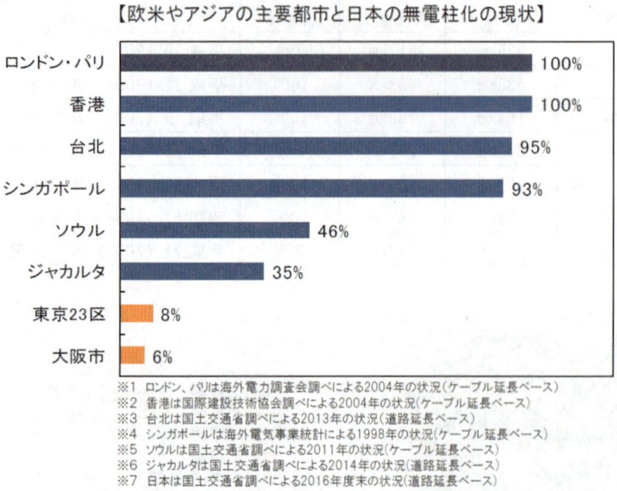
【欧米やアジアの主要都市と日本の無電柱化の現状】
ロンドン・パリ
100%
香港
100%
台北
95%
シンガポール
93%
ソウル
46%
ジャカルタ
35%
東京23区
8%
大阪市
6%
※1　ロンドン、パリは海外電力調査会調べによる2004年の状況(ケーブル延長ベース)
※2　香港は国際建設技術協会調べによる2004年の状況(ケーブル延長ベース)
※3　台北は国土交通省調べによる2013年の状況(道路延長ベース)
※4　シンガポールは海外電気事業統計による1998年の状況(ケーブル延長ベース)
※5　ソウルは国土交通省調べによる2011年の状況(ケーブル延長ベース)
※6　ジャカルタは国土交通省調べによる2014年の状況(道路延長ベース)
※7　日本は国土交通省調べによる2016年度末の状況(道路延長ベース)

図Ⅵ-4-7　欧米主要都市等と日本の無電柱化の現状[43]

Ⅵ-4-7　交通事故死者数[xxi]

(1)　人口当たりの交通事故死者数

人口当たりの交通事故死者数は、図Ⅵ-4-8のとおりである。

http://www.mlit.go.jp/road/ir/ir-council/hw_arikata/doc11.html
[43] 無電柱化推進のあり方検討委員会第7回（2017年8月2日）参考2,国土交通省：「中間とりまとめ（案）参考資料」，http://www.mlit.go.jp/road/ir/ir-council/chicyuka/pdf07/10.pdf

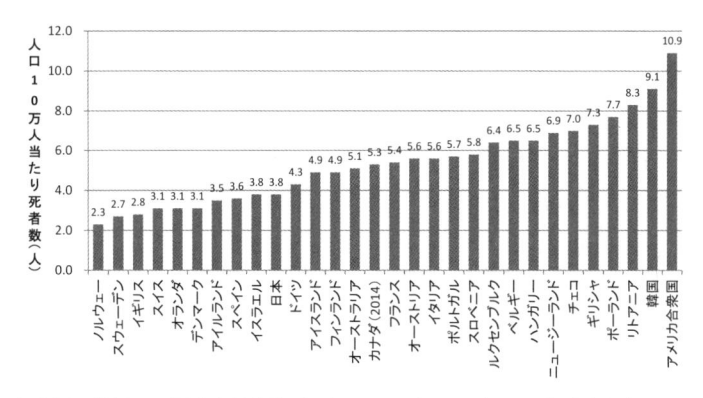

注 1）各国の数値は、国際交通事故データベース（IRTAD）から作成されたもの。
　　2）平成 27（2015）年（国名に西暦の括弧書きがある場合を除く）の 30 日以内死
　　　者（事故発生から 30 日以内に亡くなった人）を基に算出

図VI-4-8　人口当たりの交通事故死者数[44]

　状態別にみると、歩行中・自転車乗車中の交通事故死者数の割合につ
いては、欧米と比較して高い（図VI-4-9）。

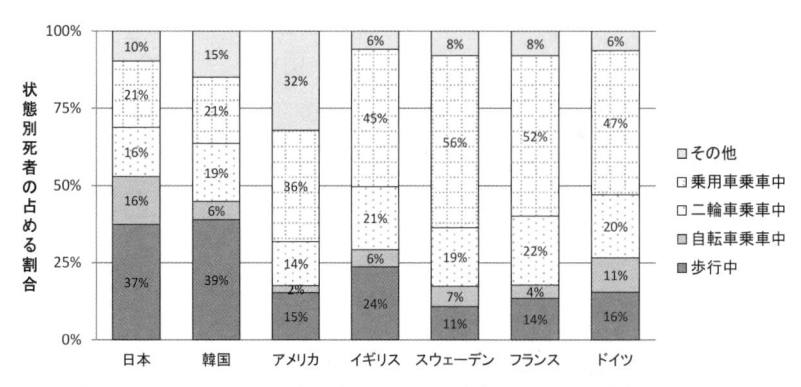

注 1）各国の数値は、国際交通事故データベース（IRTAD）から作成されたもの。
　　2）平成 27（2015）年（国名に西暦の括弧書きがある場合を除く）の 30 日以内死
　　　者（事故発生から 30 日以内に亡くなった人）を基に算出

図VI-4-9　状態別交通事故死者数の割合[45]

---

[44] 交通事故総合分析センター：「交通事故の国際比較」、
http://www.itarda.or.jp/materials/publications_free.php?page=31 を基に作成
[45] 交通事故総合分析センター：「交通事故の国際比較」、
http://www.itarda.or.jp/materials/publications_free.php?page=31 を基に作成

(2)　走行台キロ当たりの交通事故死者数の変化

　道路交通事故による死者数は、欧米諸国と比較すると、日本は 1980 年代初頭には先進国中優れた水準にあったが、その後の改善傾向が小さく、近年は、最も死亡事故率（1 億走行台キロ当りの死者数）が小さい英国に比べ約 1.7 倍の確率で死亡事故が発生している（図Ⅵ-4-10）。

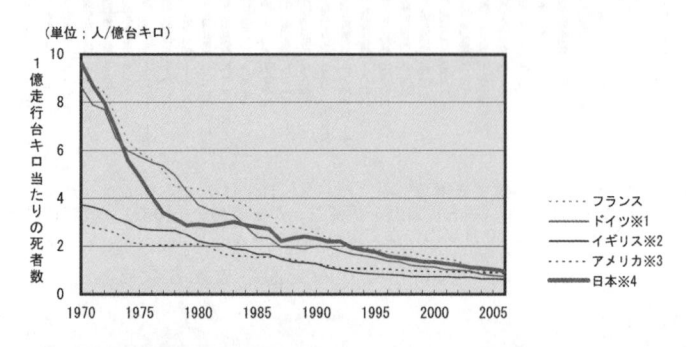

　出典：国際道路交通事故データベース（IRTAD）
　※1：1979年以前は旧西ドイツのデータ
　※2：イギリスは、GB（イングランド、スコットランド及びウェールズ）の数値で、
　　　　北アイルランドは含まない。
　※3：アメリカの走行台キロは、2005年データ
　※4：日本の走行台キロは、二輪車は含まれない。また、1987年以降は、軽自動車も含む。

（1995 年以降の拡大図）

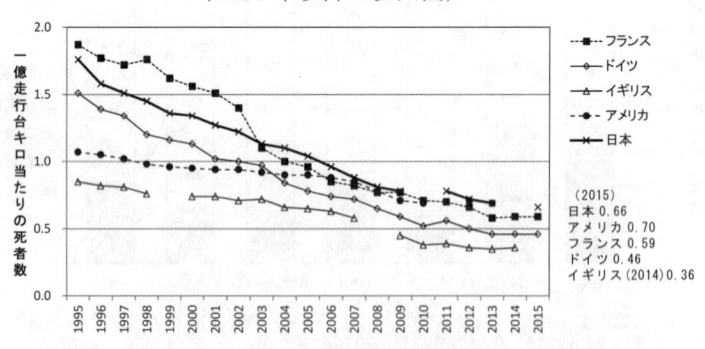

図Ⅵ-4-10　走行台キロ当たりの交通事故死者数の国際比較[46]

---

[46] 道路行政研究会：道路行政　平成 21 年度版、全国道路利用者会議，2010，p219、交通事故総合分析センター：「交通事故の国際比較」，
http://www.itarda.or.jp/materials/publications_free.php?page=31 を基に作成

参考文献

i 道路行政研究会：道路行政，全国道路利用者会議，2010，p191〜219 より再掲

ii 社会資本整備審議会道路分科会第 2 回国土幹線道路部会：「（資料 5）自動車を取り巻く環境の変化」，2012，http://www.mlit.go.jp/road/ir/ir-council/pdf/6.pdf より再掲

iii 今井勇，井上孝，山根孟：道路の長期計画，（株）技術書院，1971，p138 より再掲

iv 国交省：「自動車輸送統計調査」，http://www.mlit.go.jp/k-toukei/jidousya/jidousya.html より再掲

v 道路行政研究会：道路行政，全国道路利用者会議，2010，p702〜712 より再掲

vi 道路局企画課道路経済調査室：「昭和 63 年度道路交通センサス報告」，日本道路協会，道路，1989，7 月号，p66〜78 より再掲

vii 道路局道路経済調査室：「昭和 43 年度道路交通情勢調査集計結果」，日本道路協会，道路，1969，8 月号，p61 より再掲

viii 毛利雄一：「道路交通センサスの概要と道路交通の近況」，運輸調査局，運輸と経済第 72 巻第 6 号，2012，p39〜47 より再掲

ix 国土交通省：「H22 道路交通センサスの概要」，http://www.mlit.go.jp/common/000167005.pdf より再掲

x 道路行政研究会：道路行政，全国道路利用者会議，2010，p191〜219 より再掲

xi 今井勇，井上孝，山根孟：道路の長期計画，（株）技術書院，1971，p149 より再掲

xii 内閣府：平成 29 年度交通安全白書，2017，p27〜28 より再掲

xiii 警察庁交通局：「平成 24 年中の交通事故の発生状況」，2013，より再掲
警察庁交通局：「平成 24 年中の交通死亡事故の特徴及び道路交通法違反取締り状況について」，2013，より再掲

xv 道路行政研究会：道路行政　平成 21 年度版，全国道路利用者会議，2010，p191〜219 より再掲

xvi 道路行政研究会：道路行政　平成 21 年度版，全国道路利用者会議，2010，p191〜219 より再掲

xvii 社会資本整備審議会道路分科会第 31 回基本政策部会：「これまでの道路政策とその現状」，2011，http://www.mlit.go.jp/policy/shingikai/road01_sg_000058.html より再掲

xviii 第 11 回高速道路のあり方検討有識者委員会：「ネットワークのあり方」，2011，http://www.mlit.go.jp/road/ir/ir-council/hw_arikata/doc11.html より再掲

xix 第 11 回高速道路のあり方検討有識者委員会：「ネットワークのあり方」，2011，http://www.mlit.go.jp/road/ir/ir-council/hw_arikata/doc11.html より再掲

xx 社会資本整備審議会道路分科会第 3 1 回基本政策部会：「これまでの道路政策とその現状」，2011　http://www.mlit.go.jp/policy/shingikai/road01_sg_000058.html より再掲

xxi 道路行政研究会：道路行政　平成 21 年度版，全国道路利用者会議，2010，
p191〜219 より再掲

VII　主要な施策の変遷

VII-1　渋滞

VII-1-1　交通混雑の激化

　昭和 29（1954）年から始まった第 1 次道路整備五箇年計画から数次にわたる計画の改訂を通し、道路整備の著しい進捗をみたが、道路投資規模を上回る自動車保有台数の伸びにより、道路資産と自動車交通のアンバランスはますます顕著となって、これが交通混雑の激化を招き、経済活動と国民生活を阻害する重大な要因をなすものとなった。

VII-1-2　渋滞対策の経緯[i,ii,iii]

(1)　第 4 次道路整備五箇年計画における渋滞対策への取組

　昭和 36（1961）年度から 40（1965）年度を対象期間として策定された第 3 次道路整備五箇年計画は、経済成長率 7.2%を見込んだ国民所得倍増計画と関連して策定されたものであるが、昭和 36～38（1961～1963）年度の年平均成長率は 10.7%と計画を大きく上回り、これに伴い道路輸送需要も計画以上の伸びを見せ、幹線道路における交通混雑等交通事情は悪化の一途をたどった。

　このため、建設省では第 3 次道路整備五箇年計画の改定に取りかかり、改定に際しては、まず昭和 55（1980）年度を目標年次とした長期構想が作成された。長期構想では同年度までの自動車輸送需要を予測し、目標年次までに道路交通の混雑を解消することとして、総額 23 兆 8,610 億円（昭和 37（1962）年度価格）の事業費が見込まれた。道路整備の長期構想を背景として、昭和 40（1965）年 1 月に第 4 次道路整備五箇年計画が策定された。

(2)　第 5 次道路整備五箇年計画における渋滞対策への取組

　昭和 40 年代を迎え、自動車交通は加速度的な進展をみせた。また、国土開発幹線自動車道路網 7,600km の決定にともなう道路計画の再検討、昭和 40 年（1965）の国勢調査により明らかとなった人口動態の分析に基づく道路投資の再検討、関門架橋および本州四国連絡道路の事業化および万国博覧会関連道路の整備などの新規事業の採用、流通の合理化に寄与するための道路整備の促進など、計画の改定が迫られることとなった。

　このような情勢から、建設省においては、新経済計画の策定作業と並行して、国土建設の長期構想、道路整備の長期構想、これに基づく第 5 次道路整備五箇年計画の策定作業が進められた。

　改定に際しては、まず昭和 60（1985）年度を目標年次とする道路整備の長期構想が作成され、この中で「都市交通の増大に対処し、交通渋滞の解消をはかるため幹線街路を整備」と渋滞対策の必要性が位置づけられた。

　第 5 次計画では、高速道路の建設が促進され、一般道路の一次改築はもちろんとして一般国道のうち交通混雑の著しい区間の二次改築や都市内の主要幹線街路の整備が推進された。

(3)　渋滞対策プログラム

　昭和 60（1985）年から平成 2（1990）年までの 5 年間に、自動車保有台数は 25%、運転免許保有者数は 16%、自動車走行台キロは 23% と急激に増加し、道路渋滞が深刻な問題となった。

　このような状況のもと、建設省により昭和 63（1988）年度に渋滞の特に著しい 37 都市圏を対象に「渋滞対策緊急実行計画（アクションプログラム）」が、平成 2（1990）年度には対象を全国に広げた「渋滞対策推進計画」が策定され、これらに基づき渋滞対策事業が進められてきた。また、観光地等の休日に著しく渋滞が生じている地域を対象に「休日交通ボトルネック解消モデル事業計画」が推進された。

　その結果、全国で約 350 箇所の主要渋滞ポイントで渋滞状況が改善（解消または緩和）された。

　一例を示すと、東京外かく環状道路（外かん）和光市－三郷市間（平成 4（1992）年 11 月開通）の供用前と供用 1 年後を比較すると、外かん周辺道路の主要渋滞ポイント 7 箇所で渋滞が緩和され、バイパス効果が現れた（表Ⅶ-1-1）。

表Ⅶ-1-1　外かん整備（和光市～三郷市）による周辺道路の渋滞緩和状況[1]

［平成 4 年 11 月開通（和光市～三郷市）］

主要渋滞ポイント	路　　線	渋　滞　長	通　過　時　間
		整備前 → 整備後	整備前 → 整備後
二十三夜	（主）川口上尾線	1,500 m→500 m	9 分→ 5 分
笹 目 橋	（主）練馬川口線	1,250 m→250 m	13 分→ 2 分
谷塚仲町	（主）川口草加線	1,000 m→400 m	17 分→ 5 分
蒲　　生	（一）柿ノ木町蒲生線	500 m→400 m	20 分→ 4 分
瓦 曽 根	（主）越谷流山線	300 m→200 m	10 分→ 3 分
草加 6 丁目	（主）浦和草加線	1,300 m→350 m	15 分→ 5 分
柳 之 宮	（主）松戸草加線	300 m→200 m	17 分→ 2 分

注）整備前は，昭和 63 年もしくは平成元年の調査
　　整備後は，平成 5 年の調査

(4)　新渋滞対策プログラム

　平成 5（1993）年 11 月には、全国約 1,740 箇所の主要渋滞ポイントの対策を立案・推進する「新渋滞対策プログラム」が道路管理者と公安委員会により都道府県毎に策定された。計画では、バイパスや環状道路等の道路ネットワークの整備や交差点の改良・立体化によるボトルネックの解消などの交通容量の拡大を基本としている。また、輸送効率の低下や朝夕のラッシュ時での交通の集中といった需要サイドの問題にも着目し、輸送効率の向上や需要の平準化等を図る交通需要マネジメントを盛り込んだ総合的な渋滞対策を行うこととされた（表Ⅶ-1-2、表Ⅶ-1-3）。

　計画期間は平成 5（1993）年度から平成 9（1997）年度までの 5 年間である。その間に主要渋滞ポイントの 40%にあたる約 700 箇所につい

---

[1] 中神陽一，山岸直人：「新渋滞対策プログラムについて」，日本道路協会，道路，1994，7 月号，p9

て、解消または緩和することを目標とし、渋滞が特に著しい都市圏においては、改善目標を掲げ、対策が進められることとなった。

その結果、5箇年で全国約600箇所の渋滞ポイントが解消された。

表VII-1-2　主な交通容量の拡大施策[2]

対　策　種　別	道路管理者の主な対策	公安委員会の主な対策
体系的な道路ネットワーク整備	バイパス・環状道路等の整備	道路整備に伴う信号の設置 交通管制エリアの拡大
2兆7,477億円	2兆7,430億円	47億円
ボトルネックの解消	道路拡幅、交差点改良 交差点・踏切の立体化	信号現示の適正化 信号機の改良
2兆1,795億円	2兆1,730億円	65億円
公共交通機関の利便性の向上 （モーダルミックス）	パークアンドライド駐車場整備 駅前広場の整備 バスレーンのカラー舗装	バス専用レーンの運用 バス感知器の設置
2,408億円	2,400億円	8億円
既存道路の有効利用	情報提供の充実 駐車場の整備	路上駐車対策 リバーシブルレーンの運用 信号現示の適正化 自動感応信号の導入 情報提供の充実
1,508億円	1,349億円	159億円
合計5兆3,188億円	5兆2,909億円	279億円

注)　1.　道路管理者の事業費は、平成5〜9年度の事業費を計上したものである。
　　　2.　公安委員会の事業費は、平成5〜7年度の事業費を計上したものである。
　　　3.　高規格幹線道路、都市高速道路の新設に要する費用は計上されていない。

表VII-1-3　主な交通需要マネジメント[3]

施策・活動名	実　施　箇　所	概　　要	支　援　施　策
パークアンドライド	札幌市、仙台市、金沢市、安田町〜新潟市、四日市市、名古屋市、松茂町、高知市、太宰府市、北九州市	マイカーから公共交通機関への乗換利用を促進する。（JR、地下鉄、バス等）	・乗換駐車場の整備 ・駅前広場の整備 ・バス運行費の負担 　　　　　　　　など
相　乗　り　促　進	川崎市、宇都宮市、前橋市、高崎市、草津市、志度町、松江市	相乗り通勤やシャトルバスの運行などにより、自動車交通の減少を図る。	・駐車場整備 ・駅前広場整備
時　差　出　勤 フレックスタイム	仙台市、郡山市、秋田市、前橋市、長野県、千葉県、岐阜都市圏、静岡県、名古屋市、大津市、奈良市、京都市、滋賀県湖南都市圏、岡山県、広島市、山口県、志度町、徳島県、愛媛県、宮崎市、佐賀市、大分市、沖縄県	始業時刻を分散することによりラッシュ時の交通需要の平準化を図る。	・交通分散効果のPR ・企業等への呼びかけ ・協議会を設立して始業時刻等を検討

[2]　中神陽一、山岸直人：「新渋滞対策プログラムについて」、日本道路協会、道路、1994, 7月号、p11
[3]　中神陽一、山岸直人：「新渋滞対策プログラムについて」、日本道路協会、道路、1994, 7月号、p11

(5)　第3次渋滞対策プログラム

　過去の2度の渋滞対策プログラムでは、ある程度の渋滞解消の成果が得られた。しかしながら、平成9（1997）年度に行った全国渋滞実態調査によると、特に渋滞の著しい主要渋滞ポイントが全国で約3,200箇所存在し、これら箇所に対するより一層効率的な取り組みが必要とされた。

　そこで、従来の計画を見直し、バイパス整備・交差点改良等の交通容量拡大策に加え、交通需要マネジメント施策、マルチモーダル施策、公安委員会が行う対策などを盛り込んだ「第3次渋滞対策プログラム（平成10～14（1998～2002）年度）」が都道府県毎に建設省（国土交通省）、都道府県、政令指定市、公団の各道路管理者、各都道府県の公安委員会、地方運輸局によって共同で策定され、総合的な渋滞対策が推進された。

　なお、計画の策定に際しては、懇談会を設け、学識経験者や道路利用者、地元企業等の意見を聴き、広範な意見が反映された。

(6)　都市圏交通円滑化総合対策[ⅳ]

　平成10（1998）年度から、都市圏の安全かつ円滑な交通を確保するための総合的かつ計画的な対策を推進することとし、「都市圏交通円滑化総合対策実施要綱」が関係機関に通知され、都市圏交通円滑化総合対策が推進された。

(7)　新たな道路整備の中期計画

　平成20（2008）年12月にとりまとめられた新たな中期計画の策定段階における第1回問いかけ（平成19（2007）年4月から7月末にかけて実施）では、「渋滞対策」が重点的に取り組むべき施策の最上位に挙げられるなど、対策が必要な状況であった。

　そこで、より利用者の実感にあった透明性の高い渋滞対策を実施するために、都市中心部における通勤渋滞、観光地における休日渋滞等、日常的に混雑が発生している箇所のうち、特に事業効果が高い約3,000箇所について、コスト縮減や既存ストックの有効活用を図りながら、優先的に対策を実施することとされた。なお、実施箇所については客観的な

データや地域への問いかけ結果を踏まえて選定された。

　具体的な対策は次のようになり、効率的な渋滞対策を推進していくものとされた（図Ⅶ-1-1 参照）。

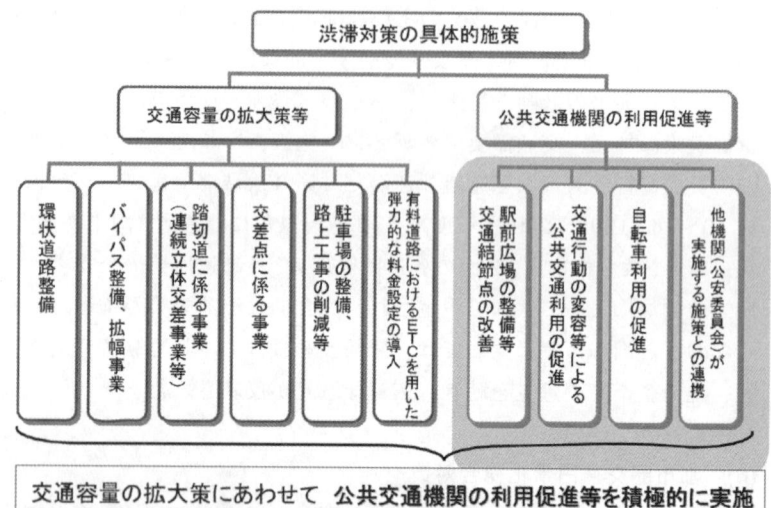

図Ⅶ-1-1　渋滞対策のイメージ[4]

(8)　渋滞マネジメントサイクル

　最新の交通データ等を基に特定された主要渋滞箇所を踏まえ、渋滞対策が検討・実施されている。毎年度以下のマネジメントサイクルにより、主要渋滞箇所をモニタリングの上、随時見直しを行うとされている（図Ⅶ-1-2）。

---

[4] 道路行政研究会：道路行政，全国道路利用者会議，2010，p455

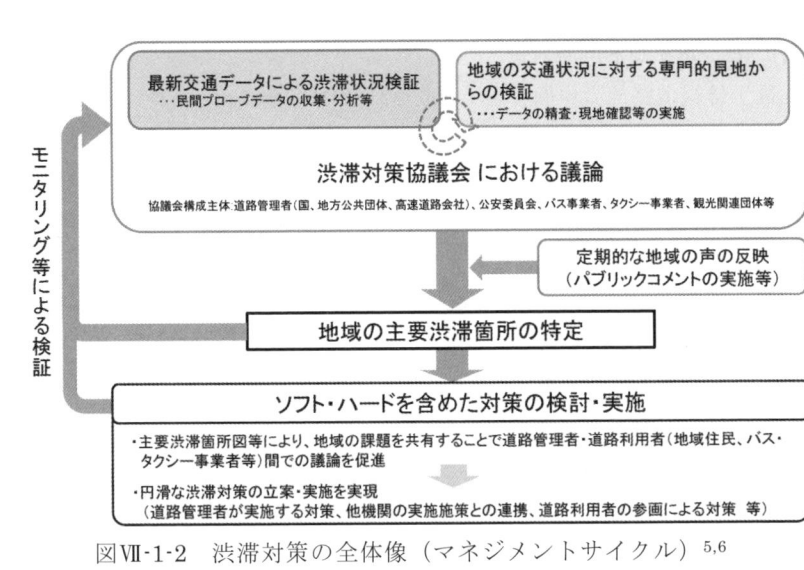

図Ⅶ-1-2　渋滞対策の全体像（マネジメントサイクル）[5,6]

---

[5] 社会資本整備審議会道路分科会：「交通状況の把握と渋滞対策」，第 42 回基本政策部会資料，2013，http://www.mlit.go.jp/policy/shingikai/road01_sg_000127.html

[6] 渋滞対策の具体的取り組みについては、下記資料に詳細が記載されているので参照されたい。

① 清水孝一：「首都高速道路の渋滞対策とサービス改善について」，日本道路協会，道路，1988，1 月号，p47〜56

② 澤田和宏：「環境に資する円滑な道路交通の確保」，日本道路協会，道路，1992，8 月号，p10〜14

③ 中神陽一，山岸直人：「新渋滞対策プログラムについて」，日本道路協会，道路，1994，7 月号，p8〜15

④ 中神陽一：「交通需要マネジメント（TDM）による道路の有効活用」，日本道路協会，道路，1995，11 月号，p36〜41

⑤ 熊谷靖彦：「VICS の実用化」，日本道路協会，道路，1996，8 月号，p20〜23

⑥ 岩崎泰彦：「ITS（高度道路交通システム）の研究開発および実用化」，日本道路協会，道路，1996，11 月号，p26〜27

⑦ 佐々木政彦，宮原慎：「ボトルネック踏切の改良促進」，日本道路協会，道路，2001，5 月号，p29〜32

⑧ 国土交通省道路局企画課道路経済調査室：「渋滞対策の一環としての交通需要マネジメント」，日本道路協会，道路，2003，7 月号，p25〜28

⑨ 間渕利明，東智徳：「踏切対策の推進」，日本道路協会，道路，2007，12 月号，p12〜28

⑩ 道路行政研究会：道路行政，全国道路利用者会議，2010，p455〜463

⑪ 国土交通省：「都市圏の交通渋滞対策 -都市再生のための道路整備」（平成 15 年 3 月），
http://www.mlit.go.jp/road/sisaku/tdm/Top03-01-06.html

(9)　ピンポイント渋滞対策

　国土幹線道路部会中間答申（平成 27（2015）年 7 月 30 日）ᵛにおいて「科学的な分析に基づく集中的な対策によるボトルネックの解消：車線運用の見直しや付加車線の設置、時間的に偏在する交通需要に応じた通行方向の切り替え等により、ボトルネックを解消する必要がある」と提言された。これを受けて、今あるネットワークの効果を、最小コストで最大限発揮させる取組みとして、上り坂やトンネルなど構造上の要因で、速度が低下し、交通が集中する渋滞ボトルネック箇所を ETC2.0 プローブデータなどを活用して特定し、効果的な対策が実施されている。以下に具体的な実施箇所と効果を例示する。

　①東名高速海老名 JCT（ジャンクション）において、ランプ合流部を既存道路幅の中で 2 車線運用から 3 車線運用に変更（図Ⅶ-1-3 に対策の概要、および効果を示す）

　②中央道上り線調布付近の上り坂・サグ部付近に 3 km の付加車線を増設

　③東名高速上下線の大和トンネル付近の上り坂・サグ部等において 4 km の付加車線を増設

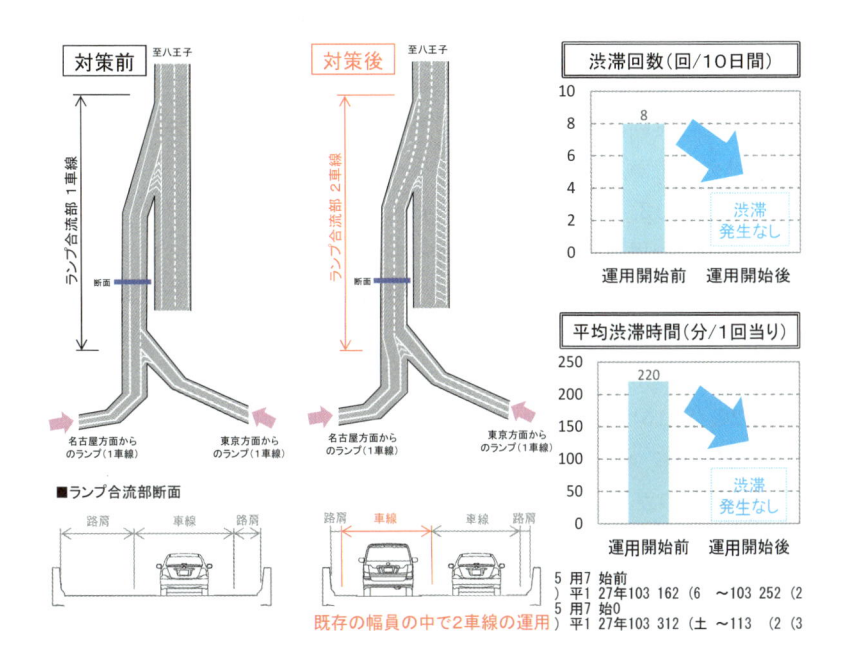

図Ⅶ-1-3　ピンポイント対策の例（東名高速海老名 JCT において、ランプ合流部を 2 車線運用から 3 車線運用に変更）[7]

(10)　料金施策による渋滞緩和

　平成 13（2001）年 3 月から ETC の一般運用が開始され、ETC 導入によって料金所の渋滞緩和が進むとともに、多様で弾力的な料金施策が可能になった。平成 15（2003）年から ETC 利用車両を対象とした有料道路の料金社会実験が始まり、渋滞緩和を狙った料金施策としては、首都高速道路による夜間割引、地方部における通勤割引等が実施された。平成 16~17（2004〜2005）年には ETC 利用車両を対象とした通行料金割引制度が開始され、深夜割引、早朝夜間割引、通勤割引等の渋滞緩和を図る割引制度が導入された[8]。平成 19（2007）年にも料金社会実験が実施

[7]　平成 29 年度道路関係予算概要（平成 29（2016）年 1 月）p47
[8]　国立国会図書館調査及び立法考査局国土交通調査室、古川　浩太郎：高速道路の通行料金制度 ―歴史と現状― 、平成 21（2009）年 10 月

され、この社会実験の中には、「環状道路の料金割引」、「時間帯料金割引」、「夜間に割引料金で利用できる時間の拡大」などの渋滞緩和を目的とした社会実験が含まれていた。その後、ETC 利用車両を対象とした様々な料金施策が実施された。

　平成 25（2013）年には国土幹線道路部会中間答申[vi]において「整備重視の料金から利用重視の料金への転換」が提言され、この方針の下で渋滞緩和を目的とした料金割引として、地方部の通勤時間帯割引を見直して継続（平成 26（2014）年 3 月末まで）や首都高速道路の中央環状道路迂回利用割引（平成 28（2016）年 3 月末まで）が実施された。

　平成 27（2015）年には国土幹線道路部会中間答申[vii]において「料金水準や車種区分について、対距離制を基本として統一」、「発着地が同一ならば、経路間の差異によらず料金を同一」、「混雑状況に応じた料金施策」等が提言された。提言に従って、大幅な首都圏、関西圏共に大幅な料金制度の改定が行われた。首都圏を例にすると、具体的には次のような施策が実施された。

　　ア．料金水準を現行の高速自動車国道の大都市近郊区間の水準に統
　　　一し、車種区分は 5 車種区分に統一する。

　　イ．起終点間の経路に関わらず、最短距離を基本に料金を決定する。

　　　　例 1．首都圏を通過する場合には都心経由でも圏央道経由でも同
　　　　　　じ料金となるように圏央道料金を引き下げる。ETC2.0 搭載
　　　　　　車については割引を更に追加する。

　　　　例 2．都心に向かう場合に外環を使って迂回した場合は外環利用
　　　　　　分は全額割引する。

　上記の料金改定によって交通の流れが変化し、首都圏の新たな高速道路料金導入 1 ヶ月後に次の渋滞緩和効果[9]が発現した。

　　a．都心通過から外側の環状道路へ交通が転換し、首都高速の渋滞が
　　　緩和が緩和された。

　　　　図Ⅶ-1-4 に示すように、東名高速と東北道の間の都心通過が　5

---

[9] 国土交通省報道発表：首都圏の新たな高速道路料金導入後 1 ヶ月の効果について、平成 28（2016）年 5 月 20 日

割減少など、都心通過交通は約 1 割減少した。これらに伴って、首都高速の交通量は約 1%減少、渋滞損失時間は約 1 割減少した。

b. 首都高速道路の短距離利用が増加し、一般道の交通流が円滑化された。

首都高速の短距離利用が約 1~4%増加した。また、例えば、港区青山付近で首都高速道路の交通量は約 2%増加し、並行一般道で約 7%減少した。

c. ネットワーク整備進展と料金水準引下げで、圏央道利用が促進・圏央道の交通量が約 3 割増加した。東北道と圏央道が連絡された後との比較でも約 5~8%増加した。

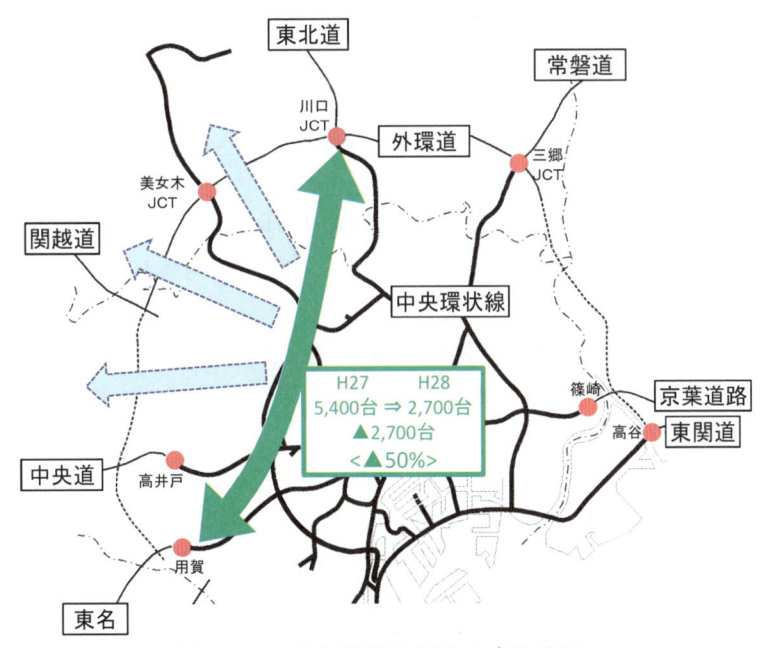

図Ⅶ-1-4　都心通過交通量の変化状況

注 1 ）平成 27（2015）年 4 月と平成 28（2016）年 4 月の ETC 利用交通量の比較である。ただし、GW 期間等の特異日は集計から除いた。

注２）東名、中央道、関越道、東北道、常磐道、東関道、京葉道路の
相互を首都高速経由で利用する交通を集計した。

注３）この間に圏央道の川島 IC〜桶川北本 IC、久喜白岡 JCT〜境古
河 IC が供用開始されている。したがって、交通量の変化にはネッ
トワーク整備効果も含まれる。

(11)　道路交通アセスメント ⅷ

　平成 28 年 3 月に国土交通省内に「道路交通アセスメント検討会」が
設立され、渋滞を生じさせる大きな要因となっている沿道立地や路上工
事に対して、効果的な道路交通アセスメントやそれに基づく対策等を講
じていくための方策についての検討が行われた。4 回の検討会を経て、
平成 29 年 3 月に「道路周辺の土地利用等による渋滞対策」がとりまと
められた。このとりまとめにおいて、道路周辺の土地利用等による渋滞
対策に関する今後の方向性として次のことが提言された。

　ア．既存の立地許可制度において対象としている業種だけではなく、物
　　流施設等も含め、一定以上の出入交通量が見込まれる他業種の施設に
　　ついても、対策を強化する必要があり、重点的に対象とすべき施設を
　　検討する必要がある。

　イ．立地による交通への影響が広範囲に及んでいることを踏まえ、施設
　　近傍だけではなく、施設の規模や種類、周辺の交通状況も踏まえ、一
　　定の距離を影響範囲として設定すべきである。

　ウ．動的手法を基本として予測を実施していく必要がある。

　エ．立地後における渋滞の増加や安全性の低下の状況を踏まえ、施設敷
　　地内での対策だけでなく、周辺道路におけるハード対策（付加車線、
　　交差点改良等）も、渋滞対策協議会等で信号現示や土地利用の計画等
　　も含め調整を図りながら、原因者である立地者が適切に実施する必要
　　がある。

　オ．ETC2.0 など IT 技術を活用し、土地利用に伴う渋滞や交通安全へ
　　の影響に着目したモニタリングを強化すべきである。

　また、今後の検討の進め方として図Ⅶ-1-5 に示す方向性が示された。

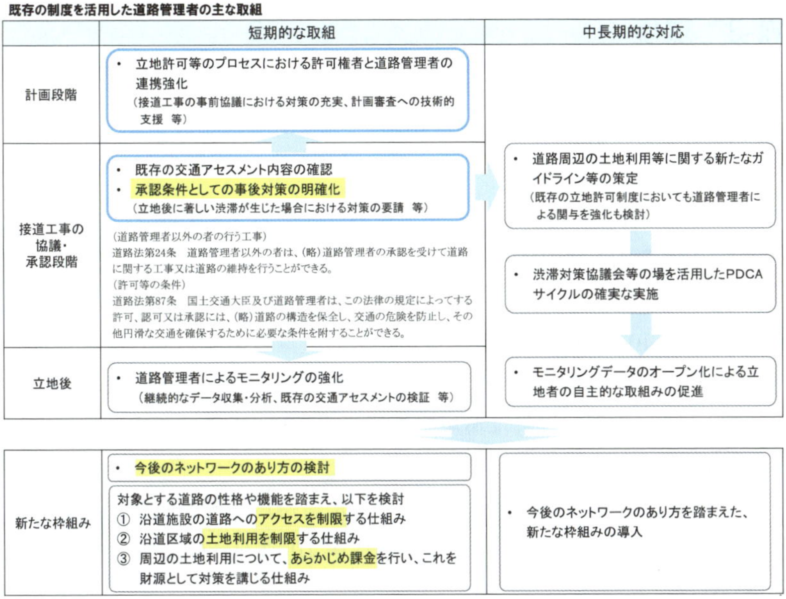

既存の制度を活用した道路管理者の主な取組

	短期的な取組	中長期的な対応
計画段階	・ 立地許可等のプロセスにおける許可権者と道路管理者の連携強化 （接道工事の事前協議における対策の充実、計画審査への技術的支援 等）	・ 道路周辺の土地利用等に関する新たなガイドライン等の策定 （既存の立地許可制度においても道路管理者による関与を強化も検討）
接道工事の協議・承認段階	・ 既存の交通アセスメント内容の確認 ・ 承認条件としての事後対策の明確化 （立地後に著しい渋滞が生じた場合における対策の要請 等） （道路管理者以外の者の行う工事） 道路法第24条 道路管理者以外の者は、(略)道路管理者の承認を受けて道路に関する工事又は道路の維持を行うことができる。 （許可等の条件） 道路法第87条 国土交通大臣及び道路管理者は、この法律の規定によってする許可、認可又は承認には、(略)道路の構造を保全し、交通の危険を防止し、その他円滑な交通を確保するために必要な条件を附することができる。	・ 渋滞対策協議会等の場を活用したPDCAサイクルの確実な実施
立地後	・ 道路管理者によるモニタリングの強化 （継続的なデータ収集・分析、既存の交通アセスメントの検証 等）	・ モニタリングデータのオープン化による立地者の自主的な取組みの促進
新たな枠組み	・ 今後のネットワークのあり方の検討 対象とする道路の性格や機能を踏まえ、以下を検討 ① 沿道施設の道路へのアクセスを制限する仕組み ② 沿道区域の土地利用を制限する仕組み ③ 周辺の土地利用について、あらかじめ課金を行い、これを財源として対策を講じる仕組み	・ 今後のネットワークのあり方を踏まえた、新たな枠組みの導入

図Ⅶ-1-5　道路周辺の土地利用等による渋滞対策の今後の進め方[10]

---

10 道路交通アセスメント検討会：道路周辺の土地利用等による渋滞対策、平成29（2017）年3月

Ⅶ-2　環境

Ⅶ-2-1　沿道環境対策

(1)　沿道環境の状況[ix,x,xi]

(a)　大気質

大気質の環境基準達成率の推移を図Ⅶ-2-1 に示す。平成 27（2015）年度までの沿道濃度の状況[11]は次のようになる。

① CO

　昭和 40 年代には一般地域に比較し、沿道濃度が著しく高い状況であった。その後、単体規制等の実施により濃度低下が進み、昭和 58（1983）年度以降は環境基準達成率100%を維持している。

② SO_2

　平成初期までは一般地域に比較し沿道濃度が高い状況であったが、近年は同程度であり、環境基準達成率100%をほぼ維持している。

③ NO_2

　平成 4（1992）年度頃までは全国測定局の 30〜35%で環境基準の上限値である 0.06ppm を超えていた。その後、単体規制等の実施により状況は改善し、環境基準達成率は平成 27（2015）年度で 99.8% となった。

④ SPM

　平成 10（1998）年度に至るまで環境基準達成率は全国で約 4 割、自動車 NOx・PM 法対策地域で約 1 割と厳しい状況にあった。その後、自動車単体規制等の施策により大幅な改善がなされ、平成 27（2015）年では環境基準達成率が 99.7%（自動車 NOx・PM 法対策地域は 99.5%）となった。

(b)　騒音・振動

騒音の環境基準達成率の推移を図Ⅶ-2-2 に示す。昭和 54（1979）年度

---

11 沿道濃度の経年変化は、環境省ホームページ，「大気環境モニタリング実施結果」，http://www.env.go.jp/air/osen/monitoring.html

における環境基準達成率は 17%（要請限度は 78%）であった。評価方法が L_{50} から L_{Aeq} に変更後の環境基準達成率は、平成 12（2000）年度は 77%、平成 27（2015）年度は 94%になった。

　振動については、建設省及び国土交通省は直轄国道を対象に沿道調査を行っているが、これによれば要請限度値を超えるものはほとんどない。

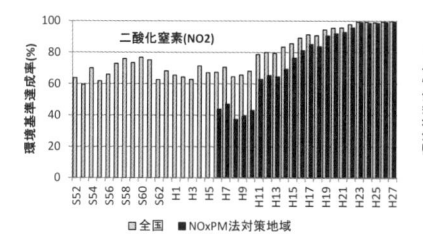 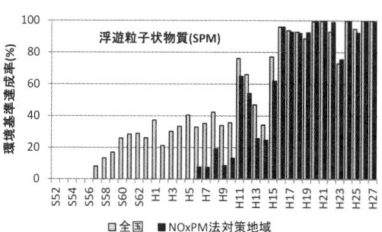

図VII-2-1　NO₂ と SPM の環境基準達成状況[12]

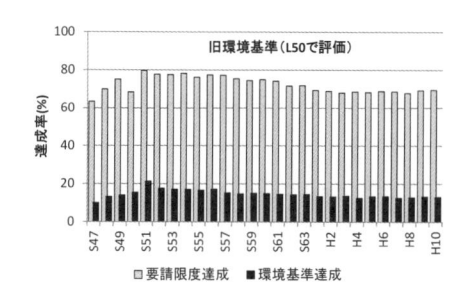 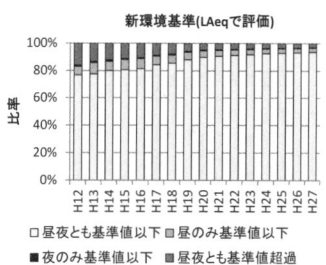

図VII-2-2　騒音の環境基準達成率の推移[13]

(2)　交通公害訴訟

　平成 27（2015）年 6 月までに表VII-2-1 に示す 7 件が提訴され、6 件で和解、1 件で国等に損害賠償を支払うよう命じた控訴審判決が確定した。

---

[12] 環境省：各年度「環境白書」及び「大気汚染モニタリング実施結果」から作成
[13] 環境省：各年度「環境白書」及び「自動車交通騒音の状況について」から作成

表VII-2-1　交通公害訴訟一覧

番　号	1	2	3	4	5	6	7
訴訟名	国道43号訴訟 昭和51（1976）年8月〜	西淀川訴訟 昭和53（1978）年4月〜	川崎訴訟 昭和57（1982）年3月〜	尼崎訴訟 昭和63（1988）年12月〜	名古屋南部訴訟 平成元（1989）年3月〜	東京訴訟 平成8（1996）年5月〜	国道2号訴訟 平成14（2002）年8月〜
被　告	国 阪神高速道路公団	国 阪神高速道路公団 企業10社	国 首都高速道路公団 企業14社	国 阪神高速道路公団 企業9社	国 企業10社	国、東京都 首都高速道路公団 企業7社	国、広島市
争訟道路	国道43号 阪神大阪西宮線、神戸西宮線	国道43、2号 阪神大阪池田線、大阪西宮線	国道1、15、132、409号 首都高横浜羽田空港線	国道43、2号 阪神大阪西宮線	国道23号ほか3路線	国　道　　13路線 都　道　　110路線 首都高　　19路線	国道2号
主な争点	騒音・大気	大気	大気	大気	大気	大気	騒音・大気
判　決	（平成7（1995）年7月7日 最高裁） 差止請求：棄却 損害賠償請求：一部認容 （損害賠償） 約2億3千万円 →123名/131名 （被害認定） ＜大気＞ 沿道20m以内 （環境基準超過地域含む） →洗濯物の汚れを始め有形無形の負荷を受けていた ＜騒音（LAeq）＞ ①屋外65dB以上：距離不問 →生活被害 ②屋外60dB以上：沿道20m以内 →生活被害 ※騒音環境基準 　夜間（L50）：60ホン 　昼間（L50）：65ホン	（平成7（1995）年7月5日 大阪地裁） 差止請求：棄却 損害賠償請求：一部認容 （損害賠償） 約6500万円 →18名/496名 （被害認定） ＜大気＞ 沿道50m以内 （環境基準超過地域含む） →気管支ぜん息等の発症、悪化	（平成10（1998）年8月5日 横浜地裁） 差止請求：棄却 損害賠償請求：一部認容 （損害賠償） 約1億5千万円 →48名/295名 （被害認定） ＜大気＞ 沿道50m以内 （環境基準超過地域含む） →気管支ぜん息等の発症、悪化	（平成12（2000）年1月31日 神戸地裁） 差止請求：一部認容 （差止め） 　SPM　0.15mg/㎥ 　→24名/401名 ※SPM環境基準：0.10mg/㎥ 損害賠償請求：一部認容 （損害賠償） 約2億1千万円 →50名/401名 （被害認定） ＜大気＞ 沿道50m以内 （環境基準超過地域含む） →気管支ぜん息の発症、悪化	（平成12（2000）年11月27日 名古屋地裁） 差止請求：一部認容 （差止め） 　SPM　0.159mg/㎥ 　→1名/145名 ※SPM環境基準：0.10mg/㎥ 損害賠償請求：一部認容 （損害賠償） 約1800万円 →3名/145名 （被害認定） ＜大気＞ 沿道20m以内 （環境基準超過地域含む） →気管支ぜん息の発症、悪化	（平成14（2002）年10月29日 東京地裁） 差止請求：棄却 損害賠償請求：一部認容 （損害賠償） 約8000万円 →7名/99名 （被害認定） ＜大気＞ 沿道50m以内 （環境基準超過地域含む） →気管支ぜん息の発症、悪化	（平成22（2010）年5月20日 広島地裁） 差止請求：棄却 損害賠償請求：一部認容 （損害賠償） 約2170万円 →35名/77名 （被害認定） 沿道一列目 （環境基準超過地域なし） →室内及び洗濯物の汚れ、空調機器の寿命短縮などの物理的、精神的な損害 ＜騒音（LAeq）＞ ①屋内夜間45dB超 （控訴審では40dB超） ②屋外昼間65dB超 →生活被害 ※騒音環境基準 　夜間屋内（LAeq）：40dB 　屋外昼間（LAeq）：70dB
備　考	平成8（1996）年10月に2次訴訟提訴 →平成10（1998）年3月和解 ＜和解内容＞ ・和解金1億円の支払い ・「連絡会」の設置 ⇒平成24（2012）年6月28日連絡会をもって終了	控訴 →平成10（1998）年7月和解 ＜和解内容＞ ・道路環境対策の実施 ・「連絡会」の設置	控訴 →平成11（1999）年5月和解 ＜和解内容＞ ・道路環境対策の実施 ・「連絡会」の設置	控訴 →平成12（2000）年12月和解 ＜和解内容＞ ・道路環境対策の実施 ・「連絡会」の設置 ⇒平成25（2013）年6月13日連絡会で文書合意	控訴 →平成13（2001）年8月和解 ＜和解内容＞ ・道路環境対策の実施 ・「連絡会」の設置	控訴 →平成19（2007）年8月和解 ＜和解内容＞ ・道路環境対策の実施 ・「連絡会」の設置	控訴 →平成26（2014）年1月判決 ＜判決内容＞ ・供用差止請求は認めず ・損害賠償を命じた →上告、平成27（2015）年6月24日控訴審判決確定

(3)　法令の整備[xii,xiii,xiv,xv,xvi]

　公害関係法令については、昭和 42（1967）年に公害対策基本法が制定され、次いで、昭和 43（1968）年には大気汚染防止法及び騒音規制法が制定された。さらに、昭和 45（1970）年末の第 64 回臨時国会では 14 本の公害関係法案が審議され、そのうち道路交通に関連しては、公害対策基本法、大気汚染防止法、騒音規制法、道路交通法等が改正された。

　また、平成 5（1993）年には、環境政策の対象が自然環境、地球環境等広範なものとなり、総合的にとらえる必要性が生じてきたことを踏まえ、環境基本法が制定された。

　騒音に関しては、昭和 55（1980）年に「幹線道路の沿道の整備に関する法律（沿道法）」が制定され、道路交通騒音により生ずる障害の防止、適正かつ合理的な土地利用が図られることとなった。

　大気質に関しては、大都市での環境改善を急務とし、平成 4（1992）年に「自動車から排出される窒素酸化物の特定地域における総量の削減等に関する特別措置法（自動車 NOx 法）」が制定された。また、平成 13（2001）年に、新たに粒子状物質の抑制も含めた「自動車から排出される窒素酸化物および粒子状物質の特定地域における総量の削減等に関する特別措置法（自動車 NOx・PM 法）」に改正された[14]。

(4)　環境基準等の制定[xvii,xviii,xix,xx,xxi,xxii,xxiii,xxiv,xxv]

(a)　大気質[15]

　公害対策基本法の規定に基づく環境基準のうち交通公害に関するものでは、昭和 45（1970）年に CO に係る環境基準が決定され、昭和 47（1972）年に SPM、昭和 53（1978）年に NO_2 の環境基準が決定された。さらに、微小粒子状物質（PM2.5）については、1980 年代後半から米国を中心として PM2.5 の健康影響に関する疫学知見が蓄積されてきており、我が国においても、平成 21（2009）年 9 月に環境基準が告示された。

14　平野興二：「道路整備と公害対策」，日本道路協会，道路，1971，2 月号，p8〜11，道路行政研究会：道路行政，全国道路利用者会議，2010，p580〜602
15　基準値は、道路行政研究会：道路行政，全国道路利用者会議，2010，p589 及び環境省ホームページ：「大気汚染に係る環境基準」,http://www.env.go.jp/kijun/taiki.html

　また、大気質の要請限度（公安委員会に対し、道路交通法の規定による交通規制を要請することができるとした一定の限度）については、大気汚染防止法に基づき、昭和 46（1971）年に定められている。

(b)　騒音・振動[16]

　騒音については、昭和 46（1971）年に環境基準が閣議決定され、同年に騒音規制法に基づいて要請限度が定められた。環境基準及び要請限度は、騒音の評価手法として騒音レベルの中央値（L_{50}）によることを原則として定められ、運用されてきた。しかし、その後の騒音影響に関する研究の進展、および国際的な動向を踏まえ、平成 10（1998）年に騒音の評価手法は騒音レベルの中央値（L_{50}）から等価騒音レベル（L_{Aeq}）に変更された。また、これに伴って自動車騒音の要請限度も改正された（平成 12（2000）年）。

　なお、振動については環境基準の定めはなく、振動規制法（昭和 51（1976）年法律第 64 号）の規定により要請限度[17]が定められている。

(5)　環境影響評価制度[xxvi,xxvii,xxviii]

　昭和 47（1972）年「各種公共事業に係る環境保全対策について」が閣議了解され、公共事業に限って環境影響評価が導入された。道路事業としては、昭和 52（1977）年に、本州四国連絡橋の児島・坂出ルートで最初に本格的な環境影響評価が実施された。

　続いて、昭和 53（1978）年に建設省所管事業に対する統一的な環境影響評価の枠組みとして「建設省所管事業に係る環境影響評価に関する当面の措置方針について」が取りまとめられた。昭和 59（1984）年には、各種公共事業の統一的な枠組みとして「環境影響評価の実施について」が閣議決定され、現在の環境影響評価の前身であるいわゆる「閣議アセス」が本格的に開始された。

---

[16] 基準値は、道路行政研究会：道路行政，全国道路利用者会議，2010，p585，p586 及び環境省ホームページ：「自動車交通騒音の状況について」，
http://www.env.go.jp/air/car/noise/index.html
[17] 基準値は、道路行政研究会：道路行政，全国道路利用者会議，2010，p591

　平成 9（1997）年 6 月には環境影響評価法が公布され、建設省では道路事業の技術指針省令（主務省令）を平成 10（1998）年 6 月に公布し、平成 11（1999）年 6 月に「道路事業に関する環境影響評価の実施について」道路局長通達が発出された。これにより、法に基づく環境影響評価が開始された[18]。さらに、平成 23（2011）年 4 月に環境影響評価法が改正され、事業の位置・規模等の検討段階を対象とする「配慮書手続」が導入された。

(6)　道路の環境施策

　(a)　公害対策推進要綱[xxix]

　昭和 45（1970）年の建設白書において、環境破壊の現状とそのメカニズムを分析し、豊かな環境創造のための施策、目標達成のための基礎条件の整備についてまとめられた。同年 8 月には建設省公害対策推進本部が設置され、公害対策推進要綱を決定した。この要綱では、大気汚染防止対策として、公害発生源工場と住宅等の分離、既成市街地内の工場の移転、緩衝緑地の整備、地域冷暖房の推進のほか、交通公害軽減のための道路整備と管理の強化をあげ、当面の施策を推進するものとした。

　(b)　道路整備五箇年計画等における環境施策[xxx]

　建設省では第 7 次道路整備五箇年計画（昭和 48（1973）～52（1977）年度）において、環境対策については、昭和 49（1974）年度から幹線道路の必要な区間に用地を環境施設帯として取得し、環境保全のための施設を設置することとした。

　第 8 次（昭和 53（1978）～昭和 57（1982）年度）及び第 9 次（昭和 58（1983）～昭和 62（1987）年度）道路整備五箇年計画では、交通混雑が特に著しく沿道環境が悪化している区間に係るバイパス等の建設及び良好な市街地を形成するための道路の整備を推進するとともに、植樹帯、遮音壁の設置等道路環境保全のための事業を推進することとされた。

---

[18] 道路行政研究会：道路行政，全国道路利用者会議，2010，p618～626

　さらに、第 10 次道路整備五箇年計画（昭和 63（1988）〜平成 4（1992）年度）では、バイパスの建設、良好な市街地を形成するための道路の整備及び植樹帯、遮音壁の設置、沿道整備事業等道路環境保全のための事業を推進するとともに、連続立体交差事業及び都市モノレール・新交通システムに係る道路、駐車場、共同溝等の整備を推進するとされた。

　(c)　沿道法[xxxi]
　幹線道路の沿道の整備に関する法律（昭和 55（1980）年）（以下、「沿道法」という）は、道路交通騒音の著しい幹線道路の沿道において、沿道の整備を促進するための措置を講ずることにより、道路交通騒音により生ずる障害を防止し、あわせて適正かつ合理的な土地利用を図り、もって円滑な道路交通の確保と良好な市街地の形成に資することを目的として定められた。沿道法では、知事が沿道整備道路を指定すること、道路管理者及び都道府県公安委員会が道路交通騒音減少計画を作成し、市区町村が沿道地区計画を策定すること、および以下の自動車騒音の諸対策を進めることとされた[19]。
　① 土地の取得費用の一部を国が市町村に無利子で貸付できること。
　② 緩衝建築物の建築を促進するため、道路管理者が建築費の一部を負担すること。
　③ 市町村条例により新設住宅の防音構造化が義務づけられたとき、道路管理者が既存住宅の防音工事費用を助成すること。
　④ 防音助成の住宅が老朽化し有効な防音工事の実施が困難な場合には、道路管理者が住宅の移転・除去費用を助成できること。
　沿道法は、東京都内の国道および都道、ならびに兵庫県内の国道および阪神高速等において適用されており、平成 22（2010）年 4 月時点の沿道整備道路の指定及び沿道地区計画の決定の総延長は 132.9km 及び 106km となっている[20]。

---

[19] 辻靖三他：新版道路環境，山海堂，2002，p.56
[20] 全国道路利用者会議：道路ポケットブック，2010

(d)　沿道環境対策における新技術開発[xxxii,xxxiii,xxxiv]

　大気質については、電気集じん機による PM の除去や、土壌・光触媒等による大気浄化技術の研究・開発が進められ、フィールド実験等も実施された。

　また、昭和 62（1987）年頃から敷設されるようになった排水性舗装は雨天時の安全確保を目的として開発されたが、騒音対策としても一般的になった。骨材の最大粒径を 5 および 8mm 等にし（通常は 13mm）、さらに騒音を抑制した排水性舗装が平成 10（1998）年から敷設されるようになった[21]。遮音壁については、天端に吸音材や干渉装置等を付加して遮音効果を高めたものが昭和 50 年代から開発されるようになり、平成になって開発・設置が進展した。

(e)　排出ガス規制[xxxv,xxxvi,xxxvii,xxxviii]

　排出ガス規制値の推移を図Ⅶ-2-3 に示す[22]。大気汚染防止法第 19 条に基づき、NOx については昭和 48（1973）年に、PM については平成 6（1994）年（ディーゼル重量車）及び平成 5（1993）年（その他のディーゼル車）に排出ガスの許容限度（規制値）が定められた。それ以来、それぞれの規制値は逐次見直しがなされており、平成 21（2009）年 10 月からは、中央環境審議会答申（平成 17（2005）年 4 月）に基づき新車のディーゼル車等に対し規制が強化された（ポスト新長期規制）。

　ディーゼル車の PM 対策に関して、平成 13（2001）年 6 月に自動車 NOx 法が改正され（自動車 NOx・PM 法）、有害物質を排出する自動車を「車種規制[23]」により使用制限することとなった。また、東京都、神奈川県、埼玉県、千葉県では、条例により、平成 15（2003）年 10 月 1 日より 1 都 3 県の全域でディーゼル車の走行規制が開始された。さらに、

21　田中輝栄：「道路交通騒音の低減に向けて　東京都の取組み」，日本音響学会研究発表会講演論文集（CD-ROM）Vol.2012（秋季）
22　規制値は、環境省公表値及び「平成 29 年版　環境・循環型社会・生物多様性白書」，http://www.env.go.jp/policy/hakusyo/h29/pdf.html
23　車種規制：対策地域内に使用の本拠の位置を有するトラック，バス等の特定自動車に対して特別の排出ガス基準を設け，基準不適合車は使用できなくなる制度

大都市地域（自動車 NOx・PM 法に基づく対策地域）においては、「総量削減計画」を策定し、自動車からの NOx 及び PM の排出量の削減に向けた施策が計画的に進められている（図Ⅶ-2-3）。

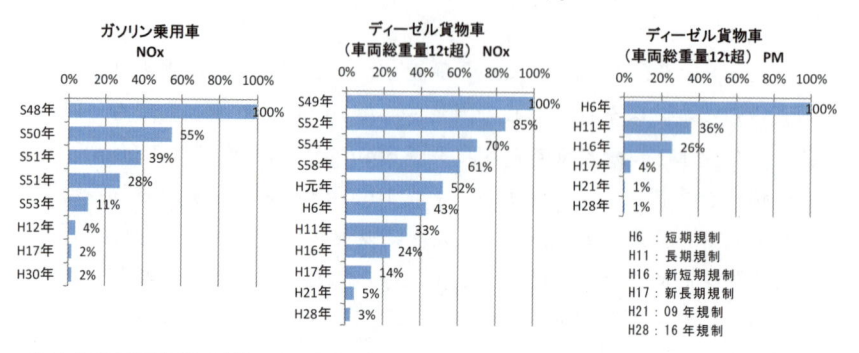

注 1) ガソリン乗用車 NOx は昭和 48（1973）年、ディーゼル貨物車 NOx は昭和 49（1974）年、ディーゼル貨物車 PM は平成 6（1994）年を 100% としたときの各年の規制値の比率を示す。
注 2) ガソリン乗用車の H30（2018）年、ディーゼル貨物車の H28（2016）年は排気ガス試験方法が変更されている。

図Ⅶ-2-3　自動車排出ガス規制強化の推移[24]

(f)　自動車騒音の規制[xxxix,xl]

自動車の定常走行騒音および排気騒音にかかる規制は、昭和 26（1951）年の道路運送車両の保安基準（運輸省令第 67 号）から始まった。これまでに車種別の規制値の強化、近隣排気騒音・加速騒音規制の追加、交換マフラーの規制等が行われてきた[25]（表Ⅶ-2-2）。

さらに、中央環境審議会において、四輪車走行騒音規制の見直し、四輪車及び二輪車の近接排気騒音規制の見直し及びタイヤ騒音規制の適用時期について審議が行われ、平成 27（2015）年 7 月に今後の自動車単体騒音低減対策に関する答申がなされた。これを踏まえ、平成27（2015）年 10 月 8 日に自動車騒音の大きさの許容限度（昭和 50（1975）年 9 月環境庁告示第 53 号）が一部改正された[26]。これに伴い、四輪自動車及び

---

[24] 環境省公表の排出ガス規制値から作成
[25] 騒音規制値は，道路行政研究会：道路行政，全国道路利用者会議，2010，p614 若しくは環境省公表値
[26] 環境省：「平成 28 年版 環境・循環型社会・生物多様性白書」，
http://www.env.go.jp/policy/hakusyo/h28/pdf.html

二輪自動車ともに、近接排気騒音規制及び定常走行騒音規制が廃止された。

表Ⅶ-2-2　騒音の規制強化の推移[27]

(単位：dB)

		定常走行騒音		近隣排気騒音		加速走行騒音		施行年
		昭和46(1971)年規制	平成10～13(1998～2001)年規制	昭和61～平成元(1986～1989)年規制	平成10～13(1998～2001)年規制	昭和57～62(1982～1987)年規制	平成10～13(1998～2001)年規制	
大型車	全輪駆動車、トラクタ、クレーン車	80(84.0)	83	107	99	83	82	平成13(2001)年
	トラック		82					平成13(2001)年
	バス						81	平成10(1998)年
中型車	全輪駆動車	78(82.0)	80	105	98	83	81	平成13(2001)年
	トラック		79				80	平成12(2000)年
	バス							平成12(2000)年
小型車	軽自動車以外(1.7t超)	74(78.0)	74	103	97	78	76	平成12(2000)年
	軽自動車以外(1.7t以下)							平成11(1999)年
	軽自動車(ボンネット型)							平成11(1999)年
	軽自動車(キャブオーバー型)							平成11(1999)年
乗用車	乗車定員6人超	70(74.0)	72	103	96	78	76	平成11(1999)年
	乗車定員6人以下							平成10(1998)年
二輪自動車	小型	74(78.1)	72	99	94	75	73	平成13(2001)年
	軽自動車	74(75.1)	71					平成10(1998)年
原付自転車	第二種	70(71.1)	68	95	90	72	71	平成13(2001)年
	第一種	70(69.6)	65		84			平成10(1998)年

(　)は走行騒音、測定位置の変更による現行規制への換算値を示す。
大型車：車両総重量が3.5トンを超え、原動機の最高出力が150キロワットを超えるもの。
中型車：車両総重量が3.5トンを超え、原動機の最高出力が150キロワット以下のもの。

表Ⅶ-2-3　騒音の規制強化の見直し（適用時期）[28]

【適用時期】

	市街地加速走行騒音のフェーズ1（改正概要のロ．ハ．ニ．ホ．を含む）	市街地加速走行騒音のフェーズ2
新型車（輸入自動車を除く）	平成28年10月1日以降	平成32年（N2カテゴリー※にあっては平成34年）9月1日以降
上記以外の自動車（継続生産車等）	平成34年（N2カテゴリーにあっては平成35年）9月1日以降	平成34年（N2カテゴリーにあっては平成35年）9月1日以降

※N2カテゴリーについては、別添表1を参照

---

[27] 環境省：「自動車単体騒音規制値」，
https://www.env.go.jp/air/car/noise/kisei/attach/value.pdf から作成
[28] 環境省：「自動車単体騒音規制値」，
https://www.env.go.jp/air/car/noise/kisei/attach/value.pdf から作成

表VII-2-4　騒音の規制強化の見直し[29]

（単位：dB）

カテゴリー	専ら乗用の用に供する自動車	フェーズ1	フェーズ2
M1 カテゴリー 乗車定員 9 人以下の専ら乗用の用に供する自動車	PMR[※1]が 120 以下のもの	72	70
	PMR が 120 を超え 160 以下のもの	73	71
	PMR が 160 を超えるもの	75	73
	PMR が 200 を超え、乗車定員が 4 人以下、かつ、R ポイント[※2]の地上からの高さが 450mm 未満のもの	75	74
M2 カテゴリー 乗車定員 9 人を超える専ら乗用の用に供する自動車であって、技術的最大許容質量[※3]が 5 トン以下のもの	技術的最大許容質量が 2.5 トン以下のもの	72	70
	技術的最大許容質量が 2.5 トンを超え、3.5 トン以下のもの	74	72
	技術的最大許容質量が 3.5 トンを超え、最高出力が 135kW 以下のもの	75	73
	技術的最大許容質量が 3.5 トンを超え、最高出力が 135kW を超えるもの	75	74
M3 カテゴリー 乗車定員 9 人を超える専ら乗用の用に供する自動車であって、技術的最大許容質量が 5 トンを超えるのもの	最高出力が 150kW 以下のもの	76	74
	最高出力が 150kW を超え 250kW 以下のもの	78	77
	最高出力が 250kW を超えるもの	80	78
カテゴリー	貨物の運送の用に供する自動車	フェーズ1	フェーズ2
N1 カテゴリー 貨物の運送の用に供する自動車であって、技術的最大許容質量が 3.5 トン以下のもの	技術的最大許容質量が 2.5 トン以下のもの	72	71
	技術的最大許容質量が 2.5 トンを超えるもの	74	73
N2 カテゴリー 貨物の運送の用に供する自動車であって、技術的最大許容質量が 3.5 トンを超え、12 トン以下のもの	最高出力が 135kW 以下のもの	77	75
	最高出力が 135kW を超えるもの	78	76
N3 カテゴリー 貨物の運送の用に供する自動車であって、技術的最大許容質量が 12 トンを超えるもの	最高出力が 150kW 以下のもの	79	77
	最高出力が 150kW を超え 250kW 以下のもの	81	79
	最高出力が 250kW を超えるもの	82	81

※1　車両の最高出力（協定規則第 85 号に規定された方法で測定した値）を協定規則第 51 号に規定する試験時重量で除した値

※2　運転者席の着座位置について自動車製作者等が定め、三次元座標方式に基づいて決定する設計点

※3　安全性の確保及び公害の防止ができるものとして技術的に許容できる自動車の質量であって、自動車製作者が指定したもの

---

[29] 国土交通省：「『装置型式指定規則』及び『道路運送車両の保安基準の細目を定める告示』等の一部改正について」（平成 26 年 10 月 9 日），
http://www.mlit.go.jp/report/press/jidosha07_hh_000163.html

(g)　次世代自動車普及の取り組み[xli,xlii]

平成 13（2001）年 7 月、環境省・経済産業省・国土交通省では、自動車の環境負荷低減を加速するため、「低公害車開発普及アクションプラン」を策定した。本アクションプランは低公害車に対する開発、普及に関する措置についての総合的、包括的なアクションプランであり、その積極的な推進を図ってきた。また、低公害車の普及を促す施策として、自動車税のグリーン化、自動車重量税・自動車取得税について時限的に免除・軽減する措置等の税制上の特例措置（いわゆるエコカー減税）及び政府系金融機関による低利融資等が講じられた。

(7)　沿道環境対策関連の推移

沿道環境対策関連の年表を表Ⅶ-2-3 及び表Ⅶ-2-4 に示す。

表Ⅶ-2-3　沿道環境対策関連の年表(1)

年	沿道濃度・騒音状況	公害紛争・訴訟	法令、環境基準等	環境影響評価	排出ガス・騒音規制	施策
			●道路運送車両法（昭和26（1951）年）[1] ●道路運送車両の保安基準（昭和26（1951）年）[2] ●道路法（昭和27（1952）年）[3] ●道路交通法（昭和35（1960）年）[4]		●定常走行時の騒音および排気騒音規制（「道路運送車両の保安基準」昭和26（1951）年）[5]	
昭和42（1967）年 昭和43（1968）年			●公害対策基本法[6] ●大気汚染防止法[7] ●騒音規制法[8]			
昭和45（1970）年		●自動車排出ガスの鉛化合物による中毒問題（東京・牛込柳町交差点周辺）[9]	●公害関係14法案の成立（第64回国会）[11] ●COに係る環境基準制定[12]		●自動車排出ガスの低減目標制定（自動車排出ガス対策基本計画）[13]	●建設白書（環境破壊の現状とそのメカニズムを分析、豊かな環境創造のための施策、課題達成のための基礎条件の整備）[14] ●公害対策推進要綱[15]
昭和46（1971）年	自動車交通による騒音、大気汚染問題の深刻化（昭和40（1965〜）年代）	●光化学スモッグによる健康障害（東京西部）[10]	●騒音（L50）に係る環境基準制定[16] ●騒音の要請限度制定[17] ●大気質の要請限度制定[18]		●騒音規制強化[19]	
昭和47（1972）年			●SPMに係る環境基準制定[20]	●公共事業に限って環境影響評価導入（「各種公共事業に係る環境保全対策について」）[21]		
昭和48（1973）年					●CO規制強化、HC及びNOx規制制定[22]	●第7次道路整備五箇年計画[23]
昭和51（1976）年		●国道43号訴訟（提訴）[27]	●振動規制法[28] ●振動の要請限度制定[29]			●「高速自動車国道等の周辺における自動車交通騒音に係る障害の防止について」（建設省都市局長、道路局長通知）[30]
昭和52（1977）年	・CO：40年代中頃をピークに年々減少傾向、環境基準達成率98.4%（昭和54（1979）年）[24]			●本州四国連絡橋（児島・坂出ルート）に係る環境影響評価[31]		
昭和53（1978）年	・NO2：横ばい状態、高濃度局は大都市集中、環境基準達成率70%（昭和54（1979）年）[25]	●西淀川訴訟（提訴）[32]	●NO2に係る環境基準制定[33]	●「建設省所管事業に係る環境影響評価に関する当面の措置方針について」[34]		●第8次道路整備五箇年計画[35]
昭和55（1980）年	・騒音：測定点数の83%が環境基準超過、22%が要請限度超過（昭和54（1979）年）[26]		●幹線道路の沿道の整備に関する法律[36]			●「幹線道路の沿道の整備に関する法律」（沿道法）[37]
昭和57（1982）年		●川崎訴訟（提訴）[38]			●騒音規制強化（昭和57〜平成元（1982〜1989）年）[39]	
昭和58（1983）年 昭和59（1984）年				●環境影響評価の本格的開始（「環境影響評価の実施について」閣議決定）[41]		●第9次道路整備五箇年計画[40]
昭和63（1988）年 平成元（1989）年		●尼崎訴訟（提訴）[44]				●第10次道路整備五箇年計画[45]
平成4（1992）年	・NO2：横ばい状態、環境基準達成率65.5%（平成元（1989）年）[42]	●名古屋南部訴訟（提訴）[46]	●自動車から排出される窒素酸化物の特定地域における総量の削減等に関する特別措置法（NOx法）[47]		●排出ガス規制強化（短期規制（平成4〜6（1992〜1994）年））[48]	
平成5（1993）年	・SPM：横ばい状態、環境基準達成率37.2%（平成元（1989）年）[43]		●環境基本法[49]			●第11次道路整備五箇年計画[51]
平成6（1994）年			●公害対策基本法は廃止[50]		●排出ガス規制強化（長期規制（H6〜11（1994〜1999）年））[52]	

表Ⅶ-2-4　沿道環境対策関連の年表(2)

年	沿道濃度・騒音状況	公害紛争・訴訟	法令、環境基準等	環境影響評価	排出ガス・騒音規制	施策
平成 7 (1995) 年		●国道 43 号訴訟(判決)[55]				
平成 8 (1996) 年		●東京訴訟(提訴)[56]				
		●国道 43 号 2 次訴訟(提訴)[57]				
平成 9 (1997) 年			●環境影響評価法[58]		●騒音規制強化(平成 10〜13 (1998〜2001) 年)[63]	●第 12 次道路整備五箇年計画[64]
平成 10 (1998) 年		●西淀川訴訟(和解)[59]	●騒音に係る環境基準の改定 (LAeq)[61]	●「道路事業に係る環境影響評価の項目並びに当該項目に係る調査、予測及び評価を合理的に行うための手法を選定するための指針、環境の保全のための措置に関する指針等を定める省令(技術指針省令)」公布[62]		
		●国道 43 号 2 次訴訟(和解)[60]				
平成 11 (1999) 年	・NO2：全国的には約 7 割で環境基準を達成、大都市圏では約 4 割(平成 10(1998 年))[53] ・SPM：環境基準達成率は全国で約 4 割、自動車Noｘ・PM法対策地域で約 1 割(平成 10 (1998 年))[54]	●川崎訴訟(和解)[65]		●6 月 11 日「道路事業に関する環境影響評価の実施について」道路局長通達[66] ●6 月 12 日環境影響評価法の全面施行[67]		
平成 12 (2000) 年		●尼崎訴訟(和解)[68]	●騒音に係る要請限度の改定 (LAeq)[69]		●排出ガス規制強化(新短期規制(平成 12〜16（2000〜2004）年))[70]	
平成 13 (2001) 年		●名古屋南部訴訟(和解)[71]	●自動車から排出される窒素酸化物および粒子状物質の特定地域における総量の削減等に関する特別措置法（NOxPM 法）[72]			●「低公害車開発普及アクションプラン」[73]
平成 14 (2002) 年		●西広島バイパス訴訟(提訴)[74]			●NOxPM 法対策地域におけるディーゼル車種規制[75]	
平成 15 (2003) 年					●1 都 3 県ディーゼル車走行規制[76]	●社会資本整備重点計画(第 1 次)[77]
平成 17 (2005) 年					●排出ガス規制強化（新長期規制）[81]	
平成 18 (2006) 年				●技術指針省令改正[82]		
平成 19 (2007) 年		●東京訴訟(和解)[83]				
平成 20 (2008) 年					●騒音規制強化（マフラー性能）[84]	●社会資本整備重点計画(第 2 次)[85]
平成 21 (2009) 年	・NO2：95.5%で環境基準達成(平成 20 (2008) 年)[78] ・SPM：99.3%で環境基準達成(平成 20 (2008) 年)[79] ・騒音：道路から 50m の範囲の約 1 割の住居で超過(平成 22 (2010) 年)[80]		●PM2.5 に係る環境基準制定[86]		●排出ガス規制強化（09 規制（平成 21 (2009) 年、平成 22 (2010) 年））[87]	
平成 23 (2011) 年			●環境影響評価法改訂[88]	●技術指針省令改正[89]		●社会資本整備重点計画(第 3 次)[90]
平成 24 (2012) 年						
平成 25 (2013) 年						
平成 26 (2014) 年						
平成 27 (2015) 年		●西広島バイパス訴訟(二審判決確定)[91]				●社会資本整備重点計画(第 4 次)[92]
平成 28 (2016) 年					●排出ガス規制強化（16 規制（平成 28〜30（2016〜2018）年））[93] ●騒音規制見直し（平成 28 (2016) 年〜）[94]	

467

Ⅶ　主要な施策の変遷

表Ⅶ-2-3、表Ⅶ-2-4 の注）　各事項の出典

1)　　道路行政研究会：道路行政，全国道路利用者会議，2010，p588
2)　　道路行政研究会：道路行政，全国道路利用者会議，2010，p588
3)　道路法制定の年は、道路行政研究会：道路行政，全国道路利用者会議，2010，p251
など
4)　　道路行政研究会：道路行政，全国道路利用者会議，2010，p588
5)　　本編Ⅶ-2-1(6)-(f)自動車騒音の規制
6)　　本編Ⅶ-2-1(3)法令の整備
7)　　本編Ⅶ-2-1(3)法令の整備
8)　　本編Ⅶ-2-1(3)法令の整備
9)　　今井勇，井上孝，山根孟，道路の長期計画，（株）技術書院，1971，p208
10)　　今井勇，井上孝，山根孟，道路の長期計画，（株）技術書院，1971，p208
11)　　本編Ⅶ-2-1(3)法令の整備
12)　　本編Ⅶ-2-1(4)環境基準の制定
13)　　今井勇，井上孝，山根孟，道路の長期計画，（株）技術書院，1971，p211
14)　　今井勇，井上孝，山根孟，道路の長期計画，（株）技術書院，1971，p212
15)　　今井勇，井上孝，山根孟，道路の長期計画，（株）技術書院，1971，p212
16)　　本編Ⅶ-2-1(4)環境基準の制定
17)　　本編Ⅶ-2-1(4)環境基準の制定
18)　　本編Ⅶ-2-1(4)環境基準の制定
19)　　本編Ⅶ-2-1(6)-(f)自動車騒音の規制
20)　　本編Ⅶ-2-1(4)環境基準の制定
21)　　本編Ⅶ-2-1(5)環境影響評価制度
22)　　本編Ⅶ-2-1(6)-(d)排出ガス規制
23)　　道路行政研究会：道路行政，全国道路利用者会議，2010，p322～326
24)　　環境省：「大気環境モニタリング実施結果」，
http://www.env.go.jp/air/osen/monitoring.html
25)　　環境省：「大気環境モニタリング実施結果」，
http://www.env.go.jp/air/osen/monitoring.html
26)　　環境省：「自動車交通騒音の状況について」，
http://www.env.go.jp/air/car/noise/index.html
27)　　本編　表Ⅶ-2-1
28)　　本編Ⅶ-2-1(4)環境基準の制定
29)　　本編Ⅶ-2-1(4)環境基準の制定
30)　　道路行政研究会：道路行政，全国道路利用者会議，2010，p601
31)　　本編Ⅶ-2-1(5)環境影響評価制度
32)　　本編　表Ⅶ-2-1
33)　　本編Ⅶ-2-1(4)環境基準の制定
34)　　本編Ⅶ-2-1(5)環境影響評価制度
35)　　道路行政研究会：道路行政，全国道路利用者会議，2010，p326～328
36)　　本編Ⅶ-2-1(3)法令の整備
37)　　道路行政研究会：道路行政，全国道路利用者会議，2010，p601
38)　　本編　表Ⅶ-2-1
39)　　本編Ⅶ-2-1(6)-(f)自動車騒音の規制
40)　　道路行政研究会：道路行政，全国道路利用者会議，2010，p328～330
41)　　本編Ⅶ-2-1(5)環境影響評価制度
42)　　本編　表Ⅶ-2-1
43)　　道路行政研究会：道路行政，全国道路利用者会議，2010，p354～356
44)　　本編　表Ⅶ-2-1
45)　　環境省：「大気環境モニタリング実施結果」，
http://www.env.go.jp/air/osen/monitoring.html

46)　環境省：「大気環境モニタリング実施結果」，
http://www.env.go.jp/air/osen/monitoring.html

47)　本編Ⅶ-2-1(3)法令の整備

48)　環境省：「中央環境審議会答申『今後の自動車排出ガス低減対策のあり方について
（第三次答申）』について、参考資料『中環審答申と排出ガス規制強化のスケジュー
ル』」，環境省報道発表資料，1998 年 12 月 10 日，
http://www.env.go.jp/press/press.php?serial=703

49)　本編Ⅶ-2-1(3)法令の整備

50)　本編Ⅶ-2-1(3)法令の整備

51)　道路行政研究会：道路行政　平成 21 年度版，全国道路利用者会議，2010，p356〜
358

52)　環境省，中央環境審議会答申「今後の自動車排出ガス低減対策のあり方について
（第三次答申）」について（参考資料「中環審答申と排出ガス規制強化のスケジュー
ル」），環境省報道発表資料，1998 年 12 月 10 日，
http://www.env.go.jp/press/press.php?serial=703

53)　環境省：「大気環境モニタリング実施結果」，
http://www.env.go.jp/air/osen/monitoring.html

54)　環境省：「大気環境モニタリング実施結果」，
http://www.env.go.jp/air/osen/monitoring.html

55)　本編　表Ⅶ-2-1

56)　本編　表Ⅶ-2-1

57)　本編　表Ⅶ-2-1

58)　本編Ⅶ-2-1(5)環境影響評価制度

59)　本編　表Ⅶ-2-1

60)　本編　表Ⅶ-2-1

61)　本編Ⅶ-2-1(4)環境基準の制定

62)　本編Ⅶ-2-1(5)環境影響評価制度

63)　本編Ⅶ-2-1(6)-(f)自動車騒音の規制

64)　道路行政研究会：道路行政，全国道路利用者会議，2010，p359〜361

65)　本編　表Ⅶ-2-1

66)　本編Ⅶ-2-1(5)環境影響評価制度

67)　本編Ⅶ-2-1(5)環境影響評価制度

68)　本編　表Ⅶ-2-1

69)　本編Ⅶ-2-1(4)環境基準の制定

70)　国土交通省：「新車の自動車排出ガス規制値」，
http://www.mlit.go.jp/common/000206832.pdf

71)　本編　表Ⅶ-2-1

72)　本編Ⅶ-2-1(3)法令の整備

73)　環境省：「低公害車開発普及アクションプラン」，2001，
http://www.env.go.jp/press/file_view.php?serial=2402&hou_id=2729 及び国土交通省：
「低公害車の開発・普及－自動車税のグリーン化等による取り組み－」，2003，
http://www.mlit.go.jp/common/000043142.pdf

74)　本編　表Ⅶ-2-1

75)　環境省，国土交通省：「『自動車 NOx・PM 法の手引き』パンフレット（平成 14 年
8 月）」，2002，http://www.env.go.jp/air/car/pamph2/及び環境省，国土交通省：「『自動車
NOx・PM 法の車種規制について』パンフレット（平成 17 年 9 月）」，2005，
http://www.env.go.jp/air/car/pamph/

76)　環境省，国土交通省：「『自動車 NOx・PM 法の手引き』パンフレット（平成 14 年
8 月）」，2002，http://www.env.go.jp/air/car/pamph2/及び環境省，国土交通省：「『自動車
NOx・PM 法の車種規制について』パンフレット（平成 17 年 9 月）」，2005，
http://www.env.go.jp/air/car/pamph/及び環境省：「環境白書（平成 25 年版）」，2013，

p229〜231，http://www.env.go.jp/policy/hakusyo/
77)　道路行政研究会：道路行政，全国道路利用者会議，2010，p292〜303
78)　環境省：「大気環境モニタリング実施結果」，
http://www.env.go.jp/air/osen/monitoring.html
79)　環境省：「大気環境モニタリング実施結果」，
http://www.env.go.jp/air/osen/monitoring.html
80)　環境省：「自動車交通騒音の状況について」，
http://www.env.go.jp/air/car/noise/index.html
81)　国土交通省：「新車の自動車排出ガス規制値」，
http://www.mlit.go.jp/common/000206832.pdf
82)　本編Ⅶ-2-1(5)環境影響評価制度
83)　本編　表Ⅶ-2-1
84)　国土交通省：「道路運送車両の保安基準の細目を定める告示の一部改正等について
〜自動車等のマフラー（消音器）に対する騒音対策の強化等〜」，2008，
http://www.mlit.go.jp/report/press/jidosha10_hh_000020.html
85)　道路行政研究会：道路行政，全国道路利用者会議，2010，p292〜303
86)　本編Ⅶ-2-1(4)環境基準の制定
87)　国土交通省：「新車の自動車排出ガス規制値」，
http://www.mlit.go.jp/common/000206832.pdf
88)　本編Ⅶ-2-1(5)環境影響評価制度
89)　国土交通省令第 28 号
90)　国土交通省ホームページ，
http://www.mlit.go.jp/sogoseisaku/point/sosei_point_tk_000003.html
91)　日本経済新聞（電子版）平成 27 年 6 月 26 日、など
92)　国土交通省ホームページ，
http://www.mlit.go.jp/sogoseisaku/point/sosei_point_tk_000003.html
93)　国土交通省：「新車に対する排出ガス規制について」，
http://www.mlit.go.jp/jidosha/jidosha_tk10_000002.html
94)　本編　表Ⅶ-2-3、表Ⅶ-2-4

Ⅶ-2-2　地球温暖化対策

(1)　国際情勢と法令の整備[xliii,xliv,xlv,xlvi,xlvii]

　平成 4（1992）年の地球サミット、及び平成 6（1994）年に我が国が批准した「気候変動に関する国際連合枠組条約（以下、『気候変動枠組条約』という）」によって、世界的に地球温暖化問題への対応が急務となり、特に平成 9（1997）年 12 月に我が国の京都で開催された「気候変動枠組条約第 3 回締約国会議（COP3）」では、先進国等の具体的な削減目標等を内容とする「京都議定書」が採択された。平成 13（2001）年 11 月には、モロッコのマラケッシュで開催された COP7 において、「京都議定書」の実施のためのルールが採択された。

　日本においては、COP7 の合意を受け、平成 14（2002）年 3 月に新し

い「地球温暖化対策推進大綱」を関係閣僚会議（地球温暖化対策推進本部）において決定し、同年5月に「地球温暖化対策の推進に関する法律」の一部が改正され、6月に「京都議定書」が締結された。その後、平成17（2005）年4月に「京都議定書目標達成計画」が閣議決定され、さらに、平成20（2008）年3月に改定された。

京都議定書以降の動きとして、平成21（2009）年9月22日、国連気候変動首脳会合において、日本は「平成32（2020）年までに温室効果ガスを平成2（1990）年比で25パーセント削減する」ことを表明し（鳩山イニシアティブ）、地球温暖化対策基本法案が国会に提出されるも、衆議院解散により時間切れ、廃案となった。平成24（2012）年12月には、京都議定書第二約束期間（平成25〜30（2013〜2018）年、第一約束期間は平成20〜24（2008〜2012）年）等の京都議定書改定案が採択されたCOP18において、日本は改定案が将来の包括的な枠組みの構築に資さないとして、京都議定書第二約束期間に不参加とし、日本独自で削減目標を作ることとなった。その後、平成25（2013）年5月に京都議定書第一次約束期間の終了後も引き続き地球温暖化対策の総合的かつ計画的な推進を図るべく、地球温暖化対策の推進に関する法律の改正がなされた。

平成32（2020）年以降の国際枠組みについては、全ての締約国に適用される新たな法的枠組みとして、平成27（2015）年のCOP21において、パリ協定が採択され、平成28（2016）年11月4日に発効された。なお、我が国は、同月8日に締結した。

COP21に十分先立ち、平成25（2013）年のCOP19において、全ての国に対し、自国が決定する平成32（2020）年以降の貢献案を示すことが招請されたことから、平成27（2015）年7月、我が国は、平成32（2030）年度の削減目標を平成25（2013）年度比で26.0％減（平成17（2005）年度比で25.4％減）とする「日本の約束草案」を決定し、条約事務局に提出した。

また、我が国は平成28（2016）年5月に約束草案やパリ協定等を踏まえ、地球温暖化対策計画を閣議決定し、平成32（2030）年度の削減目標

の達成に向けて着実に取組むこととしている。

(2)　道路事業における取り組み[xlviii,xlix,l,li,lii]

　我が国の CO_2 排出量に関し、平成 20（2008）～24（2012）年度の 5
年間の平均値を平成 2（1990）年度の水準から 6%削減させる内容を盛
り込んだ京都議定書が平成 17（2005）年 2 月に発効されたが、道路整
備による CO_2 排出量削減効果は、この 6%削減の前提条件（BAU：
Business as usual）として加味された。

　このため、「地球温暖化防止のための道路政策会議（平成 17（2005）
年 12 月）」において、京都議定書の CO_2 削減目標の確実な達成に向けた
「CO_2 削減アクションプログラム」が策定され、その中で平成 18～24
（2006～2012）年度の 7 年間で対策を実施する主要渋滞ポイント 1,800
箇所が位置付けられるなど CO_2 削減に貢献する道路関連施策が位置づ
けられた。

　平成 19（2007）年 6 月の社会資本整備審議会道路分科会建議では、地
球環境保全への積極的な貢献として、環状道路整備等の交通円滑化対策、
TDM 施策、エコドライブ普及、低公害車の開発促進等の自動車単体対
策、面的な緑化などの取組みが必要であるとされた。

　平成 21（2009）年 3 月に第 2 次社会資本整備重点計画（平成 20（2008）
～24（2012）年度）が閣議決定され、この中で地球温暖化対策として「京
都議定書の温室効果ガス削減目標の達成を図るため、ETC の利用促進な
どの ITS の推進等による地球温暖化対策を推進する」ことが明示された。

　平成 23（2011）年 4 月に「国土交通省の中期的地球温暖化対策　中間
とりまとめ」が公表され、引き続き道路施策において、CO_2 削減を図る
ため、交通渋滞を緩和・解消するとともに車の利用方法の改善などを体
系的かつ集中的に実施する道路施策を推進するとされた。

　平成 26（2014）年 3 月には、国土交通省の環境行動計画（平成 26
（2014）年度～32（2020）年度）が策定された（平成 29 年 3 月一部改
定）。環境行動計画は、国土交通省の環境配慮方針として具体的な数値目
標等による施策の進捗を管理する PDCA のツールとしての役割を有し

ており、また、国土交通省が取り組む環境関連施策の体系化としての役割も有している。道路分野における具体的な施策としては、道路ネットワークを賢く使う交通流対策等の推進、道路施設の低炭素化が含まれている。

　平成 27（2015）年 11 月、気候変動の影響への適応計画が閣議決定されたことに伴い、国土交通省が実施する適応策をまとめた「国土交通省気候変動適応計画」が公表された。道路における適応策として、安全性、信頼性の高い道路網の整備、無電柱化等の推進、道の駅の防災機能の強化等が挙げられている。

Ⅶ-2-3　自然環境及び景観

(1)　自然環境への配慮[liii]

　我が国の野生動植物約 3,500 種に絶滅の恐れがあると言われており、それらを保全する取り組みが、生物多様性条約の締結（平成 5（1993）年）、生物多様性国家戦略[30]の策定及び生物多様性保全基本法の制定（平成 20（2008）年）等により進められた。

　道路整備では、平成 6（1994）年 1 月の環境政策大綱（建設省）において「エコロード」の整備を推進することとし、自然との調和を目指したルート選定や、トンネル・橋梁等の大きな植生改変を避ける構造形式の採用、動物の道路横断施設の設置等が進められている。また、地域の自然条件に調和した植生による盛土の再緑化、植栽の工夫による生息・生育環境の形成等にも取り組まれた。

(2)　道路緑化[liv]

　道路利用者への快適な空間の提供、周辺と一体となった良好な景観の形成、地球温暖化やヒートアイランドへの対応、良好な都市環境の整備等の観点から、国土交通省では道路空間における木陰の創造を目的とす

---

[30] 最新は、「生物多様性国家戦略 2012-2020」（平成 24（2012）年）

る緑陰道路プロジェクトをはじめとした街路樹や歩道内緑化の整備の推進や、沿道地域と連携・協力した維持管理を実施している。また、道路事業の計画・設計段階から貴重な自然環境のある場所はできるだけ回避し、回避できない場合は影響の最小化や代替措置を講じることを基本として、環境の保全・回復を図っている。

(3)　景観配慮の取り組み [lv,lvi,lvii,lviii]

　我が国の社会資本整備は、戦災復興から高度経済成長期にかけて機能性、効率性、公平性重視の量的な充足を優先する時代が続いていたが、1980年代の終わりになると、美しさ、ゆとり、潤い、個性といった質の充実が求められるようになり、シビックデザインの重要性が認識されることとなった。第10次道路整備五箇年計画（昭和63〜平成4（1988〜1992）年度）における主要課題の一つとして、良好な景観を創出する道路の整備を積極的に推進していくことが示され、景観設計の考え方や手法をまとめた「道路景観整備マニュアル（案）」（昭和63（1988）年）が刊行されるなど、美しい景観の形成に向けた積極的な取り組みが展開された。

　1990年代後半に、時代の要請がコスト縮減に移ると、景観への取り組みは低調となったが、平成15（2003）年の「美しい国づくり政策大綱」策定を受け、「景観法」制定、（平成16（2004）年）、「道路デザイン指針（案）」作成（平成17（2005）年、平成29（2017）年改定）、電線類地中化の推進、日本風景街道の取り組み（平成19（2007）年〜）、「景観に配慮した道路附属物等ガイドライン」作成（平成29（2017）年）等の施策が進められている（表Ⅶ-2-5）。

表Ⅶ-2-5　道路景観に係る各種マニュアル

タイトル	発行年	著者	概要
街路の景観設計	昭和60（1985）年12月	土木学会	美しい街路景観形成のための考え方と手法を、内外の既存街路の実例をあげて解説。
道路景観整備マニュアル（案）	昭和63（1988）年11月	（財）道路環境研究所・道路景観研究会	一般道路における景観整備のための基礎的知識と具体的方法を解説。基礎編と事例編から構成される。
道路景観整備マニュアル（案）Ⅱ	平成5（1993）年3月	（財）道路環境研究所	道路構造物における景観整備の基本的考え方や検討の手順等を解説。基礎編、事例編および景観整備写真集から構成される。
景観舗装ハンドブック	平成7（1995）年3月	（財）土木研究センター　景観舗装研究会	景観舗装の種類と特徴、計画から設計・施工・維持管理の方法等を体系的にまとめた技術資料。
景観に配慮した防護柵の整備ガイドライン	平成16（2004）年3月	景観に配慮した防護柵推進検討委員会	防護柵の設置・更新を検討するにあたって、本来の安全面での機能を確保した上で景観に配慮するとはどのようなことなのか、その考え方をまとめたガイドライン。
道路デザイン指針（案）	平成17（2005）年4月	都市・地域整備局街路課街路事業調整官道路局地方道・環境課道路環境調査室長	「美しい国づくり政策大綱」を受けた道路分野、街路分野の景観形成ガイドライン。
道路のデザイン　道路デザイン指針（案）とその解説	平成17(2005)年7月（平成29(2017)年11月改定）	（財）道路環境研究所（改定：道路のデザインに関する検討委員会）	「道路デザイン指針（案）」の解説書。原論編、実践編および事例編から構成される。
国総研資料第433号景観デザイン規範事例集（道路・橋梁・街路・公園編）	平成20（2008）年3月	国土技術政策総合研究所	デザインに定評のある事例を取り上げ、「なぜよいのか」を図面・写真等を交えて丁寧に解説した事例集。各分野100事例程度の候補リストから選定した、道路10事例、街路13事例を掲載。
国総研資料第572号換気塔のデザイン	平成22（2010）年1月	国土技術政策総合研究所	換気塔に関する景観配慮の着眼点、方向性、検討手法や国内外の参考事例29事例をとりまとめた資料。
「景観に配慮した道路附属物等ガイドライン」	平成29(2017)年10月	道路のデザインに関する検討委員会	道路附属物等の設置・更新を検討するにあたって、本来の安全面での機能を確保したうえで景観に配慮するとはどのようなことなのか、どの様な道路空間を目指すべきなのか、その考え方をまとめたもの。

Ⅶ-3　バリアフリー

Ⅶ-3-1　バリアフリーのための道路整備の経緯と背景

　我が国においては、諸外国に例を見ないほど急速に高齢化が進展し、平成 27（2015）年には国民の 4 人に 1 人が 65 歳以上の高齢者となる本格的な高齢社会が到来すると予測されている（図Ⅶ-3-1）。また、障害者が健常者と同様に生活し、活動する社会を目指すノーマライゼーションの理念に基づき、障害者についても障害を持たない者と同様のサービスを受けることができるように配慮することが求められており、このため、高齢者、身体障害者等が自立した日常生活や社会生活を営むことができる環境を整備することが急務となってきた。

　我が国のバリアフリー化に向けた取組は、1970 年代の福祉のまちづくり運動からはじまる。これは、「すべての人が地域で安心して健常な市民とともに生活できること」という北欧のノーマライゼーションの理念を基本としており、この理念の具体化として「物理的障害（バリア）の問題」への対応を中心に制度化が進められてきた。まず、町田市などの地方公共団体でバリアフリーを進めるための要綱や条例が制定された。1980 年代の、国際障害者年（昭和 56（1981）年）、国連・障害者の十年（昭和 57（1982）年）により障害者への配慮が社会に浸透すると、バリアフリー化に向けた取組が活発化し、1990 年代にかけて同種の条例化が全国に広がった。

　一方、国においては、1970 年代以降、建築物・道路・公園の個別施設に対する指針や要綱などのガイドラインが策定され、施設ごとにバリアフリー化が進められてきた。また、建設省の「人にやさしいまちづくり事業」（平成 6（1994）年）では、それまでガイドラインでは難しかったモデル地域の面的整備が推進された。さらに、平成 6（1994）年 6 月、建設省は高齢社会における建設行政の目標と今後の施策をまとめた「生活福祉空間づくり大綱」を発表し、同年 9 月には不特定多数の利用が見込まれる建物のバリアフリー化を趣旨とした「ハートビル法（高齢者、身体障害者等が円滑に利用できる特定建築物の建築の促進に関する法

律)」が施行された。

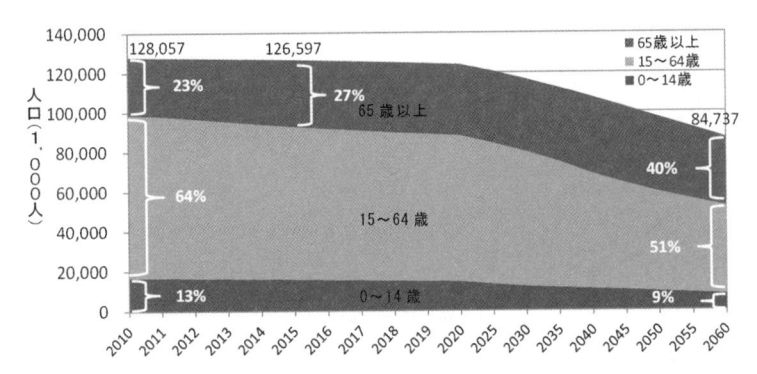

図Ⅶ-3-1　年齢（3区分）別人口の将来推計：平成 22〜72
（2010〜2060）年[31]

Ⅶ-3-2　バリアフリー法の制定

(1)　交通バリアフリー法の制定

　公共交通機関の旅客施設のバリアフリー化とあわせ、その旅客施設、駅前広場と各施設を結ぶ道路等の連続した移動経路についても、一体的、整合的な整備が必要とされているが、複数の公共交通事業者、道路管理者及び都道府県公安委員会に至るまで関係者が多岐にわたるため、各々の取組みを整合的に推進することは困難な状況であった。

　このような状況を踏まえ、交通のバリアフリー化を促進するための各般の施策を総合的に実施するために、平成 12（2000）年 5 月 10 日に「高齢者、身体障害者等の公共交通機関を利用した移動の円滑化の促進に関する法律」（以下「交通バリアフリー法」という）が成立し、同月 17 日に公布され、11 月 15 日から施行された。

(2)　新バリアフリー法の制定

　その後、交通バリアフリー法の施行から 5 年を経過するに当たり、同

---

[31] 国立社会保障・人口問題研究所：「日本の将来推計人口」（平成 24 年 1 月推計），「出生中位（死亡中位）」推計値による。各年 10 月 1 日現在，2012.3

法及びハートビル法の施行の状況について検討を行った結果、①高齢者、身体障害者等の日常生活及び社会生活において通常移動手段として用いられるもの又は通常利用されると考えられる施設のうち、バリアフリー化の対象となるものが旅客施設及び車両等並びに建築物に限られていること、②既存施設等を中心として重点的にバリアフリー化を図る事業（特定事業）が実施される地区（重点整備地区）が、旅客施設とその周辺の徒歩圏に限られていること、③特定事業の対象が旅客施設、道路等に限定されており、建築物のバリアフリー化と一体的に実施されることが制度的に担保されておらず、境界に段差が残ったりする等、連続的なバリアフリー化の確保が十分ではないこと等の課題が明らかとなった。

　以上のような背景を踏まえ、平成18（2006）年通常国会に、ハートビル法、交通バリアフリー法を統合するとともに施策の拡充を図った新しいバリアフリー法「高齢者、障害者等の移動等の円滑化の促進に関する法律」（以下、「新バリアフリー法」という）が提出され、同年6月15日に成立、21日に公布され（平成18（2006）年法律第91号）、同年12月20日から施行された。新バリアフリー法の基本的枠組みは図Ⅶ-3-2のとおりである。

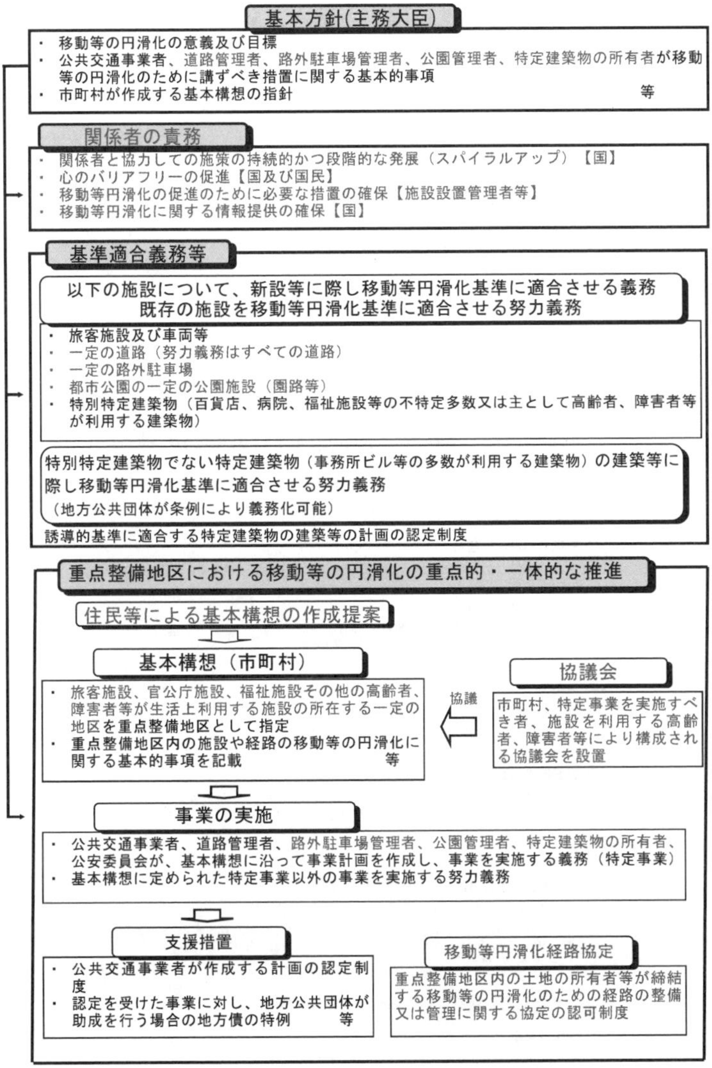

基本方針（主務大臣）

- 移動等の円滑化の意義及び目標
- 公共交通事業者、道路管理者、路外駐車場管理者、公園管理者、特定建築物の所有者が移動等の円滑化のために講ずべき措置に関する基本的事項
- 市町村が作成する基本構想の指針　　　　　　　　　　　　　　　　　　　　　等

関係者の責務

- 関係者と協力しての施策の持続的かつ段階的な発展（スパイラルアップ）【国】
- 心のバリアフリーの促進【国及び国民】
- 移動等円滑化の促進のために必要な措置の確保【施設設置管理者等】
- 移動等円滑化に関する情報提供の確保【国】

基準適合義務等

以下の施設について、新設等に際し移動等円滑化基準に適合させる義務
既存の施設を移動等円滑化基準に適合させる努力義務

- 旅客施設及び車両等
- 一定の道路（努力義務はすべての道路）
- 一定の路外駐車場
- 都市公園の一定の公園施設（園路等）
- 特別特定建築物（百貨店、病院、福祉施設等の不特定多数又は主として高齢者、障害者等が利用する建築物）

特別特定建築物でない特定建築物（事務所ビル等の多数が利用する建築物）の建築等に際し移動等円滑化基準に適合させる努力義務
（地方公共団体が条例により義務化可能）

誘導的基準に適合する特定建築物の建築等の計画の認定制度

重点整備地区における移動等の円滑化の重点的・一体的な推進

住民等による基本構想の作成提案

基本構想（市町村）

- 旅客施設、官公庁施設、福祉施設その他の高齢者、障害者等が生活上利用する施設の所在する一定の地区を重点整備地区として指定
- 重点整備地区内の施設や経路の移動等の円滑化に関する基本的事項を記載　　　　　　　　　　等

協議 →

協議会

市町村、特定事業を実施すべき者、施設を利用する高齢者、障害者等により構成される協議会を設置

事業の実施

- 公共交通事業者、道路管理者、路外駐車場管理者、公園管理者、特定建築物の所有者、公安委員会が、基本構想に沿って事業計画を作成し、事業を実施する義務（特定事業）
- 基本構想に定められた特定事業以外の事業を実施する努力義務

支援措置

- 公共交通事業者が作成する計画の認定制度
- 認定を受けた事業に対し、地方公共団体が助成を行う場合の地方債の特例　　等

移動等円滑化経路協定

重点整備地区内の土地の所有者等が締結する移動等の円滑化のための経路の整備又は管理に関する協定の認可制度

図Ⅶ-3-2　新バリアフリー法（高齢者、障害者等の移動等の円滑化の促進に関する法律）の基本的枠組み[32]

---

[32] 国土交通省：「バリアフリー法の基本的枠組み」、
http://www.mlit.go.jp/common/000234989.pdf

Ⅶ-3-3　移動等円滑化の促進に関する基本方針

　新バリアフリー法に基づき、「移動等円滑化の促進に関する基本方針」が平成 18（2006）年 12 月に制定（平成 23（2011）年 3 月改定）された。改定された基本方針では、本格的高齢社会の到来や自立と共生の理念の浸透など、高齢者・障害者等を取り巻く社会情勢の変化等に対応するために、旅客施設や車両、道路、公園、建築物等について、平成 32（2020）年度末を期限として、より高い水準の新たなバリアフリー化の目標が設定された。なお、基本方針の改正の概要を図Ⅶ-3-3、公共交通機関及び旅客施設等のバリアフリーの現状と整備目標を表Ⅶ-3-1 に示す。

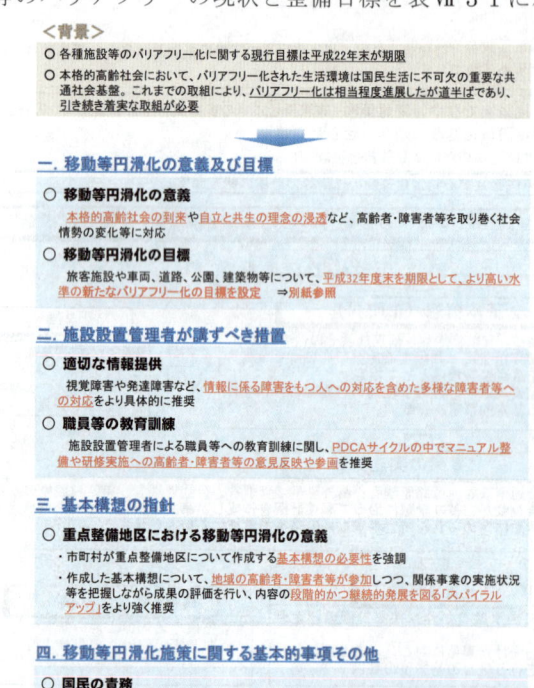

図Ⅶ-3-3　移動等円滑化の促進に関する基本方針の改正の概要[33]

---

[33] 国土交通省：「移動等円滑化の促進に関する基本方針概要」、
http://www.mlit.go.jp/common/000141702.pdf

表Ⅶ-3-1　公共交通機関及び旅客施設等のバリアフリーの現状と整備目標 [27]

			現状 [※2] （H23年3月末）	H22年までの目標	H32年度末までの目標
鉄軌道	鉄軌道駅		78%	原則100% [※1]	○ 3000人以上を原則100% 　この場合、地域の要請及び支援の下、鉄軌道駅の構造等の制約条件を踏まえ可能な限りの整備を行う ○ その他、地域の実情にかんがみ、利用者数のみならず利用実態をふまえて可能な限りバリアフリー化
		ホームドア・可動式ホーム柵	44路線 484駅	目標なし	車両扉の統一等の技術的困難さ、停車時分の増大等のサービス低下、膨大な投資費用等の課題を総合的に勘案した上で、優先的に整備すべき駅を検討し、地域の支援の下、可能な限り設置を促進
	鉄軌道車両		50%	約50%	約70%
バス	バスターミナル		83%	原則100% [※1]	○ 3000人以上を原則100% ○ その他、地域の実情にかんがみ、利用者数のみならず利用実態等をふまえて可能な限りバリアフリー化
	乗合バス車両	ノンステップバス	36%	約30%	約70% （対象から適用除外認定車両（高速バス等）を除外）
		リフト付きバス等	－	目標なし	約25% （リフト付きバス又はスロープ付きバス。適用除外認定車両（高速バス等）を対象）
船舶	旅客船ターミナル		84%	原則100% [※1]	○ 3000人以上を原則100% ○ 離島との間の航路等に利用する公共旅客船ターミナルについて地域の実情を踏まえて順次バリアフリー化 ○ その他、地域の実情にかんがみ、利用者数のみならず利用実態等をふまえて可能な限りバリアフリー化
	旅客船		18%	約50%	○ 約50% ○ 5000人以上のターミナルに就航する船舶は原則100% ○ その他、利用実態等を踏まえて可能な限りバリアフリー化
航空	航空旅客ターミナル		92%	原則100% [※1]	○ 3000人以上を原則100% ○ その他、地域の実情にかんがみ、利用者数のみならず利用実態等をふまえて可能な限りバリアフリー化
	航空機		81%	約65%	約90%
タクシー	福祉タクシー車両		12,256台	約18,000台	約28,000台
道路	重点整備地区内の主要な生活関連経路を構成する道路		68% [※3]	原則100%	原則100%（今後、市町村の基本構想作成による重点整備地区の増加に伴い、増加する対象施設も含む）
都市公園	移動等円滑化園路		46% [※3]	約45%	約60%
	駐車場		38% [※3]	約35%	約60%
	便所		31% [※3]	約30%	約45%
路外駐車場	特定路外駐車場		46%	約40%	約70%
建築物	床面積2000㎡以上の特別特定建築物の総ストック		48%	約50%	約60%
信号機等	主要な生活関連経路を構成する道路に設置されている信号機等		96%	原則100%	原則100%

※1　H22年までの目標については1日平均利用客数5000人以上のものが対象
※2　旅客施設は段差解消済みの施設の比率。1日平均利用客数3000人以上の数値を記載。
※3　集計中につき、H22年3月末時点の数値。

VII-3-4　移動円滑化整備ガイドライン

　新バリアフリー法の施行を受け、国土交通省では、平成 19（2007）年に、「公共交通機関の旅客施設に関する移動等円滑化整備ガイドライン[34]」（平成 25（2013）年 6 月改定）が、平成 20（2008）年に「都市公園の移動等円滑化整備ガイドライン[35]」（平成 24（2012）年 3 月改定）が、平成 24（2012）年に「高齢者、障害者等の円滑な移動等に配慮した建築設計標準[36]」が策定された。

VII-3-5　地域主権改革への対応

　平成 22（2010）年 6 月 22 日に地域主権戦略大綱が閣議決定され、そのなかで、バリアフリー道路構造基準の根拠条文である「新バリアフリー法」第 10 条第 1 項及び第 2 項について、「条例（制定主体は都道府県及び市町村）に委任する」とされた。平成 23（2011）年 8 月 30 日に公布された一括法は、地方自治体の自主性を強化し、自由度の拡大を図るため、義務付け・枠付けを見直したものである。この法律により、道路法の一部改正（第一次一括法[37]第 33 条、第二次一括法[38]第 99 条）と、新バリアフリー法の一部改正（第二次一括法[39]第 162 条）が行われた。これらの改正により、道路構造の技術的基準、道路標識の寸法および道路移動等円滑化基準について、平成 25（2013）年 3 月 31 日迄に各地方自治体で条例を制定することが規定された。これにより、地方公共団体の自治事務の対象である都道府県道及び市町村道については、地方公共団体が条例で基準を定め、それに基づいた道路整備が可能となり、地域の実情に即した道路整備がいっそう進むことが期待される。

34　国土交通省ホームページ，http://www.mlit.go.jp/sogoseisaku/barrierfree/index.html
35　国土交通省ホームページ，http://www.mlit.go.jp/sogoseisaku/barrierfree/index.html
36　国土交通省ホームページ，http://www.mlit.go.jp/sogoseisaku/barrierfree/index.html
37　「地域の自主性及び自立性を高めるための改革の推進を図るための関係法律の整備に関する法律」
38　「地域の自主性及び自立性を高めるための改革の推進を図るための関係法律の整備に関する法律」
39　「地域の自主性及び自立性を高めるための改革の推進を図るための関係法律の整備に関する法律」

Ⅶ-4　自転車[lix,lx,lxi]

Ⅶ-4-1　自転車利用環境整備についての検討経緯

　平成 20（2008）年 1 月、国土交通省と警察庁が合同で、自転車道や自転車専用通行帯等の整備を集中的に進める「自転車通行環境整備モデル地区（98 地区）」を指定した。各モデル地区においては、「分離」された自転車走行空間を戦略的に整備するため、事業進捗上の課題に対する助言の実施や、交通安全施設等整備事業等による重点的な支援を行うこととしている。

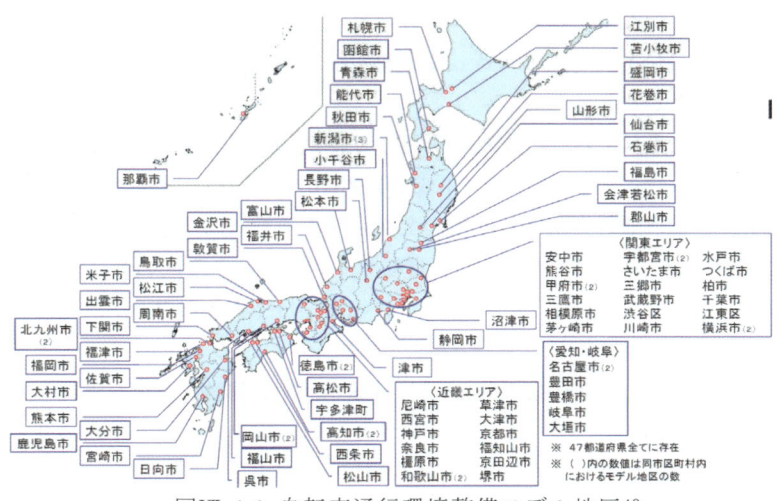

図Ⅶ-4-1　自転車通行環境整備モデル地区[40]

　安全で快適な自転車利用環境の創出に向けた検討を行うため、国土交通省道路局と警察庁交通局が共同で「安全で快適な自転車利用環境の創出に向けた検討委員会」（平成 23（2011）年 11 月～平成 24（2012）年 3 月）を開催し、平成 24（2012）年 4 月に、「みんなにやさしい自転車

40　第 1 回安全で快適な自転車利用環境創出の促進に関する検討委員会：「自転車施策のこれまでの経緯」（2014 年 12 月 19 日），http://www.mlit.go.jp/road/ir/ir-council/cyclists/pdf/01jitensha_06.pdf

環境－安全で快適な自転車利用環境の創出に向けた提言－」を公表した。
さらに、平成 24（2012）年 11 月には、国土交通省道路局と警察庁交通
局が「安全で快適な自転車利用環境創出ガイドライン」（以下、ガイドラ
イン）を作成し、「自転車は『車両』であり、車道通行が大原則」という
観点から、自転車通行空間として重要な路線を対象とした面的な自転車
ネットワーク計画の作成方法や、交通状況に応じて歩行者、自転車、自
動車が適切に分離された空間整備のための自転車通行空間設計の考え方
等について提示した。

　しかし、自転車ネットワーク計画を策定した市区町村は、ガイドライ
ン策定後も一部に止まっており、自転車と歩行者の分離による、安全性
が高く、かつネットワークとして連続した自転車通行空間の整備も緩慢
な状況にあった。

　こうした現状に鑑み、「安全で快適な自転車利用環境創出の促進に関す
る検討委員会」の提言を受け（平成 28（2016）年 3 月）、平成 28（2016）
年 7 月、車道通行を基本とした安全な自転車通行空間を早期に確保する
ため、ガイドラインのうち、「Ⅰ、自転車ネットワーク形成の進め方（旧：
自転車通行空間の計画）」及び「Ⅱ。自転車通行空間の設計」が改定され
た。

　また、平成 28（2016）年 12 月、「自転車活用推進法」が公布された。
平成 29（2017）年 3 月には、自転車の活用の推進に関する業務の基本
方針が閣議決定され、自転車の活用の推進に関する企画・立案、総合調
整を行う権限を国土交通省道路局に付与された。また、同年 5 月には、
自転車活用推進法が施行され、国土交通省に自転車活用推進本部及び本
部事務局が設置された。

Ⅶ-4-2　安全で快適な自転車利用環境創出ガイドライン

　平成 24（2012）年 11 月に公表（平成 28（2016）年 7 月に改訂）さ
れた「安全で快適な自転車利用環境創出ガイドライン」（国土交通省道路
局、警察庁交通局）は、自転車ネットワーク計画策定並びに自転車通行

空間の整備と併せ、全ての道路利用者に自転車の通行ルールを徹底する
など、ハード、ソフトの両面から幅広い取組が行われるよう、道路管理
者や都道府県警察に加え、自転車利用環境整備に関係する河川管理者、
港湾管理者等の行政機関や地元住民、道路利用者等の関係者と連携して
実施すべき事項について記載されたものである。また、本ガイドライン
では、自転車ネットワーク計画の基本方針や計画目標に応じて選定され
た、面的な自転車ネットワークを構成する路線を対象として、安全で快
適な自転車利用環境を創出するための実務的な検討事項等をとりまとめ
ている。

　平成28(2016)年の改定では、自転車ネットワーク計画の早期策定と、
安全な自転車通行空間の早期確保を企図して以下の改定がなされている。
①段階的な計画策定方法の導入

　自治体において、より柔軟に計画策定が可能となるよう、地域全体の
自転車ネットワーク計画を一括で策定する方法に加えて、優先的に計画
策定するエリアを定め、そこから段階的に自転車ネットワーク計画策定
を展開していく方法を新たに提示した。
②自転車通行空間の形態選定に係る柔軟な対応

　自転車ネットワーク計画の対象路線において「完成形態」による整備
が当面困難な場合の対応として、車道通行を基本とする「暫定形態」の
適用により、柔軟に整備を行うための考え方を示した。また、「暫定形態」
の導入に伴い、対象路線では、当面の整備形態として、「自転車歩行者道
の活用」を適用する考え方を削除した。
③路面表示の仕様の標準化

　外国人を含む自転車利用者とドライバーの双方に、「自転車は『車両』
であり、車道通行が大原則」という自転車通行ルールを、車道上で分か
りやすく伝える一方、自転車利用者の安全性を確保する上で必要な視認
性を確保するため、ピクトグラム（図記号）を含めた路面表示の仕様（幅、
設置間隔、色彩、適用箇所）を標準化した。
④自転車道は一方通行とする考え方の導入

　自転車道の通行方向を、安全性確保の観点から、一方通行を基本とす

ることとした。

Ⅶ-4-3　自転車交通関係の法制度

自転車交通関係の主な法制度には以下の法令等がある。

①道路交通法[41]

自転車の通行について規定している。

- ・自転車は、車道が原則、歩道は例外
- ・車道は左側を通行
- ・歩道は歩行者優先で、車道寄りを徐行

　ただし、歩道通行できるのは、道路標識等で通行することができるとされている場合、自転車の運転者が高齢者や児童、幼児等の場合、車道又は交通の状況からみてやむを得ないと認められる場合、である。

②道路構造令[42]

自転車専用道路、自転車道、自転車歩行者専用道路、自転車歩行者道を定義している。

③自転車の安全利用の促進及び自転車等の駐車対策の総合的推進に関する法律[43]

　自転車に係る道路交通環境の整備、交通安全活動の推進、自転車の安全性の確保、自転車等の駐車対策の総合的推進に必要な措置を定め、自転車の交通事故防止と円滑化等を図り、自転車等の利用者の利便性を高めるために定められた。通称「自転車法」と呼ばれ、自転車に関する様々な取組を推進するための法律であり、行政や鉄道事業者、駐輪を誘発す

---

[41] 道路交通法：昭和 35（1960）年 6 月 25 日制定（最終改正・平成 27（2015）年 9 月 30 日）

[42] 道路構造令：昭和 45（1970）年 10 月 29 日制定（最新改正：平成 23（2011）年 12 月 26 日）

[43] 自転車の安全利用の促進及び自転車等の駐車対策の総合的推進に関する法律：昭和 55（1980）年 11 月 25 日制定（最終改正：平成 5（1993）年 12 月 22 日）

る施設などの責務を明確にしている。また、自転車を使う人の責務にも言及し、放置しないこと、防犯登録を受けることなどが示されている。

④自転車活用推進法[44]

　自転車の活用の推進に関し、基本理念を定め、国の責務等を明らかにし、及び自転車の活用の推進に関する施策の基本となる事項を定めるとともに、自転車活用推進本部を設置することにより、自転車の活用を総合的かつ計画的に推進することを目的としている。自転車活用推進本部は国土交通省に置かれ、本部長に国土交通大臣が充てられている。また、基本方針として、自転車の通行環境の整備、交通安全、健康の保持増進などの 14 の重点的な施策が掲げられている。

[44]　自転車活用推進法：平成 28（2016）年 12 月 16 日制定

Ⅶ-5　交通安全

Ⅶ-5-1　交通安全対策に関する法制度[lxii,lxiii]

　我が国における交通安全対策に関しては、昭和 45（1970）年に交通安全対策基本法が制定されている。本法に基づき、昭和 46（1971）年度より 5 箇年ごとに交通安全基本計画が作成され、交通安全の諸施策を強力に推進している。その結果、昭和 45（1970）年の道路交通事故による死者数 1 万 6,765 人と比較すると、平成 27（2015）年中の死者数は 4,117 人と 4 分の 1 以下にまで減少するに至った。

　平成 28（2016）年 3 月に制定された第 10 次交通安全基本計画（計画期間：平成 28（2016）年度～平成 32（2020）年度）では、高齢者及び歩行者等の交通弱者の安全確保等、人優先の交通安全思想を基本とし、これまで実施してきた各種施策の深化を図るとともに、交通安全の確保に資する先端技術の活用を推進していくこととしており、平成 32 年（2020 年）までに、年間の道路交通事故による 24 時間死者数を 2,500 人以下とすることなどを目標にし、さらに、歩行者及び自動車乗車中の死者数についても、道路交通交通死者数全体の減少割合以上の割合で減少させることを目指すものとしている。

Ⅶ-5-2　高速道路の交通安全対策[lxiv]

(1)　事故削減に向けた総合的施策

　安全で円滑な自動車交通を確保するため、事故の多い地点等、対策を実施すべき箇所について事故の特徴や要因を分析し、箇所ごとの事故発生状況に対応した交通安全施設等の整備を実施している。中央分離帯の突破による重大事故のおそれがある箇所については中央分離帯強化型防護柵の設置、雨天時の事故を防止するための高機能舗装、夜間の事故を防止するための高視認性区画線の整備等の各種交通安全施設の整備を実施している。また、道路構造上往復の方向に分離されていない非分離区間については、対向車線へのはみ出しによる重大事故を防止するため、

高視認性ポストコーン、高視認性区画線の設置による簡易分離施設の視認性を向上させたほか、凹凸型路面標示の設置、簡易分離施設の高度化や四車線化に伴う中央分離帯の設置等分離対策の強化を行うなどの交通安全対策を実施している。

(2)　逆走防止[lxv]

　近年、高齢者等による逆走事故が多発していることから、国土交通省では、平成27（2015）年11月に「2020年までに高速道路での逆走事故ゼロをめざす」目標を公表した。その目標を達成するため、「高速道路での逆走対策に関する有識者委員会」、「高速道路での逆走対策に関する官民連携会議」を設置し、対策の方針、進め方等についての検討を進めている。平成28（2016）年3月には、これまでの検討結果を踏まえ、今後の逆走対策の進め方に関する全体行動計画（ロードマップ）をとりまとめた。

　また、逆走対策のより一層の推進をはかることを目的として、平成28年度に東日本高速道路株式会社・中日本高速道路株式会社・西日本高速道路株式会社の3社が合同で民間企業から新たな逆走対策技術を公募選定して検証を行い、平成30（2018）年度からの実用化を目指している。

(3)　暫定2車線区間の安全対策[lxvi]

　我が国の高速道路（有料）の約3割を占める暫定二車線区間については、その大部分が上下線をラバーポールで区分する構造となっており、反対車線への飛び出し事故が発生するなど安全性の課題が指摘されている。この暫定二車線区間では、平成27（2015）年には、334件の反対車線への飛び出し事故が発生し、死亡事故の発生確率が四車線区間の約2倍となっている。

　これまで、機動的な4車線化や付加車線の設置検証を進められてきたが、命を守る緊急性に鑑み、緊急対策として、ラバーポールに代えてワイヤロープを設置することによる安全対策の検証を行うこととなった。

Ⅶ-5-3　幹線道路の交通安全対策[lxvii]

(1)　事故危険箇所

　全国の国道・都道府県道における交通事故が特定の箇所に集中して発生しているという特徴を踏まえ、幹線道路において集中的な交通事故対策を実施することを目的に、警察庁と国土交通省が合同で、死傷事故率が高く、又は死傷事故が多発している交差点や単路部を「事故危険箇所」として指定（平成 29（2017）年 1 月）し、都道府県公安委員会と道路管理者が連携した対策を実施している。

　(a)　事故危険箇所の指定

　平成 29（2017）年 1 月に下記の抽出箇所から対策必要箇所が 3,125 箇所選定した。

　＜事故危険箇所の選定の考え方＞

　◆平成 22 年～平成 25 年における平均的な交通事故発生状況について以下の条件を全て満たす箇所。

　　・死傷事故率が 100 件/億台キロ以上

　　・重大事故率が 10 件/億台キロ以上

　　・死亡事故率が 1 件/億台キロ以上

　◆ETC2.0 のビッグデータを活用した潜在的な危険箇所等、地域の課題や特徴を踏まえ、特に緊急的、集中的な対策が必要な箇所。

　(b)　事故危険箇所の目標

　事故危険箇所における対策は、平成 27（2015）年 9 月に定めた社会資本整備重点計画において、「平成 32 年度末までに対策実施箇所における死傷事故件数について約 3 割抑止」という目標を掲げて取り組んでいる。

　(c)　事故危険箇所における対策の概要

　「事故危険箇所」においては、都道府県公安委員会と道路管理者が連携して、道路改良、交通安全施設の設置、信号機の設置・改良等の集中的な交通事故対策を講じている。

(2)　事故ゼロプラン（事故危険区間重点解消作戦）

　厳しい財政状況の中で、必要な道路整備を進めていくためには、限られた予算を効率的・効果的に執行し、成果を上げていくことが重要である。このため、データ等に基づく「成果を上げるマネジメント」の取組みを導入し、交通安全分野における「成果を上げるマネジメント」を『事故ゼロプラン（事故危険区間重点解消作戦）』として展開している。

　『事故ゼロプラン』では、「選択と集中」、「市民参加・市民との協働」をキーワードとして、事故データや地方公共団体・地域住民からの指摘等に基づき交通事故の危険性が高い区間（事故危険区間）を選定し、地域住民への注意喚起や事故要因に即した対策を重点的・集中的に講じることにより効率的・効果的な交通事故対策を推進するとともに、完了後はその効果を計測・評価しマネジメントサイクルにより逐次改善を図ることとしている。

①事故の危険性が高い区間の明確化

　事故危険区間については、都道府県県毎に、事故データに基づく区間、潜在的な危険区間を抽出し、学識経験者・関係者等からなる委員会から意見を聴取した上で、全国で 13,494 区間を選定している（平成 27（2015）年 1 月現在の直轄国道）。

②情報の共有化

　利用者に危険箇所を認識してもらうことで事故削減にも期待できることから、市民との情報共有にも積極的に行うこととしており、代表的な事故危険区間の公表、注意喚起看板の設置、地域住民・関係機関等との合同現地点検等を実施している。

Ⅶ-5-4　生活道路の交通安全対策 [lxviii,lxix]

(1)　科学的な道路交通安全対策

　日本の交通事故死者数は、3,904 人（平成 28（2016）年）で、ピーク時の 4 分の 1 にまで減少し、特に自動車乗車中の死者数は、G 7 の中で最も少ない。しかし、歩行中・自転車乗車中の死者数は、G7 の中で最も

多い。歩行中・自転車乗車中の死者数は、全交通事故死者数の約半数を占めており、そのうち約半数は、自宅から 500m 以内の身近な道路で発生している。

　国土交通省では、ビッグデータの活用により潜在的な危険箇所を特定し、速度抑制や通過交通進入抑制対策を推進するため、市町村に対して生活道路のゾーン対策や区間対策に取り組むエリア（生活道路対策エリア）の登録を呼びかけ、ＥＴＣ2.0 のビッグデータの分析結果の提供や対策の計画・実施等を支援している。

　また、この取り組みは、平成 28（2016）年 3 月に国土交通省生産性プロジェクトに位置付けられている。

図Ⅶ-5-1　ビッグデータを活用した生活道路対策[45]

　生活道路対策エリアにおける取組を推進するため、国土交通省では、ビッグデータの分析結果の提供や交通安全診断を行う有識者等の斡旋、可搬型のハンプの貸出しの技術的支援を行っている。

---

[45] 国土交通省生産性革命本部第 1 回会合：「国土交通省生産性革命プロジェクト第 1 弾」（平成 28 年 3 月 7 日）

(2)　物理的デバイス仕様の標準化

　対策エリアの計画検討・立案を推進するため、生活道路の交通安全確保に関連する技術基準や事例集が作成されている。

①凸部、狭窄部及び屈曲部の設置に関する技術基準（平成 28（2016）年 3 月 31 日地方整備局等に通知、平成 28（2016）年 4 月 1 日から施行）：凸部（ハンプ）等の設置に関する基本方針、設置計画、凸部（ハンプ）、狭窄部及び屈曲部の要求性能や標準的な構造等を規定している。

②ライジングボラード事例集 2016（国土交通省道路局環境安全課道路交通安全対策室）：ライジングボラードの概要の他、5 つの取り組み事例が紹介されている。

Ⅶ-5-5　通学路の交通安全対策

　平成 24（2012）年 4 月に京都府亀岡市で発生した、登校中の児童等の列に自動車が突入する事故を始め、登下校中の児童等が死傷する事故が連続して発生したことを受けて、学校、道路管理者、警察等による通学路の緊急合同点検を実施している。緊急合同点検に基づく対策の実施後においても、各地域において定期的な合同点検の実施や対策の改善・充実等の取組を継続して推進することが重要であり、有識者の意見も踏まえ、各地域において通学路の安全確保に向けた取組が推進されている。

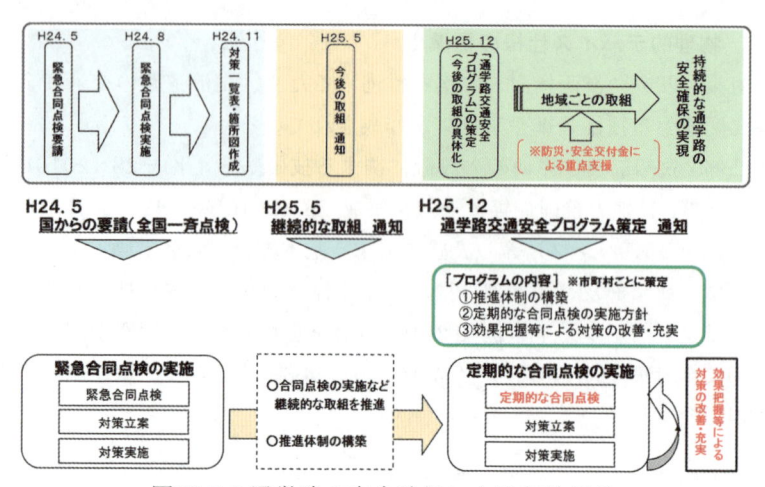

図VII-5-2 通学路の安全確保に向けた取組[46]

図VII-5-3 通学路安全確保のためのＰＤＣＡサイクル[47]

---

[46] 国土交通省ホームページ：「3. 通学路の安全確保の取組」，
http://www.mlit.go.jp/road/sesaku/tsugakuro.html
[47] 国土交通省ホームページ：「3. 通学路の安全確保の取組」，
http://www.mlit.go.jp/road/sesaku/tsugakuro.html

Ⅶ-5-6　ラウンドアバウトの導入

　ラウンドアバウトは、交通量等が一定の条件下において安全かつ円滑な道路交通の確保が可能な平面交差形式であることから、欧米等で広く導入が進められてきた。我が国においても近年、特に地方部の道路におけるニーズの高まりを受け、国土交通省では平成 25 年度より有識者等から構成される「ラウンドアバウト検討委員会」を設置し、社会実験の結果等を踏まえ、導入にあたっての技術的な課題等を検討してきた。

　検討委員会での議論を踏まえ、改正道路交通法（環状交差点）の施行に先立ち、平成 26 年 8 月 8 日に、道路局長通知「望ましいラウンドアバウトの導入について」及び道路局関係課長通知「望ましいラウンドアバウトの構造について」を関係道路管理者あて発出、周知した。

　「望ましいラウンドアバウトの構造について」（図Ⅶ-5-4 参照）は、道路管理者がラウンドアバウトを計画、設計する際の当面の指針となるものであり、基本方針、用語の定義、ラウンドアバウトを計画及び設計するにあたっての交通量、幾何構造等に関する適用条件や留意事項について示している[48]。

---

[48]　国土交通省ホームページ：「望ましいラウンドアバウトの構造について」
http://www.mlit.go.jp/road/sign/roundabout_140901.html

「望ましいラウンドアバウトの構造について」概要（H26.8.8付け通知）

『ラウンドアバウトの導入について』

http://www.mlit.go.jp/road/sign/roundabout_140901.html

○交通量等が一定の条件のもと、交通安全性の向上や交通流の円滑化を図ることが可能であり、導入を図ることとする。
○導入にあたっては、都道府県公安委員会と緊密な連携のもと、期待される効果が十分に発揮できるよう適切に対応されたい。
○望ましいラウンドアバウトの構造について、当局から別途通知。

『望ましいラウンドアバウトの構造について』

【目的】
本通知は、道路管理者がラウンドアバウトを計画や設計するにあたっての当面の適用条件と留意事項についてまとめ、安全かつ円滑な道路交通の確保及び利用者の利便性の向上を図ることを目的。

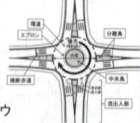

【用語の定義】
①ラウンドアバウト、②環道、③中央島、④エプロン、⑤分離島、⑥流出入部、⑦流入交通量、⑧総流入交通量
【対象】
環道の車線数が1車線の場合、かつ、環状に接続する道路の車線数が1車線または片側1車線のラウンドアバウトを対象。

【適用条件】
○交通量
　・交通量は（略）日あたり総流入交通量10,000台未満。
　・日あたり総流入交通量が10,000台以上の場合、各流出入部において、時間あたりの流入部交通容量とピーク時間あたりの流入交通量を踏まえ可否を確認。

○幾何構造
　・外径は、設計車両の種類、隣接して接続する道路の交差角度、及び分離島の有無を踏まえ、車両の通行軌跡を考慮し設定。
　・中央島は、乗り上げを前提としない。

【留意事項】
○交通量
　・横断歩行者・自転車が多い場合、交通確保に留意。
○幾何構造
　・形状は正円もしくは正円に近い形状が望ましい。
　・環道については、停車帯を設置しない。
　・分離島は設置することが望ましい。
　・中央島は通行する車両の見通しを十分に確保できる構造とする。
　・流出入部は安全かつ円滑に流出入できる構造とする。
　・幅員は走行性や安全性を踏まえるものとする。
　・環道とエプロンは利用者が認知できるよう区分する。
○交通安全施設
　・照明は必要に応じ設置することが望ましい。
　・中央島に反射板等を設置することが望ましい。
　・案内標識「方面及び距離（105のC）」及び警戒標識「ロータリーあり（201の2）」を、必要に応じ、設置することが望ましい。
　・区画線「車道外側線（103）」及び「導流帯（107）」を、必要に応じ設置することが望ましい。

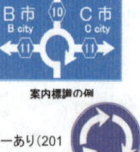

図VII-5-4　望ましいラウンドアバウトの構造について

Ⅶ-6　踏切対策[lxx,lxxi,lxxii]

(1)　踏切道改良促進法

　踏切道改良促進法（以下、踏切法）は踏切道の改良を促進することにより、交通事故の防止と交通の円滑化に寄与することを目的として、昭和 36（1961）年 11 月 7 日に公布施行された。

　その内容は踏切道の改良を促進するため、昭和 36（1961）年度以降の五箇年間において改良することが必要と認められる踏切道について、①建設大臣及び運輸大臣は、省令で定めた基準に従いその改良の方法を定めて指定し、②鉄道事業者及び道路管理者は、当該踏切道について立体交差化計画又は構造改良計画を作成し、両大臣に提出する、③鉄道事業者及び道路管理者は、立体交差化計画又は構造改良計画に従い当該踏切道の改良を実施しなければならないとするものであった。

　同法は、その後、平成 23（2011）年までに 10 回、法による措置を講ずる期間がそれぞれ五箇年延長された。昭和 46 年（1971）、51（1976）年、56（1981）年、61（1986）年、平成 3（1991）年、8 年（1996）、13（2001）年における改正は、それぞれ第一次から、第七次の「踏切事故防止総合対策（交通対策本部決定）」を実施するための法的根拠を与えるものであった。

　近年においては、平成 13（2001）年の改正時には、都道府県知事による申出制度及び国土交通大臣による裁定制度が創設されており、また、平成 18（2006）年の改正時には、国土交通大臣が踏切道を指定する際に定める改良の方法に歩行者等立体横断施設の整備の追加、踏切道の改良を実施しない場合の勧告制度の創設、連続立体交差事業に係る無利子貸付制度の創設、踏切道の改良の実施の状況その他必要な事項の報告徴収制度の創設を行っている。さらに、平成 23（2011）年の改正時には、指定を受けた踏切道について、地域の実情に応じた柔軟な踏切道の改良の実施を促進する観点から、踏切道の改良計画の作成義務を廃止し、任意化するとともに、まちづくり事業との連携等により指定期間において踏切道を改良することができない場合に対応するため、改良計画において

実施期間の特例措置を創設するなど、踏切道の改良の促進を図っている。

以上のような改正に伴い大きく踏切道対策が前進してきたところではあるが、近年、緊急対策踏切等の取り組みを進める上で以下のような課題が指摘されていた。

1つ目は、踏切道の法指定は、改良方法を定めた上で国土交通大臣が指定することとされており、現実問題として、道路管理者と鉄道事業者が改良方法を合意しなければ指定できない事例があるのが実態であった。

2つ目は、改良方法について、「立体交差化」、「構造の改良」、「歩行者等立体横断施設の整備」、「保安設備の整備」が踏切法に明記され、踏切道の法指定時に示された方法による改良の実施が義務づけられていたことから、改良方法が限定され、ソフト対策や当面の対策等、多様な対策が取りづらいことであった。

3つ目は、踏切道の改良について地域一体となって協議する場がなく、協議過程が見えないことであった。これらの課題を踏まえて、大きく以下の3点を中心に、所要の改正を行った（平成28（2016）年4月1日施行）。

① 改良が必要な踏切道の指定について

引き続き、踏切道における交通事故の防止や交通の円滑化を促進するため、平成28（2016）年度以降の5カ年間において改良が必要と認められる踏切道を国土交通大臣が指定することとした。なお、指定に際して、旧法で求められていた「改良の方法を示すこと」をやめ、踏切道指定基準に該当し、踏切道改良基準に適合する方法で改良する必要ある踏切道について、指定を行うこととした。

② 改良の方法の拡張と踏切道改良計画について

法指定の際に改良方法を示すことをやめるとともに、従前の立体交差化等の4つの改良方法に加え、舗装の着色（カラー舗装）や踏切道の改良と一体となってその効果を十分に発揮させるための事業を踏切道改良基準に明記することにより、ソフト・ハードの対策を総動員して課題の解消に向けて取り組みを推進することとした。

この際、改良計画についても、国土交通大臣が示した4つの改良方

　法別に計画を作成することとしていた従来の方法を改め、改良の方法を問わず、鉄道事業者及び道路管理者が協議して踏切道改良計画を作成することとした。計画には、立体交差化や構造の改良、舗装の着色等の特定改良方法のほか、通行者の注意を喚起するための看板の設置等、踏切道の改良と一体となってその効果を十分に発揮させるための事業も記載できることとなっている。

　なお、計画に記載される改良に要する期間について、平成 28 年度からの 5 年間（平成 32（2020）年度まで）の間に改良することができない特別の事情がある場合、平成 32（2020）年度を超える期間を位置付けることができることとした。

③　地方踏切道改良協議会について

　指定された踏切道の対策にあたっては、検討プロセスの「見える化」を図り、地域の実情を踏まえた踏切道の改良を実施するため、地方踏切道改良計画の作成及び実施に関し必要な事項を協議するための場として、地方踏切道改良協議会制度を創設した。

　法定構成員として、当該踏切道の鉄道事業者及び道路管理者の他、1 つの市町村を超えた広域的な観点から都道府県知事、踏切道周辺の道路ネットワークの整備・計画状況や幅広い対策手法、鉄道事故の防止対策等についての専門的な知見を有する地方整備局長等、地方運輸局長を位置付けるとともに、必要に応じて、関係市町村長や当該踏切道に関わる道路協力団体等も構成員とすることができることとした。

(2)　踏切事故防止への総合的な対策について

　踏切事故防止総合対策は、踏切道の立体交差化、構造改良、その他の措置を加えた総合的な対策であった。

　第一次から第五次までの対策では、連続立体交差、単独立体交差、新設立体交差、構造改良について当該五箇年計画における事業実施量のみを記述していた。第六次対策からはこれに加え当該期間中の完成量についても目標値を示し、第七次対策においては、特に交通遮断量の著しいボトルネック踏切についての事業の緊急的かつ重点的な実施が示された。

主な内容は下記の①〜⑥の通りである。

　①　踏切道の立体交差化の促進

　②　踏切道の構造改良の促進

　③　踏切保安設備の整備の促進

　④　交通規制の実施

　⑤　踏切道の統廃合の促進

　⑥　その他措置

　踏切道における交通安全対策については、踏切事故件数、踏切事故による死傷者ともに減少傾向であることから、第七次踏切事故防止総合対策に基づき推進してきた施策には一定の効果が認められる。

　しかし、踏切事故は一たび発生すると多数の死傷者を生ずるなど重大な被害をもたらすものであること、立体交差化、構造改良、歩行者等立体横断施設の整備等の対策を実施すべき踏切道がなお残されている現状にあること、またこれらの対策が同時に渋滞の軽減による交通の円滑化や環境保全にも寄与することを考慮し、それぞれの踏切道の状況等を勘案しつつ、より効果的な対策を総合的かつ積極的に推進するため、平成18（2006）年からは「交通安全基本計画」の中に交通の安全に関する具体的な施策の一つとして位置づけられている。

　現在は、平成28（2016）年度から5箇年の計画として第10次の「交通安全基本計画（平成28（2016）年3月11日）」が策定されている。

　この基本計画では講じようとする施策として、①踏切道の立体交差化、構造の改良及び歩行者等立体横断施設の整備の促進、②踏切保安設備の整備及び交通規制の実施（高齢者等の歩行者対策の推進）、③踏切道の統廃合の促進、④その他踏切道の交通の安全及び円滑化等を図るための措置の4つを具体的に示しており、本施策を総合的かつ積極的に推進することにより、平成32（2020）年までに踏切事故件数を平成27（2015）年と比較して約1割削減することを目指すこととしている。

　講じようとする施策は以下の通りである。

表Ⅶ-6-1　講じようとする施策[49]

1　踏切道の立体交差化、構造の改良及び歩行者等立体横断施設の整備の促進

遮断時間が特に長い踏切道（開かずの踏切）や、主要な道路で交通量の多い踏切道等については、抜本的な交通安全対策である連続立体交差化等により、除却を促進するとともに、道路の新設・改築及び鉄道の新線建設に当たっては、極力立体交差化を図る。

加えて、立体交差化までに時間の掛かる「開かずの踏切」等については、効果の早期発現を図るため各踏切道の状況を踏まえ、歩道拡幅等の構造の改良や歩行者立体横断施設の設置等を促進する。

なお、歩道が狭隘な踏切道についても、踏切道内において歩行者と自動車等が錯綜することがないよう事故防止効果の高い構造への改良を促進する。

以上のとおり、立体交差化等による「抜本対策」と構造の改良等による「速効対策」の両輪による総合的な対策を促進する。

また、従前の踏切道対策に加え、当面の対策や踏切周辺対策等も踏切道対策に位置付け、ソフト・ハード両面からできる対策を総動員する。

2　踏切保安設備の整備及び交通規制の実施

踏切遮断機の整備された踏切道は、踏切遮断機の整備されていない踏切道に比べて事故発生率が低いことから、踏切道の利用状況、踏切道の幅員、交通規制の実施状況等を勘案し、着実に踏切遮断機の整備を行う。

大都市及び主要な地方都市にある踏切道のうち、列車運行本数が多く、かつ、列車の種別等により警報時間に差が生じているものについては、必要に応じ警報時間制御装置の整備等を進め、踏切遮断時間を極力短くする。

自動車交通量の多い踏切道については、道路交通の状況、事故の発生状況等を勘案して必要に応じ、障害物検知装置、オーバーハング型警報装置、大型遮断装置等、より事故防止効果の高い踏切保安設備の整備を進める。

高齢者等の歩行者対策としても効果が期待できる、全方位型警報装置、非常押ボタンの整備、障害物検知装置の高規格化を推進する。

道路の交通量、踏切道の幅員、踏切保安設備の整備状況、う回路の状況等を勘案し、必要に応じ、自動車通行止め、大型自動車通行止め、一方通行等の交

---

[49]　中央交通安全対策会議：交通安全基本計画，内閣府，平成 28 年 3 月 11 日，p92〜94

通規制を実施するとともに、併せて道路標識等の大型化、高輝度化による視認性の向上を図る。

3　踏切道の統廃合の促進

　踏切道の立体交差化、構造の改良等の事業の実施に併せて、近接踏切道のうち、その利用状況、う回路の状況等を勘案して、第3、4種踏切道など地域住民の通行に特に支障を及ぼさないと認められるものについて、統廃合を進めるとともに、これら近接踏切道以外の踏切道についても同様に統廃合を促進する。

　ただし、構造改良のうち、踏切道に歩道がないか、歩道が狭小な場合の歩道整備については、その緊急性を考慮して、近接踏切道の統廃合を行わずに実施できることとする。

4　その他踏切道の交通の安全及び円滑化等を図るための措置

　緊急に対策が必要な踏切道は、「踏切安全通行カルテ」を作成・公表し、透明性を保ちながら各踏切道の状況を踏まえた対策を重点的に推進する。

　また、踏切道における交通の安全と円滑化を図るため、必要に応じて、踏切道予告標、踏切信号機の設置や踏切保安設備等の高度化を図るための研究開発等を進めるとともに、車両等の踏切道通行時の違反行為に対する指導取締りを積極的に行う。

　自動車運転者や歩行者等の踏切道通行者に対し、交通安全意識の向上及び踏切支障時における非常押ボタンの操作等の緊急措置の周知徹底を図るため、踏切事故防止キャンペーンを推進する。また、学校、自動車教習所等において、踏切道の通過方法等の教育を引き続き推進するとともに、鉄道事業者等による高齢者施設や病院等の医療機関へ踏切事故防止のパンフレット等の配布を促進する。踏切事故による被害者等への支援についても、事故の状況等を踏まえ、適切に対応していく。

　このほか、踏切道に接続する道路の拡幅については、踏切道において道路の幅員差が新たに生じないよう努めるものとする。

　また、交通安全基本計画における目標は以下のように設定されている。

　平成32（2020）年までに踏切事故件数を平成27（2015）年と比較して約1割削減することを目指す。

(3)　踏切道指定基準と踏切道改良基準について

(a)　踏切道指定基準の見直し

今回の踏切法の改正に伴い、踏切法施行規則に定められていた踏切道指定基準についても改正を行った。先述の通り、今回の法改正において改良方法を示すことをやめたことから、従来、4 つの改良方法毎に分かれていた指定基準を一本化し、基準の見直しも行った。

具体的には、平成 19（2007）年 4 月に公表した緊急対策踏切の選定基準のほか、通学路において児童の通行の安全を特に確保する必要がある踏切道、直近 5 カ年において 2 回以上事故が発生した踏切道、その他地域の実情を考慮して踏切道の改良による事故の防止または交通の円滑化の必要性が高い踏切等を加えることとした（図Ⅶ-6-1）。

○踏切道指定基準

①　1 日当たりの踏切自動車交通遮断量※1 が 5 万以上

　※1：踏切自動車交通遮断量＝自動車交通量×踏切遮断時間

②　1 日当たりの踏切自動車交通遮断量と踏切歩行者等交通遮断量※2 の和が 5 万以上で、かつ、1 日当たりの踏切歩行者等交通遮断量が 2 万以上

　※2：踏切歩行者等交通遮断量＝歩行者および自転車の交通量×踏切遮断時間

③　1 時間の踏切遮断時間が 40 分以上

④　踏切道における歩道（道路の一般通行の用に供することを目的とする部分のうち、車道（道路構造令第 2 条第 4 号に規定する車道をいう。以下同。）以外の部分をいう。以下同。）の幅員が踏切道に接続する道路の歩道の幅員未満のもので次のいずれにも該当

　イ　踏切道に接続する道路の車道の幅員が 5.5 メートル以上

　ロ　踏切道における歩道の幅員と踏切道に接続する道路の歩道の幅員との差が 1 メートル以上

　ハ　踏切道における自動車の 1 日当たりの交通量が 1 千以上（踏切道が通学路である場合には、500 以上）

　ニ　踏切道における歩行者及び自転車の 1 日当たりの交通量が 100 以上（踏切道が通学路である場合には、40 以上）

⑤　踏切道における歩道の幅員が踏切道に接続する道路の歩道の幅員未満のもので次のいずれにも該当

　イ　踏切道の幅員が 5.5 メートル未満

　ロ　踏切道の幅員と踏切道に接続する道路の幅員との差が 2 メートル以上

　ハ　前号ハ及びニに該当

⑥　踏切道を通過する列車の速度 120 キロメートル毎時以上のものであっ

> て次のいずれかに該当
> 　　イ　踏切遮断機が設置されていない
> 　　ロ　踏切支障報知装置が設置されていない（自動車が通行できるものであ
> 　　　　って、道路交通法第4条第1項の規定により自動車の通行が禁止されて
> 　　　　いるもの（予定を含む。）以外のものに限る。）
> ⑦　直近5年間において2回以上の事故が発生
> ⑧　通学路であるものであって幼児、児童、生徒又は学生の通行の安全を特に
> 　　確保する必要があるもの
> ⑨　付近に老人福祉施設、障害者支援施設その他これらに類する施設がある
> 　　ものであって高齢者又は障害者の通行の安全を特に確保する必要があるも
> 　　の
> ⑩　前各号に掲げるもののほか、踏切道における交通量、事故の発生状況、踏
> 　　切道の構造、地域の実情その他の事情を考慮して、踏切道の改良による事故
> 　　の防止又は交通の円滑化の必要性が特に高いと認められるもの

図Ⅶ-6-1　踏切道指定基準（法施行規則第2条）[50]

(b)　踏切道改良基準の新設

　また、踏切法施行規則第3条に新たに踏切道改良基準を位置付けた。法改正に伴い改良の方法を示さなくなったため、鉄道事業者及び道路管理者は指定された踏切道をどのように改良すれば良いか、法指定の段階では明確でなくなった。そのため、指定基準毎に改良の方法に関する基準を施行規則に位置付けたところである。

　具体的には、図Ⅶ-6-1の踏切道指定基準のうち、①〜⑤の指定基準に該当する踏切道の改良方法は、「当該踏切道が指定基準に該当しなくなると認められるもの」とされている。以下、⑥〜⑨に該当する場合は「事故の防止に著しく効果があると認められるもの」、⑩に該当する場合は「事故の防止又は交通の円滑化に著しく効果があると認められるもの」となる。

　なお、地形の状況その他の特別の事情により上記改良基準に適合するように踏切道を改良することが著しく困難であると国土交通大臣が認める場合は、「歩行者又は車両の交通量の減少に資するものその他の事故の

---

[50] 踏切道改良促進法施行規則　第二条　踏切道指定基準より

防止又は交通量の円滑化に相当程度寄与することが見込まれるもの」と
して国土交通大臣が認めるものでの改良も認められているところである。

(4)　改良すべき踏切道の指定

　踏切法の改正を受け、国土交通省では平成 28（2016）年 4 月 12 日、
改正後第 1 弾となる改良すべき踏切道として、全国 58 カ所の指定を行
った。

　次いで平成 29（2017）年 1 月 27 日には第 2 弾として、全国 529 カ所
の踏切道の法指定を行った。第 1 弾指定については、平成 27（2015）年
度より関係者間で改良に向けた協議が行われ、合意がなされた箇所につ
いて指定を行ったが、第 2 弾については、後述する「踏切安全通行カル
テ」箇所を中心に、鉄道事業者と道路管理者の計画検討体制等現地の状
況を勘案して選定されたものであり、改正法に基づく本格的な指定とな
った。

　法指定された踏切道は平成 32（2020）年度までに、改良基準に合致す
る方法での改良か、改良期限を定めた踏切道改良計画を作成する義務が
生じることとなる。法改正の趣旨踏まえ、立体交差化や踏切拡幅等だけ
ではなく、必要に応じて当面の対策や踏切道の周辺対策等、新設された
地方踏切道改良協議会の場も活用しながら、地域の実情に合わせた改良
計画の検討がなされることが重要である（表Ⅶ-6-2）。

(5)　踏切安全通行カルテ箇所の指定と公表

　踏切法の法指定とは別に、平成 28（2016）年 6 月 17 日、踏切の交通
遮断量、事故発生状況等の客観的なデータに基づき、緊急に対策の検討
が必要な踏切道として 1,479 カ所の抽出を行った。
これは、平成 19（2007）年 4 月に緊急に対策の検討が必要な踏切とし
て抽出・公表を行った 1,960 カ所について、その後の対策の進展等を踏
まえた見直しを行うとともに、新たに、通学路対策が必要な踏切道や事
故多発踏切道を追加したものである（図Ⅶ-6-2、表Ⅶ-6-3）。

表VII-6-2　平成 28（2016）年度　法指定箇所[51]

都道府県	第1弾	第2弾	計	都道府県	第1弾	第2弾	計	都道府県	第1弾	第2弾	計
北 海 道	1	6	7	富 山 県		15	15	鳥 取 県		7	7
青 森 県		3	3	石 川 県		3	3	島 根 県		4	4
岩 手 県		7	7	福 井 県		4	4	岡 山 県		5	5
宮 城 県		3	3	山 梨 県	1		1	広 島 県		10	10
秋 田 県	1	3	4	長 野 県	1	6	7	山 口 県		7	7
山 形 県		2	2	岐 阜 県	2	9	11	徳 島 県		3	3
福 島 県		3	3	静 岡 県		15	15	香 川 県		1	1
茨 城 県	1	3	4	愛 知 県		69	69	愛 媛 県		1	1
栃 木 県		9	9	三 重 県	3	12	15	高 知 県		2	2
群 馬 県	2	3	5	滋 賀 県	1	9	10	福 岡 県	3	11	14
埼 玉 県		45	45	京 都 府		7	7	佐 賀 県		4	4
千 葉 県	1	17	18	大 阪 府	4	32	36	長 崎 県		2	2
東 京 都	27	58	85	兵 庫 県	4	48	52	熊 本 県		1	1
神奈川県	2	53	55	奈 良 県	1	13	14	宮 崎 県	3		3
新 潟 県		12	12	和歌山県		2	2	合　　計	58	529	587

※ 大分県、鹿児島県、沖縄県は指定なし

○緊急に対策の検討が必要な踏切（踏切安全通行カルテ）選定基準

① 　開かずの踏切

　・ 　ピーク時間の遮断時間が 40 分/時以上の踏切

② 　自動車ボトルネック踏切

　・ 　1 日当たりの踏切自動車交通遮断量が 5 万以上の踏切

③ 　歩行者ボトルネック踏切

　・ 　1 日当たりの踏切自動車交通遮断量と踏切歩行者等交通遮断量の和が 5 万以上かつ 1 日当たりの踏切歩行者等交通遮断量が 2 万以上の踏切

④ 　踏切道における歩道の幅員が踏切道に接続する道路の歩道の幅員未満のもので次のいずれかにも該当（歩道狭隘踏切）

　・ 　踏切道に接続する道路の幅員が 5.5m 以上

　・ 　踏切道における歩道の幅員と踏切道に接続する道路の歩道の幅員との差が 1.0m 以上

　・ 　1 日当たりの自動車交通量が 1 千台（通学路では 500 台）以上

　・ 　1 日当たりの歩行者及び自転車交通量が 100 人（通学路では 40 人）以上

⑤ 　踏切道における歩道の幅員が踏切道に接続する道路の歩道の幅員未満のもので次のいずれにも該当（歩道狭隘踏切）

　・ 　踏切道の幅員が 5.5m 未満

---

[51] 金井仁志：改正踏切道改良促進法施行後の状況について，日本道路協会，道路，2017，7 月号，p13〜14

- ・ 踏切道の幅員と踏切道に接続する道路の幅員との差が 2.0m 以上
- ・ 1 日当たりの自動車交通量が 1 千台（通学路では 500 台）以上
- ・ 1 日当たりの歩行者及び自転車交通量が 100 人（通学路では 40 人）以上
- ⑥ 事故多発踏切
  - ・ 直近の 5 年間において 2 回以上の事故が発生
- ⑦ 通学路要対策踏切
  - ・ 通学路であるものであって通学路交通安全プログラムに位置づけられ、通行の安全を特に確保する必要がある踏切

図Ⅶ-6-2　踏切安全通行カルテ選定基準[52]

表Ⅶ-6-3　踏切安全通行カルテ指定踏切道数[53]

都道府県	踏切数	都道府県	踏切数	都道府県	踏切数	都道府県	踏切数
北 海 道	5	千 葉 県	77	愛 知 県	89	広 島 県	22
青 森 県	5	東 京 都	375	三 重 県	20	山 口 県	12
岩 手 県	7	神奈川県	155	滋 賀 県	10	徳 島 県	3
宮 城 県	7	新 潟 県	13	京 都 府	42	香 川 県	5
秋 田 県	3	富 山 県	15	大 阪 府	193	愛 媛 県	4
山 形 県	2	石 川 県	8	兵 庫 県	90	高 知 県	2
福 島 県	5	福 井 県	3	奈 良 県	30	福 岡 県	39
茨 城 県	8	山 梨 県	1	和歌山県	1	佐 賀 県	1
栃 木 県	12	長 野 県	13	鳥 取 県	7	長 崎 県	4
群 馬 県	8	岐 阜 県	19	島 根 県	6	熊 本 県	1
埼 玉 県	130	静 岡 県	10	岡 山 県	7	宮 崎 県	4
						鹿児島県	6
						合　　　計	1,479

※ 大分県、沖縄県はカルテ箇所なし

　なお、これらの踏切道については、全国の鉄道事業者と道路管理者が連携し、踏切道の諸元、交通量、事故発生状況、対策状況、今後の対策方針をまとめた「踏切安全通行カルテ」を作成・公表し、踏切道の現状の「見える化」を行っている。

---

[52] 金井仁志：改正踏切道改良促進法施行後の状況について，日本道路協会，道路，2017，7月号，p14
[53] 金井仁志：改正踏切道改良促進法施行後の状況について，日本道路協会，道路，2017，7月号，p15

(6)　財政上の支援措置

　改正踏切法の指定を受けた踏切道は、平成 32（2020）年度までに改良基準に適合する方法で改良を行うか、踏切道改良計画を作成し、その中で計画の期限を定めて、そのスケジュールに沿って踏切道対策を進めていくこととなる。この取り組みを支援すべく、財政上の支援措置がなされた。

　1つ目は、防災・安全交付金の重点配分である。平成 29（2017）年当初予算においては、法指定を受けた踏切道の対策事業が、社会資本総合整備計画重点計画に位置付けられているときは、当該事業については、重点配分されることとなった。さらに、国土交通大臣へ提出した地方踏切道改良計画に基づく踏切道対策事業については、特に重点的に配分することされた。

　2つ目は連続立体交差事業についての個別補助制度の創設である。連続立体交差事業は事業完了までに長期の期間を要するため、事業効果の発現が遅延し、安全性・利便性が低下した状態が長期化することや、仮線や仮設構造物の期間が延長し事業費が増大するといった現場への影響がある。事業立ち上げ後の円滑な事業進捗を後押しするためには、着工準備段階における綿密な協議・調整等に対し集中的な支援が必要となることから、着工準備段階にある連続立体交差事業に対し、検討の熟度に応じた集中的な支援を行う新たな個別補助制度が平成 29（2017）年度に創設された。

Ⅶ-7　物流

　物流には包装・輸送・保管・荷役・流通加工及びそれらに関連する情報の諸機能を総合的に管理する活動が含まれる[54]。このうち道路行政における物流は道路上で行われる物流活動、すなわち、自動車などの道路交通手段による輸送と路上で行われる荷役を対象としている。さらに、それらに大きく影響を与える保管や情報管理を対象に含むことがある。

　輸送に用いられる道路交通手段は自動車が主であり、自転車などの軽車両が一部を補完する。このため、道路行政における物流政策は、一般の道路政策と同様に道路の整備管理、および交通マネジメントが主要な部分を占める。貨物車は乗用車より寸法が大きい、重い、環境負荷が大きいなどの特性を持つため、これらの要因に伴う負の影響を緩和する施策、輸送の効率化による生産性向上に関連する政策が特徴的である。

Ⅶ-7-1　道路整備による物流効率化[55, 56, 57]

(1)　道路整備が牽引した自動車貨物輸送の発展

　第 1 次道路整備 5 箇年計画が始まった昭和 29（1954）年頃、わが国の道路は貨物車が長距離を走ることができる状態ではなかった。当時の簡易舗装も含む舗装率を見ると一般国道ですらは 15.5％であり、都道府県道に至ってはわずか 4.5％であった[58]。同年の陸上貨物輸送[59]のシェアを見ると輸送トン数では自動車が 75％、鉄道が 25％であるものの、輸送トンキロではそれぞれ 18％、82％であり、貨物輸送の主役は鉄道であった[60]。

---

[54] JIS Z0111:2006　物流用語
[55] この項の道路に関するデータの出典：国土交通省「道路統計年報」
[56] この項の輸送量に関するデータの出典：国土交通省「交通関連統計資料集」
[57] この項の保有台数に関するデータの出典：国土交通省監修「自動車保有車両数」（各年度末現在）
[58] 国土交通省「道路統計年報」
[59] 道路および鉄道による貨物輸送
[60] 国土交通省「交通関連統計資料集」

　その後、道路の改良が進むに従って、陸上輸送に占める自動車の輸送トンキロシェアが上昇し、昭和41（1966）年に54%となり、初めて鉄道のシェアを上回り、このとき陸上輸送の主役は鉄道から貨物車に入れ替わった。この年には一般国道の簡易舗装も含む舗装率は67.6%になっている。また、昭和38（1963）年7月には、わが国初の高速道路として名神高速道路の栗東-尼崎間が開通し、昭和44年に名神高速道路が完成している。経済の高度成長を背景として自動車による貨物輸送が目覚ましい発展をし、貨物車の保有台数は昭和25（1950）年に約28万台であったものが、16年後の昭和41（1966）年には約553万台、20倍に増加した。

　その後も更に自動車輸送は発展し続け、図Ⅶ-7-1に示すように昭和60（1985）年に同シェアが90%に達した。一般国道の同舗装率は96.7%になり、貨物車保有台数が1,719万台、昭和41（1966）年から更に3.1倍に増加した。この間、昭和27（1952）年には自動車輸送トン数は6.5百万トンであったものが、昭和41（1966）年には約10倍の64.9百万トンに増加し、昭和60年には更に3.2倍の205.9百万トンに、平成19（2007）年には更に1.7倍354.8百万トンに達して最大値を迎えた。道路整備が自動車貨物輸送の発展を牽引した時代であった。

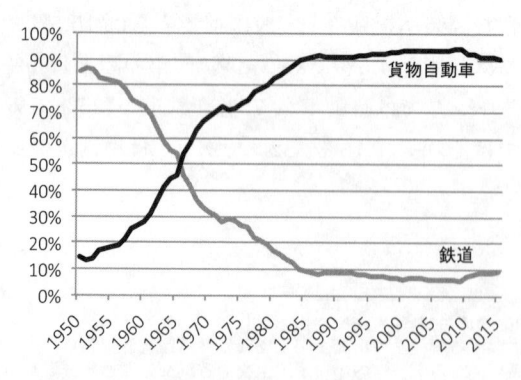

図Ⅶ-7-1　陸上輸送のトンキロシェアの推移

　その後時代は変化し、産業のサービス化、製品の小型化、生産拠点の海外移転などの要因で、わが国全体の貨物輸送トンキロ総量は平成 16（1941）年に減少に転じている。この傾向に呼応して、自動車による貨物輸送トンキロは平成 27（2015）年には最大値から 0.58 倍の 206.0 百万トンに減少した。

(2)　道路整備に伴う物流施設の立地

　幹線道路、特に高速道路には沿道地域に施設立地を誘発する効果があることは以前から知られており、大規模な幹線道路が整備されるごとに沿道地域への施設立地効果が評価されてきた。また、フランスのパリ都市圏やイギリスのロンドン都市圏に整備された環状道路おいて沿道地域への施設立地が進んでいる効果が実際に見られた[61]。このため、首都圏3環状の整備においてもその効果が期待されてきた。

　昭和 38（1963）年に発表された「首都圏基本問題懇談会中間報告書」において首都圏の 3 環状 9 放射のネットワークが計画され[lxxiii]、その約半世紀を経て延長ベースで整備率約 8 割（平成 28（2016）年度末）に達した。

　特に、首都圏の主要市街地の外縁に位置する圏央道においては、図Ⅶ-7-2 に示すように沿道地域への工場や倉庫などの物流施設の立地が進んでいる。このように環状放射方向の高速道路ネットワーク整備による高速輸送網が形成、さらに、物流施設が地理的に再編されることによって、物流効率化が進んでいる。

---

[61] 川勝平太監修：環状道路の時代、日経コンストラクション、平成 18（2006）年 4 月
　今西芳一、松田由利：パリとロンドンの貨物車交通規制と物流センターの立地、日本不動産学会誌/第 15 巻第 4 号、平成 14（2002）年 1 月

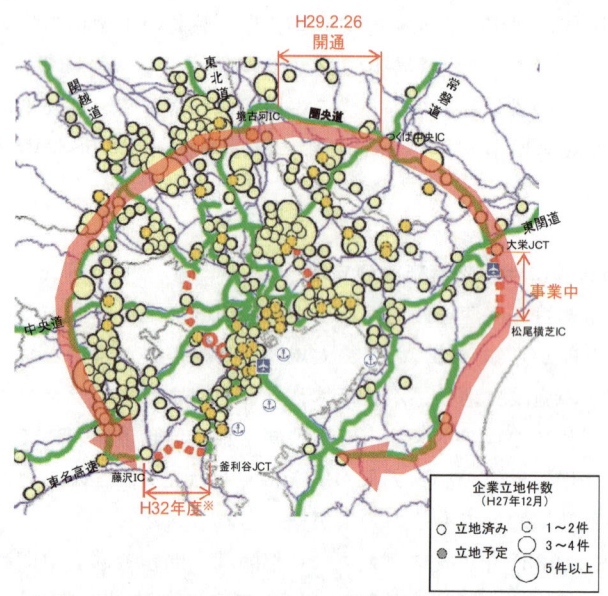

注：※区間の開通時期については土地収用法に基づく手続きによる用地取得等が速やかに完了する場合

Ⅶ-7-2　首都圏における大型物流施設等の立地状況[62]

（平成 27（2015）年 12 月までに立地した施設）

Ⅶ-7-2　物流拠点の整備

(1)　流通業務団地の整備

　建設省内に設置された大都市問題懇談会が昭和 38（1963）年に「東京、大阪の再開発に関する基本方針」を作成し、その中で多心型都市形成がの唱えられ、その具体策として流通業務市街地の形成が提案された[63]。この提案を受けて、昭和 41（1966）年に「流通市街地の整備に関する法律lxxiv」が公布された。この法律は、都市の中心区域に流通業務施設が過度に集中しているため流通機能の低下及び自動車交通の渋滞が発生して

---

[62] 国土交通省道路局・都市局：平成 30 年度　道路関係　予算概算要求概要、平成 29 年 8 月
　http://www.mlit.go.jp/page/kanbo05_hy_001409.html
[63] 苦瀬博仁：都市内物流施設整備の必要性と課題、土木計画学研究・講演集　No.16(2)、平成 5（1993）年 12 月

いる東京都、大阪市等の大都市において流通業務市街地を整備し、流通機能の向上及び道路交通の円滑化をはかり、都市の機能の維持及び増進に寄与することを目的としている[64]。この法律に基づき、東京都内に越谷・南部・西北部・北部・東部の5箇所の団地、また、大阪市に東大阪・北大阪の2箇所の団地など 22 都市 26 の流通業務団地が整備されている[65]。

(2)　道路一体型広域物流拠点整備事業[lxxv]

　道路一体型広域物流拠点は、高規格幹線道路などの沿線またはその近傍において、道路と計画的・一体的に整備される物流拠点のうち、次の要件を備えているものを対象としている。

①大型貨物車から小型貨物車への積替基地としての機能有し、大型貨物車の既成市街地への流入防止を図る。

②高度に情報化・機械化されたシステムを有するロジスティクスセンターが立地し、当該ロジスティクスセンターのシステムによる貨物車の積載効率の向上を通じた交通量の削減を図る。

③道路情報などを提供するシステムが構築され貨物車交通の整序化を図る。

④物流施設の無秩序な立地を防止するための受け皿を提供する。

⑤高規格幹線道路等のインターチェンジを活用した地域振興を図る。

　道路一体型広域物流拠点を整備するにあたっては、「流通業務市街地の整備に関する法律」の適用と調整しつつ、次の施設について補助事業の優先的採択および重点整備、地方特定道路整備事業の活用を行う。

・同拠点と高規格幹線道路等のインターチェンジおよび既成市街地を連絡する道路

・同拠点内の幹線道路、区画道路、駐車場

・環境施設帯

---

[64]　参議院会議録情報　第 051 回国会　建設委員会　第 21 号　における建設省都市局長の発言。

[65]　流通業務団地整備の現状、国土交通省都市局（平成 25（2013）年 3 月 31 日現在）

・道路情報提供施設

・電線共同溝、共同溝等

図Ⅶ-7-3 に事業のイメージを示す。

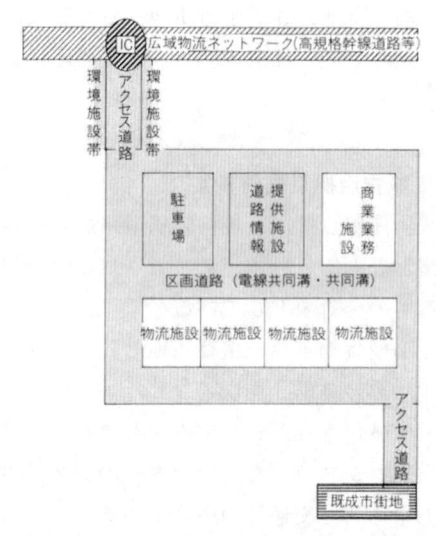

図Ⅶ-7-3　道路一体型広域物流拠点整備事業のイメージ図[66]

　　高規格幹線道路の整備に合わせて全国 70 箇所の整備が予定され、岐阜県関地区などがモデル事業地区とされた。しかし、実現された事例は見当たらない[67]。

(3)　トラックターミナル整備[lxxvi]

　　昭和 45 年 6 月に日本道路公団内に学識経験者を中心とする「高速道路関連施設審議委員会」が設置され、トレーラ連結車の乗継ぎ、貨物の積換え等に必要な基地をインターチェンジ周辺に設置する構想が出された。この構想の実現のため、公団・地方公共団体・民間等が出資参加し、施設

---

[66] 深澤憲宏：道路一体型広域物流拠点整備事業について、IATSS Review Vo1.21, No, 4, 平成 8（1996）年
[67] 平成 29 年 10 月現在

の建設、管理、運営を行う高速道路ターミナル株式会社（第三セクター）が東北・北陸および九州に設立された。これら3つの高速道路ターミナル株式会社により、仙台南（昭和53年）、郡山（昭和51年）、金沢（昭和52年）、鳥栖（昭和56年）および熊本（昭和51年）の5か所でトラックターミナルの営業が開始された。これらは3.4〜7.7haの敷地面積を有し、いずれも高速道路インターチェンジに近接して設置されている。

Ⅶ-7-3　総合物流施策大綱[lxxvii]

　平成9(1997)年4月に第1回の総合物流施策大綱が閣議決定された。これ以来、様々な経済情勢等の変化や課題等を踏まえ、平成29（2017）年6月25日閣議決定まで、6回に渡って総合物流施策大綱が策定されてきた。総合物流施策大綱には、政府における物流施策や物流行政の指針が示されており、関係省庁の連携により施策が総合的・一体的に推進される。

　各年の総合物流施策大綱においては次表Ⅶ-7-1の目標等が示されている。

表Ⅶ-7-1　各年の総合物流施策大綱における目標等[68]

対象期間	目標等
平成9（1997）年4月4日閣議決定：1997-2001年	①アジア太平洋地域で最も利便性が高く魅力的な物流サービスが提供される ②このような物流サービスが、産業立地競争力の阻害要因とならない水準のコストで提供される ②物流に係るエネルギー問題、環境問題及び交通の安全等に対応する
平成13（2001）年7月6日閣議決定：2001-2005年	①コストを含めて国際的に競争力のある水準の市場が構築される ②環境負荷を低減させる物流体系の構築と循環型社会への貢献する
平成17（2005）年11月15日閣議決定：2005-2009年	①スピーディでシームレスかつ低廉な国際・国内一体となった物流 ②「グリーン物流」など効率的で環境にやさしい物流 ③ディマンドサイドを重視した効率的物流システム

[68] 各年の総合物流施策大綱を用いて編集した。

対象期間	目標等
	④国民生活の安全・安心を支える物流システム
平成 21（2009）年 7 月 14 日閣議決定：2009-2013 年	①グローバル・サプライチェーンを支える効率的物流 ②環境負荷の少ない物流等 ③安全・確実な物流の確保等
平成 25（2013）年 6 月 25 日閣議決定：2013-2017 年	強い経済の再生と成長を支える物流システムの構築〜国内外でムリ・ムダ・ムラのない全体最適な物流の実現〜
平成 29（2017）年 7 月 28 日閣議決定：2017-2020 年	①変化に的確に対応してニーズに応えるとともに、人材、設備等の資源をムダなく活用して効率化を図り、新たな価値を創造することにより高付加価値化 ②途切れることなくその機能を発揮するために、サービスが持続的・安定的に提供される環境を整備 ③荷物がスムーズに流れ、隅々まで行き渡るようにハードインフラとソフトインフラ(輸送機能等)との双方により発揮される社会インフラとしての機能向上 ④様々なリスクに対する強靱さや環境面での持続可能性を確保

　表Ⅶ-7-1 に示された目標の下に、道路行政における主要な施策が表Ⅶ-7-2 のように示されている。平成 9（1997）年大綱においては主に道路や物流拠点などのインフラ整備が主要な施策であった。平成 13（2001）年大綱において環境ロードプライシングなどのソフト施策が現れ、平成17（2005）年大綱には貨物交通のマネジメント策の推進をはじめとしてマネジメント施策が多く示されるようになってきた。平成 13（2001）年大綱からは車両の大型化に対応した橋梁の補強等道路整備が掲げられ、平成 21（2009）年大綱においては国際標準コンテナ積載車通行支障区間の早期解消、特車両通行許可制度の改善など車両の大型化に対応する施策が多く現れる。また、平成 21（2009）年大綱からは ITS の活用、災害への対応施策が掲げられるようになった。

　このような流れの中で、港湾、鉄道及び空港のアクセス道路の整備等で構成されるマルチモーダル施策、環状道路やバイパスなどの幹線道路網整備、幹線道路周辺への物流拠点の配置は一貫して提示されている。

表Ⅶ-7-2　各年の総合物流施策大綱における
道路行政に関する特徴的な施策[69]

対象期間	特徴的な施策
平成 9（1997）年 4 月 4 日閣議決定：1997-2001 年	・物流拠点を結ぶアクセス道路の整備 ・新物流システムの技術開発[70] ・広域物流拠点と道路の一体的整備 ・マルチモーダル施策[71]の推進 ・国際交流基盤に係る総合的な施策
平成 13（2001）年 7 月 6 日閣議決定：2001-2005 年	・物流拠点を結ぶアクセス道路の整備 ・広域物流拠点と道路の一体的整備 ・マルチモーダル施策の推進 ・通過交通を迂回させる環状道路、バイパス等の整備 ・環状道路周辺等への物流拠点配置 ・路上や路外の荷捌き施設の設置 ・車両の大型化に対応した橋梁の補強等の道路整備 ・環境ロードプライシングの試行的実施
平成 17（2005）年 11 月 15 日閣議決定：2005-2009 年	・貨物交通のマネジメント策[72]の推進 ・交通インフラ周辺に物流施設の設置 ・路上や路外の荷捌き施設の設置
平成 21（2009）年 7 月 14 日閣議決定：2009-2013 年	・環状道路やバイパスの整備 ・マルチモーダル施策の推進 ・国際標準コンテナ積載車通行支障区間の早期解消等 ・荷捌き駐車対策 ・高速道路等の IC 等において物流施設の整備 ・ITS サービスの活用による物流の効率化 ・特殊車両通行許可制度における指導強化 ・災害に強い交通網の確保、代替輸送の確保
平成 25（2013）年 6 月 25 日閣議決定：2013-2017 年	・国際海上コンテナ積載車両の通行支障区間の解消等 ・40ft 背高・45ft コンテナ積載車等の通行ルート指定 ・マルチモーダル施策の推進 ・道路の通行に係る重量規制の見直し ・特殊車両通行許可制度の改善[73] ・貨物車交通のマネジメントの推進 ・交通インフ等機能の早期回復可能な仕組みの検討 ・緊急輸送道路等の橋梁の耐震補強や代替路の整備
平成 29（2017）年 7 月 28 日閣議	・マルチモーダル施策の推進 ・高速道路と施設の直結

[69] 各年の総合物流施策大綱を用いて編集した。
[70] デュアルモードトラック等、Ⅶ-12-3(1)を参照。
[71] 港湾、鉄道及び空港のアクセス道路の整備等
[72] 貨物自動車をより望ましい経路、時間帯に誘導等
[73] 通行条件の在り方、一元的実施、許可基準の見直、審査の迅速化、取締り・指導の徹底等

対象期間	特徴的な施策
決定：2017-2020 年	・三大都市圏環状道路等の高規格幹線道路網の整備 ・平常時・災害時共に安定的輸送を確保する基幹ネットワークを指定 ・道路・港湾・空港・鉄道の復旧状況の情報提供 ・物流拠点へのラストマイルアクセス、トラックの大型化に対応した道路構造等の機能強化 ・ダブル連結トラックの早期導入 ・高速道路の物流プラットフォームとしての機能強化 ・特殊車両通行許可制度の改善 ・高速自動車国道 IC 周辺等への物流施設の誘導 ・動的荷重計測装置(WIM)による自動取締りや荷主にも責任とコスト等を適切に分担する仕組 ・大型車対距離課金等の将来の負担のあり方の検討 ・後続無人隊列走行に応じたインフラ面等の事業環境を検討 ・ETC2.0 等の装着によるコネクテッドカーとしてのトラックの早期普及

注1）　貨物車交通を直接の対象としない施策（例：幹線道路の整備、道路・交通・車両の情報化など）は記載していない。ただし、環状道路の整備など貨物車交通の改善に重要な役割を持つ施策は記載した。

注2）　類似の施策については各年の大綱において表現が異なる場合であっても、同じ言葉で表現した。（例：マルチモーダル施策、特殊車両通行許可制度の改善など）

Ⅶ-7-4　貨物車の大型化への取り組み

(1)　車両制限令[lxxviii]

　貨物輸送が少ない間は、貨物車の最大積載重量は 1 トンから 4 トン（車両総重量 8 トン程度）で足りていたが、輸送量が増加してくると、貨物車は大型化され、同 5 トンから 10 トン（車両総重量 20 トン程度）の大型車が生産され使用されるようになった。

　こうした状況に対応し、昭和 36（1961）年に道路の構造を保全し、または交通の危険を防止するため車両制限令が制定され、車両総重量の上限が 20 トンに定められた。その後、昭和 46（1971）年の改正においてセミトレーラ連結車に限って車両総重量の上限が高速自動車国道を通行する場合は 34 トン、その他の道路を通行する場合は 27 トンが追加された。さらに、平成 5（1993）年の改正において高速自動車国道または道

路管理者が指定した道路を通行する車両にあっては軸距及び長さに応じて 25 トン、高速自動車国道を通行するセミトレーラ連結車およびフルトレーラ連結車にあっては 36 トンに引き上げられた。表Ⅶ-7-3 に車両総重量の上限値の推移を示す。

表Ⅶ-7-3　車両制限令で規定された許可なく走行できる車両総重量の上限値の推移[74]

制定年	許可なく走行できる車両総重量の上限値		
	高速自動車国道	その他の道路	
		指定道路	その他の道路
昭和 36(1961)年	－	－	20t
昭和 46(1971)年	連結車 34t その他 20t	－	連結車 27t その他 20t
平成 5 (1993)年	連結車 36t その他 25t	連結車 27t その他 25t	連結車 27t その他 20t

注 1)「－」はこの時期には該当する道路区分が存在しなかったことを表す。
注 2)連結車にはセミトレーラー連結車またはフルトレーラー連結車が含まれる。
　　すべての形状ではなく、特定の形状が指定されている。

(2)　道路橋設計示方書、道路構造令等

　貨物車の大型化に対応して道路施設を強固に建設する必要がある。道路橋の設計の際に用いる車両荷重を見ると下表Ⅶ-7-4 のように車両荷重を引上げている。昭和の初めには 10 トン程度であったが、昭和 31(1956)年には 20 トン、平成 5 年には 25 トンに引上げられた。また、昭和 48(1973)年には特定の路線にかかる橋等を対象として 43 トンが適用された。

表Ⅶ-7-4　橋梁の設計に用いる車両荷重の変遷の概要[75]

年	政令等の名称	車両荷重の概要
明治 19(1886)年	国県道の築造標準	規定なし
大正 8(1919)年	道路構造令・街路構造令	7.875t(国道)
大正 15(1926)年	道路構造に関する細則案	12t(1 等橋)

---

[74] 各年制定の車両制限令を用いて編集した。
[75] 「保全技術者のための橋梁構造の基礎知識［改訂版］、一般社団法人橋梁調査会、2015年」を用いて編集した。

年	政令等の名称	車両荷重の概要
昭和 14(1939)年	鋼道路橋設計示方書案	13t(1 等橋)
昭和 31(1956)年	鋼道路橋設計示方書	20t(1 等橋)
昭和 39(1964)年	同上	同上
昭和 45(1970)年	道路構造令	20t
昭和 47(1972)年	道路橋示方書	20t(1 等橋)
昭和 48(1973)年	特定の路線にかかる橋、高架の道路等の技術基準について	43t(湾岸道路、高速自動車国道、その他)
昭和 55(1993)年	道路橋示方書	20t(1 等橋) 43t(特定の路線)
平成 2(1990)年	同上	同上
平成 5(1993)年	道路橋示方書	25t
	道路構造令	25t

注 1)　車両荷重の他に等分布荷重（t/m²）等があり、両者が組合わされて橋梁が
　　　設計される。ここでは橋梁設計に用いる荷重が上昇していることを説明す
　　　るために車両荷重だけを記載した。
注 2)　橋梁の等級によって荷重が異なる場合は車両荷重の値の後の（　）に等級を
　　　示し、国道に適用される値を記載した。

(3)　重さ指定道路

　平成5年に、第11次道路整備五箇年計画を契機として[76]、道路構造令が
改正され、橋梁の自動車設計荷重が20トンまたは14トンから、25トンに引
き上げられた。これに伴い、車両制限令が改正され、それまで車両総重量
の上限が20トンであったものが、「高速自動車国道又は道路管理者が道路
の構造の保全及び交通の危険の防止上支障がないと認めて指定した道路を
通行する車両にあっては25トン以下で車両の長さ及び軸距に応じて当該
車両の通行により道路に生ずる応力を勘案して建設省令で定める値」[77]に
改められた。

　上記の「指定した道路」が重さ指定道路であり、平成29年4月1日現在
は下表Ⅶ-7-5に示す延長のネットワークが指定されている。重さ指定道
路においては車両の長さ及び軸距に応じて車両総重量25トンまでの車両
が通行許可を得ることなく自由に走行できる。

---

[76]　「道路課金と交通マネジメント(日本交通政策研究会研究双書)」平成 29 年、根本敏則,
今西芳一編著
[77]　「道路構造令等の一部を改正する政令」、平成 5 年 11 月 25 日、政令 375 号

表Ⅶ-7-5　重さ指定道路のネットワーク状況[78]

（平成29（2017）年4月1日現在）

道路種別	延　長
高速自動車国道	約 8,900km
一般国道（指定区間）	約 22,700km
一般国道（指定区間外）	約 15,300km
地方道	約 16,000km
合計	約 62,900km

(4) 高さ指定道路

　車両の高さの最高限度は昭和36（1961）年に車両制限令が制定された当初は3.5mであった。その後、昭和46（1971）年の改正において3.8mに引き上げられた。さらに、平成16年に、背高海上コンテナ用指定経路（車高4.1mまで通行許可が可能）について一定のネットワークが形成されたこと等を踏まえ[lxxix]、車両の高さの最高限度について、「道路管理者が道路構造の保全及び交通の危険防止上支障がないと認めて指定した道路については4.1メートルまで」[79]引き上げられた。

　上記の「指定した道路」が高さ指定道路であり、平成29年4月1日現在は表Ⅶ-7-6に示す延長のネットワークが指定されている。高さ指定道路においては高さ4.1mまでの車両が通行許可を得ることなく自由に走行できる。

表Ⅶ-7-6　高さ指定道路のネットワーク状況[80]

（平成29（2017）年4月1日現在）

道路種別	延　長
高速自動車国道	約 8,900km
一般国道（指定区間）	約 20,400km
一般国道（指定区間外）	約 8,000km
地方道	約 12,100km
合計	約 49,400km

---

[78] 国土交通省関東地方整備局
[79] 「車両制限令の一部を改正する政令」、平成 16 年 2 月 16 日、政令第 23 号
[80] 国土交通省関東地方整備局

(5)　特殊車両通行許可

（a）　特殊車両通行許可制度の概要

　車両制限令制定後しばらくの間、制度の周知不足、標識の設置不足、認定申請窓口の多元化等のため、車両制限令がなかなか遵守されない状況が続き、トラッククレーン車による横断歩道橋への衝突事故が続発するなど、車両制限令違反に起因する交通事故が多発した。道路整備が着実に進み、狭い道路であるための事故は減りつつあったが、車両自体が大型であるための事故が目立ってきた。このため、車両の大型化の傾向への対応と交通事故の防止との双方を両立させるため、法令の強化が必要となった[lxxx,81]。

　昭和46（1971）年に道路法[lxxxi]が改正され、第47条の次に以下を骨子とする「第47条の2」が加えられた。

1）道路管理者は、車両の構造又は車両に積載する貨物が特殊であるためやむを得ないと認めるときは、... 規定による禁止若しくは制限にかかわらず、当該車両を通行させようとする者の申請に基づいて、通行経路、通行時間等について、道路の構造を保全し、又は交通の危険を防止するため必要な条件を付して、....政令で定める最高限度....を超える車両の通行を許可することができる。

2）前項の規定により許可証の交付を受けた者は、当該許可に係る通行中、当該許可証を当該車両に備え付けていなければならない。

　車両の構造が特殊である車両、あるいは輸送する貨物が特殊な車両で、幅、長さ、高さおよび総重量[82]のいずれかの一般的制限値を超えたり、橋、高架の道路、トンネル等で総重量、高さのいずれかの制限値を超える車両を「特殊な車両」[83]といい、道路を通行するには図Ⅶ-7-4 に示す手続きに従った特殊車両通行許可が必要になる。

---

[81]　特殊車両通行許可制度について、国土交通省道路局道路交通管理課、道路行政セミナー 2009. 6
[82]　特殊車両通行許可の場合の総重量は「車両の総重量＝車両重量＋積荷の実際の重さ」の意味である。
[83]　国土交通省関東地方整備局：「特殊車両通行ハンドブック 2016」

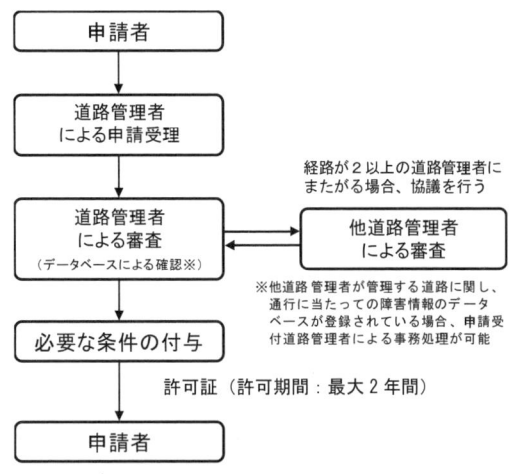

図Ⅶ-7-4　特殊車両通行許可の手続き[84]

　特殊車両通行許可制度においては下表に示す許可上限値が定められており、車両の諸元は原則としてこの値以下であることが求められる。許可上限値を超えている場合であっても審査によって問題がなければ、条件を付して通行が許可される。現在[85]の最高限度（一般的制限値）と許可限度は表Ⅶ-7-7のように定められている。

表Ⅶ-7-7　車両の寸法と重量の最高限度と
許可基準（特例8車種の場合）の概要[86]

	最高限度（一般的制限値）[87]	許可基準（特例8車種の場合）*
車幅	2.5m	2.5m
車高	a.高さ指定道路：4.1m b.その他の道路：3.8m	a.高さ指定道路：4.1m b.その他の道路：3.8m
車長	①単車：12m ②連結車	セミトレーラ連結車：17〜21m フルトレーラ連結車：21m

[84] 池田武司（国土交通省道路局道路交通管理課）：「特殊車両の通行許可に関する最新事情」国際交通安全学会誌 Vol. 41, No. 1、平成 28 （2016）年6月
[85] 平成29年9月現在
[86] 「特殊車両通行ハンドブック」などの国土交通省関東地方整備局資料を用いて編集した。特例8車種など細かい条件は出典資料を参照。
[87] 道路法第47条1項、車両制限令第3条において定められた値である。

	ア．特例 5 車種：12m 　　a．高速自動車国道 　　　セミトレーラ連結車：16.5m 　　　フルトレーラ連結車：18m 　　b．その他の道路：12m イ．その他の車種：12m	
軸重	10t	駆動軸：11.5 t その他の車軸：10t
車両総重量または車両の総重量**	①単車 　　a.高速自動車国道、重さ指定 　　　道路：20〜25 t 　　b．その他の道路：20t ②連結車 ア．特例 5 車種 　　a.高速自動車国道：25〜36t 　　b.重さ指定道路：25〜27t 　　c.その他の道路：24〜27 t イ．その他の車種 　　a.高速自動車国道および重さ 　　　指定道路：20〜25 t 　　b．その他の道路：20t	44t
その他	最小回転半径：12m	

注）表中の条件に加えて、隣り合う車軸間の距離等の条件が設定されている。

(b)　特殊車両通行許可基準の緩和

　欧米主要国では車両総重量 40 トンまたは 44 トンの車両が通行許可なく走行可能である。一方、わが国においてはこのような車両は一般的制限値を超えており、審査を経て通行を許可することで通行を可能にしている。欧米諸国並みの車両の通行を容易にするため、また物流の効率化を進めるため、近年には次のように通行許可限度を緩和している。

▶ 平成 10 年 4 月：海上コンテナ積載セミトレーラ連結車の総重量を 36t から 44t に緩和

---

* 車両の構造が特殊な連結車に係る特殊車両の通行許可の取扱いについて（平成 6 年 9 月 8 日建設省道交発第 7 0 号）建設省道路局道路交通管理課長通達
** 車両制限令の場合は「車両総重量＝車両重量＋最大積載重量」、特殊車両通行許可の場合は「車両の総重量＝車両重量＋積荷の実際の重さ」である。

海上コンテナ積載セミトレーラ連結車の駆動軸の軸重を 10t から 11.5t に緩和

▶ 平成 15 年 10 月：セミトレーラ連結車の総重量を 36t から 44t に緩和

▶ 平成 25 年 11 月：フルトレーラ連結車の全長を 19m から 21m に緩和 セミトレーラ連結車のうち、セミトレーラをけん引するための自動車の連結装置の中心が当該車両の後軸の車輪（複数軸を備えるものは後後軸の車輪）よりも後ろに備えるものの長さの上限値を 17m から 21m に緩和

▶ 平成 27 年 6 月：国際的に導入が進む 45 フィートコンテナについても運搬できるよう、セミトレーラ連結車の全長の許可限度を 17m から 18m に緩和

さらに、国土交通省では、深刻なドライバー不足が進行するトラック輸送の省人化を推進するため「ダブル連結トラック」の特車通行許可基準（車両長）を最大 25m まで緩和している。

(c)　大型車誘導区間

貨物車交通の効率化・円滑化を図ること、今後 20 年の間に築後 50 年以上経過する橋梁が約 65% に達するなど道路構造物の老朽化への対応が求められていること、また、重量等の制限を超えた状態での走行は重大な事故につながりかねないことなどの課題への対応が求められる。

このような課題に対応し、大型車両の通行を望ましい経路へ誘導することにより適正な道路利用を促進するため、平成 25 年 6 月 5 日に公布された「道路法等の一部を改正する法律[88]」では、国土交通大臣において大型車両の通行を誘導すべき道路の区間（以下「大型車誘導区間」という。）を指定した上で、一定の大型車両に関する通行許可手続を一元的に実施することとされた。これを受けて、大型車誘導区間が指定され、平成 26 年 10 月 27 日に運用が始まった。道路ネットワークの整備状況、

---

[88] 国土交通省報道は票：道路法等の一部を改正する法律案について
http://www.mlit.go.jp/report/press/road02_hh_000005.html

大型車の通行状況、物流事業者等の意見等を踏まえながら、必要に応じ追加指定を実施し、大型車誘導区間を充実させる。その際、道路構造上の支障部分については、その解消を順次図り、より望ましい誘導区間となるよう引き続き努力される。

　国際海上コンテナ車をはじめとする大型車両に係る「特殊車両の通行許可」について、今後は、あらかじめ指定した「大型車誘導区間」のみを通行する場合、個別の道路管理者への協議が不要となり、国が一元的に審査した上で許可される。また、国の一元的審査により、許可までの期間が、従来は 20 日程度であったものが 3 日程度に短縮される。図Ⅶ-7-5　大型車誘導区間の指定状況とイメージを示す。

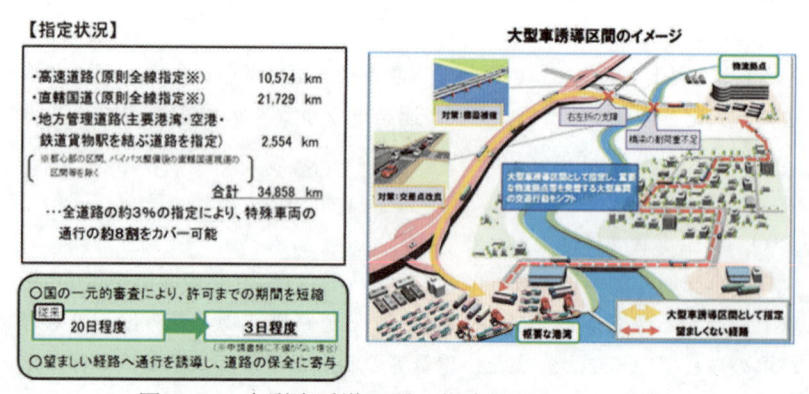

図Ⅶ-7-5　大型車誘導区間の指定状況とイメージ[89]

(d)　特車通行許可の簡素化（特車ゴールド）

　特車許可申請はオンライン申請システムで行うことが可能となっているものの、車両の諸元や経路を入力する労力を要する。また、複数の経路の選択が望まれる場合も、「特車ゴールド」制度が開始される以前の制度においては、同一の出発地と目的地の組み合わせに対して複数の経路一本一本別々の申請を行う必要があった。また、走行中に交通状況に応

---

[89]　社会資本整備審議会　道路分科会第 62 回基本政策部会　配布資料：今後の災害・物流ネットワークのあり方

じて経路を変更しようとしても通行許可を得ていない経路は通行できなかった。

　近年普及が進んでいる ETC2.0 の車載器を装着した車両については、特殊車両の通行経路情報（ビッグデータ）を得ることができる。また、大型車誘導区間においては、自治体等が管理する区間を含めて、国が一元的に審査システムを用いて審査を行うことができる。こうした新しい技術や仕組みを活用し、平成 28 年 1 月 25 日に ETC2.0 装着車への特車通行許可を簡素化する「特車ゴールド」の制度が開始された。

　この制度においては、ETC2.0 車載器を装着し、あらかじめ登録された車両については、1 つの申請で、申請された経路以外でも全国の大型車誘導区間すべての経路に関する審査・許可が行われる。これにより、利用者は、大型車誘導区間を走行する場合は、渋滞や事故を避けた効率的な輸送経路を選択可能となり、物流効率化への効果が期待される。特車ゴールドにおいては、1 つの申請によって図Ⅶ-7-6 に示すように、ネットワーク化された大型車誘導区間の経路を、状況に応じて選択することができるようになる。

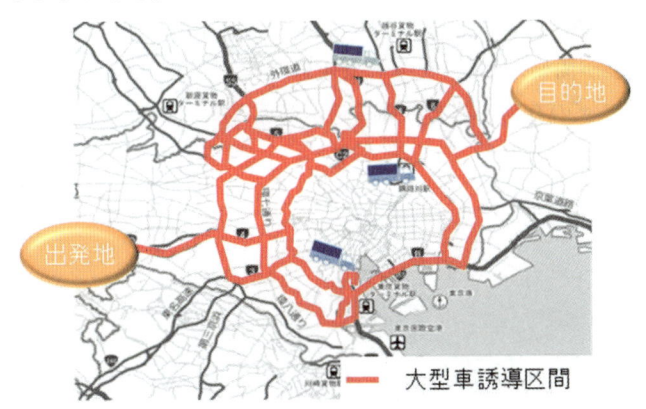

図Ⅶ-7-6　特車ゴールドにおける通行可能経路のイメージ[90]

---

[90] ETC2.0 装着車への特殊車両許可を簡素化する「特車ゴールド」の制度開始について、報道発表資料別紙、国土交通省道路局道路交通管理課、平成 28（2016）年 1 月 22 日

　また、特車ゴールド制度においては、2 年ごとに行う必要のある更新の手続きを自動化する取組も行われる。輸送経路の確認を道路管理者が行うことで、違反状況に応じて更新自動化を不可とする措置も合わせて行われる。

　このような措置と、大型車誘導区間を利用する場合の許可までの期間短縮が法令遵守のインセンティブとなることが期待されている。

Ⅶ-7-5　「ETC2.0 車両運行管理支援サービス」に関する社会実験

　ETC2.0 では、利用経路や利用時間、加減速データ、急ブレーキ等のプローブ情報がリアルタイムに把握される。道路管理者が保有するこれらの情報を物流事業者が活用することによって、到着時刻を正確に予測することによる荷待ち時間の短縮、トラック運転の危険個所を把握することによる安全性の向上、輸送効率化による生産性の向上などが期待される運行管理ができる。

　ETC2.0 を活用した運行管理支援サービスについては、2015 年 11 月から社会実験への参加者公募を開始し、12 組 17 社の事業者と 2016 年 2 月に実験が開始された[91]。本社会実験では、「ETC2.0 車両運行管理支援サービス」の有効性等を評価し、本格導入に向けた検討が予定されている。

---

[91] 国土交通省報道発表資料：「ＥＴＣ２．０車両運行管理支援サービス」に関する社会実験の開始について、別紙 2、平成 28（2016）年 2 月 5 日

Ⅶ-8　モーダルコネクトの強化[lxxxii,lxxxiii]

Ⅶ-8-1　バスタプロジェクトの取組

(1)　バスタプロジェクトの概要

　人口減少、高齢化など社会経済情勢が大きく変化していく中、国民の日常生活や経済活動を支え、地域の活性化を果たしていくためには、その重要な基盤である道路ネットワークと多様な交通モードがより一層の連携を高め、有機的な結合を図り、利用者が多様な交通を利用・選択しやすい環境を維持・向上していく必要がある。

　このため、平成 28（2016）年 3 月、国土交通省は、道路ネットワークやその空間を有効に活用しながら、交通モード間の接続の強化（モーダルコネクトの強化）を検討するため、「モーダルコネクト検討会」を設置した。平成 29（2017）年 3 月には、バスを中心として、主に高速バスネットワークの強化のあり方や、地域のバス利用環境の向上のあり方についてバス事業者等からのヒアリングや社会資本整備審議会道路分科会基本政策部会からの意見も踏まえつつ、検討会としての意見をとりまとめ、提言を行った。

　その中ではバスを中心とした取組として ITS と PPP をフル活用し、官民のそれぞれが担うべき役割を明確にしながら、バス利用拠点の利便性を向上するための「バスタプロジェクト」を実験・実装等を重ねて展開している。これを核として、街づくりや地域の公共交通施策等との連携の下に、多様な交通モード間の接続（モーダルコネクト）を強化し、地域の活性化、生産性の向上し、災害対応の強化を実現するとしている。

(2)　バスタプロジェクトの事例

　（a）　高速バスと鉄道の乗換えの強化事例（バスタ新宿）

　日本最大級のバスターミナルが平成 28（2016）年 4 月オープンした。道路（国道 20 号）と民間ターミナルの官民連携により整備され、鉄道と直結し、これまで 19 箇所に点在していた高速バス停を「バスタ新宿」に集約した。

　新宿から 39 都府県 300 都市をつなぐ高速バス、タクシー、鉄道が直結することになり、飛躍的に利便性が向上した。また、高速バス停の集約により、周辺道路の渋滞緩和、平均走行速度が向上、急ブレーキ発生回数減少など、道路交通状況が改善した。さらに、歩道の拡幅整備による安全・快適な歩行空間の確保や、観光サービスの充実が実現した。

（b）　SA・PA を利用したバス乗り換え拠点の整備事例（九州道基山 PA）

　平成 19（2007）年 7 月、九州道基山 PA（佐賀県基山町）に高速バス乗継拠点を整備し、高速バスネットワークを再編し、運用を開始した。これまでは福岡経由による各地方間の高速バス移動であったが、基山バス停での乗継とすることにより、高速バスの利便性向上と時間短縮が可能となった。

（c）　地域バス停のリノベーションの推進（地域の路線バス停）

①高速バスストップの有効活用

　モーダルコネクト検討会では、観光振興や通勤通学など、新たに地域の利活用計画を踏まえた高速バスストップを有効活用する取組を推進するとしている（図Ⅶ-8-1）。

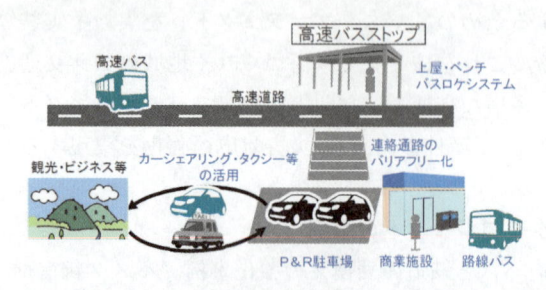

図Ⅶ-8-1　高速バスストップの有効利用[92]

---

②道の駅の有効活用

　各道の駅の特徴にあわせた、高速バス、路線バス、デマンドバスの乗継ぎの導入や、道の駅が公共空間であることを踏まえたバス利用優先の空間再編等の取組を推進。その際、周辺の道路ネットワークにおける走行空間の改善等による支援も検討していくとしている（図Ⅶ-8-2）。

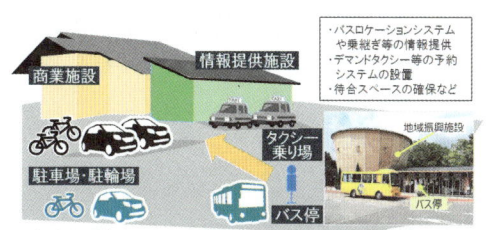

図Ⅶ-8-2　道の駅の有効活用[93]

③人とバスが待ち合う「駅」としての空間への進化

　地域やバス事業者の要望を踏まえ、地域公共交通会議等と連携しながら、多様な官民連携手法を活用して上屋等の設置による空間整備を推進するとしている。特に学校・病院等の交通弱者が多く利用する箇所で、高齢者等の利便性に配慮しながら重点的に実施する。

Ⅶ-8-2　シェアリングの活用

(1)　カーシェアリングの概要

　「カーシェアリング」は特定の自動車を会員間で共有し、好きなときに借りることのできるサービスである。カーシェアリングの基本となる目的は、車を個入所有した場合の利使性を損なわずに、共有することによって車に関わる費用を軽減することである。

---

[93] 国土交通省第4回モーダルコネクト検討会：「モーダルコネクトの強化　バスを中心とした道路施策（案）」平成29年3月10日, http://www.mlit.go.jp/road/ir/ir-council/modal_connect/doc04.html

　カーシェアリング（自動車の共同利用）は、1980 年後半から欧米で普及し、スイスの調査ではカーシェアリングに参加することで自動車の無駄な利用が減り、環境対策、交通問題対策に効果があると認めている。我が国のカーシェアリングでは、1999 年の秋頃から経済産業省、国土交通省などにより社会実験が数多く行われている。

　公益財団法人交通エコロジー・モビリティ財団の調査によれば、平成29（2017）年 3 月の時点で、国内各地で運営されているカーシェアリングの事例は 31 件となっている。

(2)　カーシェアリングの活用

(a)　横浜市[94]等による「チョイモビヨコハマ」

　横浜市は、環境未来都市として、低炭素都市の実現や超高齢社会への対応を進めており、交通分野では、低炭素交通の推進、エコドライブや電気自動車（EV）の普及、新たなモビリティの確立に取り組んでいる。

　平成 23（2011）年度からは、EV 活用に係る様々な取り組みの一環として、山手・元町エリア、横浜都心エリアにおいて、超小型モビリティの様々な活用実証実験を実施してきた。さらに、平成 25（2013）年度からは、国土交通省から補助金、車両認定の支援を受け、国内初となる超小型モビリティを活用した大規模カーシェアリング実証実験を開始した。平成 25（2013）年 10 月〜平成 27（2015）年には、「ワンウェイ型[95]」、平成 27（2015）年 10 月〜平成 29（2017）年 3 月には、「レンタカー型」のカーシェアリングを実施し、平成 29（2017）年 3 月〜（2 年間を予定）、「ラウンドトリップ型[96]」としてスタートしている。

(b)　高速バス＆シェアリング社会実験

　国土交通省は、高速バス停周辺の駐車場にカーシェアリング車両を配備し、高速バスとカーシェアリングの連携を強化させることで、高速バ

94　横浜市、日産自動車㈱、㈱日産カーレンタルソリューション
95　乗り捨て型
96　自分が出発したステーションへ車を返却するという方法。出発地以外のステーションへの乗り捨てはできない。

ス利用者の行動圏の拡大による観光振興や地域活性化の可能性を検証する社会実験を、平成 28（2016）年 11 月 15 日より浜松インター駐車場で開始した（図Ⅶ-8-3）。史跡や城跡等の多くの観光資源を有する浜松市にて、高速バスとカーシェアリングの連携を強化させることで、高速バス利用者の行動圏の拡大による観光振興や地域活性化への寄与が期待されている。

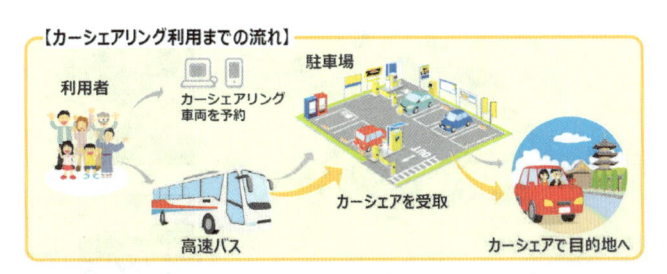

図Ⅶ-8-3　カーシェアリング利用までの流れ[97]

(c)　道路空間を活用したカーシェアリング

国土交通省は、地下鉄駅に近接した箇所に、我が国では初となる道路上のカーシェアリングステーションを設置し、公共交通とカーシェアリングの連携強化による公共交通の利用促進の可能性を検証する社会実験を平成 28（2016）年 12 月 20 日から開始した。実験車両には COMS 等のいわゆる小型モビリティを使用し、ワンウェイ型にて運営している（図Ⅶ-8-4）。

本社会実験では、主に、①運営車両の回遊実態（利用件数、OD 等）、②利便性向上効果（利用者の行動変化等）、③車道・歩道の安全性・快適性（交通流の妨げの有無）を検証項目として挙げている。

97 国土交通省記者発表資料：「高速バス&カーシェアリング社会実験の開始について」平成 28 年 11 月 4 日, http://www.mlit.go.jp/report/press/road01_hh_000766.html

図Ⅶ-8-4　乗り換え利便性の高いカーシェアリング[98]

[98] 国土交通省記者発表資料：「道路空間を活用したカーシェアリング社会実験の延長・拡充に伴う実験参加者を募集」平成 29 年 11 月 28 日、
http://www.mlit.go.jp/common/001211565.pdf

Ⅶ-9　道路空間の利活用

Ⅶ-9-1　道路空間のオープン化[lxxxiv]

　都市再生整備計画の区域内において道路管理者が指定した区域で余地要件等の基準が緩和され、オープンカフェ、広告板等を設置、運営できるようになっている。例えば、北海道札幌市大通地区では、これまでの社会実験の結果を踏まえ、平成25（2013）年度よりオープンカフェ・広告板事業を実施し、オープンカフェ等の収入を道路維持管理、地域イベント等のまちづくりに還元している。また、平成25（2013）年4月、大阪府大阪市に開業したグランフロント大阪の一部を形成する「けやき並木」は、幅員11メートルで自然石の舗装が施された歩道空間であり、その沿道にオープンカフェを開設し、通りのにぎわいを演出している。

　さらに、平成26（2014）年度より、国家戦略特別区域法が施行されたことにより、国家戦略特別区域内において余地要件の基準が緩和され、都市再生整備計画の区域内と同様にオープンカフェ、広告板等を設置できるようになった。

Ⅶ-9-2　立体道路制度[lxxxv]

(1)　立体道路制度の概要

　幹線道路等の整備促進と土地の高度利用に関する取り組みの一つで、道路の区域を立体的に定め、それ以外の空間利用を可能にすることで、道路と建築物等との一体的整備を実現する制度である。

　具体的には、道路法、都市計画法、建築基準法の3つの法律を一体的に運用する制度である。これまで天上天下に渡っていた道路の区域を、道路法に基づき、道路の区域を上下方向に限定し立体的に定め（道路の立体的区域）、都市計画法の地区計画に建築物の敷地として併せて利用すべき区域（重複利用区域）と、建築物の建築の限界の範囲（建築限界）を定め、建築基準法の道路にあっては同法による道路内の建築制限を緩和するものである。

(2)　立体道路制度が適用できる道路

対象となる道路は次のとおり。

- ・高速道路や自動車専用道路（SA や PA を含む）
- ・自動車の沿道への出入りができない構造※である、歩行者専用道路、自転車専用道路、自由通路、高架道路
    - ※法律（建築基準法第 43 条第 1 項第 2 号）で「特定高架道路等」に規定されるもので、政令で定める基準（建築基準法施行令第 144 条の 5）に該当するもの
- ・都市モノレール、路外駐車場のように道路法上の道路であっても一般的な道の機能を有しない道路。（これらについては、建築基準法上の道路とは取り扱わない）

なお、平成 23（2011）年、26（2014）年の都市再生特別措置法の改正に加え、平成 26（2014）年の道路法改正により、特定都市再生緊急整備地域における都市再生特別地区内において、既存の一般道路の上部空間にも立体道路制度を活用して建築物の建築が可能となった。さらに、平成 28（2016）年の都市再生特別措置法の改正により、都市再生緊急整備地域における都市再生特別地区内に適用範囲が拡大された。

Ⅶ-9-3　歩行者や自転車の通行空間の確保[lxxxvi]

(1)　人優先の安全・安心な歩行空間の形成

安全・安心な社会の実現を図るためには、歩行者の安全を確保し、人優先の安全・安心な歩行空間を形成することが重要である。特に通学路について、平成 24（2012）年度に実施した緊急合同点検の結果等を踏まえ、学校、教育委員会、道路管理者、警察などの関係機関が連携して、歩道整備、路肩のカラー舗装、防護柵の設置等の交通安全対策を実施するとともに、「通学路交通安全プログラム」等に基づく定期的な合同点検の実施や対策の改善・充実等の取組みにより、子どもの安全・安心を確保する取組みを推進している。

(2)　安全で快適な自転車利用環境の創出

　自転車は身近な移動手段として重要な役割を担っているが、過去 10 年間で全交通事故件数が 4 割減少したのに対し、自転車対歩行者の事故件数は横ばいであり、より一層安全で快適な自転車の利用環境整備が求められている。このような中、市区町村がさらに自転車ネットワーク計画の作成や道路空間の再配分等による整備等を進められるよう「安全で快適な自転車利用環境創出ガイドライン」（平成 24（2012）年 11 月、国土交通省、警察庁）の周知を図るなど、安全で快適な自転車利用環境の創出の取組みを推進している。

(3)　質の高い歩行空間の形成

　歩くことを通じた健康の増進や魅力ある地域づくりのため、豊かな景観・自然、歴史的事物等を結ぶ質の高い歩行空間の形成を目的とした歩行者専用道路及び休憩施設の整備等を支援している。

Ⅶ-9-4　柔軟な道路管理制度の構築[lxxxvii]

　自動車交通の一層の円滑化と安全に加え、安全な歩行空間としての機能や地域のにぎわい・交流の場としての機能等の道路が有する多様な機能を発揮し、沿道住民等のニーズに即した柔軟な道路管理ができるよう、指定市以外の市町村による国道又は都道府県道の歩道の新設等の特例、市町村による歩行安全改築の要請制度、NPO 等が設置する並木、街灯等に係る道路占用の特例、道路と沿道施設を一体的に管理するための道路外利便施設の管理の特例等を実施している。

Ⅶ-10　防災

Ⅶ-10-1　災害対策基本法[lxxxviii]

　昭和 34（1959）年の伊勢湾台風を契機として、昭和 36（1961）年に災害対策基本法が制定された。この法律の制定以前は、災害の都度、関連法律が制定され、他法律との整合性について充分考慮されないままに作用していたため、防災行政は充分な効果をあげることができなかった。災害対策基本法は、このような防災体制の不備を改め、災害対策全体を体系化し、総合的かつ計画的な防災行政の整備及び推進を図ることを目的として制定されたものであり、阪神・淡路大震災後の平成 7（1995）年には、その教訓を踏まえ、2 度にわたり災害対策の強化を図るための改正が行われている。

(1)　法の概要

　この法律は、国土並びに国民の生命、身体及び財産を災害から保護し、もって社会の秩序の維持と公共の福祉の確保に資するべく、下記のような様々な規定を置いている。
　　①防災に関する責務の明確化
　　②総合的防災行政の整備
　　③計画的防災行政の整備
　　④災害対策の推進
　　⑤激甚災害に対処する財政援助等
　　⑥災害緊急事態に対する措置

(2)　災害対策基本法の改正[lxxxix]

　平成 23（2011）年 3 月 11 日に発生した東日本大震災においては、道路啓開の重要性が再認識された。また、平成 26（2014）年 2 月の大雪では、立ち往生車両の処理が除雪作業の大きな障害となった。さらに、今後想定される首都直下地震等大規模災害時には、道路の被災等により深刻な交通渋滞や大量の放置車両の発生が懸念されている。

　この課題に対応するため、大規模な災害発生時において道路管理者による放置車両・立ち往生車両の移動を可能とする規定を盛り込んだ災害対策基本法の一部を改正する法律が、平成 26（2014）年 11 月 14 日に成立し、21 日に施行された。

　平成 26（2014）年 12 月には、国道 192 号の大雪による立ち往生車両、放置車両への対応として、改正災害対策基本法に基づく初の車両移動が適用された。

Ⅶ-10-2　道路土工構造物技術基準の制定[xc]

(1)　技術基準制定の背景

(a)　設計・施工技術の進展

　従来、道路土工構造物は、切土勾配等に見られるように、経験的に得られた知見により設計・施工管理がなされてきた一方で、信頼できる定量的な設計方法が確立されておらず、これが基準を制定できない一つの要因となっていた。しかし、技術の進展により、例えば盛土設計における変形解析技術等、定量的な設計が可能となってきた。また、設計・施工技術の進展にともない、高盛土や補強土壁、橋梁に近い機能を併せ持つアーチカルバート等、従来は建設できなかった新たな構造形式の道路土工構造物が現場に多く導入されるようになってきた。

(b)　新しい損傷形態の増加

　その一方で、土中の水が適切に排水できていない盛土が地震時に崩落するなど、排水設計等の不良が原因となる損傷の発生や、現場への導入が進む補強土壁やアーチカルバート等の新たな構造形式の道路土工構造物が損傷し、容易に復旧できず、長期間にわたり道路の通行が規制される事例など、従来あまりみられなかった新しい形態の損傷が増加している。

(c)　構造物相互の性能の不整合

　地震時の初動対応における道路の輸送路としての役割が、ますます重要とされるなか、橋梁の取り付け部分の盛土に代表されるように、構造

物相互の性能の違いにより、損傷度合いに差が生じ、道路としての機能に支障が出るケースが発生している。

(d)　使用材料の変化

環境意識の高まりにともない、建設発生土の利用率が9割を超えるなど、建設発生土の再利用が進み、従来、盛土材料としての使用が適さなかった粘性土等の難透水性の土を改良して利用するケースが増加している。

一方で、現場では、透水性の高い良質土が必ずしも利用されなくなったにも関わらず、適切な排水設計を行わないことが原因となって、降雨や凍上、地震動による崩落等が発生する事例が増加している。

(2)　制定の経緯

道路に関する技術基準を国が制定・改正するに当たり、調査・検討、意見を伺うことを目的として、国土交通省社会資本整備審議会道路分科会の下に道路技術小委員会が設置され、小委員会での検討を踏まえ、「道路土工構造物技術基準」が新たに制定、「道路標識設置基準」及び「道路緑化技術基準」が改正された。道路土工構造物技術基準に関しては、雨水や湧水等が道路土工構造物の強度に大きく影響を与えることから、排水処理設計の実施を明確化、施工時における設計条件との適合を明確化等がなされた。

Ⅶ-11　地震対策

Ⅶ-11-1　震災点検[xci]

　道路の地震対策については、昭和46（1971）年2月のロサンゼルス地震等を契機に、特に大都市地震対策の重要性の認識が高まり、各省庁が連携し、総合的な地震対策を推進することとなった。建設省においては建設事務次官通達「所管施設の地震に対する安全性等に関する点検について」（震災点検）を発し、道路、ダム、堤防、下水道、公園、官庁建築物等の点検が同年4月に実施された。その後、道路については、新たな知見による技術基準等の見直し、点検対象道路の拡充、経年変化に伴う施設の劣化等に対応して、昭和51（1976）年、昭和54（1979）年、昭和61（1986）年、平成3（1991）年に点検が実施された。さらに平成8（1996）年には、主要な市町村道以上のすべての路線を対象道路として、地震に対する施設の耐震性を評価するため、施設の諸元等を調査しデータベース化することとした震災点検が実施された（表Ⅶ-11-1）。点検は、阪神・淡路大震災の被災経験を踏まえ堀割道路、開削トンネルを追加し、橋梁、横断歩道橋、盛土、共同溝、擁壁、ロックシェッド・スノーシェッドの8つが対象とされた。

表Ⅶ11-1　震災点検の経緯[99]

回数	期間	点検実施の主な要因、契機
1	昭和 46（1971）年 4 月	昭和 46（1971）年 2 月　ロサンゼルス地震
2	昭和 51（1976）年 7 月	昭和 51（1976）年　防災点検に併せて震災対策の推進
3	昭和 54（1979）年 2 月	昭和 53（1978）年 1 月　伊豆大島近海地震、昭和 53（1978）年 6 月宮城県沖地震
4	昭和 61（1986）年 4 月	昭和 57（1982）年 3 月　浦賀沖地震、昭和 58（1983）年 5 月　日本海中部地震、昭和 59（1984）9 月長野県西部地震
5	平成 3（1991）年 5 月	道路耐震性の一層の向上
6	平成 8（1996）年 8 月	平成 7（1995）年 1 月　阪神・淡路大震災、道路防災総点検として実施

Ⅶ-11-2　地震防災対策特別措置法[xcii]

この法律は、地震による災害から国民の生命、身体及び財産を保護するため、地震防災緊急事業五箇年計画の作成及びこれに基づく事業に係る国の財政上の特別措置等について定めたもので平成 7（1995）年 6 月16 日より施行されている。地震防災緊急事業五箇年計画で定める道路関係の主な施設は次のようなものであり、都道府県は、これらの施設を地域防災計画に位置づけ、地震防災緊急事業五箇年計画を策定し、施設の重点的整備を推進している。

①緊急輸送を確保するため必要な道路（緊急輸送道路）

②避難路

---

[99] 道路行政研究会：道路行政，全国道路利用者会議，2010，p540 から再掲

③消防活動が困難である区域の解消に資する道路

④共同溝、電線共同溝

⑤地域防災拠点施設

⑥災害情報伝達を行うために必要な施設又は設備

Ⅶ-11-3　阪神・淡路大震災

(1)　兵庫県南部地震の概要[xciii]

　平成 7（1995）年 1 月 17 日 5 時 46 分頃、淡路島北端を震源とするマグニチュード 7.2 の地震が発生した。震源深さは 14km で内陸直下型であり、震度は神戸市、西宮市などで 7、洲本などで 6、京都などで 5 であった。震度 7 の分布は須磨断層、諏訪断層、五助橋断層の南側に沿い、須磨区から西宮市まで帯状分布となっていた。この地震は、「兵庫県南部地震」と名付けられた。

　本地震における被害は兵庫県を中心として阪神地域一円に広がり、特に震源地に近い淡路島北西部や神戸市、芦屋市、西宮市などにおいて 6,432 名の尊い命が失われ甚大な被害をもたらした。この震災では、道路、河川、港湾等の社会基盤施設も大きな打撃を受けた。道路の場合は、利用できた数少ない幹線道路に自動車が集中して大渋滞が発生し、人命救出や消防の部隊の現場到着が大幅に遅れたり、その後の被災地への救援物資（水、食糧、日常用品等）の輸送に大きな影響を与えた。また、水道管の場合は、破断等による断水は、消火用水不足による延焼拡大を引き起こし、その後の飲料水不足や水洗トイレの使用不能にもつながった。

(2)　被害概況と緊急対応[xciv,xcv]

　阪神・淡路大震災による公共施設の被害額は約 10 兆円にのぼる。そのうち高速道路は約 5,500 億円、被害の大半は高架橋等橋梁の被害であり、復旧にも時間を要した。特に阪神地域の高速道路は甚大な被害を受けた。阪神・淡路大震災は、人口密集地域における家屋、橋梁等の損壊

や火災が大きな特徴であった。

　被災地外からの応援（消防、警察、自衛隊）が、交通渋滞に巻き込まれ、到着に時間がかかったことも、救助活動が大幅に遅れる一因となった。救助活動で交通渋滞に巻き込まれたのは、救助部隊だけでなく、救助のための重機材を運搬する車両や救急患者の輸送車両も同様であった。

　交通渋滞の最大の原因は、落橋などによる幹線道路と鉄道の寸断であったが、安否確認や見舞など、救助以外の自動車の殺到や交通規制の難しさも渋滞に拍車をかけた。

(3)　阪神・淡路大震災後の対策[xcvi]

　落橋等の重大な被害が生じたことを踏まえ、道路橋梁については、既往最大級の阪神・淡路大震災の地震動に耐えられることを目標に見直された耐震基準に基づく工事の実施及び緊急輸送道路における橋脚補強などの震災対策が行われている。その他にも地震に強いまちづくりや、ライフライン施設整備の推進、緊急輸送道路の整備などさまざまな対策を進めることになった。災害時の救援活動や、応急復旧、生活物資等の緊急輸送には、道路機能の確保が不可欠なため、緊急時の輸送を円滑かつ確実に実施するために必要な道路ネットワークの計画的な整備を行うこととされた。

　豪雨等に対する道路ネットワークの安全性・信頼性の向上を図るために平成 8、9（1996、7）年度に実施された道路防災総点検や大規模岩盤崩落災害等の教訓を踏まえ、法面防護工や岩盤斜面において可能な限り、景観や緑化に配慮した落石防護工等の対策が行われた。

　また、道路橋を免震設計にし、積層ゴム支承などで柔らかく構造物を支持し、長周期化を図るとともに、ダンパー（減衰装置）によりエネルギー吸収性能を上げ、構造物の地震時振動を低減する対策が実施された。

Ⅶ-11-4　新潟県中越地震[xcvii]

(1)　新潟県中越地震の概要

　平成 16（2004）年 10 月 23 日 17 時 56 分頃、新潟県中越地方でマグ
ニチュード 6.8 の地震が発生した。この地震の震源の深さは、13km で、
最大震度は、新潟県川口町で震度 7 を観測した。

　この地震の後、余震活動は活発で、同日 18 時 3 分の M6.3 の余震では
最大震度 5 強を、18 時 11 分の M6.0 の余震と 18 時 34 分の M6.5 の余
震ではいずれも最大震度 6 強を観測し、19 時 45 分の M5.7 の余震では
最大震度 6 弱を観測した。また、10 月 27 日 10 時 40 分の M6.1 の余震
では最大震度 6 弱を観測した。本震後に発生した有感地震は 12 月 28 日
までに 877 回であった。

(2)　被害概況

　新潟県の推定では、新潟県中越地震による被害総額は約 3 兆円程度と
見込まれた。その内訳は、①インフラ関係 12,000 億円、②農林水産関係
4,000 億円、③商工関係 3,000 億円、④建築物 7,000 億円、⑤ライフラ
イン 1,000 億円、⑥その他 3,000 億円であった[100]。公共土木施設の被害
額は、平成 16（2004）年 11 月 10 日現在、約 2,206 億円と推定された。
そのうち、道路・橋梁（高速道路は含まず）の被害額は直轄国道が 172
億円（約 60 箇所）、県道が 727 億円（約 1,100 箇所）、市町村道が 566
億円（約 2,400 箇所）の計 1,465 億円であった[101]。

　なお、新潟県中越地震は、山間部の地すべり、生活道路の寸断が大き
な特徴であった。

(3)　道路関連の緊急対応

　地震直後、高速道路では北陸自動車道・関越自動車道の中越地区で全
面通行止め、国道 8 号、17 号、116 号の直轄国道 12 箇所で全面通行止

---

[100] 国立国会図書館：「新潟県中越地震の被災とそれからの復興」，ISSUE BRIEF
NUMBER 467（Feb.15.2005），http://www.ndl.go.jp/jp/data/publication/issue/0467.pdf
[101] 北陸地方整備局道路部：「平成16年10月新潟県中越地震　道路の被災と復旧－被災
地の復旧・復興に道路が重要な役割－」，2004

め、県管理の国道・県道の最大 222 箇所で全面通行止め、市町村道は 2,200 箇所で被災するなど、道路交通網は麻痺した。

　道路関係の緊急対応として、新潟市や東京から被災地への緊急物資輸送ルートは国道 8 号と 17 号であり、通行止めとなった 17 箇所は被災 2 日後までに一部を除き概ね復旧し、物資や応援部隊を乗せた緊急車両の通行が確保された。また、北陸自動車道、関越自動車道は被災から 19 時間後までには、片側 1 車線ながらも緊急車両を通行可能とし、被災地への緊急救援物資の輸送が確保された。

(4)　高速道路ネットワークによる迂回路ルートの確保[xcviii]

　関越道の通行止めの際、磐越道、上信越道が迂回路として活用された。磐越道では通常より交通量が約 5 割増加、上信越道では約 3 割増加し、緊急物資輸送などに役立った（図Ⅶ-11-1）。

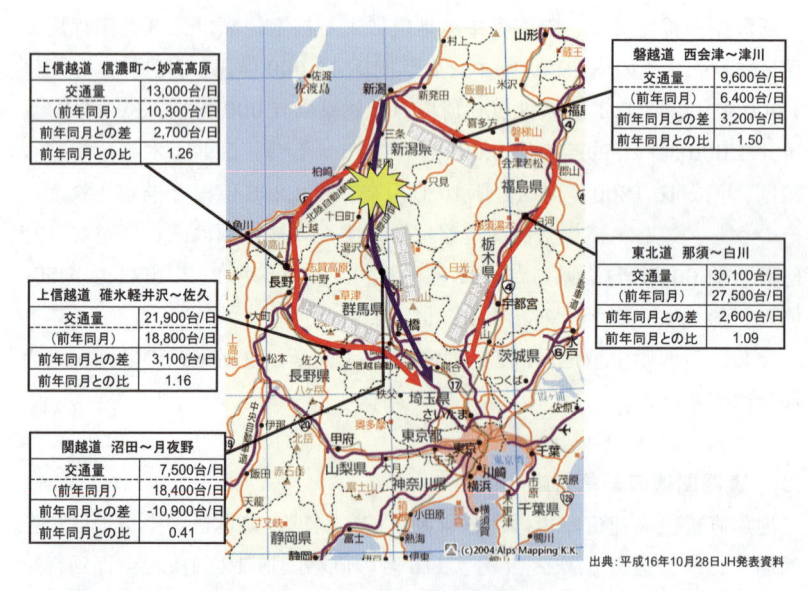

上信越道　信濃町～妙高高原	
交通量	13,000台/日
（前年同月）	10,300台/日
前年同月との差	2,700台/日
前年同月との比	1.26

磐越道　西会津～津川	
交通量	9,600台/日
（前年同月）	6,400台/日
前年同月との差	3,200台/日
前年同月との比	1.50

上信越道　碓氷軽井沢～佐久	
交通量	21,900台/日
（前年同月）	18,800台/日
前年同月との差	3,100台/日
前年同月との比	1.16

東北道　那須～白川	
交通量	30,100台/日
（前年同月）	27,500台/日
前年同月との差	2,600台/日
前年同月との比	1.09

関越道　沼田～月夜野	
交通量	7,500台/日
（前年同月）	18,400台/日
前年同月との差	-10,900台/日
前年同月との比	0.41

(c)2004 Alps Mapping K.K.

出典：平成16年10月28日JH発表資料

図Ⅶ11-1　高速道路ネットワークによる迂回ルートの確保[102]

---

[102] 北陸地方整備局道路部：「平成 16 年 10 月新潟県中越地震　道路の被災と復旧－被災地の復旧・復興に道路が重要な役割－」，2004

(5)　復旧支援

　県が管理する国道、県道では、222 箇所が通行止めとなり、早期復旧にむけ、国土交通省により、被災 2 日後から橋梁やトンネル等の専門家が派遣され、技術的な支援がなされた。特に被害が大きい国道 291 号については、災害復旧が直轄権限代行にて行なわれた。生活にもっとも密着した市町村道は、各住宅への最終的なアクセスを確保するばかりではなく、電気・ガス・上下水道・光ファイバーといったライフラインの貴重な収容空間であるため、地域の復興には市町村道の復旧が最重要課題である。国土交通省の 6 つの地方整備局から職員が現地に派遣され、災害復旧支援が実施された。

　また、各「道の駅」は情報発信、災害支援、住民への被災対応等、防災・災害対応基地としての役割も果たした。

Ⅶ-11-5　東日本大震災 [xcix,c]

(1)　東北地方太平洋沖地震の概要

　平成 23（2011）年 3 月 11 日金曜日 14 時 46 分頃、三陸沖 130km 付近、深さ約 24km を震源とするマグニチュード 9.0 という戦後最大規模の大地震が発生した。各地の震度は宮城県北部の震度 7 をはじめとして、震度 6 強が宮城県南部・中部、福島県中通り・浜通り、茨城県北部・南部、栃木県北部・南部、震度 6 弱が岩手県沿岸南部・内陸北部・内陸南部、福島県会津、群馬県南部、埼玉県南部、千葉県北西部と非常に広範囲に及んだ。この地震は、三陸沖南部〜宮城県沖〜房総沖と長さ約 450km、幅約 150km にわたって震源域が広がり、地震動の継続時間が長く、0.5 秒以下の低周波の加速度がこれまで観測された中で最大の規模となっている。東日本大震災は、広範囲にわたる太平洋沿岸の市町村に大津波が壊滅的被害を与える「津波型」の災害であった。

(2)　「くしの歯」作戦による道路啓開

　津波により被害を受けた沿岸部への救援、救助のために早急なルート

確保が求められた。道路の復旧に当たっては、まず、内陸部にあり比較的被災の少ない東北自動車道と国道4号の縦軸ラインについて緊急輸送ルートとしての機能を確保するとともに、内陸部の縦軸ラインから太平洋沿岸に向けて東西方向の国道等を「くしの歯」型に啓開し、11ルートが確保された。さらに、発災4日後の3月15日には、15ルートが確保された。発災7日後の3月18日には、太平洋沿岸ルートの国道45号、6号の97%について啓開された。

(3)　ネットワーク機能

震災の影響は被災地のみにとどまらず、例えばペットボトルのふたや、牛乳の紙パック等、部分的な調達難により商品が出荷できず、店頭から商品がなくなったり、東北からの素材や部品の供給がストップし、広域的なサプライチェーンの一部が途切れ、国内のみならず海外の自動車工場でも生産を中止、縮小するなど、その影響は広範囲に及んだ。

東日本大震災では、東北・関東間の道路網の機能が制限される中で、日本海側の北陸自動車道や、関越自動車道、直轄の国道7号などの交通量が増加した。震災による道路網の機能低下を補う形で、それを補完するネットワークが活用された。

(4)　「命の道」

津波浸水区域を回避する高台に計画された高速道路が住民避難や復旧のための緊急輸送路として機能を発揮した。宮古道路では、住民約60人が盛土斜面を駆け上がり、宮古道路に避難した。釜石山田道路では、小中学校の生徒や地域住民が、自動車道を歩いて避難し、津波被害から命を守ることができた。また、被災後は救急輸送、救援物資を運ぶ命をつなぐ道として機能した。

(5)　副次的機能

海岸から4km付近まで津波が押し寄せた仙台平野では、周辺より高い盛土構造（7〜10m）の仙台東部道路に約230人の住民が避難した。

仙台東部道路の盛土は、内陸市街地へのガレキ流入を抑制する防潮堤と
しても機能した。

(6)　橋梁の耐震補強による効果

　阪神・淡路大震災以降、新潟県中越地震の発生や、東海地震、東南海・
南海地震、首都直下地震等の大規模地震のひっ迫性が指摘されていたこ
とを踏まえ、緊急輸送道路等の橋梁について、耐震対策が重点的に推進
されてきた。

　東日本大震災で、上記のように道路啓開および復旧が早急に進められ
た要因の一つとして、これまで取り組んできた橋梁の耐震補強が挙げら
れる。対策後の橋梁では、落橋などの致命的な被害を回避することがで
きた。

Ⅶ-11-6　熊本地震

(1)　熊本地震の概要[ci]

　平成 27（2015）年 4 月 14 日 21 時 26 分に熊本地方で M6.5 の地震が
発生。また、16 日 01 時 25 分にも M7.3 の地震が発生した。これらの地
震により熊本県で最大震度 7 を観測した。このほか、4 月 14 日 21 時 26
分以降、最大震度 6 強を観測する地震が 2 回、最大震度 6 弱を観測する
地震が 3 回発生している。熊本地方の M3.5 以上の地震の回数は新潟県
中越地震等を上回る 257 回（6 月 21 日 13 時半現在）に上っている。

　4 月 14 日の M6.5 の地震の震源域付近には日奈久断層帯、4 月 16 日
の M7.3 の地震の震源域付近には布田川断層帯（M5.7 の地震の震源域付
近には別府・万年山断層帯）が存在しており、布田川断層帯で長さ約
28km、日奈久断層帯で長さ約 6km にわたる地表地震断層が確認、益城
町堂園付近では最大約 2.2m の右横ずれ変位が確認された。

(2)　被害状況

　高速道路及び一般道路の主な被災状況は次のとおりである。

【高速道路】

- ・九州道・植木 IC〜八代 IC 間（56km）の盛土ののり面や橋梁、跨道橋等で損傷が発生
- ・大分道・湯布院 IC〜日出 JCT 間（17km）の切土ののり面の崩壊等が発生

【一般道路】

- ・阿蘇大橋地区では大規模な斜面崩落により、国道 57 号や国道 325 号が寸断
- ・県道熊本高森線や村道栃の木〜立野線では連続的に橋梁やトンネルが損傷
- ・盛土の崩壊や落石・岩盤崩壊等により、本震直後は約 200 箇所で通行止めが発生
- ・地震で倒壊した電柱等は 244 本、傾斜した電柱は 4,091 本

(3)　道路インフラの復旧

　高速道路は前震の 4 月 14 日以降、25 日後に全線一般開放された。一般道路のうち、土砂崩落により通行止めとなった国道 57 号及び国道 325 号阿蘇大橋等の迂回路として県道北外輪山大津線（通称ミルクロード）を整備することで 2 日後に東西軸の通行が確保された。

(4)　復旧への支援（TEC-FORCE の活動・直轄代行）

　国土交通省職員で構成される TEC-FORCE（緊急災害対策派遣隊）が被災した自治体に代わり被害状況の調査を迅速に実施した。TEC-FORCE では延べ 8,319 人を派遣（6 月 16 日現在）している。また、道路陥没や土砂崩落等によって通行不能となった県道や市町村道の道路啓開が迅速に実施された。被災自治体へのアクセスや、大規模土砂災害により通行不能となった阿蘇へのアクセスルート（ミルクロード、グリーンロード南阿蘇）等の確保に貢献した。高度な技術が必要である箇所や甚大な被害が生じている箇所について、国による災害復旧の代行が実施された。

(5)　熊本地震において「道の駅」が果たした役割

　熊本県内の 6 駅（28 駅中）が被災したが、4 月 26 日までに全ての駅で営業を再開している。「道の駅」は、災害発生後の緊急避難者への対応、復旧段階での前線基地など時間の経過に応じて、多様な役割を担った。

Ⅶ-11-7　南海トラフ巨大地震、首都直下地震等への備え[cii,ciii,civ,cv]

　東日本大震災の教訓を踏まえ、平成 23（2011）年 10 月、中央防災会議の専門調査会として「防災対策推進検討会議」が設置された。平成 24（2012）年 7 月には、同会議により、東日本大震災における政府の対応が検証され、大震災の教訓が総括されるとともに、首都直下地震、南海トラフ巨大地震や火山災害等の大規模災害や頻発する豪雨災害に備え、災害対策の充実・強化を図ることを目的とした、最終報告が取りまとめられた。

(1)　南海トラフ巨大地震への備え

　南海トラフ沿いで発生する大規模な地震については、これまで、その地震発生の切迫性等の違いから、東海地震と東南海・南海地震のそれぞれについて、「東海地震対策大綱」（平成 15（2003）年 5 月中央防災会議決定）、「東南海・南海地震対策大綱」（平成 15（2003）年 12 月中央防災会議決定）等の諸計画を策定し、個別に対策が進められてきた。東日本大震災以降、南海トラフ沿いで東海、東南海、南海地震が同時に発生することを想定した対策の必要性が高まっていることを受け、平成 24（2012）年 3 月に中央防災会議「防災対策推進検討会議」の下に、「南海トラフ巨大地震対策検討ワーキンググループ（WG）」が設置された。平成 25（2013）年 5 月には、同 WG により、南海トラフ巨大地震の地震動・津波による被害想定と対策の方向性に関して、最終報告が取りまとめられた。

　同年 11 月には「南海トラフ地震に係る地震防災対策の推進に関する特別措置法（議員立法）」が公布、12 月 27 日に施行され、同法に基づき、

平成 26（2014）年 3 月に、南海トラフ地震に係る地震防災対策を推進すべき地域として 1 都 2 府 26 県 707 市町村を「南海トラフ地震防災対策推進地域」に、南海トラフ地震に伴う津波に係る津波避難対策を特別に強化すべき地域として 1 都 13 県 139 市町村を「南海トラフ地震津波避難対策特別強化地域」に指定した（図Ⅶ-11-2）。地域の指定を受け、平成 26（2014）年 3 月、中央防災会議は、国の南海トラフ地震の地震防災対策の推進に関する基本的方針や基本的な施策に関する事項等を定めた「南海トラフ地震防災対策推進基本計画」[103]を策定した。

　さらに、平成 29 年 6 月には、「南海トラフ地震防災対策推進基本計画」に基づき、南海トラフ地震の発生時の災害応急対策活動の具体的な内容を定める「南海トラフ地震における具体的な応急対策活動に関する計画」[104]が策定された。

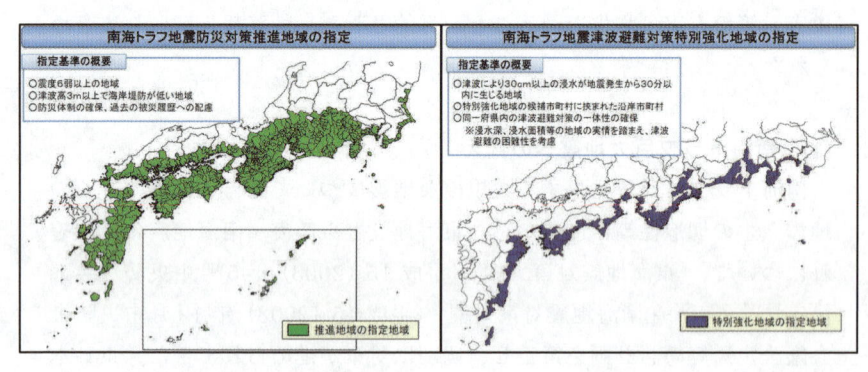

【南海トラフ地震防災対策推進地域】　　【南海トラフ地震津波避難対策特別強化地域】

図Ⅶ-11-2　南海トラフ地震に係る地域指定[105]

(2)　首都圏直下地震への備え

　首都直下地震については、「首都直下地震対策大綱」（平成 17（2005）

---

[103]内閣府防災情報のページ：「南海トラフ地震に係る地域指定」，
http://www.bousai.go.jp/jishin/nankai/
[104]内閣府防災情報のページ：「南海トラフ地震に係る地域指定」，
http://www.bousai.go.jp/jishin/nankai/
[105]　内閣府防災情報のページ：「南海トラフ地震に係る地域指定」，
http://www.bousai.go.jp/jishin/nankai/

　年 9 月中央防災会議決定、平成 22（2010）年 1 月同会議修正）に基づき、対策が進められてきた。また、同大綱に基づき、「首都直下地震の地震防災戦略」（平成 18（2006）年 4 月中央防災会議決定）が策定され、定量的な減災目標が設定された。その後、東日本大震災を踏まえ、平成 24（2012）年 3 月に、中央防災会議「防災対策推進検討会議」の下に「首都直下地震対策検討ワーキンググループ」が設置され、同年 7 月に政府の業務継続の在り方、膨大な数の帰宅困難者等への対策等を内容とする中間報告が取りまとめられた。引き続き、相模トラフ沿いで発生する海溝型地震も対象として、被害想定や地震対策等について検討が進められ、予防対策、応急対策、復旧・復興対策を含めた首都直下地震対策の全体像として、最終報告「首都直下地震の被害想定と対策について」がとりまとめられた（平成 25（2013）年 12 月）。

　このような中で、平成 25（2013）年 11 月に首都直下地震が発生した場合において首都中枢機能の維持を図るとともに、首都直下地震による災害から国民の生命、身体及び財産を保護することを目的として、首都直下地震対策特別措置法が制定され、同年 12 月に施行された。

　平成 26（2014）年 3 月には首都直下地震緊急対策区域が指定され、平成 27（2015）年 3 月、首都中枢機能の維持を始めとする首都直下地震に関する施策の基本的な事項を定めることにより、円滑かつ迅速な首都直下地震対策を図ることを目的とした「首都直下地震緊急対策推進基本計画」[106]が策定された。

　さらに、平成 28（2016）年 3 月、災害応急対策活動の具体的な内容を定めた「首都直下地震における具体的な応急対策活動に関する計画」[107]が策定された。本計画は、首都直下地震により想定される「巨大過密都市を襲う膨大な被害」に対応するため、主に緊急災害対策本部並びに指定行政機関及び指定地方行政機関が行うべき地方公共団体に対する応援に関する事項を中心に、当該事項に関連して地方公共団体等が実施すべ

---

[106] 内閣府防災情報のページ：「首都直下地震対策」，
http://www.bousai.go.jp/jishin/syuto/index.html
[107] 内閣府防災情報のページ：「首都直下地震対策」，
http://www.bousai.go.jp/jishin/syuto/index.html

き役割等も含めて定めている。

(3)　国土交通省における取組

　一方、国土交通省においては、平成 25（2013）年 7 月に、東日本大震災で得られた知見や教訓も踏まえ、南海トラフ巨大地震及び首都直下地震が発生した際に緊急的にとるべき対策ならびに両地震の発生に備え戦略的に実施すべき施策を対策計画としてとりまとめ、施策を着実に推進させることを目的として、「南海トラフ巨大地震・首都直下地震対策本部」が設置された。同年 8 月には、同対策本部において、東日本大震災の教訓を踏まえつつ、「7 つの重要テーマと 10 の重点対策箇所」と「今後議論を深めていくべき課題」を整理した「国土交通省南海トラフ巨大地震対策計画中間とりまとめ」が公表された。

　平成 26（2014）年 4 月、南海トラフ巨大地震、首都直下地震による国家的な危機に備えるべく、国土交通省の総力を挙げて取り組むべきリアリティのある対策をまとめた、「国土交通省　南海トラフ巨大地震対策計画［第 1 版］」[108]、「国土交通省　首都直下地震対策計画［第 1 版］」[109]が策定された。これらの計画では、取り組むべき対策を、応急活動計画と戦略的に推進する対策の 2 本立てとして記載している。

Ⅶ-11-8　道路の啓開計画の策定

　今後の大震災の備えとして東日本大震災の教訓を踏まえ、復旧・復興を見据えた地震防災に関する道路啓開オペレーション計画について、あらかじめ関係機関が連携して策定し、共有していくことが重要であるという認識の下、国土交通省では、各地方整備局で都道府県と協力し、道路の啓開計画を策定することになっている。

　南海トラフ巨大地震に備えて、中部地方幹線道路協議会において平成

---

[108]　国土交通省ホームページ：「南海トラフ巨大地震対策計画」，
http://www.mlit.go.jp/river/bousai/earthquake/nankai/index.html
[109]　国土交通省ホームページ：「首都直下地震対策計画」，
http://www.mlit.go.jp/river/bousai/earthquake/capital/index.html

24（2012）年 3 月に「早期復旧支援ルート確保手順（中部版くしの歯作戦）」（平成 26（2014）年 5 月に改訂）（図Ⅶ-11-3）、四国道路啓開等協議会において平成 28 年 3 月に「四国広域道路啓開計画（四国おうぎ（扇）作戦）」が策定された。

図Ⅶ-11-3　くしの歯ルート（道路啓開サポートマップ）[110]
［平成 26（2014）年度版］静岡県

　また、首都直下地震に関しては、地震発災後、速やかに道路啓開を実施するべく、各道路管理者や救命救急活動等に従事する関係機関が連携し、一体的かつ状況に合わせた道路啓開のあり方を検討する目的で、関東地方整備局において、「首都直下地震道路啓開計画検討協議会」が、平成 26（2014）年 7 月に設置され、現在、協議を続けている。
　その中で、東京 23 区内で震度 6 弱以上の地震が発生した場合に、周

---

[110] 中部地方幹線道路協議会 道路管理防災・震災対策検討分科会「中部版 くしの歯作戦」（平成 26 年 5 月改訂版）http://www.cbr.mlit.go.jp/road/kanri-bunkakai/pdf/kushinoha_kaitei.pdf

辺事務所から都心に向けて道路啓開を進める"八方向作戦"を盛り込んだ「首都直下地震道路啓開計画（初版）」が、平成 27（2015）年 2 月に公表された。

　八方向作戦では、人命救助の"72 時間の壁"を意識し、発災後 48 時間以内に各方向において、国道、高速道路や都道を中心に、被害の少ないルートを選定し、各方面の事務所が都心に向かって、最低でも 1 ルートの道路啓開を完了することを目標としている。

Ⅶ-12　情報化・ITS

Ⅶ-12-1　ITS の取組が本格化する前の道路情報提供の取組[cvi,cvii]

　ITS サービスを本格的に利用できる社会が到来する以前にも道路交通情報の提供が行われており、概ね次の構成である。これらの情報提供手段の大部分は進化しつつ現在も稼働している。

(1)　一般道路管理者による情報収集提供

　道路交通情報の収集には、次のような手段が利用されていた。

　①監視テレビカメラ、②各種測定機器（気象観測機器、災害予知装置等）、③無線、④電話・ファクシミリ、⑤道路パトロール、⑥道路情報モニター（道路利用者や道路工事業者）、⑦他の道路管理者、交通警察、気象台等の関連機関との情報交換

　情報提供には主に可変情報板が用いられ、気象、通行規制、渋滞等の情報が提供されていた。可変情報板は初期にはフィルムや幕等に書かれた固定情報を現場で人が切り替えていた。その後は遠隔操作に改良され、また、電光板に任意の文字列を表示できるようになった。さらに、図も含めて自由な書式で表示できる図形情報板に進歩していった。

(2)　首都高速道路における情報収集提供

　首都高速道路では、昭和 48（1973）年に首都高速道路管理センターを発足させ、道路交通情報の収集と提供活動を開始した。道路交通情報の収集は、次の方法によって行われていた。

　①本線上約 300～600m 間隔に設置された車両感知器を用いて車両の車両通行台数と走行速度等を計測

　②主要地点間に AVI（Automatic Vehicle Identification system）装置を設置し、旅行時間を計測

　③監視テレビカメラによって全線の事象をモニター

　道路交通情報の提供には可変文字情報板、可変図形情報板などが用いられ、気象、通行規制、渋滞、所要時間等の情報が提供され、現在も使

われている。

(3)　日本道路交通情報センターによる情報提供

　自動車交通の急増に伴い、情報に対する需要が増大し、かつ、総合化された情報が望まれたことから、昭和 45（1970）年に（財）日本道路交通情報センターが設立され、道路交通情報の提供を行うこととなった。道路交通情報は道路管理者、交通警察、気象台、フェリー業者、催物団体、道路工事業者等から集められた。道路交通情報の提供は、定時及び臨時のラジオ放送、テレビ放送、新聞、雑誌、電話応答などにより行われていた。一部の地域では文字多重放送、ビデオテックス、ファックスによる情報提供も行われていた。これらの情報手段を用いて、気象、通行規制、交通混雑、経路案内等の情報が提供され、現在も行われている。

(4)　高速自動車国道における情報提供

　(a)　一般的な情報提供

　道路交通情報の収集には、①非常電話からの通報、②道路巡回車や管理事務所からの連絡、③交通管制機器（気象観測機器、車両感知器等）、④監視テレビカメラなどが用いられていた。情報提供には①可変情報板、②路側放送（ハイウェイラジオ）等が用いられた。これらの装置を用いて、気象、通行規制、渋滞等の情報が提供され、現在も行われている。

　(b)　大都市近郊区間における情報提供

　上記の一般的な情報収集提供に加えて、車両感知器による走行速度・渋滞長等の測定、AVI による旅行時間の測定が行われ、渋滞、所要時間、経路分岐点における複数経路の所要時間情報が可変情報板によって提供され、現在も行われている。

Ⅶ-12-2　ITS に関する取組

(1)　ITS 全体構想の推進体制[cviii,cix]

　平成 7（1995）年頃までは、ドライバーの経路選択支援等のためカーナビゲーションシステム（以下、「カーナビ」という）が発売され、また、道路交通情報の提供を目指した研究開発が進められるなど、各省庁においてそれぞれの取り組みがなされていた。

　平成 7（1995）年に高度情報通信社会推進本部（IT 戦略本部）が策定した「高度情報社会推進に向けた基本方針」において、道路・交通・車両分野の情報化として ITS の推進が決定された。

　平成 8（1996）年には、関連する当時の関係 5 省庁（警察庁、通商産業省、運輸省、郵政省、建設省）が連携し、「ITS 推進に関する全体構想」をとりまとめ、ITS は産官学の積極的な連携の下に国家プロジェクトとして推進されることとなった。「全体構想」では、20 の利用者サービスと開発分野別の開発・発展目標を定め、取組が本格化した。

　平成 13（2001）年には、政府は、5 年以内に日本を世界最先端の IT 国家となることを目標とする「e-Japan 戦略」を策定、平成 18（2006）年には、「e-Japan 戦略」の後継となる「IT 新改革戦略」を策定し、ITS を国家戦略のひとつとして位置付けた。

　平成 22（2010）年 5 月には、IT 戦略本部により「新たな情報通信技術戦略」が策定された。これに基づき、国土交通省では、交通事故等の削減のため、情報通信技術を活用した安全運転支援システムの導入・整備とともに、リアルタイムの自動車走行（プローブ）情報を含む広範な道路交通情報を集約・配信し、道路交通管理にも活用するグリーン ITS を積極的に推進することとなった。

(2)　VICS[cx]

　建設省土木研究所により、道路交通情報の提供へのニーズに応え得る路車間での情報通信システムの開発を図るべく、昭和 61（1986）年度から平成元（1989）年度の 4 箇年にわたり、民間メーカー25 社とシステムの開発、実用化のための共同研究が実施された。共同研究では、通信用

機器や情報処理機器の開発、デジタル道路地図の標準フォーマットの検討等が行われるとともに、公開実験を実施してシステムの有効性が検証された。

　平成 2（1990）年には道路交通情報通信システム（VICS：Vehicle Information and Communication System）の実現を目的として、警察庁、郵政省、建設省の 3 省庁による「道路交通情報通信システム連絡協議会（VICS 連絡協議会）」が発足した。

　平成 7（1995）年には財団法人道路交通情報通信システムセンター（VICS センター）が設立されたほか、「第 2 回 ITS 世界会議　横浜」にてデモンストレーションが実施された。

　平成 8（1996）年 4 月には世界に先駆けて東京圏でサービスが開始された。渋滞状況や区間旅行時間等のリアルタイム情報が、カーナビへ図形・文字情報として提供され、平成 14（2002）年度までに全国に広がった（図Ⅶ-12-1）。

　VICS により旅行時間や渋滞状況、規制情報などの道路交通情報がリアルタイムに提供されることでドライバーの利便性が向上し、適切な経路誘導による交通流の円滑化、走行燃費の改善による CO_2 排出削減・環境負荷の軽減に寄与すると期待されている[111]。

---

[111] VICS についての詳細は、熊谷靖彦：「VICS の実用化－システム構築を中心として－」、日本道路協会，道路，1996，8 月号，p20〜23

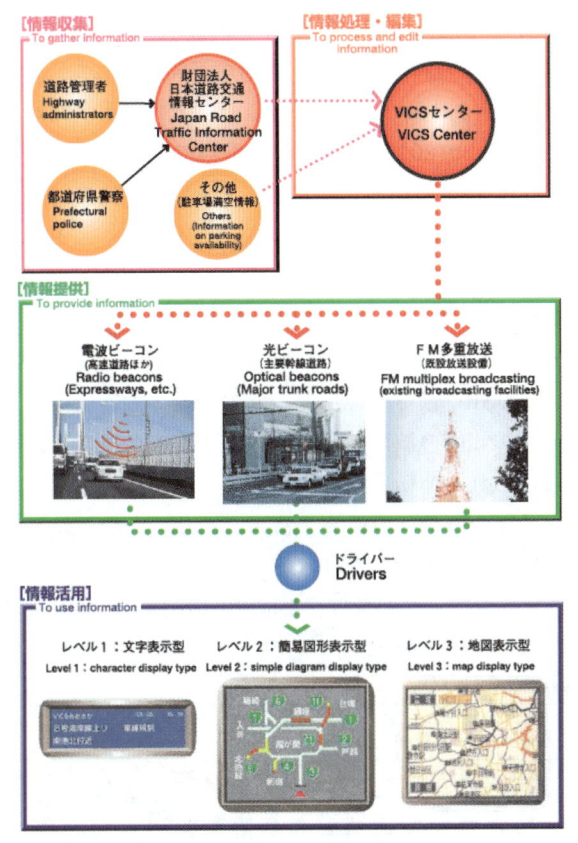

図Ⅶ-12-1　VICS の仕組み[112]

(3)　ETC[cxi]

　平成 7（1995）年度に、建設省土木研究所が道路 4 公団と 10 コンソーシアムの民間企業との共同研究として、ETC の開発を始めた。平成 8（1996）年度の土木研究所での実験では、料金収受のための停車が不要な ETC システムレーンの処理能力は、停車が必要な従来レーンの処理能力に対して、3〜4 倍アップすることが確認された。平成 9（1997）年

---

[112] 国土交通省ホームページ：「VICS のシステム概要」、
http://www.mlit.go.jp/road/vics/vics/

3 月より小田原厚木道路小田原料金所で試験運用が開始され、平成 13
（2001）年には全国の高速道路で一般利用が開始された。

　平成 13（2001）年 3 月より全国 63 料金所で一般運用が開始された後、
ETC 利用率は平成 29（2017）年 4 月の月平均で 90.5%[113]に達している。

　ETC の普及は、料金所渋滞を緩和するとともに、渋滞解消による経済
効果や料金所周辺の環境改善に寄与している[114]。

(4)　ETC2.0[cxiicxiii]

　ETC2.0 とは、道路沿いに設置された ITS スポット（通信アンテナ）
と対応車載器（DSRC 通信対応）との間の高速・大容量通信（通信料は
無料）により、広範囲の渋滞・規制情報提供や安全運転支援など様々な
サービスが受けられる運転支援サービスである。ITS スポットは全国の
高速道路上に約 1,700 箇所設置完了済みである。今後、新しく開通する
高速道路・有料道路にも設置される。

　ETC2.0 のセットアップ件数は、平成 29（2017）年 4 月末時点で、約
226 万台である（図Ⅶ-12-2）。

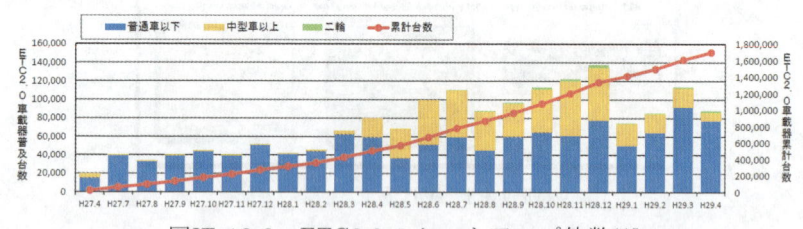

図Ⅶ-12-2　ETC2.0 のセットアップ件数[115]

(5)　スマートインターチェンジ[cxiv]

　スマートインターチェンジは、高速道路と接続する形態により、①サ

---

[113] 国土交通省ホームページ：「ITS 高度道路交通システム（ETC の利用状況）」、
http://www.mlit.go.jp/road/yuryo/etc/riyou/index.html
[114] ETC についての詳細は、国土交通省道路局有料道路課：「ETC を活用した多様で弾力
的な割引」、日本道路協会、道路、2006, 10 月号、p47〜49、建設省道路局有料道路課：
「本格運行開始を控えた ETC」、日本道路協会、道路、2000, 3 月号、p29〜32 を参照
[115] ETC 総合情報ポータルサイト：「ETC/ETC2.0（DSRC）普及状況」、http://www.go-
etc.jp/fukyu/index.html より作成

ービスエリア・パーキングエリア（SA・PA）と接続する「SA・PA 接続型」と、②高速道路本線と直接接続する「本線直結型」がある。

　本来高速道路を走るべき交通が一般道路を走ることで、一般道路の渋滞や沿道環境の悪化、交通安全問題等が生じているという実態がある。高速道路の利用が促進されない理由としては、IC 間隔が長いことがあり、これを改善するには、追加 IC の整備促進が不可欠とされた。しかし、追加 IC の整備に関わる用地取得を含めたコストや料金徴収を行うための人件費など管理コストが高いことが原因となり、追加 IC の整備がなかなか促進されていない状況であった。これに対応して、スマートインターチェンジの導入が進められるようになった。

　スマートインターチェンジは ETC 専用の IC であるため、料金収受員が不要であり、管理コストの削減が可能である。また、SA・PA 接続型では、一般道との接続に既存の側道等を活用することや、本線への加速・減速車線の新設が不要であるため、大幅な建設コスト削減が可能である[116]。

(6)　スマートウェイ[cxv]

　交通安全や交通効率向上の社会的必要性が高まり、道路インフラと車両が協調して高度な自動車交通の実現を目指す ARTS（Advanced Road Transportation System）の研究開発が平成元（1989）年に始まった。その中で路車協調による車両制御・運転支援の検討と技術開発が土木研究所と民間企業の協力で進められた。

　平成 7（1995）年には土木研究所テストコースで実験が行われ、翌年には開通前の上信越自動車道の一部を利用して実道実験が実施された。

　これらの研究開発成果を受け、平成 8（1996）年に技術研究組合走行支援道路システム開発機構（略称：AHS 研究組合）が民間企業 21 社の参加のもとに設立され、路車協調による運転支援システム AHS（Advanced Cruise-Assist Highway Systems）を中心に ITS 技術の開発が進められた。

---

[116] スマートインターチェンジの詳細については、見坂茂範：「スマート IC の本格導入に向けた取組」，日本道路協会，道路，2005，3 月号，p34〜37 等

　平成 11（1999）年 6 月には、建設省スマートウェイ推進会議により、スマートウェイの意義、効果、機能、実現方策についての提言「スマートウェイの実現にむけて」が発表された。

　その後、カーナビ、VICS、ETC などの ITS の著しい発展を受けて、平成 16（2004）年 8 月にスマートウェイ推進会議が「ITS、セカンドステージへ～スマートなモビリティ社会の実現～」を発表した。

　近年は、スマートウェイの一環として、「ITS スポット」と呼ばれる次世代の ITS サービスの展開が進められており、平成 23（2011）年 1～3 月に、高速道路上を中心に設置された「ITS スポット」による多様なサービスが全国で開始された[117]。

(7)　ETC2.0 により提供される道路交通サービス[cxvi,cxvii,cxviii]

＜情報提供サービス＞

　「ETC2.0」では、道路側のアンテナである ITS スポットとの高速・大容量、双方向通信で、世界初の路車協調システムによる運転支援サービスを受けることができる（図Ⅶ-12-3）。また、交通が特定の時間や場所に集中するのを減らしたり、事故を未然に防いだり、道路の劣化を緩和することが可能となる。その結果、限られた道路ネットワークでも、より効率的に、長期的に使える「賢い使い方」ができるようになる。

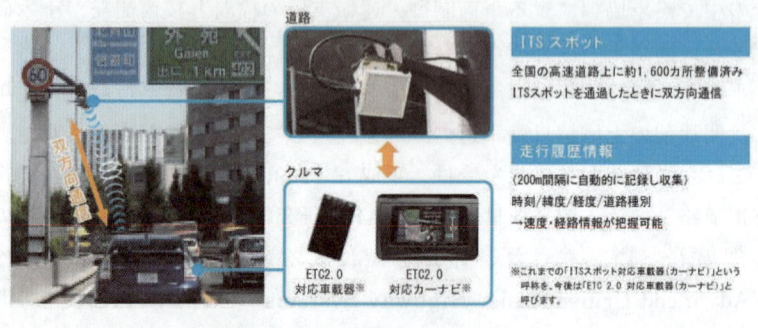

図Ⅶ-12-3 ITS スポット

---

[117] スマートウェイの詳細は、国土交通省道路局道路交通管理課 ITS 推進室：「スマートウェイによるサービスの展開に向けた取組」，日本道路協会，道路，2009，12 月号，p17～19

＜安全運転支援＞

　「ETC2.0」から得られた急ブレーキや急ハンドルなどの走行履歴等のビッグデータを解析し、事故を未然に防ぐ高度な道路管理でドライブをより安全・安心なものとすることができる。また、大災害時の通行可能ルート情報の提供により防災対策を支援する。

＜物流の効率化等の支援＞

　「ETC2.0」により走行経路や急ブレーキや急ハンドルの情報を物流業者へ提供し、運行や配送の管理などを支援する。また、特殊車両・大型車両の走行経路などを把握して、道路ネットワークの賢い利用も促進する（図Ⅶ-12-4）。

図Ⅶ-12-4　ETC2.0による車両の走行経路などの把握

＜圏央道料金の割引＞

　平成 28（2016）年 4 月からは、首都圏の圏央道の料金水準が約 2 割引となっている。

＜「特車ゴールド」制度＞

　業務支援用 ETC2.0 車載器を装着し、利用規約等に同意してあらかじめ登録した車両は、大型車誘導区間における経路選択を可能とする許可を行っている。そのため、大型車誘導区間内であれば渋滞や事故、災害等による通行障害発生時の迂回ができ、輸送を効率化できる。また、許可更新時の手続きを自動化し、手続きが従来に比べ簡素化される。

　　＜高速道路からの一時退出を可能とする「賢い料金」の実施＞

　ETC2.0 搭載車を対象に、全国 3 箇所の道の駅において、高速道路を降りて道の駅に立ち寄り後、一定の時間内に再進入した場合には、降りずに利用した料金のままとし、高速道路からの一時退出を可能とする「賢い料金」の試行を行っている。

Ⅶ-12-3　自動運転の実現に向けた取組

　自動運転の実現に向けた研究開発は、自動車メーカーをはじめとする民間企業、都市行政、経済産業行政、運輸行政などの様々な主体において取り組まれており、その研究分野も幅広い。ここでは、道路行政における取組みに限って、過去の経緯を含めて解説する。

(1)　新物流システム：デュアルモードトラックシステムの開発

　建設省土木研究所（現在の国土技術政策総合研究所）において昭和51~55（1976-1980）年に「新物流システム」の開発[118]が行われた。「新物流システム」の開発においては新しい物資輸送システムとして、専用ガ

---

[118] 総合技術開発プロジェクトの成果、国土交通省 技術調査課
http://www.mlit.go.jp/tec/gijutu/kaihatu/soupro02.html

イドウェイにおいては無人の自動走行を行い、一般道路上では有人の運転を行うデュアルモードトラックシステムの開発が行われた。デュアルモードトラックは操舵をガイドウエイによって誘導されるシステムである。土木研究所内に走行路を設置し、走行実験を行い、車両の管理システム、超音波式車間距離制御技術等の開発が行われた。

このようなガイドウエイを用いたデュアルモードシステムはガイドウエイバス[119]として現在実用されている。

(2)　走行支援道路システム(AHS: Automated Highway System)[120]

走行支援道路システム(AHS)は、道路と自動車が協調しリアルタイムな情報をドライバーに提供することにより、車両走行の安全、輸送量の増加等を図るとともに、最終的には自動運転を目指したシステムである。平成 6（1994）年に、AHS における自動運転の取り組みとして、旧土木研究所（現、国土技術政策総合研究所）にて開発・実験が開始された。建設省土木研究所において磁気ネイル（磁気を帯びたマーカー）を路面に埋め込み、それを操舵のガイドとし、車間距離制御技術と組合せた自動運転技術が開発された。

建設省土木研究所内に試験走行路を設置して行った実験を経て、平成 8（1996）年 9 月に上信越自動車の未共用区間（小諸 IC-東部湯の丸 IC 間 11km）において、磁気ネイルを道路の走行車線の中心部に 2m 間隔で埋設し、11 台の車群による最高 80km/h の連続自動走行と衝突防止、車線逸脱防止などの安全走行システムの機能を検証する実証実験が行われた[121]。

しかし、民間会社が白線認識による自動運転技術に取組むようになり、

---

[119] 例えば、名古屋ガイドウェイバス株式会社が運行する志段味線（ゆとりーとライン）がある。

http://www.mlit.go.jp/jidosha/anzen/01transit/guidewaybus.html

[120] 第 1 回オートパイロットシステムに関する検討会（平成 24（2012）年 6 月 27 日開催）、参考資料：国内外における自動運転の取り組み概要

[121] 特定非営利活動法人 ITSJapan、天野肇：自動運転・隊列走行の 実用化に向けて、平成 25（2013）年 3 月 12 日

国土技術政策総合研究所 高度情報化研究センター長 上田 敏：研究マネジメントに関する一考察 -1996 年に返って、考えること-

その有効性・実用性が認められるようになったことから、磁気ネイルを用いた自動運転は本格的な実用に向かう研究には至らなかった。

　その後、昭和 35（1960）年頃にすでに実用化されていたクルーズコントロール（Cruise Control）[122]の発展型であるアダプティブクルーズコントロール（ACC: Adaptive Cruise Control）[123]が実用化された。ACCと白線認識を組合せて、レーンキープ（車線逸脱防止）しながら先行車に追従走行する運転支援機能を持つ車両が市販されるようになった。さらに、現在は協調型車間距離維持支援システム（CACC: Cooperative Adaptive Cruise Control）[124]、電子牽引隊列走行[125]、AI を用いた一般道路走行の環境下での自律型の自動運転などの研究開発が進められている。これらの技術は主に民間の企業や法人によって研究開発されてきた。

(3)　オートパイロットシステムの検討

　高速道路上の自動運転を実現するシステム（オートパイロットシステム）について、その実現に向けた課題の整理・検討等を行うため、国土交通大臣政務官主宰の下、「オートパイロットシステムに関する検討会」が平成 24（2012）年に設置された。6 回の検討会が開かれ、平成 25（2013）年 8 月に次の項目を含む中間とりまとめ[126]が作成された。

　　i）　自動運転を実現することの意義

　　ii）　オートパイロットシステムの実現に向けたコンセプトの整理

---

[122] ドライバーが設定した一定速度を維持する機能である。アクセルを制御し、ブレーキは制御しない。
[123] ドライバーが設定した一定速度を維持し、設定した速度より遅い先行車に近づいた場合は、アクセルとブレーキを制御し、センサーを用いて先行車との車間時間や車間距離を一定に保つ機能である。
[124] センサーと車車間通信で車間距離を自動的に維持しつつ、速度変動を最小化する機能である。
[125] 4 m 程度の短い車間距離を一定に保ち、3 台以上の車両が隊列を組み、先頭車に追従走行するシステム。隊列を構成する複数の車体相互の連結をハードウエアに代わってソフトウエアで行う制御であり、車間の制御は空間距離である。後続車の空気抵抗が小さくなるため、エネルギー消費が少なくなる効果がある。
　出典）特定非営利活動法人 ITSJapan、天野肇：自動運転・隊列走行の実用化に向けて、平成 25（2013）年 3 月 12 日
[126] オートパイロットシステムの実現に向けて　中間とりまとめ、平成 25（2013）年 10 月オートパイロットシステムに関する検討会

iii) オートパイロットシステムの将来像

iv) オートパイロットシステムの実現に必要な検討事項の整理

v) オートパイロットシステムの実現に向けたロードマップ

(4)　国土交通省自動運転戦略本部の設置[127]

　平成 28（2016）年 12 月に、交通事故の削減、少子高齢化による公共交通の衰退等への対応、渋滞の緩和、国際競争力の強化等の自動車及び道路を巡る諸課題の解決に大きな効果が期待される自動車の自動運転について、G7 交通大臣会合、未来投資会議等の議論や産学官の関係者の動向を踏まえつつ、国土交通省として的確に対応するため、省内に国土交通大臣を本部長とする「国土交通省自動運転戦略本部」が設置された。ここでは次の項目を検討事項としている。

　ア. 自動運転の物流や公共交通への活用戦略（ラストワンマイル自動運転等、インフラ整備、実用化に必要な関連制度の設計及び実証実験の実施、技術基準の策定、G7 等の国際対応等自動車の自動運転に係る重要事項）に関する国土交通省の方針

　イ. 平成 32（2020）年東京オリンピック・パラリンピック競技大会における自動運転による移動サービス実現に向けた関連施策の実施方針

　ウ. 自動運転に関する省内関係部局の取り組み状況の共有

　平成 29 年 6 月までに 3 回の会合が開かれ、自動運転の実現に向けた今後の国土交通省の取組として、次の項目があげられた。

　a. 自動運転の実現に向けた環境整備

　　－車両に関する国際的な技術基準

　　－自動運転車における事故時の賠償ルール

　b. 自動運転技術の開発・普及促進

　　－車両技術（「安全運転サポート車」の普及啓発など）

　　－道路と車両の連携技術

---

[127]国土交通省自動運転戦略本部　第 1 回会合　配布資料

　　　・高速道路の合流部等での情報提供による自動運転の支援

　　　・自動運転を視野に入れた除雪車の高度化（運転制御・操作支援等）

　　c. 自動運転の実現に向けた実証実験・社会実証

　　　－移動サービスの向上

　　　・ラストマイル自動運転による移動サービス

　　　・中山間地域における道の駅等を拠点とした自動運転サービス

　　　・ニュータウンにおける多様な自動運転サービス（高齢者のモビリティ確保）

　　　・ガイドウェイバスを活用した基幹バスにおける自動運転サービス

　　　－物流の生産性向上（高速道路での後続無人隊列走行を実現）

(5)　中山間地域における道の駅等を拠点とした自動運転サービス

　高齢化が進行する中山間地域において人流・物流を確保するため、「道の駅」等を拠点とした自動運転サービスの平成 32（2020）年までの社会実装を目指している。平成 29（2017）年夏頃より順次、全国で実証実験が行われている。平成 29 年 4 月に、「地域指定型」の実証実験箇所（現地実験）5 箇所を、7 月に、「公募型」の実証実験箇所(現地実験)8 箇所およびビジネスモデルの更なる具体化に向けた FS（Feasibility Study：机上検討による実行可能性調査）箇所 5 箇所が撰定された。

　図Ⅶ-12-5 に道の駅等を拠点とした自動運転サービスの概念図を示す。

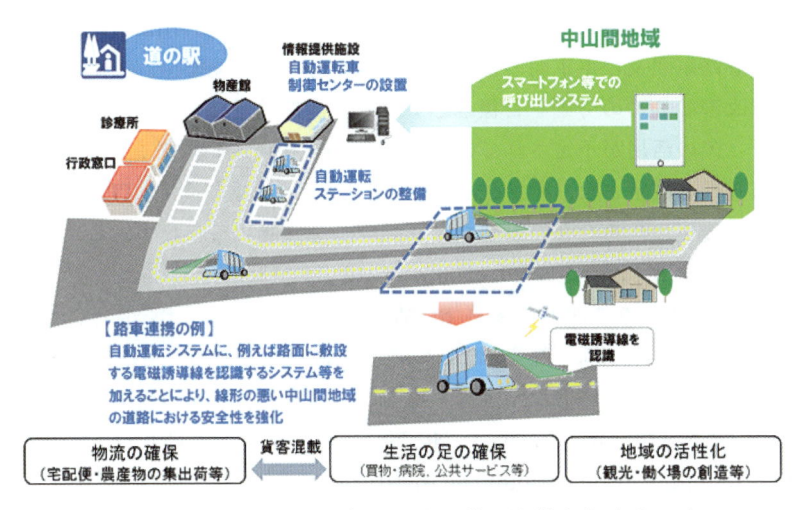

図Ⅶ-12-5　中山間地域における道の駅等を拠点とした
自動運転サービスの概念図[128]

Ⅶ-12-4　ITS 関連技術の国際展開[cxix,cxx]

(1)　標準化の推進

　効率的なアプリケーション開発や国内の関連産業の発展等のため、国際標準化機構（ISO）や国際電気通信連合（ITU）等の国際標準化機関におけるITS関連技術の国際標準化が図られるとともに、我が国において、開発・展開されたシステムについて、ISO 等の国際標準化の場に提案、発信し、国際社会への貢献が図られている。

(2)　欧米との協調

　米国では、平成 22（2010）年 1 月、交通研究委員会（TRB：Transportation Research Board）の年次総会の場で、ITS 戦略研究 5 箇

---

128 国土交通省報道発表：中山間地域における道の駅等を拠点とした自動運転サービス　平成 29 年度「公募型」実証実験の地域選定について、国土交通省、平成 29（2017）年 7 月 31 日

年計画が発表された。この計画の中心となるのが、「IntelliDrive」と呼ばれる路車間及び車車間の協調システムである。交通安全、渋滞対策、環境改善の3つの分野を目標としており、携帯電話など様々な情報通信メディアの活用が予定されている。平成23（2011）年までにシステムの要求基準を確定させ、平成25（2013）年に導入効果の検証、ITS装置の設置を義務づけるなどの規制を行うか否かを判断するとしている。

　一方、欧州では、平成20（2008）年12月にITSアクションプランを策定し、向こう5年間の具体的な行動目標を定めている。行動目標には、交通インフラと車両の統合、欧州の幹線道路と大都市圏におけるITSサービスの連続的な提供などが含まれている。また、欧州の標準化機関である CEN（Comité Européen de Normalisation）、ETSI（European Telecommunications Standards Institute）などに、平成24（2012）年までに欧州での協調システムの展開に必要な標準の策定を求める指令が出されている。

　このように、欧米では平成25（2013）年までに、ITSの新たなステージとなる協調システム（路車間、車車間）の構築が大きな目標として掲げられており、ITSの国際標準を策定するISO／TC204においても、協調システムの標準化をテーマとするWG18が新たに設立された。

　日本としても、ITS分野における国際協力体制を整備するとともに、情報交換の充実が図られている。

(3)　日米協力覚書

　ITS分野における米国運輸省との協力は、職員派遣や二国間会議の開催などを通じてこれまでも実施されてきた。これを改めて明文化し、協力活動を推進するため、平成22（2010）年には、道路局と米国運輸省研究・革新技術庁との間でITS分野の協力に係る覚書が締結された。本覚書は、「日本国国土交通省とアメリカ合衆国運輸省との間の運輸科学技術分野における協力に関する実施取決め」に基づき、ITSに関する二国間の技術協力と情報交換を維持・発展させることを目的としている。主な内容は以下の4項目となっている。

① 相手方の取り組みを踏まえた共同・協調研究分野の特定

② 実施中の研究開発、実証実験、便益評価、研究成果に係る情報共有

③ 関係者（産業界、標準化組織等）への広報、交流の促進

④ グローバル、オープンな協調システム標準策定活動を支援

　平成 23（2011）年には、道路局と欧州委員会情報社会・メディア総局の間でも同様の協力覚書が締結された。

Ⅶ-13 ライフラインへの対応

Ⅶ-13-1 共同溝の整備[cxxi,cxxii]

(1) 共同溝の始まり

日本初の共同溝は、関東大震災後の大正 15（1926）年、帝都復興事業の一環として九段坂、八重洲通り、浜松金座通りの 3 箇所で試験的に整備された。その中でも最大の九段共同管道は、幅約 3m、高さ約 2m の大きさのコンクリートボックスで、車道の下に長さ 270m にわたって整備された。

(2) 共同溝整備事業

昭和 38（1963）年に「共同溝の整備等に関する特別措置法」（昭和 38（1963）年法律第 81 号）が制定された。

共同溝整備事業では、その目的を、「共同溝は市民生活に不可欠な電話、ガス、上・下水道等の各種公益物件を整備統合して収容し、路面の掘削を伴う地下占用の制限と合わせて道路の構造を保全し、円滑な道路交通を確保するとともに都市景観及び都市防機能の向上に資するものである」としている。共同溝内には、主要電話局を連絡する基幹通信回線や超高圧の基幹電力線等の幹線ルートに関する物件が収容されている（図Ⅶ-13-1）。共同溝に参加する公益事業者は次のようになる。

①電気通信事業法による認定電気通信事業者

②電気事業法による電気事業者

③ガス事業法によるガス事業者

④水道法による水道事業者または水道用水供給事業者

⑤工業用水道事業法による工業用水道事業者

⑥下水道法による公共下水道管理者、流域下水道管理者又は都市下水路管理者

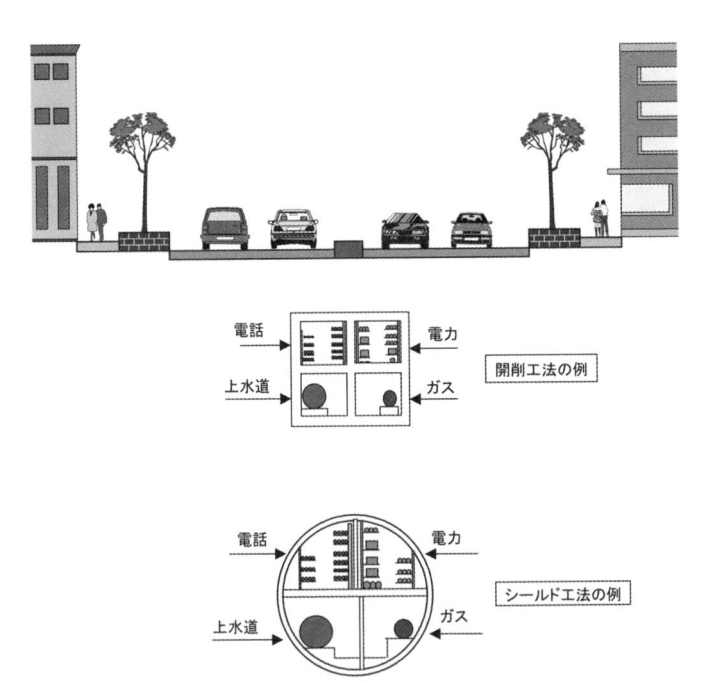

図Ⅶ-13-1 共同溝の概要図[129]

Ⅶ-13-2　情報 BOX の整備[cxxiii]

　情報 BOX 整備は、道路管理の高度化を図るための道路管理用光ファイバーの収容空間を整備し、その予備空間に民間通信事業者の光ファイバーを収容することにより、全国的な光ファイバーネットワークの早期実現を支援することを目的としている（図Ⅶ-13-2）。直轄国道においては、管理区間の全線において道路管理用光ファイバー設置とあわせて整備することとし、平成 21（2009）年度時点で約 19,000km[130]が整備済である。

129　道路行政研究会：道路行政，全国道路利用者会議，2010，p453
130　道路行政研究会：道路行政，全国道路利用者会議，2010，p454

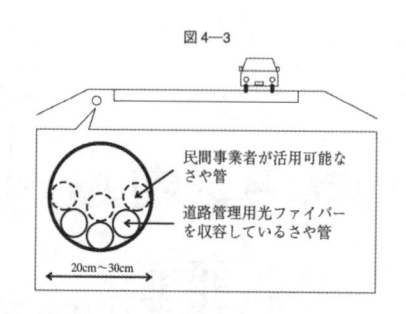

図Ⅶ-13-2　　情報 BOX のイメージ[131]

Ⅶ-13-3　　電線共同溝の整備[cxxiv,cxxv]

　平成 7（1995）年 6 月に電線共同溝の整備等に関する特別措置法が施行され、安全かつ円滑な交通の確保と景観の整備を図るために特に必要があると認められる道路を、道路管理者が電線共同溝整備道路として指定し、当該道路の地上における新設の電線及びこれを支持する電柱による占用に関し、道路法第 32 条第 1 項若しくは第 3 項の規定による許可をしてはならない、又は同法第 35 条の規定による協議を成立させてはならないとされた。

　これは、電線共同溝の建設の効果を確保し、安全且つ円滑な道路交通の確保と道路の景観整備という電線共同溝法の目的を達成するため、電線共同溝整備道路においては、道路の地上における電線及び電柱による道路の占用が制限されるものである。

Ⅶ-13-4　　道路の無電柱化の変遷[cxxvi,cxxvii]

　我が国の無電柱化は、昭和 61（1986）年から 4 期にわたる、「電線類地中化計画」と「新電線類地中化計画」に基づいて、関係機関、地元住

---

[131]　道路行政研究会：道路行政，全国道路利用者会議，2010，p454

民等の協力の下に、積極的に取組まれ、平成 15（2003）年度末には約 5,500km の地中化が達成された。その間、平成 7（1995）年 3 月には「電線共同溝の整備に関する特別措置法」が制定され、電線共同溝方式による整備が推進された。第 1 期〜第 3 期では、比較的大規模な商業地域、オフィス街、駅周辺地区等の電力や通信の需要が高い都市部を中心に電線類の地中化がかなり進捗した。続く平成 11（1999）年度〜平成 15（2003）年度における「新電線類地中化計画」では、対象地域を中規模商店街や住宅地、景観の優れた地域等にまで拡大し、さらなる推進が図られた。

　平成 16（2004）年度〜平成 20（2008）年度の「無電柱化推進計画」では、まちなかの幹線道路に加え、新たに歴史的街並みを保全すべき地区、良好な都市・住環境を形成すべき地区等の主要な非幹線道路においても無電柱化を実施し、面的な整備を推進することとされた。また、地中化方式は構造のコンパクト化、コスト縮減を目的として、当初主流であったキャブシステム方式から電線共同溝方式へと移行してきた（図Ⅶ-13-3）。

　平成 16（2004）年以降の「無電柱化推進計画」では、電線共同溝方式の中でもさらにコンパクトな浅層埋設方式が標準とされた。

　平成 21（2009）年度以降は、「無電柱化に係るガイドライン」に沿って、引き続き無電柱化が推進されている（表Ⅶ-6-1）。

表Ⅶ-13-1　電線地中化計画の実績及び計画（全国）[132]

計画名	実施期間	実績延長
第 1 期電線類地中化計画	S61 年度〜H2 年度	約 1,000km
第 2 期電線類地中化計画	H3 年度〜H6 年度	約 1,000km
第 3 期電線類地中化計画	H7 年度〜H10 年度	約 1,400km
新電線類地中化計画	H11 年度〜H15 年度	約 2,100km
無電柱化計画（第 5 期）	H16 年度〜H20 年度	約 2,200km
無電柱化に係るガイドライン	H21 年度〜	－

[132] 国土交通省四国地方整備局ホームページ、
http://www.skr.mlit.go.jp/road/d_kyoiudoukou/history/history_f.html

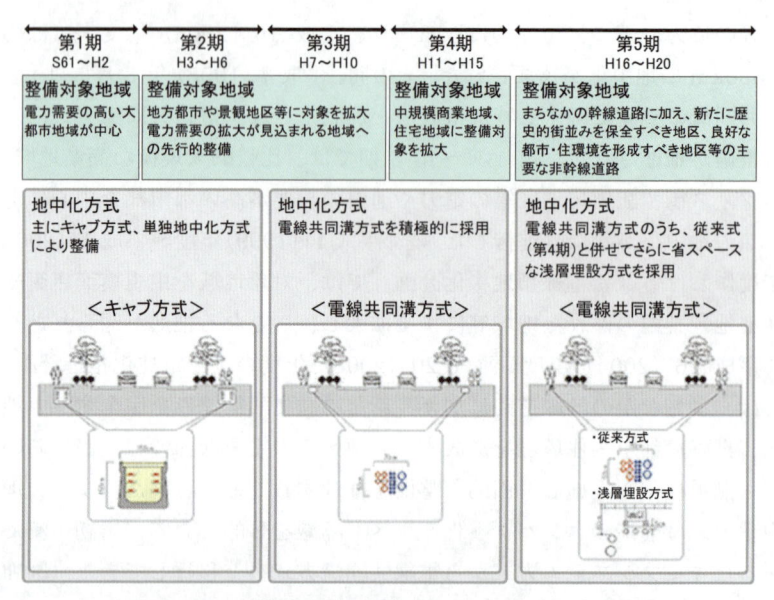

図Ⅶ-13-3　　整備対象地域、地中化方式の変遷[133]

　無電柱化は、電線共同溝等の電線類の地中化、軒下・裏配線等の軒下や裏道等への電線類の配線により、平成 24（2012）年度末までに約 9,000km が整備されてきた。今後は、無電柱化の一層の推進を図るために、従来からの電線共同溝方式に加え、道路の新設や拡幅と一体的に整備を行う同時整備方式や軒下・裏配線方式等の地域の実情に応じたコスト縮減手法を活用し、効率的な整備の推進を図ることとされている（図Ⅶ-13-4、図Ⅶ-13-5）。

---

[133] 国土交通省四国地方整備局ホームページ，
http://www.skr.mlit.go.jp/road/d_kyoiudoukou/history/history_f.html

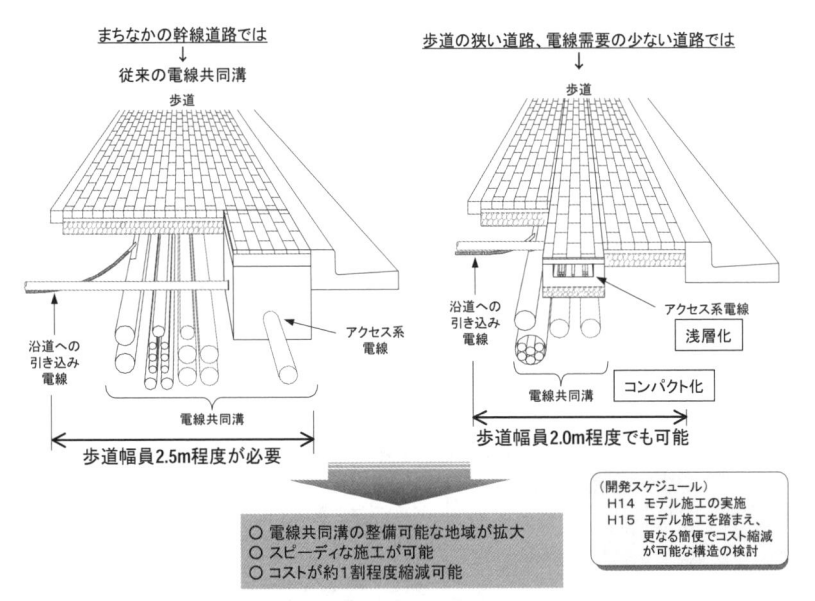

図VII-13-4　従来方式の電線共同溝（左）及びコンパクトな浅層埋設方式（右）[134]

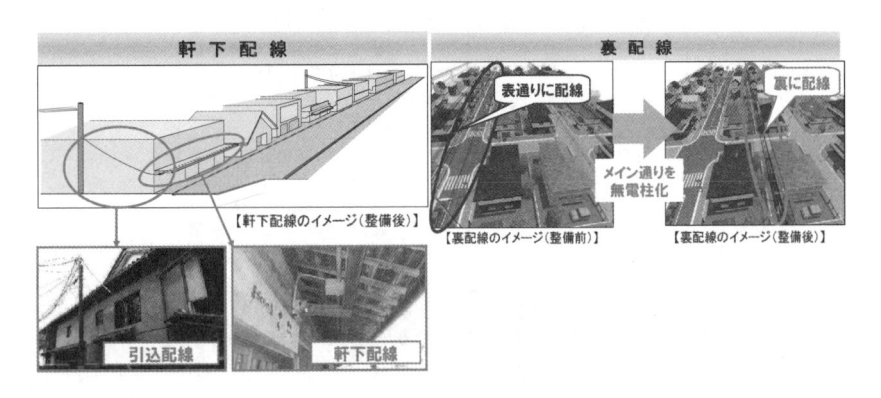

図VII-13-5　軒下配線方式、裏配線方式のイメージ[135]

---

[134] 首相官邸都市再生本部：「歴史的なたたずまいを継承した街並み・まちづくり報告書」、　2003.5

[135] 国土交通省道路局：「第3回『人間重視の道路創造研究会』説明資料（平成20年11月7日）」、http://www.mlit.go.jp/road/ir/ir-council/manvaluing/3pdf/2.pdf

　平成 25（2013）年に道路法が一部改正され、防災上の観点から重要な道路については、その緊急輸送道路や避難路としての効用を全うさせるため必要と認める場合に、道路法（昭和 27（1952）年法律第 180 号）第 36 条による義務占用規定を適用しないこととし、道路管理者が区域を指定して道路の占用を禁止し、または制限することができるよう措置された。これを受け、平成 27（2015）年 11 月には、国が管理する道路のうち緊急輸送道路を対象として、実際に道路の占用を禁止または制限するための運用について、パブリックコメントを行い、意見を踏まえた対応を行った上で、同年 12 月 25 日に通達を発出した（表VII-13-2）。

表VII-13-2　　通達の概要[136]

1. 当面の運用方針	・道路上に設置されている電柱については，改正法第 37 条第 1 項に基づき，区域を指定して道路上における電柱による占用を禁止することとする。
2. 電柱による占用を禁止する道路の区域	・緊急輸送道路を対象とする。
3. 既存の電柱の取扱い	・電柱による道路の占用を禁止する日として道路管理者が公示した日より前に同意がなされた電柱については，当面の間，占用を認める。
4. 電柱による占用を禁止する道路の区域における例外	・電力・通信サービスの供給に支障が生じる場合であって，直ちに道路区域外に用地の確保ができないと認められる場合は，仮設の電柱の設置を認めることとする。（原則 2 年間）

国が管理する緊急輸送道路については、平成28年4月から占用制限を開始。また、地方公共団体においても、随時、措置を展開。

　道路管理者による取り組み（緊急輸送道路における占用制限）と合わせて、電線管理者が整備する設備等のコスト負担を軽減するため、平成 28（2016）年度税制改正大綱において、電線管理者が、緊急輸送道路に

---

[136] 田中　誠柳：「無電柱化の推進に向けた取組」,道路,2016,1 月号,p29

おいて無電柱化を行う際に新たに取得した電線等に係る固定資産税の特
例措置の創設が盛り込まれた。今後の無電柱化の推進にあたっては、電
柱の新設を禁止する占用制限の取り組みと税制による地中化優遇措置に
よる電線管理者に対する支援等をパッケージで推進し、さらに、小型ボ
ックス活用方式等、低コスト手法の導入によるコスト縮減の取り組みを
関係省庁、電線管理者とも連携しながら、より一層無電柱化を推進して
いくこととしている。

　さらに、平成 28（2016）年 12 月には、災害の防止、安全・円滑な交
通の確保、良好な景観の形成等を図るため、無電柱化の推進に関し、基
本理念、国の責務等、推進計画の策定等を定めることにより、施策を総
合的・計画的・迅速に推進し、公共の福祉の確保、国民生活の向上、国
民経済の健全な発展に貢献することを目的とした[137]「無電柱化の推進に
関する法律」が制定された。

---

[137]国交省 HP

Ⅶ-14　地域や産学官との連携

Ⅶ-14-1　道の駅^{cxxviii,cxxix,cxxxcxxxi}

(1)　「道の駅」の概要

　「道の駅」は、駐車場、トイレ等の休憩機能、通行規制、峠の気象状況や道案内等の道路交通情報の提供機能に加え、人・歴史・文化・風景・産物等の地域情報を人と人のコミュニケーションを介して伝える機能や、道を軸として広域的な地域の人々の結びつきを強化する機能を併せ持った一般道路の多機能型休憩施設である。

　平成 5（1993）年 4 月 22 日、登録・案内制度により全国で 103 箇所の「道の駅」が最初に登録され、平成 29（2017）年 11 月 17 日現在、1,134 箇所[138]が登録されている。

　「道の駅」では、以下に示す 3 つの機能を基本として備えつつ、地域の創意工夫により社会のニーズの変化に対応して変化・発展することが期待されている。

　①　休憩機能

　道路利用者がいつでも自由に休憩し、清潔なトイレを利用できる快適な休憩施設であること。

　②　情報交流機能

　人と人、人と地域の交流により、地域の持つ魅力を知ってもらい、地域振興が図れるよう人・歴史・文化・風景・産物等の地域に関する情報を提供できること。

　③　地域の連携機能

　地域が一体となって「道の駅」をつくるとともに、地域と地域が道路を軸として協力するなど、地域内外の連携の場が形成されることになり、「道の駅」を契機とする広域的な交流と連携により、活力ある地域づくりが促進されること。

以上の「道の駅」の 3 つの基本機能が有効に発揮されるよう、国土交

---

[138] 国土交通省道路局：「道の駅」, http://www.mlit.go.jp/road/station/road-station.html

通省では、地域の市町村等や関係道路管理者と連携しつつさまざまな支援を実施してきている[139]。

(2)　重点「道の駅」制度

（a）　重点「道の駅」制度の概要

元々、「道の駅」は、ドライバーが立ち寄るトイレ・休憩施設として生まれ、その後、情報提供機能、地域連携機能を有する休憩施設として整備を進めてきたところである。さらに今日では、「道の駅」自体が目的地となり、まちの特産物や観光資源を活かしてひとを呼び、地域にしごとを生み出す核へと独自に進化を遂げ始めている。

このような進化の動きを踏まえ、「道の駅」を地方創生に資する拠点とする先駆的な取組をモデル箇所として選定し、関係機関が連携し、計画段階から総合的に支援を行うことを目的として、今般、重点「道の駅」制度を創設した。

本制度では、地域外から活力を呼ぶ「ゲートウェイ型」と地域の元気を創る「地域センター型」の2つを今後目指していく方向性として掲げている。

「ゲートウェイ」型の狙いの1つには、人口減少社会の中で、観光振興等によって交流人口の増加を図ることがあげられる。

各地の特産物や観光資源を活かして、観光客を呼び込むことは、地方経済に与える波及効果は大きい。地域の観光総合窓口として、着地型観光の基地としてのポテンシャルをさらに高めていく他、訪日外国人の数が大きく伸びている中、東京以外の地域にも外国人観光客の訪問を広げるべく、免税店や外国人案内所等の機能の強化が求められる。この他にも、地方移住の窓口など直接的な人口増加への機能発揮が期待される。

また、「地域センター型」の狙いとしては、昨年末に閣議決定された「まち・ひと・しごと創生総合戦略」で位置づけられた中山間地域等における「小さな拠点」の形成支援が挙げられる。

---

[139]　「道の駅」の機能の詳細は、酒井利夫：「『道の駅』における地域連帯について」，日本道路協会，道路，1994，5月号，p24～26を参照

　人口減少社会の中、医療や福祉、買い物、燃料供給等の日常サービスの提供に支障が生じないよう、これらの機能を「小さな拠点」に集約し、維持を図っていくことが必要であり、「道の駅」がその核となることが期待される。

　次に、本制度における「道の駅」の分類として、設置から一定年数以上経過し地域活性化の拠点として、特に優れた機能を継続的に発揮していると認められる「道の駅」である『全国モデル「道の駅」』と各道の駅から企画提案があり、今後の重点支援により効果的な取組が期待される『重点「道の駅」』及び企画の具体化に向け、地域の意欲的な取組が期待される『重点「道の駅」候補』によって構成されている。

　(b)　全国モデル「道の駅」

　全国 1,040 の「道の駅」の中から、地域活性化の拠点として、特に優れた機能を継続的に発揮していると認められるものを『全国モデル「道の駅」』として国土交通大臣が選定することとした。

　その際、設置から一定年数以上経過し、継続的な地域貢献の視点も加味し、先に述べた地域のゲートウェイや地域センターとして発揮してきた役割など、これまでの実績を評価したものである。

　『全国モデル「道の駅」』は、既に高い実績を上げていることから、全国的なモデルとして成果やその取組内容を広く周知し、他の道の駅の参考となるべく、さらなる高みを目指して、利用者への広報や機能向上について、重点支援することとしている。

　(c)　重点「道の駅」

　平成 26（2014）年 8 月 28 日に発表した本制度の取組方針に基づき企画提案を募集した結果、地域活性化の拠点となる優れた企画があり、今後の重点支援で効果的な取組が期待できるものを『重点「道の駅」』として国土交通大臣が選定することとした。

　『重点「道の駅」』の中には、今後設置予定のものも含まれており、これまでの実績ではなく、企画提案された取組実施内容について、実現可能性も含めて評価したものである。

　選定された『重点「道の駅」』については、施設整備等を含め、提案さ

れた取組を実現するために、各道の駅単位を基本とした関係機関から構成される協議会を立ち上げ、ワンストップの重点支援を連携して実施することとしている。

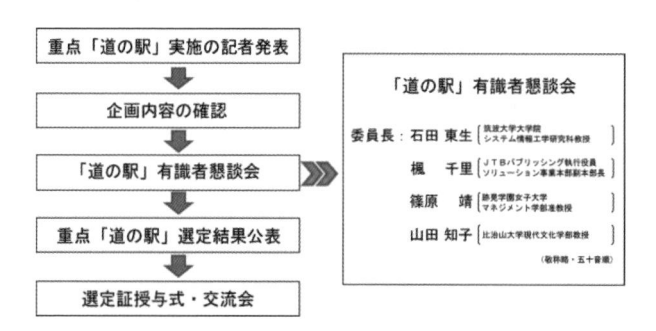

図VII-14-1　重点「道の駅」選定の流れ[140]

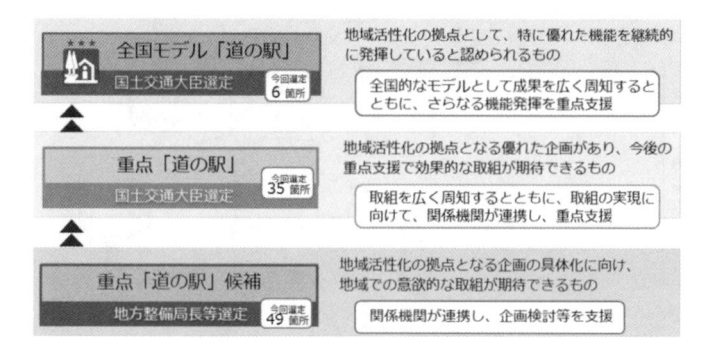

図VII-14-2　重点「道の駅」制度[141]

140　小島昌希,他 2：「道の駅」による地域活性化の促進」,道路,2015,3 月号,p54
141　小島昌希,他 2：「道の駅」による地域活性化の促進」,道路,2015,3 月号,p54

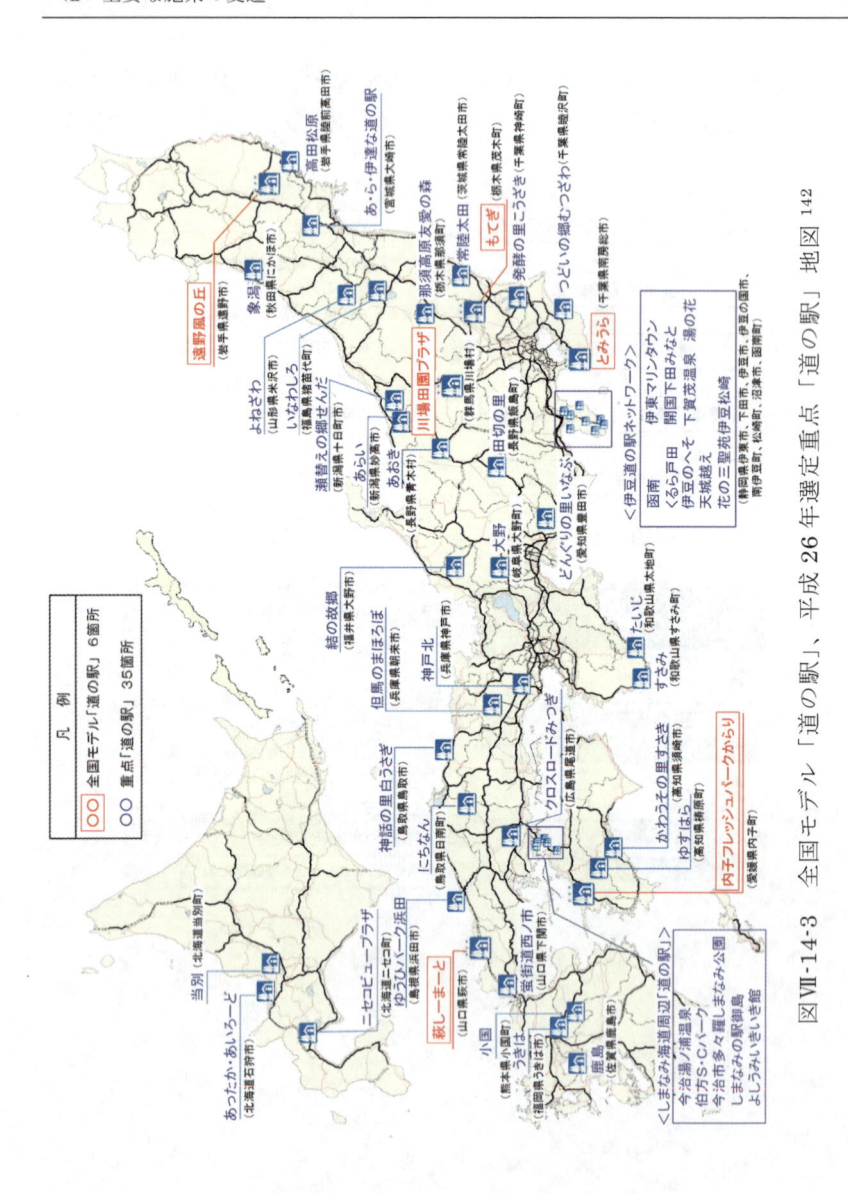

図Ⅶ-14-3　全国モデル「道の駅」、平成 26 年選定重点「道の駅」地図 [142]

---

[142] 国土交通省報道発表資料：「重点『道の駅』の選定について～地方創生の核となる『道の駅』を重点的に応援します～」平成 27 年 1 月 30 日，
http://www.mlit.go.jp/report/press/road01_hh_000472.html

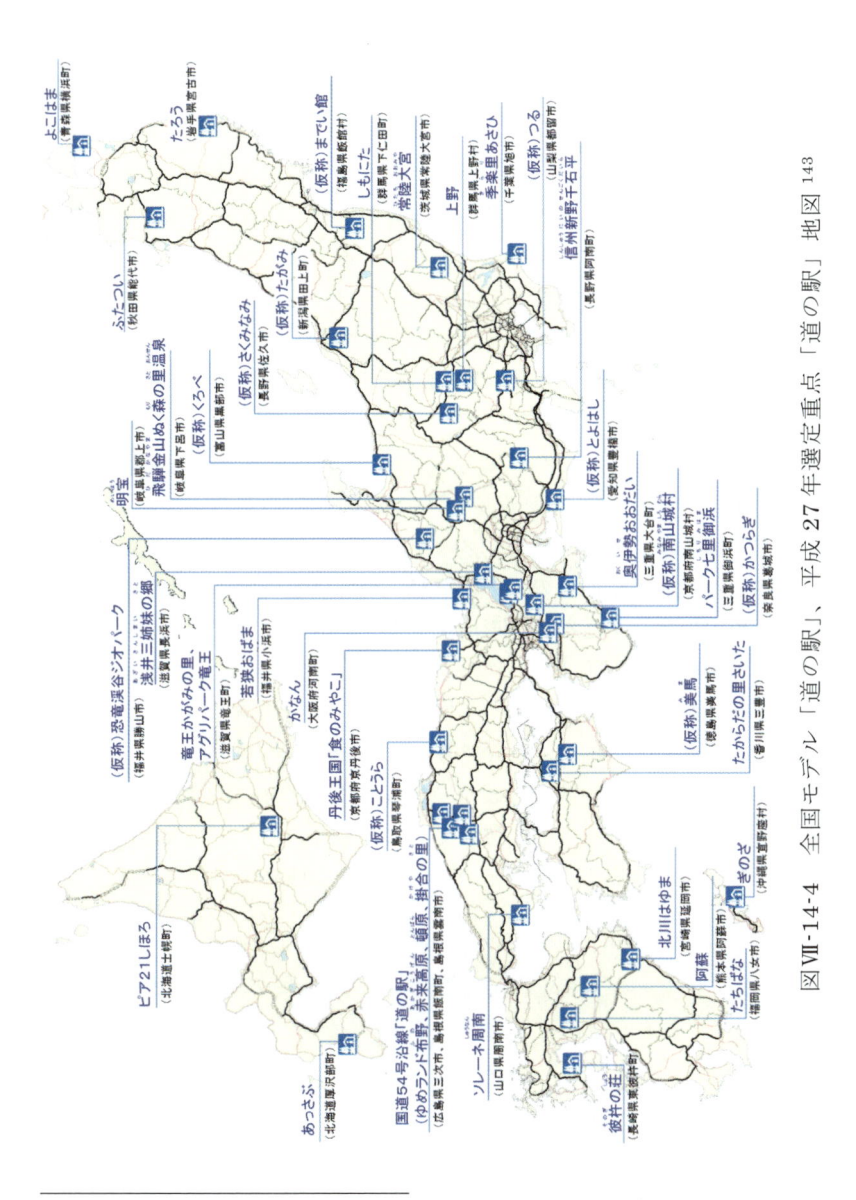

図VII-14-4　全国モデル「道の駅」、平成27年選定重点「道の駅」地図[143]

---

[143] 国土交通省報道発表資料：「平成27年度重点『道の駅』の選定について～地方創生の核となる『道の駅』の優れた取組を応援します～」平成28年1月27日，http://www.mlit.go.jp/report/press/road01_hh_000614.html

(3)　特定テーマ型モデル「道の駅」制度

（a）　特定テーマ型モデル「道の駅」制度の概要

　優れた機能を継続的に発揮し、全国各地の「道の駅」の模範となるモデル「道の駅」について、「道の駅」が地方創生や地域活性化の拠点として有する機能には、個々の地域の課題等に応じて多様なタイプがあることから、各機能タイプを明確にし、他の「道の駅」が自らの目指すべき目標を具体的にイメージできるよう、テーマ（部門）を設定して模範性を高めた"特定テーマ型モデル「道の駅」"の取組を平成 28 年度から実施している。特定テーマ型モデル「道の駅」に認定された「道の駅」は、全国の「道の駅」からの視察等の要請に対応する等、「道の駅」の質の向上に貢献する役割を担う。

（b）　特定テーマ型モデル「道の駅」の認定

　平成 28 年度は、"住民サービス"をテーマ（部門）とし、高齢化社会に対応した地域福祉向上のための取組、地域課題に対応した住民生活支援のための取組、小さな拠点形成を目指した取組など、公共の福祉の増進を目的とした地域住民へのサービス向上に役立つ成果を上げている「道の駅」を全国 6 箇所認定している。

　また、平成 29 年度は、"地域交通拠点"をテーマ（部門）とし、「道の駅」が各居住地域と病院や行政サービス施設などの住民サービス関連施設を結ぶ公共交通モード間の接続拠点になっていて、接続機能向上の取組により、地域住民の生活の足の確保に役立つ成果をあげている「道の駅」を全国 7 箇所認定している。

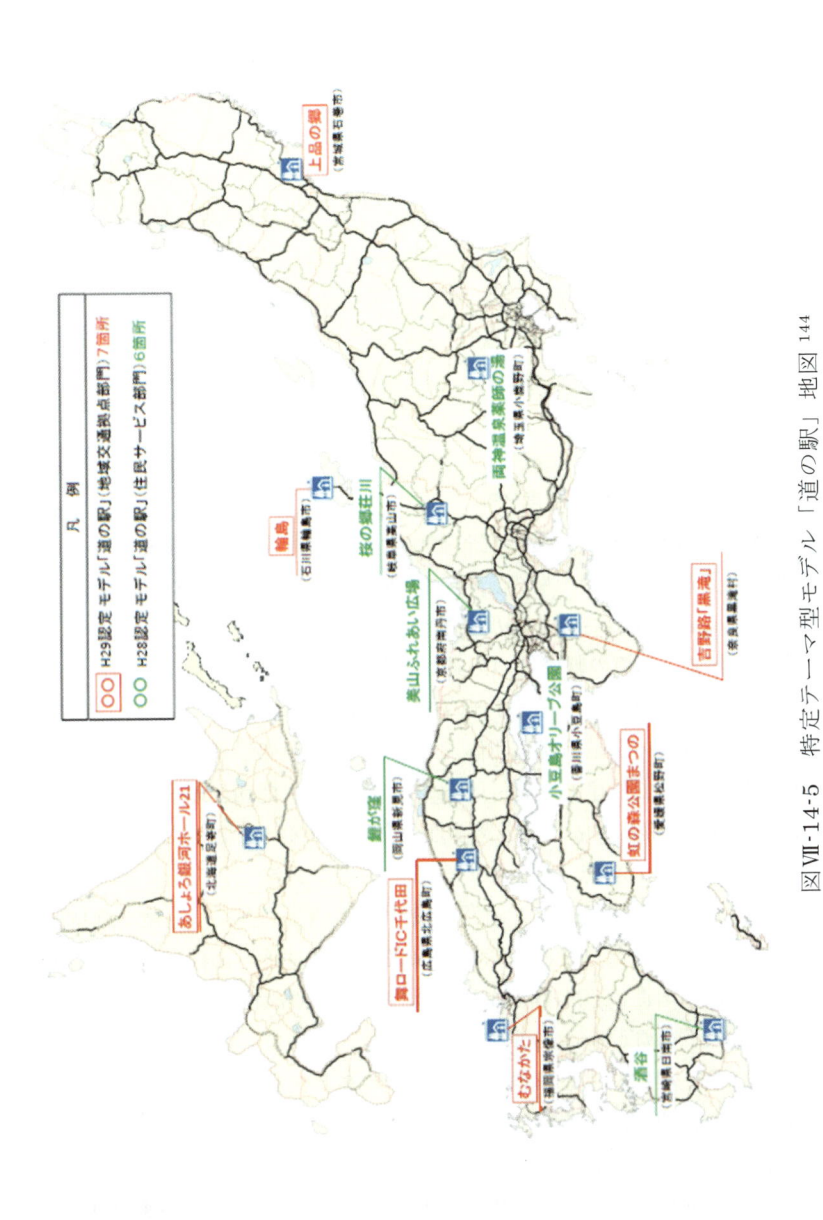

図Ⅶ-14-5　特定テーマ型モデル「道の駅」地図 [144]

[144] 国土交通省資料

Ⅶ-14-2　ボランティア・サポート・プログラム[cxxxii]

　国土交通省では、国道の清掃や美化のボランティア活動を行っている住民グループ等に対し支援を行う「ボランティア・サポート・プログラム」（以下、「VPS」という）を平成 12（2000）年度に発足させた。

　VSP は、アメリカでボランテイアの人たちが道路を我が子のように面倒を見ている「アダプト・ア・ハイウェイ・プログラム」からヒントを得て作られた制度である。

　VSP により、これまでよりボランティア活動に取り組みやすくなり、活動の輪が広がっている。

Ⅶ-14-3　道路協力団体制度[cxxxiii]

　道路協力団体制度は、道路空間を利活用する民間団体と道路管理者が連携して道路の管理の一層の充実を図る目的で、平成 28（2016）年の道路法改正により創設された制度である。

　道路の清掃、花壇の整備等の活動はもちろんのこと、収益事業と合わせた公的活動についても、道路管理の充実に資するものであることから、当該活動を行う団体を道路協力団体として指定し、道路管理者と連携して活動する団体として法律上位置付けることにより、民間団体の自発的活動を促進し、地域の実情に応じた道路管理の充実を図ることとしたものである。

　道路協力団体の業務は、下記のようなものがある。

①道路管理者に協力して、道路に関する軽易な工事又は道路の維持
②安全かつ円滑な道路の交通の確保又は道路の通行者若しくは利用者の利便の増進に資する工作物、物件又は施設設置又は管理（通行注意看板、街灯、シェアサイクル駐輪場、オープンカフェ、など）
③道路の管理に関する情報又は資料を収集し、及び提供すること。
④道路の管理に関する調査研究を行うこと。（交通量調査、道の駅の利用者ニーズ調査）
⑤道路の管理に関する知識の普及及び啓発を行うこと。（通勤・通学の安全確保に関する意見交換、など）

Ⅶ-14-4　日本風景街道[cxxxiv]

　道路ならびにその沿道や周辺地域を舞台に、多様な主体による協働の
もと、景観、自然、歴史、文化等の地域資源や個性を活かした美しい国
土景観の形成を図り、観光の振興や地域の活性化に寄与することを目的
とする「日本風景街道」が推進されている（図Ⅶ-7-1）。

　これまで、平成 19（2007）年 4 月に日本風景街道戦略会議（委員長：
奥田碩日本経団連名誉会長）より提言された「日本風景街道の実現に向
けて」を踏まえ、仕組みや枠組みの構築を図り、同年 9 月より、地方ブ
ロック毎に設置された「風景街道地方協議会」において、順次風景街道
の登録が行われている。平成 29（2017）年 10 月 24 日時点で 140 ルー
ト[145]が登録されている。

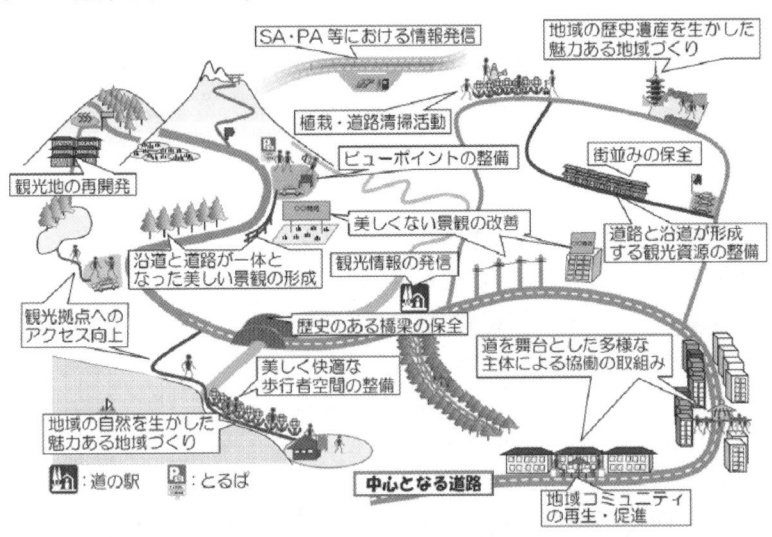

図Ⅶ-14-6　日本風景街道のイメージ[146]

[145] 国土交通省ホームページ：「日本風景街道」、
http://www.mlit.go.jp/road/sisaku/fukeikaidou/index-map2.html
[146] 道路行政研究会：道路行政，全国道路利用者会議，2010，p629

Ⅶ-14-5　　地域道路経済戦略の推進[cxxxv]

　ICT や IoT（Internet of Things）の飛躍的進化や、ETC2.0 をはじめとする交通関連ビッグデータの蓄積が近年著しく進んでいる。これらは道路交通の改善や地域創生等に活用できると考えられるが、学術的下支えのある社会実践の取り組みはまだ十分に行われていない。情報通信技術や多様なビッグデータを最大限に利活用し、道路を賢く使う、新たな道路政策に挑戦・実行していくため、国土交通省道路局では有識者からなる「地域道路経済戦略研究会」（第 1 回：平成 27（2015）年 12 月 24 日）を設け、最先端のシーズ技術と全国の道路行政の現場からのニーズをマッチングさせることを企図し、多様なデータを用いた道路空間の有効活用と地域活性化戦略の立案、及びその社会実装の可能性について議論を行っている。平成 28（2016）年には、「ビッグデータ活用のためのプラットフオーム」、「公共交通や新たなモビリテイとの連携」、「道路空間マネジメント」を三本柱とする同研究会の中間提言が取りまとめられた。

【テーマ 1】ビッグデータ活用のためのプラットフオーム

　近年の IT を巡る環境変化に伴い、道路行政においても、データに基づくエビデンスベースの政策策定が求められている。データにおいては、その量、頻度、多様性が急激に増加しており、データが存在することとデータを利用できることとは同義ではなくなっている。そのため、データを有効利用し、政策の策定・評価に役立てるための基盤となるプラットフオームが必要になる。

　テーマ 1 は、データの利用可能性を高めるための前提となる「道路関連データの体系化」と、実利用を踏まえた発展性を見据えた「マルチモーダル道路空間マネジメントのためのプラットフオームの構築と運用課題の抽出」によって構成されている。

【テーマ２】公共交通や新たなモビリテイとの連携

　テーマ２は、主に、道路交通と公共交通等との連携についての政策提言であり、「新たなシェアリングシステムの創出」、「新たな道路空間利用の創造」、「公共交通との連携強化と事業者支援」によって構成されている。

【テーマ３】道路空間マネジメント

　テーマ１で検討したデータプラットフオームを適切に活用することを念頭に、テーマ３では、道路空間や関連施設における新たな運用方策を検討している。日常的状況を念頭に置いた「平常時における実効性の高い道路空間マネジメント事例の蓄積」と、各種イベントや自然災害等を念頭に置いた「非平常時における道路空間マネジメントのためのビッグデータ活用事例の蓄積」で構成されている。

Ⅶ-14-6　道の駅や高速道路の休憩施設の活用[cxxxvi]

(1)　高速道路と「道の駅」の連携[147]

　我が国の高速道路においては、休憩施設同士の間隔が概ね25km以上離れている空白区間が約100区間存在している。国土交通省では、高速道路ネットワークを賢く使う取組の一環として、休憩施設の不足に対応し、良好な運転環境を実現するため、全国20箇所の道の駅において、高速道路からの一時退出を可能とする「賢い料金」の試行を行うこととした（図Ⅶ-14-7）。今後、空白区間を半減することを目指し、実施状況を踏まえて、追加選定を行う予定としている。

　なお、実験概要の概要は、以下のように発表している。

①内容：ETC2.0搭載車を対象に、高速道路を降りて道の駅に立ち寄り後、一定の時間内に再進入した場合には、降りずに利用した料金のままとする（ターミナルチャージ※１の再徴収をせず、長距離逓減※２等も継続）。

---

147 平成29（2017）年2月7日、9月26日、高速道路からの一時退出を可能とする「賢い料金」の実施について発表した。

　　　　※１　利用１回当たりの料金
　　　　※２　一定距離以上を連続して利用した場合の料金割引措置
②実施箇所：道の駅　玉村宿（群馬県佐波郡）
　　　　　　道の駅　もっくる新城（愛知県新城市）
　　　　　　道の駅　ソレーネ周南（山口県周南市）等、全国 20 箇所

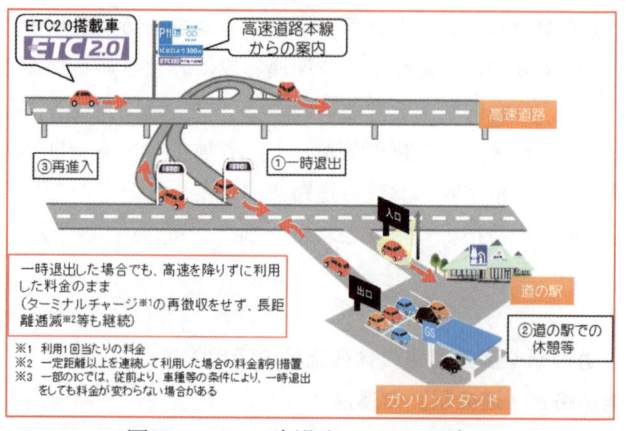

図Ⅶ-14-7　一時退出のイメージ[148]

(2)　休憩施設等の充実に向けた取組

　移動において「たまり」という事象は重要な要素である。国土交通省の調べによると、移動前に入手する情報として、高速道路 SA・PA、「道の駅」等の「休憩施設」の情報が非常に多くなっている。一方、利用者は、基礎的な休憩機能に加え、関連サービスや地域サービスを欲している。

　国土交通省では、利用者や地域のニーズが多様化する中、休憩機能や関連機能の充実に向けて、以下の取組により多様な利用者へのサービス向上を目指すとしている。

①基礎機能の充実（トイレ等の品質向上、駐車場容量の運用改善、的確

---

[148] 国土交通省社会資本整備審議会第 59 回基本政策部会：「休憩施設の活用促進」（平成 29 年 2 月 9 日），http://www.mlit.go.jp/policy/shingikai/road01_sg_000331.html

な情報提供）

②地域拠点形成への支援（交通拠点機能の強化、災害時支援体制の強化、行政窓口や診療所等の集約、外国人旅行者対応や宿泊施設の配置）

③地域の工夫への支援（「道の駅」間や「日本風景街道」等との連携強化）

Ⅶ-14-7　民間施設直結スマートインターチェンジ[cxxxvii]

平成 29（2017）年 7 月 7 日、国土交通省は、民間企業の発意と負担により整備する民間施設直結スマートインターチェンジ制度を具体化し、募集が開始された。民間施設直結スマートインターチェンジ制度策定の経緯は、以下のようになる。

(1)　高速道路を中心とした「道路を賢く使う取組」

平成 27（2015）年 7 月 30 日、社会資本整備審議会道路分科会国土幹線道路部会中間答申において、高速道路を中心とした「道路を賢く使う取組」が取りまとめられた。その中で、「地域との連携促進のための取組」として、高速道路と施設との直結等による地域とのアクセス機能の強化が挙げられ、「高速道路の近傍に位置する大規模な物流拠点や工業団地、商業施設等については、高速道路の利用促進や利便性の向上による地域活性化の観点から、適切な負担の下、スマート IC 等を活用した高速道路と施設の直結を進める必要がある」と指摘した。

(2)　未来投資戦略２０１７

平成 29（2017）年 6 月 9 日、「未来投資戦略２０１７」が閣議決定され、Society 5.0[149]の実現に向けた改革の具体的施策として、生産性向上による産業インフラの機能強化について、「高速道路と近傍に位置する大規模な物流拠点や工業団地、商業施設等の民間施設を直結するインター

---

[149] Society 5.0：サイバー空間とフィジカル空間（現実社会）が高度に融合した「超スマート社会」を未来の姿として共有し、その実現に向けた一連の取組（内閣府「第 5 期科学技術基本計画」（平成 28（2016）年 1 月 22 日））

チェンジを民間企業の発意と負担により整備する制度の活用を推進するため、速やかに具体的なルール化を行う」と記されている。

(3)　民間施設直結スマートインターチェンジ制度

　高速道路と近傍の民間施設を直結するインターチェンジを民間企業の発意と負担により整備するルールを定め、もって、高速道路を活用した企業活動を支援し、経済の活性化を図ることを目的とした、「民間施設直結スマートインターチェンジ」制度が発足した。民間施設として、大規模商業施設、工業団地、物流施設等を想定しており、対象交通は主として民間施設に発着する交通（一般交通も利用可能）としている。運用形態は、ETC 車限定であり、ハーフ IC・1/4 IC も可能としている（図Ⅶ -14-8)。

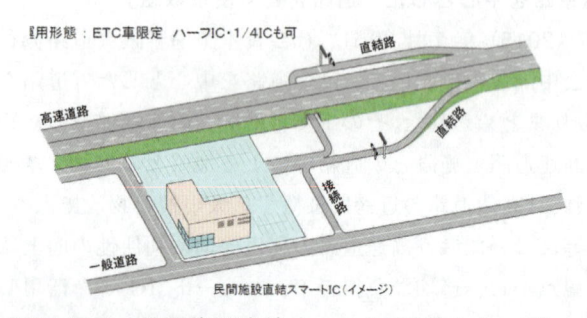

図Ⅶ-14-8　民間施設直結スマート IC（イメージ）[150]

　民間施設直結スマートインターチェンジに係る役割分担を図Ⅶ-14-9のように定め、インターチェンジの名称には民間施設名を用いた名称をつけることが可能としている。

[150] 国土交通省 HP　報道・広報「高速道路と民間施設を直結する民間施設直結スマートインターチェンジ制度を具体化し、募集を開始」（平成 29 年 7 月 7 日）参考資料「民間施設直結スマート I C について」，
http://www.mlit.go.jp/report/press/road01_hh_000856.html

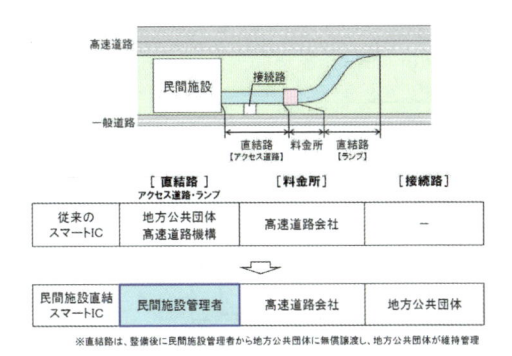

図Ⅶ-14-9　民間施設直結スマート IC に係る役割分担[151]

　事業の手続きは、民間施設管理者と地方公共団体において、直結する民間施設・地方公共団体の計画への位置づけ・IC の概ねの位置、構造形式等の整備方針を検討し、民間施設管理者の提案を受けた市町村が、国に整備方針の認定を申請、認定される流れである（図Ⅶ-14-10）。

---

[151] 国土交通省 HP　報道・広報「高速道路と民間施設を直結する民間施設直結スマートインターチェンジ制度を具体化し、募集を開始」（平成 29 年 7 月 7 日）参考資料「民間施設直結スマートＩＣについて」，
http://www.mlit.go.jp/report/press/road01_hh_000856.html

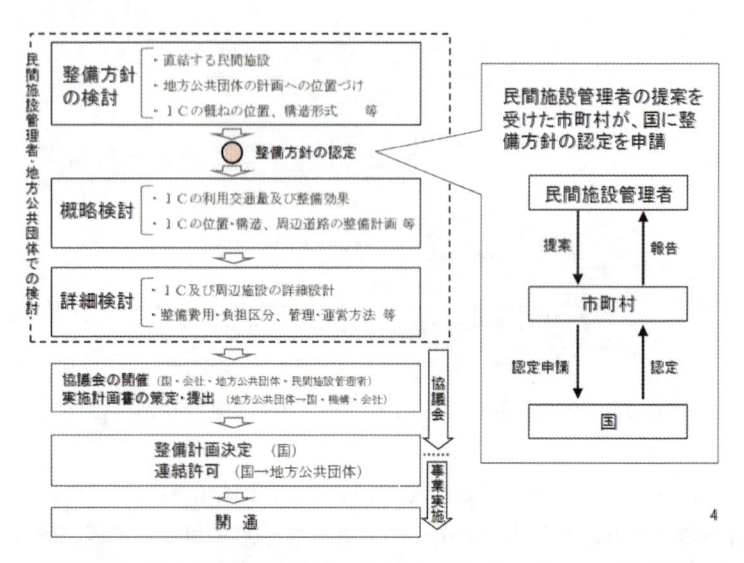

図Ⅶ-14-10　民間施設直結スマートインターチェンジに係る
整備方針の認定申請[152]

---

[152] 国土交通省 HP 報道・広報「高速道路と民間施設を直結する民間施設直結スマートインターチェンジ制度を具体化し、募集を開始」（平成 29 年 7 月 7 日）参考資料「民間施設直結スマートＩＣについて」，
http://www.mlit.go.jp/report/press/road01_hh_000856.html

Ⅶ-15　観光振興の推進

Ⅶ-15-1　観光振興施策

　平成 19（2007）年 1 月に観光立国推進基本法が施行され、平成 20
（2008）年 10 月に国土交通省に観光庁が発足した。その翌年の平成 21
（2009）年 6 月に開催された第 12 回観光立国推進戦略会議[153]において
「観光立国に係る中長期的戦略として来日外国人訪問客数を平成 32
（2020）年に 2 千万人を目標とするべき」とする意見が出され、これが
日本政府の目標となった。また、観光立国推進基本法の規定に基づき、平
成 24（2012）年 3 月には「観光立国推進基本計画」が閣議決定された。
それまでも道路行政においては観光地の活性化に関する施策を長期的継
続的に行ってきたが、これらの出来事が契機となって、観光振興施策へ
の取組みが加速されることになった。

　平成 24（2012）年に「道路分科会建議中間とりまとめ[cxxxviii]」が公表
され、その中で、観光振興などの地域サービスへのアクセス、戦略的な観
光振興、観光資源を活用して地域振興に貢献する「道の駅」、道の駅や SA・
PA の情報発信機能を有効活用して観光周遊等を促進、などの提言がな
され、各種取り組みが進められた。

　その後、戦略的なビザ緩和、免税制度の拡充、出入国管理体制の充実、
航空ネットワークの拡大などの取組により、訪日外国人旅行者数は 2 倍
以上の約 2000 万人に達し、その消費額も 3 倍以上となり、自動車部品
産業の輸出総額に匹敵する約 3.5 兆円に達した。こういった状況を踏ま
え、観光を「地方創生」への切り札、成長戦略の柱として我が国の基幹
産業へと成長させ「観光先進国」を実現するため、平成 28（2016）年 3
月に「明日の日本を支える観光ビジョン」が策定され、訪日外国人旅行
者数を 2020 年に 4000 万人、2030 年に 6000 万人とする新たな目標が
設定され、平成 29（2017）年には新たな「観光立国推進基本計画」が閣
議決定された。

---

[153] 官邸において開催される有識者会議。平成 16（2004）年 5 月に第 1 回会議が開催され
た会議の庶務は、国土交通省の協力を得て、内閣官房において処理される。

　こういった動きについては平成 29 年 8 月に公表された「道路分科会建議cxxxix」に反映された。建議の提言を受けて、道路行政においては主に以下の施策が、地域住民・来訪者・関係団体・道路管理者等との連携の下で取り組まれている[154]。

　ア．観光地、およびその周辺地域における渋滞対策

　イ．道路空間を活用した賑わいの創出や良好な景観形成などの快適な空間づくり

　ウ．制約の少ない道路空間についてはオープン化を推進し、観光の振興にも寄与

　エ．道の駅は地域の観光振興を支える上でも重要な拠点であり、道の駅において外国人向け・有人観光案内所の設置、無料公衆無線 LAN の整備により、渋滞情報の提供やインバウンドも含めた観光案内を更に充実

　オ．来訪者や地域の活動団体との連携により、歴史・文化的な価値を有する道路施設等をリバイバルし、観光資源として活用

　カ．道路施設等を観光資源として、民間企業等と連携し、ツアー等（インフラツーリズム）に活用

　キ．主要な観光地等において、「ローマ字」表記から外国人にわかりやすい「英語」表記への改善や案内充実等の取組をさらに推進

Ⅶ-15-2　ナンバリングcxl,cxli

　高速道路ネットワークの充実によるルート選択の多様化、訪日外国人旅行者の急増に伴うレンタカー利用者の増加など、我が国の高速道路は多様な利用者が行き交う状況に変化しつつあることを踏まえ、現在使われている路線名に併用して、路線番号による案内を実施することにより、すべての利用者にわかりやすい道案内を実現する観点から、「高速道路ナンバリング」の取組が進められている。

　平成 29（2017）年 2 月 26 日の圏央道（境古河 IC〜つくば中央 IC）

---

[154]国土交通省：社会資本整備審議会　道路分科会　第５３回基本政策部会資料、平成 27（2015）年 12 月 14 日

開通に合わせた設置を皮切りに、2020 年東京オリンピック・パラリンピックまでの概成に向け、全国の高速道路や接続する一般道路において、標識整備が展開されているところである。

　平成 28 年 10 月に、「高速道路ナンバリング検討委員会」（委員長：家田 仁 政策研究大学院大学教授、平成 28 年 4 月〜）から「高速道路ナンバリングの実現に向けた提言」がなされたことを受け、平成 29 年 2 月に「高速道路番号」標識の新設等を行う標識令の改正が行われるとともに、関連通知、ガイドラインの整備が行われており、その概要を簡単に以下に示す。

(1)　高速道路ナンバリングの対象路線

　全国の高速道路をわかりやすく案内するためには、可能な限り、連続して利用することが想定される多くの路線を対象に付番することが望ましい。このため、高速道路ネットワークの骨格である高規格幹線道路（計画延長約 14,000km）については、すべての路線を高速道路ナンバリングの対象路線とした。

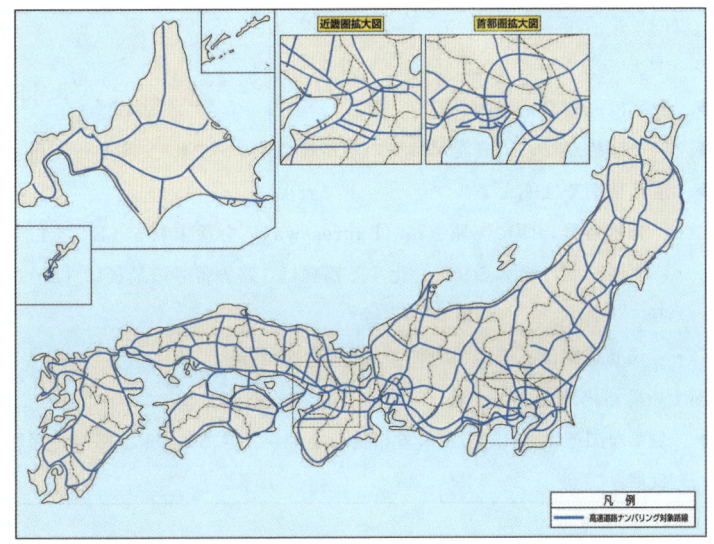

図Ⅶ-15-1　高速道路ナンバリングの対象路線[155]

---

[155] 国土交通省道路局ホームページ，高速道路ナンバリング，

　高規格幹線道路以外の路線についても、「高規格幹線道路網を補完して地域のネットワークを形成しており、利用者にシームレスに案内されるべき路線」や「高規格幹線道路から主要な空港・港湾、観光地へのアクセスにおいて、利用者にシームレスに案内されるべき路線」については、高速道路ナンバリングの対象路線に加えた（図Ⅶ-15-1）。

　また、既にナンバリングが実現している首都高速道路や阪神高速道路等の都市高速道路については、利用者の認知も進んでいると考えられることから、今般の高速道路ナンバリングとの差別化を前提とし、高速道路ナンバリングの対象とはしていない。

(2)　高速道路ナンバリングルール

　ナンバリングで基本とする事項は以下の通りである。また、ナンバリングの具体的ルールを表Ⅶ-15-1 に示す。

---

1. 親しみやすく
   - ◆　地域でなじみがあり、かつ国土の根幹的な路線の既存の国道番号（2桁以内）を活用
2. シンプルで分かりやすく
   - ◆　数字は原則2桁以内
   - ◆　同一起終点など、機能が似ている路線はグループ(ファミリー) 化
   - ◆　道路種別や機能をアルファベットで表現
     - ・　路線番号の頭に高速道路（Expressway）を意味する「E」を付与
     - ・　グループ（ファミリー）化する路線は、路線番号の最後に「A」を付与
     - ・　環状道路は、路線番号の頭に「C」を付与
3. 国土の骨格構造を表現する
   - ◆　主要な国道番号で、国土の骨格構造を表現できるように、路線の起終点を設定

---

http://www.mlit.go.jp/road/sign/numbering/index.html

表Ⅶ-15-1　ナンバリングの具体的ルール[156]

①1桁・2桁国道に並行する路線	当該国道番号を付番	例) E1　東名高速道路 ※並行する路線は国道1号
②1桁国道とグループ（ファミリー）化する路線	新東名高速道路・新名神高速道路は東名高速道路・名神高速道路の並行路線とした「1A」、中国自動車道は山陽自動車道の並行路線とした「2A」としグループ化	E1A 新東名高速道路 新名神高速道路 伊勢湾岸自動車道 E2A 中国自動車道 関門自動車道
	3号、4号、5号は、先行して整備されたルートに付番し、既存の国道が並行する区間の路線には、「A」を付けた路線番号としグループ化	E3A　南九州自動車道 E4A　東北縦貫自動車道八戸線（安代～青森）〔八戸自動車道、青森自動車道　等〕 E5A　北海道横断自動車道（黒松内～札幌）〔札樽自動車道　等〕
③環状道路	首都圏、名古屋圏の環状道路は、アルファベットで機能を表現するとともに、既存の都市高速道路の環状道路との整合性にも配慮	C3　東京外環自動車道 C4　首都圏中央連絡自動車道（釜利谷～木更津） CA　東京湾アクアライン、東京湾アクアライン連絡道 C2　名古屋第二環状自動車道 C3　東海環状自動車道
④1桁・2桁国道に並行する路線の対象を拡大して付番する路線	北海道縦貫自動車道は、国土全体および北海道の骨格構造を表現する路線であることから、全線を5号と付番	E5　北海道縦貫自動車道〔道央自動車道　等〕 （国道5号、37号、36号、12号、40号）
	2桁国道に同一地域内で概ね方向が一致している路線は、当該国道番号を活用	例) E39　旭川・紋別自動車道 E41　東海北陸自動車道
	並行する国道が3桁番号である、又は並行する国道の国道番号を別路線に付番する路線で、隣接して2桁国道がある場合は、当該国道番号を延伸	例) E14　京葉道路,館山自動車道,富津館山道路 （国道14号、16号、127号）
⑤その他の路線	国道番号に使われていない59番以降の2桁番号を付番	例) E59　函館・江差自動車道

[156] 国土交通省道路局ホームページ，高速道路ナンバリング，
http://www.mlit.go.jp/road/sign/numbering/index.html

　以上のルールを踏まえ、高速道路ナンバリングは表Ⅶ-15-2 に示す通りとなる。

表Ⅶ-15-2　高速道路ナンバリング一覧[157]

路線番号	路線名	路線番号	路線名
E1	東名高速道路、名神高速道路	E1A	新東名高速道路、新名神高速道路、伊勢湾岸自動車道
E2	山陽自動車道	E2A	中国自動車道、関門自動車道
E3	九州自動車道	E3A	南九州自動車道
E4	東北自動車道	E4A	東北縦貫自動車道八戸線（安代～青森）〔八戸自動車道、青森自動車道 等〕
E5	北海道縦貫自動車道〔道央自動車道 等〕	E5A	北海道横断自動車道（黒松内～札幌）〔札樽自動車道 等〕
E6	常磐自動車道、仙台東部道路、三陸沿岸道路（仙台港北～利府）、仙台北部道路	E7	日本海東北自動車道、秋田自動車道（河辺～小坂）
E8	北陸自動車道	E9	京都縦貫自動車道、鳥取豊岡宮津自動車道、山陰自動車道
E10	東九州自動車道（北九州～清武）、宮崎自動車道	E11	徳島自動車道（徳島～鳴門）、高松自動車道、松山自動車道（川之江～松山）
E13	東北中央自動車道（相馬～福島北）、東北自動車道（福島北～福島）、東北中央自動車道（福島～横手）	E14	京葉道路、館山自動車道、富津館山道路
E16	横浜新道（新保土ヶ谷～狩場）、横浜横須賀道路	E17	関越自動車道
E18	上信越自動車道	E19	中央自動車道（小牧～岡谷）、長野自動車道
E20	中央自動車道（高井戸～岡谷）	E23	東名阪自動車道、伊勢自動車道
E24	京奈和自動車道	E25	名阪国道、西名阪自動車道
E26	近畿自動車道、阪和自動車道（松原～和歌山）	E27	舞鶴若狭自動車道
E28	神戸淡路鳴門自動車道	E29	中国横断自動車道姫路鳥取線（播磨～鳥取）〔播磨自動車道、中国自動車道、鳥取自動車道〕
E30	瀬戸中央自動車道	E31	広島呉道路
E32	徳島自動車道（徳島～川之江東）、高知自動車道（川之江～高知）	E34	大分自動車道（日出～鳥栖）、長崎自動車道、ながさき出島道路
E35	西九州自動車道	E38	北海道横断自動車道根室線（千歳恵庭～釧路東）〔道東自動車道 等〕
E39	旭川・紋別自動車道	E41	東海北陸自動車道、能越自動車道
E42	近畿自動車道紀勢線（勢和多気～和歌山）〔紀勢自動車道、阪和自動車道 等〕	E44	北海道横断自動車道根室線（釧路東～根室）

---

[157] 国土交通省道路局ホームページ，高速道路ナンバリング，
http://www.mlit.go.jp/road/sign/numbering/index.html

路線番号	路線名	路線番号	路線名
E45	三陸沿岸道路（利府～八戸）	E46	釜石自動車道、東北自動車道（花巻～北上）、秋田自動車道（北上～河辺）
E48	仙台南部道路、東北自動車道（仙台南～村田）、山形自動車道	E49	磐越自動車道
E50	北関東自動車道、東水戸道路、常陸那珂有料道路	E51	東関東自動車道水戸線（市川～茨城町）〔東関東自動車道〕
E52	新東名高速道路清水連絡路、中部横断自動車道（新清水～双葉）、中央自動車道（双葉～長坂）、中部横断自動車道（長坂～佐久小諸）	E54	尾道自動車道、松江自動車道
E55	四国横断自動車道（徳島～阿南）、阿南安芸自動車道、高知東部自動車道	E56	四国横断自動車道（高知～大洲）〔高知自動車道　等〕、松山自動車道（大洲～松山）
E58	沖縄自動車道、那覇空港自動車道	E59	函館・江差自動車道
E60	帯広・広尾自動車道	E61	北海道横断自動車道網走線（本別～網走）〔道東自動車道、十勝オホーツク自動車道　等〕
E62	深川・留萌自動車道	E63	日高自動車道
E64	津軽自動車道	E65	新空港自動車道
E66	首都圏中央連絡自動車道（栄～戸塚）	E67	中部縦貫自動車道
E68	中央自動車道（大月～河口湖）、東富士五湖道路	E69	新東名高速道路引佐連絡路、三遠南信自動車道
E70	伊豆縦貫自動車道	E71	関西空港自動車道、関西国際空港連絡橋
E72	北近畿豊岡自動車道	E73	岡山自動車道、中国自動車道（北房～落合）、米子自動車道
E74	広島自動車道、中国自動車道（広島北～千代田）、浜田自動車道	E75	東広島呉自動車道
E76	尾道福山自動車道、瀬戸内しまなみ海道、今治小松自動車道	E77	九州横断自動車道延岡線〔九州中央自動車道〕
E78	東九州自動車道（清武～加治木）	E80	あぶくま高原道路
E81	日光宇都宮道路	E82	千葉東金道路
E83	第三京浜道路、横浜新道（保土ヶ谷～戸塚）	E84	新湘南バイパス（茅ヶ崎～茅ヶ崎海岸）、西湘バイパス
E85	小田原厚木道路	E86	のと里山海道（千鳥台～徳田大津）
E87	知多半島道路（大高～半田中央）、セントレアライン	E88	京滋バイパス
E89	第二阪奈道路	E90	堺泉北有料道路
E91	南阪奈有料道路、南阪奈道路、大和高田バイパス（弁之庄～四条）	E92	第二阪奈有料道路
E93	第二神明道路	E94	第二神明道路（北線）
E95	播但連絡道路	E96	長崎バイパス
E97	日出バイパス、大分空港道路	E98	一ツ葉有料道路（南線）
C3	東京外環自動車道	C4	首都圏中央連絡自動車道（釜利谷～木更津）
CA	東京湾アクアライン、東京湾アクアライン連絡道	C2	名古屋第二環状自動車道
C3	東海環状自動車道		

※国土開発幹線自動車道建設法で定める路線名については、〔　〕内に現地の案内で使われている路線名を記載。

(3)　路線シンボルのデザイン・路線番号の読み方

　コンパクトな形状を用いて、表Ⅶ-15-3 のように路線番号を出来るだけ機能的に表現するようにしている。また、路線番号を音声で案内する際の日本語、英語による読み方等も定めている（表Ⅶ-15-4）。

　さらに、地図やカーナビゲーション等において路線番号と路線名を併記する表示イメージを図Ⅶ-15-2 及び図Ⅶ-15-3 に示す。

表Ⅶ-15-3　路線シンボルのデザイン[158]

○1桁番号	E1	東名高速道路 名神高速道路	E1A	新東名高速道路 新名神高速道路 伊勢湾岸自動車道
○2桁番号	E20	中央自動車道 （高井戸～岡谷）	E56	四国横断自動車道 （高知～大洲） 〔高知自動車道　等〕 松山自動車道 （大洲～松山）
○環状道路	C4	首都圏中央連絡自動車道 （釜利谷～木更津）	CA	東京湾アクアライン 東京湾アクアライン連絡道

表Ⅶ-15-4　路線番号の読み方[159]

路線番号	日本語の読み方	英語の読み方
E1	いーいち	イーワン
E4A	いーよんえー	イーフォーエー
E56	いーごじゅうろく	イーフィフティシックス
C4	しーよん	シーフォー
CA	しーえー	シーエー

---

[158] 国土交通省道路局ホームページ，高速道路ナンバリング，
http://www.mlit.go.jp/road/sign/numbering/index.html
[159] 国土交通省道路局ホームページ，高速道路ナンバリング，
http://www.mlit.go.jp/road/sign/numbering/index.html

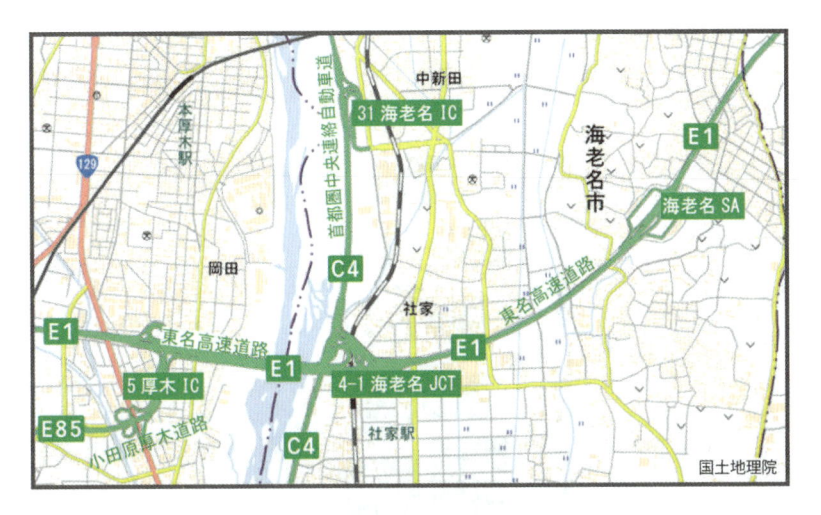

図Ⅶ-15-2　地図における表示イメージ[160]

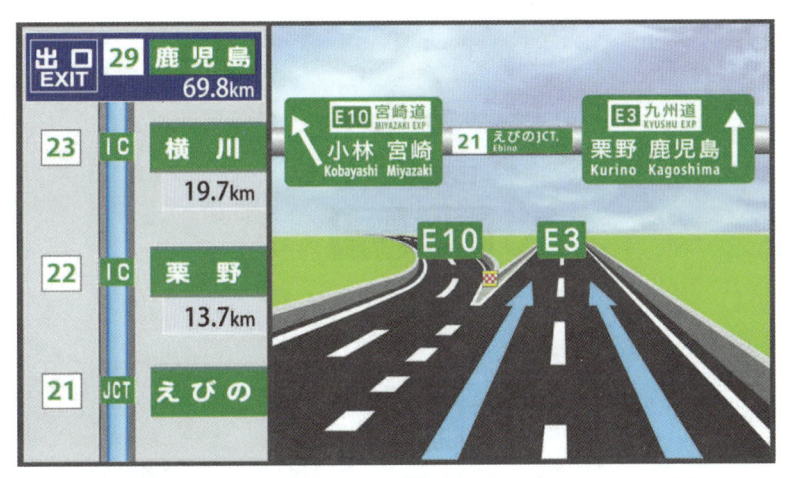

図Ⅶ-15-3　カーナビゲーションにおける活用イメージ[161]

---

[160] 国土交通省道路局ホームページ，高速道路ナンバリング，
http://www.mlit.go.jp/road/sign/numbering/index.html
[161] 国土交通省道路局ホームページ，高速道路ナンバリング，
http://www.mlit.go.jp/road/sign/numbering/index.html

(4)　道路標識による案内

路線番号と路線名を併記して案内するイメージを図Ⅶ-15-4 及びⅦ-15-5 に示す。

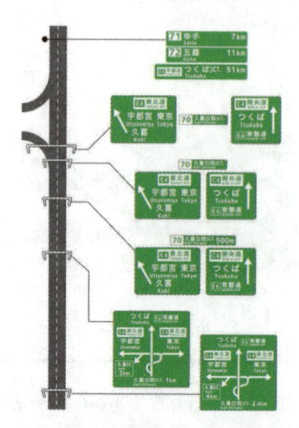

図Ⅶ-15-4　高速道路入り口における案内イメージ[162]

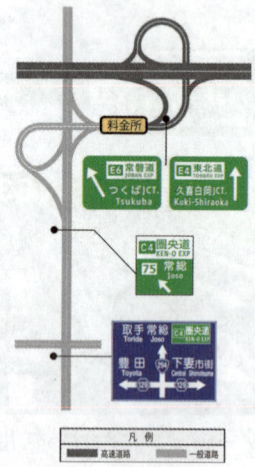

図Ⅶ-15-5　ジャンクションにおける案内イメージ[163]

---

[162] 国土交通省道路局ホームページ, 高速道路ナンバリング, http://www.mlit.go.jp/road/sign/numbering/index.html
[163] 国土交通省道路局ホームページ, 高速道路ナンバリング, http://www.mlit.go.jp/road/sign/numbering/index.html

Ⅶ-16　道路ストックの老朽化対策

Ⅶ-16-1　老朽化対策に関する背景・経緯^{cxlii、cxliii}

　我が国の道路は高度経済成長期に集中的に整備されたため、今後、道路橋をはじめとした道路構造物の老朽化が急速に進行し、補修や更新の増加が想定される。現在、道路橋の計画的な点検、診断、補修、更新を通じた予防保全によるライフサイクルコスト縮減を目指して、道路ストックの長寿命化の取り組みが始まっているが、多くの道路ストックを抱える市区町村においては、技術的、財政的な理由により、取り組みが遅れている。今後の方向性として、国・地方が管理する道路構造物の実態把握のための棚卸しを実施し、具体的には実態データを収集の上、将来の維持修繕・更新費の算定を行い、将来の負担を軽減するために計画に基づく維持修繕を行うこととし、構造物の点検、診断、補修等のサイクルを確実に進めていくことをはじめ、取り組みが遅れている市区町村への技術的・財政的な支援の継続実施、技術開発・研究の充実や、技術者・担い手の育成等、持続可能なアセットマネジメントシステムの確立を図ることが必要とされた。

　また、近年の国会における議論等を背景にして、社会資本全体について、国土交通省の主要施策をとりまとめた「持続可能で活力ある国土・地域づくり」が平成24（2012）年7月に公表され、安全と安心の確保のため、社会資本の適確な維持管理・更新として、

　　・社会資本の実態把握と維持管理・更新費の推計

　　・施設の長寿命化によるトータルコストの縮減

　　・維持管理・更新のあるべき姿（官民連携、機能高度化等）の検討

に取り組むとするとともに、同月、社会資本整備審議会・交通政策審議会へ今後の社会資本の維持管理・更新のあり方について諮問がなされ、「社会資本メンテナンス戦略小委員会」において議論が進められており、平成24（2012）年8月に閣議決定された社会資本整備重点計画においても、同趣旨の内容が重点目標と位置づけられた。

　その後、平成24（2012）年12月2日発生した中央自動車道笹子トン

ネルの天井板落下事故を受け、トンネル天井板の全国緊急点検やトンネル内の附属物の一斉点検を実施するとともに、「トンネル天井板の落下事故に関する調査・検討委員会」が設置され、落下メカニズムの推定および事故発生要因の整理、再発防止策、道路構造物の今後の設計、施工、維持管理等のあり方について等を内容とする報告書が平成 25（2013）年 6 月 18 日にとりまとめられた。国土交通省では、平成 25（2013）年 1 月 21 日に大臣を議長とする「社会資本の老朽化対策会議」が設置され、「国民の命を守る」観点から、老朽化が進む社会資本の戦略的な維持管理・更新を推進するために必要な施策について検討がなされ、平成 25（2013）年 3 月 21 日に「社会資本の維持管理・更新に関し当面講ずべき措置」がとりまとめられた。その中では、インフラの総点検を実施し、必要な修繕を速やかに行うことに加え、平成 26（2014）年度以降、長寿命化計画の策定等を通じ、維持管理・更新に係る本格的な PDCA サイクルへの移行を図っていくこととし、平成 25（2013）年度を「社会資本メンテナンス元年」として、老朽化対策に総合的かつ重点的に取り組んでいくとされた。道路分野においては、平成 25（2013）年 1 月 23 日に、道路の維持管理に関する技術基準類やその運用状況を総点検し、道路構造物の適切な管理のための基準類のあり方について調査・検討することを目的として、社会資本整備審議会道路分科会の下に道路メンテナンス技術小委員会が設置され、緊急的な課題として、点検、診断、修繕等の措置や長寿命化計画等の充実を含む維持管理の業務サイクル（メンテナンスサイクル）の構築について、平成 25（2013）年 6 月 5 日に中間とりまとめがなされた。

　道路ストックの高齢化の現状等を踏まえ、道路の老朽化および大規模な災害の発生の可能性に対応した道路の適正な管理を図るため、予防保全の観点を踏まえた道路の点検を行うべきことの明確化や、道路の劣化の要因となる大型車両の通行を特定の道路に誘導する制度の創設、制限違反車両の取り締まりの強化など、所要の措置を講ずることを内容とする「道路法等の一部を改正する法律案」が、国会に提出され、可決・成立し、平成 25（2013）年 6 月 5 日に公布され、同年 9 月 2 日に施行さ

れた[164]。

　また、上記の改正法及び改正政令により、維持・修繕に関する定性的な基準を定めたが、各道路管理者の責任による「点検→診断→措置→記録」というメンテナンスサイクルを確定するためには、具体的な点検頻度や方法等を法令で定めることが必要であることから、道路法施行令第35条の2第2項の規定に基づき、道路法施行規則において、道路の維持・修繕に関する技術的基準等を定めるため、「道路法施行規則の一部を改正する省令（平成26年国土交通省令第39号）」が平成26（2014）年3月31日に公布され、平成26（2014）年7月1日に施行された。これにより、全国にある約70万の橋梁や約1万のトンネル等を、近接目視により5年に1回の頻度で点検し、統一的な尺度・判定区分で健全度を診断、記録するものとしている[165]。

　また、平成26（2014）年4月14日、社会資本整備審議会・道路分科会基本政策部会において、「道路の老朽化対策の本格実施に関する提言」[166]が取りまとめられ、メンテナンスサイクルの確定（道路管理者の義務の明確化）、メンテナンスサイクルを回す仕組みの構築等の各種施策に取り組んでいる。また、平成26（2014）年4月に、地方公共団体の取組みに対する体制支援を行う道路メンテナンス会議が設立され、平成26（2014）年6月25日には、円滑な点検の実施のための具体的な点検方法等を提示する定期点検要領[167]が策定され、通知された。

---

[164] 国土交通省道路局路政課：「「道路法等の一部を改正する法律」の概要について」，日本道路協会，道路，2013，7月号，p29～31

[165] 国土交通省道路局路政課、国道・防災課：「道路の維持修繕に関する省令・告示について～メンテナンスサイクルを確定～」，日本道路協会，道路，2014，4月号，p36～37

[166] 国土交通省ホームページ：「道路の老朽化対策の本格実施に関する提言」，
http://www.mlit.go.jp/road/sisaku/yobohozen/yobo10.pdf

[167] 国土交通省ホームページ：「道路構造物の点検要領」，
http://www.mlit.go.jp/road/sisaku/yobohozen/yobohozen.html

Ⅶ-16-2　道路ストックの現状と課題[cxliv]

(1)　橋梁の現状

　我が国の道路橋の現状は、図Ⅶ-16-1に示すとおり、全国に約73万橋あり、このうち、地方公共団体が管理する橋梁は約66万橋であり、9割以上を占める。

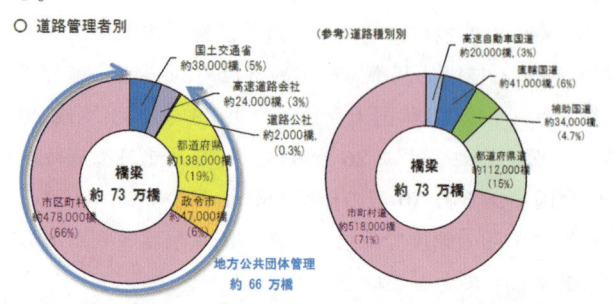

図Ⅶ-16-1　道路橋の道路管理者別・道路種別施設数[168]

　また、建設後50年を経過した橋梁の割合は、現在約23%であるのに対し、10年後には約48%に急増す。橋長15m未満の橋梁は、10年後、約54%が建設後50年を経過している。この他に建設年度が不明道路橋全国で約23万橋あり、これらの大半が市町村管理の橋長15m未満の橋梁となっている。

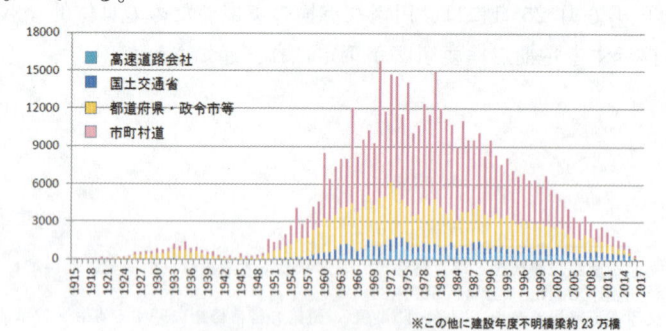

図Ⅶ-16-2　建設年度別橋梁数[169]

---

[168] 国土交通省ホームページ：「道路メンテナス年報」国土交通省　道路局　平成29年8月，http://www.mlit.go.jp/road/sisaku/yobohozen/pdf/h28/29_03maint.pdf
[169] 国土交通省ホームページ：「道路メンテナス年報」国土交通省　道路局　平成29年8

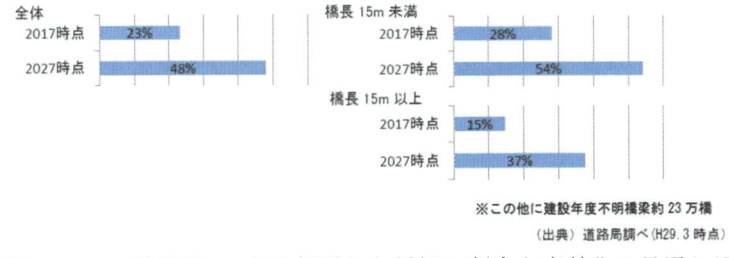

図Ⅶ-16-3　建設後 50 年を経過した橋梁の割合と高齢化の見通し[170]

(2)　点検結果（平成 26〜28 年度）

　全ての道路管理者は、平成 25 年の道路法改正等を受け、平成 26 年 7 月より、「橋梁」、「トンネル」、及び「シェッド・大型カルバート、横断歩道橋、門型標識等（以下、道路附属物等）」の道路施設について、5 年に 1 度、近接目視による点検を実施している。この点検の実施状況や結果等を「道路メンテナス年報」としてとりまとめ、ホームページに公表している。

　橋梁、トンネル等の健全性の点検結果は、構造物の機能に着目して、施設の状態に応じ、4 段階の区分に統一して表現することとした（表 Ⅶ-16-1）。

表 Ⅶ-16-1　健全性の診断区分[171]

	区分	状態
Ⅰ	健全	構造物の機能に支障が生じていない状態。
Ⅱ	予防保全段階	構造物の機能に支障が生じていないが、予防保全の観点から措置を講ずることが望ましい状態。
Ⅲ	早期措置段階	構造物の機能に支障が生じる可能性があり、早期に措置を講ずべき状態。
Ⅳ	緊急措置段階	構造物の機能に支障が生じている、又は生じる可能性が著しく高く、緊急に措置を講ずべき状態。

月，http://www.mlit.go.jp/road/sisaku/yobohozen/pdf/h28/29_03maint.pdf
170　国土交通省ホームページ：「道路メンテナス年報」国土交通省　道路局　平成 29 年 8 月，http://www.mlit.go.jp/road/sisaku/yobohozen/pdf/h28/29_03maint.pdf
171　国土交通省ホームページ：「道路メンテナス年報」国土交通省　道路局　平成 29 年 8 月，http://www.mlit.go.jp/road/sisaku/yobohozen/pdf/h28/29_03maint.pdf

　平成 26～28 年度の累積点検実施率は、橋梁 54%、トンネル 47%、道路附属物等 57%と着実に進捗している。判定区分の割合は、橋梁：Ⅰ 39%、Ⅱ 50%、Ⅲ 11%、Ⅳ 0.1%、トンネル：Ⅰ 3%、Ⅱ 53%、Ⅲ 44%、Ⅳ 0.5%、道路附属物等：Ⅰ 33%、Ⅱ 52%、Ⅲ 14%、Ⅳ 0.1%となっている。点検結果の経年変化を見ると、橋梁では、平成 26 年度は判定区分Ⅲの割合が高いが、平成 27 年度、平成 28 年度は、概ね傾向が一致してきている。

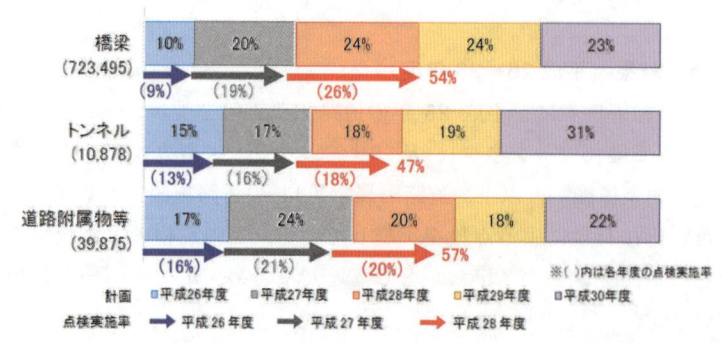

図Ⅶ-16-4　5 年間の点検計画と平成 26～28 年度の
累積点検実施率（全道路管理者合計）[172]

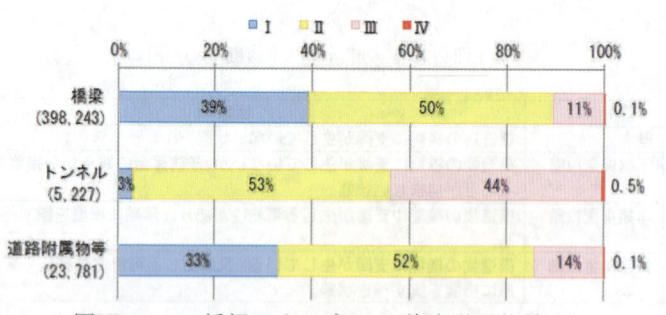

図Ⅶ-16-5　橋梁、トンネル、道路附属物等の
判定区分の割合（全道路管理者合計）[173]

---

[172] 国土交通省ホームページ：「道路メンテナス年報」国土交通省 道路局 平成 29 年 8 月，http://www.mlit.go.jp/road/sisaku/yobohozen/pdf/h28/29_03maint.pdf
[173] 国土交通省ホームページ：「道路メンテナス年報」国土交通省 道路局 平成 29 年 8 月，http://www.mlit.go.jp/road/sisaku/yobohozen/pdf/h28/29_03maint.pdf

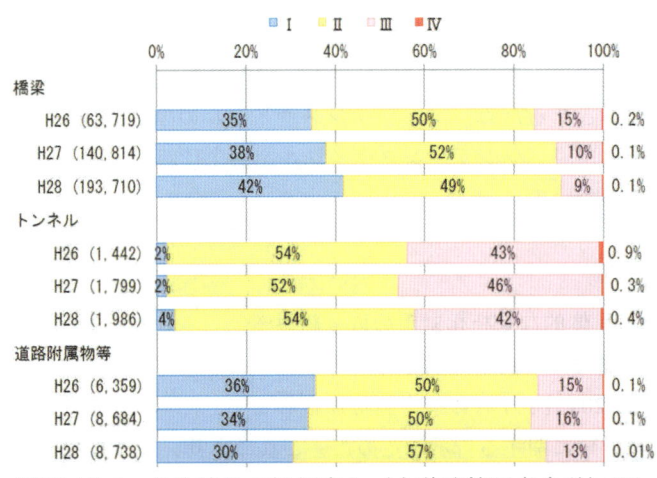

図Ⅶ-16-6　点検結果の経年変化（全道路管理者合計）[174]

　全国約 73 万の橋梁のうち、約 7 割の約 48 万橋は市町村が管理してい
るが、市町村の技術者不足は深刻であり、平成 26（2014）年 11 月に全
市区町村を対象に調査したところ、町の約 3 割、村の約 6 割で、橋梁保
全業務に携わる土木技術者が存在しない（図Ⅶ-17-7）。また、平成 25
（2014）年 10 月時点の調査では、地方公共団体が行う橋梁点検は、遠
望目視による点検が約 8 割に上り、点検の質においても課題があった。

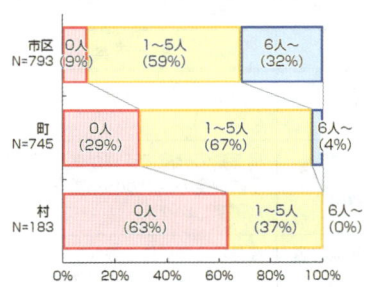

図　Ⅶ-16-7　橋梁保全業務に携わる土木技術者の数
（平成 26 年 11 月、道路局調べ）[175]

[174] 国土交通省ホームページ：「道路メンテナンス年報」国土交通省　道路局　平成 29 年 8
月，http://www.mlit.go.jp/road/sisaku/yobohozen/pdf/h28/29_03maint.pdf
[175] 武藤聡，村下剛，宮西洋幸：「道路インフラの現状と老朽化対策の取組　平成 26 年度定

　これらの課題等に対し、国土交通省では、道路の老朽化対策の本格実施として、特に人や技術力、予算が不足する地方公共団体における取り組みを促進させるため、「メンテナンスサイクルの確定（道路管理者の義務の明確化）」と「メンテナンスサイクルを回す仕組みの構築」の二本柱で取り組んでいる。

Ⅶ-16-3　具体的な老朽化対策の取り組み[cxlv]

(1)　道路管理者の義務の明確化

　平成 26(2014)年 7 月の省令施行に合わせて、トンネル等の健全性の診断結果の分類に関する告示を定めた。これにより、いままで各道路管理者においてバラバラであった健全性の診断結果について、構造物の機能に着目して、施設の状態に応じ、4 段階の区分に統一して表現することとした（表 Ⅶ-16-1）。また、市町村における円滑な点検の実施のための技術的助言として、省令及び告示の規定に基づいた、具体的な点検方法（近接目視）、主な変状の着目点、判定事例の写真等を示した「定期点検要領」を平成 26(2014)年 6 月 25 日に策定し、各道路管理者に参考送付した。

表 Ⅶ-16-1　健全性の診断区分[176]

区分		状態
Ⅰ	健全	構造物の機能に支障が生じていない状態
Ⅱ	予防保全段階	構造物の機能に支障が生じていないが，予防保全の観点から措置を講ずることが望ましい状態
Ⅲ	早期措置段階	構造物の機能に支障が生じる可能性があり，早期に措置を講ずべき状態
Ⅳ	緊急措置段階	構造物の機能に支障が生じている．又は生じる可能性が著しく高く，緊急に措置を講ずべき状態

期点検結果等について」，日本道路協会，道路，2015，11 月号，p.10〜13
[176] 武藤聡，村下剛，宮西洋幸：「道路インフラの現状と老朽化対策の取組 平成 26 年度定

(2)　道路メンテナンス会議の開催

　市町村の体制面の支援として、関係機関の連携を図るため、地方整備局、都道府県、市町村、高速道路会社等の各道路管理者で構成される「道路メンテナンス会議」を、平成 26(2014)年 7 月までに全都道府県で設置した。道路メンテナンス会議の開催を通じて、老朽化対策に関する情報共有や意見交換、地域一括発注に関する調整、点検計画の策定・とりまとめ、跨線橋や跨道橋に関する調整等を実施している。また、道路メンテナンス会議を通じ、市町村のニーズのとりまとめ・調整を行い、市町村が実施する点検の発注事務を都道府県等が受託する「地域一括発注」を実施している。

(3)　道路メンテナンス技術集団による直轄診断

　技術面の支援として、「直轄診断」を実施している。これは、「橋梁、トンネル等の道路施設について、各道路管理者が責任を持って管理する」という原則の下、それでもなお、地方公共団体の技術力等に鑑みて支援が必要なもの（複雑な構造を有するもの、損傷の度合いが著しいもの、社会的に重要なもの、等）に限り、国が、地方整備局、国土技術政策総合研究所、国立研究開発法人・土木研究所の職員で構成する「道路メンテナンス技術集団」を派遣し、技術的な助言を行うものである。

(4)　研修の充実

　メンテナンス体制を強化するため、各地方整備局技術事務所等において、地方公共団体等の職員を対象とした、橋梁等の定期点検に関する研修の充実を図っている。受講者の技術レベルに合わせ、初級、中級、特論の 3 種類の研修を用意しており、国土技術政策総合研究所や土木研究所等が知見を活かして作成した研修テキストを活用している。

期点検結果等について」，日本道路協会，道路，2015，11 月号，p.10〜13

(5)　国民の理解・協働の促進

　道路インフラの現状や老朽化対策の必要性に関する国民の理解促進の
ため、地域住民や学生、マスコミ関係者等を対象とした橋梁の現地見学
会の開催や、各地方公共団体の広報誌等による周知等により、理解と協

参考文献

i　中神陽一，山岸直人：「新渋滞対策プログラムについて」，日本道路協会，道路，1994，7月号，p8〜15より再掲

ii　道路行政研究会：道路行政，全国道路利用者会議，2010，p455〜463より再掲

iii　今井勇，井上孝，山根孟：道路の長期計画，（株）技術書院，1971，p64より再掲

iv　国土交通省：「都市圏の交通渋滞対策 -都市再生のための道路整備」平成15年3月，http://www.mlit.go.jp/common/000043136.pdf より再掲

v　社会資本整備審議会 道路分科会 国土幹線道路部会 中間答申 高速道路を中心とした「道路を賢く使う取組」平成27年7月30日
http://www.mlit.go.jp/report/press/road01_hh_000541.html

vi　国土交通省：社会資本整備審議会 道路分科会 国土幹線道路部会 中間答申、平成25（2013）年6月25日
http://www.mlit.go.jp/common/001001968.pdf

vii　社会資本整備審議会 道路分科会 国土幹線道路部会 中間答申 高速道路を中心とした「道路を賢く使う取組」、平成27年7月30日
http://www.mlit.go.jp/common/001098857.pdf

viii　道路交通アセスメント検討会：道路周辺の土地利用等による渋滞対策、平成29（2017）年3月
http://www.mlit.go.jp/road/ir/ir-council/traffic/index.html

ix　環境省：「大気汚染状況について」，
http://www.env.go.jp/air/osen/index.html

x　環境省：各年度版「環境白書」，
http://www.env.go.jp/policy/hakusyo/past_index.html

xi　環境省：「自動車交通騒音の状況について」，
http://www.env.go.jp/air/car/noise/index.html

xii　今井勇，井上孝，山根孟：道路の長期計画，（株）技術書院，1971，p209

xiii　道路行政研究会：道路行政，全国道路利用者会議，2010，p580,586,587,588,589

xiv　平野興二：「道路整備と公害対策」，日本道路協会，道路，1971，2月号，p8〜11

xv　環境省・国土交通省：「自動車NOx・PM法の手引き」、2002，
http://www.env.go.jp/air/car/pamph2/

xvi　経産省：「平成19年度産業公害総合防止対策調査 〜改正自動車NOx・PM法で定める窒素酸化物重点対策地区における流入車対策に関する調査〜」，
http://www.kanto.meti.go.jp/tokei/hokoku/20080508sankou_NOx.html

xvii　環境省：「一酸化炭素に係る環境基準について」，1970，
http://www.env.go.jp/hourei/syousai.php?id=01000001

xviii　環境省：「浮遊粒子状物質に係る環境基準の設定について」，1978，
http://www.env.go.jp/hourei/syousai.php?id=01000065

xix　環境省：「二酸化窒素に係る環境基準について」，1972，
http://www.env.go.jp/hourei/syousai.php?id=04000138

xx　環境省：「微小粒子状物質による大気の汚染に係る環境基準について」，2009，http://www.env.go.jp/kijun/taiki4.html

xxi　新田裕史：「微小粒子状物質の健康影響評価について－疫学の視点からの考察－」，大気環境学会関東支部総会・講演会資料，2009，http://www.jsae-net.org/KANTO/repo/090304_4.pdf

xxii　道路行政研究会：道路行政，全国道路利用者会議，2010，p589

xxiii　環境省：「騒音に係る環境基準の改正について」，1998，http://www.env.go.jp/hourei/syousai.php?id=07000039

xxiv　環境省：「騒音規制法第17条第1項の規定に基づく指定地域内における自動車騒音の限度を定める命令の改正について（技術的助言）」，2000，http://www.env.go.jp/hourei/syousai.php?id=07000030

xxv　道路行政研究会：道路行政，全国道路利用者会議，2010，p590-591

xxvi　道路行政研究会：道路行政，全国道路利用者会議，2010，p618より再掲

xxvii　環境省：「環境影響評価法の一部を改正する法律案の閣議決定について（お知らせ）」，2010，http://www.env.go.jp/press/press.php?serial=12295

xxviii　環境省総合環境政策局環境影響評価課：「改正環境影響評価法等について」，http://www.env.go.jp/policy/assess/4-5kensyu/pdf/nendo/h23_kaisei-brief.pdf

xxix　今井勇，井上孝，山根孟：道路の長期計画，（株）技術書院，1971，p212より再掲

xxx　道路行政研究会：道路行政，全国道路利用者会議，2010，p325,354,355より再掲

xxxi　道路行政研究会：道路行政，全国道路利用者会議，2010，p601-610より再掲

xxxii　辻靖三，他：「新版道路環境」，山海堂，道路環境，2002，p330〜335より再掲

xxxiii　田中輝栄：「道路交通騒音の低減に向けて　東京都の取組み」，日本音響学会研究発表会講演論文集（CD-ROM）Vol.2012（秋季）より再掲

xxxiv　山本貢平：「沿道対策による低騒音化の取り組み」，騒音制御工学会，「騒音制御」Vol.27，No.6，2003，p423〜430より再掲

xxxv　環境省：昭和48年度及び平成6年度「環境白書」，1973及び1994，http://www.env.go.jp/policy/hakusyo/past_index.html

xxxvi　道路行政研究会：道路行政，全国道路利用者会議，2010，p610

xxxvii　環境省：「平成25年版　環境・循環型社会・生物多様性白書（PDF版）」，2013，p229〜231，http://www.env.go.jp/policy/hakusyo/h25/pdf.html

xxxviii　環境省・国土交通省：「自動車NOx・PM法の手引き」、2002，http://www.env.go.jp/air/car/pamph2/

xxxix　今井勇，井上孝，山根孟：道路の長期計画，（株）技術書院，1971，p211

xl　髙井誠治：「新たな自動車単体騒音規制について」，日本音響学会研究発表会講演論文集（CD-ROM）Vol.2012（秋季）

xli　環境省：「低公害車開発普及アクションプランの策定について」，2001，http://www.env.go.jp/press/press.php?serial=2729

xlii　環境省：平成23年度　「環境白書『第2部　各分野の施策等に関する報告　第2節　大気環境の保全対策　3　移動発生源対策　(3)低公害車の普及促進』」，2011，http://www.env.go.jp/press/file_view.php?serial=2402&hou_id=2729

xliii　道路行政研究会：道路行政，全国道路利用者会議，2010，p580〜583より再掲

xliv　EIC ネット：「環境用語集」，
　http://www.eic.or.jp/ecoterm/index.php?act=view&serial=3961 より再掲

xlv　環境省：「気候変動枠組条約第 17 回締約国会議（COP17）京都議定書第 7
　回締約国会合（CMP7）等の概要」，
　http://www.env.go.jp/earth/cop/cop17/attach/gaiyo.pdf より再掲

xlvi　環境省：「気候変動枠組条約第 18 回締約国会議（COP18）京都議定書第 8
　回締約国会合（CMP8）等の概要と評価」，
　http://www.env.go.jp/earth/cop/cop18/attach/cop18_gaiyo&hyouka_jp.pdf よ
　り再掲

xlvii　国土交通省ホームページ：「国土交通省における地球温暖化対策について
　【概要】」

xlviii　国土交通省：「平成 16 年度達成度報告書・平成 17 年度業績計画書」
　http://www.mlit.go.jp/road/ir/ir-perform/h17/05_1.pdf より再掲

xlix　国土交通省：「（参考 1）『CO2 削減アクションプログラム』の概要
　（H17.12 地球温暖化防止のための道路政策会議）」，
　http://www.mlit.go.jp/kisha/kisha06/06/061023_2/02.pdf より再掲

l　国土交通省：「中期的地球温暖化対策中間とりまとめについて」，
　http://www.mlit.go.jp/report/press/sogo10_hh_000065.html より再掲

li　国土交通省：「環境行動計画（平成 26 年 3 月）（平成 29 年 3 月一部改定）」

lii　国土交通省：「（参考資料）国土交通省気候変動適応計画の概要」

liii　環境省：「生物多様性国家戦略 2012-2020」，2012，p3、35、156〜157，
　http://www.biodic.go.jp/biodiversity/about/initiatives/files/2012-
　2020/01_honbun.pdf より再掲

liv　国土交通省：「国土交通白書 2012『道路の緑化・自然環境対策等の推
　進』」，2012，
　http://www.mlit.go.jp/hakusyo/mlit/h23/hakusho/h24/html/n2735000.html
　より再掲

lv　篠原修：「シビックデザインとは」，JACIC 情報第 21 号 1991.1 VOL.6
　NO.1 p18〜21 より再掲

lvi　建設省道路局長　三谷浩：「『道路景観マニュアル（案）』推薦のことば」
　より再掲

lvii　田村幸久：「シビックデザインの導入とその後」，土木学会誌 Vol.87
　No.10，2002，p7〜9 より再掲

lviii　（社）建設コンサルタンツ協会近畿支部：「景観デザイン手法研究委員会」
　報告書「新時代の景観・デザイン手法のノウハウの確立と普及」，2006 より
　再掲

lix　竹下卓宏：「安全で快適な自転車利用環境創出ガイドライン」の改定,道
　路,2016,12 月号,p12〜p15 より再掲

lx　国土交通省ホームページ，「自転車活用推進本部事務局：『自転車活用推進法
　の施行について』」,http://www.mlit.go.jp/road/bicycleuse/new.html

lxi　安全で快適な自転車利用環境創出の促進に関する検討委員会：「『自転車ネ
　ットワーク計画策定の早期真手』と『安全な自転車通行空間の早期確保』に
　向けた提言」平成 28 年 3 月

lxii　内閣府：「平成 28 年交通安全白書」，特集「道路交通における新たな目標へ
　の挑戦」◎はじめに，p1

http://www8.cao.go.jp/koutu/taisaku/h28kou_haku/pdf/zenbun/h27-00-special.pdf

lxiii　内閣府ホームページ：「交通安全対策」
http://www8.cao.go.jp/koutu/taisaku/index-w.html

lxiv　内閣府：「平成 28 年交通安全白書」，第 1 編　陸上交通　第 1 部　道路交通　第 2 章　道路交通安全施策の現況　第 1 節　道路交通環境の整備

lxv　国土交通省道路局：「高速道路での今後の逆走対策に関するロードマップ～2020 年までに高速道路での逆走事故をゼロに～」平成 28 年 3 月 29 日，
http://www.mlit.go.jp/common/001125160.pdf

lxvi　国土交通省道路局高速道路課：「高速道路の正面衝突事故防止対策について～命を守る緊急対策。ポールからロープへ～」平成 28 年 12 月 20 日，
http://www.mlit.go.jp/common/001156369.pdf

lxvii　国土交通省ホームページ：「効果的・効率的な交通事故対策の推進」

lxviii　国土交通省生産性革命本部第 1 回会合：「国土交通省生産性革命プロジェクト第 1 弾」（平成 28 年 3 月 7 日）

lxix　竹下卓宏：「歩行者の命を守る緊急戦略」,道路,2015,9 月号,p14～p17

lxx　道路行政研究会：道路行政，全国道路利用者会議，2010，p528～535 より再掲

lxxi　国土交通省道路局ホームページ，踏切対策，
http://www.mlit.go.jp/road/sisaku/fumikiri/fu_index.html

lxxii　金井仁志：改正踏切道改良促進法施行後の状況について，日本道路協会，道路，2017，7 月号，p12～15 より再掲

lxxiii　国土交通省関東地方整備局：3 環状道路の計画の歩み
http://www.ktr.mlit.go.jp/honkyoku/road/3kanjo/history/chronologic.htm

lxxiv　流通業務市街地の整備に関する法律の法文は下記のサイトを参照
http://elaws.e-gov.go.jp/search/elawsSearch/elaws_search/lsg0500/detail?lawId=341AC0000000110&openerCode=1

lxxv　深澤憲宏：道路一体型広域物流拠点整備事業について、IATSS Review Vo1.21, No, 4, 平成 8（1996）年

lxxvi東・中・西日本高速道路株式会社：高速道路 50 年の歩み
https://www.express-highway.or.jp/info/study/index.html#50history

lxxvii　各年の総合物流施策大綱は下記のサイトを参照
http://www.mlit.go.jp/seisakutokatsu/freight/butsuryu03100.html

lxxviii　車両制限令の法文は下記のサイトを参照 http://elaws.e-gov.go.jp/search/elawsSearch/elaws_search/lsg0500/detail?lawId=336CO0000000265&openerCode=1

lxxix　根本敏則，今西芳一編著：「道路課金と交通マネジメント(日本交通政策研究会研究双書)」平成 29（2017）年

lxxx　国土交通省道路局道路交通管理課：特殊車両通行許可制度について、道路行政セミナー 2009. 6

lxxxi　道路法の法文は下記のサイトを参照　http://elaws.e-gov.go.jp/search/elawsSearch/elaws_search/lsg0500/detail?lawId=327AC1000000180&openerCode=1

lxxxii国土交通省第 4 回モーダルコネクト検討会：「モーダルコネクトの強化　バ

スを中心とした道路施策（案）」平成 29 年 3 月 10 日，
　　http://www.mlit.go.jp/road/ir/ir-council/modal_connect/doc04.html
lxxxiii国土交通省記者発表資料：「高速バス&カーシェアリング社会実験の開始に
　　ついて」平成 28 年 11 月 4 日，
　　http://www.mlit.go.jp/report/press/road01_hh_000766.html
lxxxiv　国土交通省：平成 25 年度国土交通白書，p58〜59
lxxxv　国土交通省：立体道路事例集
lxxxvi　国土交通省：平成 25 年度国土交通白書，p214〜215
lxxxvii　国土交通省：平成 25 年度国土交通白書，p215
lxxxviii　内閣府防災情報のページ：「災害対策基本法」，
　　http://www.bousai.go.jp/taisaku/kihonhou/index.html
lxxxix　国土交通省道路局国道・防災課道路防災対策室：「災害対策基本法の改正
　　について」,道路,2014,12 月号,p37〜p38
xc　淡中康夫,他 2：『『道路土木構造物技術基準』の制定について」,道路,2015,5
　　月号,p38〜p41
xci　道路行政研究会：道路行政，全国道路利用者会議，2010，p540〜542 より
　　再掲
xcii　道路行政研究会：道路行政，全国道路利用者会議，2010，p540〜542 より
　　再掲
xciii　神戸大学工学部：兵庫県南部地震緊急被害調査報告書（1995）より再掲
xciv　国土交通省ホームページ，「震災対策」，
　　http://www.mlit.go.jp/road/bosai/dourokuukan/shinsai/index.html より再掲
xcv　近畿地方整備局ホームページ，「阪神・淡路大震災の経験に学ぶ」，
　　http://www.kkr.mlit.go.jp/plan/daishinsai/より再掲
xcvi　国土交通省ホームページ，「震災対策」，
　　http://www.mlit.go.jp/road/bosai/dourokuukan/shinsai/index.html より再掲
xcvii　日野雅仁：「東日本大震災の道路の被災状況と復旧への対応」，経済調査
　　会，建設マネジメント技術 401，2002，p7〜10 より再掲
xcviii　国土交通省北陸地方整備局道路部：「平成１６年１０月新潟県中越地震
　　道路の被災と復旧－被災地の復旧・復興に道路が重要な役割－」，（平成 16 年
　　12 月）より再掲
xcix　日野雅仁：「東日本大震災の道路の被災状況と復旧への対応」，経済調査
　　会，建設マネジメント技術 401，2002，p7〜10 より再掲
c　国土交通省ホームページ，「東日本大震災への対応と課題」（2011 年 5 月 23
　　日），http://www.mlit.go.jp/common/000145333.pdf より再掲
ci　熊本地震による被災及び復旧状況
cii　内閣府：平成 25 年版 防災白書（概要），2013，
　　http://www.bousai.go.jp/kaigirep/hakusho/pdf/H25_gaiyou.pdf より再掲
ciii　中央防災会議、防災対策推進検討会議、南海トラフ巨大地震対策検討ワー
　　キンググループ：「南海トラフ巨大地震対策について（最終報告）（平成 25 年
　　5 月）」，2013，
　　http://www.bousai.go.jp/jishin/nankai/taisaku_wg/pdf/20130528_honbun.pd
　　f より再掲
civ　中央防災会議、防災対策推進検討会議、首都直下地震対策検討ワーキング
　　グループ：「首都直下地震対策について（中間報告）（平成 24 年 7 月 19

日）」，2012，
http://www.bousai.go.jp/jishin/syuto/taisaku_wg/pdf/20120719_chuukan.pdf
より再掲

cv　国土交通省：「『国土交通省　南海トラフ巨大地震・首都直下地震対策本部』
（第1回）及び『対策計画策定ワーキンググループ』（第1回）合同会議の開
催について（報道資料）」，
http://www.mlit.go.jp/report/press/mizukokudo03_hh_000651.html より再
掲

cvi　（社）交通工学研究会編：交通工学ハンドブック（1984），技報堂出版社，
1984

cvii　道路ハンドブック編集委員会：最新　道路ハンドブック，（株）建設産業調
査会，1998

cviii　道路行政研究会：道路行政，全国道路利用者会議，2010，p437〜454 より
再掲

cix　国土交通省：「第Ⅱ部　国土交通行政の動向第9章　ICT の利活用及び技
術研究開発の推進」，国土交通白書 2012 より再掲

cx　国土交通省ホームページ：「ITS 高度道路交通システム」，
http://www.mlit.go.jp/road/ITS/j-html/topindex/topindex_g03_3.html より再
掲

cxi　国土交通省道路局有料道路課：「ETC を活用した多様で弾力的な割引」，日
本道路協会，道路，2006，10 月号，p47〜49 より再掲

cxii　ETC 総合情報ポータルサイト：ETC2.0 の概要

cxiii　ETC 総合情報ポータルサイト：ETC／ETC2.0(DSRC)普及状況

cxiv　道路行政研究会：道路行政，全国道路利用者会議，2010，p447 より再掲

cxv　国土交通省道路局道路交通管理課 ITS 推進室：「スマートウェイによるサー
ビスの展開に向けた取組」，日本道路協会，道路，2009，12 月号，p17〜19
より再掲

cxvi　国土交通省道路局ホームページ：「ETC2.0」

cxvii　国土交通省道路局高速道路課：高速道路からの一時退出を可能とする「賢
い料金」の実施について、平成 29 年 2 月 7 日

cxviii　国土交通省道路局：ETC2.0 装着車への特車通行許可を簡素化する「特車ゴ
ールド」の制度開始について、平成 28 年 1 月 22 日

cxix　道路行政研究会：道路行政，全国道路利用者会議，2010，p443より再掲

cxx　国土交通省道路局道路交通管理課 ITS 推進室：「次世代 ITS の展開」，日
本道路協会，道路，2011，2 月号，p12〜17 より再掲

cxxi　東京国道工事事務所ホームページ：「地下空間事業」，
http://www.ktr.mlit.go.jp/toukoku/09about/chika/question.htm#q3 より再掲

cxxii　道路行政研究会：道路行政，全国道路利用者会議，2010，p452〜452 よ
り再掲

cxxiii　道路行政研究会：道路行政，全国道路利用者会議，2010，p452〜454 よ
り再掲

cxxiv　電線共同溝の整備等に関する特別措置法（平成 7 年 3 月 23 日法律第 39
号）

cxxv　道路行政研究会：道路行政，全国道路利用者会議，2010，p627〜628 より
再掲

cxxvi　四国地方整備局ホームページ：「整備の歴史-電線類地中化計画の変遷-」，
http://www.skr.mlit.go.jp/road/d_kyoiudoukou/history/history_f.html より再
掲

cxxvii　国土交通省道路局ホームページ：「無電柱化に係わるガイドラインについ
て」，
http://www.mlit.go.jp/road/road/yusen/supermodel/telegraph_pole.html

cxxviii　酒井利夫：「『道の駅』における地域連携について」，日本道路協会，道
路，1994，5 月号，p24〜26 より再掲

cxxix　平出純一：「『道の駅』と地域づくり」，日本道路協会，道路，1999，2 月
号，p22〜24 より再掲

cxxx　道路行政研究会：道路行政，全国道路利用者会議，2010，p669〜671 より
再掲

cxxxi　小島昌希,他 2：「『道の駅』による地域活性化の促進」,2015,3 月号,p52〜
p56

cxxxii　国土交通省ホームページ：「ボランティアサポートプログラム」，
http://www.mlit.go.jp/road/road/vsp/index.html より再掲

cxxxiii　道路協力団体制度設立の目的・趣旨
http://www.mlit.go.jp/road/kyoryokudantai/purpose.html

cxxxiv　道路行政研究会：道路行政，全国道路利用者会議，2010，p629 より再掲

cxxxv　福田大輔,他 2：「地域道路経済戦略研究会の中間提言」,道路,2016,5 月
号,p14〜p17

cxxxvi　国土交通省社会資本整備審議会第 59 回基本政策部会：「休憩施設の活用
促進」（平成 29 年 2 月 9 日），
http://www.mlit.go.jp/policy/shingikai/road01_sg_000331.html

cxxxvii　国土交通省ホームページ：報道・広報「高速道路と民間施設を直結する
民間施設直結スマートインターチェンジ制度を具体化し，募集を開始」（平成
29 年 7 月 7 日）参考資料「民間施設直結スマート I C について」，
http://www.mlit.go.jp/report/press/road01_hh_000856.html

cxxxviii　社会資本整備審議会 道路分科会建議中間とりまとめ 道が変わる、道を
変える ～ひとを絆ぎ、賢く使い、そして新たな価値を紡ぎ出す～、平成 24
（2012）年 6 月
http://www.mlit.go.jp/common/000219233.pdf

cxxxix　社会資本整備審議会 道路分科会建議 道路・交通イノベーション ～「み
ち」の機能向上・利活用の追求による 豊かな暮らしの実現へ～平成 29
（2017）年 8 月 22 日
http://www.mlit.go.jp/common/001201778.pdf

cxl　国土交通省道路局ホームページ，高速道路ナンバリング，
http://www.mlit.go.jp/road/sign/numbering/index.html

cxli　平岩洋三：「高速道路ナンバリングの実現」，日本道路協会，道路，2017，4 月
号，p50〜53

cxlii　国土交通省道路局国道・防災課道路保全企画室、環境安全課：「高齢化が進
む道路ストックと地方公共団体における維持管理の取組の現状」，日本道路協
会「道路」2013，2 月号，p12〜15

cxliii　茅野牧夫：「道路ストックの適切な維持管理－道路のメンテナンスサイクル
の構築に向けて－」，日本道路協会，道路，2013，8 月号，p38〜41

cxliv 茅野牧夫：「道路ストックの適切な維持管理－道路のメンテナンスサイクルの構築に向けて－」，日本道路協会，道路，2013，8 月号，p38〜41

cxlv 武藤聡，村下剛，宮西洋幸：「道路インフラの現状と老朽化対策の取組　平成26 年度定期点検結果等について」，日本道路協会，道路，2015，11 月号，p.10〜13

Ⅷ　長期的な政策の立案手法に関する現状と方向性

Ⅷ-1　将来交通需要推計

Ⅷ-1-1　将来交通需要推計の役割[i]

　道路計画は、道理整備五箇年計画や社会資本整備重点計画が策定され
てきたように、概ね 5 年ごとに計画が見直されてきた。この道路計画の
見直しに伴って、交通需要推計も 5 年ごとに、全国の将来交通需要（自
動車走行台キロ）から路線別交通量に至る全体の見直しが行われてきて
いる。

　道路の将来交通需要は以下の①～④に示すように、道路計画における
ネットワークや構造規格の決定、有料道路の償還計画の策定、費用便益
分析を用いた個別事業評価や環境アセスメントの実施等の際に活用され
るものであり、道路政策において重要な役割を担っている。

①　道路計画におけるネットワーク・構造規格の決定

　20 年～30 年後の将来分布交通量に基づいて、将来の路線別交通量
を推計し、道路の設計の基礎となる計画交通量を定め、必要とされる
道路ネットワーク及び必要車線数、幾何構造の決定を行う。

②　有料道路の償還計画の策定

　20 年～30 年後の将来分布交通量に基づいて、収入の基本となる有
料道路の利用交通量を推計し、45 年後の長期的な交通量の伸びに基づ
いて償還計画を策定する。

③　費用便益分析を用いた個別事業評価

　20 年～30 年後の将来分布交通量に基づいて推計される将来の路線
別交通量と、路線別交通量とともにモデルから算出されるゾーン間所
要時間等、交通サービス指標に関する基礎データから、B/C 等の個別
事業評価、アウトカム指標等の政策評価に活用する。

④　環境アセスメント

　20 年～30 年後の将来分布交通量に基づいて、将来の路線別交通量

　を推計し、環境への影響予測の基本となる計画交通量を定め、環境影
　響評価を行う。

　具体的に使用される交通需要推計指標は、有料道路の償還計画におい
ては、45 年後の全国あるいは地域ブロックの自動車走行台キロの伸び率
が使用されるものの、交通需要推計の目的は、大部分が 20〜30 年後の
将来分布交通量に基づく路線別交通量の推計が基本となっている。また、
ここで推計された地域ブロックの自動車走行台キロを用いて、道路交通
センサス OD 交通量の生成交通量が推計され、その後、発生集中モデル、
分布交通モデルより、将来 OD 表を推計する。この将来 OD 表を用いて、
将来道路ネットワークによる路線別交通量が推計される（図Ⅷ-1-1）[1]。

---

[1] 国土交通省ホームページ：「道路の将来交通需要推計に関する検討会」,
http://www.mlit.go.jp/road/ir/ir-council/suikei/index.html

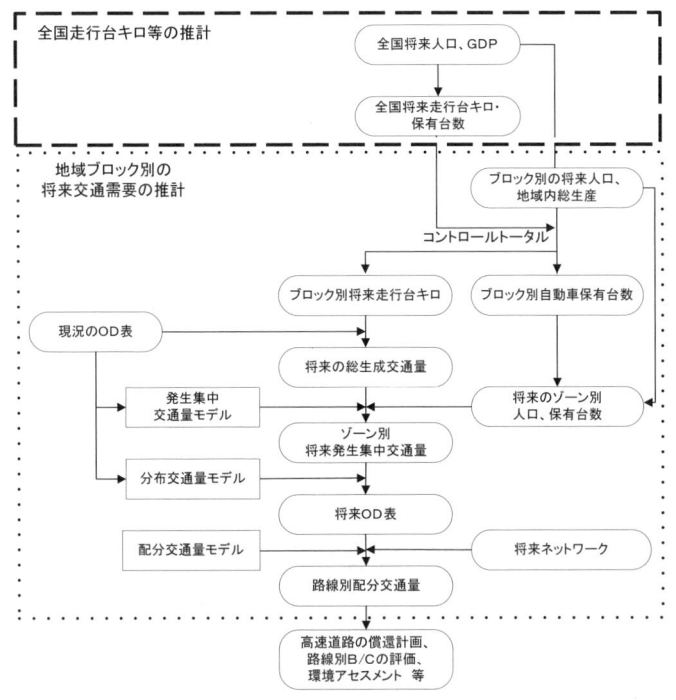

図Ⅷ-1-1　将来交通需要推計の全体フロー[2]

Ⅷ-1-2　第 6〜12 次道路整備五箇年計画における将来交通需要推計[ii]

(1)　推計方法の変遷

　平成 14 (2002) 年度の交通需要推計が実施されるまでの第 6 次〜新たな (第 12 次) 道路整備五箇年計画の全国の将来交通需要推計は、人口、GDP の社会経済フレームを外生値として、全国一律のトレンドモデルによって、乗用車、貨物車別に自動車走行台キロ、保有台数等が推計されてきた。ただし、表Ⅷ-1-1 や表Ⅷ-1-2 に示すように、トレンドモデルにおいても、用いる説明変数や推計方法、他の交通機関の考慮や軽自動車の別途推計などの変更が、随時行われている。

---

[2] 国土交通省ホームページ：「道路の将来交通需要推計に関する検討会」、
http://www.mlit.go.jp/road/ir/ir-council/suikei/index.html

表Ⅷ-1-1　第12次道路整備五箇年計画までの推計方法の変遷

道路整備五箇年計画	策定年次	目標年次	推計項目	説明変数	推計方法の特徴と変更点（旅客）	推計方法の特徴と変更点（貨物）
第6次道路整備五箇年計画 1970年〜1974年	1968年	1985年（中間年1975年）	・トン、トンキロ・人、人キロ・保有台数、走行台キロ	①総人口 ②就業人口 ③国民総生産 ④国民所得 ⑤1人当たり国民所得	・将来の機関分担率を設定 ・ゴンペルツ曲線及び直線回帰式による推計から発生原単位、分担率、輸送効率等の原単位を用いる推計→変更（人）→車種別輸送量（人）→車種別保有台数→走行「台」「キロ」 ・発生原単位は PT 調査による乗用保有水準別を用いている	・機関毎に個別推計し、交通機関間の競合関係を考慮していない ・自動車総保有台数は、ゴンペルツ曲線（台/人）を推計し、人口×保有率により推計 ・車種別業態別保有台数をコントロールトータルし直線回帰式により推計 ・自動車及び他の機関別の機関別輸送量（人、トン）、輸送キロと ・輸送量及び就業者数や1人当たり GNP 等を説明変数とした回帰式により推計
第7次道路整備五箇年計画 1973年〜1977年	1970年	1985年（中間年1977年）	・トン、トンキロ・人、人キロ・保有台数、走行台キロ	①総人口 ②国民総生産 ③業種別生産額 ④工業出荷額	・将来の機関分担率を設定 ・ゴンペルツ曲線及び直線回帰式による推計から発生原単位、分担率、輸送効率等の原単位を用いる推計→変更（人）→車種別輸送量（人）→車種別保有台数→走行「台」「キロ」 ・発生原単位は PT 調査による乗用保有水準別を用いている	・将来の機関分担率を設定 ・ゴンペルツ曲線及び直線回帰式による推計から発生原単位、分担率、輸送効率等の原単位を用いる推計→変更（トン）→車種別輸送量（トン）→車種別保有台数→走行「台」「キロ」 ・発生原単位は、業種別発生原単位を用いている
第8次道路整備五箇年計画 1978年〜1982年	1975年	1990年（中間年1985年）	・トン、トンキロ・人、人キロ・保有台数、走行台キロ	①総人口 ②国民総生産 ③生産額	・PT 調査による機関別発生原単位と推計し、将来の乗用車原単位を別交通機関別発生原単位を用いている	・業種別輸送原単位及び分担率を品目別の輸送原単位及び分担率に変更
第9次道路整備五箇年計画 1983年〜1987年	1980年	1995年（中間年1985年）	・トン、トンキロ・人、人キロ・保有台数、走行台キロ	①総人口 ②国民総生産 ③生産額	・地域ブロックで想定していた乗用車を有す順別交通機関別発生原単位で三大都市圏、地方圏別の保有率に変更 ・軽自動車を別途推計	・軽自動車を別途推計
第10次道路整備五箇年計画 1988年〜1992年	1985年	2010年（中間年2000年）	・トン、トンキロ・人、人キロ・保有台数、走行台キロ	①総人口 ②国民総生産 ③生産額	・自動車保有水準の向上等により自動車保有台数を原単位を改めて、1人当たりトリップ発生原単位により全機関別旅客輸送量を推計し、分担率により交通機関別旅客輸送量を推計している。	・第9次合計との変更なし
第11次道路整備五箇年計画 1993年〜1997年	1990年	2010年（中間年2000年）	・トン、トンキロ・人、人キロ・保有台数、走行台キロ	①総人口 ②国民総生産 ③生産額	・第10次合計との変更なし	・第10次合計との変更なし
第12次道路整備五箇年計画 1998年〜2002年	1995年	2020年（中間年2010年）	・トン、トンキロ・人、人キロ・保有台数、走行台キロ	①総人口 ②国民総生産 ③生産額	・第10次合計との変更なし	・第10次合計との変更なし

表Ⅷ-1-2　第 12 次道路整備五箇年計画までの推計に関する変更

主な変更項目		第6次道路整備五箇年計画	第7次道路整備五箇年計画	第8次道路整備五箇年計画	第9次道路整備五箇年計画	第10次道路整備五箇年計画	第11次道路整備五箇年計画	第12次道路整備五箇年計画
旅客	人口及び原単位の地域区分	×	×	○ (16ブロック別)	(変更あり) (大都市圏、地方都市圏別)	×	×	×
	自動車保有水準別発生原単位の考慮	×	○	○ (変更なし)	○ (変更なし)	×	×	×
	目的の考慮	×	○ (6分類)	×	×	×	×	×
	他の交通機関の考慮	○ (自動車、鉄道(定期.不定期別)、バス)	○ (変更あり) (自動車、バス、鉄道)	○ (変更あり) (自動車(バスを含む)、その他)	○ (変更なし) (自動車(バスを含む)、その他)	○ (変更あり) (自動車、鉄道、航空)	○ (変更あり) (自動車、鉄道、航空)	○ (変更あり) (自動車、鉄道、航空)
	軽自動車の別途推計	×	×	×	○	○ (変更なし)	○ (変更なし)	○ (変更なし)
貨物	輸送原単位(トン／生産額)の区分	業種別 (6分類)	品目別 (5分類)	品目別 (変更なし) (5分類)	○ (変更なし) (5分類)	品目別 (変更なし) (5分類)	品目別 (変更なし) (5分類)	品目別 (変更なし) (5分類)
	他の交通機関の考慮	○ (自動車、その他)	○ (変更なし) (自動車、その他)	○	○ (変更なし) (自動車、その他)	○ (変更あり) (自動車、海運、鉄道)	○ (変更あり) (自動車、海運、鉄道)	○ (変更あり) (自動車、海運、鉄道)
	軽自動車の別途推計	×	×	×	○	○ (変更なし)	○ (変更なし)	○ (変更なし)

○：項目に対する考慮あり　　×：項目に対する考慮なし

　平成 14（2002）年度の交通需要推計においては、人口の減少、高齢化の進行等、これまでの全国一律のトレンドによる推計だけでは、十分に反映されない要因が多数存在するため、これら社会経済要因の影響を反映すべく、将来的な高齢化の影響、地域別の交通機関分担の影響、車種業態の特性等、交通需要の増加と減少要因をモデルに反映する方法に改良され、交通需要推計が行われた。平成 14（2002）年 11 月推計においては、全車走行台キロのピークは 2020 年代、その後減少と推計された（図Ⅷ-1-2）[3]。

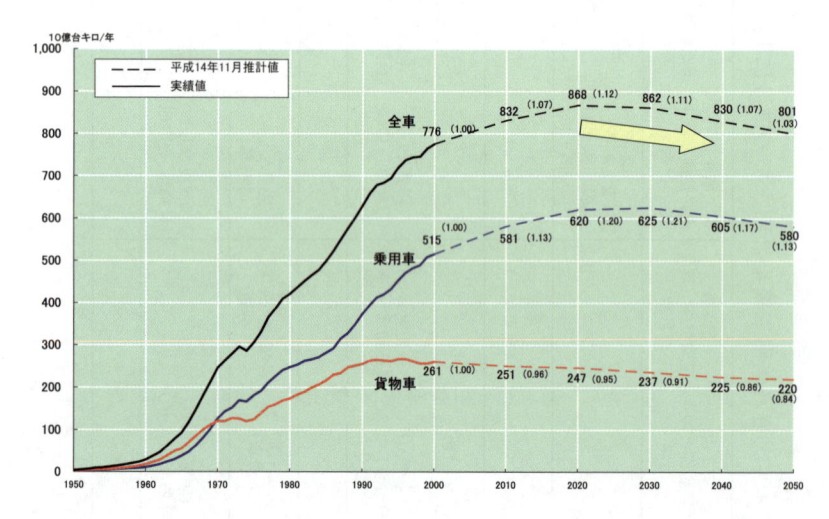

図Ⅷ-1-2　平成 14 年度将来交通需要推計の全国走行台キロの推計結果[4]

(2)　過去の実績値と推計値の比較

　過去の将来交通需要推計における推計値と実績値を比較すると、オイルショック、バブル経済等の予期できない将来の社会経済情勢の変化がある場合は、推計値と実績値に乖離が見られたが、2000 年までの自動車

---

[3] 国土交通省ホームページ：「道路の将来交通需要推計に関する検討会」、
http://www.mlit.go.jp/road/ir/ir-council/suikei/index.html
[4] 国土交通省ホームページ：「道路の将来交通需要推計に関する検討会」、
http://www.mlit.go.jp/road/ir/ir-council/suikei/index.html

走行台キロは増加傾向にあり、第 11 次道路整備五箇年計画、新たな（第 12 次）道路整備五箇年計画の推計結果は、ほぼ実績値と一致している。

　しかし、2000 年以降自動車走行台キロは、燃料価格の高騰等の影響もあり、減少に転じ、推計値と実績値に乖離が生じる結果となった（図Ⅷ-1-3）[5]。

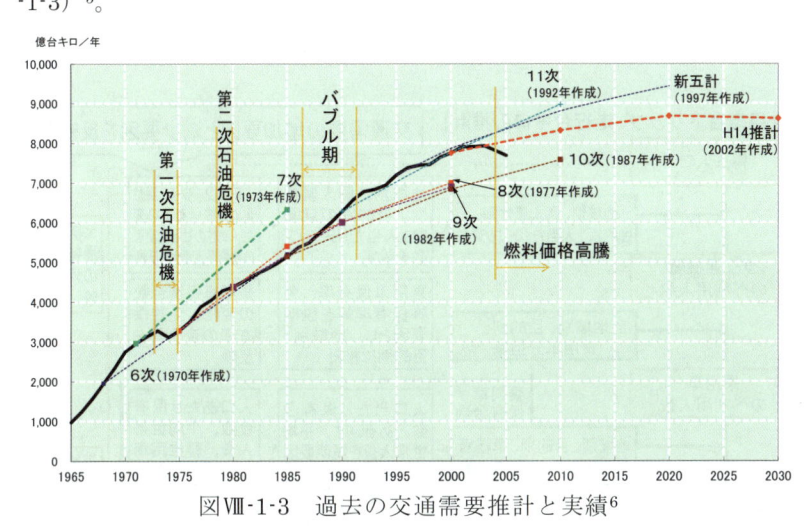

図Ⅷ-1-3　過去の交通需要推計と実績[6]

Ⅷ-1-3　新たな交通需要推計の取り組み

　平成 17（2005）年道路交通センサスのデータを活用した平成 20（2008）年度推計では、有識者による「道路の将来交通需要推計に関する検討会」を設置し、新たな将来交通需要推計で反映すべき変化要因の抽出及びそれらの推計モデルへの反映方法、推計モデルの構造の方向性等について検討が進められた（図Ⅷ-1-4、図Ⅷ-1-5）。この推計モデルは前回のモデルをベースとしつつ、最新のデータや最新の科学的・技術的知見を使用

---

[5] 国土交通省ホームページ：「道路の将来交通需要推計に関する検討会」、
http://www.mlit.go.jp/road/ir/ir-council/suikei/index.html
[6] 国土交通省ホームページ：「道路の将来交通需要推計に関する検討会」、
http://www.mlit.go.jp/road/ir/ir-council/suikei/index.html

し、「交通の質の変化」や「近年の燃料価格の高騰の影響」など幾つかの
ポイントについて検討が加えられている。検討会では幅を持った交通需
要推計の考え方が提示され、高位ケースと低位ケースで試算が行われた
が、「B/C」の算出等に、低位となる考え方を使用し、より厳格な事業評
価を実施することとした。その結果、2030 年には 2005 年に比べ、全国
交通量は 2.6%減少と推計された（図Ⅷ-1-6）[7]。

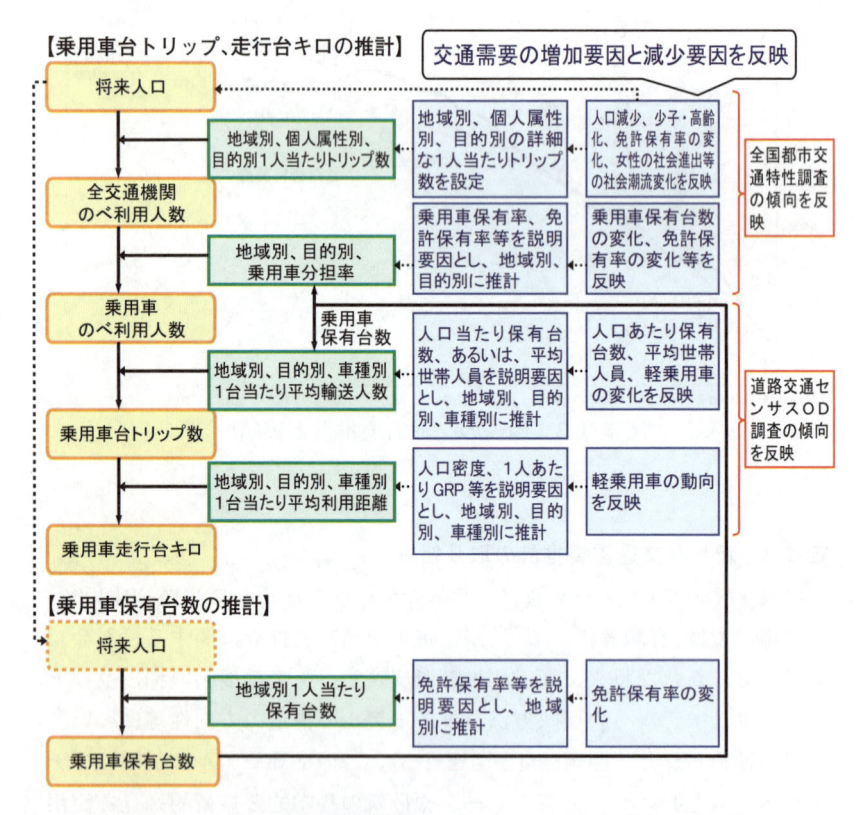

図Ⅷ-1-4　将来交通需要推計モデルにおいて考慮すべき要因

[7] 国土交通省ホームページ：「道路の将来交通需要推計に関する検討会」、
http://www.mlit.go.jp/road/ir/ir-council/suikei/index.html

（人の移動）8

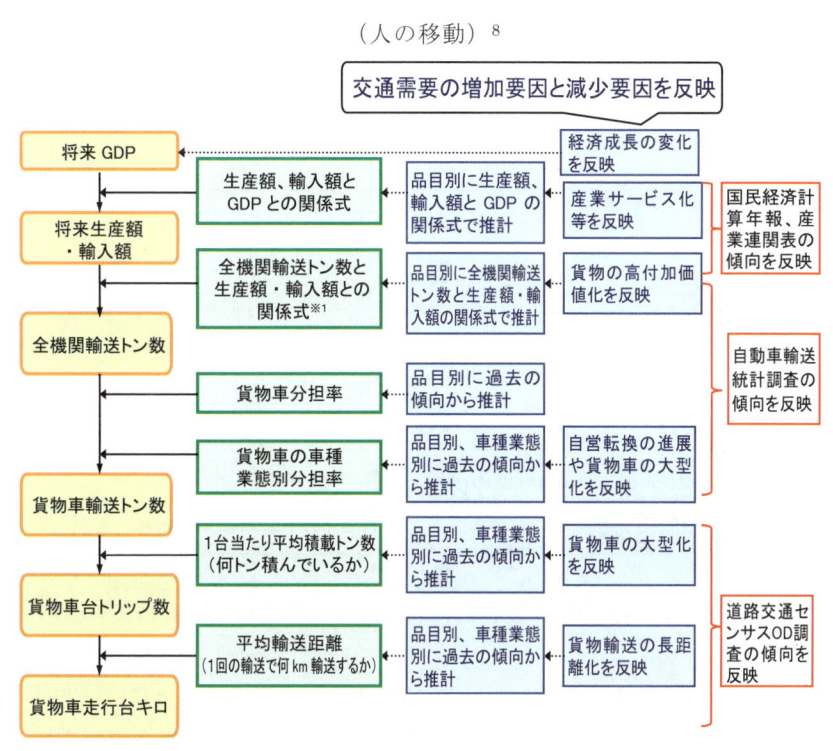

※1：生活関連品目である農林水産品、軽工業品、雑工業品は「人口あたり全機関輸送トン数」から推計している。
※2：軽貨物車は、軽貨物車以外の貨物車とは傾向が異なるため、別途推計を行っている。

図Ⅷ-1-5　将来交通需要推計モデルにおいて考慮すべき要因

（モノの移動）9

---

8 国土交通省ホームページ：「道路の将来交通需要推計に関する検討会」、
http://www.mlit.go.jp/road/ir/ir-council/suikei/index.html
9 国土交通省ホームページ：「道路の将来交通需要推計に関する検討会」、
http://www.mlit.go.jp/road/ir/ir-council/suikei/index.html

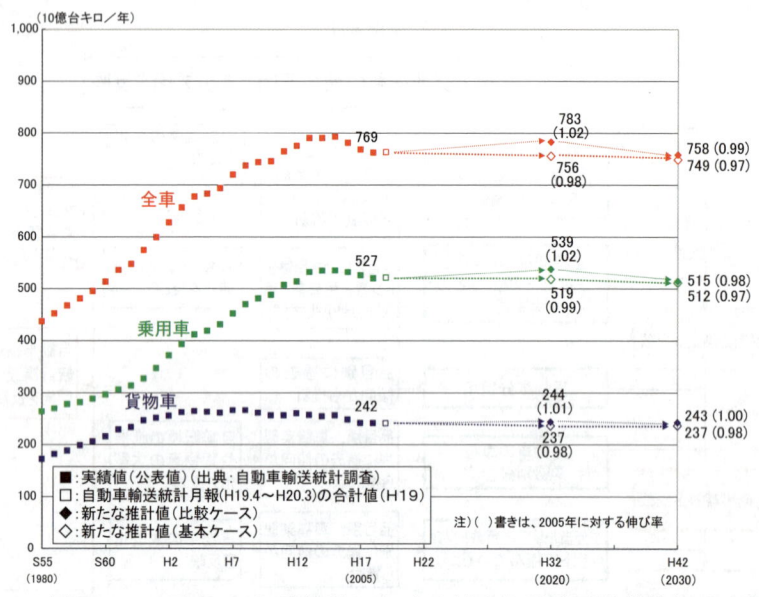

図Ⅷ-1-6　平成 20 年度推計における将来交通需要推計結果[10]

　また、我が国では、道路・鉄道・航空・海運といった分野ごとに、担当部局が独自に交通需要推計モデルを構築し、将来交通需要推計が実施されてきた。そのため、これまでは部局間で推計手法、推計結果、使用データなどの整合が図られることはなかったのが実情であった。国土交通省では、平成 22（2010）年度より、需要推計手法の統合に向けた検討を行うため、省内に「将来交通需要推計手法検討会議」が設置され、平成 22（2010）年に第一段階として、主に全国生成交通量の推計段階における推計モデル、将来フレームの設定を統合し、分野間の整合性を確保する取り組みが実施された。平成 25（2013）年度には第二段階として、機関別分担交通量の推計段階について、各分野の推計モデルを統合が実施された[11]。

---

[10]　国土交通省ホームページ：「道路の将来交通需要推計に関する検討会」、
http://www.mlit.go.jp/road/ir/ir-council/suikei/index.html
[11]　国土交通省ホームページ：「将来交通需要推計の見直し」、
http://www.mlit.go.jp/tec/tec_mn_000003.html

Ⅷ-2　道路整備効果のとらえ方

Ⅷ-2-1　道路整備効果の計測ⅲ

　道路の整備は、道路を利用することによって発生する直接的な効果（直接効果）のほか、波及効果を含めて、様々な効果をもたらしている。表Ⅷ-3-1は、道路整備のもたらす様々な効果を分類したものである。1つの分類方法として、道路整備の際の財政支出が有効需要を創出して国内総生産（GDP）の増加等をもたらすというフロー効果（需要創出効果）と、道路が建設された後にその本来の機能から発生するストック効果（生産力拡大効果）とに分類する方法がある。また、道路を直接利用する人が受ける利用者便益（直接効果）と、利用しない人まで含めて広く社会一般が受ける波及効果（間接効果）とに分類する方法もある。

表Ⅷ-3-1　道路整備による効果[12]

道路整備及び道路投資の効果		
ス ト ッ ク 効 果	交通機能に 対応する効果	直接効果	①走行時間の短縮 ②走行経費の節約・燃料の節約 ③交通事故の減少 ④その他（定時性の確保、運転者の疲労の軽減と走行快適性の増大等） 　　　　　　　　　　　　　　　　等
		間接効果	①輸送費の低下（物価の低減） ②生産力の拡大効果 ③生産力拡大に伴う税収の増加 ④生産力拡大に伴う所得、雇用等の増加 ⑤工場立地や住宅開発などの地域開発の誘導 ⑥沿道土地利用の促進 ⑦通勤・通学圏の拡大や買物の範囲拡大など生活機会の増大 ⑧公益施設の利便性向上、医療の高度化促進 ⑨環境負荷の低減 ⑩人口の定着・増大 ⑪地域間の交流・連携の強化 　　　　　　　　　　　　　　　　等
	空間機能に 対応する効果		①社会的公共空間形成 ②アメニティの向上 ③防災機能の向上 ④公益施設の収容 　　　　　　　　　　　　　　　　等
フ ロ ー 効 果	事業支出効果		①道路投資の需要創出効果 ②内需拡大及び輸入の増大

---

[12]　道路行政研究会：「道路整備の効果」，全国道路利用者会議，道路行政，2010，p.678

　道路投資の目的が時代とともに変化するにつれ、その評価の視点が異なり、また道路整備が進み、社会の熟度が増すに応じても評価項目は異なってくる。また、道路整備によってその重視する機能は様々であり、それに応じて力点をおくべき評価項目が異なったものとなる。

(1)　道路整備効果を評価する視点の推移[iv]

　日本経済は 1950 年代に入ってから急速な復興を遂げ、大都市をはじめとして、人や物資の移動が激しくなったが、既存の交通施設は不十分であり、経済社会の発展に大きな障害となっていた。このような情勢の下で、道路の整備効果に対する議論も活発になり、第 1 次道路整備五箇年計画の経済効果を事前に測定しようという試みもなされた。しかし、当時においては間接効果を計測することは困難であった[13]。

　この頃は、道路整備は隘路改善を目的とするものが多く、道路整備効果の評価においても走行費の節減等の輸送費の減少が注目されていた[14]。

　第 6 次、7 次道路整備五箇年計画（昭和 45（1970）年～49（1974）年、昭和 49（1974）年～52（1977）年）の効果評価においては走行経費と時間費用の節減のみが評価され、その結果を用いて投資回収年数、純現在価値、費用便益比が示されていた。

　第 8 次道路整備箇年計画（昭和 53（1978）年～57（1982）年）になると、走行経費と時間費用が評価されるとともに、昭和 48（1973）年の石油ショック以来の省エネルギー課題に対応して、燃料消費量削減効果が取り出されて評価された。また、このときには、物価低減効果も評価された。

　第 9 次道路整備五箇年計画（昭和 58（1983）年～62（1987）年）になると、間接効果の評価が積極的に行われ、国民総生産の増加、税収の増加、物価の低減が評価された。また、この頃になると生活基盤や産業基盤への効果にも注目されるようになり、交通事故の減少、道路沿道地

[13] 中村英夫、他 2 名：「道路整備効果に対する考え方の変遷」，土木学会，土木計画学研究・講演集 No.8，1996
[14] 中村英夫編、道路投資評価研究会著：「道路投資の評価に関する指針」，東洋経済新報社，1997

区における住みやすさに関する住民意識、住宅の立地（人口の増加）、工場の立地等の評価も行われ、また、道路による延焼防止等の防災機能、下水道管等の公益事業施設の収容にも注目されるようになってきた。

第 10 次道路整備五箇年計画（昭和 63 (1988) 年～平成 4 (1992) 年）になると、国民総生産の増加を生産力拡大効果と需要創出効果に分け、間接効果に雇用創出効果が加えられた。また、この頃から野菜や魚等の輸送圏域の拡大、道路沿道の人口や出荷額等の増加を具体の道路について評価されるようになってきた。

第 11 次道路整備五箇年計画（平成 5 (1993) 年～9 (1997) 年）では、時間短縮効果を金額表示に加えて生活時間数として表示し、生活実感を表現しようという努力が行われた。また、間接効果として、輸入の拡大が加えられた。整備効果の具体的な発現場面として、野菜や果物の生産地から市場までの所要時間の短縮、主要都市間の所要時間短縮を取り上げ、また、渋滞緩和効果をドライバーのアンケートによって把握する等、ここでも生活実感に迫ろうという試みがされた。

新たな道路整備五箇年計画（平成 10 (1998) ～14 (2002) 年）では貨物輸送費用の節約が新たに加えられた。また、時間短縮効果が具体的な道路の速度計測例を用いて説明された。さらに、道路整備がされた地域における観光客数の増加や GDP の増加の例が示された。

社会資本整備重点計画（平成 15 (2003) 年～19 (2007) 年）においては、整備効果評価項目は従来と同じであるが、道路整備による国内総生産の増加効果をフローとストックの両側面から推計するための計量経済モデル EMERLIS を開発し、推計の合理性を高める努力がされた。以後の国内総生産の増加効果はこのモデルを用いて推計されている。

社会資本整備重点計画の効果評価およびその後の道路整備効果については、マクロ効果については定型化され、同じ評価項目が用いられている。一方、具体の場面について説明する努力は更に行われるようになった。例えば、伊勢湾岸道路の開通により豊田市の自動車工場や亀山市の家電工場から名古屋港までの所要時間が短縮するなどによって物流コストの低減に貢献、首都圏中央連絡自動車道の開通区間の延伸に伴って周

辺の一般道路の渋滞が大幅に緩和、高知自動車道の整備に伴って清水港で水揚げされる高鮮度の「土佐の清水サバ」（平成12（2000）年商標登録）の出荷量が5年で約1.9倍に増加、水揚げ時の鮮度を保ったまま翌日に販売できるエリアが近畿・中部・関東へと拡大、一般国道218号北延岡道路の整備により宮崎県北地域の3次救急医療施設（県立延岡病院）への搬送時間の短縮・救命率の救命率の向上に寄与等の表現がなされた。

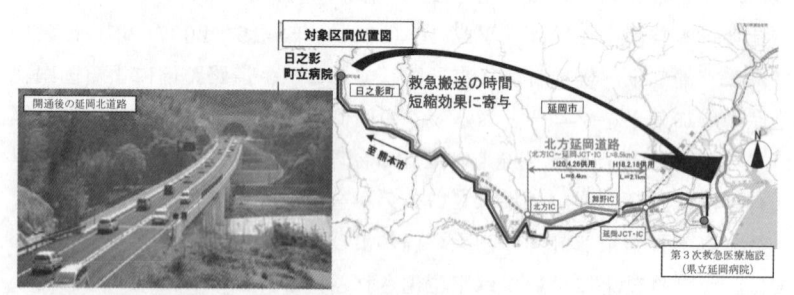

図Ⅷ-3-1　道路整備事例を用いた効果の表現例（物流コストの低減）[15]

図Ⅷ-3-2　道路整備事例を用いた効果の表現例
（救急医療を支える「生命線」）[16]

---

[15] 道路行政研究会：「道路整備の効果」，全国道路利用者会議，道路行政，2010，P.681
[16] 道路行政研究会：「道路整備の効果」，全国道路利用者会議，道路行政，2010，P.684

(2)　多様な道路整備効果の評価に向けて

　道路整備は時間費用、走行費用の節減効果にとどまらず、快適な公共空間の提供等の多様な効果を国民にもたらす。このような認識は昭和 29（1954）年に第 1 次道路整備五箇年計画が策定された頃からあり、図Ⅷ-3-3 の効果項目の整理に代表される。しかし、当時は多様な道路整備効果を計測する手法が整備されていなかったこともあり、積極的には評価されなかった。

　前節で述べたように、昭和 60（1985）年代になってから、生活基盤や産業基盤への効果にも注目されるようになってきた。その後、道路整備の経済効果の計測手法が活発に研究され、平成 12（2000）年には道路投資の評価に関する指針検討委員会が「道路投資の評価に関する指針（案）」を発表し、その第二編において表Ⅷ-3-2 に示す項目について評価することが提案されている[17]。

　国土交通省では平成 13（2001）年に「公共事業評価システム研究会」（委員長、中村英夫）が設置され、「公共事業評価の基本的考え方」を公表した[18]。その中で、図Ⅷ-3-4 に示す評価項目が提案されている。

---

[17] 道路投資の評価に関する指針検討委員会：「道路投資の評価に関する指針」、（財）日本総合研究所，2000
[18] 国土交通省ホームページ，公共事業評価システム研究会「公共事業評価の基本的考え方」，http://www.mlit.go.jp/kisha/kisha02/13/130830_.html

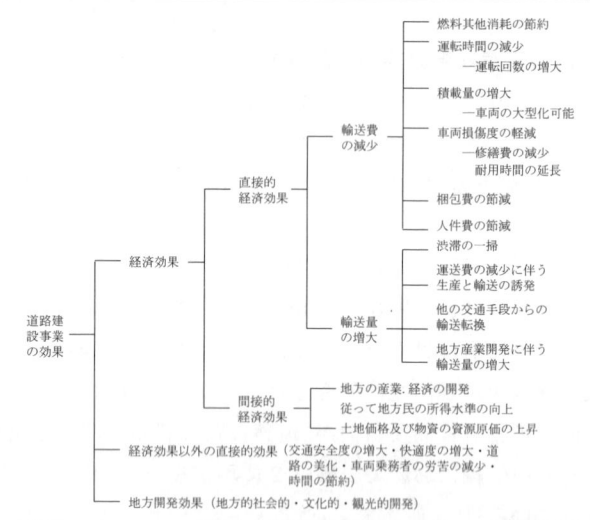

図VIII-3-3　1950年代の道路整備効果項目の整備例[19,20]

表VIII-3-2　効果項目別計測対象便益の設定例[21]

大項目	中項目	小項目	設定内容（例）
道路利用効果	走行快適性の向上	疲労の軽減	運転者または同乗者の疲労の軽減
		道路からの景観創出	車両内部または道路上から見る景観の美しさの向上
	歩行の安全性・快適性の向上	歩行の安全性向上	歩行者または自転車運転者が感じる安全または快適性の向上
		歩行の快適性向上	
環境効果	景観	周辺との調和	沿道周辺の自然あるいは都市景観との調和の程度
		新たな地域景観の創出	新たに建設される道路構造物がつくり出す景観の美しさの程度
	生態系	沿道地域生態系への影響	沿道地域に生じる生態系への影響の程度
		稀少種への影響	当該事業の実施により生じる希少種への影響の程度
		土壌・水環境・地形への影響	沿道地域に生じる土壌・水環境・地形への影響の程度
住民生活効果	道路空間の利用	ライフライン等の収容	ライフライン整備の負荷の軽減
		防災空間の提供	災害時被害の程度の軽減
		土地利用への影響	沿道建築物の形態規制の解消
	災害時の代替路確保	災害時交通機能の確保	迂回の不便や心理的不安感の解消
		人的物的被害の低減	走行の危険性回避や落石等事故の発生程度の低減
	生活機会、交流機会の拡大	レクリエーション施設へのアクセス向上	さまざまなレクリエーション施設が利用可能になることによる満足度の向上
		交流人口の増大	一定時間内に交流できる人の数が多くなることによる満足度の向上
		幹線交通アクセス向上	新幹線や空港等が利用できるようになることによる満足度の向上
	公共サービスの向上	公共施設・生活利便施設へのアクセス向上	さまざまな施設が利用可能になることによる満足度の向上
		緊急施設へのアクセス向上	緊急時にも生命の危険を回避できるような緊急施設へのアクセスが確保できることによる満足度の向上
		公共交通の充実	大型車のすれ違いが可能となり、バス路線等が設定できる条件が整うことによる満足度の向上

19 深谷克海：「道路事業の経済効果について」，日本道路協会，第一回日本道路会議論文集，1954
20 中村英夫，他2名：「道路整備効果に対する考え方の変遷」，土木学会，土木計画学研究・講演集 No.8，1986
21 道路投資の評価に関する指針検討委員会：「道路投資の評価に関する指針」，（財）日本総合研究所，2000

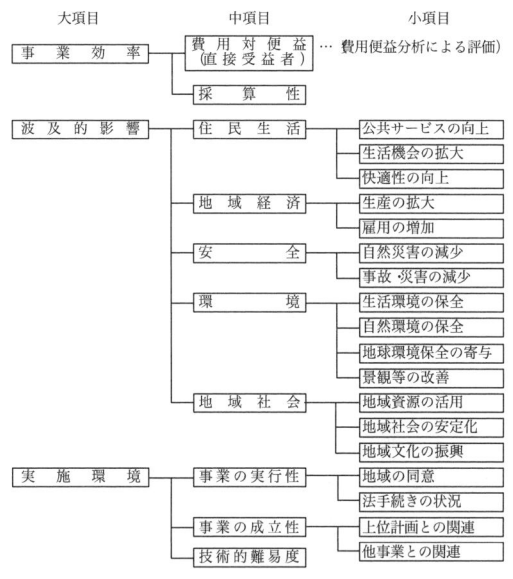

図Ⅷ-3-4　評価項目の体系(案)[22]

Ⅷ-2-2　事業評価制度[v]

(1)　事業評価制度導入の経緯

(a)　政府全体における導入までの経緯

　厳しい財政状況やコスト意識の高まり、国民の参加意識の向上などを背景として、公共事業の必要性、効率性、透明性などについて、様々な批判がなされ、投資の非効率性や長期にわたる事業が社会経済情勢等の変化を反映していないといった批判や「時のアセスメント」(北海道庁において実施されていた事業見直しの仕組み)を導入すべきであるとの意見が各方面から出される情勢の中で、平成9 (1997) 年12月、内閣総理大臣より公共事業関係大臣(北海道開発庁、沖縄開発庁、国土庁、農林水産省、運輸省、建設省)に対し、公共事業を効率的に執行し透明性を

---

22 国土交通省ホームページ，公共事業評価システム研究会「公共事業評価の基本的考え方」，http://www.mlit.go.jp/kisha/kisha02/13/130830_.html

確保するため、事業採択段階において費用対効果分析の活用および事業採択後一定期間経過後未着工の事業等を対象とした「再評価システム」の導入の指示がなされた。これを踏まえて関係省庁において、新規事業採択時評価、再評価が導入されることとなり、またその後、事業の効果の確認等を行う事後評価についても試行を経て実施されることとなった。

(b)　道路事業における導入までの経緯

　道路事業においては、平成 8（1996）年度より新規事業採択時評価の試行・公表が行われていたが、平成 9（1997）年 6 月の道路審議会建議を受けて、平成 10（1998）年 5 月に決定された新道路整備五箇年計画において、道路政策の進め方を改革する評価システムの導入が位置付けられるとともに、平成 11（1999）年 3 月には、建設省の評価の実施要領（平成 10（1998）年 3 月策定）に基づき、新規採択時評価と再評価が本格実施された。また、平成 11（1999）年度に、事後評価が試行的に導入され、平成 15（2003）年度に直轄事業において事後評価が本格的に導入された。平成 14（2002）年度に、「行政評価機関が行う政策の評価に関する法律」が施行し、事業評価が法的に位置づけられた。

(2)　事業評価制度の取り組み

　新規事業採択時評価は、事業費を予算化しようとするにあたり、事業の投資効果等を踏まえ、事業化の妥当性を評価し、事業化の可否を判断するものである。再評価は、事業開始から一定期間経過した事業等について、事業を巡る社会経済情勢等の変化、事業の投資効果等の評価を行い、事業の継続又は中止の判断を行うものである。事後評価は事業供用後に効果の確認を行うものであり、事業の投資効果、効果の発現状況、事業実施による環境の変化等の視点から評価を行い、十分な効果が発現できていない場合は改善措置を講じる等の判断を行うものである。なお、新規事業採択時評価は社会資本整備審議会道路分科会事業評価部会及び地方小委員会において、再評価及び事後評価は各地方整備局等に設置されている事業評価監視委員会において、それぞれ学識経験者からの意見

を聴取することとされている。

　なお、平成 21（2009）年度〜平成 22（2010）年にかけて、国土交通省所管公共事業の事業評価実施要領が大きく改定され、直轄事業等の新規事業採択時評価における第三者委員会や都道府県・政令市からの意見聴取の導入や、再評価期間の短縮（直轄事業の場合、採択後 10 年継続で 1 回目の再評価となっている規定を 5 年継続に短縮、その後の実施サイクルを 5 年から 3 年に短縮）が行われた。また、都市計画等の手続きの前の計画段階において、複数案の比較評価等を行う計画段階評価を導入することとされた。

(3)　事業評価の手法

(a)　客観的評価指標

　客観的評価指標とは、事業採択の前提条件や事業の効果・必要性から評価を行う指標であり、後述する総合評価要綱が導入された平成 17（2005）年度までの新規事業採択時評価で用いられるとともに、再評価及び事後評価を行う際の指標として用いられている。

　再評価にあたっては、事業採択の前提条件として、事業の効率性（平成 14（2002）年度までは B/C ≧ 1.5、以後は「便益が費用を上回る」）や円滑な事業執行の環境が整っていることを確認した上で、活力、暮らし、安全、環境等の政策目標ごとに対象地域の実情や目的を表す評価項目を満たしているか否かを確認し、事業の効果や必要性を明らかにすることとされている。

　また、事後評価においては、費用対効果分析の算定基礎となった要因の変化や事業の効果の発現状況を確認することとされている。

(b)　費用便益分析

　事業評価における費用便益分析の方法については、平成 10（1998）年に「費用便益分析マニュアル」としてまとめられている。同マニュアルの考え方は、平成 9（1997）年に公表された「道路投資の社会経済評価」を基としている。国土交通省道路局においては、平成 9（1997）年より、

　「道路投資の評価に関する指針検討委員会」を設置して、費用便益分析の手法等の評価の手法について検討し、平成 10（1998）年 6 月、「費用便益分析マニュアル（案）」が策定された。

　道路の整備に伴う効果としては、渋滞の緩和や交通事故の減少の他、走行快適性の向上、沿道環境の改善、災害時の代替路確保、交流機会の拡大、新規立地に伴う生産増加や雇用・所得の増大等、多岐多様に渡る効果が存在する。同マニュアルにおいては、それらの効果のうち、十分な精度で計測が可能でかつ金銭表現が可能である、「走行時間短縮」、「走行経費減少」、「交通事故減少」の項目（3 便益）について、道路投資の評価手法として定着している社会的余剰を計測することにより便益を算出することとされている[23]。

　同マニュアルについては、評価項目、評価方法、原単位等の検討・変化に応じて必要な見直しが行われており、平成 15（2003）年には、4 車種（乗用車、バス、小型貨物車、普通貨物車）ごとの時間価値の設定、時間価値原単位の更新などを中心として改定された。また、平成 20（2008）年には、人の時間価値、車両の時間価値にかかる計算方法が見直されるとともに、施設の耐用年数を考慮した費用便益算出の検討期間の見直し（40 年→50 年）、車両償却費を基にした原単価の見直し、死亡事故損失額への「精神的損失額」追加などの改定が行われた。

　費用便益分析マニュアルの策定から改訂に至る経緯について、図Ⅷ-3-5 に示す。

---

[23] 国土交通省ホームページ、「事業評価の基準 費用便益分析マニュアル」、
http://www.mlit.go.jp/road/ir/ir-hyouka/ir-hyouka.html

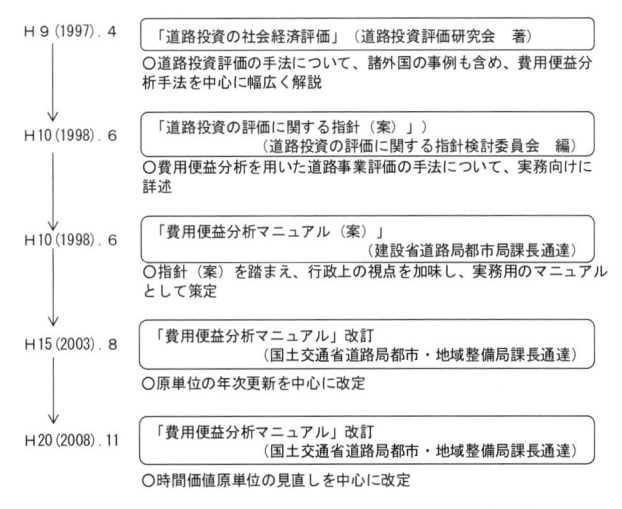

H 9 (1997) . 4 　「道路投資の社会経済評価」（道路投資評価研究会　著）
　　　　　　　　○道路投資評価の手法について、諸外国の事例も含め、費用便益分析手法を中心に幅広く解説

H 10 (1998) . 6 　「道路投資の評価に関する指針（案）」）
　　　　　　　　　　　　（道路投資の評価に関する指針検討委員会　編）
　　　　　　　　○費用便益分析を用いた道路事業評価の手法について、実務向けに詳述

H 10 (1998) . 6 　「費用便益分析マニュアル（案）」
　　　　　　　　　　　　（建設省道路局都市局課長通達）
　　　　　　　　○指針（案）を踏まえ、行政上の視点を加味し、実務用のマニュアルとして策定

H 15 (2003) . 8 　「費用便益分析マニュアル」改訂
　　　　　　　　　　　　（国土交通省道路局都市・地域整備局課長通達）
　　　　　　　　○原単位の年次更新を中心に改定

H 20 (2008) . 11 　「費用便益分析マニュアル」改訂
　　　　　　　　　　　　（国土交通省道路局都市・地域整備局課長通達）
　　　　　　　　○時間価値原単位の見直しを中心に改定

図Ⅷ-3-5　費用便益分析マニュアルの経緯[24]

　道路分科会第 14 回事業評価部会において、ネットワークを形成する事業については、一体となって効果を発揮する複数の箇所をまとめて評価することが望ましいという方針が示された。この方針に従って、高規格幹線道路、地域高規格道路、大規模バイパス等の事業評価においては広域のネットワークとしての機能を適切に評価するため、結節点（ジャンクション、バイパス起終点等）を拠点とし、それらに挟まれる区間を単位として評価することを基本とすることになった[25]。

(c)　総合評価要綱
　道路事業・街路事業の新規事業採択時評価においては、客観的評価指標及び費用便益分析による評価が行われてきたが、1)事業採択理由の明確化、2)費用便益分析以外の効果の適正評価、3)透明性の向上等の目的に沿って、総合評価要綱が平成 17（2005）年度に導入され、以下の項目

---

[24] 国土交通省ホームページ，「道路事業の評価手法に関する検討委員会」，
http://www.mlit.go.jp/road/ir/ir-council/hyouka-syuhou/index.html
[25] 道路分科会第 14 回事業評価部会（平成 28（2016）年 12 月 16 日開催）配布資料

を評価するものとして、新規事業採択時評価に適用することとされた[26]。

①事業採択の前提条件

②費用対便益

③事業の影響

④事業実施環境

⑤事業採択の判断

(d)　防災機能の評価手法

　平成 23（2011）年 3 月に発生した東日本大震災においては、道路が早期に啓開・復旧し、救助・救援活動、広域的な緊急物資の輸送を可能としたほか、避難路や避難場所としても副次的に機能した例もあるなど、様々な役割を果たした。こうした道路の防災機能については、3 便益を中心とした費用便益分析では十分に評価できないため、広域的な防災に資する道路ネットワークの効果を適切に評価することを目的として、平成 23（2011）年 9 月、道路の防災機能の評価手法（暫定案）が取りまとめられた[27]。

　その後、平成 27（2015）年 12 月 21 日に開催された道路分科会第 12 回事業評価部会において、評価手法の暫定運用を通じた課題や、災害関連制度の充実、地域の防災戦略の深化等を踏まえ、次の 3 要素が盛り込まれた評価手法に改定することが示された。

・地域の実情に応じた複数の災害シナリオによるきめの細かい評価

・防災戦略上のクリティカル拠点ペアの見える化

・道路ネットワークの優先度の高い区間の抽出と改善プロジェクトの明確化

　平成 28（2016）年 2 月に「道路の防災機能の評価手法（案）」が公表された。この改定によってストック効果の高い事業への投資が可能とな

り、地域の防災機能が効果的に向上することが期待されている。

(4)　事業評価の新たな展開

(a)　ストック効果の見える化

平成 28（2016）年 11 月、社会資本整備審議会・交通政策審議会交通体系分科会計画部会の専門小委員会において、「ストック効果の最大化に向けて~その具体的戦略の提言~」[28]が報告され、その中で、ストック効果の「見える化・見せる化」の方法などが以下のように議論された。

フロー効果とは、公共投資の事業自体により生産、雇用、消費等の経済活動が派生的に創出され、短期的に経済全体を拡大させる効果である。一方、ストック効果とは、整備された社会資本が機能することによって、整備直後から継続的に中長期にわたり得られる効果であり、フロー効果以外の社会資本整備の効果であると捉えることができる。具体的には、移動時間の短縮等により経済活動における生産性を向上させる効果、生活環境の改善といった生活の質の向上効果、防災力の向上などの安全・安心効果がある。このような概念は図Ⅷ-3-6 に示された体系図で説明されている。

---

[28] ストック効果の最大化に向けて~その具体的戦略の提言~ 平成 28 年 11 月社会資本整備審議会・交通政策審議会 交通体系分科会 計画部会 専門小委員会

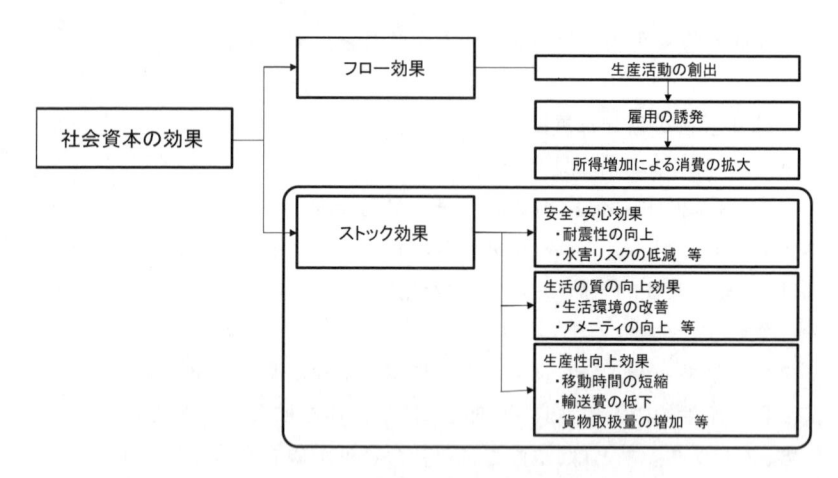

図Ⅷ-3-6　ストック効果の位置付け[29]

　社会資本整備がもたらす本来的な効果はストック効果である。この提言の中では、改めてストック効果を取り上げる意義として次の３点をあげている。

①「効果が出る」から「効果を出す」への発想の転換

　　社会資本整備のストック効果が最大となるよう工夫する。

②ストック効果の「見える化・見せる化」

　　社会資本整備の整備後に発現した様々なストック効果を把握し、誰にでも分かりやすいように伝え方を工夫する。

③社会資本整備のマネジメントサイクルの確立

　　発現した多様なストック効果の「見える化」によって得た知見(工夫・効果・教訓)を当該事業の改良や将来の事業に有効活用していく。

　以下に、ストック効果の見える化の事例を示す。

[29] ストック効果の最大化に向けて~その具体的戦略の提言~ 平成 28 年 11 月社会資本整備審議会・交通政策審議会 交通体系分科会 計画部会 専門小委員会

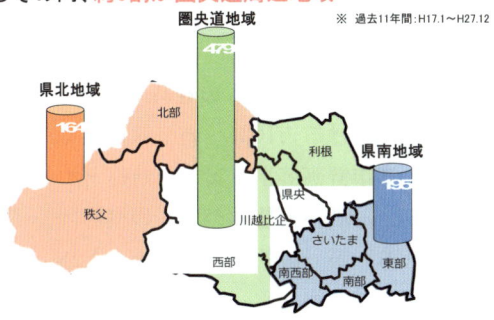

図Ⅷ-3-7　圏央道の整備によって多数の企業が立地[30]

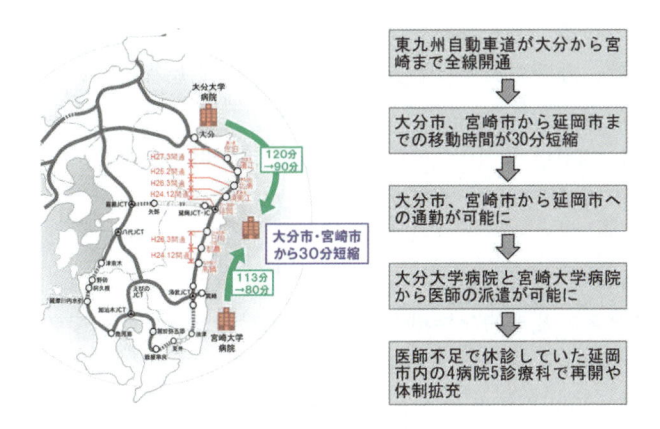

図Ⅷ-3-8　高速道路の開通により休診していた診療科の再開や体制拡充[31]

---

[30] 国土交通省 HP：道路のストック効果
http://www.mlit.go.jp/road/stock/road_stock.html
[31] 同上

Ⅷ-3　道路施策の進め方

Ⅷ-3-1　市民参加型道路計画（PI）[vi]

(1)　市民参加型道路計画（PI）導入の経緯

　我が国の道路事業における市民等への情報提供や市民等の意見把握を行う機会は、従来、都市計画等事業実施を前提とする計画が決定される直前に限られており、計画の構想についての検討は、事業主体（行政機関）の内部で行われるのが一般的だった。そのため、道路計画の必要性等公益性に係る議論と、詳細なルート位置等利害の調整に係る議論が、計画を決定しようとする段階で同時に行われることになる場合が多く、こうしたことが、議論の混乱を招いたり、計画決定が遅延したりする要因の一つとなることも少なくなかった。こうした背景を受け、道路事業においては、計画の内容はもとより、計画の決定過程においても改善を図ることが求められた。

　平成 13（2001）年 10 月に設置された「道路計画合意形成研究会」において、市民参画（PI／パブリックインボルブメント）を導入した道路計画プロセスに関する提言がなされた。さらに具体的な運用を示すべく、同年 11 月に『「計画決定プロセスの透明化」研究会』が設置され、道路計画プロセスの基本的な枠組みを定め、実際の運用に際して必要となる具体的な手法等を示した「市民参画型道路計画プロセスのガイドライン」が平成 14（2002）年 8 月に策定された[32]。

　「市民参画型道路計画プロセスのガイドライン」の策定以降、同ガイドラインに沿った計画づくりの実績が増え、こうした事例を検証すると、計画プロセスを実施する上で特に注意すべき点が明らかになってきた。また、具体的な案件に対応した結果として、ガイドラインの内容を拡充、あるいは簡略化したかたちで実施された例が見られた。また、平成 16（2004）年 6 月に国土交通省環境行動計画が策定され、その中で構想段階においても総合的な観点からの評価を行い、より客観的、合理的に計

---

[32] 市民参加型道路計画プロセス研究会：市民参加の道づくり－パブリック・インボルブメント（PI）ハンドブック，ぎょうせい，2004

画づくりを進めることが求められるようになった。このような状況に対応するため、「構想段階」における道路計画プロセスの実施方針、さらに道路計画プロセスにおいて実施する「市民参画プロセス」及び「構想段階評価」についての指針を示すため、平成17（2005）年9月にガイドラインを改訂し、「構想段階における市民参画型道路計画プロセスのガイドライン」が策定された[33]。

(2)　市民参加型道路計画（PI）の導入事例

(a)　東京外かく環状道路（関越道～東名高速）

　東京外かく環状道路（関越道～東名高速）は、昭和41（1966）年に高架構造で都市計画決定されたものの、地元区市および都議会、反対住民団体から計画の反対や中止を求める意見が相次ぎ、昭和45（1970）年、当時の建設大臣から「地元と話し得る条件が整うまでは強行すべきではない。その間においてはしばらく凍結せざるを得ない。」とされた。その後、30年間以上、計画が進まない状況が続いたが、平成11（1999）年に東京都知事が計画予定地を視察し、「地域環境の保全やまちづくりの観点から、自動車専用部の地下化案を基本とし、計画の具体化について取り組む」ことを表明したことなどから、住民と行政の対話のきっかけとなった。平成12（2000）年には地元住民団体と国土交通省・東京都との話し合いが始まり、平成13（2001）年には国土交通大臣の計画予定地の視察や国と東京都から地下構造のイメージを示した「東京外かく環状道路（関越道～東名高速）の計画のたたき台」を公表し、東京外かく環状道路（関越道～東名高速）計画の議論が再開された。

　国と東京都は、これまでの経緯を踏まえ、原点に立ち戻って、計画策定の初期段階から広く意見を聴き、計画づくりに反映させていくPI方式による検討を実施していくこととされた[34]。

---

[33] 国土交通省ホームページ、「市民参加型道づくり」、
http://www.mlit.go.jp/road/pi/2guide/guide.pdf
[34] 国土交通省関東地方整備局ホームページ、「PIの取組」、
http://www.ktr.mlit.go.jp/gaikan/pi_kouhou/index.html

　(b)　横浜環状北西線

　横浜環状北西線の計画づくりにあたっては、横浜市と国土交通省及び首都高速道路公団が実施主体となり、初期の段階から、市民等に情報を提供しつつ、広く意見を聴き、それらを反映させていく PI 手法が導入された[35]。

Ⅷ-3-2　道路行政マネジメント[vii]
(1)　道路行政マネジメント導入の経緯

　政府では、平成 14（2002）年度より「行政機関が行う政策の評価に関する法律」が施行された。また、公共事業については、「経済財政運営と構造改革に関する基本方針（平成 14（2002）年 6 月 25 日閣議決定）」において、「計画策定の重点を（略）従来の「事業量」から計画によって達成することを目指す成果にすべき」と示されるなど、成果志向の行政への転換が求められた。

　国土交通省では、社会資本整備審議会に対し今後の道路政策のあり方等に関して諮問し、平成 14（2002）年 8 月、同審議会より中間答申「今、転換のとき」が答申された。同答申では、道路整備について戦後一貫した整備の結果、一定の量的ストックは形成されたと評価するとともに、今後の成熟型社会においては、これまでのような取組みが必ずしも最適なシステムではなくなってきていると指摘された。その上で、今後の道路政策については、道路サービスによる成果（アウトカム）を重視し、道路ユーザーが満足する道路行政に転換することが重要であるとされた。

　そこで、国土交通省道路局では、国民の視点に立ち、より効果的、効率的かつ透明性の高い道路行政へと転換を図るため、平成 15（2008）年度より国民にとっての成果を重視する成果志向の考え方を組織全体の基本と位置づけ、アウトカム指標を用いた業績評価の手法を中心に、政策の評価システムを核とする新たな道路行政運営の仕組み（道路行政マネ

---

[35] 国土交通省関東地方整備局ホームページ,「(仮称) 横浜環状北西線の概略計画」, http://www.ktr.mlit.go.jp/yokohama/ir/06_other/01_kisya/20050825/20050825.pdf

ジメント）が導入された。

　また、国民へのアカウンタビリティを果たし、道路行政をより効果的・効率的に実施するために、アウトプットの量に着目したマネジメントを行うとともに供用時期を宣言するプロジェクトマネジメント手法を取り入れた。

(2)　アウトカム指標による業績評価の取り組み

(a)　道路整備五箇年計画における施策評価の取り組み

　道路行政においては、行政運営の透明性を向上し、より効果的かつ効率的な事業執行を進めるため、平成 8 (1996) 年度より、新規事業採択時評価の試行を行うなど、個別事業の評価システムが積極的に取り入れられてきた。一方、道路行政全体の運営にあたっては、道路整備五箇年計画の策定に際し、高規格幹線道路延長など事業の量を表す指標に加え、道路施策の成果を表す指標を用いた目標を併記し、その達成状況について数値を用いて明らかにしてきた。

　具体的には、第 11 次道路整備五箇年計画（平成 5 (1993) 年度〜平成 9 (1997) 年度）において、高規格幹線道路等の交通分担率や都市における朝夕の走行速度、交通事故死者数などの 17 の指標（現況値及び目標値）が、従来の五箇年計画に記載された投資規模や事業量（道路延長等）に併記されるようになった。

　また、平成 9 (1997) 年 10 月の道路審議会建議「道路政策変革への提言」における「政策の進め方の変革」においては、「Plan（企画）／Do（実施）／Check（見直し）／Action（改善）の考えを導入し、利用者のニーズの把握と的確な対応、効率的な施策展開と事業執行を可能とする評価システムを構築していくべき」として、「政策目標を効果的・効率的に実現するためには、その目的の達成度合いが判断できるよう、できる限り客観的な指標を用いて評価を行うことが重要」とされた。これを受けて、第 12 次道路整備五箇年計画（平成 10 (1998) 年度〜平成 14 (2002) 年度）では、達成状況等について客観的な指標を用いた評価手法を開発して評価を行うこととされ、高規格幹線道路等の交通分担率・面積カバ

一率や自動車専用道路等における空港・港湾への連絡率、朝夕の走行速度や全国の主要渋滞ポイント数、交通事故死者数やバリアフリー歩行空間ネットワーク整備の地区割合など 41 の指標（現況値及び目標値）が設定されるとともに、必要に応じて、計画の見直しや施策の改善を行うこととされた。

(b)　道路行政マネジメントの取り組み

社会資本整備審議会による中間答申（平成 14（2002）年 8 月）を受け、政策の評価システムを核とする新たな道路行政運営の仕組み（道路行政マネジメント）についての検討が行われ、平成 15（2003）年度から、活力や暮らし、安全といった政策テーマごとに道路渋滞による損失時間、バリアフリー化率、道路交通における死傷事故率といったアウトカム指標及びその目標値を記載した業績計画書を作成し、次年度、達成度報告書として進捗状況を取りまとめるとともに、その結果を行政運営に反映させる、マネジメントサイクルの確立に向けた取り組みが進められた。

(c)　国土交通省としての施策評価の取り組み

国土交通省全体においても、平成 13（2001）年の中央省庁再編に伴い、道路整備五箇年計画を含む事業分野別の計画を一本化し、社会資本整備重点計画法に基づき策定された社会資本整備重点計画（平成 15（2003）年度〜平成 19（2007）年度）において、計画の内容を事業費から達成される成果に転換することとされ、アウトカム指標を用いた目標の設定と、指標のフォローアップの取り組みがなされた。道路関係では、13 の指標が設定されるとともに、地方ブロックの重点整備方針においても、地方ブロックごとにアウトカム指標が設定された。平成 20（2008）年度には新たな社会資本整備重点計画が策定され、毎年度の指標の進捗状況をフォローアップすることにより、施策の目標の達成状況を分析するとともに、課題の特定と今後の取り組みの方向性等を明らかにしている。また、平成 24（2012）年度には、平成 20（2008）年度〜24（2012）年度までの現行の計画を 1 年前倒しで見直し、平成 24（2012）年度〜28（2016）

年度までの第 3 次社会資本整備重点計画が策定され、新たな指標が設定された[36]。

<hr />

[36] 国土交通省ホームページ，「社会資本整備重点計画」，
http://www.mlit.go.jp/report/press/sogo08_hh_000070.html

Ⅷ-4　今後の方向性

　今後の道路政策の検討にあたっては、社会資本整備審議会道路分科会基本政策部会において議論が重ねられ、平成 29（2017）年 8 月、道路分科会建議「道路・交通イノベーション〜「みち」の機能向上・利活用の追求による豊かな暮らしの実現へ〜」としてとりまとめられた[37]。

Ⅷ-4-1　社会経済についての現状認識[viii]
(1)　人口減少・高齢化と暮らしへの影響
　我が国は既に人口減少社会に突入し、今後、減少スピードは加速する見込みである。2050 年代には人口が 1 億人を切り、全国の約 6 割の地域で人口が半減、うち 2 割で無居住化するとの分析も発表されている。

　現在、既に 25%を超えている高齢化率は、2025 年には約 30%、2040 年には総人口の 1/3 を超える約 35%まで上昇することが見込まれており、特に、中山間地域は 10 年先をいく高齢化が進行している状況である。

　その結果、例えば、地方における鉄道や路線バス事業の経営状況は危機的な状況を迎えつつあり、公共交通ネットワークの縮小やサービス水準の一層の低下が懸念されている。更には、高齢者の運転免許証の自主返納も急増しており、地方における移動手段の確保が重要な課題となっている。

　また、物流においては、EC（電子商取引）の急速な発展に伴い、宅配便取扱個数が直近 20 年で約 3 倍に増加している一方、トラックドライバー不足が深刻化しており、現在の輸送サービスを維持することさえ困難な状況に陥っている。

(2)　日本経済の持続的な成長に向けた課題
　日本経済は、現政権の一連の経済政策の下、雇用・所得環境が改善し、

---

[37] 国土交通省ホームページ，「社会資本整備審議会道路分科会建議「道路・交通イノベーション〜「みち」の機能向上・利活用の追求による豊かな暮らしの実現へ〜」」，http://www.mlit.go.jp/common/001201778.pdf

緩やかな回復基調が続いており、名目 GDP は過去最高の水準に達した
ところである。

　一方、名目 GDP 成長率の動向を見ると 2015 年度の 2.7%に対して
2016 年度は 1.1%となっており、また、物価についても安定的な物価上
昇が見込まれるには至っていない。

　デフレからの脱却を確実なものとし、日本経済の持続的な成長を実現
するためには、中長期的な成長の基盤を構築することにより、潜在成長
力を引き上げていく必要がある。

(3)　ICT の急速な進展

　近年、IoT・ビッグデータ・AI・ロボット・センサー等、技術革新が急
速に進展し、産業・社会構造が劇的に変化する可能性がある。

　国土交通分野においても、インフラ整備や維持管理、交通サービスな
ど全般にわたり様々な新技術が進展し、生産性の向上や経済社会の発展
等に寄与することが期待されている。

　とりわけ、経済・社会活動に大きな変革をもたらすことが見込まれる
自動運転については、本格的な自動運転社会の到来を見据え、政府目標
である 2020 年までの高度な自動運転の市場化・サービス化の実現に向
け、研究開発・技術の確立を図る必要がある。また、近年、利用者が急
増しているカーシェアリング等、新しい保有・利用形態にも着目が必要
であり、新たな技術との連携も期待されている。

(4)　激甚化する自然災害、切迫する巨大地震

　東日本大震災や熊本地震、平成 28 年に相次いだ台風による豪雨災害
に見られるように、我が国土は、全国あらゆる地域で大雨・洪水・土砂
災害・地震・津波・火山噴火等の多様な災害が発生する、極めて脆弱な
国土であり、毎年のように自然災害に襲われ、大きな被害を受けている。

　近年、降雨・降雪が局地化・集中化・激甚化しているほか、南海トラ
フ地震や首都直下地震等の巨大地震の今後 30 年以内の発生確率は 70%
程度と高い確率の予測となっている。

659

　物流におけるサプライチェーンの拡大やグローバル化の進展、ICT の進化等、社会経済活動の高度化により、災害時の影響も当該地域にとどまらず広域にわたり、かつ複雑化・長期化するおそれがある。

　なお、内閣府による「道路に関する世論調査」（平成 28 年 7 月）において、災害時に道路について不安がある・やや不安があると回答した方は 5 割以上で、東日本大震災後の調査（平成 24 年 10 月）よりもこの割合は増加している。

(5)　老朽インフラの加速度的増加

　高度成長期以降に集中的に整備した社会資本の老朽化は着実に進行し、「荒廃するアメリカ」の事例でもわかるとおり、次世代の社会経済の安定・安全に対する脅威となりかねない。

　特に、建設後 50 年超の橋梁の 9 割、トンネルの 8 割は地方公共団体が管理しており、維持管理コストの増大が予想される中で、適時適切なメンテナンスを怠れば、将来必要となる更新費が急増、地方財政を急激に圧迫し、真に必要な投資さえ出来なくなる恐れがある。

　また、老朽化施設の修繕・更新にあたっては、単なる機能回復にとどまらず、施設の集約化等も視野に入れつつ、防災・耐震性能や事故を防ぐための安全性能の向上、競争力強化のための機能向上等、施設の質的向上を図ることが肝要である。

(6)　「観光先進国」に向けた挑戦

　現在、我が国は、観光を地方創生の切り札、成長戦略の柱として位置づけ、訪日外国人旅行者数を 2020 年に 4,000 万人、2030 年には 6,000 万人とする目標の達成、観光先進国の実現に向けた取組を、政府一丸、官民を挙げて総合的・戦略的に実施しているところである。

　3 年後に東京オリンピック・パラリンピック競技大会の開催を控えた今こそ、広域観光周遊ルートの形成をはじめ、すべての旅行者がストレスなく快適に観光を満喫できる質の高い観光地の形成を図るなど、世界に誇る魅力あふれる国づくりをめざした挑戦が必要である。

Ⅷ-4-2　目指す社会と道路政策[ⅸ]

(1)　経済成長に資する生産性向上

　人口減少・超高齢社会を迎え、働き手の減少が見込まれる中にあっても、それを上回る生産性の向上等により、潜在的な成長力を高めるとともに、新たな需要を掘り起こしていくことが不可欠であり、社会全体の生産性向上につながるストック効果の高いインフラの整備・強化に重点的に取り組む必要がある。

　また、国民や企業に、将来の確かな夢・希望を与えることも重要であり、そのためには、長期にわたって力強い経済成長と豊かな国民生活や産業競争力を支えるプロジェクトをコンスタントに実行していくことも必要である。

　更に、道路ネットワーク整備の進展を踏まえ、使う・利用する視点での更なる取組強化が求められる。交通の利便性・快適性を向上させ、道路ネットワーク全体の機能を最大限に発揮させる賢く使う取組や人と物の流れの両面からのモーダルコネクト、総合的な交通の視点からの連携強化が必要である。

(2)　地方創生の実現・地域経済の再生

　人口減少が急速に進む地方において、これを克服し、地方創生の実現・地域経済の再生を図るためには、地域の歴史・文化・伝統など特性や資源を活かした産業競争力の向上等に向けた支援が不可欠である。

　また、我が国が活力を維持し続けるためには、それらの多様な個性を持つ様々な地域が相互に連携して生じる「対流」を促進することが必要であり、地方部と都市部、地方部相互を交通ネットワークで強固に接続し、観光交流人口の拡大、農産物や製品の輸送効率化、産業の立地競争力の向上等を図ることにより、地域の経済活動の活性化を実現することが必要である。

　特に、全国 1,117 箇所の約 8 割が中山間地域に設置されている「道の駅」には、特産品の物販、診療所、行政窓口など生活に必要なサービスの集積や、路線バスなどの交通拠点機能の確保が進みつつあり、地方創

生の主要拠点として、より一層活用することが必要である。

(3)　国民の安全・安心の確保

　我が国土は多様な災害が頻発する脆弱な国土であるとの認識の下、事前防災・減災の考え方に基づき、災害時の国民の生命・財産の損失を最小限とするハード・ソフト対策を一層強化することが必要である。

　特に、熊本地震において、熊本県内の緊急輸送道路の 50 箇所で通行止めが発生したことなどを踏まえ、災害に対する幹線ネットワークの脆弱性を克服することが必要である。

　なお道路施策は、沿道環境の改善や二酸化炭素の排出抑制による気候変動の緩和と、災害時の緊急輸送の確保等の気候変動への適応の双方に同時に資することを踏まえて取り組むべきである。

　また、インフラ老朽化に対しては、人口減少や厳しい財政制約の下、予防保全の考え方に基づき、新技術の導入や維持管理のあり方の見直しを通じ、安全で安心して暮らせる国・地域を次世代に継承することが必要である。

　特に、中央自動車道笹子トンネル天井板落下事故以降、老朽化対策を講じる中で浮き彫りとなってきた、地方公共団体への予算・体制・技術面での支援が不可欠である。

　加えて、高速道路の逆走対策や暫定 2 車線区間の安全性確保、生活道路や通学路の安全対策等をより一層推進し、誰もが安全で快適に移動できる道路空間を創出することも必要である。

(4)　一億総活躍社会の実現

　都市部・地方部の双方で、国民が将来への明るい希望を持ち、豊かに暮らすことができるよう、地域の実情に応じ、必要なインフラ整備に中長期の視点で取り組む必要がある。

　特に、子育て世代が将来に対する不安を払拭し、その活力を最大限発揮できるよう、ネットワークやモビリティ環境の構築等を通じ、QOL（Quality of Life）や生産性を向上させ、豊かさを実感できる社会を実

現することが必要である。

　また、地域における一人ひとりの移動手段・モビリティの確保、安全で快適な歩行空間やユニバーサルデザイン化など「人間重視」の道路空間の創出により、元気で豊かな老後を送れる健康寿命の延伸をはじめ、高齢者・若者・障害者など全ての人々が活躍できる全員参加型の社会を実現することが必要である。

(5)　イノベーションの社会実装

　急速に進展する技術革新を活用し、道路・交通をとりまく課題を解決するためには、斬新な発想力と大胆な行動力が不可欠となってくる。

　過去に囚われない新たな考え方や仕組み、技術を取り入れながら、インフラをより一層賢く整備し、使いこなし、維持管理することにより、国土の利用や地域のあり方を変え、生産性の向上を促すとともに、新たなサービスや産業を創出することが必要である。

Ⅷ-4-3　新たな道路政策の方向性[x]

(1)　道路・交通とイノベーション～道から社会を変革する～

　人口減少下における労働生産性の抜本的向上、ドライバー不足が進行する物流の効率化、地方における公共交通の衰退等への対応や、欧米に比べて多い身近な道路での交通事故の削減等、厳しい財政制約の中でこれまで以上にハードルが高く、逼迫した課題への対応が求められている。

　これらの諸課題を解決するため、道路と多様な交通モードとの連携を強固にしつつ、IoT・ビッグデータ・AI・ロボット・センサーなど技術革新が急速に進展する ICT を最大限活用すべきである。

　この際、新たな ICT の社会実装に向けては、今後起こりうる状況を想定した実証実験に産学官が一体となって意欲的に取り組むべきであり、従来の利用形態等を前提にすることなく、考え方や仕組み、ルールの整理や社会受容性の確保に取り組むべきである。

　例えば、自動運転については、高速道路だけでなく、中山間地域にお

ける道の駅等を拠点とした自動運転サービスの実証実験を皮切りに、求める走行環境と利用ニーズを踏まえて、早期の社会実装を目指すべきであり、更に、地域でシェアリングし、新たな公共交通システムとする考え方についても検討すべきである。

　また、物流効率化に資するトラックの隊列走行の実現に向けては、ダブル連結トラックの実験状況も踏まえたインフラ面等の事業環境の検討等とともに、東京・名古屋・大阪間の幹線物流での実施を念頭に、車両の大型化や技術革新に対応した環境整備も検討すべきである。

　少子高齢化や環境意識の高まりから、新たな交通手段として期待の高い低速モビリティの社会実装に向けては、走行速度に応じた車線の確保、観光地等における回遊性向上や小規模な地域内物流の効率化等の観点から取り組む必要がある。

　その他、交通安全対策や道路交通の円滑化、道路ストックの老朽化対策の高度化等を目指し、先進技術を用いた次世代道路技術の仕組みの構築に向けて、本格的検討を加速させるべきである。

　これらにより、地域の経済活動を支えるとともに、セキュリティ・セーフティを確保し、生活を成り立たせる装置である道路について、新たな技術の開発・活用により、その機能をより一層発揮させるとともに、今までにない使われ方や付加価値を創造し、人々のライフスタイルや生活圏をはじめとする社会・経済の変革やパラダイムシフトをリードしていくべきである。

(2)　人とクルマのベストミックス　～高度な道路交通を実現する～

　戦後の道路整備に大きな影響を与えた計画として、ブキャナンレポート（邦訳：「都市の自動車交通」）がある。その基本は、交通空間と居住空間を分離し、主要幹線道路等の交通を主とした道路と、補助幹線道路等の歩行者交通を優先した道路に序列化し、段階的に道路を整備するという考え方であった。

　しかしその後、道路に求められる機能は多様化・高度化し続けており、国土強靱化、地方創生、安全・安心、観光先進国等の実現に向け、高度

な道路交通を実現するため、道路ネットワークの整備・強化及びその活用について明確なビジョンと戦略性が不可欠である。

　特に、これまで人とクルマを分離すべく取り組んできたところであるが、高速道路の約4割が2車線（無料区間含む）、国道など幹線道路で両側に歩道が整備されているのは全体の20%(センサス区間)のみであるなど、日本の道路は未だ貧弱であり、観光地域づくりや国土強靱化の観点からも大きな問題である。

　このため、高速道路や幹線道路など骨格となるネットワークについて、必要な整備・強化を着実に進めるとともに、自動車、歩行者、自転車等を分離し、誰もが遠慮せず快適・安全に走行・通行できるよう整備すべきである。

　また、地方部（中山間地域）においては人口減少・高齢化に伴う公共交通のサービスレベルの低下等への解決・緩和策としても、新技術を活用しつつ、車の徹底活用に向けた道路整備・強化が必要である。

　一方、駅周辺や集落内の幅員の狭い道路においては、「人間重視」の空間とすることを念頭に置き、従来の「分離」に加え、自転車や低速モビリティなど交通手段の多様化への対応や公共交通との共存とともに、限られた空間での効用の拡大を目指し、「混在」の考え方も導入すべきである。

　その際、自動車ドライバーに対しては、歩行者、ベビーカー、自転車、低速モビリティへの配慮が自然となされるような環境づくりが重要であり、制度、社会的ルールと雰囲気の醸成、ICTの活用等を駆使して、段階的に運用・使用する方法論も開発する必要がある。

　また、交通最適化に向けては、現在の利用状況をシームレスかつ的確に把握することが必要であり、従前の車に焦点をあてた道路交通調査に加えて、人とクルマの動きを同時に把握するための新たな調査体系の確立が不可欠である。

　あわせて、2020年東京オリンピック・パラリンピック競技大会は新しい交通政策の導入に向けての重要な契機となるものであり、これを目標に、ゾーン内の道路交通のロードプライシングを含むTDM施策等によ

る一体的な最適化に向けた制度設計等について検討し、運用を図る必要がある。

(3)　道路の更なるオープン化　～多様な連携・協働を追求する～

道路に関する諸制度は、旧来の交通機能の確保を重視したものから、立体道路制度・道路協力団体制度・道路メンテナンス会議等の導入を通して、効率的・効果的な利活用・管理に向けたものへと、画期的な進歩を遂げてきた。

限られた都市空間の中で一定の割合を占める道路空間について、地域のニーズや魅力に応じた最大限の活用を実現するためには、立体道路制度等を一層活用しつつ、官民の新たな関係・連携の構築と、共通のデータに基づく認識の共有が不可欠であり、以下の3つの「オープン化」を推進すべきである。

1つ目の「オープン化」として、「道路占用・空間のオープン化」を推進し、道路空間を皆のために皆で使い倒し、地域の魅力向上、交通モード間の接続強化等を図るべきである。

例えば、国際拠点の整備にあたっては、地域や民間との連携のもと、道路の上下空間を含め、道・駅・街を一体化する3次元的な空間再編を行い、民間開発投資の誘発を図るとともに、高速道路をはじめとする主要な幹線道路との接続強化を図るべきである。

また、観光や賑わいづくり等の地域活性化の取組について、地域と連携し、沿道と道路空間を一体的に利活用するなど、地域のニーズに応じた柔軟な利活用を推進すべきである。

加えて、シェアサイクルやカーシェア等を公共交通を補完する交通手段として位置づけ、道路空間上へのシェアポートの設置も含め、利活用を推進することが必要である。

更に、都市部では人を中心に据えながら、低速モビリティや自動運転等の交通拠点機能や防災機能等を併せ持つ空間や、歩く人のための小規模な施設など、新たな都市型の道の駅とも言うべき空間の創出についても、官民の役割分担を明確にしながら検討すべきである。

　2つ目の「オープン化」として、「議論・検討のオープン化」を推進し、地域の人々も含めた道路利用者や道路管理者等の意識の共有を図るべく、議論の場やそのルールづくりを行いながら、官民の新たな連携・関係構築を促進すべきである。

　その際、面的に道路ネットワークの機能向上を図るためにも、人材・経験・技術を持つ地方整備局等が中核的な役割を担い、道路管理者を超えた議論も検討すべきである。

　最後に3つ目の「オープン化」として、地域交通（道路、物流、公共交通、観光等）に関するビッグデータ等の「道路情報のオープン化」を通じて、産学官が共通の認識を持ち、連携して地域課題に対処できる体制を構築すべきである。

　その際、ETC2.0 等のデータについても、個人情報の取り扱いに留意しつつ、二次利用も含むオープン化を検討し、社会資本の生産性やストック効果の計測、楽しさ（fun)の創出、新産業育成の支援等、公的・民間目的での使用を充実させるとともに、情報の収集・管理・提供における官民の役割分担やルールについて検討すべきである。

　これらの「オープン化」とあわせて、「道路空間のスマート化」として、災害時の緊急車両の通行確保、維持管理の効率化、利用者への負担軽減等の観点から、道路上及び周辺の構造物・附属物をなるべく集約・撤去し、スマートな道路空間とすることも検討すべきである。

参考文献

i　国土交通省ホームページ：「道路の将来交通需要推計に関する検討会」，
　http://www.mlit.go.jp/road/ir/ir-council/suikei/index.html
ii　国土交通省ホームページ：「道路の将来交通需要推計に関する検討会」，
　http://www.mlit.go.jp/road/ir/ir-council/suikei/index.html
iii　道路行政研究会：「道路整備の効果」，全国道路利用者会議，道路行政，
　2010，p677〜695
iv　道路行政研究会：「道路整備の効果」，全国道路利用者会議，道路行政，1975
　〜2010
v　道路行政研究会：「事業評価制度」，全国道路利用者会議，道路行政，2010，
　p430〜432 より再掲
vi　市民参加型道路計画プロセス研究会：「市民参加の道づくり−パブリック・イ
　ンボルブメント（PI）ハンドブック」，ぎょうせい，2004
vii　道路行政研究会：「道路行政マネジメント」，道路行政，全国道路利用者会
　議，2010，p419〜429
viii　国土交通省ホームページ，「社会資本整備審議会道路分科会建議「道路・交通
　イノベーション〜「みち」の機能向上・利活用の追求による豊かな暮らしの
　実現へ〜」」，http://www.mlit.go.jp/common/001201778.pdf
ix　国土交通省ホームページ，「社会資本整備審議会道路分科会建議「道路・交通
　イノベーション〜「みち」の機能向上・利活用の追求による豊かな暮らしの
　実現へ〜」」，http://www.mlit.go.jp/common/001201778.pdf
x　国土交通省ホームページ，「社会資本整備審議会道路分科会建議「道路・交通
　イノベーション〜「みち」の機能向上・利活用の追求による豊かな暮らしの
　実現へ〜」」，http://www.mlit.go.jp/common/001201778.pdf

道路政策の変遷

平成26年3月31日　初　版 第1刷発行
平成30年3月31日　改　訂 第1刷発行

編　集　　公益社団法人 日 本 道 路 協 会
発行所
　　　　　　　東京都千代田区霞が関3-3-1

印刷所　　有限会社 セ　キ　グ　チ

発売所　　丸 善 出 版 株 式 会 社
　　　　　　　東京都千代田区神田神保町2-17

ISBN978-4-88950-135-3 C2051

Memo

Memo

Memo

日本道路協会出版図書案内

	図　書　名	ページ	本体価格	発行年
	舗装の構造に関する技術基準・同解説	91	3,000円	13. 9
	舗装再生便覧（平成22年版）	273	5,000	22.11
	環境に配慮した舗装技術に関するガイドブック	258	4,500	21. 6
	舗装性能評価法(平成25年版)—必須および主要な性能指標編—	126	2,800	25. 4
	舗装性能評価法別冊—必要に応じ定める性能指標の評価法編—	233	3,500	20. 3
	舗装設計施工指針（平成18年版）	345	5,000	18. 2
	舗装施工便覧（平成18年版）	374	5,000	18. 2
	舗装設計便覧	316	5,000	18. 2
	透水性舗装ガイドブック2007	76	1,500	19. 3
	コンクリート舗装に関する技術資料	70	1,500	21. 8
新刊	コンクリート舗装ガイドブック2016	348	6,000	28. 3
新刊	舗装の維持修繕ガイドブック2013	234	5,000	25.11
新刊	舗装の環境負荷低減に関する算定ガイドブック	142	3,000	26. 1
新刊	舗装点検必携	228	2,500	29. 4
道路土工				
新刊	道路土工構造物技術基準・同解説	100	4,000円	29. 3
	道路土工要綱（平成21年度版）	416	7,000	21. 6
	道路土工-切土工・斜面安定工指針（平成21年度版）	521	7,500	21. 6
	道路土工-カルバート工指針（平成21年度版）	347	5,500	22. 3
	道路土工-盛土工指針（平成22年度版）	310	5,000	22. 4
	道路土工-擁壁工指針（平成24年度版）	342	5,000	24. 7
	道路土工-軟弱地盤対策工指針（平成24年度版）	396	6,500	24. 8
	道路土工-仮設構造物工指針	378	5,800	11. 3
改訂	落石対策便覧	414	6,000	29.12
	共同溝設計指針	196	3,200	61. 3
	道路防雪便覧	383	9,700	2. 5
	落石対策便覧に関する参考資料—落石シミュレーション手法の調査研究資料—	422	5,800	14. 4
トンネル				
	道路トンネル観察・計測指針（平成21年改訂版）	291	6,000円	21. 2
改訂	道路トンネル維持管理便覧（本体工編）	448	7,000	27. 6

日本道路協会出版図書案内

	図　書　名	ページ	本体価格	発行年
改 訂	道路トンネル維持管理便覧（付属施設編）	337	7,000 円	28.11
	道路トンネル安全施工技術指針	457	6,600	8.10
	道路トンネル技術基準（換気編）・同解説（平成20年改訂版）	279	6,000	20.10
	道路トンネル非常用施設設置基準・同解説	76	4,200	13.10
	道路トンネル技術基準（構造編）・同解説	296	5,700	15.11
	シールドトンネル設計・施工指針	426	7,000	21. 2
道路震災対策				
	道路震災対策便覧（震前対策編）平成18年度版	388	5,800 円	18. 9
	道路震災対策便覧（震災危機管理編）	235	4,000	23. 1
	道路震災対策便覧（震災復旧編）平成18年度版	410	5,800	19. 3
英語版				
新 刊	道路橋示方書（Ⅰ共通編）〔2012年版〕（英語版）	151	3,000 円	26.12
新 刊	道路橋示方書（Ⅱ鋼橋編）〔2012年版〕（英語版）	458	7,000	29. 1
新 刊	道路橋示方書（Ⅲコンクリート橋編）〔2012年版〕（英語版）	327	6,000	26.12
新 刊	道路橋示方書（Ⅳ下部構造編）〔2012年版〕（英語版）	586	8,000	29. 7
新 刊	道路橋示方書（Ⅴ耐震設計編）〔2012年版〕（英語版）	401	7,000	28.11
新 刊	舗装の維持修繕ガイドブック2013（英語版）	306	6,500	29. 4

※ 消費税は含みません。

発行所（公社）日本道路協会 ☎(03)3581-2211 発売所 丸善出版株式会社 ☎(03)3512-3256

丸善雄松堂㈱学術情報ソリューション事業部

【首都圏】		【関西】	
企 業・官 公 庁	☎03-6367-6086	京 都 営 業 部	☎075-863-5321
【関東甲信越】		大 阪 営 業 部	☎06-6251-2622
神奈川静岡営業部	☎045-827-2571	神 戸 営 業 部	☎078-389-5311
筑 波 営 業 部	☎029-851-6000	【中四国】	
首 都 圏 営 業 部	☎042-512-8511	岡 山 営 業 部	☎086-231-2262
【北海道・東北】		松 山 営 業 所	☎089-941-5279
札 幌 営 業 部	☎011-884-8222	広 島 営 業 部	☎082-247-2252
仙 台 営 業 部	☎022-222-1133	【九州】	
盛 岡 営 業 所	☎019-654-1051	福 岡 営 業 部	☎092-561-1831
【東海・北陸】		長 崎 営 業 所	☎095-843-0355
名 古 屋 営 業 部	☎052-209-2602	熊 本 営 業 所	☎096-375-3557
金 沢 営 業 部	☎076-231-3156	沖 縄 営 業 所	☎098-861-4837